SpringerWienNewYork

Springers Lehrbücher
der Informatik

Herausgegeben von
o. Univ.-Prof. Dr.-Ing. Gerhard H. Schildt
Technische Universität Wien

SpringerWienNewYork

Gerhard H. Schildt, Daniela Kahn,
Christopher Kruegel, Christian Moerz

Einführung in die Technische Informatik

Unter Mitarbeit von
Johann Klasek, Heinrich Pangratz,
Alexander Redlein, Ulrich Schmid,
Stefan Stöckler

Zweite, überarbeitete
und erweiterte Auflage

SpringerWienNewYork

o. Univ.-Prof. Dr.-Ing. Dipl.-Ing. u. Ing. (grad.) Gerhard H. Schildt
Daniela Kahn
Christopher Kruegel
Christian Moerz
Institut für Rechnergestützte Automation
Technische Universität, Wien, Österreich
e-mail: schi@auto.tuwien.ac.at

SpringerWienNewYork ist ein Unternehmen
von Springer Science + Business Media
springer.at

Satz: Reproduktionsfertige Vorlage der Autoren
Druck und Bindung: Grasl Druck & Neue Medien, 2540 Bad Vöslau, Österreich

Gedruckt auf säurefreiem, chlorfrei gebleichtem Papier – TCF
SPIN: 11377511

Mit 254 Abbildungen

Bibliografische Information Der Deutschen Bibliothek
Die Deutsche Bibliothek verzeichnet diese Publikation in der Deutschen Nationalbibliografie; detaillierte bibliografische Daten sind im Internet über <http://dnb.ddb.de> abrufbar.

ISSN 0938-9504
ISBN-10 3-211-24346-1 SpringerWienNewYork
ISBN-13 978-3-211-24346-6 SpringerWienNewYork
ISBN 3-211-83853-8 1. Aufl. SpringerWienNewYork

Meinem verehrten Lehrer Prof. Dr.-Ing. Hans Fricke
(apl. Professor an der Technischen Universität Braunschweig)
gewidmet

Vorwort

Für euch, Kinder der Wissenschaft und der Weisheit, haben wir dieses geschrieben. Erforschet das Buch und suchet euch unsere Ansicht zusammen, die wir verstreut und an mehreren Orten dargetan haben; was euch an einem Orte verborgen bleibt, das haben wir an einem anderen offengelegt, damit es fassbar werde für eure Weisheit.

Heinrich Cornelius Agrippa von Nettesheim,
„De occulta philosophia".

Das vorliegende Buch „Technische Informatik" wendet sich sowohl an Studierende der Informatik als auch an Ingenieure und Entwickler aus der Praxis. Es entstand aus Skripten zur Vorlesung „Einführung in die Technische Informatik", die wir an der Technischen Universität Wien für Informatikstudierende halten. Es schließt sich nahtlos an das Lehrbuch „Informatik Grundlagen" von *Blieberger*, *Burgstaller* und *Schildt* an. Unser Anliegen ist es, für den Bereich der technischen Informatik weiterführend zu zeigen, wie man elektronische Bauelemente für Computersysteme einsetzen kann. Der dargebotene Stoff soll den Leser in die Lage versetzen, die technischen Möglichkeiten und Grenzen solcher Systeme zu erkennen. Dadurch soll dem Studierenden das Wissen vermittelt werden, Leistungsmerkmale heutiger Rechnersysteme angemessen zu beurteilen. Wer auch immer heute Computersysteme einsetzt, die seinen persönlichem Anforderungsprofil entsprechen sollen, muss entscheiden, was für ihn effizient und zugleich kostengünstig ist. Daher ist es nötig, sowohl Hardware- als auch Softwareaspekte umfassend kennenzulernen. Das Grundwissen dafür wird in diesem Buch vermittelt. Der präsentierte Stoff ist für Informatikstudierende ohne besondere Kenntnisse der Elektrotechnik aufbereitet. Wo immer es notwendig war, elektrotechnische Grundkenntnisse mit einzubeziehen, haben wir versucht, dieses so einfach wie möglich darzustellen. Für die Lektüre genügen Grundkenntnisse der Physik und Mathematik. Dem vorliegenden Band ist das Buch „Informatik Aufgaben und Lösungen" zugeordnet, in dem Aufgaben und zugehörige Lösungen dargestellt sind.

Im ersten Abschnitt zur Hardware werden logische Schaltungen behandelt. Hier werden auch besonders wichtige signalverarbeitende elektronische Schaltungen erläutert. Daran anschließend werden Grundlagen der Entwurfssprache VHDL (Very High Speed Integrated Circuit Hardware Description Language) vorgestellt. Dem folgt ein Kapitel über Mikroprozessoren mit der Darstellung von Moore- und Mealy-Schaltwerken. Hier danken wir Prof. Pangratz für die Bereitstellung seines Skriptums „Rechnerstrukturen", aus dem wir die Beiträge über Mealy- und Moore-Schaltwerke entnommen haben. Anschließend betrachten wir Computersysteme mit Prozessoren, Speichern und peripheren Geräten.

Im zweiten Abschnitt werden Betriebssysteme und Systemsoftware behandelt. Besondere Bedeutung kommt dabei den Programmprozessen, der Speicherverwaltung und der Interprozess-Kommunikation zu. Wir haben ganz gezielt darauf verzichtet, auf ein besonderes Betriebssystem einzugehen, sondern wollten vielmehr die grundsätzlichen Mechanismen eines Betriebssystems darstellen. Hierzu haben wir besonders Herrn Univ.-Prof. Dr. U. Schmid für den Beitrag zu dem

Abschnitt „Betriebssysteme“ zu danken, den wir wiederholt in mehrere Auflagen aufgenommen haben.

Unser Dank gebührt weiter Herrn Dipl.-Ing. J. Klasek für die abschnittsweise Durchsicht und teilweise Überarbeitung des Abschnittes „Betriebssysteme und Systemsoftware“ im Buch „Informatik“ (dritte Auflage). Diesen Abschnitt haben wir nochmals angepasst.

Das vorliegende Buch wendet sich sowohl an Fachkräfte aus Wirtschaft und Industrie als auch an Studierende der Informatik. Das Ziel dieses Buches ist es, dem künftigen Informatiker ingenieurmäßiges Wissen auf dem Gebiet der technischen Informatik zu vermitteln.

Wann immer man ein Buch schreibt, so gilt auch hier der Grundsatz aus dem Bereich der Software-Entwicklung, „dass Software niemals wirklich fehlerfrei ist“ (engl. *"Software will never be errorfree"*). Das trifft ebenso auch für das vorliegende Buch zu. Dieser Erfahrung sind wir auch bei der Verfassung dieses Buches gefolgt und haben deshalb eine e-mail-Adresse unter

technische-informatik@auto.tuwien.ac.at

eingerichtet, wo wir gern Korrekturen und Anregungen von unseren Lesern erwarten.

Unser besonderer Dank gilt Herrn Ch. Mörz und Herrn Th. Volpini für die Erstellung des Manuskriptes und der zahlreichen Abbildungen. Darüber hinaus haben wir dem Verlag - vertreten durch Frau Schilgerius - für die bisherige sehr erfolgreiche Zusammenarbeit besonders zu danken.

Gerhard H. Schildt
Pressbaum

Alexander Redlein
Klosterneuburg

Daniela Kahn
Brunn am Gebirge

Pressbaum, Februar 2003

Vorwort zur 2. Auflage

Nach der guten Aufnahme der ersten Auflage unseres Buches „Einführung in die Technische Informatik" haben wir eine Überarbeitung des Inhaltes zur Aktualisierung wie auch zur Beseitigung von Fehlern vorgenommen. So haben wir neu ein Kapitel über USB und FireWire aufgenommen, sodann ein eigenes Kapitel über Netzwerke eingefügt, das auf die neuesten Standards Bezug nimmt. Hier werden Architekturen und Protokolle detailliert vorgestellt.

Der Abschnitt „Betriebssysteme und Systemsoftware" erfuhr eine generelle Überarbeitung mit dem Ziel der Aktualisierung. Hier haben wir neu einen Abschnitt zum Thema „Sicherheit" aus aktuellem Anlass aufgenommen und erhoffen uns dadurch eine hinreichende Akzeptanz von Lesern, die insbesondere am Thema „Security" interessiert sind.

Wie schon bei der ersten Auflage stellen wir weiterhin die e-mail-Adresse unter

technische-informatik@auto.tuwien.ac.at

zur Verfügung, wo wir gern Korrekturen und Anregungen von unseren Lesern erwarten.

Unser besonderer Dank gilt Herrn Univ. Prof. Steininger für Unterlagen zum Thema VHDL und Herrn E. Hirsch für die Bearbeitung des Manuskriptes und der zahlreichen Abbildungen. Weiter möchten wir Frau Schilgerius vom Springer-Verlag unseren besonderen Dank für die bisher erfolgreiche Zusammenarbeit aussprechen.

Gerhard H. Schildt   Daniela Kahn   Christopher Kruegel   Christian Moerz

Inhaltsverzeichnis

1 Einleitung

Software und Hardware sind Menschenware.

E.H. Bellermann,
Dichter und Bauingenieur,
aus „Mensch's Tierleben“

Das vorliegende Buch ,,Einführung in die Technische Informatik” deckt im wesentlichen sowohl Computer-Hardware als auch Betriebssysteme und Systemsoftware ab. Im Abschnitt über Computer-Hardware werden wir zeigen, wie man elektronische Bauelemente einsetzt, um Rechnersysteme aufzubauen. Wir werden den Leser in die Lage versetzen, die technischen Möglichkeiten und Grenzen solcher Systeme zu verstehen und zu bewerten. Auf diese Weise können Leistungsmerkmale heutiger Rechnersysteme besser beurteilt werden. Der Stoff des vorliegenden Buches ist auf das Informatikstudium ausgerichtet und beschränkt sich auf grundlegende elektrotechnische Kenntnisse. Sofern weiterführende Kenntnisse erforderlich sind, werden sie kurz anwendungsbezogen eingeführt.

Weiter wollen wir davon ausgehen, dass die erforderlichen Kenntnisse aus dem Buch G.H. Schildt et al. „Informatik Grundlagen” bereits vorliegen. Dort haben wir die Gesetze der Booleschen Algebra kennengelernt, die uns jetzt als Grundlage für den Aufbau logischer Schaltungen dienen sollen. Die Problemanalyse führt meist zu einer Wahrheitstabelle, die wir dann in eine logische Funktion umsetzen werden. Vielfach kann diese Funktion noch minimiert werden. Auch hierzu haben wir in dem vorangegangenen Buch ,,Gerhard H.Schildt et al. Informatik Grundlagen” bereits die entsprechenden Verfahren wie den Algorithmus nach Quine McCluskey oder das KV-Diagramm nach Karnaugh und Veitch kennen gelernt.

Es sind aber noch andere Aspekte der Realisierung von logischen Funktionen nach der Booleschen Algebra von Bedeutung. Nehmen wir einmal an, wir würden versuchen, einen Volladdierer für Dualzahlen zu entwerfen. Nach einer genauen Problemanalyse haben wir nun Boolesche Ausdrücke für die Summen- und Übertragsbildung bestimmt. So können wir zwar die Funktionalität eines Volladdierers gut beschreiben (was wir im übrigen noch tun werden!), nicht aber konkrete Fragen beantworten wie z.B.

„Wie schnell kann man nun mit dieser Schaltung eine Addition ausführen?” oder *„Wie viele Eingänge können an den Ausgang für die Summenbildung angeschlossen werden, ohne das die Funktionaliät beeinflusst wird?”*

Hierfür muss man sich mit den konkreten technischen Eigenschaften der digitalen Bausteine auseinandersetzen. Wir werden versuchen, die folgenden Fragen zu beantworten:

- *Wie wird aus einem analogen Bauteil ein digitales?*
- *Was bedeutet es, wenn man logisch* 0 *und logisch* 1 *vertauscht?*
- *Wie stark darf ein Ausgang belastet werden?*
- *Wie wird die Geschwindigkeit eines Gatters angegeben?*
- *Warum darf man normale Ausgänge für Busanwendungen nicht miteinander verbinden?*

Für zahlreiche Aufgabenstellungen der Digitaltechnik sind logische Funktionen allein nicht ausreichend; vielmehr braucht man Schaltwerke, die *gedächtnisbehaftet* sind. Dadurch fällt es dem

Entwickler nicht mehr so leicht, die Arbeitsweise eines Schaltwerks zu durchschauen. Dabei entstand die Idee, komplexe Schaltungsentwicklung mit Rechnerunterstützung zu betreiben. Deswegen werden wir die Entwurfssprache *VHDL* für Hardwaredesign behandeln. Die Abkürzung *„VHDL"* bedeutet *Very High Speed Integrated Circuit Hardware Description Language*. Um mit Rechnerunterstützung elektronische Schaltungen entwickeln zu können, gehen wir von einem *Y-Diagramm* aus, das drei Entwurfssichten darstellt: Dies sind die folgenden Sichten: *Verhalten eines Systems* (von außen nach innen), die *Struktur* (CPUs, Speicher,Busse, Module, ...) sowie die *Geometrie* (die geometrische Unterteilung der Chipfläche, Cluster, Zellen, Masken, ...).

Um anschliessend die Funktion von Computersystemen verstehen zu können, machen wir zuvor aber noch einen Abstecher zu den *Endlichen Automaten*; dies sind solche, die eine endliche Anzahl von Zuständen besitzen und deren Zustandsübergänge deterministisch sind. Zur Einführung in die Arbeitsweise von Computersystemen werden wir *Mealy-* und *Moore Schaltwerke* betrachten.

Betrachtet man Computersysteme konzeptuell, so können wir feststellen, dass sich in der Struktur der Computer in den letzten Jahrzehnten wenig geändert hat. Diese Struktur basiert immer noch auf den Ideen von *John von Neumann* und *Konrad Zuse*. Zur Laufzeit sind im Arbeitsspeicher sowohl die Daten als auch die Programme in binärer Form hinterlegt. Der Computer selbst kann nur Instruktionen ausführen. Durch den Einsatz unterschiedlicher Programme ist es damit möglich, verschiedene Probleme zu lösen.

Der nächste Teil geht auf die Thematik der Computernetzwerke ein, welche die Computerwelt in den letzten zehn Jahren revolutionär beeinflußt haben.

Wir werden den prinzipiellen Aufbau von Netzwerken betrachten und dann in die Welt der Standardisierungs-Organisationen eintauchen. Diese Organisationen haben einen nennenswerten Beitrag dazu geleistet, trotz der vielen Anbieter im Hard- und Software-Segment eine weltweit einheitliche Struktur im Netzwerkbereich zu erhalten. Als „krönenden Abschluss" dieses Abschnitts betrachten wir praxisorientiert das „Netz der Netze" – das Internet. Wir widmen uns dem Internet Protocol IPv4 und seinem Nachfahren IPv6 sowie den darauf aufbauenden Transportprotokollen TCP und UDP.

Im dritten Teil des vorliegenden Buches betrachten wir *Betriebssysteme und Systemsoftware*. Wir werden versuchen, einen groben Überblick über die verschiedenen Mechanismen eines Betriebssystems zu geben, ohne uns dabei auf ein spezielles Betriebssystem zu konzentrieren. Vielmehr wollen wir die allen Betriebssystemen gemeinsamen Features herausarbeiten, so dass man sich später in nahezu jedem Betriebssystem wieder zurechtfindet, weil man die grundlegenden Mechanismen wiedererkennt.

Wir werden *Prozesse* als primäre *„Klienten"* eines Betriebssystems kennenlernen, welche die verschiedensten Betriebssystemfunktionen hauptsächlich über Betriebssystemaufrufe (engl. *System Calls*, auch *Supervisory Calls* oder *Service Calls*, abgekürzt SVCs oder SCs) nutzen können. Im Rahmen des Themas *Prozesse* werden wir auch die *Threads, Objekte*, Fragen der *Parallelität von Programmprozessen, Prozesshierarchien, Prozesszustände* sowie das *Scheduling* von Programmprozessen betrachten.

Der nächste Abschnitt ist der *Interprozess-Kommunikation* gewidmet, also dem Austausch von Nachrichten zwischen einem Sender- und einem oder mehreren Empfängerprozessen. Hier werden wir zwischen Mechanismen der Kommunikation und Synchronisation von Prozessen unterscheiden und in diesem Rahmen *synchrone* und *asynchrone Methoden* betrachten.

Ein nächster Schwerpunkt bei der Behandlung von Betriebssystemen ist die *Speicherverwaltung*; d.h., wie soll für einen Programmprozess der notwendige Speicherplatz reserviert werden, und zwar nicht nur für die ausführbaren Instruktionen (den *Code*), sondern auch für die verwendeten Daten (*Variablen*) sowie die erforderliche Datenstruktur (*Prozessdeskriptor*) zur Verwaltung des Programmprozesses durch das Betriebssystem. Dazu gehören Verfahren der physikalischen Adresszuordnung wie das *Swapping, Paging* und die *Segmentierung*.

Der Bereich der Betriebssysteme wird abgerundet durch Abschnitte über Geräte-Treiber-Software (*Device Driver*) und das *Ressourcen-Management*. Außerdem wollen wir noch eine Einführung in einen Bereich geben, der vor allem in den letzten Jahren sehr an Bedeutung gewonnen hat, nämlich der *Sicherheit* von Computersystemen. Nachdem dieses Gebiet sehr weit gefächert ist, beschränken wir uns allerdings auf eine Beschreibung der grundlegenden Konzepte und jener Sicherheitsmechanismen, die Betriebssysteme üblicherweise zur Verfügung stellen.

Abschließend möchten die Verfasser der Hoffnung Ausdruck verleihen, dass es dem Leser nicht allzu schwer fällt, unser Buch zu verstehen und dieses später auch einmal als geeignetes Nachschlagewerk zu nutzen.

Hardware

In der Struktur der Computer hat sich in den letzten Jahrzehnten relativ wenig geändert. Sie basiert immer noch auf den Konzepten des ungarischen Mathematikers *John von Neumann* und des deutschen Bauingenieurs *Konrad Zuse*. Zur Laufzeit befinden sich im Arbeitsspeicher des Rechners sowohl die Daten als auch die Programme. Der Computer kann selbst nur Befehle ausführen. Durch den Einsatz unterschiedlicher Programme ist es daher möglich, verschiedene Aufgabenstellungen zu bearbeiten.

Ein Computer setzt sich aus folgenden Komponenten zusammen:

Rechenwerk: Hier erfolgt die eigentliche Verarbeitung der Daten sowie auch ihr Transfer.

Speicherwerk: Diese Komponente dient der Speicherung der Daten und Programme.

Steuerwerk: Die Aufgabe des Steuerwerks besteht in der Koordination der einzelnen Komponenten.

Ein-/Ausgabeeinheiten: Über diese Komponenten lassen sich Informationen mit den Peripheriegeräten (Ein-/Ausgabegeräte und Hintergrundspeicher) austauschen.

Bussystem: Über das Bussystem können Daten zwischen den oben erwähnten Teilen ausgetauscht werden.

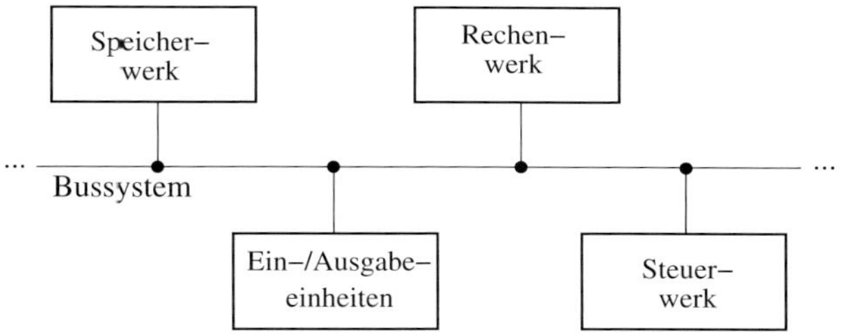

Abbildung 1.1: Computerkomponenten

Alle diese Teile sind mit *logischen* Schaltungen aufgebaut. Daher wollen wir im ersten Schritt diese Bauteile behandeln. Im nächsten Abschnitt *Mikroprozessoren* wird aus diesen Bestandteilen die Hardwarestruktur einer *Central Processing Unit* (*CPU*), die das zentrale Rechen– und Steuerwerk darstellt, aufgebaut und ihre Funktionsweise erklärt. Die verschiedenen Operationen, welche die Prozessoren ausführen können, ihre Qualitätsmerkmale sowie die restlichen Bestandteile eines Computers werden im Teil *Systemsoftware* näher betrachtet. Am Ende dieses Abschittes werden wir einen vollständigen Computer entwickelt haben, der *Maschinen-Code* - das sind binär-codierte Befehle - verarbeiten kann. Diese Maschinenbefehle werden von der CPU gelesen und abgearbeitet.

Die Programmierung eines Computersystems in Maschinenbefehlen ist recht umständlich und von einem Menschen allein kaum zu bewältigen. Deshalb wird eine neue Sprache eingeführt, die sich auf die Maschinen-Codes abbilden lässt. Zur Konvertierung der Sprachen setzt man wiederum einen Computer ein. Dazu bestehen zwei Lösungswege:

Übersetzung: Vor der Ausführung des Programms wird zu einem beliebigen Zeitpunkt jeder Befehl des in der neuen Sprache geschriebenen *Source-Codes* von einem *Compiler*-Programm in eine äquivalente Folge von Maschinen-Instruktionen übersetzt. Das Ergebnis ist ein Programm in Maschinensprache, das auf einem Computer exekutiert werden kann. Der Source-Code ist anschließend nicht mehr erforderlich. Es ergibt sich damit eine Trennung von Übersetzungs– und Ausführungsphase.

Interpretation: Der Interpreter liest zur Laufzeit ein erstelltes Programm in der neuen Sprache Zeile für Zeile ein und exekutiert *online* die entsprechende Folge von Maschinenbefehlen. Es wird damit eine direkte Ausführung der neuen Sprache simuliert.

2 Logische Schaltungen

Wer sie nicht kennte,
die Elemente,
ihre Kraft
und Eigenschaft,
wäre kein Meister
über die Geister.

Faust.
Johann Wolfgang von Goethe,
„Faust“. Der Tragödie erster Teil.

2.1 Grundbegriffe

In dem Buch G.H. Schildt et al. „Informatik Grundlagen", Springer Verlag (2002) wurden die theoretischen Grundlagen der Informatik dargestellt. In dem vorliegenden Buch „Einführung in die Technische Informatik" soll nun eine Brücke geschlagen werden, um die erworbenen Kenntnisse auf den Entwurf digitaler Schaltungen anwenden zu können.

Zum Betreiben einer elektronischen Schaltung wird eine Versorgungsspannung erforderlich, die üblicherweise +5 V oder +12 V beträgt. Diese Versorgungsspannung wird mit VDD oder VCC bezeichnet. Der 0 V-Anschluss wird Ground (Masse) genannt und meistens mit GND bezeichnet. Die Spannungen, die am Eingang mit u_e und am Ausgang mit u_a bezeichnet werden, liegen stets zwischen 0 V und der Versorgungsspannung.

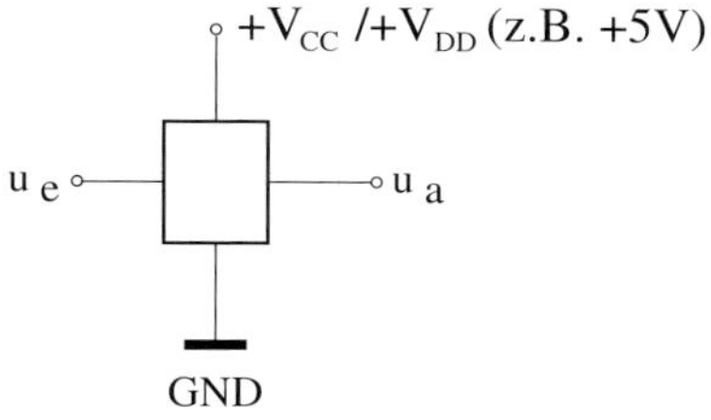

Abbildung 2.1: Versorgungsspannungsanschlüsse an einem elektronischen Bauelement mit $+V_{CC}/+V_{DD}$ und Ground (GND, Masse)

Es muss definiert werden, wie die Zustände logisch 0 und logisch 1 darzustellen sind. Bei digitalen Schaltungen werden die Zustände durch zwei Spannungswerte repräsentiert, wobei dem Spannungswert U_{LOW} der logische Zustand 0 und dem hohen Spannungswert U_{HIGH} der logische Zustand 1 zugeordnet wird (positive Logik). Bei realen Schaltkreisen werden Toleranzbreiten um diese Spannungswerte zugelassen. Die kleinere Spannung U_{LOW} muss daher nicht notwendigerweise null sein. Ordnet man die Spannungswerte umgekehrt zu, U_{LOW} dem Zustand logisch 1 und U_{HIGH} dem Zustand logisch 0, dann bezeichnet man diese Zuordnung als negative Logik, wie die folgende Abbildung zeigt.

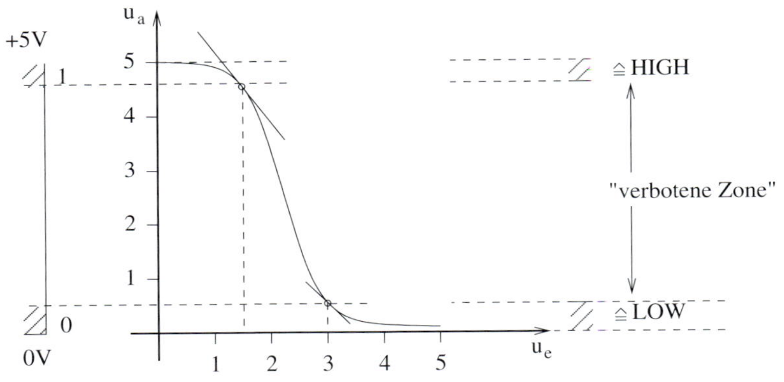

Abbildung 2.2: Übertragungskennlinie $u_a = f(u_e)$ eines Inverters

Die Spannungsintervalle für 0 und 1 werden so gewählt, dass man für 0 und 1 in den flachen Teilen der Übertragungskennlinie des Inverters nach Abbildung 2.2 bleibt. Dies sind die Bereiche, in denen die Kennliniensteigung dem Betrage nach kleiner als 1 ist. Damit soll gewährleistet werden, dass die Logiksignale stets eindeutig 0 und 1 sind.

Dazwischen befindet sich ein Bereich, der „verbotene Zone" genannt wird; Spannungswerte in diesem Bereich sind nicht zulässig, somit darf es auch keine Spannungswerte geben, die zwischen 0 und 1 liegen.

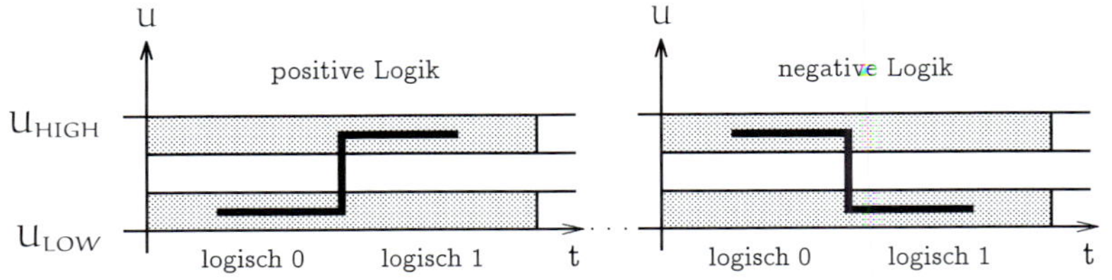

Abbildung 2.3: Wechsel von logisch 0 auf 1 bei positiver und negativer Logik

Bei dem Aufbau von elektronischen Schaltungen werden Bauteile verwendet, welche die mathematischen Operatoren $\wedge$ (UND), $\vee$ (ODER) und $\neg$ (NOT) realisieren. Die Methode zur mathematischen Herleitung eines Schaltungsaufbaues wird *Schaltalgebra* genannt. In den Schaltplänen werden anstatt der logischen Operatoren und Operanden Schaltsymbole verwendet. Diese wurden von der *International Electrotechnical Comission (IEC)* genormt und von vielen nationalen Normungsinstituten übernommen und werden auch in diesem Buch verwendet.

Elektronische Bausteine, welche die logischen Funktionen umsetzen, werden *Gatterschaltungen* oder auch in der Kurzform Gatter (engl. *gate*) genannt. Gatter zur Realisierung der logischen Funktionen UND, ODER und NICHT werden Grundgatter genannt und sind in der folgenden Abbildung dargestellt.

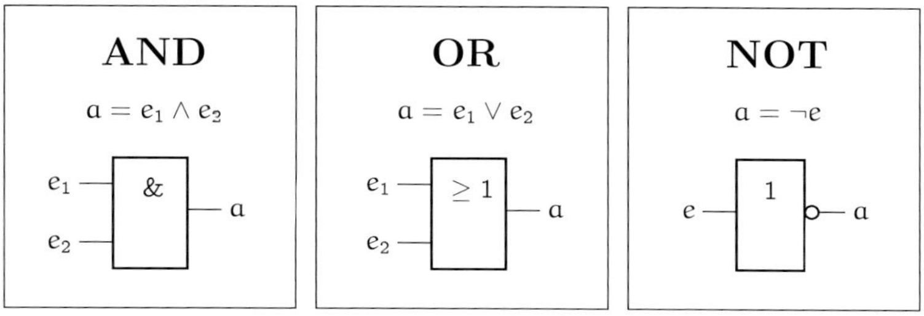

Abbildung 2.4: Grundgatter

Zwei weitere Gatter, die in der Praxis häufig Verwendung finden, sind das NAND (Not AND)- und das NOR (Not OR)-Gatter.

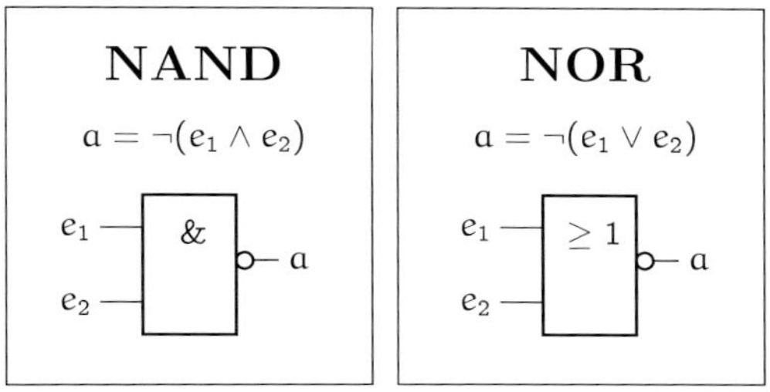

Abbildung 2.5: NAND– und NOR– Gatter

Man nennt diese Gatter auch *universelle Gatter*, da es mit jedem dieser zwei Gatter möglich ist, die drei booleschen Grundfunktionen nachzubilden. Diese Umsetzung zeigen die beiden folgenden Abbildungen.

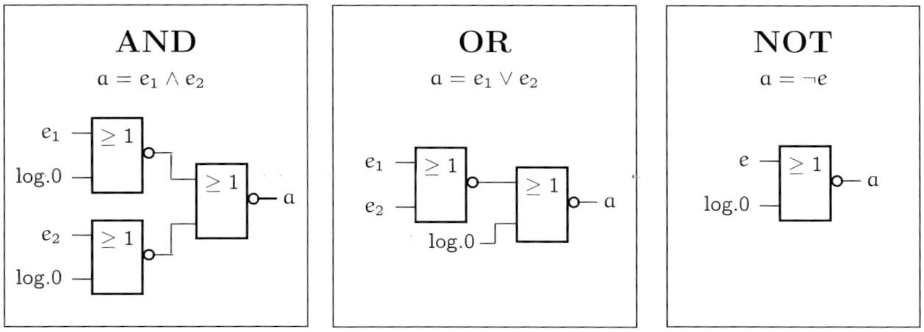

Abbildung 2.6: Boolesche Operatoren aus NOR-Gattern aufgebaut

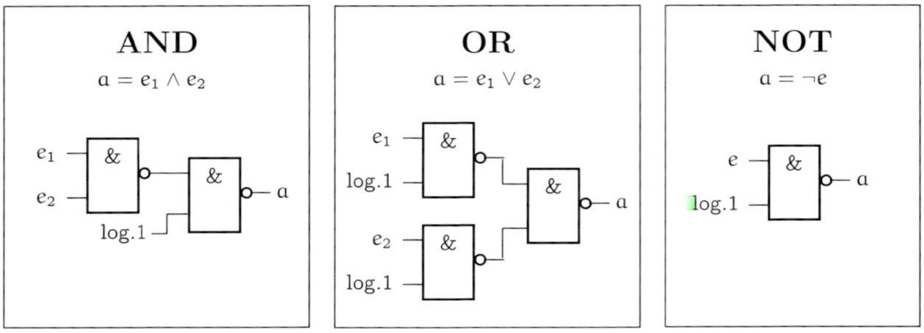

Abbildung 2.7: Boolesche Operatoren aus NAND-Gattern aufgebaut

Mit Hilfe der Booleschen Algebra und den *de Morganschen Gesetzen* kann man die Korrektheit der dargestellten Gatterschaltungen nachvollziehen.

Man kann die Darstellung von Gatterschaltungen noch dahingehend vereinfachen, dass man vor einen Eingang geschaltete NOT-Gatter durch einen eingangsseitigen Negationskreis darstellt bzw. ein an einen Ausgang geschaltetes NOT-Gatter durch einen Negationskreis ausgangsseitig in der Schaltung darstellt.

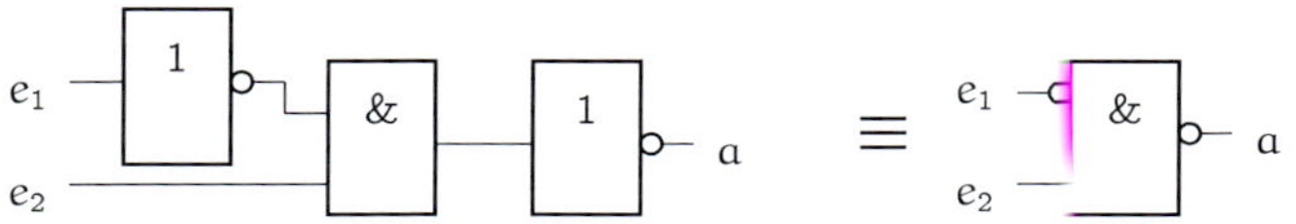

Abbildung 2.8: Vereinfachte Darstellung von $a = \neg(\neg e_1 \wedge e_2)$

Bei manchen Eingängen unterscheidet man zwischen 0-aktiven und 1-aktiven Eingängen, wie zum Beispiel bei Setz- und Rücksetzeingängen. Von einem 1-aktiven Eingang spricht man, wenn dieser beim Anlegen einer 1 aktiv wird, der Ruhezustand liegt dann bei logisch 0; umgekehrt wird der Eingang mit logisch 0 aktiv (Ruhezustand logisch 1). Im Schaltsymbol zeichnet man bei einem 0-aktiven Eingang einen Negationskreis oder negiert den betreffenden Buchstaben. Es ist zu beachten, dass der Negationskreis den 0-aktiven Eingang kennzeichnet. Die folgende Abbildung zeigt einige Beispiele:

Abbildung 2.9: 1-aktive und 0-aktive Eingänge

Es gibt verschiedene Schaltungstechniken für die Realisierung der einzelnen Gatter; man nennt diese *Schaltkreisfamilien*. Die Schaltkreisfamilien werden nach folgenden Kriterien klassifiziert:

Power dissipation: Darunter versteht man die Verlustleistung eines Gatters, die in W, mW oder W angegeben wird.

Propagation delay: Das ist die Zeit, die vergeht, bis nach dem Anlegen der Eingangssignale das Ausgangssignal am Ausgang eines Bausteins im „eingeschwungenen Zustand" anliegt.

Fan out: Dieser Wert gibt an, wie viele Eingänge man an einen Ausgang anschließen kann, ohne die Funktionalität zu beeinträchtigen. Dies gilt nur, wenn Bausteine der gleichen Schaltkreisfamilie verwendet werden (auch *Ausgangsfächer* genannt)

2.1.1 Fan Out

Für den Ausgang eines Digitalbausteins verwenden wir folgendes einfache Modell (siehe folgende Abbildung): Abhängig vom Logikzustand wird der Ausgang über einen Schalter mit 0 V oder +5 V verbunden (Schalterstellungen L für LOW und H für HIGH). In Wirklichkeit handelt es sich nicht um einen mechanischen, sondern um einen elektronischen Transistorschalter. Der Restwiderstand, den die durchgeschalteten Transistoren noch haben, wird durch den Innenwiderstand R_i dargestellt. Der Ausgang stellt daher eine Spannungsquelle mit der Leerlaufspannung 0 V oder +5 V (je nach Logikzustand) und dem Innenwiderstand R_i dar. Dieses Modell ist jedoch eine grobe Näherung, die für unsere Zwecke aber ausreicht.

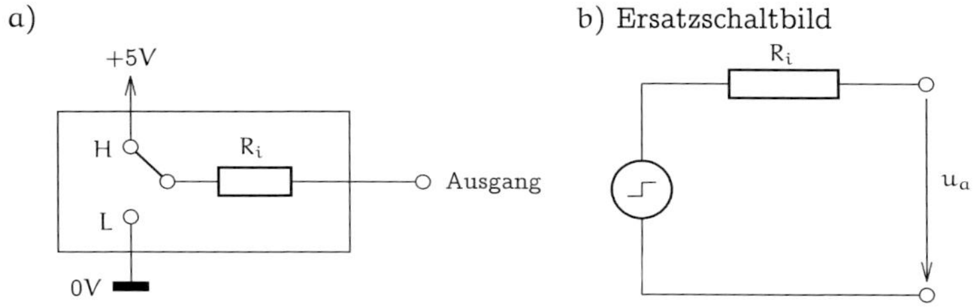

Abbildung 2.10: Modell eines Digitalbausteins und das zugehörige Ersatzschaltbild (ESB)

Für den Eingang eines Digitalbaustein sehen wir als Modell einen Widerstand und eine Kapazität vor. Diese Kapazität ist in realen Schaltungen unvermeidlich (parasitär): Schon durch die geometrischen Abmessungen der Halbleiterschaltung stellt jeder Eingang eine kapazitive Belastung dar. Durch den Widerstand fliesst beim Anlegen einer Spannung ein Strom in den Eingang hinein. Dieses Modell ist ebenso sehr vereinfacht: Halbleiterschaltungen haben meistens eine nichtlineare Charakteristik, die sich durch einen ohmschen Widerstand nicht wiedergegeben werden kann. Für unsere Betrachtungen wollen wir es aber bei diesem einfachen Modell, bestehend aus der Parallelschaltung von Eingangswiderstand R_E und der wirksamen Kapzität C_E am Eingang, belassen.

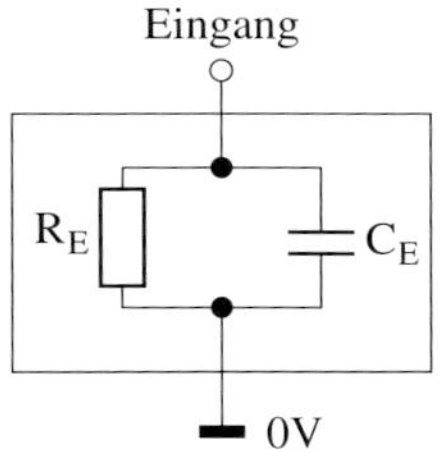

Abbildung 2.11: Ersatzschaltbild Eingang

Werden mehrere Eingänge an einen Ausgang angeschlossen, wird dieser Ausgang durch die Eingänge belastet, wobei hierbei die kapazitive Belastung von besonderer Bedeutung ist. Werden mehrere Kapazitäten parallel geschaltet, so addieren sich diese zu einer Gesamtkapazität.

Die parallelen Kapazitäten der einzelnen Eingänge C_{E1} bis C_{E3} addieren sich somit zu einer Gesamtkapazität. Hinzu kommt noch die kapazitive Belastung durch die Zuleitungen. Längere Leitungen stellen ebenso nennenswerte Kapazitäten C_{L1} bis C_{L3} dar. Der Ausgang wird daher mit der Summe dieser Kapazitäten belastet, wie die folgende Abbildung zeigt:

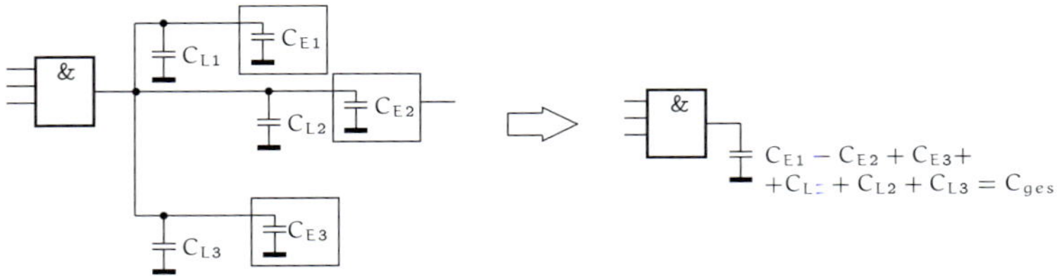

Abbildung 2.12: Kapazitive Belastung

Die gesamt wirksame Kapazität muss bei jedem Umschaltvorgang über den Innenwiderstand des Ausganges auf- bzw. entladen werden. Die Spannungsverläufe für die Spannung an der gesamt wirksamen Kapazität $u_C(t)$ bei einem solchen Auflade- und Entladevorgang verlaufen exponentiell und können wie folgt beschrieben werden:

Aufladevorgang: $u_C(t) = U_0 \cdot \left(1 - e^{-\frac{t}{\tau}}\right)$

$U_0 \ldots$ asymptotischer Endwert

Entladevorgang: $u_C(t) = U_0 \cdot e^{-\frac{t}{\tau}}$

$U_0 \ldots$ Anfangswert

mit der Zeitkonstante $\tau = R \cdot C_{ges}$. Man kann leicht nachrechnen, dass nach $(4 \ldots 5)\tau$ der Endwert praktisch erreicht wird (nach $4 \cdot \tau$ etwa 98% bzw. nach $5 \cdot \tau$ circa 99% des Endwertes).

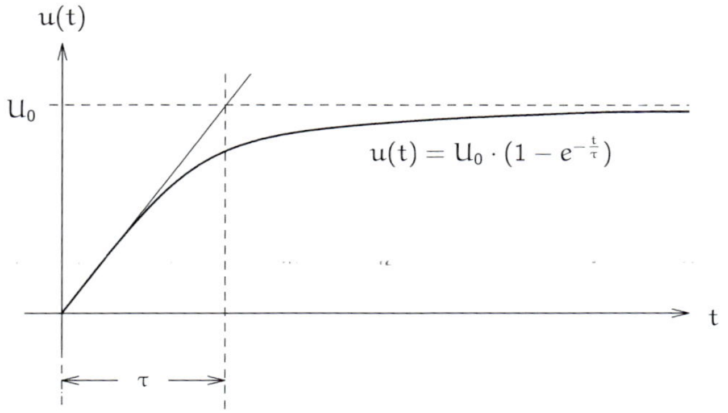

Abbildung 2.13: Spannungsverläufe bei kapazitiver Belastung (Aufladevorgang)

Wenn wir zum Beispiel als Zahlenwerte einen Innenwiderstand R_i von 200 Ω und eine Gesamtlastkapazität von 25 pF annehmen, ergibt sich eine Zeitkonstante $\tau = R \cdot C$ von 5 ns (Nanosekunden).

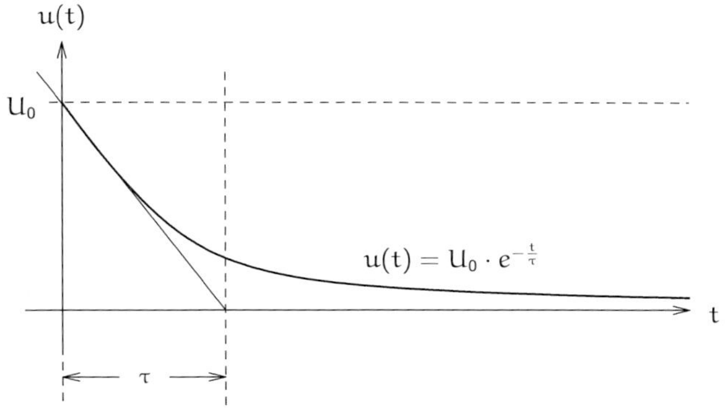

Abbildung 2.14: Spannungsverläufe bei kapazitiver Belastung (Entladevorgang)

Je grösser die Lastkapazität ist, umso länger dauert das Umladen der gesamt wirksamen Kapazität, und die Signalflanken werden immer flacher. Diese Auf- und Entladevorgänge beeinflussen entscheidend die obere Grenzfrequenz, mit der integrierte Schaltkreise betrieben werden können. Deshalb darf die kapazitive Last nicht beliebig gross sein und die Anzahl der Eingänge, die an einen Ausgang angeschlossen werden darf, wird dadurch beschränkt. Man nennt die maximal mögliche Anzahl der anschließbaren Eingänge an einen Ausgang den *Fan out* (Ausgangsfächer). Ist der Fan-Out z.B. 10, so dürfen an einen Ausgang maximal zehn Eingänge angeschlossen werden. Wird diese Belastungsgrenze überschritten, sind Funktionsstörungen möglich. Wenn man den Fan-Out durch eine Zahl angibt, so setzt man dabei natürlich voraus, dass alle Eingänge und Ausgänge der gleichen Schaltkreisfamilie angehören. Innerhalb einer Schaltkreisfamilie ist das normalerweise der Fall. Besondere Eingänge wie zum Beispiel Takt- und Rücksetzeingänge, die im Inneren des Bausteins an mehrere Gatter führen, stellen eine grössere Last als ein Standardeingang dar.

2.1.2 Schaltkreisfamilien

Zu den wichtigsten Familien gehören:

TTL (Transistor-Transistor Logic): Diese Gruppe hat einen großen *Fan out*, wird allerdings wegen der relativen grossen Gatterlaufzeit (Propagation delay) heute kaum noch verwendet. Ihre Weiterentwicklung, (z.B. durch den Einsatz von Schottky-Dioden) arbeitet schneller und befindet sich deshalb auch heute noch im Einsatz.

ECL (Emitter Coupled Logic): Den Vorteilen – geringste Gatterlaufzeiten (propagation delay) bei hoher Störsicherheit – stehen nachteilig große Verlustleistungen der Gatterschaltungen und hohe Kosten gegenüber.

MOS (Metal-Oxid Semiconductor): Bei einfachen Gattern wird diese Technik selten eingesetzt; sie wird jedoch bei hoch integrierten Schaltungen angewandt.

CMOS (Complementary MOS): Diese Familie ist durch die geringste Leistungsaufnahme und einen großen Betriebsspannungsbereich gekennzeichnet und wird deshalb vor allem bei batteriebetriebenen Geräten eingesetzt. Diese Technik ist Standard im PC-Bereich. Sie besitzt einen hohen statischen Störabstand, der etwa 55% der Versorgungsspannung beträgt.

In den Standard-Bauteilfamilien TTL und CMOS haben die Bauteile nur eine kleine Integrationsdichte.

Auf weitere Betrachtungen im Rahmen dieses Buches wollen wir hier verzichten, da uns vor allem die Funktionalität der integrierten Schaltungen interessieren soll.

2.1.3 Signalnamen und Signalverbindungen

Oft ist es nötig, Signalen einen Namen zu geben. Ausserdem kann man sich durch die Benennung von Signalen verwirrende Verbindungen ersparen. Gleichnamige Signale sind auch logisch gleich.

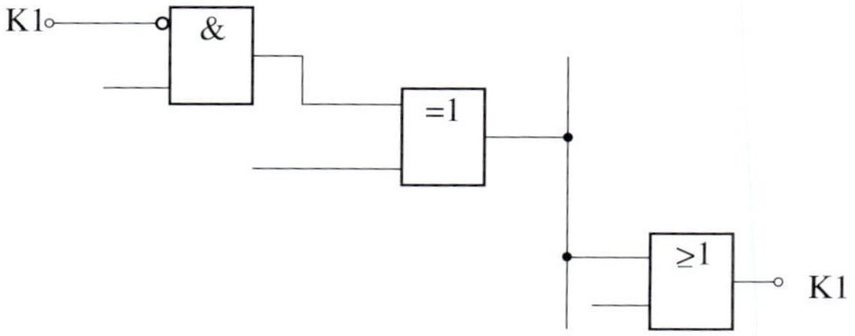

Abbildung 2.15: Signalnamen

Die Versorgungsspannung zeichnet man jedoch nur ein, wenn das aus besonderen Gründen notwendig ist. Für gewöhnlich werden nur die logischen Verbindungen gezeichnet.

Die *Verbindung von zwei Signalleitungen* zeigt man durch einen Verzweigungspunkt an. Ist dieser nicht vorhanden, besteht keine Verbindung:

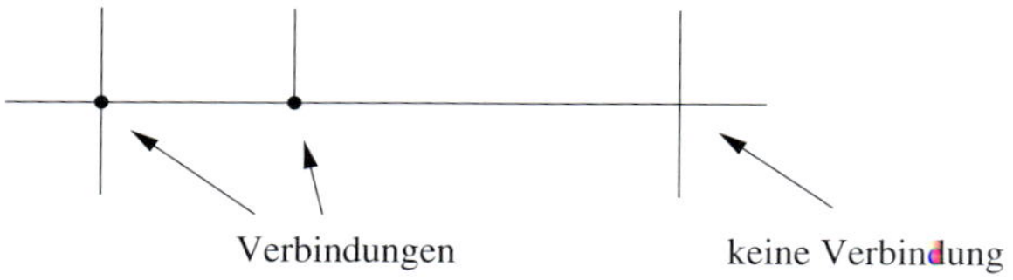

Abbildung 2.16: Verbindung von Signalleitungen

Oft treten Busleitungen als Leitungsvielfach (z.B. Flachbandkabel). Zur Vereinfachung fasst man solche Leitungen in einem Strich zusammen (der unter Umständen dicker gezeichnet wird als die Einzelleitungen) und schreibt die Anzahl der zusammengefassten Leitungen an:

Abbildung 2.17: Signalbündel

Solche Leitungsbündel kann man wie andere Leitungen verzweigen oder in zwei oder mehr Bündel aufteilen:

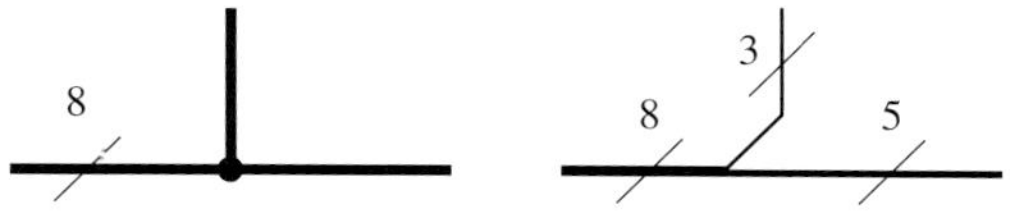

Abbildung 2.18: Verzweigungen und Aufteilungen von Signalbündeln

Möchte man an ein solches Bündel ein Bitmuster anlegen, so kann man es „auffasern". Es ist dabei oft notwendig, durch die Bezeichnung *Least Significant Bit* und *Most Significant Bit (LSB und MSB)* die Ordnung der Leitungen anzuzeigen.

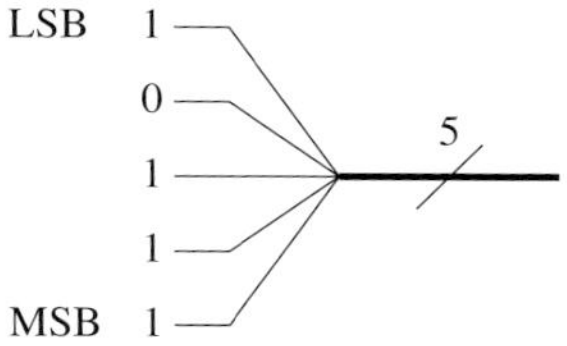

Abbildung 2.19: Signalbündel mit LSB und MSB

2.2 Realisierung von Funktionen

Im nächsten Schritt wollen wir zeigen, wie logische Funktionen in Gatterschaltungen umzusetzen sind. Als Beispiel wird die Antivalenzfunktion

$$\mathrm{XOR} = e_1 \oplus e_2$$

aus den Grundgattern AND, OR und NOT entsprechend der Funktion

$$(\neg e_1 \wedge e_2) \vee (e_1 \wedge \neg e_2) = e_1 \oplus e_2 = a$$

aufgebaut.

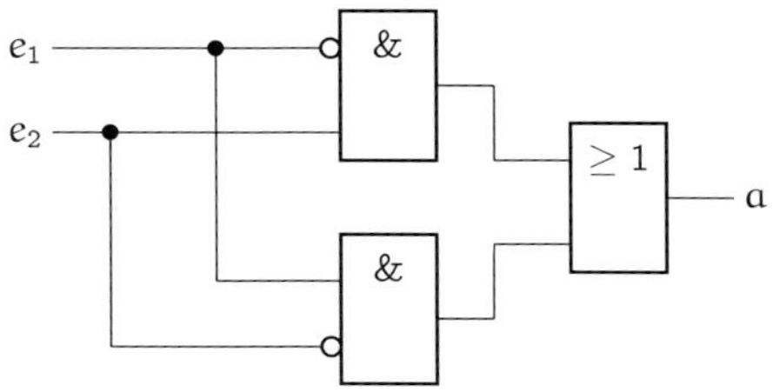

Abbildung 2.20: Antivalenz

Als nächstes soll eine Schaltung realisiert werden, die drei Eingänge e_1, e_2 und e_3 besitzt, die als Bits einer binären Zahl interpretiert werden. Sie gibt am Ausgang dann logisch 1 aus, wenn die binäre Zahl an den Eingängen kleiner als 3 ist, wobei der Eingang e_1 das höchstwertige Bit (engl. *msb = Most Significant Bit*) und der Eingang e_3 das niederwertigste Bit (engl. *lsb = Least Significant Bit*) repräsentieren. Zuerst stellen wir die Wahrheitstabelle auf.

dez	binär	e_1	e_2	e_3	a
0	000	0	0	0	1
1	001	0	0	1	1
2	010	0	1	0	1
3	011	0	1	1	0
4	100	1	0	0	0
5	101	1	0	1	0
6	110	1	1	0	0
7	111	1	1	1	0

Aus der Wahrheitstabelle erhält man die disjunktive Normalform:

$$a = f(e_1, e_2, e_3) = (\neg e_1 \wedge \neg e_2 \wedge \neg e_3) \vee (\neg e_1 \wedge \neg e_2 \wedge e_3) \vee (\neg e_1 \wedge e_2 \wedge \neg e_3)$$

Durch die Verwendung des KV-Diagramms oder des Algorithmus nach Quine und McCluskey erhalten wir die reduzierte Form

$$a = f(e_1, e_2, e_3) = (\neg e_1 \wedge \neg e_2) \vee (\neg e_1 \wedge \neg e_3)$$

Die Abbildung 2.21 zeigt die Realisierung dieser Funktion mit Hilfe von Gattern.

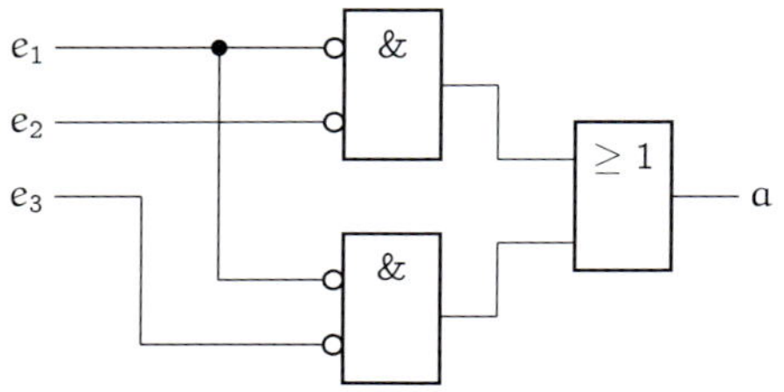

Abbildung 2.21: Realisierung mit Hilfe von Gattern

2.2.1 Halbaddierer

Addierer sind logische Schaltungen, die zwei Binärzahlen miteinander addieren. Die einfachste Form – der *Halbaddierer* – zählt zwei einstellige Binärzahlen zusammen (der Name „Halbaddierer“ kommt daher, dass mögliche Überträge aus Vorstellen im Gegensatz zum Volladdierer nicht berücksichtigt werden). Wir beginnen mit der Untersuchung aller möglichen Fälle und stellen dabei folgende Wahrheitstabelle auf:

e_1	e_2	$e_1 + e_2$
0	0	00
0	1	01
1	0	01
1	1	10

Im Fall, dass e_1 und e_2 gleich eins sind, entsteht ein Übertrag in die nächsthöhere Stelle. Die Schaltung benötigt daher zwei Ausgänge. Deswegen muss man eine Funktion für die *Summe* S (engl. *sum*) und eine für den *Übertrag* C (engl. *Carry*) herleiten. Durch das Aufstellen der disjunktiven Normalform erhalten wir die booleschen Funktionen $S = e_1 \oplus e_2$ und $C = e_1 \wedge e_2$. Der Übertrag stellt daher eine UND-Verknüpfung und die Summe eine *Antivalenz*-Verknüpfung dar (sie wird durch das Symbol =1 in den Abbildungen dargestellt). Die Schaltung ist in der folgenden Abbildung dargestellt.

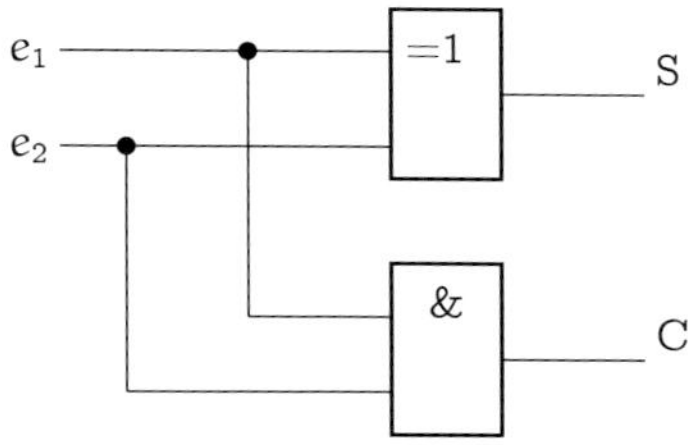

Abbildung 2.22: Halbaddierer

2.2.2 Volladdierer

Möchte man zwei Binärzahlen mit n Stellen addieren – wobei die Stellen der ersten Zahl mit $(e_{1.i})$ und die der zweiten mit $(e_{2.i})$ für $i = 1, 2, \ldots, n$ bezeichnet werden – kann man den Halbaddierer nur für das niederwertigste Bit $(i = 1)$ (lsb) verwenden. Bei allen anderen Stellen muss man nicht nur die Bits der Zahlen, sondern auch den Übertrag der nächstniedrigeren Stelle dazu addieren. Der Übertrag für die i-*te* Stelle wird allgemein als C_{i-1} $(i = 2, 3, \ldots, n)$ angeschrieben.

Mit Hilfe der folgenden Wahrheitstabelle können wir die Funktionen für die Summe S_i und den Übertrag C_i der i-*ten* Stufe berechnen.

$e_{1.i}$	$e_{2.i}$	C_{i-1}	C_i	S_i
0	0	0	0	0
0	0	1	0	1
0	1	0	0	1
0	1	1	1	0
1	0	0	0	1
1	0	1	1	0
1	1	0	1	0
1	1	1	1	1

Die disjunktiven Normalformen dieser Funktionen sind damit

$$\begin{aligned} S_i = \quad & (\neg e_{1.i} \wedge \neg e_{2.i} \wedge C_{i-1}) \vee (\neg e_{1.i} \wedge e_{2.i} \wedge \neg C_{i-1}) \vee \\ \vee \quad & (e_{1.i} \wedge \neg e_{2.i} \wedge \neg C_{i-1}) \vee (e_{1.i} \wedge e_{2.i} \wedge C_{i-1}) \end{aligned}$$

und

$$\begin{aligned} C_i = \quad & (\neg e_{1.i} \wedge e_{2.i} \wedge C_{i-1}) \vee (e_{1.i} \wedge \neg e_{2.i} \wedge C_{i-1}) \vee \\ \vee \quad & (e_{1.i} \wedge e_{2.i} \wedge \neg C_{i-1}) \vee (e_{1.i} \wedge e_{2.i} \wedge C_{i-1}). \end{aligned}$$

Wir könnten auf diese Ausdrücke den Algorithmus von Quine und McCluskey anwenden, um sie zu vereinfachen. Hier können wir die vereinfachte Form allerdings direkt aus der Wahrheitstabelle ablesen. Für S_i lässt sich die reduzierte Form daraus ableiten, dass S_i immer dann den Wert 1 annimmt, wenn die Anzahl der Eingänge, die logisch 1 sind, ungerade ist. Dies wird durch die Funktion

$$S_i = e_{1.i} \oplus e_{2.i} \oplus C_{i-1}$$

realisiert. Der Übertrag ist nicht so einfach ermittelbar. Eine für unsere Schaltung optimierte Funktion ist

$$C_i = (e_{1.i} \wedge e_{2.i}) \vee (C_{i-1} \wedge (e_{1.i} \oplus e_{2.i})).$$

Die Realisierung der Schaltung, genannt *Volladdierer* (engl.*Full Adder, FA*), ist aus Abbildung 2.23 ersichtlich.

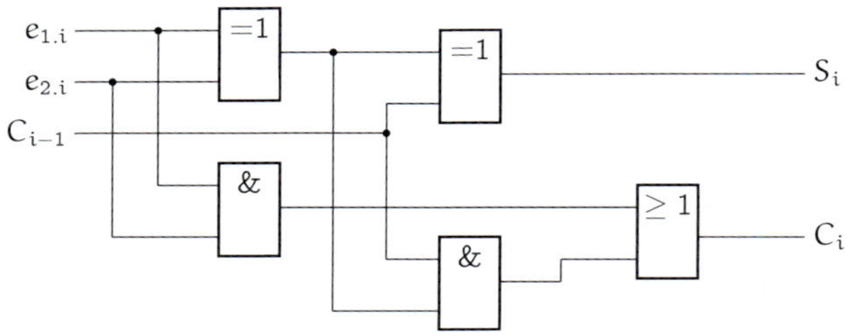

Abbildung 2.23: Volladdierer

Aus Abbildung 2.23 ist erkennbar, dass Eine Funktion, die eigentlich aus drei Variablen besteht, kann auch mit Hilfe von Gattern, die nur zwei Eingänge besitzen, nachgebildet werden. Dies ist unter Anwendung des Assoziativgesetzes in Abbildung ?? durchgeführt. Auf diese Weise realisiert man an Stelle von $e_{1.i} \oplus e_{2.i} \oplus C_{i-1}$ entweder $e_{1.i} \oplus e_{2.i} \oplus C_{i-1}$ (wie oben) oder $e_{1.i} \oplus e_{2.i} \oplus C_{i-1}$. Zur Vereinfachung setzen wir voraus, dass im folgenden die Gatter die benötigte Anzahl von Eingängen besitzen.

Zur Erhöhung der Übersichtlichkeit werden die hergeleiteten Schaltungen nicht mit ihrem vollständigen Schaltbild wiedergegeben, sondern durch ein *Blockschaltbild*, das nur die Eingänge, Ausgänge und Funktionen ausweist. Da somit nur die *Funktionalität*, nicht aber die *Struktur*, dargestellt wird, spricht man auch von einer Darstellung als *Black Box*, dir wir nun auf beide Addierer anwenden.

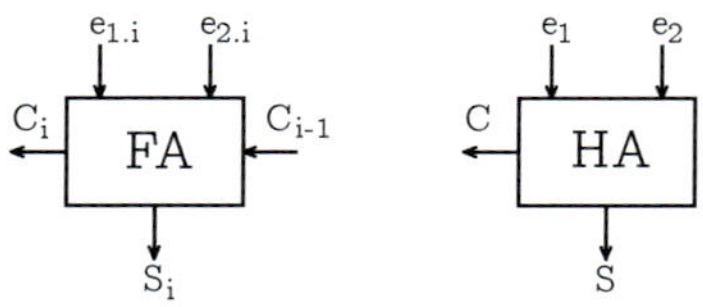

Abbildung 2.24: Volladdierer (full adder) – Halbaddierer (half adder)

Diese *Module* lassen sich nun wie folgt zusammensetzen (siehe Abbildung 2.25).

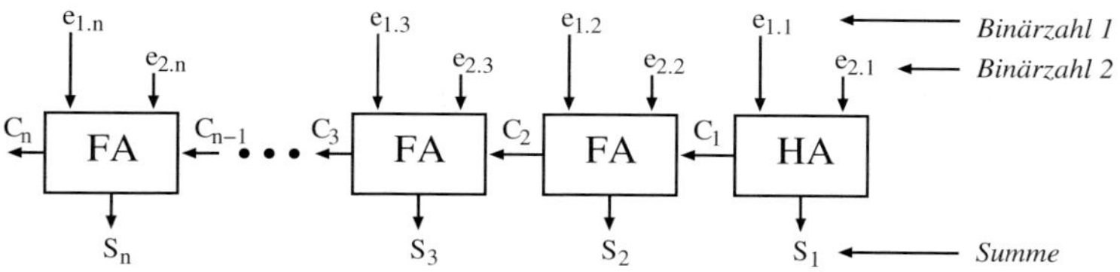

Abbildung 2.25: Paralleladdierer

Diese so entstandene Schaltung des *Paralleladdierers* kann wieder als neue Einheit aufgefasst und als einzelnes Schaltelement dargestellt werden. Dabei wenden wir die in der Informatik gängige Vereinbarung an, dass Ein- und Ausgänge bei 0 beginnend bis $n-1$ nummeriert werden. Die Summe ist dann $S = B_1 + B_2$, wobei B_1 und B_2 mit den beiden Binärzahlen 1 und 2 aus Abbildung 2.25 übereinstimmen und exemplarisch die Wortbreite $n = 4$ gewählt wurde.

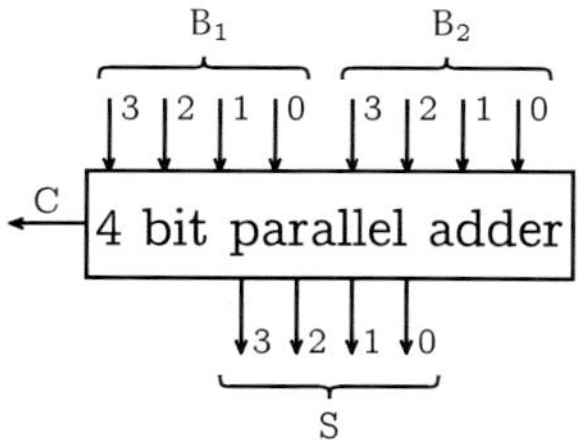

Abbildung 2.26: Blockschaltbild des 4-bit-Paralleladdierers

Durch die Verwendung des Einer- oder Zweierkomplements lässt sich die Subtraktion auf eine Addition zurückführen, so dass man die ersten einfachen Rechenaufgaben von einer Maschine durchführen lassen kann. Bei Paralleladdierern werden meistens auch für die niedrigsten Stellen Volladdierer verwendet, um die Schaltung beliebig erweitern zu können.

Die bisher dargestellten Funktionen sind als *integrierte Schaltungen* (engl. *Integrated Circuits, ICs*) auf einem Baustein *Chip* erhältlich. Ihre Art der Beschaltung (*Pinbelegung*) entnimmt man so genannten *Datenblättern* bzw. *Datenbüchern*.

2.2.3 Codierer

Nomen est omen!

Plautus, „Der Perser".

Die Schaltung eines Codierers besitzt bei n Eingängen, die mit e_i ($i = 0, 1, \ldots, n-1$) bezeichnet werden, genau $m = \lceil \text{ld}\,(n) \rceil$ Ausgänge, welche die Bezeichnung a_j ($j = 0, 1, \ldots, m-1$) erhalten. Unter der Bedingung, dass immer nur einer der n Eingänge aktiv (d.h., logisch 1) sein kann, wandelt der Codierer die Bitfolge, die an den Eingängen e_i anliegt, in eine Binärzahl an den Ausgängen a_j um.

In der folgenden Wahrheitstabelle sind die Werte für einen Codierer mit $n = 8$ Eingängen und dementsprechend $m = 3$ Ausgängen aufgeschlüsselt.

e_7	e_6	e_5	e_4	e_3	e_2	e_1	e_0	a_2	a_1	a_0
0	0	0	0	0	0	0	1	0	0	0
0	0	0	0	0	0	1	0	0	0	1
0	0	0	0	0	1	0	0	0	1	0
0	0	0	0	1	0	0	0	0	1	1
0	0	0	1	0	0	0	0	1	0	0
0	0	1	0	0	0	0	0	1	0	1
0	1	0	0	0	0	0	0	1	1	0
1	0	0	0	0	0	0	0	1	1	1

Damit ergeben sich die drei Gleichungen für die Ausgänge zu

$$\begin{aligned} a_0 &= e_1 \vee e_3 \vee e_5 \vee e_7 \\ a_1 &= e_2 \vee e_3 \vee e_6 \vee e_7 \\ a_2 &= e_4 \vee e_5 \vee e_6 \vee e_7 \end{aligned}$$

Um diese Schaltung zu realisieren, brauchen wir nur drei ODER-Gatter mit je vier Eingängen. Es ergeben sich allerdings Probleme, wenn mehrere Eingänge logisch 1 sind. Im Fall von $e_3 = e_6 = 1$ führt dies zum Ergebnis $(a_2 a_1 a_0) = (111)_2$, das aber weder $(3)_{10}$ noch $(6)_{10}$ entspricht. Ein weiteres falsches Resultat liefert der Fall, dass *kein* Eingang logisch 1 ist, da dann auch alle Ausgänge logisch 0 sind. Dies ist jedoch identisch mit dem Ergebnis für „Eingang e_0 ist logisch 1".

Bei Verwendung eines *prioritätsgesteuerten Codierers* treten diese Probleme nicht auf, da diese Schaltung nur jenen Eingang beachtet, dessen Index am größten ist. Bei unserem Beispiel (e_3 und e_6 sind aktiv) wird nur daher nur e_6 codiert. Ein weiterer Ausgang V zeigt zusätzlich an, ob mindestens ein Eingang logisch 1, das Ergebnis also *gültig* (engl. *valid*) ist.

Ein „X" anstelle der logischen Werte 0 oder 1 in der Wahrheitstabelle bedeutet, dass das Ergebnis nicht abhängig vom Wert ist, den der jeweilige Eingang annimmt („X"= *don't care*).

e_3	e_2	e_1	e_0	a_1	a_0	V
0	0	0	0	0	0	0
0	0	0	1	0	0	1
0	0	1	X	0	1	1
0	1	X	X	1	0	1
1	X	X	X	1	1	1

Möchte man eine solche Funktion vereinfachen, muss man im KV-Diagramm für jede *Don't-Care-Variable* den negierten und den nicht negierten Zustand mit dem entsprechenden Eintrag in der Ergebnisspalte ausfüllen. Es gibt selbstverständlich auch *Eingangskombinationen* die ausgeschlossen werden können oder das Ergebnis nicht beeinflussen. In den entsprechenden Zeilen der Wahrheitstabelle kann man in der Ausgangsspalte eine Don't-Care-Bedingung – ebenfalls ein „X" – eintragen. Im KV-Diagramm wird dann das Feld beliebig als 0 oder 1 interpretiert. Man setzt jedoch den Wert ein, der die bessere Vereinfachung der Funktion bewirkt. In unserem Fall ergibt sich daher für den Ausgang a_0 folgendes KV-Diagramm:

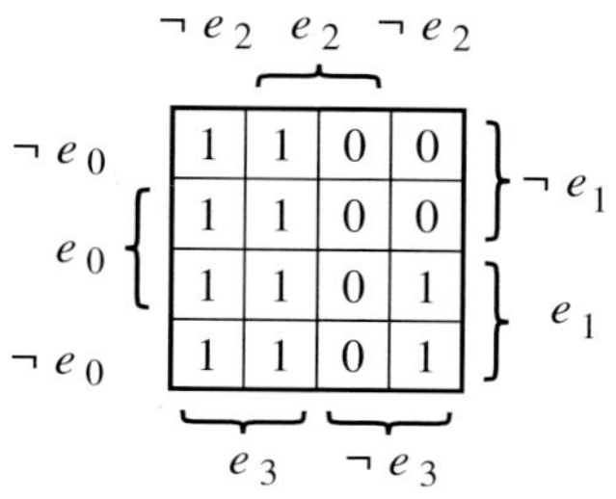

Abbildung 2.27: KV Diagramm mit vier Eingangsvariablen

Ähnlich verfahren wir mit den anderen Ausgängen und erhalten so ihre Funktionen:

$$\begin{aligned} a_0 &= (e_1 \wedge \neg e_2) \vee e_3 \\ a_1 &= e_2 \vee e_3 \\ V &= e_0 \vee e_1 \vee e_2 \vee e_3 \end{aligned}$$

Das Schaltsymbol für einen Codierer beinhatet als Beschriftung die Relation von Eingängen zu Ausgängen, d. h., für einen Codierer mit 8 Eingängen und 3 Ausgängen schreibt man *8 zu 3* (oder engl. *8 to 3).*

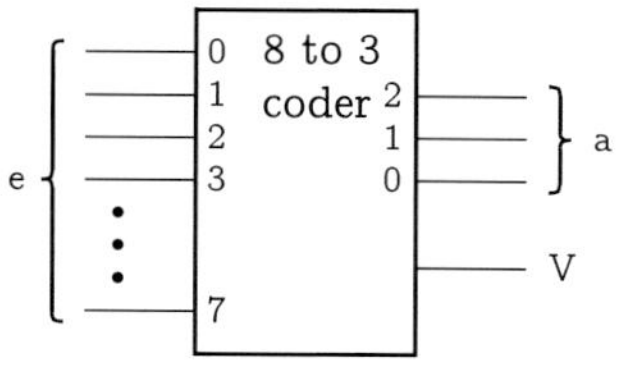

Abbildung 2.28: Blockschaltbild eines (8 zu 3)-Codierers

2.2.4 Decodierer

Ein *Decodierer* – das Gegenstück zum Codierer – ist eine Schaltung mit n Ausgängen, die mit a_i ($i = 0, 1, \ldots, n-1$) bezeichnet werden, und genau $\lceil \text{ld}\ (n) \rceil$ Eingängen. Ein Ausgang geht genau dann auf logisch 1, wenn die Binärzahl, die am Eingang anliegt, gleich seiner Nummer i ist. Für einen (*3 zu 8*)-*Decodierer* ergibt sich damit folgende Wahrheitstabelle:

e_2	e_1	e_0	a_7	a_6	a_5	a_4	a_3	a_2	a_1	a_0
0	0	0	0	0	0	0	0	0	0	1
0	0	1	0	0	0	0	0	0	1	0
0	1	0	0	0	0	0	0	1	0	0
0	1	1	0	0	0	0	1	0	0	0
1	0	0	0	0	0	1	0	0	0	0
1	0	1	0	0	1	0	0	0	0	0
1	1	0	0	1	0	0	0	0	0	0
1	1	1	1	0	0	0	0	0	0	0

Eine verbesserte Kontrolle über die Schaltung gestattet ein Kontrollsignal, das den Zeitpunkt bestimmt, zu dem die an den Eingängen anliegende Information decodiert werden soll. Die Wahrheitstabelle eines *(2 zu 4)-Decodierers* ist aus folgender Tabelle ersichtlich, in welcher der neue Eingang mit E bezeichnet wurde (engl. *enable*). Wenn $E = 0$ ist, sind alle Ausgänge logisch 0.

E	e_1	e_0	a_3	a_2	a_1	a_0
0	X	X	0	0	0	0
1	0	0	0	0	0	1
1	0	1	0	0	1	0
1	1	0	0	1	0	0
1	1	1	1	0	0	0

Abbildung 2.29 zeigt das allgemeine Blockschaltbild eines *(3 zu 8)-Decodierers*.

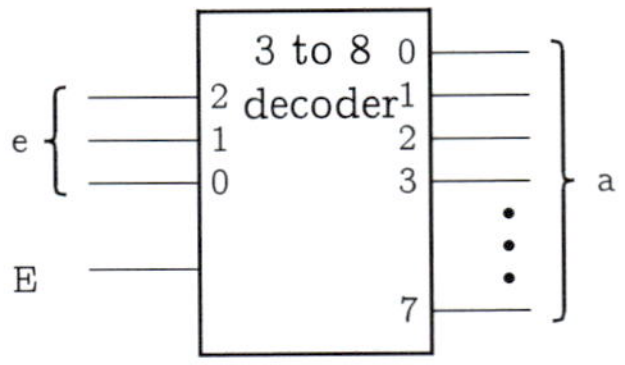

Abbildung 2.29: Blockschaltbild eines (3 zu 8)-Decodierers

2.2.5 Multiplexer

So let it out and let it in.

John Lennon, Paul McCartney,
„Hey Jude".

Der Multiplexer ist eine Erweiterung des Codierers. Er wählt aus m binären Eingängen e_i ($i = 0, 1, \ldots, m-1$) jenen aus, dessen Nummer mit der Zahl $(S_{n-1} \ldots S_1 S_0)_2$ übereinstimmt, die an den Steuervariablen S_j ($j = 0, 1, \ldots, n-1$) anliegt, und schaltet dessen Information unverändert an den Ausgang durch. Als Beispiel geben wir die Wahrheitstabelle und die Schaltung für einen *(4 zu 1)-Multiplexer* (engl. *4 to 1 line multiplexer*, Abkürzung: *4 to 1 MUX*) an.

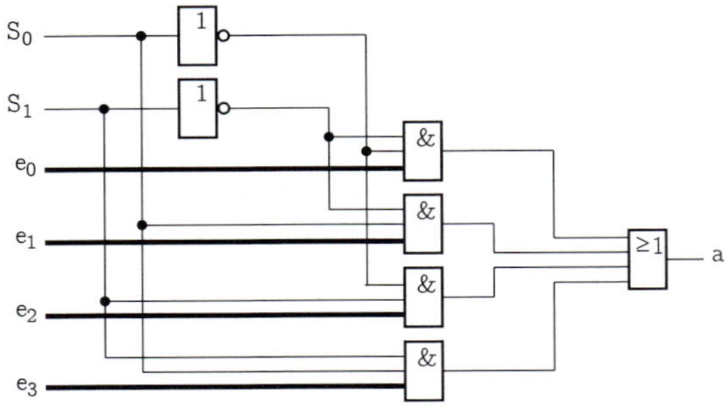

S_1	S_0	a
0	0	e_0
0	1	e_1
1	0	e_2
1	1	e_3

Abbildung 2.30: (4 zu 1)-Multiplexer

Wir nehmen an, dass die Steuerleitungen den Zustand $(S_1S_0) = (10)_2$ haben. Auf diese Weise sperren die Steuerleitungen alle AND-Gatter ausser dem zweituntersten. Der Ausgang des Gatters hängt nur vom Eingang e_2 ab. Das nachgeschaltete OR-Gatter leitet die Information an den Ausgang der Schaltung weiter. Zum besseren Verständnis wurden die Leitungen der Eingänge e_i $(i = 0, 1, 2, 3)$ bis zum ersten Gatter dicker gezeichnet.

Ohne Belegung der Eingänge soll immer die Information des Eingangs e_0 am Ausgang anliegen. Die Schaltung zeigt jedoch das gleiche Verhalten auch bei der Eingangskombination $(S_1S_0) = (00)$. Um Fehlinterpretationen zu verhindern, führt man eine *Enable*-Leitung (E) ein, die darüber entscheidet, zu welchem Zeitpunkt der ausgewählte Eingang durchgeschaltet wird. Ist E logisch 0, dann nimmt auch der Ausgang den Wert 0 an. Bei der so verbesserten Schaltung soll es außerdem möglich sein, vier Eingänge an vier Ausgänge durchzuschalten, um ein ganzes Codewort (mehrere zusammengehörende binäre Informationen) anwählen und an den entsprechenden Ausgängen ausgeben zu können. Bei einem *Quadrupel 2 zu 1 MUX* (vierfach 2 zu 1 MUX) steuert der Selektionseingang S, welches der beiden Wörter $e_{1.i}$ oder $e_{2.i}$ an die Ausgänge a_i $(i = 0, 1, 2, 3)$ durchgeschaltet wird. Hinsichtlich des Selektionseingang S kann festgestellt werden, dass logisch gesehen ein erster Inverter – wie in der Graphik dargestellt – eigentlich nicht notwendig ist. Dieser gilt vielmehr der Entkopplung zwischen dem Multiplexer und der treibenden Schaltung am S-Eingang.

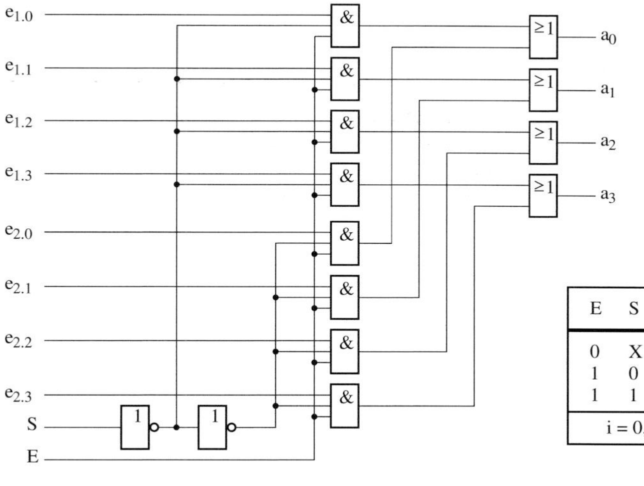

E	S	a_i
0	X	alle 0
1	0	$e_{1.i}$
1	1	$e_{2.i}$
i = 0, 1, 2, 3		

Abbildung 2.31: Quadrupel (2 zu 1)-Multiplexer

Die Abbildung 2.31 zeigt die Wahrheitstabelle und die Schaltung eines vierfachen (2 zu 1)-Multiplexers.

Rein aus logischer Sicht würde in der Schaltung der Abbildung 2.31 beim S-Eingang eine Negationsstufe allein genügen, um getrennt je 4 UND-Gatter ansteuern zu können. Um jedoch zu der vorgeschalteten, treibenden Stufe eine Entkopplung herzustellen, wird ein zusätzlicher Inverter vorgesehen. Laufzeitmäßig ist dies allerdings entsprechend zu berücksichtigen.

Zuletzt seien die zugehörigen Blockschaltbilder in Abbildung 2.32 angegeben. Beim Quadrupel (2 zu 1)-Multiplexer beeinflussen sowohl der Steuereingang S als auch die *Enable*-Leitung alle Ein- bzw. Ausgänge. Dieser Umstand wird dadurch verdeutlicht, dass sie in einem eigenen, übergeordneten Kontrollblock abgebildet werden. Zuleitungen, die in einem solchen Block gesammelt werden, steuern alle darunter liegenden Bereiche.

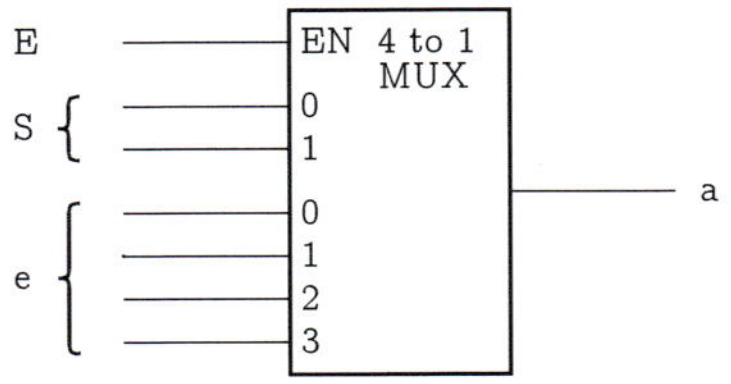

(1) (4 zu 1) - MUX

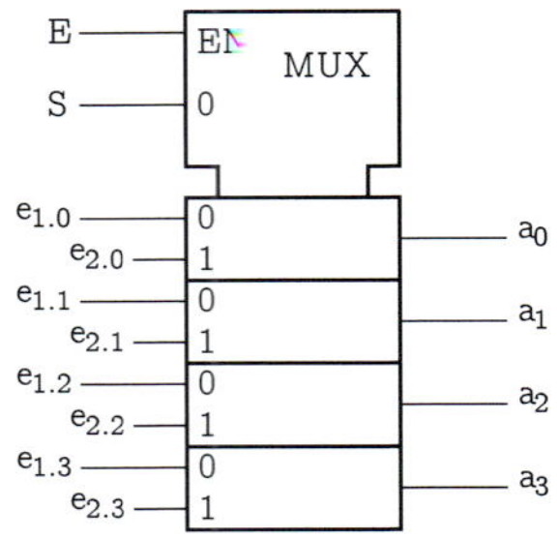

(2) Quadrupel (2 zu 1) - MUX

Abbildung 2.32: Blockschaltbild eines (4 zu 1)– und eines Quadrupel (2 zu 1)–Multiplexers

2.2.6 Demultiplexer

Beim Demultiplexer bestimmen als Gegenstück zum Multiplexer die Steuereingänge $S_i(i = 0, 1, \ldots, n-1)$, auf welchen Ausgang $a_j(j = 0, 1, \ldots, 2^n - 1)$ die Information des Eingangs e durchgeschaltet werden. Eine Realisierung eines *(1 zu 4)-Demultiplexers* stellt die Abbildung 2.33 dar.

Ein Enable Eingang könnte hier auch dazugeschaltet werden, um das Problem zu beseitigen, das im Ruhezustand $(S_1S_0) = (00)$ das Signal vom Eingang e an den Ausgang a_0 durchgeschaltet wird, zu lösen;

Das Blockschaltbild eines Demultiplexers ist analog zu dem eines Multiplexers aufgebaut.

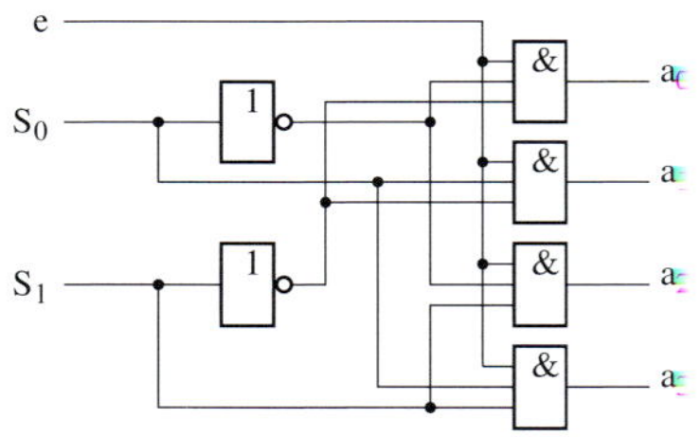

Abbildung 2.33: (1 zu 4)-Demultiplexer

2.3 Sequenzielle Logik

Bei den bisher entworfenen Schaltungen hing das Ergebnis zu jeder Zeit direkt von den Eingängen ab. Bei einer Änderung, stellten sich auch die Ausgänge entsprechend den logischen Zusammenhängen folgend sofort bzw. nach Ablauf der Gatterlaufzeiten (engl. *propagation delay*) auf die neuen Werte ein. Praktisch ist es jedoch von Vorteil, Informationen eine bestimmte Zeit speichern zu können, da nicht immer alle nötigen Daten zur selben Zeit gleich lang zur Verfügung stehen. Dafür benötigt man *Speicherelemente*. Die in einer Schaltung gespeicherten Daten, die unter anderem die nächsten Ausgangskombinationen mitbestimmen, legen den *Zustand* des Systems fest.

Schaltungen, die *Speicherelemente* enthalten, heissen *sequenzielle Schaltungen*. Deren Ausgänge hängen vom Zustand der Eingänge und des Systems ab. Wir unterscheiden hierbei zwei Haupttypen sequenzieller Logik, nämlich *synchrone* und *asynchrone*. Synchrone Schaltungen sind dadurch gekennzeichnet, dass Zustandswechsel nur zu bestimmten diskreten Zeitpunkten geschehen können, während der Zustand von asynchronen Schaltungen zu jedem beliebigen Zeitpunkt variieren kann. Wegen des deterministischen Verhaltens werden in der Praxis synchrone Schaltungen bevorzugt.

Bei synchronen Schaltungen bewirkt ein *Taktgeber* (engl. *clock pulse generator*) die diskreten Zustandsübergänge. Schaltungen, die eine definierte periodische Pulsfolge ausgeben, werden *Oszillatoren* genannt. Das Taktsignal wird als *Clock Pulse* bezeichnet. Daher werden synchrone sequenzielle Schaltungen auch *Clocked Sequential Circuits* genannt. Deren Pulsfolge zeigt Abbildung 2.34. Die strichlierten Impulse zeigen an, dass es sich um ein periodisches Signal handelt.

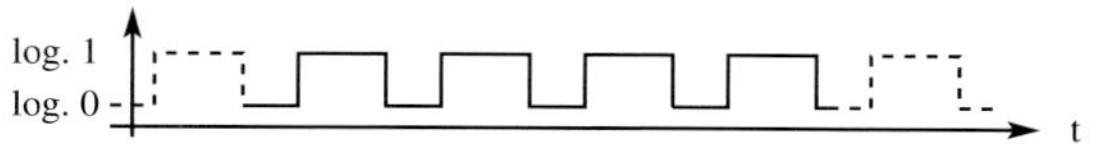

Abbildung 2.34: Clock-Pulse-Signal

2.3.1 Latches

Computer sind die Papierkörbe fürs Gedächnis.

Erhard Blank
(*1942), Schriftsteller und Maler

Ein Schaltelement, das in der Lage ist, binäre Information zu speichern, nennt man *Latch*. Eine Form von Latches sind *Flip Flops*; in der Literatur, die zwischen „Flip-Flops“ und „Latches“ unterscheidet, werden flankengetriggerte Speicher für binäre Informationen als Flip-Flops, alle übrigen als Latches bezeichnet. In diesem Buch verwenden wir die beiden Ausdrücke einfachhalber als Synonyme. In einem Latch kann man – solange die Stromversorgung vorhanden ist – eine binäre Information auf unbestimmte Zeit speichern, abgefragen und verändern.

Die einfachste Form ist das *RS-Latch*. Die Abkürzungen R und S stehen für *Reset* und *Set* oder übersetzt *Löschen* und *Setzen*. Sie verkörpern die einfachsten binären Speicherfunktionen, nämlich das Setzen des Ausgangs auf logisch 0 (*Reset*) oder logisch 1 (*Set*). Das ist gleichbedeutend mit dem Speichern von 0 oder 1. Das RS-Latch kann etwa aus NOR-Gattern aufgebaut werden und besitzt neben den Eingängen R und S die Ausgänge Q und $\overline{Q}$. An Q kann die gespeicherte und an $\overline{Q}$ die negierte Information abgelesen werden. In Schaltplänen werden für gewöhnlich die negierten Ein- oder Ausgänge durch Überstreichungen gekennzeichnet, da dies meist deutlicher als ein Operatorsymbol ist und außerdem nur die Anschlüsse, nicht jedoch die ganze Funktion, betroffen ist. In Abbildung 2.35 ist die Schaltung eines RS-Latch angegeben, die aus zwei *rückgekoppelten* NOR-Gattern besteht.

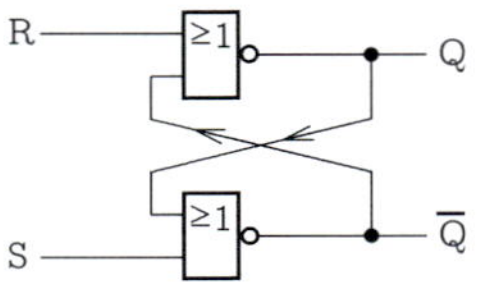

Abbildung 2.35: RS-Latch

Die Informationspfade, die logisch 1 sind, werden in den nächsten vier Abbildungen durch stärker gezogene Linien gekennzeichnet. Im Startzustand sei die gespeicherte Information logisch 0, d.h., Q liefert 0 und $\overline{Q}$ den Wert 1 (siehe Teilbild 1). Da die Ausgänge an die Gatter zurückgeführt werden (rückgekoppelt sind), bleibt die Information erhalten, solange die Eingänge sich in ihrem Ruhezustand (logisch 0) befinden. Dies wird dadurch bewirkt, dass $\overline{Q}$ mit Hilfe des oberen NOR-Gatters den Ausgang Q auf 0 hält und die beiden logischen Nullen auf den Eingängen des unteren NOR-Gatters $\overline{Q}$ weiterhin mit dem Wert 1 versorgen.

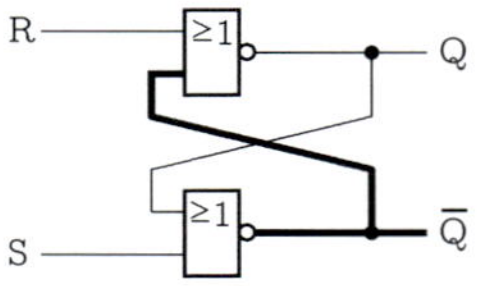

(1)

Bei der Eingangskombination R = 1 und S = 0 bleibt der Zustand des Latch unverändert. Im Fall R = 0 und S = 1 wird der Ausgang Q logisch 1. Da auch neue Werte am Eingang des NOR-Gatters vorliegen, gilt nun $\overline{Q} = 0$ (siehe Teilbild 2). Auf diese Weise kann die Information (logisch 1) im Latch gespeichert werden. Kehrt der Eingang S in seinen Ruhezustand zurück, erhält man S = 0 und R = 0. Dabei bleibt der Zustand des Latches ebenfalls unverändert, da durch die Rückkopplung von Q der Setzvorgang praktisch „eingefroren“ ist (Teilbild 3).

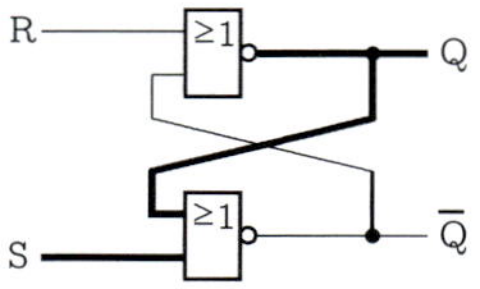

(2)

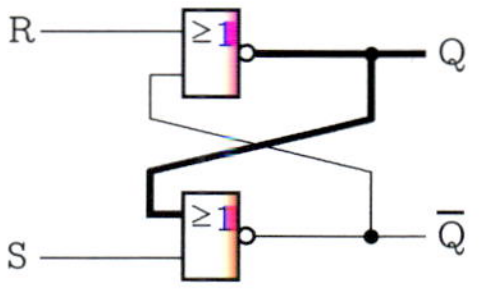

(3)

Erst bei der Eingangskombination von S = 0 und R = 1 wechselt der Zustand des Latch. Am Ausgang ergeben sich damit folgende Werte: Q = 0, $\overline{Q} = 1$ (Teilbild 4). Wir sind damit wieder im Ausgangszustand (Teilbild 1).

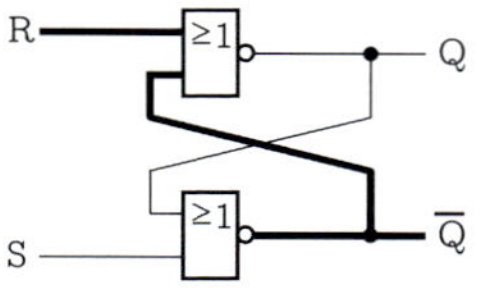

(4)

Der Fall, dass beide Eingänge R und S gleichzeitig den Wert logisch 1 einnehmen, ist bei einem RS-Latch nicht definiert, da dies nämlich bedeuten würde, dass Q und $\overline{Q}$ logisch 0 wären. Abschließend wird noch die Wahrheitstabelle angegeben.

S	R	Q	¬Q	
1	0	1	0	*Set*-Status
0	0	1	0	
0	1	0	1	*Reset*-Status
0	0	0	1	
1	1	0	0	nicht definiert

Diese Schaltung erlaubt es, Information beliebig lange zu speichern. Sie gehört jedoch zu den asynchronen Schaltungen, da ein Zustandswechsel zu jeder Zeit erfolgen kann. Deshalb fügen wir einen Kontrolleingang C (engl. *control*) hinzu, der es ermöglicht, den Zeitpunkt zu steuern, an dem der Zustandsübergang erfolgt bzw. an dem die Information von den Eingängen in den Speicher und somit auf die Ausgänge übernommen wird (siehe Abbildung 2.36). Weiter haben wir diesmal das Latch mit NAND- statt mit NOR-Gattern aufgebaut und im Vorbereich des Latches eine Gatterlogik mit einem Kontrolleingang C hinzugefügt.

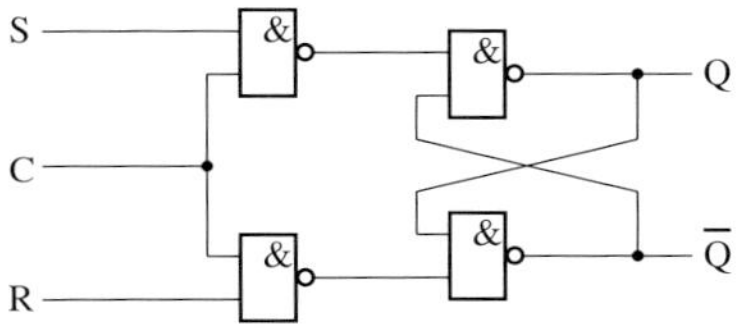

Abbildung 2.36: RS-Latch mit Kontrolleingang C

Aus der Schaltung ist erkennbar, dass bei Anliegen von logisch 0 am Kontrolleingang C unabhängig von den Eingängen R und S kein Zustandswechsel erfolgen kann. Bei C = 1 übernimmt das Latch die Information von R und S. Wendet man die *de Morganschen Gesetze* an, erkennt man, dass die Speicherschaltung die gleichen Eigenschaften wie das RS-Latch besitzt, da die Eingänge R und S negiert durchgeschaltet werden.Die Wahrheitstabelle hat daher die folgende Gestalt:

C	S	R	Nächster Zustand von Q
0	X	X	Keine Änderungen
1	0	0	Keine Änderungen
1	0	1	Q=0; *Reset*-Status
1	1	0	Q=1; *Set*-Status
1	1	1	Nicht definiert

Nachdem der Kontrolleingang den Zeitpunkt bestimmt, an dem die Information in den Speicher übernommen wird, und sich somit die Zustände nur zu diskreten Zeitpunkten ändern, liegt eine *synchrone Schaltung* vor.

Zuletzt wollen wir noch den nicht definierten Fall R = S = 1 behandeln. Dabei geht man davon aus, dass der Wert eines logischen binären Wert D gespeichert werden soll. Daraus leitet sich der Name *D-Latch* ab. Das zusätzliche NAND-Gatter am Eingang der Schaltung erzwingt, dass die ehemaligen R- und S-Eingänge jetzt stets zueinander invertiert sind. Auf diese Weise wird der undefinierte Zustand abgefangen. Der Kontrolleingang C bestimmt ausserdem den Zeitpunkt der Übernahme der anliegenden Information D in den Speicher.

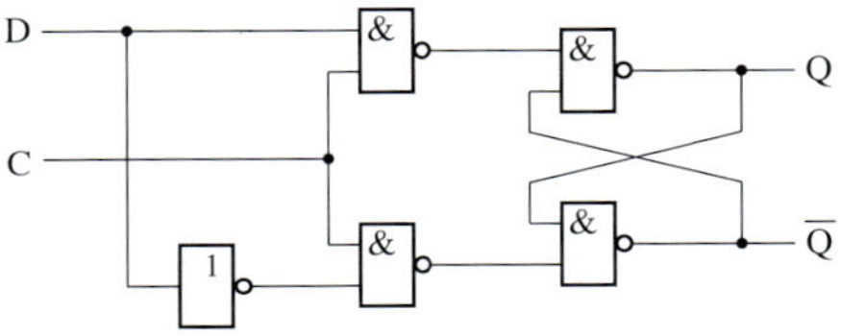

C	D	Nächster Zustand von Q
0	X	Keine Änderung
1	0	Q=0; *Reset*–Status
1	1	Q=1; *Set*–Status

Abbildung 2.37: D-Latch

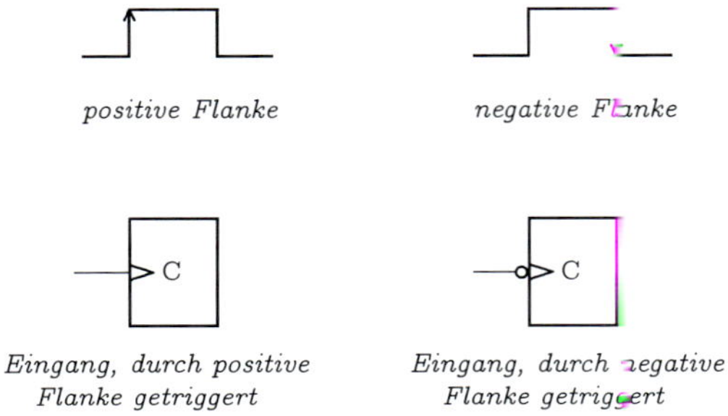

Abbildung 2.38: Triggern eines Eingangs

Betrachtet man obige Wahrheitstabelle, erkennt man, dass sich der Zustand eines beliebigen Ausgangs nur ändern kann, solange C logisch 1 ist. Während dieser Zeit verhält sich das *D-Latch* wie eine asynchrone Schaltung, falls der Eingang D seinen Wert wechselt. Eine Lösung dafür stellen Schaltelemente dar, die auf den Zustandswechsel (entweder von 0 auf 1 oder von 1 auf 0) reagieren.

Ein Bauteil mit einem Triggereingang schaltet Informationen nur bei einem Zustandswechsel durch. Bei einem Wechsel von 0 auf 1 liegt eine *positiven/* und bei einem Sprung von 1 auf 0 eine *negative Flanke* vor(Abbildung 2.38). Durch diese Flankentriggerung kann ein Zustandswechsel wirklich nur zu diskreten Zeitpunkten erfolgen.

Steuereingänge, die nur auf Zustandswechsel reagieren, werden in den Blockschaltbildern durch besondere Symbole dargestellt. Beispiele dafür finden sich in der Abbildung 2.38.

Wie wir gesehen haben, gibt es verschiedene Ausführungen von Latches. Einige wichtige Schaltsymbole sind in der folgenden Abbildung abgebildet (so besitzt die rechte Schaltung einen Triggereingang, der auf die negative Flanke reagiert).

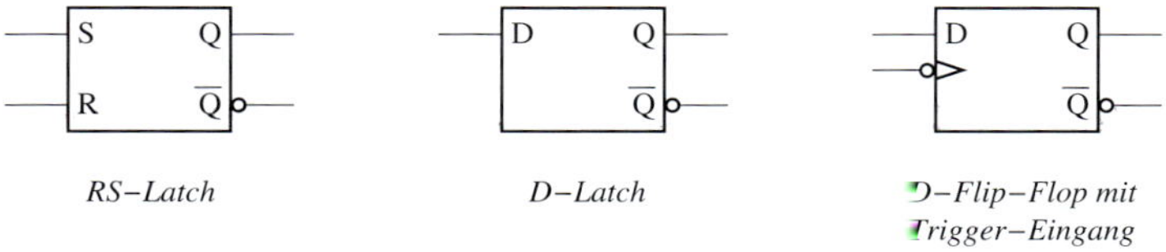

Abbildung 2.39: Blockschaltbilder einiger Latches

Weiter ist noch das *JK-Latch* zu erwähnen. Da die nicht definierte Situation R = S = 1 des RS-Latch hier anders als beim D-Latch bewältigt wird, besitzt es sowohl den *Set*-Eingang als auch den *Reset*-Eingang.

Die folgenden Überlegungenn führten zum Aufbau eines JK-Latch:

- Es ist nicht erforderlich, ein Speicherelement, das bereits den Wert 1 enthält, nochmals zu setzen.

- Ein zurückgesetztes Latch muss nicht erneut gelöscht werden.

Das RS-Flip-Flop löst also nur dann die Set-Funktion aus, falls $\overline{Q}$ logisch 1 ist, und löscht nur, wenn Q den Wert 1 hat. Dies kann dadurch bewirkt werden, dass man die entsprechenden Ausgänge eines RS-Latches zurückkoppelt und jeweils über ein AND-Gatter mit den Eingängen verbindet.

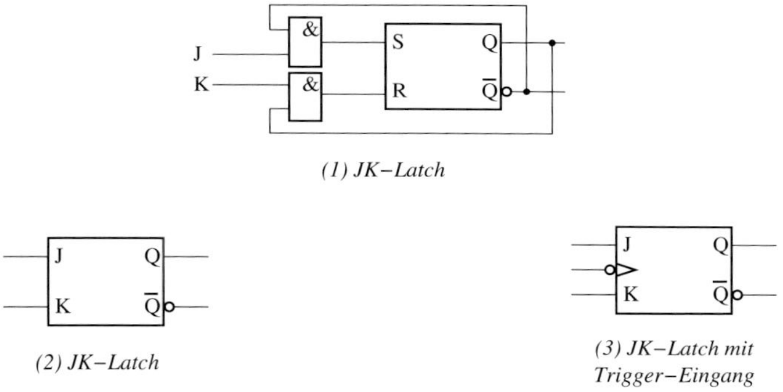

Abbildung 2.40: JK-Latch

Die Wahrheitstabelle enthält zusätzlich zu den Eingängen J und K noch den Vorzustand Q_{t-1}. Dies ist nötig, da der Zustand Q_t, der sich nach dem Triggerimpuls zum Zeitpunkt t ergibt, von diesem beeinflusst wird.

J	K	Q_{t-1}	Q_t
0	0	0	0
0	0	1	1
0	1	0	0
0	1	1	0
1	0	0	1
1	0	1	1
1	1	0	1
1	1	1	0

Von besonderem Interesse sind die untersten beiden Zeilen in der Wahrheitstabelle. Wenn nämlich J = K = 1 ist, wechselt der Ausgang Q eines JK-Latches mit jeder Flanke des angelegten Clock-Pulses den Zustand. Binäre Speicher, die nur einen Eingang besitzen und dieselbe Eigenschaft aufweisen, nennt man auch *T-Latches*.

2.3.2 Register

Üblicherweise bestehen Informationen aus n zusammengehörenden Bits und sollten auch gemeinsam gespeichert werden. So besteht eine BCD-Ziffer (BCD = *Binary Coded Decimal*) aus vier Bits, die eindeutig zusammengehören. Deshalb macht es Sinn, n Latches, die wir im vorigen Abschnitt kennen gelernt haben, so zu schalten, dass solche Informationen gespeichert werden können. Diese werden als *Register* bezeichnet. Sie sind, wie wir im Kapital 4 sehen werden, ein wichtiger Bestandteil von Rechnern und besitzen teilweise die Fähigkeit, einfache Operationen mit den in ihnen gespeicherten Daten auszuführen.

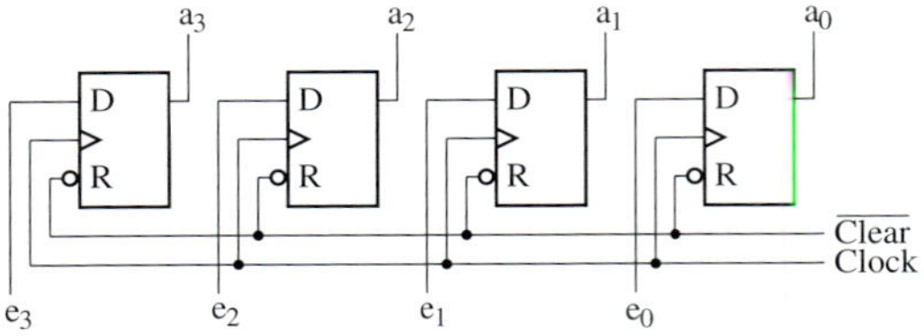

Abbildung 2.41: 4-Bit-Register

Die einfachste Variante besteht nur aus Latches, welche die anliegende Information speichern. Eine Information, die aus n zusammengehörenden Bits besteht, bildet ein *Datenwort* der Länge n. Ein Beispiel für ein einfaches Register, das ein Datenwort der Länge 4 speichern kann, wird in Abbildung 2.41 dargestellt. Es besteht aus speziellen D-Latches, die einen *Reset*-Eingang besitzen. Durch das Anlegen von logisch 0 setzt man alle Latches zurück. So kann das Register mit Hilfe des *Clear*-Einganges die gespeicherte Information insgesamt löschen. Operationen mit den einzelnen Bits sind dabei nicht möglich.

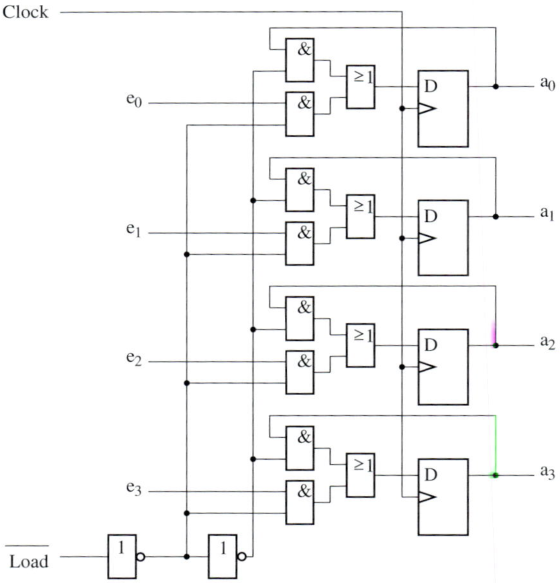

Abbildung 2.42: 4-Bit-Register

Schaltungen, die es erlauben, alle Bits eines Datenwortes simultan innerhalb eines einzigen, gemeinsamen Clock-Impuls aufzunehmen, nennt man *Register mit parallelem Laden* (engl. *register with parallel load*).

Ein gemeinsamer Clock-Generator, der in den meisten digitalen Schaltungen enthalten ist, würde zur Übernahme der Information bei jedem Clock-Puls führen. Um dies zu verhindern, wird ein Steuersignal *Load* hinzugefügt, das es erlaubt, den Zeitpunkt der Übergabe zu bestimmen. Die Schaltung ist in Abbildung 2.42 ersichtlich. Der Einfachheit halber wurde der Clear-Eingang weggelassen. In der Praxis ist aber meist sowohl ein Load- als auch ein Clear-Eingang vorhanden. Die Funktionalität des Load-Einganges lässt sich leicht aus der Schaltung ablesen.

Die Schaltsymbole für die beiden 4-Bit-Register sind aus folgender Darstellung ersichtlich.

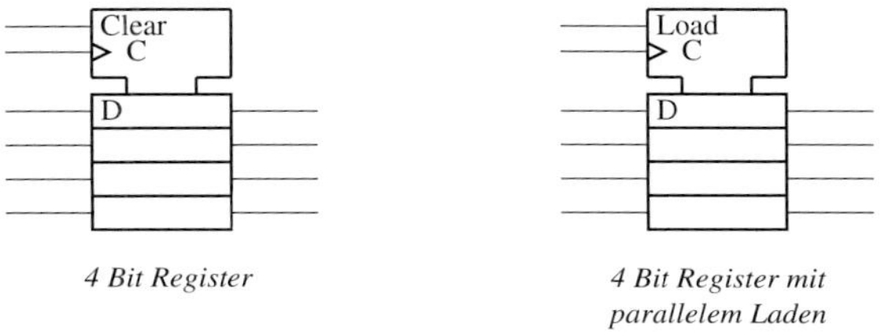

Abbildung 2.43: Blockschaltbilder von 4-Bit-Registern

An dieser Stelle wollen wir den sogenannten *Steuerkopf* erwähnen. In einen solchen Komponente werden alle Steuersignale geführt, die für mehrere Teile eines Bausteins relevant sind. In diesem Fall ist das der Clear- bzw. Load-Eingang sowie der Clock-Eingang.

Schieberegister

Im folgenden wollen wir ein Register realisieren, das die in ihm gespeicherte Information in eine oder beide Richtungen *verschieben* (engl. *shift*) kann. Die Schaltung soll wiederum aus D-Latches aufgebaut werden.

Durch die Schaltung wird die Information mit jedem Clock-Impuls um genau eine Stufe (ein Latch) weiter geschoben. Von dieser Eigenschaft stammt auch der Name. Der Eingang des *Shift-Registers* arbeitet *seriell (serial input)* und nicht – wie in den vorherigen Fällen – parallel. Eine Anwendung solcher serieller Ein- und Ausgänge tritt bei der *seriellen Übertragung* von Daten auf. Wir nehmen an, dass ein Sender *Sender* (T) (engl. *Transmitter*) mit einem *Empfänger* (R) (engl. *Receiver*) über eine Zweidrahtleitung verbunden ist. Durch die Schaltung in Abbildung 2.45 können Datenwörter von T nach R übertragen werden. Zusätzlich haben wir noch eine Schaltung für eine parallele Abgabe der seriell empfangenen Information. Diese ist beim Schieberegister R eingezeichnet (Ausgänge R_0 bis R_3). Wegen der Zeitersparnis wird häufig Paralleles Laden und Auslesen bzw. Verarbeiten von Datenwörtern eingesetzt, obwohl ein größerer Hardware-Aufwand damit verbunden ist (T wurde als Blockschaltsymbol und R als vollständige Schaltung dargestellt).

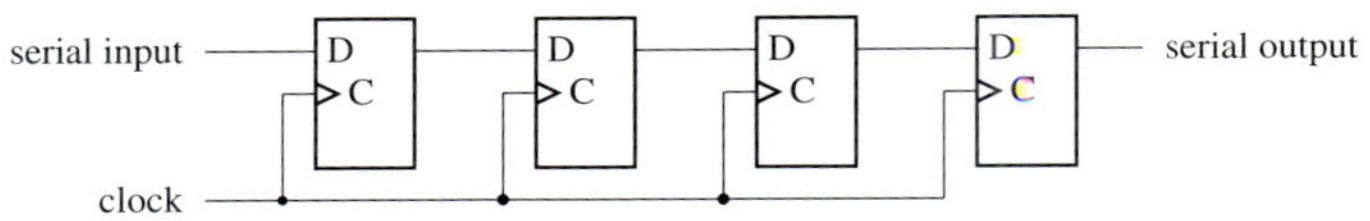

(1) logische Schaltung

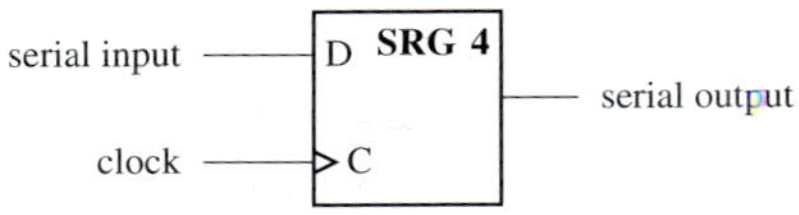

(2) Blockschaltbild

Abbildung 2.44: 4-Bit-Schieberegister (SRG 4)

Aus dem *Timing Diagram*, das in Abbildung 2.45 Teilbild (2) ersichtlich ist, kann man ablesen welchen zeitlichen Verlauf die Signale an den verschiedenen Stellen der Schaltung haben. Der obere Wert in einer Zeile bedeutet jeweils logisch 1, der untere logisch 0. In unserem *Timing Diagram* ist dargestellt, wie der periodische *Clock-Pulse* und das *Shift-Control*-Signal vier Flanken zum Triggern der Latches erzeugen.

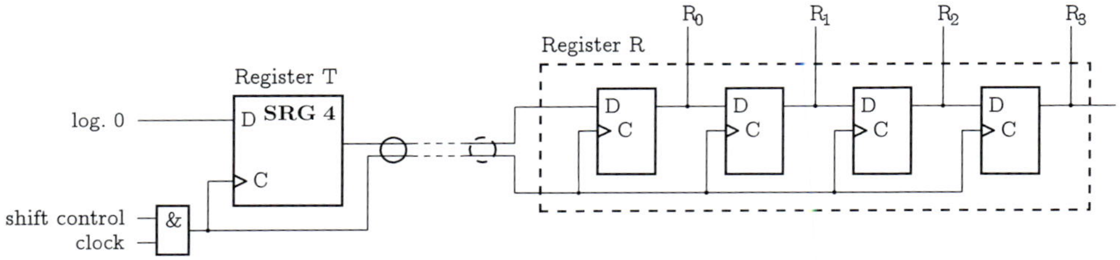

(1) Schaltbild

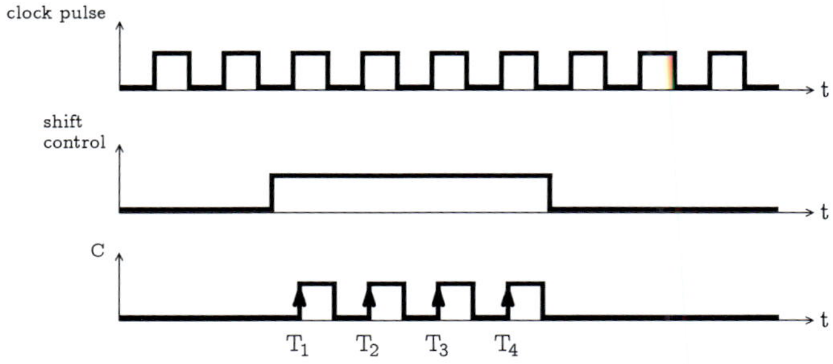

(2) Timing Diagramm

Abbildung 2.45: Serielle Übertragung

Die nachfolgende Tabelle zeigt für die Werte T = 1011 und R = 0010 den Inhalt der Register und macht es so möglich, den Informationsfluss nachzuvollziehen. Vereinfachend nehmen wir an, dass die beiden Werte schon in den Schieberegistern gespeichert sind und dass der serielle

Eingang von T stets logisch 0 bleibt.

timing pulse (C)	Register T				Register R			
					R_0	R_1	R_2	R_3
Anfangswerte	1	0	1	1	0	0	1	0
Nach T_1	0	1	0	1	1	0	0	1
Nach T_2	0	0	1	0	1	1	0	0
Nach T_3	0	0	0	1	0	1	1	0
Nach T_4	0	0	0	0	1	0	1	1

Wir wollen nun eine Stufe eines Registers mit den Funktionen *parallel load, shift left (up)* und *shift right (down)* implementieren. Dabei haben die Ein- und Ausgänge folgende Bedeutung:

Steuereingänge	S_0, S_1
Informationseingang der Stufe i	e_i
Informationsausgang der Stufe i	a_i
Clock-Eingang	clock

Abbildung 2.46 zeigt eine Prinzipschaltung für eine Stufe, wobei aber auch die Speicherelemente (Latches) der benachbarten Stufen eingezeichnet sind.

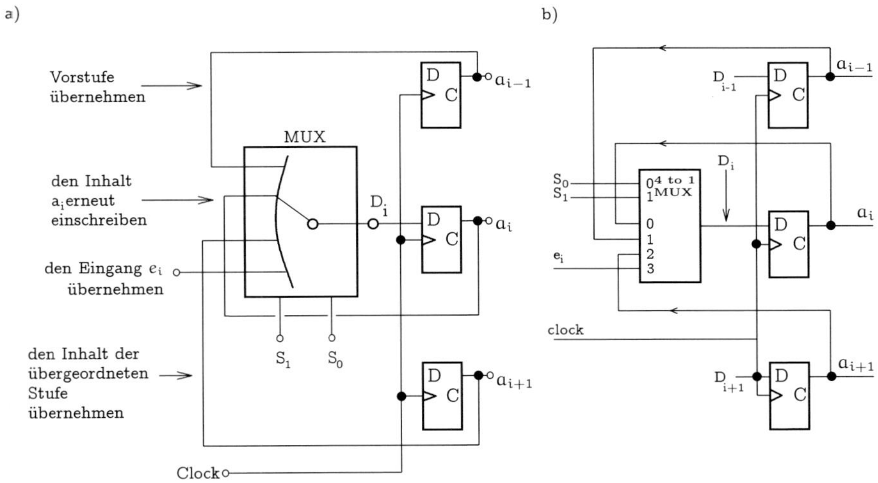

Abbildung 2.46: Stufe eines Registers mit 'bidirectional shift' und 'parallel load'

Dadurch ergibt sich eine Funktionstabelle der Steuereingänge S_0 und S_1 - auch *Mode Control* genannt:

control S_1	*mode* S_0	*Register Operation*
0	0	Keine Änderung
1	0	shift left (up)
0	1	shift right (down)
1	1	parallel load

Die aussenliegenden Stufen müssen gesondert behandelt werden, da die Nachbarstufen fehlen. Bei der Beschaltung bestehen mehrere Möglichkeiten. Es kann etwa ein serieller Ein- bzw Ausgang angeschlossen oder aber nur der Eingang auf logisch 0 oder logisch 1 gesetzt werden Im zweiten Fall würde stets nur logisch 0 oder logisch 1 nachgeschoben werden. Zuletzt sei das Schaltsymbol des besprochenen Registers mit seriellem Ein- bzw. Ausgang angegeben.

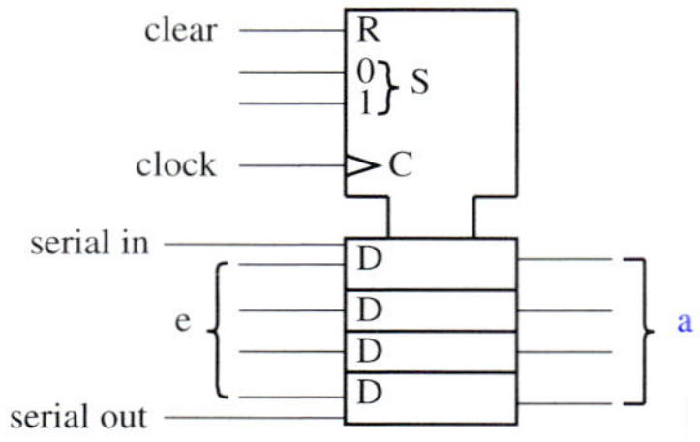

Abbildung 2.47: Blockschaltbild eines Registers

2.3.3 Zähler

Ich verwalte sie. Ich zähle sie und zähle sie wieder.
Das ist nicht leicht. Aber ich bin ein ernsthafter Mann.

Geschäftsmann.
Antoine de Saint-Exupery, „Der kleine Prinz".

Zähler (engl. *counter*) bilden eine wichtige Gruppe von Schaltungen. Als Zähler eignet sich jede Schaltung, bei der innerhalb gewisser Grenzen eine eindeutige Zuordnung zwischen der Impulsanzahl am Eingang und dem Zustand der Ausgangsvariablen gegeben ist. Da jeder Ausgang nur zwei Werte annehmen kann, existieren bei n Ausgängen 2^n Wertkombinationen. Die Eingangssignale können von einem *Clock-Pulse Generator* stammen, um etwa eine Zeitmessung vorzunehmen, oder von einer anderen Quelle, wobei hier die Anzahl der Ereignisse gezählt wird.

Wir wollen uns im folgenden auf elementare *binäre Zähler* (engl. *binary counters*) beschränken, trotzdem Zähler prinzipiell auch jede beliebige andere Sequenz von Zuständen durchlaufen könnten. Entsprechende Schaltungen könnten allerdings ohne große Probleme mit Hilfe der Schaltalgebra entworfen werden, weshalb darauf an dieser Stelle nicht näher eingegangen wird.

Wie auch bei den sequenziellen Schaltungen unterscheidet man zwei Arten von Zählern, nämlich *synchrone* und *asynchrone*. Dabei liegt aber der Unterschied in der Art der Schaltung selbst. Zuerst wollen wir einen *asynchronen Vorwärtszähler* (engl. *asynchronous counter* oder *ripple counter*) realisieren. Rückwärtslaufende asynchrone Zähler, die ebenfalls in Computersystemen Verwendung finden, kann man auf dieselbe Art und Weise entwickeln. Die Schaltung eines Vier-Bit-Zählers zeigt die nachfolgende Abbildung.

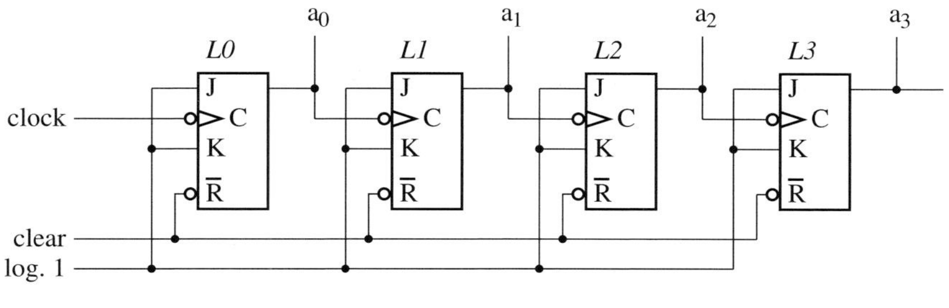

Abbildung 2.48: 4-Bit-Asynchronzähler (TTL-Realisierung)

Für die Betrachtung der Funktion der Schaltung nehmen wir an, dass alle Latches zurückgesetzt wurden, also an allen Ausgängen a_i $(i = 0, \ldots, 3)$ logisch 0 anliegt. Beim Auftreten des ersten Impulses auf den Eingang C des ersten Latches L0 schaltet dieses mit der fallenden Flanke um, und sein Ausgang a_0 bekommt den Wert logisch 1. Durch die nächste negative Flanke triggert L0 wieder, und a_0 wechselt von logisch 1 auf logisch 0. Dies stellt wiederum den Trigger für das Latch L1 dar, wodurch sein Ausgang a_1 auf logisch 1 schaltet. Analog verhalten sich die weiteren Latches. Wenn wir die Ausgänge in der Form $(a_3a_2a_1a_0)$ darstellen, erhalten wir die binären Zahlen $(0000)_2$, $(0001)_2$ und $(0010)_2$. Diese Zusammenhänge spiegeln sich im Timing Diagram des Vier-Bit-Asynchronzählers wider.

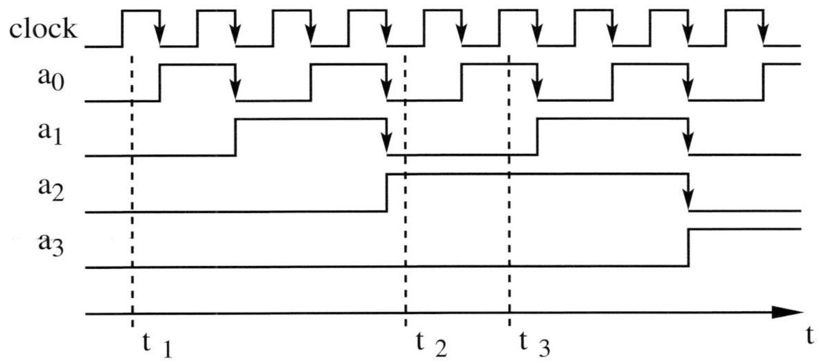

Abbildung 2.49: Timing Diagram eines 4-Bit-Asynchronzählers

Wenn man im Timing Diagram drei beliebige Zeitpunkte herausgreift, steht bei t_1 der Zähler auf $(0000)_2 = (0)_{10}$, bei t_2 auf $(0100)_2 = (4)_{10}$ und bei t_3 auf $(0101)_2 = (5)_{10}$. Es lässt sich damit nachweisen, dass der Zähler alle binären Zahlen von $(0000)_2 = (0)_{10}$ bis $(1111)_2 = (15)_{10}$ durchläuft. Nach dem Zählerstand $(1111)_2$ folgt wieder $(0000)_2$. Bei einer Erweiterung der Schaltung auf n Latches kann somit der Bereich 0 bis $2^n - 1$ durchlaufen werden.

Der wesentliche Nachteil eines asynchronen Zählers liegt darin, dass außer dem ersten Latch alle weiteren nur indirekt angesteuert werden. Dadurch nimmt er für kurze Zeit ungültige Zwischenwerte an. Beim Zählerstand $(0111)_2$ sollte beispielsweise mit dem nächsten Impuls $(1000)_2$ eingestellt werden. Bei genauerer Betrachtung finden sich aber folgende Zwischenzustände: Bei Detektion der negativen Flanke am Eingang wechselt das erste Latch L0 von logisch 1 auf logisch 0. Bedingt durch die Gatterlaufzeiten des nachfolgenden Latches L1 erhält man den Zählerstand $(0110)_2$. Durch die Schaltzeiten der nächsten beiden Stufen enstehen die fehlerhaften Werte $(0100)_2$, $(0000)_2$ am Ausgang, bis schliesslich das korrekte Ergebnis $(1000)_2$ anliegt. Die Zeitspanne, bis das richtige Resultat vorliegt, ist sehr kurz, dennoch besteht die Gefahr, dass ein falscher Wert von den angeschlossenen Gattern übernommen wird. Derartige Fehler werden als *Hazards* (engl. *Hazard* = Gefahr; aufgrund eines undefinierten Zustands bei der weiteren logischen Verarbeitung) bezeichnet. Einfache Schaltungen kann man meist so realisieren, dass Hazards vermieden werden. Bei komplizierteren Funktionen gibt es für Hazards nur eine Lösung: Man synchronisiert sämtliche Signale mit einem Systemtakt. So ändern sich alle Signale nur zu den definierten Taktzeitpunkten.

Daher soll im nächsten Schritt ein *synchroner Zähler* (engl. *synchronous counter*) entwickelt werden. Ein Impuls soll alle JK-Latches gleichzeitig triggern, und der Wechsel der einzelnen Stufen zwischen logisch 0 und logisch 1 wird durch die Vorbereitungseingänge J und K bestimmt.

Wie bei synchronen Schaltungen üblich, müssen für jede Stufe i Funktionen für K_i und J_i ($i = 0, 1, \ldots, n-1$) ermittelt werden. Dazu sucht man für jeden möglichen Zustand $(a_{n-1}a_{n-2}\ldots a_1a_0)_{alt}$ den richtigen Folgezustand $(a_{n-1}a_{n-2}\ldots a_1a_0)_{neu}$ und listet sie in einer Tabelle (*Zustandsübergangstabelle*) auf. Darauf aufbauend werden für jede Zeile die Werte für K_i und J_i bestimmt, so dass das jeweilige Latch den richtigen Wert a_i annimmt. Auf diese Weise erhält man für jeden der Eingänge eine von $(a_{n-1}\ldots a_1a_0)_{alt}$ abhängige Funktion, mit deren Hilfe die Latches immer den richtigen Folgezustand einnehmen.

Da der Aufwand bereits im Falle eines Vier-Bit-Synchronzählers sehr gross ist (8 Funktionen müssten dazu gefunden werden), wollen wir ein verkürztes Verfahren anwenden. Da das niederwertigste Bit und somit das Latch mit dem Ausgang a_0 ständig den Zustand wechselt, verbinden wir einfach J_0 und K_0 mit logisch 1. Im nächsten Schritt erstellen wir nun eine Tabelle der Binärzahlen von $(0000)_2$ bis $(1111)_2$ und versuchen einen Zusammenhang zu finden.

Binärzahlen

Dezimal	a_3	a_2	a_1	a_0
0	0	0	0	0
1	0	0	0	1
2	0	0	1	0
3	0	0	1	1
4	0	1	0	0
5	0	1	0	1
6	0	1	1	0
7	0	1	1	1

Dezimal	a_3	a_2	a_1	a_0
8	1	0	0	0
9	1	0	0	1
10	1	0	1	0
11	1	0	1	1
12	1	1	0	0
13	1	1	0	1
14	1	1	1	0
15	1	1	1	1

Aus der Tabelle erkennt man, dass die zweite Stufe immer dann ihren Wert wechselt, wenn die erste logisch 1 ist. Daraus ergibt sich $J_1 = K_1 = a_0$. Die dritte Stufe schaltet nur dann um, wenn beide Vorgänger logisch 1 sind. Damit erhält man die Gleichung $J_2 = K_2 = a_0 \wedge a_1$). Die letzte Stufe kann nach dem gleichen Prinzip hergeleitet werden.

$$
\begin{aligned}
J_0 &= K_0 = 1\\
J_1 &= K_1 = a_0\\
J_2 &= K_2 = a_0 \wedge a_1\\
J_3 &= K_3 = a_0 \wedge a_1 \wedge a_2
\end{aligned}
$$

Die Schaltung ist beliebig erweiterbar. In der folgenden Abbildung ist die Schaltung für vier Stellen angegeben.

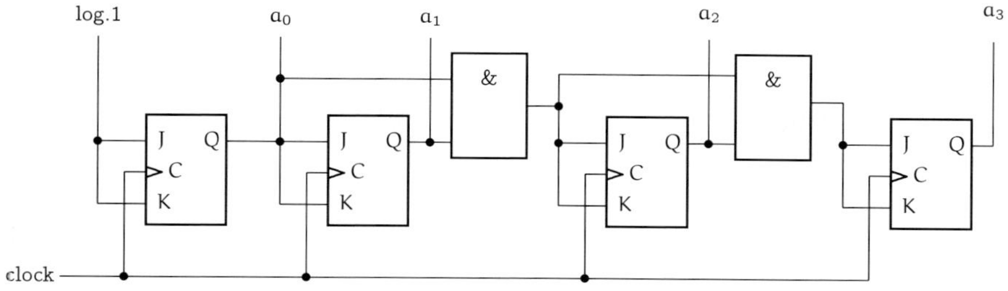

Abbildung 2.50: Vier-Bit-Synchronzähler

Die Realisierung dieser beiden Zähler soll uns genügen. Der Entwurf anderer Zähler erfolgt – wie schon oben beschrieben – in zwei Schritten. Nachdem eine Zustandsübergangstabelle erstellt wurde, werden die Funktionen für die Belegung der einzelnen Eingänge abgeleitet. Selbstverständlich können auch andere Latches wie zum Beispiel D-Latches zum Einsatz kommen, doch hierbei handelt es sich nur um Details. Es existierne auch Zähler, die man nicht nur (auf logisch 0) zurücksetzen, sondern auch parallel mit einem beliebigen Wert laden kann. Der *Überlauf* (*overflow*) – von $(111\ldots1)_2$ auf $(000\ldots0)_2$ oder umgekehrt – hervorgerufen durch einen periodischen Clock-Pulse am Zählereingang, tritt somit immer nach einer genau bestimmten Zeit auf. Wenn dieser Überlauf als zusätzlicher Ausgang aus dem Zähler geführt wird, kann dieses Ereignis verwendet werden, um eine zeitabhängige Anwendung (z. B. Watchdog oder Time-Out-Funktion) zu realisieren.

Meistens sind auch Steuereingänge für die Befehle *start count*, *stop count* oder für die Richtungsangabe (*auf-* oder *abwärts*) vorhanden. Auf diese Weise ergibt sich ein großes Spektrum an Zählern.

2.4 Signalverarbeitende elektronische Schaltungen

Wir wollen uns in diesem Abschnitt mit einigen wichtigen Schaltungen beschäftigen, diese jedoch vor allem von der Funktionalität her besprechen, ohne all zu sehr auf den inneren Aufbau einzugehen. Wir werden uns also auf einige wesentliche signalverarbeitende Schaltungen beschränken. Dazu gehören zum Beispiel Operationsverstärker, die wir im folgenden betrachten werden.

2.4.1 Operationsverstärker

„Das eigenhändige Ändern der Registry-Einträge ist
wie eine Operation am offenen Herzen.
Wenn im PC der Prozessor defekt ist,
hat der PC einen Herzinfarkt erlitten.
Das Booten eines PC nach einem „Aufhänger"
kommt mir vor wie eine Elektro-Schock-Behandlung.
Ist nun trotzdem eine neue CPU erforderlich,
gleicht dies einer Herztransplantation."

PC-Magazin T. Baechle

Gerade an der Schnittstelle zwischen analogen and digitalen Schaltkreisen finden wir häufig Operationsverstärker. Ein solcher Operationsverstärker (engl. *operational amplifier*, gebräuchliche Abkürzung: *OpAmp*) ist eigentlich ein Differenzverstärker, der ursprünglich in Analogrechnern eingesetzt wurde. Charakteristisch für den Operationsverstärker ist seine sehr hohe Leerlaufspannungsverstärkung (engl. *open loop gain*) von $v_u = 10^5...10^8$. Man versteht darunter die Differenzverstärkung, wenn keine äußere Beschaltung vorliegt. Diese sehr hohe Verstärkung wird nun dadurch auf endliche, gewünschte Werte zurückgeführt, indem man den OpAmp z.B. durch ohmsche Widerstände gegenkoppelt, d.h., durch äußere Beschaltung gezielt die Verstärkung senkt. Durch die Maßnahme der Gegenkopplung wird zugleich die Stabilität der Verstärkerschaltung erhöht. Abbildung 2.51 zeigt als Blockschaltbild die Anordnung eines gegengekoppelten Operationsverstärkers.

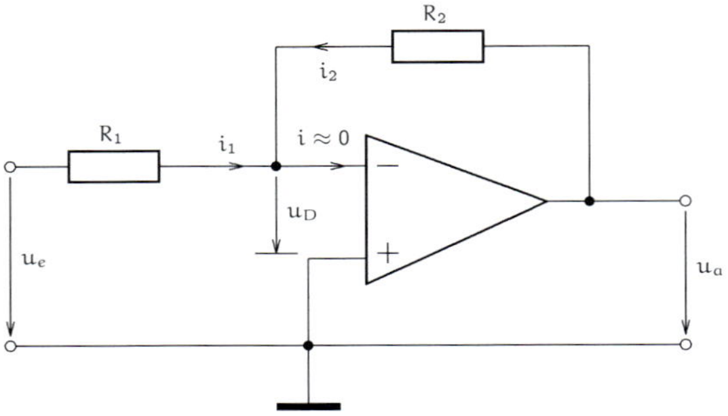

$$u_D \approx 0; \quad i_1 \approx -i_2; \quad \frac{u_e}{R_1} \approx -\frac{u_a}{R_2}; \quad v_u = \frac{u_a}{u_e} \approx -\frac{R_2}{R_1}$$

Abbildung 2.51: Invertierender Operationsverstärker (engl. *closed loop amplifier*)

Der OpAmp besitzt zwei Eingänge: einen invertierenden und einen nicht-invertierenden Eingang. Erhöht man die Eingangsspannung gegenüber Masse (Nullpotential) auf dem invertierenden Eingang, so erhält man eine negative Ausgangsspannungsänderung, entsprechend beim nicht-invertierenden Eingang eine positive Ausgangsspannungsänderung. Entsprechend ist die Beschaltung nach Abbildung 2.52 vorzunehmen:

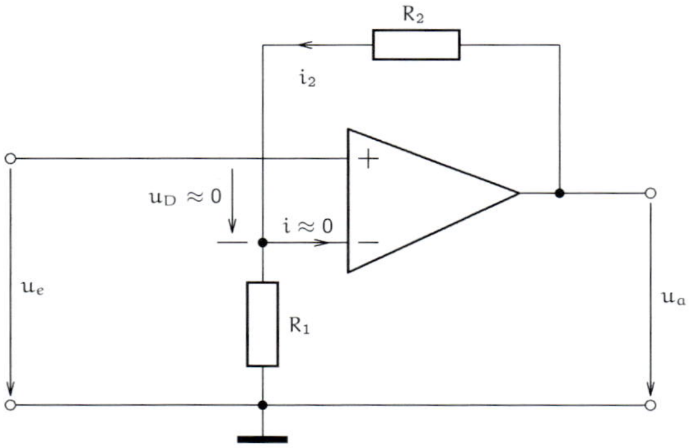

$$i \approx 0; \quad u_D \approx 0; \quad \frac{u_a}{R_1 + R_2} \approx \frac{u_e}{R_1}; \quad v_u = \frac{u_a}{u_e} \approx \frac{R_1 + R_2}{R_1}$$

Abbildung 2.52: Nicht-invertierender Operationsverstärker

Da praktisch kein Strom in den nicht-invertierenden Eingang des OpAmp fließt (hochohmiger Eingang) und die Differenzspannung u_D zwischen invertierendem und nicht-invertierendem Eingang etwa null ist, bilden R_2 und R_1 einen einfachen, praktisch nicht belasteten Spannungsteiler mit folgendem Zusammenhang:

$$v_u = \frac{u_a}{u_e} \approx \frac{R_1 + R_2}{R_1}$$

Damit wird die wirksame Spannungsverstärkung $v_U \approx (R_1 + R_2)/R_1$. Der Eingangswiderstand dieser Schaltung zwischen den beiden Eingängen des OpAmps ist ausserordentlich hoch, da nur ein verschwindend geringer Teil der Eingangsspannung zwischen den Eingängen wirksam wird. Dadurch sind mit dieser Schaltung effektive Eingangswiderstände bis in den TΩ-Bereich (Tera-Ohm-Bereich), d.h., etwa 10^{12} Ω erzielbar.

2.4.2 Komparatoren

Das Vergleichen ist das Ende des Glücks
und der Anfang der Unzufriedenheit.
Sören Kierkegaard (1813 - 1855),
dänischer Philosoph, Theologe und Schriftsteller

Komparatoren für analoge Signale

Komparatoren für analoge Signale sind Schaltungen, mit deren Hilfe festgestellt werden kann, ob und zu welchem Zeitpunkt die momentane Amplitude eines Signals gleich einem konstanten oder zeitlich veränderbaren Referenzsignal ist. Abbildung 2.53 zeigt das Schaltzeichen eines Komparators, bestehend aus einem Operationsverstärker mit zwei Eingängen für die zu bewertende Spannung u_e sowie die Referenzspannung U_{Ref} und den Ausgang mit der Ausgangsspannung u_a. Das Ausgangssignal kennt nur zwei diskrete Signalzustände abhängig davon, ob die Eingangsspannung u_e größer oder kleiner als die Referenzspannung U_{Ref} ist.

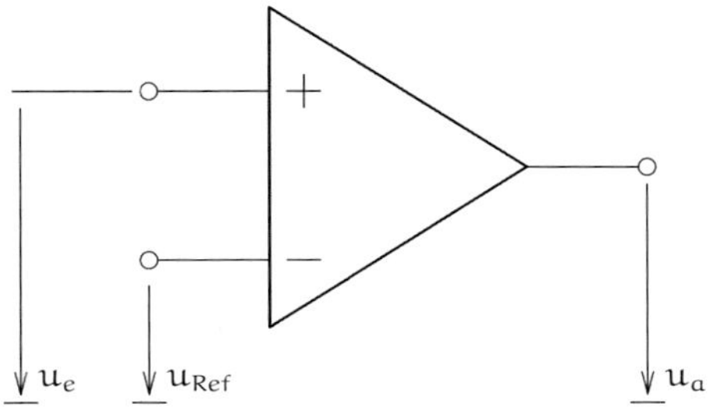

Abbildung 2.53: Schaltbild eines Komparators für analoge Signale

Diese Arbeitsweise kann als

$$u_a = \begin{cases} U_{a\,max} \text{ für } u_e > U_{Ref} \\ U_{a\,min} \text{ für } u_e < U_{Ref} \end{cases}$$

beschrieben werden. Abbildung 2.54 zeigt die Arbeitsweise dieses Komparators für den Fall einer zeitlich veränderlichen Referenzspannung $u_{Ref}(t)$.

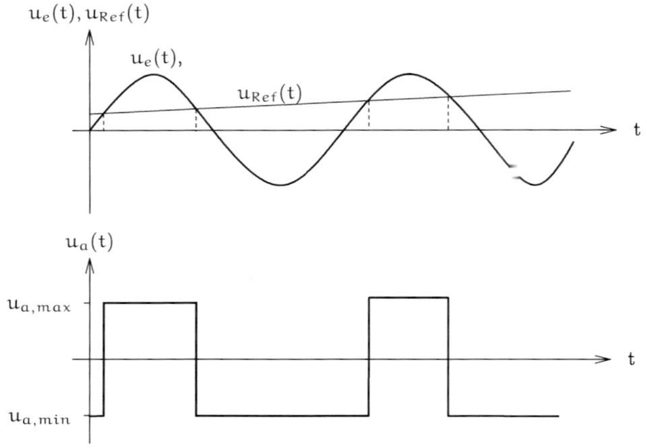

Abbildung 2.54: Funktion des Komparators für analoge Signale im Fall zeitlich veränderlicher Referenzspannung $u_{Ref}(t)$

Komparatoren für digitale Signale

In der Digitaltechnik werden häufig Vergleicher für digitale Signale benötigt, um zu entscheiden ob zwei binäre Variablen x und y gleich oder ungleich sind. Die Arbeitsweise des Komparators für digitale Signale kann durch die Äquivalenzfunktion beschrieben werden:

$$x \equiv y = z$$

Aus der Wahrheitstabelle mit den Variablen x und y sowie der Ausgangsgröße z folgt mit Hilfe der disjunktiven Normalform

x	y	z
0	0	1
0	1	0
1	0	0
1	1	1

die logische Funktion $z = (x \wedge y) \vee (\neg x \wedge \neg y)$. Abbildung 2.55 zeigt die Realisierung als Gatterschaltung.

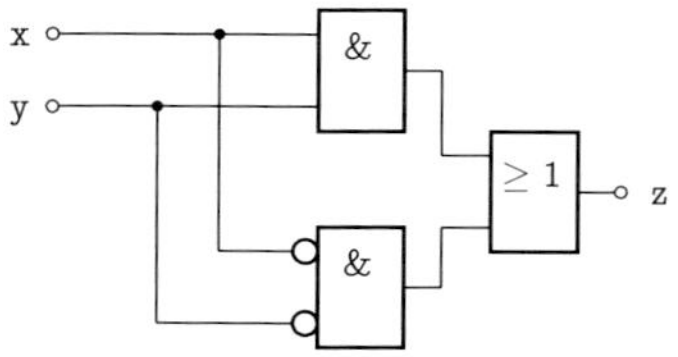

Abbildung 2.55: Gatterschaltung eines Komparators für digitale Signale

2.4.3 Torschaltungen

Unter Torschaltungen versteht man Netzwerke, die aus einem Signal für eine vorgegebene Zeit einen zeitlichen Anteil des Signals „herausschneiden". Man bezeichnet solche Netzwerke auch als *Zeitfilter*. Die Arbeitsweise solcher Schaltungen hängt allein von der Zeitbedingung ab, die über einen Steuereingang (engl. *control input*) binär vorgegeben wird.

Torschaltungen für analoge Signale

Liegt am Eingang ein wert- und zeitkontinuierliches Signal („analoges" Signal) an, so lässt sich über den Control-Eingang ein zeitlicher Ausschnitt des Eingangssignals $u_e(t)$ verzerrungsfrei an den Ausgang als $u_a(t)$ übertragen. Abbildung 2.56 zeigt die Arbeitsweise eines Analogschalters.

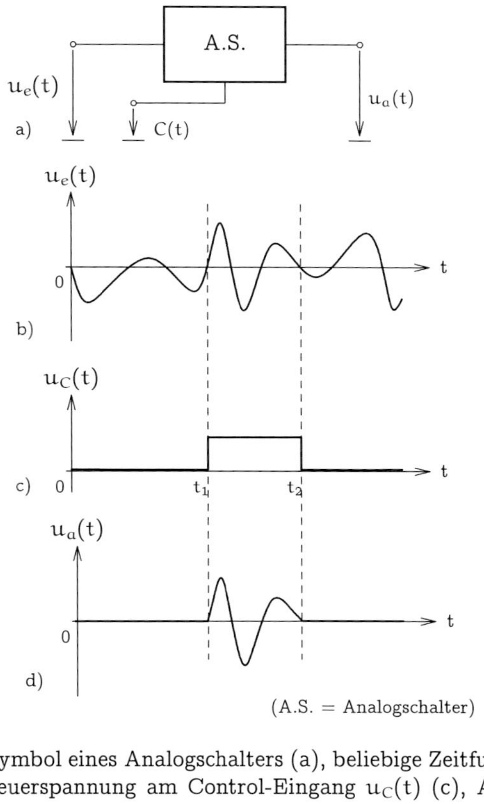

Abbildung 2.56: Schaltsymbol eines Analogschalters (a), beliebige Zeitfunktion für die Eingangsspannung $u_e(t)$ (b), Steuerspannung am Control-Eingang $u_C(t)$ (c), Ausgangsspannung $u_a(t)$ (d)

Torschaltungen für digitale Signale

Digitale Torschaltungen übertragen ein binäres Eingangssignal im Idealfall verzerrungs- und verzögerungsfrei an den Ausgang der Torschaltung zu den Zeiten, die durch das Control-Signal vorgegeben werden. Zu allen anderen Zeiten ist der Übertragungsweg gesperrt. Eine Torschaltung für digitale Signale wird einfach dadurch realisiert, dass man eine UND-Verknüpfung zwischen einer Variablen x und dem Control-Signal realisiert.

2.4.4 Schmitt-Trigger

Ein Schmitt-Trigger ist ein Komparator, bei dem Ein- und Ausschaltpegel um die Schalthysterese U_{HST} differieren. Er wird mit einem analogen (wert- und zeitkontinuierlichen) Signal beliebiger Kurvenform angesteuert. Überschreitet die Eingangsspannung $u_e(t)$ eine vorgegebene, obere Schaltschwelle U_{SO}, so nimmt der Ausgang der Schaltung einen binären Wert an; unterschreitet die Eingangsspannung die untere Schaltschwelle U_{SU} (wobei $U_{SO} > U_{SU}$ ist), so nimmt der Ausgang den anderen binären Wert an.

Der im mittleren Kennlinienbereich auftretende Kennlinienabschnitt zwischen den Punkten $U_L; U_{SO}$ und $U_H; U_{SU}$ ist die Ursache dafür, dass bei einem vollständigen Schaltzyklus in der Übertragungskennlinie $u_a(u_e)$ unterschiedliche Wege beim Schalten durchlaufen werden. Dieser Sachverhalt wird *Hysterese* genannt. Die Größe der Hysterese kann als Hysteresespannung U_{HST} an der Übertragungskennlinie $u_a(u_e)$ abgelesen werden; sie beträgt

$$U_{HST} = U_{SO} - U_{SU}$$

Der beschriebene Hystereseeffekt kann bei folgenden Anwendungen genutzt werden: Entweder will man einen bestimmten Spannungswert der Eingangssspannung detektieren (Funktion des Schwellwertschalters als *Spannungsdiskriminator*) oder aber man nutzt den Hystereseeffekt zur Beseitigung von Störungen und Verzerrungen bei Impulsen (*Regeneration von Digitalsignalen*).

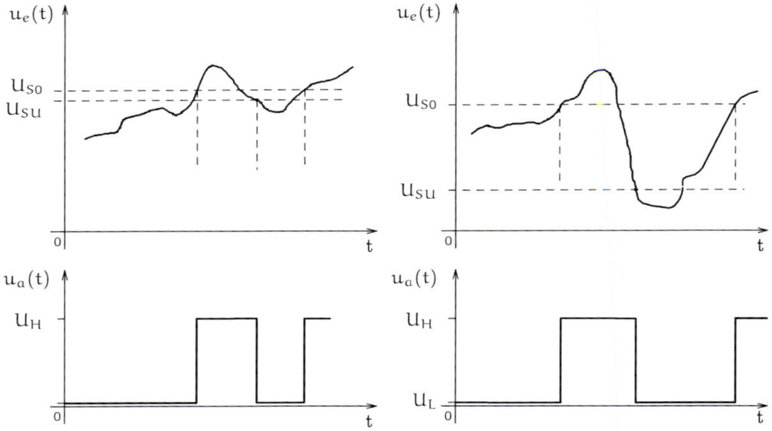

Abbildung 2.57: Funktion des Schmitt-Triggers als Rechteckformerstufe
U_{SU}=untere Schaltschwelle, U_{SO}=obere Schaltschwelle

Die Spannungsdifferenz zwischen dem Einschalt- und dem Ausschaltpegel (Schalthysterese) wird umso kleiner, je kleiner man die Differenz zwischen U_{SO} und U_{SU} macht. Maßnahmen, welche die Schalthysterese verkleinern, können dazu führen, dass die Schaltung nicht mehr ausreichend stabil ist. Überhaupt sollte man möglichst von einem Einsatz eines Schmitt-Triggers in einer Umgebung absehen, die starken elektromagnetischen Störungen unterworfen ist. Hierbei ist der Aspekt der sogenannten *elektromagnetischen Verträglichkeit* (engl. *electromagnetic compatibility*) zu beachten.

Das Ausgangssignal soll möglichst sprunghaft zwischen definierten Amplitudenwerten umschalten, auch wenn die Eingangsspannung $u_e(t)$ beliebig langsam steigt oder fällt. Damit wirkt ein Schmitt-Trigger wie eine Rechteckformerstufe.

Invertierender Schmitt-Trigger

Die Schalthysterese des Schmitt-Triggers nach Abbildung 2.58 entsteht dadurch, dass der Komparator über den Spannungsteiler R_1, R_2 mitgekoppelt wird, d.h., die Rückführung wird auf den nicht-invertierenden Eingang gelegt. Durch diese Mitkopplung springt die Ausgangsspannung u_a sehr schnell auf den Wert $U_{a\,min}$, wenn die Eingangsspannung u_e den Einschaltpegel erreicht bzw. überschreitet; andererseits springt die Ausgangsspannung u_a auf den Wert $U_{a\,max}$, wenn die Eingangsspannung u_e den Ausschaltpegel erreicht bzw. unterschreitet.

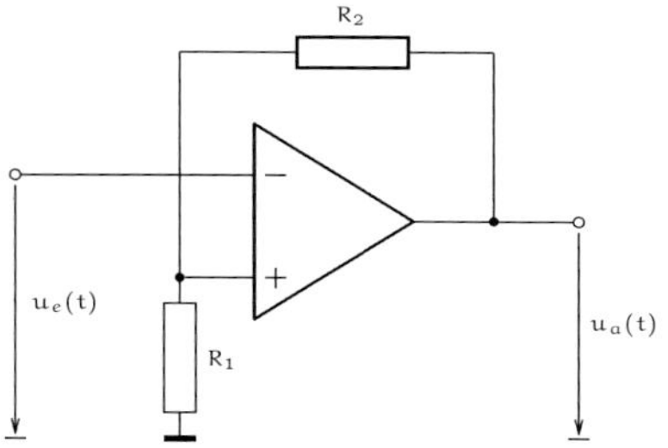

Abbildung 2.58: Invertierender Schmitt-Trigger

Ein- und Ausschaltpegel sowie die Hysterese können als

$$\begin{aligned}
\text{Einschaltpegel:}\quad U_{e\,ein} &= \frac{R_1}{R_1 + R_2} \cdot U_{a\,min} \\
\text{Ausschaltpegel:}\quad U_{e\,aus} &= \frac{R_1}{R_1 + R_2} \cdot U_{a\,max} \\
\text{Hysterese:}\quad U_{HST} &= \frac{R_1}{R_1 + R_2} \cdot (U_{a\,max} - U_{a\,min})
\end{aligned}$$

angegeben werden. Abbildung 2.59 zeigt die Übertragungskennlinie des invertierenden Schmitt-Triggers.

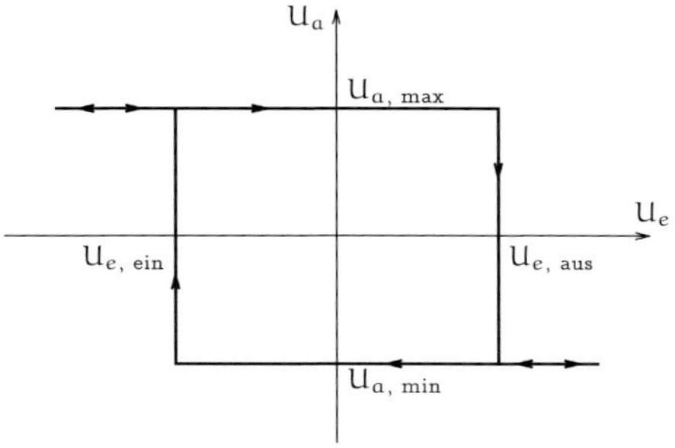

Abbildung 2.59: Übertragungskennlinie

Am Beispiel einer sinusförmigen Eingangsspannung macht Abbildung 2.60 die Arbeitsweise des invertierenden Schmitt-Triggers mit den beiden Schaltschwellen $U_{e\,ein}$ und $U_{e\,aus}$ deutlich.

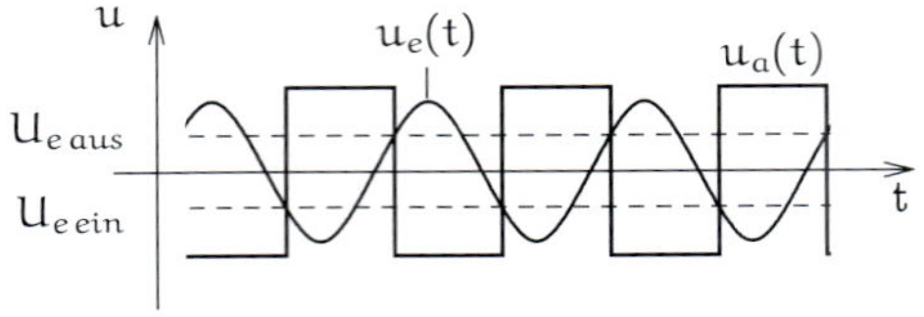

Abbildung 2.60: Spannungsverläufe der sinusförmigen Eingangsspannung $u_e(t)$ und der rechteckförmigen Ausgangsspannung $u_a(t)$ beim invertierenden Schmitt-Trigger

Nicht-invertierender Schmitt-Trigger

Legt man das Eingangssignal $u_e(t)$ an den Spannungsteiler R_1/R_2 und dessen Mittelpunkt auf den nicht-invertierenden Eingang des OpAmps sowie den invertierenden Eingang auf Nullpotential (Masse), so entsteht nach Abbildung 2.61 ein nicht-invertierender Schmitt-Trigger.

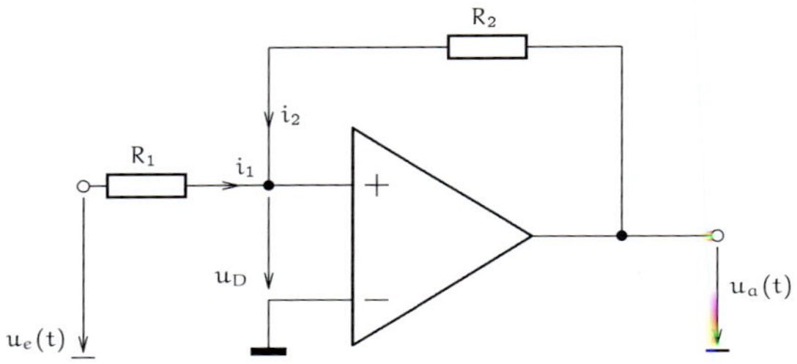

Abbildung 2.61: Nicht-invertierender Schmitt-Trigger

Ein- und Ausschaltpegel sowie die Hysterese können als

$$\begin{aligned}
\text{Einschaltpegel:}\quad U_{e\,ein} &= -\frac{R_1}{R_2} \cdot U_{a\,min} \\
\text{Ausschaltpegel:}\quad U_{e\,aus} &= -\frac{R_1}{R_2} \cdot U_{a\,max} \\
\text{Hysterese:}\quad U_{HST} &= \left(\frac{R_1}{R_2}\right) \cdot (U_{a\,max} - U_{a\,min})
\end{aligned}$$

angegeben werden.

Abbildung 2.62 zeigt die Übertragungskennlinie des nicht-invertierenden Schmitt-Triggers.

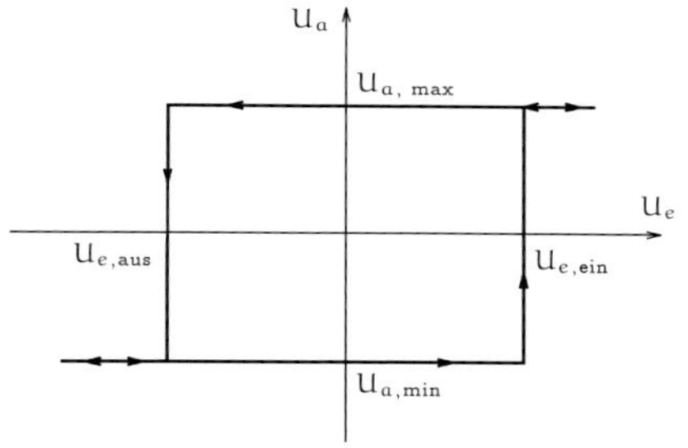

Abbildung 2.62: Übertragungskennlinie

Am Beispiel einer sinusförmigen Eingangsspannung macht Abbildung 2.63 die Arbeitsweise des nicht-invertierenden Schmitt-Triggers mit den beiden Schaltschwellen $U_{e\,ein}$ und $U_{e\,aus}$ deutlich.

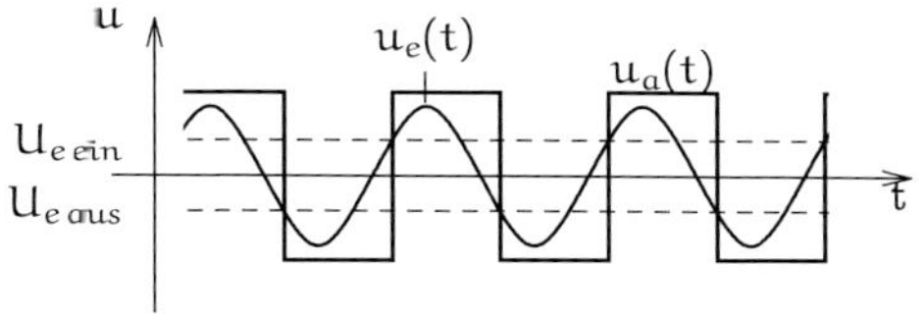

Abbildung 2.63: Spannungsverläufe der sinusförmigen Eingangsspannung $u_e(t)$ und der rechteckförmigen Ausgangsspannung $u_a(t)$ beim nicht-invertierenden Schmitt-Trigger

Präzisions-Schmitt-Trigger

Aus den vorangegangenen Angaben für Ein- und Ausschaltpegel sowie die jeweilige Hysterese erkennt man, dass diese Werte entscheidend von den Werten $U_{a\,min}$ und $U_{a\,max}$ abhängen. Diese Werte können jedoch bei verschiedenen Schaltkreisen fertigungstechnisch schwanken. Dieser Nachteil kann dadurch behoben werden, dass man gemäß Abbildung 2.64 zwei Komparatoren K1 und K2 verwendet, die das Eingangssignal mit den gewünschten Umschaltpegeln vergleichen. Diese setzen ein RS-Latch, wenn der obere Triggerpegel überschritten wird und löschen es, wenn der untere Triggerpegel unterschritten wird. Abbildung 2.64 veranschaulicht diese Arbeitsweise.

Man erkennt, dass bei dieser Version die Eingangsspannung u_e mit beiden Schaltschwellen verglichen wird und dadurch das RS-Latch entsprechend angesteuert wird.

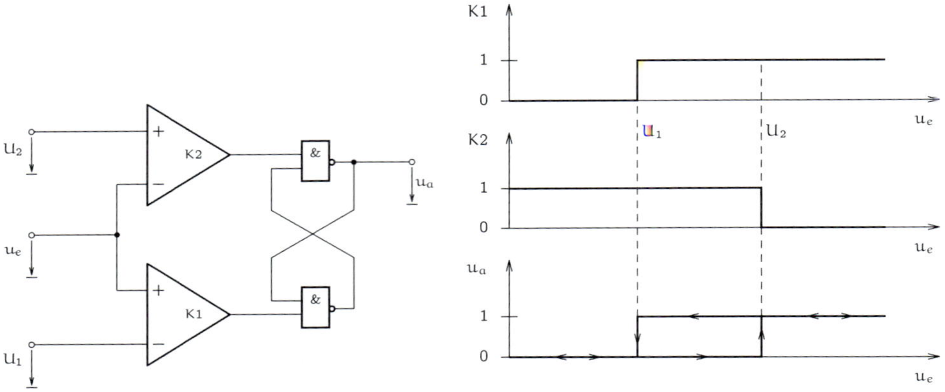

Abbildung 2.64: Präzisions-Schmitt-Trigger und dessen Arbeitsweise

$$
\begin{aligned}
&\text{Einschaltpegel} \quad U_{e\ ein} = U_2 \\
&\qquad\qquad\qquad\qquad\qquad\qquad \text{mit } U_2 > U_1 \\
&\text{Ausschaltpegel} \quad U_{e\ aus} = U_1
\end{aligned}
$$

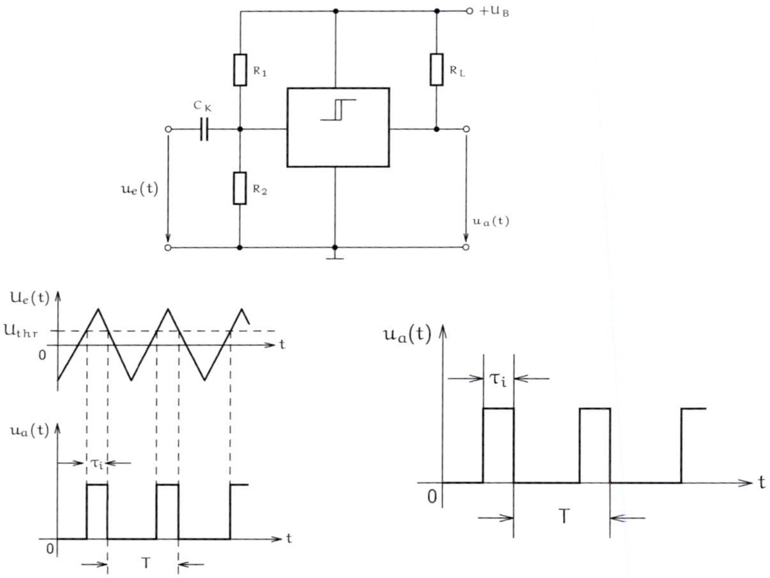

Abbildung 2.65: Umwandlung einer dreieckförmigen in eine rechteckförmige Spannung ($U_{thr} = U_{threshold}$)

Beispiel. Schmitt-Trigger können für Aufgaben der Impulsformung eingesetzt werden. Abbildung 2.65 zeigt eine Anordnung zur Umwandlung eines dreieckförmigen Signals $u_e(t)$ in ein rechteckförmiges Signal. Durch Einstellung der Schaltschwellen des Schmitt-Triggers kann bei gleichbleibender Impulsperiodendauer T der Tastgrad $g = \frac{\tau_i}{T}$ des ausgangsseitigen Rechtecksignals variiert werden. Der Kondensator C_K dient der gleichspannungsfreien (kapazitiven) Ankopplung des dreieckförmigen Signals an den Schmitt-Trigger.

Fensterdiskriminator

Mit Hilfe eines Fensterdiskriminators kann festgestellt werden, ob der Wert der Eingangsspannung u_e *unterhalb*, *innerhalb* oder *oberhalb* des durch die Spannungsgrenzwerte U_{GO} und U_{GU} festgelegten Fensters liegt. Abbildung 2.66 zeigt das Blockschaltbild eines Fensterdiskriminators für Spannungen, der die Höhe der Eingangsspannung u_e bezogen auf zwei Spannungsgrenzwerte U_{GU} und U_{GO} analysiert.

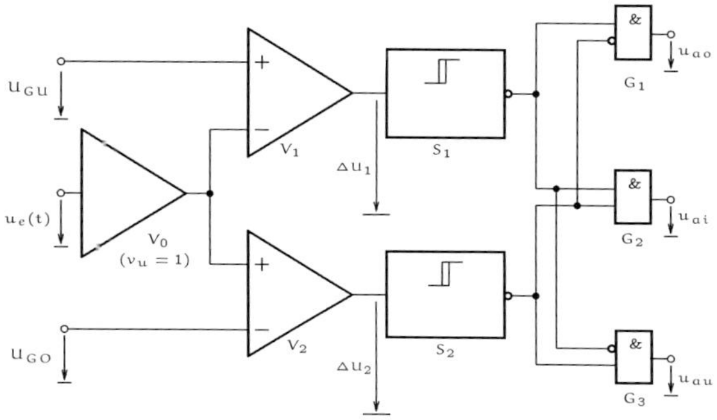

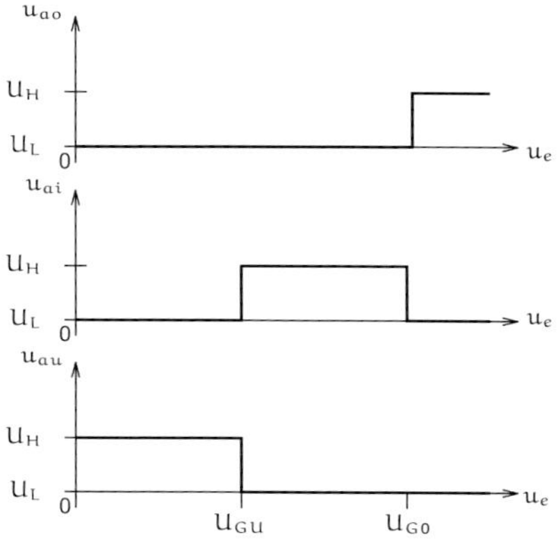

Abbildung 2.66: Fensterdiskriminator für die Eingangsspannung $u_e(t)$ mit den Grenzwerten U_{GU} und U_{GO} , Verläufe der drei Ausgangsspannungen u_{ao}, u_{ai} und u_{au} über der Eingangsspannung u_e

Die zu bewertende Eingangsspannung u_e wird zunächst über einen Verstärker V_0 mit der Spannungsverstärkung $v_u = 1$ zur Entkopplung den Eingängen der Operationsverstärker V_1 und V_2 zugeleitet. Der Operationsverstärker V_1 bildet die Differenzspannung $\Delta U_1 = U_{GU} - u_e$ und der Operationsverstärker V_2 die Differenzspannung $\Delta U_2 = u_e - U_{GO}$. Beide Differenzspannungen werden durch die Schwellwertschalter S_1 und S_2 in binäre Signale umgesetzt. Die Gatter G_1 bis G_3 verknüpfen die Ausgangssignale der invertierenden Schwellwertschalter S_1 und S_2 so miteinander, dass an den drei Ausgängen festgestellt werden kann, ob der Wert der Eingangsspannung u_e *unterhalb*, *innerhalb* oder *oberhalb* des durch die Spannungsgrenzwerte U_{GO} und

U_{GU} festgelegten Fensters liegt. Die Größe und Lage des Fensters kann auch dadurch festgelegt werden, dass man den Mittenwert des Fensters und die halbe Fensterbreite vorgibt. In jedem Fall empfiehlt es sich, die von außen anzulegenden Spannungen aus Referenzspannungsquellen abzuleiten.

2.4.5 Zero-Crossing-Detector

Als erstes im Bankwesen lernt man den Respekt vor Nullen.
Carl Fürstenberg (1850 - 1933),
deutscher Bankier, Inhaber der Berliner Handelsgesellschaft

Ein Zero-Crossing-Detector stellt einen Nullspannungsschalter dar. Das bedeutet, dass dieser Schalter ausgangsseitig binär umschaltet, wenn die Eingangsspannung $u_e(t)$ den Wert null durchläuft. Dazu werden der invertierende Eingang über einen Widerstand R mit der Eingangsspannung $u_e(t)$ und der nicht-invertierende Eingang mit dem Nullpotential (Masse) verbunden. Von besonderem Interesse ist dabei, dass das binäre Ausgangssignal mit minimaler zeitlicher Verzögerung den Nulldurchgang der Eingangsspannung anzeigt, um damit Schaltvorgänge auszulösen, die an die Bedingung des Nulldurchgangs der Eingangsspannung geknüpft sind.

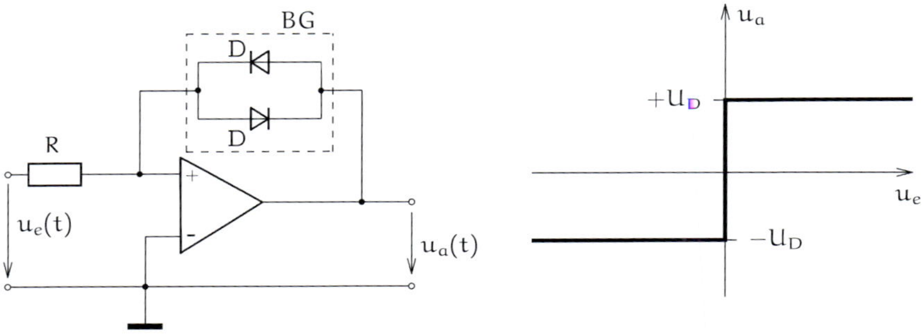

(a) (b)

Abbildung 2.67: Nullspannungsschalter mit Operationsverstärker (BG = Begrenzerschaltung und Übertragungskennlinie $u_a = f(u_e)$)

Um einen gesättigten Betrieb der Ausgangsstufe des Operationsverstärkers und eine dadurch bedingte zusätzliche Schaltverzögerung zu vermeiden, schaltet man zwischen Ein- und Ausgang eine zweiseitige *Begrenzerschaltung* bestehend aus einer antiparallelen Diodenanordnung zur Begrenzung der negativen und positiven Ausgangsspannung u_a. Die Abbildung 2.67 zeigt die Prinzipschaltung sowie die Übertragungskennlinie des so entstandenen Nullspannungsschalters.

2.4.6 Univibrator

Ein *Univibrator* stellt eine Schaltung dar, die ausgangsseitig zwei Zustände annehmen kann. Von diesen beiden Zuständen ist nur ein Zustand stabil, der andere Zustand ist quasi-stabil und kann nur für eine vordefinierte Zeit, die Verweilzeit T_0, nach einem eingangsseitigen Triggerimpuls angenommen werden. Es lassen sich Schaltzeiten von einigen Sekunden bis zu einigen Minuten realisieren. Eine solche Schaltungsanordnung wird auch als *monostabile Kippstufe* bezeichnet.

Bei einfachen hardwaremäßigen Implementierungen beruht die Arbeitsweise auf einer Kondensatoraufladung. Die sich ergebende Verweilzeit ist dementsprechend mit Toleranzen behaftet. Abbildung 2.68 zeigt Schaltzeichen von Univibratoren zusammen mit ihren Impulsdiagrammen.

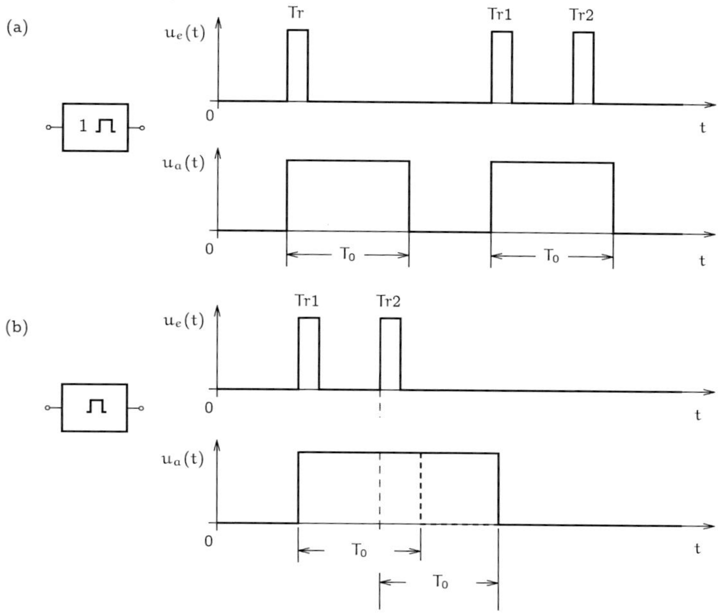

Abbildung 2.68: Schaltzeichen für Univibratoren und Impulsdiagramme nicht-nachtriggerbarer (a) und nachtriggerbarer (b) Univibrator; Tr=Triggerimpuls

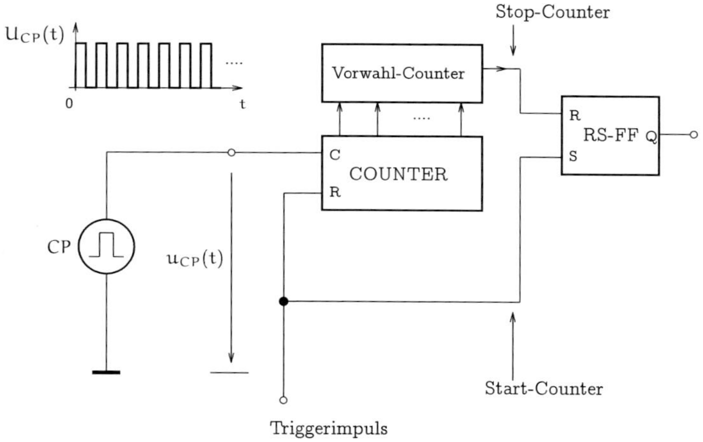

Abbildung 2.69: Zählergesteuerter Univibrator bestehend aus Taktgenerator CP, Vorwahlzähler und RS-FF

Wenn ein Triggerimpuls den Univibrator in den quasi-stabilen HIGH-Zustand gebracht hat und ein weiterer Triggerimpuls vor Ablauf der Verweilzeit am Eingang eintrifft, dieser aber unberücksichtigt bleibt, so liegt ein *nicht-nachtriggerbarer Univibrator* vor. Trifft dagegen vor Ablauf der Verweilzeit erneut ein Triggerimpuls am Eingang des Univibrators ein, und die Verweilzeit wird von neuem gestartet, so liegt ein *nachtriggerbarer Univibrator* vor.

Wie bereits erwähnt sind alle technischen Realisierungen, die auf einer Kondensatorauf- oder -entladung basieren, toleranzbehaftet. Wird ein genauere, vordefinierte Verweilzeit T gewünscht, so kann man aus einem übergeordneten, hochfrequenten Taktgenerator CP eine Folge von Rechteckimpulsen ableiten und diese auf einen Vorwahlzähler entsprechend Abbildung 2.69 leiten. Das Ausgangssignal Q des RS-Latch ist dann solange auf HIGH-Level, bis ein Counter ein voreingestelltes Zählergebnis liefert und fällt dann automatisch auf LOW-Level zurück.

Univibrator für kurze Schaltzeiten

Oftmals benötigt man in elektronischen Schaltungen einen Impuls mit einer Impulsdauer, die sich im Bereich von Gatterlaufzeiten bewegt. Die folgende Abbildung zeigt, wie man eine Schaltung aus Invertern beziehungsweise NAND-Gattern aufbauen kann, um die Funktion eines Univibrators zu realisieren. Solange die Eingangsvariable $x = 0$ ist, ergibt sich am Ausgang des UND-Gatters eine 0. Wenn nun $x = 1$ wird, liefert die UND-Verknüpfung am Ausgang so lange logisch 1, bis das Eingangssignal die Inverterkette durchlaufen hat. Es ist zu beachten, dass die Anzahl der Inverter ungerade sein muss. Wenn das Eingangssignal wieder auf logisch 0 zurückgeht, wird die UND-Verknüpfung nicht mehr erfüllt.

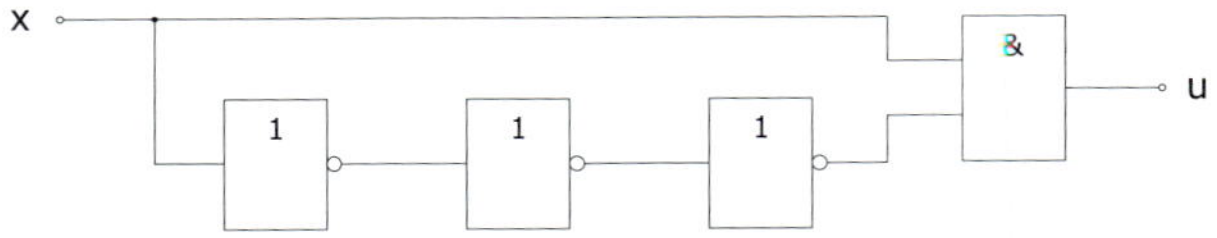

Abbildung 2.70: Univibrator für kurze Schaltzeiten

Es ergibt sich ein einzelner Impuls, dessen Impulsdauer gleich der Gatterlaufzeit t_d multipliziert mit der ungeradzahligen Anzahl der Inverter ist. Wie man in Abbildung 2.70 erkennt, muss bei diesem Univibrator das Triggersignal mindestens für die Dauer des Ausgangsimpulses anliegen.

2.4.7 Signalgeneratoren

Ich finde es richtig, dass man zu Beginn einer Jagd
die Hasen und Fasane durch Hörnersignale warnt
Gustav Heinemann (1899 - 1976)

Signalgeneratoren sollen Impulse bestimmter Kurvenform erzeugen. Für die Impulserzeugung können verschiedene physikalische Prinzipien angewendet werden: So kann z.B. die Auf- und Entladung eines Energiespeichers (z.B. einer Kapazität) genutzt werden. Schließlich kann man auch Impulse beliebiger Kurvenform dadurch erzeugen, dass man eine vorgegebene Impulszeitfunktion durch endlich viele Stützstellen beschreibt und zwischen den Ordinaten interpoliert. Im folgenden werden Schaltungen beschrieben, die nach den vorgenannten Prinzipien arbeiten.

Rechteckgeneratoren

Mit integrierten Schwellwertschaltern können Rechteckgeneratoren aufgebaut werden. Abbildung 2.71 zeigt einen Rechteckgenerator mit einem Schwellwertschalter. Das Arbeitsprinzip beruht darauf, dass eine Kapazität ständig auf- und entladen wird.

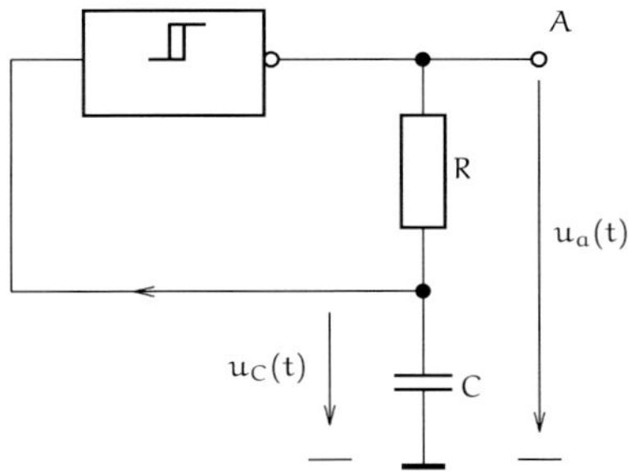

Abbildung 2.71: Rechteckgenerator mit Schwellwertschalter

Die Funktion kann folgendermaßen erklärt werden: Der Schwellwertschalter schaltet am Ausgang auf maximale Ausgangsspannung $U_{a\,max}$, sobald die Spannung am Kondensator die untere Schaltschwelle U_{SU} des Schwellwertschalters erreicht bzw. überschreitet. Dadurch wird die Kapazität C in Richtung $U_{a\,max}$ hin aufgeladen. Überschreitet die Kondensatorspannung $u_C(t)$ die obere Schaltschwelle U_{SO}, schaltet der Schwellwertschalter ausgangsseitig auf $U_{a\,min}$ zurück, so dass die Kapazität C wieder entladen wird, bis die Kondensatorspannung die untere Schaltschwelle U_{SU} unterschreitet. Dann schaltet der Schwellwertschalter ausgangsseitig wieder auf $U_{a\,max}$ um, und die Kondensatoraufladung beginnt erneut. Die Auf- und Entladung des Kondensators wiederholt sich somit periodisch. Abbildung 2.72 zeigt die zeitlichen Verläufe der Kondensatorspannung $u_C(t)$ und der Ausgangsspannung $u_a(t)$.

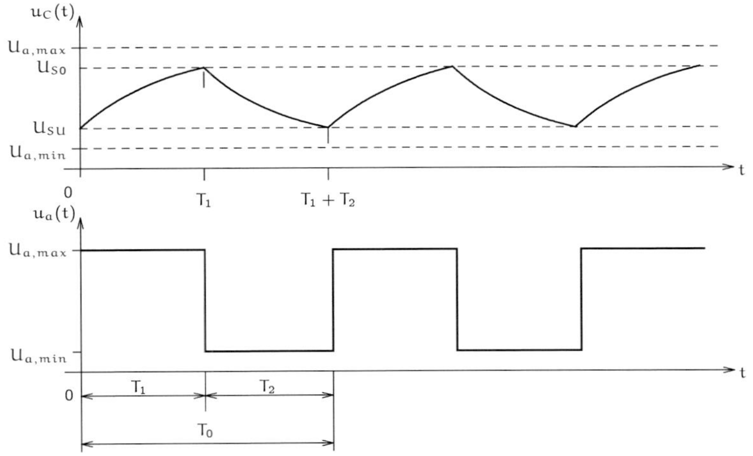

Abbildung 2.72: Zeitliche Verläufe der Kondensatorspannung $u_C(t)$ und der Ausgangsspannung $u_a(t)$

Es ist allerdings kritisch anzumerken, dass diese Art der Schwingungserzeugung höheren Genauigkeitsansprüchen bezüglich der Frequenzstabilität kaum genügt, da die Frequenz der entstehenden Rechteckschwingung zum einen von der genauen Reproduzierbarkeit der oberen und unteren Schaltschwelle des Schwellwertschalters und zum anderen von den temperaturabhängigen Änderungen der Werte des Widerstandes und der Kapazität abhängen. Darum ist nach anderen Verfahren der Erzeugung hochgenauer Rechteckimpulsfolgen zu suchen. Dies soll mit einer Variante im folgenden betrachtet werden.

Quarzoszillator

Die Genauigkeit der Impulsfolgefrequenz der zuvor beschriebenen Schaltungsanordnung reicht für viele Anwendungen nicht aus. Wesentlich bessere relative Frequenzkonstanz $\Delta f/f$ kann man bei Rechteckgeneratoren durch den Einsatz von Schwingquarzen erreichen. Diese lassen sich durch elektrische Felder zu mechanischen Schwingungen anregen. Da der Temperaturkoeffizient der Resonanzfrequenz sehr klein ist, lassen sich relative Frequenzabweichungen im Bereich von $10^{-10} \leq (\Delta f/f) \leq 10^{-6}$ erreichen. Abbildung 2.73 zeigt einen Rechteckgenerator mit einem Quarz in TTL-Technik, der aus drei NAND-Gattern aufgebaut ist.

Die Gatter G_1 und G_2 bilden den Oszillator, wobei die vorwärts gerichtete Kopplung durch den Koppelkondensator C_K und die rückwärts gerichtete Kopplung durch die Kapazität des Quarzes C_Q in Reihe mit der Ziehkapazität C_S bewirkt wird. Der Abgleich der Resonanzfrequenz bei Serienresonanz kann durch Reihenschaltung des Quarzes mit der Ziehkapazität C_S erreicht werden. Für den Abgleich gilt näherungsweise

$$\Delta f/f \approx \frac{C_Q}{2 \cdot C_S}$$

Das Gatter G_3 dient allein zur Impulsformung, um eine Rechteck-Impulsfolge mit Flanken von hinreichender Flankensteilheit zu erreichen.

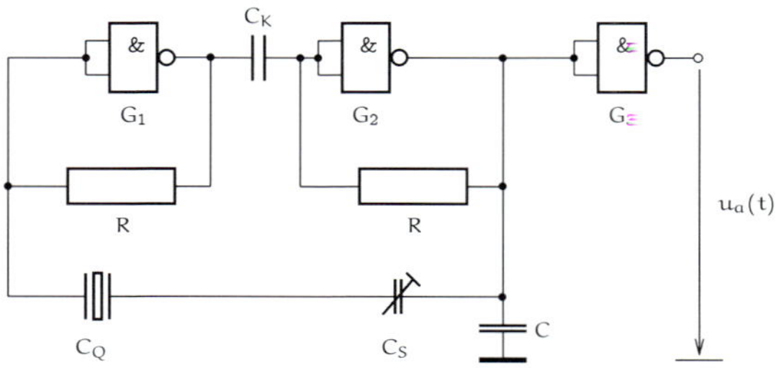

Abbildung 2.73: Quarzoszillator mit drei NAND-Gattern

Für Aufgaben der Rechnersynchronisation in verteilten Rechnersystemen reicht in der Regel auch die Frequenzgenauigkeit von quarzgesteuerten Oszillatoren nicht aus. In diesen Fällen nutzt man hochgenaue Referenzfrequenzen, wie sie terrestrisch in Westeuropa durch die Signale des DCF77 (Normalfrequenzsender im Langwellenbereich) oder global durch GPS (engl. *Global Positioning System*) angeboten werden. Die relative Frequenzgenauigkeit bei diesen Systemen liegt etwa bei $\Delta f/f < 10^{-12}$. Da das GPS-System ein System in der Betreiberverantwortung der USA für militärische Anwendungen liegt, haben sich die europäischen Staaten entschlossen, ein entsprechendes Satellitensystem *GALILEO* zu errichten, für das auch die Betreiberhaftung übernommen wird.

Sägezahngenerator

Von den gegengekoppelten Schaltungen mit Operationsverstärkern eignet sich besonders der Miller-Integrator zur Erzeugung sägezahnförmiger Spannungsverläufe. Abbildung 2.74 zeigt einen Operationsverstärker, der als Miller-Integrator für das Eingangssignal beschaltet ist. Zusätzlich wurde die Gegenkopplung noch um einen gesteuerten Schalter S erweitert.

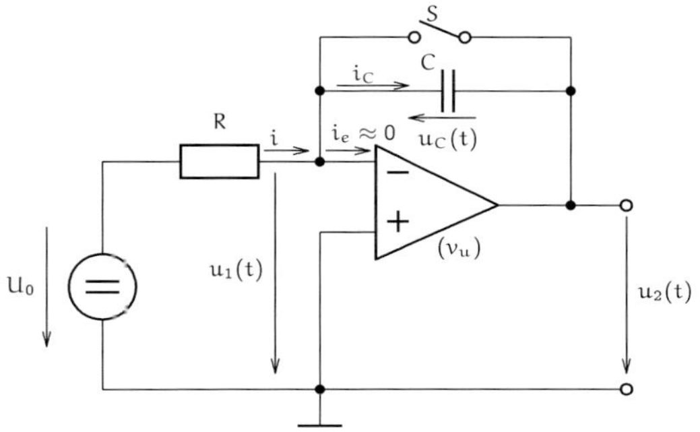

Abbildung 2.74: Prinzipschaltung des Sägezahngenerators

Durch periodisches Schließen des Schalters S und die dadurch entstehende Entladung der Kapazität C entsteht ein sägezahnförmiger Verlauf. Wird der Eingangswiderstand des Operationsverstärkers als $R_e \to \infty$ mit $i_e \approx 0$ angenommen, gelten nach dem Öffnen des Schalters S folgende Zusammenhänge:

Für $u_1(t) \approx 0$ wird $u_2(t) \approx u_c(t)$; damit wird $du_2/dt \approx du_C/dt$. Für den Ladestrom in der Kapazität C gilt

$$i_C(t) = C \cdot du_C/dt.$$

Wie oben erwähnt, gilt $u_1(t) \approx 0$, daher erhält man für $i(t) \approx \frac{U_0}{R}$. Wegen $i(t) = i_C(t)$ gilt nun

$$\frac{U_0}{R} = C \cdot \frac{du_2}{dt}.$$

Die Integration dieser Gleichung führt auf

$$u_2(t) = \frac{U_0}{R \cdot C} \cdot t$$

Dadurch entsteht eine Rampenfunktion nach dem *Miller-Effekt*. Abbildung 2.75 zeigt die Schaltung eines Sägezahngenerators mit einem invertierenden Operationsverstärker und die Einleitung des Sägezahnrücklaufs durch das „Leitendwerden" des Schalttransistors T.

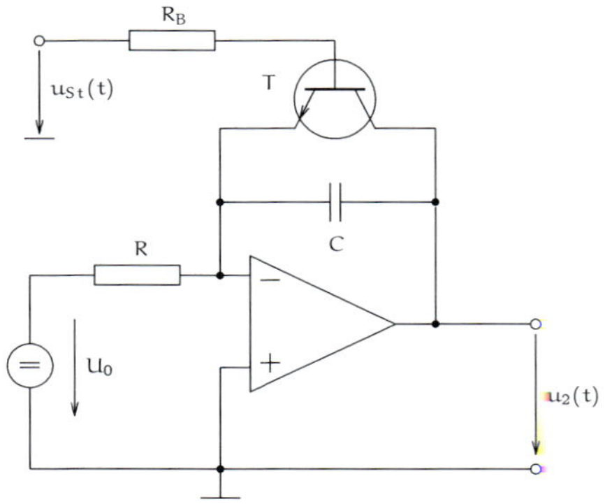

Abbildung 2.75: Sägezahngenerator mit Miller-Integrator und Schalttransistor T

Mit jedem positiven Impuls am Steuereingang des Transistors T wird der Transistor zwischen Kollektor und Emitter leitend und entlädt die Kapazität C für die Dauer der Ansteuerung des Schalttransistors. Die Ausgangsspannung u_2 fällt dabei praktisch auf null ab. Sobald der Transistor wieder sperrt, steigt die Ausgangsspannung wieder linear rampenförmig an. Abbildung 2.76 zeigt die zeitlichen Verläufe für die Steuerspannung $u_{St}(t)$ und die Ausgangsspannnung $u_2(t)$.

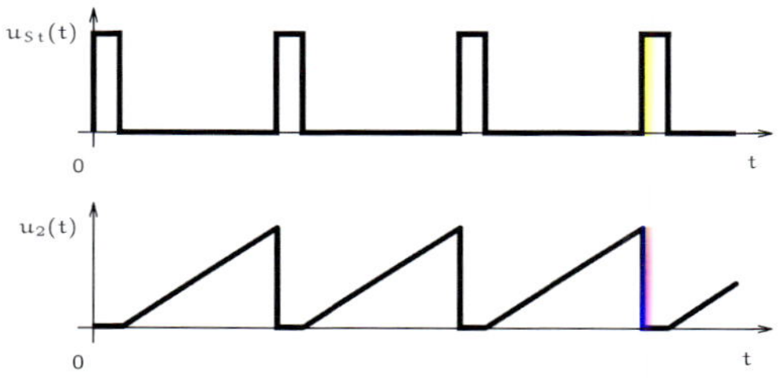

Abbildung 2.76: Zeitliche Verläufe der Steuerspannung u_{St} und der Ausgangsspannung $u_2(t)$

Programmierbarer Funktionsgenerator

Von besonderem Interesse sind solche Generatoren, mit denen beliebige Impulszeitfunktionen erzeugt werden können. Nehmen wir eine beliebige Impulszeitfunktion nach Abbildung 2.77 an.

Zur näherungsweisen Reproduktion der Impulszeitfunktion innerhalb eines vorgegebenen Zeitabschnittes T wird dieser in n gleich grosse Zeitschlitze Δt unterteilt ($n \cdot \Delta t = T$). Danach werden die Ordinaten an den Stützstellen festgelegt. Die Amplitudenwerte werden quantisiert und damit in vereinbarte Ersatzwerte umgesetzt. Diese werden dann (ähnlich wie bei der *Pulscodemodulation*) binär codiert und können nunmehr in einem Speicher abgelegt werden. Zur Reproduktion der Impulszeitfunktion wird dieser Speicher wieder ausgelesen. Die Darstellung einer Impulszeitfunktion durch Annäherung über n Stützstellen mit den dazugehörenden Ordinaten bedingt einen *Quantisierungsfehler*. Zwischen zwei benachbarten Stützstellen kann linear interpoliert werden. Über die Art des Auslesezyklus wird entschieden, ob ein Einzelimpuls, eine endliche Anzahl von Einzelimpulsen oder aber eine periodische Impulsfolge entsteht. Der beschriebene Funktionsgenerator ist programmierbar, weil das Ein- und Auslesen von Ordinatenwerten zusammen mit der Taktsignalsteuerung programmgesteuert durchgeführt werden kann.

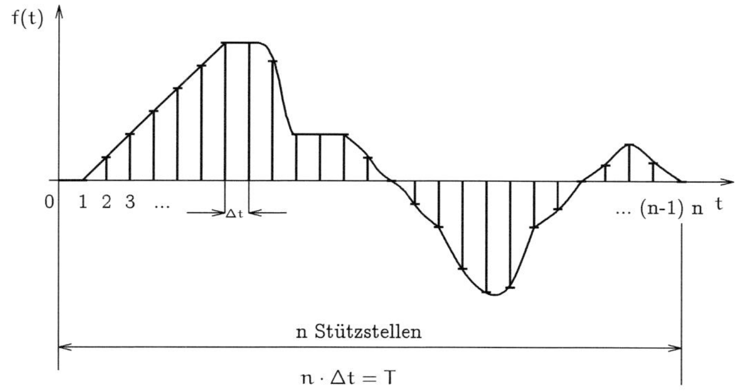

Abbildung 2.77: Annäherung einer Impulszeitfunktion f(t) durch n Stützstellen

2.4.8 Analog-Digital-Umsetzer

Häufig sollen wert- und zeitkontinuierliche Signale (Analogsignale) in digitaler Form weiterverarbeitet werden. Dies kann durch sog. *Analog-Digital-Umsetzer (A-/D-Wandler)* bewirkt werden. Umgekehrt kann es genauso notwendig werden, einen Signalwert von digitaler in analoger Form mittels eines *Digital-Analog-Umsetzers (D-/A-Wandler)* umzuwandeln. Die Technik der Analog-Digital-Umsetzer ist wesentlich komplizierter als die der Digital-Analog-Umsetzer.

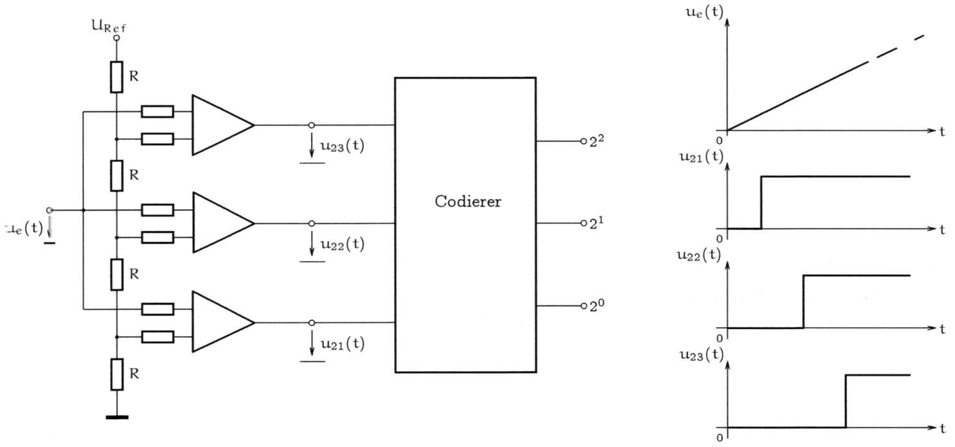

Abbildung 2.78: Analog-Digital-Umsetzer nach der direkten Methode mit parallelgeschalteten Komparatoren, rampenförmige Eingangsspannung $u_e(t) = r(t)$, Verläufe der Ausgangsspannungen der Komparatoren

A-/D-Wandler

Eine Analog-Digital-Umsetzung kann nach der direkten Methode dadurch bewirkt werden, dass man eine der gewünschten Stufenzahl entsprechende Anzahl von Komparatoren nach Abbildung 2.78 parallel anordnet und mit der Eingangsspannung $u_e(t)$ beschaltet. Die jeweiligen

Vergleichsspannungen werden mit einem ohmschen Spannungsteiler aus einer Referenzspannung U_{Ref} abgeleitet. Abbildung 2.78 zeigt eine relativ einfache Schaltungsanordnung mit „nur" drei Komparatoren. Abhängig davon, ob die Eingangsspannung $u_e(t)$ die erzeugten Vergleichsspannungen $0.25U_{Ref}$, $0.5U_{Ref}$ und $0.75U_{Ref}$ jeweils über- oder unterschreitet, nehmen die Ausgänge der drei Komparatoren die Werte logisch 0 bzw. logisch 1 an. Am Beispiel einer rampenförmigen Eingangsspannung $u_e(t)$ in Abbildung 2.78 erkennt man, wie die Komparatoren nacheinander von logisch 0 auf logisch 1 umschalten. Ein nachgeschalteter Codierer setzt dann die binären Signale der Komparatoren in vereinbarte Codeworte um.

D-/A-Wandler

Nach dem Prinzip der gewichteten Ströme lassen sich Dualzahlen in analoge Werte umwandeln. Abbildung 2.79 zeigt eine einfache Schaltung für die Umsetzung.

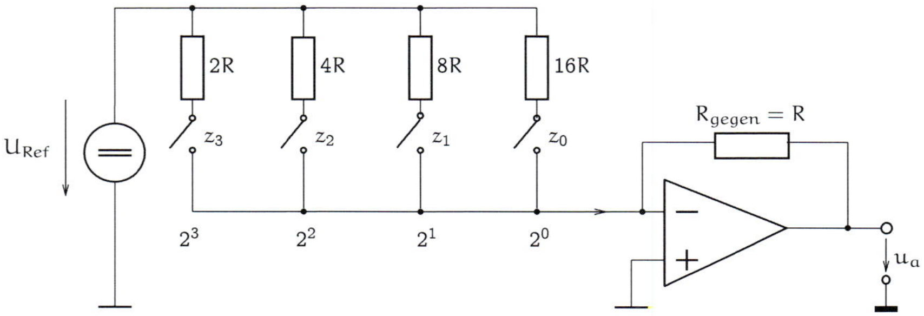

Abbildung 2.79: Prinzipschaltung des D-/A-Wandlers

Die Widerstände werden so gewählt, dass durch sie bei geschlossenem Schalter ein Strom fließt, der dem betreffenden Stellenwert entspricht. Die Schalter werden immer dann geschlossen, wenn in der betreffenden Stelle logisch 1 auftritt. Durch die Gegenkopplung des Operationsverstärkers mit dem Widerstand R_{gegen} bleibt der Summationspunkt auf Nullpotential. Auf diese Weise werden die Teilströme ohne gegenseitige Beeinflussung aufsummiert.

Wenn z.B. nur der von z_0 gesteuerte Schalter geschlossen ist, ergibt sich für die Ausgangsspannung

$$U_a = U_{LSB} = -\frac{R_{gegen}}{16R} \cdot U_{Ref}$$

Wenn $R = R_{gegen}$ ist, ergibt sich für die Ausgangsspannung an der Stelle des LSB $U_a = -\frac{1}{16}U_{Ref}$. Allgemein gilt für ein Dualwort $z_3z_2z_1z_0$ nach Potenzen von 2 geordnet:

$$U_a = -\frac{1}{2}U_{Ref}z_3 - \frac{1}{4}U_{Ref}z_2 - \frac{1}{8}U_{Ref}z_1 - \frac{1}{16}U_{Ref}z_0$$

In diesem Abschnitt haben wir verschiedene signalverarbeitende Schaltungen hauptsächlich von der Funktionalität her besprochen, beginnend mit dem Operationsverstärker als zentralem Bauelement z.B. für den Einsatz bei Komparatoren, Torschaltungen und Signalgeneratoren. Es war die Absicht dieses Unterabschnittes, hierzu jeweils eine kurze Einführung zu geben. Detailausführungen zu den behandelten Schaltungen finden sich in der weiterführenden Literatur.

2.5 Halbleiterspeicher

Glücklich ist, wer vergisst (...).

Alfred/Rosalinde.
Johann Strauß (Sohn), „Die Fledermaus“.

Halbleiterspeicher unterteilt man grundsätzlich in zwei Gruppen:

Tabellenspeicher: Datenspeicher (Bitmustern)

Funktionsspeicher: Speicherung von logischen Funktionen

2.5.1 Tabellenspeicher

Da für große Datenmengen Register als Speicher hardwaretechnisch zu aufwändig und deshalb zu teuer sind, benötigen wir eine Schaltung, die es uns ermöglicht, mehrere Datenwörter einer bestimmten Länge einfach zu speichern und später wieder aufrufen zu können. Die Wortlängen der Speicher sind meistens ein Vielfaches von 8 (üblicherweise 8, 16 oder 32 Bit). Eine Einheit von 8 Bit bezeichnet man als ein *Byte*. Damit besteht ein 32-Bit-Wort demnach aus 4 Bytes.

Es werden zwei Arten von Speichern unterschieden: Schreib-Lesespeicher und Festwertspeicher. Für Schreib-Lesespeicher findet man üblicherweise die Bezeichnung *RAM* (*Random Access Memory*) – also Speicher mit wahlfreiem Zugriff – vor, für Festwertspeicher die Bezeichnung *ROM* (*Read Only Memory*). Der Name RAM für Schreib-Lesespeicher ist eigentlich nicht besonders sinnvoll, da es sich genau genommen bei ROMs ebenfalls um Random Access Memorys handelt. Wir wollen nun zunächst die RAMs näher behandeln.

Ein Speicher beinhaltet eine Anzahl von Zellen, die eine eindeutige Adresse haben und ein Datenwort bestimmter Länge aufnehmen können. Der Baustein muss daher Adresseingänge, Datenein– und –ausgänge haben. Nachfolgend werden sie auch Adress– und Datenleitungen genannt. Ein Kontrollsignal teilt dem Speicher mit, ob eine Lese– oder Schreiboperation durchgeführt werden soll.

Bei einem Lesezugriff wird zunächst die Adresse des Datenwortes, das benötigt wird, an die Adressleitungen gelegt. Im nächsten Schritt wird das *read*-Signal aktiviert. Danach gibt der Speicherbaustein die gewünschte Information auf den Datenausgängen aus. Das gespeicherte Wort bleibt damit unverändert erhalten.

Um eine Information abzuspeichern, legt man zuerst die Adresse eines Speicherplatzes, der leer ist oder dessen Inhalt nicht mehr benötigt wird, sowie die binären Daten an die entsprechenden Leitungen an. Nach der Aktivierung des *write*-Signals, transferiert der Baustein das Bitmuster in die Speicherzelle. Diese Operation überschreibt den alten Inhalt mit dem neuen Wert.

Da auch hier Gatterlaufzeiten auftreten, ist es nötig, *Timing Diagrams*, die in den Datenbüchern enthalten sind und welche die genaue zeitliche Abfolge der Signale während einer Schreib- bzw. Leseoperation angeben, genau zu beachten. Sie geben etwa Auskunft darüber, wie lange die Information an den Eingängen anliegen muss, bis das RAM sie verarbeitet hat. Es kann aus ihnen auch die Zeit abgelesen werden, die verstreichen muss, bis die Daten bei einer Leseoperation am Ausgang korrekt anliegen.

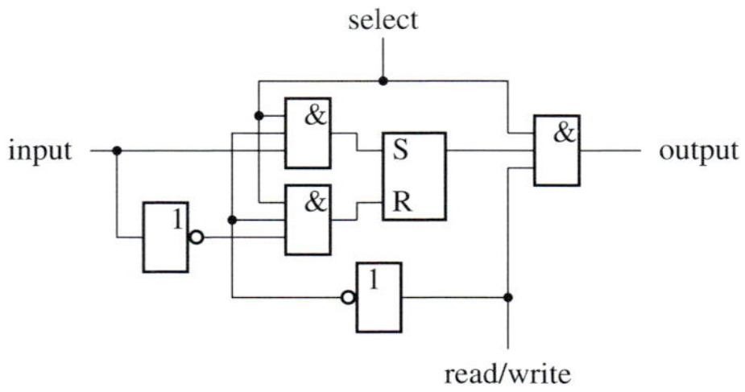

(1) logische Schaltung

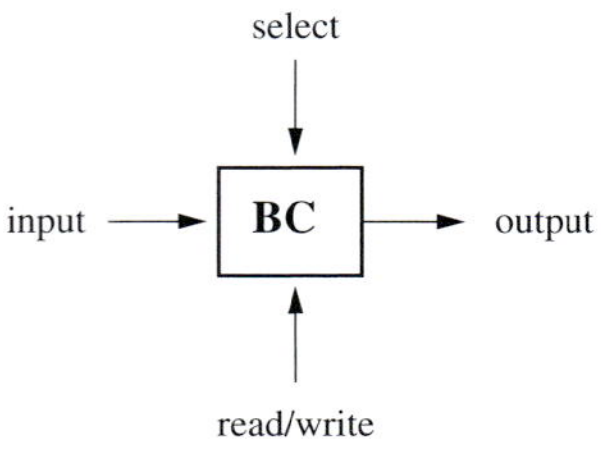

(2) Blockschaltbild

Abbildung 2.80: Speicherzelle (Binary Cell, BC)

Um zu vermeiden, dass ständig Informationen an den Datenausgangsleitungen anstehen (z.B. ein Wort mit der Adresse 00), führen wir einen *Enable*-Eingang ein, den man als *Memory-Select* bzw. *Chip-Select* bezeichnet. Wenn EN = 0 ist, liegen keine Daten an den Ausgängen an.

Nach dieser Beschreibung der Eigenschaften wollen wir nun ein 4x4-Bit-RAM realisieren, das 4 Wörter mit je 4 Bit speichern kann. Die Notation „4x4 Bit" stellt eine typische Beschreibung von Speichern dar. Die erste Ziffer steht für die Anzahl der Wörter, die in einem Baustein abgelegt werden können, und die zweite gibt die Wortlänge an. Dazu entwerfen wir zunächst eine Einheit, die eine binäre Information speichern kann und alle Leitungen besitzt, die ein RAM–Baustein benötigt. In Abbildung 2.80 ist die Schaltung sowie die Blockdarstellung einer solchen binären Zelle (*Binary Cell*, BC) gegeben.

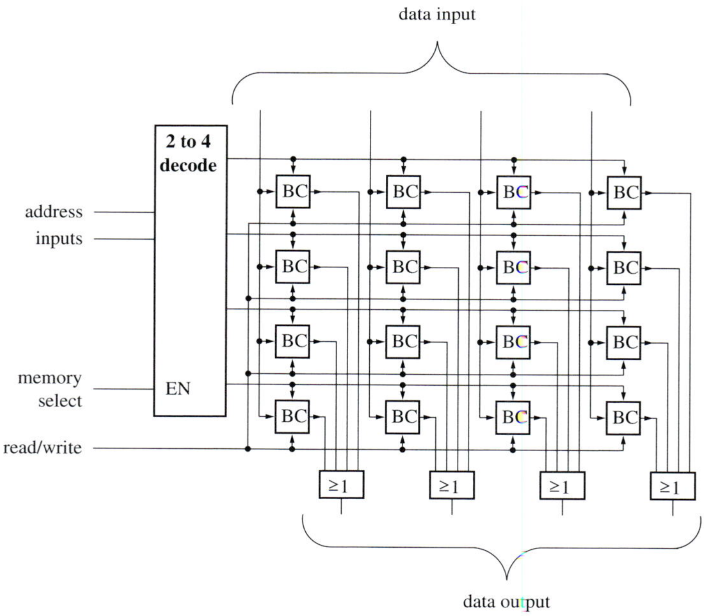

Abbildung 2.81: 4x4 memory

Durch geeignete Kombination solcher Module können Speicher beliebiger Größe – in unserem Fall ein 4x4-Bit-Speicher – realisiert werden. In der Schaltung benötigen wir zwei Adressleitungen, um eines von vier Wörtern auszuwählen. Man kann mit n Leitungen 2^n Wörter adressieren. Mit 10 Adressleitungen lassen sich daher $2^{10} = 1024$ Datenwörter adressieren. Man schreibt etwa für einen Speicher mit der Wortlänge 8 Bit "1K $\times$ 8" memory. Eine 4x4-Bit-Speicherschaltung kann dementsprechend wie in Abbildung 2.81 aussehen.

Bei aktivem *Memory-Select* kann die durch den Decoder angewählte „Zeile" abhängig vom Eingang *read/write* entweder beschrieben oder gelesen werden, wenn in der obigen Schaltung ein Datenwort adressiert wird. Dies gilt jedoch nicht für einzelne Bits. Der mit *read/write* beschriftete Kontrolleingang bekommt seinen Namen auf Grund der Tatsache, dass, wenn er aktiv ist, gelesen und, falls der Wert log. 0 anliegt, geschrieben werden kann. In der Praxis sind die Speicherzellen meist in Form einer quadratischen Matrix angeordnet, wobei die untere Hälfte der Adresse zur Auswahl der Zeile und die obere zur Bestimmung der Spalte dient. Dadurch kann die Decodierung beschleunigt werden.

In der folgenden Abbildung ist das Blockschaltbild für ein 1K $\times$ 8 RAM abgebildet. Die kleinen Schrägstriche und die Zahlen bei den Adress- und Datenleitungen bedeuten, dass hier eine entsprechende Anzahl von parallelen Leitungen vorliegt und nicht nur eine einzige.

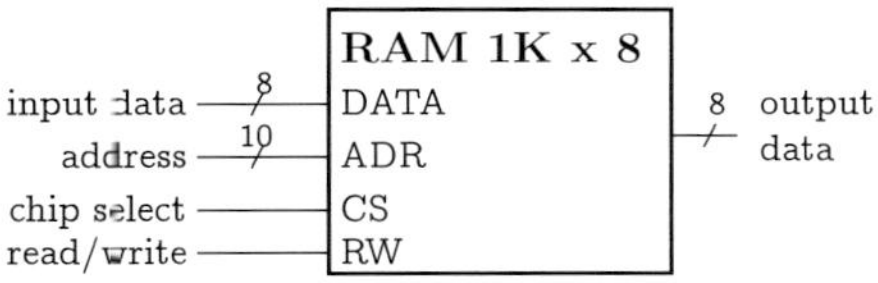

Abbildung 2.82: Blockschaltbild eines 1K $\times$ 8 RAM

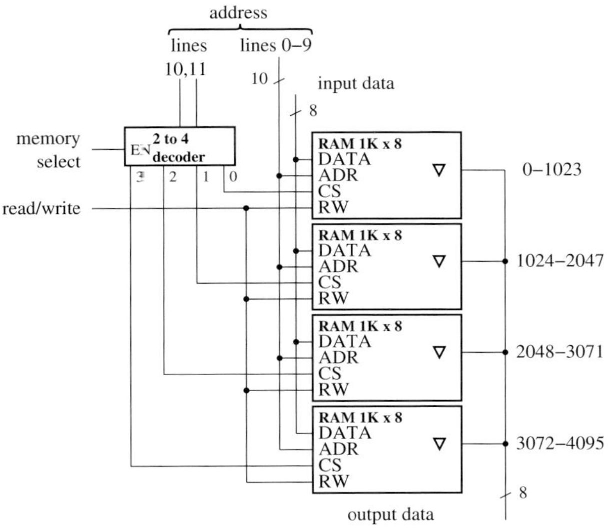

Abbildung 2.83: 4Kx8 RAM

Der *Chip-Select*-Eingang dient zusätzlich dazu, den Multiplexbetrieb mehrerer Speicher, die an einer gemeinsamen Datenleitung betrieben werden, zum Beispiel die *Kaskadierung* von

Speichern, zu ermöglichen. Ein Anwendungsfall ist zum Beispiel, wenn 12 Adressleitungen, mit denen 2^{12}=4K Wörter angewählt werden können, vorhanden sind, als Speicherbausteine jedoch nur 1K × 8 RAMs Verwendung finden sollen. Die Realisierung einer solchen Schaltung, die als Speicher mit der Größe 4K × 8 aufgefasst werden kann, ist in der folgenden Abbildung dargestellt. Die Adressbereiche der einzelnen ICs sind an den Datenausgängen angetragen.

Bei den mit dem kleinen Dreieck gekennzeichneten Ausgängen liegen *Tristate Outputs* vor.

2.5.2 Tristate Outputs

Muss man mehrere Ausgänge zusammenschalten, kann dies zu Problemen führen. Würden die Ausgänge den gleichen Logikwert besitzen, wäre das noch zulässig. Ist aber ein Ausgang auf logisch 1 und der andere auf logisch 0, so müsste man bei positiver Logik die +5 Volt des 1-Ausganges mit den 0 Volt des 0-Ausganges zusammenschalten. Wegen der relativ kleinen Innenwiderstände fliesst dann ein verhältnissmässig grosser Strom, durch den die Bauteile gegebenenfalls zerstört werden können. Es gibt aber dennoch Anwendungen, wo Ausgänge zusammengeschaltet werden müssen. Bei jeder Busanwendung werden zum Beispiel mehrere Ausgänge an dieselbe Busleitung geschaltet. Für solche Anwendungen kann man etwa *Tristate Outputs* einsetzen. Tristate Outputs stellen abschaltbare Ausgänge dar. Das Ein- und Abschalten des Ausganges erfolgt dabei über einen eigenen Steuereingang. Somit gibt es zu den normalen Ausgangszuständen logisch 0 und logisch 1 (mit eingeschaltetem Ausgang) noch den dritten Zustand mit abgeschaltetem, hochohmigen Ausgang (daher der Name *Tristate-Output*). In den Datenbüchern wird der abgeschaltete Zustand mit Z gekennzeichnet. Ist der Steuereingang logisch 1, so ist der Ausgang aktiv und nimmt den Logikzustand logisch 0 oder logisch 1 ein.

a)

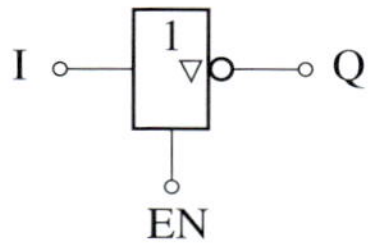

b)

EN	I	Q
H	L	H
H	H	L
L	L	hochohmig
L	H	hochohmig

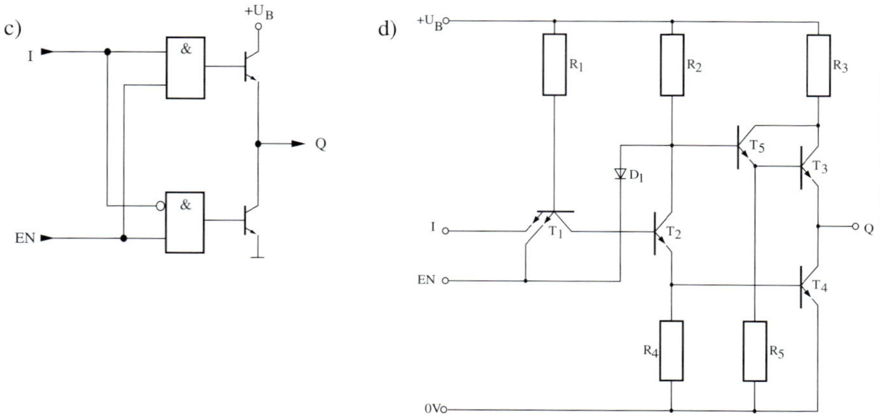

Abbildung 2.84: Tristate Outputs

Nach ISO-Norm wird der Tristate Output durch ein auf der Spitze stehendes Dreieck angedeutet und der Steuereingang hat die Bezeichnung EN (für *Enable*). Das Dreieck bezieht sich stets auf den Ausgang. Die Abbildung 2.84 zeigt einen Inverter, der einen Tristate Output besitzt.

Tristate Outputs werden nur bei komplizierteren Bauteilen eingesetzt, bei Gattern gibt es in der Regel nur normale Ausgänge. Dafür gibt es eigene *Tristate-Puffer*. Als Puffer (engl. *buffer*) werden Schaltungen bezeichnet, deren primäre Aufgabe nicht in einer Logikverarbeitung sondern in der Zwischenspeicherung von Daten liegt. Der Steuereingang kann dabei wiederum 1- oder 0-aktiv sein, der Puffer kann das Signal zusätzlich negieren.

2.5.3 Open-Collector-Schaltungen

Es können Aufgabenstellungen aufteten, bei denen viele Gatter ausgangsseitig miteinander verknüpft werden müssen. Nehmen wir an, dass 25 Gatterausgänge abschliessend durch ein ODER-Gatter zusammen zu fassen sind, so müsste man 25 Leitungen zu einem ODER-Gatter führen, das 25 Eingänge hat. Das ist nicht nur sehr aufwändig, sondern man wird auch feststellen, dass am Markt ODER-Gatter mit 25 Eingängen nicht verfügbar sind. Man könnte dieses Problem möglicherweise durch kaskadierte ODER-Gatter lösen, bekäme damit jedoch auch unterschiedliche Signallaufzeiten.

Diese Herausforderung lässt sich besser bewältigen, indem man Gatter mit offenem Kollektor-Ausgang (engl. *open collector*) einsetzt. Diese besitzen einen npn-Transistor am Ausgang, wobei der Emitter an Masse (engl. *ground*) liegt, und der Kollektorausgang unbeschaltet an den Ausgang des Gatterbausteins herausgeführt wird. Solche Ausgänge kann man nun parallel schalten und mit einem gemeinsamen Kollektorwiderstand beschalten, wie die Abbildung 2.85 zeigt.

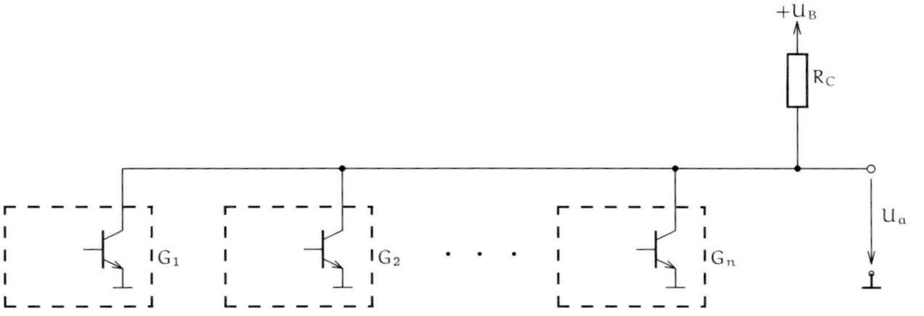

Abbildung 2.85: Zusammenschaltung von Gatterausgängen mit offenem Kollektor

Der Ausgang u_a befindet sich bei positiver Logik nur dann im HIGH-Zustand, wenn alle angeschlossenen Gatterausgänge ebenfalls HIGH sind, d.h., alle Ausgangsstufen sperren. Andererseits erkennt man, dass die Ausgangsspannung in den LOW-Zustand geht, sobald auch nur ein Ausgang sich im LOW-Zustand befindet. Somit ergibt sich für positive Logik eine UND-Verknüpfung der Ausgänge (Abbildung 2.86).

Mit dieser *Open-Collector*-Schaltungstechnik kann aber auch eine ODER-Verknüpfung realisiert werden, indem man die negierten Ausgänge der Gatter ebenso mit ihren offenen Kollektoren zusammenschaltet und anschliessend noch negiert. Nach den de Morganschen Gesetzen gilt

$$x_1 \vee x_2 \vee \cdots \vee x_n = \overline{\overline{x_1 \vee x_2 \vee \cdots \vee x_n}} = \overline{\overline{x_1} \wedge \overline{x_2} \wedge \cdots \wedge \overline{x_n}}$$

Eine entsprechende Schaltung zeigt die Abbildung 2.87.

Man erkennt, dass die UND-Verknüpfung der negierten Gatterausgänge mit nachfolgender Negation in einer ODER-Verknüpfung resultiert. WIRED-AND- und WIRED-OR-Strukturen werden typischerweise bei der Implementierung von *programmable logic arrays* (PLA) eingesetzt.

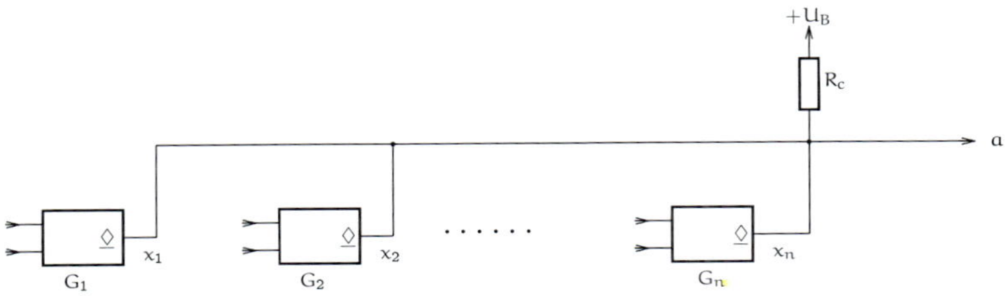

$$a = x_1 \wedge x_2 \wedge \cdots \wedge x_n$$

Abbildung 2.86: Wired-AND-Verknüpfung (◊=Symbol für Open-Collector-Ausgang)

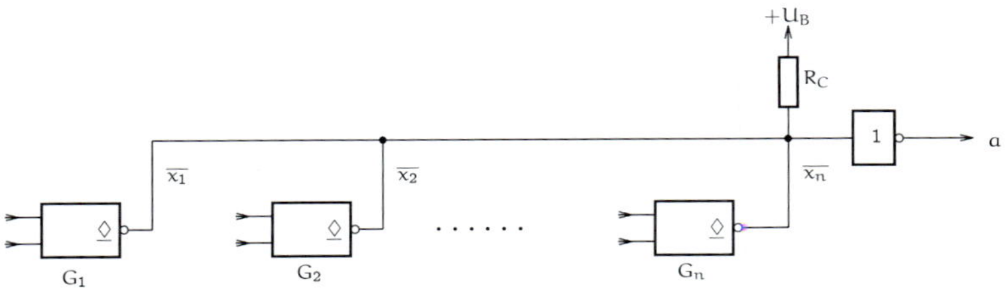

$$a = x_1 \vee x_2 \vee \cdots \vee x_n$$

Abbildung 2.87: Wired-OR-Verknüpfung (◊=Symbol für Open-Collector-Ausgang)

2.5.4 Speicherbausteine

RAM-Bausteine werden in *dynamische* und *statische* Speicher unterteilt. Als statisches RAM (*SRAM*) bezeichnet man Speicher, die – wie das zuvor entwickelte 4x4 Memory – mit Latches aufgebaut sind. Solange die Versorgungsspannung nicht abgeschaltet wird, bleibt die Information erhalten. Spezielle SRAMs konservieren ihre Daten auch ohne Energiezufuhr über längere Zeit Ihr Vorteil liegt in der einfacheren Handhabung und den im Vergleich zum dynamischen RAM wesentlich kürzeren Zugriffszeiten bei Schreib– und Leseoperationen. Dem gegenüber stehen allerdings der höhere Preis und die Eigenschaft, dass sie nicht so hoch integrierbar sind, d.h., wegen der großen Anzahl von Bauteilen können nicht so viele statische Speicherzellen auf einem integrierten Schaltkreis (IC) untergebracht werden, wie dies bei einem dynamischen RAM der Fall ist.

Dynamische RAMs (*DRAM*) speichern die Information nicht in Latches sondern in Kondensatoren. Deren Kapazität beträgt nur wenige femtoFarad (femto steht für 10^{-15}). Dynamische RAMs müssen zum Erhalt der Daten etwa alle 8 ms mittels einer zusätzlichen Schaltung einen so genannten *Refresh-Cycle* durchführen, bei dem die gespeicherte Information jeder Speicherzelle ausgelesen und neu eingeschrieben wird Für die zeitliche Aufteilung des Refresh gibt es drei Möglichkeiten:

Burst Refresh: Der Normalbetrieb wird unterbrochen umn bei allen Speicherzellen ein Refresh durchzuführen. Während dieser Zeit ist kein Zugriff auf den Speicher möglich, weshalb die Schreib– und Lesezugriffe im Durchschnitt länger dauern.

Cycle Stealing: Um eine lange Blockierung zu vermeiden, kann man die Refreshvorgänge für einzelne Teile des Speichers getrennt durchführen.

Transparent Refresh: Bei diesem Verfahren synchronisiert man den Refresh Controller mit dem Prozessor, so dass laufende Prozesse nicht angehalten werden müssen.

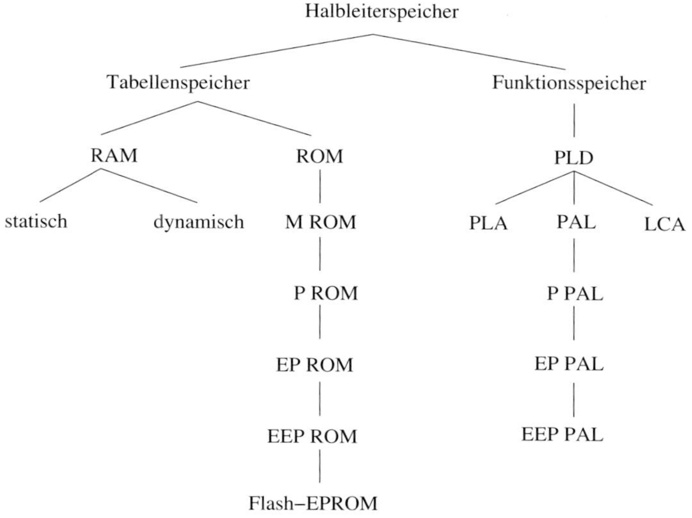

Abbildung 2.88: Übersicht über Halbleiterspeicher

Die zusätzliche Schaltung und die längere Zugriffszeit stellen einen Nachteil der dynamischen RAMs dar; dabei ist zu beachten, dass auch beim Lesen der Information das Bitmuster verloren geht und deshalb nach jedem Lesezugriff die Daten wieder in die Speicherzelle eingetragen werden müssen, wodurch sich bei einer Folge solcher Operationen die Zugriffszeit verdoppelt. Ein Lösungsansatz liegt im *Interleaving*. Die Idee daran ist, den Speicher in gleich große Teile (so genannte *Bänke*) zu gliedern, wobei aufeinander folgende Speicherplätze immer in einem anderen Teil liegen. So kommt es bei sequenziellem Lesen zu einem abwechselnden Zugriff auf die Speicherbänke, und es kann in der nächsten Bank bereits mit dem Lesen begonnen werden, während in der vorigen noch der restaurierende Schreibvorgang abläuft.

Der Vorteil der DRAM-Bausteine liegt in deren hohen Integrierbarkeit, denn es können Bausteine mit 4Mx1Bit und größer hergestellt werden. 1 MBit = „1 MegaBit" entspricht $2^{20} = 1\,048\,576$ Bits.

Wir wollen uns nun dem *ROM* (*Read Only Memory*)) zuwenden. Aus diesen Speichern kann man – wie der Name schon vermuten lässt – nur Daten auslesen. Deren Inhalt ist *nicht flüchtig*, d.h., er bleibt auch ohne Stromzufuhr erhalten, aber die Eingabe der Daten ist aufwändiger. Ein ROM funktioniert im Prinzip wie ein RAM, bei dem die Schreiboperation fehlt. Aus diesem Grund fällt auch der *read/write*-Eingang weg. Die Leseoperation läuft analog wie bei einem RAM-Chip ab. Sogar die n Adressleitungen zur Auswahl von 2^n Wörtern mit fixer Länge und die Datenausgänge sind vorhanden.

Es bestehen die folgenden unterschiedliche Arten von ROMs:

ROM (Read Only Memory): Diese Form nennt man auch MROM (*maskenprogrammiertes ROM*). Hier wird der Inhalt des Speichers schon bei der Herstellung definiert und kann in späterer Folge nicht mehr verändert werden. Diese Technik ist jedoch nur bei großen Stückzahlen (ab ca. 10.000 Stück) rentabel.

PROM (Programmable ROM): Bei diesem Speicher kann der Inhalt vom Anwender mit einer besonderen Schaltung einprogrammiert werden. Dies kann jedoch nur einmal geschehen, der Vorgang ist also irreversibel. Dies hat den Vorteil, dass ein versehentliches Löschen nicht erfolgen kann, aber lässt auch keine Veränderungen der Informationen mehr zu.

EPROM (Erasable PROM): Beim EPROM kann – wie beim PROM – die Information vom Benutzer mit Hilfe von speziellen Programmiergeräten eingegeben werden. Zusätzlich können die gesamten Daten, die ein Baustein enthält, durch Bestrahlung des ICs mit *ultraviolettem Licht* gelöscht (*erase*) werden. Dieser Vorgang kann einige hundert Male durchgeführt werden, bis Ermüdungserscheinungen auftreten. Wegen des aufwändigeren Gehäuses sind EPROMs relativ teurer. Sie sind für die Entwicklung von Geräten recht nützlich, bei einer Serienproduktion sind ihnen PROMs jedoch vorzuziehen.

EEPROM (Electrically EPROM): Im Gegensatz zum EPROM kann dieser Baustein elektrisch gelöscht werden. Bei den neueren Typen ist die Programmierschaltung bereits in den Chip integriert. Um ein Byte zu programmieren, müssen nur die Adresse und die Daten an die Eingänge angelegt und der Schreibbefehl aktiviert werden. Der gesamte Vorgang läuft im Baustein autonom ab. Dennoch kann ein EEPROM nicht an Stelle eines RAMs eingesetzt werden. Einerseits sind die Zugriffszeiten länger und andererseits darf ein Byte nicht öfter als 10^6 mal beschrieben werden. Um beide Vorteile – die schnelle Zugriffszeit des RAMs und die Nichtflüchtigkeit des EEPROMs – nutzen zu können, werden die beiden zu einem *NOV-RAM* (Non Volatile RAM) vereint. Kurz vor dem Abschalten der Stromversorgung wird das RAM in das EEPROM und beim Einschalten das EEPROM in das RAM übertragen.

Flash-EPROM: Diese Art stellt einen Kompromiss zwischen EPROMs und EEPROMs dar. Sie sind zwar elektrisch löschbar, allerdings nicht byteweise wie die EEPROMs, sondern nur der ganze Chip auf einmal. Ihre Technologie ist deshalb kaum aufwändiger als von EPROMs. So lassen sich hohe Packungsdichten und niedrige Herstellungskosten erzielen.

2.5.5 Funktionsspeicher (ASICs)

Funktionsspeicher, denen auch die *ASICs* (*Application Specific Integrated Circuit*) angehören, sind Bausteine, die zur Speicherung einer Funktion dienen. Hierbei wird die gesamte Schaltung in einen Bauteil integriert. Sie werden für eine bestimmte Anwendung gefertigt oder adaptiert.

Der Vorteil von ASICs besteht in der kompakten Bauform. Es liegt nur einen Baustein vor und viele Verbindungen fallen weg. Dadurch spart man nicht nur Platz, sondern man erhöht auch die Zuverlässigkeit. Die Halbleiterherstellung ist jedoch trotz ausgefeilter Computerunterstützung zeit- und kostenaufwändig. Besonders hohe Investionen fallen für die Vorbereitung der Fertigung an. Dadurch sind ASICs nur bei grossen Stückzahlen rentabel. Wenn die Gesamtkosten auf sehr grosse Stückzahlen umgelegt werden können, werden ASICs sogar besonders kostengünstig.

Die wichtigsten Vertreter stellen *PALs, PLAs, LCAs, PLDs* und *Gate Arrays* dar.

Programmable Array Logic (PAL) und *Programmable Logic Array* (PLA) sind sich vom inneren Aufbau her ähnlich. Beide enthalten AND- und OR-Gatter. Der Aufbau eines PLA ist aus der folgenden Abbildung ersichtlich. Die Eingangsvariablen bzw. deren Negation bilden mit den kreuzenden Eingängen der UND-Gatter eine Matrix, mit welcher man alle benötigten Konjunktionen herstellen kann. In der Abbildung kennzeichnen die kleinen Kreise die vom Anwender programmierbaren Kreuzungen. In einer zweiten Matrix kann man die Verbindungen zwischen den UND- und den ODER-Gattern an den Ausgängen definieren. Auf diese Weise werden die erforderlichen Konjunktionen gebildet. Dazu ist jeweils nur ein ODER-Gatter je Ausgangsvariable notwendig. Bei den PLAs sind beide Matrizen vom Anwender programmierbar. Im Fall der PALs wird die ODER-Matrix vom Hersteller vordefiniert. Bei PLAs können deshalb Konjunktionen, die mehrfach vorkommen, öfter in der ODER-Matrix eingesetzt werden, bei PALs kann dies nicht geschehen. Trotzdem haben die PALs die PLAs weitgehend vom Markt verdrängt.

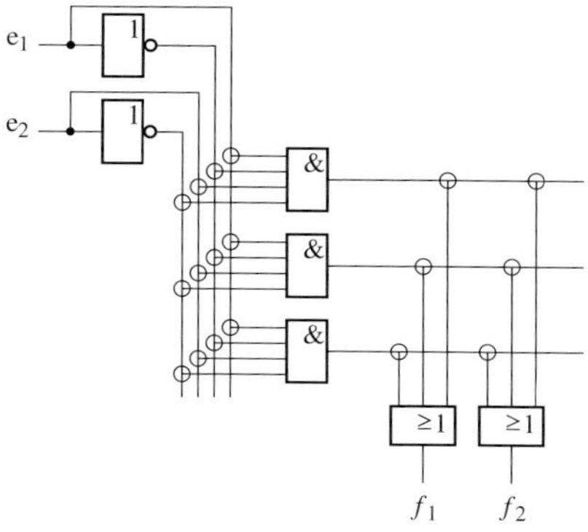

Abbildung 2.89: PLA-Schema

Die folgende Abbildung 2.90 zeigt, wie die zugehörige Schaltung aussehen könnte. Alle Eingänge sind mit einem Gatter verbunden. Für die nicht negierten Eingänge wären keine Gatter nötig. Das Eingangsgatter bringt jedoch in diesem Fall eine Entkopplung der Eingänge von der internen Schaltung und sorgt für gleiche Laufzeiten, sowohl für den negierten als für den nicht negierten Fall. Die Ausgänge der Eingangsgatter sind hierbei als offene Kollektorausgänge ausgeführt.

Jede der zwölf Spaltenleitungen der UND-Matrix stellt eine Busleitung dar, mit der eine UND-Verknüpfung implementiert werden kann. In der Abbildung sind die Variablen I_0 und I_3 mit der ersten Spaltenleitung verbunden. So wird auf dieser die Teilfunktion $I_0 \wedge I_3$ gebildet. Die maximal zwölf auf den Spaltenleitungen der UND-Matrix gebildeten Teilfunktionen werden über Negationen geleitet, so dass die NAND-Verknüpfung der verbundenen Variablen entsteht. Das PLA bildet letztlich eine NAND/NAND-Struktur. Die Negationen haben wieder offene Kollektorausgänge, die jetzt in die ODER-Matrix hineingehen. Jede der acht Zeilenleitungen der ODER-Matrix stellt nun wiederum eine Busleitung für ein verdrahtetes UND dar. Durch die abschliessenden Ausgangsnegationen ergibt sich somit ein NAND.

Insgesamt bietet dieses PLA die folgenden Möglichkeiten: Man kann in der UND-Matrix durch Verbinden von Kreuzungspunkten maximal zwölf Teilfunktionen (Blöcke) von den 8 Variablen bilden. Aus diesen Teilfunktionen können in der ODER-Matrix maximal acht Ausgangsfunktionen realisiert werden, wobei auch hier wieder Kreuzungspunkte gesetzt werden. Die UND/ODER-Form wird bei diesem PLA durch die negierenden Zwischen- und Ausgangsgatter letztlich durch eine NAND/NAND-Struktur erzielt.

Es existiert jedoch ein schaltungstechnisches Problem. Die Leitungen der Matrizen sind nicht vollständig voneinander unabhängig. Würde etwa die Variable I_3 durch die gesetzten Verbindungen – nämlich über die beiden Verbindungen von I_0 mit den ersten zwei Spalten der Matrix – auf die erste Spaltenleitung einwirken, obwohl sie das gar nicht sollte. Als Abhilfe kann man die Verbindungen als Dioden ausführen, die Strom nur in einer Richtung durchlassen. Auf diese Weise werden Kopplungen über mehrere Verbindungspunkte ausgeschaltet.

Das Setzen von Verbindungen muss auf der Halbleiterstruktur selbst erfolgen. Dazu existieren zwei Möglichkeiten:

1. *Einmal programmierbar nach dem Prinzip der Schmelzsicherung* (engl. *fusable link*): Die Verbindungen werden durch dünne Halbleiterstreifen hergestellt, die durch einen

Stromimpuls durchgeschmolzen werden. Diese Form der Programmierung ist irreversibel. Im gelieferten Baustein sind alle Verbindungen intakt und bei der Programmierung werden die nicht benötigten Verbindungen weggeschmolzen.

2. *Mehrmals programmierbar durch Transistorschalter*: Die Verbindungen werden hier durch einen Transistorschalter implementiert. Zu jedem Verbindungstransistor ist ein Bit gespeichert, über das gesteuert wird, ob die Verbindung durchgeschaltet werden soll. Diese Bits können wiederum programmiert werden, wobei auch ein mehrfaches Umprogrammieren möglich ist.

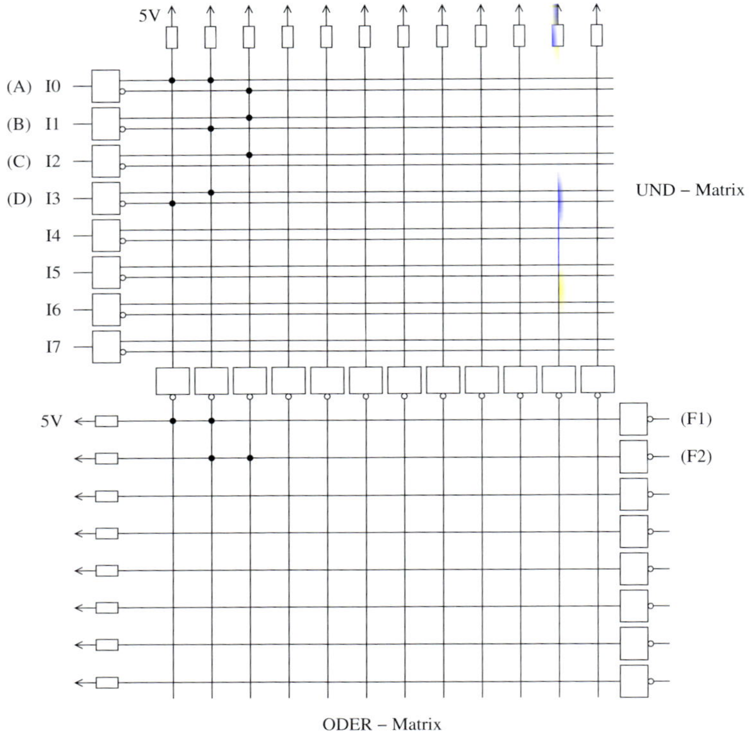

Abbildung 2.90: Vereinfachte PLA-Schaltung

Die Programmierung erfolgt über ein Programmiergerät. Der zu programmierende Baustein wird in einen Sockel des Programmiergerätes gesteckt. Das einzuprogrammierende Verbindungsmuster wird über eine Schnittstelle von einem Computer an das Programmiergerät übermittelt. Die einzelnen Kreuzungspunkte des Bausteins sind durchnummeriert und können über deren Nummer adressiert werden. Das Programmiergerät geht alle möglichen Verbindungen durch und programmiert sie dabei.

Der PAL-Entwurf wird ind er Praxis nicht mehr von Hand durchgeführt, da Programmpakete alle Phasen der Realisierung – inklusive der Vereinfachung der logischen Funktion – unterstützen. Die formale Beschreibung der zu bildenden Funktionen erfolgt mit einer Hardwarebeschreibungssprache. Ein Beispiel hierfür ist die *Advanced Boolean Expression Language* (ABEL). In dieser Sprache können logische Funktionen über ihre Wahrheitstabelle oder durch Gleichungen defineirt werden. Diese formale Funktionsbeschreibung ist der Input für einen Minimierungsalgorithmus.

Die Vereinfachungsalgorithmen sind so ausgelegt, dass sie den vorliegenden Baustein optimal ausnutzen. PLAs besitzen eine relativ grosse Typenvielfalt und können zwischen 50 und 2000 Gatter beinhalten.

PLAs und PALs bieten eine Lösung, die einen Kompromiss zwischen den Standardbauteilen und ASIC darstellen. PLA-Bausteine können in grossen Stückzahlen (und somit kostengünstig) gefertigt werden, da sie ihre anwendungsspezifische Ausformung erst durch eine nachträgliche Programmierung erhalten.

LCAs (Logic Cell Array) sind eine neuere Familie von programmierbaren Logikbausteinen, die aus einer Matrix von PALs bestehen, wobei sowohl die PALs als auch die Verbindungen zwischen ihnen angepasst werden können.

PLDs (Programmable Logic Devices) sind im Aufbau den PLAs ähnlich, nur haben sie mehrere Kombinationsmöglichkeiten und verfügen auch über Latches. Mit ihnen lassen sich damit sequenzielle Schaltungen aufbauen. Ein grobes Schema eines PLD zeigt die folgende Abbildung.

Abbildung 2.91: Programmable Logic Device, PLD

Der Entwurf und die Programmierung von PLDs werden – genauso wie bei PLAs – durch Programmpakete unterstützt. Beide Bausteine (PLA und PLD) lassen sich lediglich einmal programmieren. Es gibt jedoch EPLDs, die löschbar und daher wiederverwendbar sind. Der Vorteil all dieser Bausteine liegt darin, dass komplexe Schaltungen mit Hilfe eines ICs realisiert werden können.

Gate Arrays sind nicht vom Anwender direkt programmierbar. Sie enthalten einen Vorrat an vom Produzenten vorgegebenen Gattern (meist 1.000 bis 50.000 NAND-Gatter) und andere Grundelemente (z. B. Zähler, MUX u. a.), damit sich jede beliebige Funktion realisieren lässt. Der Kunde entwirft mit Hilfe eines CAD- und/oder CAE-Programms (*CAD = Computer Aided Design, CAE = Computer Aided Engineering*) den gewünschten IC. Der Halbleiterhersteller produziert einen Standardchip, wobei im letzten Arbeitsschritt die Verbindungen zwischen den Elementen und somit die Funktion individuell angepasst werden. Dieses Verfahren wird bei Schaltungen, die zu komplex für ein PLD sind oder in größerer Stückzahl benötigt werden, verwendet.

In der Serienfertigung finden ASICs immer häufiger Verwendung. Die Anzahl der angebotenen Bausteine, die zum Teil schon über 200.000 nutzbare Gatter aufweisen, ist sehr groß. Die Entwicklungsumgebungen werden genauso immer leistungsfähiger und komfortabler. Die Anzahl der Transistoren pro Chip liegt heutzutabe schon bei über 2,2 Millionen.

Weiterführende Literatur

Th. Flik, H. Liebig. *Mikroprozessortechnik.* Springer-Verlag, Berlin, 4. Auflage, 1994.

K. Lagemann. *Rechnerstrukturen.* Springer-Verlag, Berlin, 1987.

M. M. Mano. *Digital Design.* Prentice-Hall, Englewood Cliffs, 1984.

M. M. Mano. *Computer Engineering.* Prentice-Hall, Englewood Cliffs, 1988.

D. Rhein, H. Freitag. *Mikroelektronische Speicher, Speicherzellen, Schaltkreise, Systeme.* Springer-Verlag, Wien, 1992.

A. S. Tanenbaum. *Structured Computer Organization.* fourth edition, Prentice-Hall, Englewood Cliffs, 1999-2000.

G.H. Schildt. *Grundlagen der Impulstechnik,* Teubner-Verlag Stuttgart, 1987, ISBN 3-519-06412-X

U. Tietze, Ch. Schenk. *Halbleiter-Schaltungstechnik,* Springer-Verlag, 2002, ISBN 3-540-42849-6

3 VHDL

Im Entwurf, da zeigt sich das Talent,
in der Ausführung die Kunst.

Marie Freifrau von Ebner-Eschenbach (1830 - 1916)
Erzählerin, Novellistin und Aphoristikerin

Wir werden im folgenden Abschnitt ein Verfahren kennenlernen, mit dem man mit Rechnerunterstützung auch komplexe Schaltwerke entwickeln kann. Dazu werden wir einführend eine Sprache für Hardwaredesign betrachten: *Very (High Speed Integrated Circuit) Hardware Description Language (VHDL).* Wir beschränken uns hier bewusst nur auf eine Einführung in VHDL, der interessierte Leser mag seine Kenntnisse anhand der weiterführenden Literatur selbst vertiefen.

Die Anfänge von VHDL gehen auf die achtziger Jahre zurück, als man in den USA im amerikanischen Verteidigungsministerium (DoD = Department of Defense) nach einer Entwurfssprache zur Dokumentation elektronischer Systeme suchte. Für Wartung und Instandsetzung bei militärischen Systemen wollte man Kosten reduzieren, indem alle Systemanbieter verpflichtet werden sollten, mit einer einheitlichen Entwurfssprache technische Systeme zu entwickeln und zu dokumentieren. Ausserdem wurde besonderer Wert auf die Austauschbarkeit von Komponenten gelegt.

Die zu entwickelnde Entwurfssprache sollte sich ausserdem an die bereits bestehende Programmiersprache ADA anlehnen. Es werden uns daher nicht nur zufällig Ähnlichkeiten und Übereinstimmungen mit der Programmiersprache ADA auffallen! Im Jahr 1985 konnte eine erste Version dieser Hardwarebeschreibungssprache VHDL in der Version 7.2 vorgestellt werden, die bereits 1986 dem IEEE zur Standardisierung übergeben wurde. Im Dezember 1987 lag VHDL bereits als Standard IEEE 1076-1986 vor. Seit September 1988 müssen alle systementwickelnden Firmen als Elektronik-Zulieferer des DoD VHDL-Beschreibungen ihrer Systeme und Komponenten vorlegen.

Nun müssen einmal verabschiedete Standards des IEEE nach deren Richtlinien alle fünf Jahre überarbeitet und aktualisiert werden, um nicht zu verfallen. So entstand ein neuer Standard IEEE 1076-1993 mit einigen Änderungen; so wurde z.B. in der 1993er-Version ein XNOR-Operator zusätzlich eingeführt. Etwa seit 1990 wird VHDL weltweit nicht nur mehr für militärische Hardwareentwicklungen sondern auch für zivile Systeme eingesetzt. Ein erneuter Review wäre inzwischen notwendig geworden, ist jedoch noch nicht abgeschlossen worden, so dass wir uns getrost auf den Standard von 1993 weiterhin beziehen können.

Für die Entwicklung von immer komplexeren Baugruppen kann also VHDL nun erfolgreich eingesetzt werden, zumal der manuelle Entwurf ohnehin schon längst an seine Grenzen gestossen wäre. Ausserdem lässt sich der Entwicklungsprozess weitestgehend mit VHDL automatisieren. Die prinzipielle Vorgangsweise besteht darin, dass man eine zu entwickelnde Hardware zunächst aus mehreren Entwurfssichten betrachtet.

3.1 Entwurfssichten

Beim Entwurf von elektronischen Systemen wird zweckmässigerweise von drei Sichtweisen ausgegangen: *Geometrie*, *Struktur* und *Verhalten*. Diese drei Sichten eines Systems lassen sich in einem sogenannten *Y-Modell* mit drei Achsen zusammenfügen.

Ausser dieser Aufteilung in die drei Sichten verfügt das Y-Modell über unterschiedliche Schichten, die Genauigkeitsgraden entsprechen: Je tiefer die Ebene liegt (d.h., je näher zum Mittelpunkt des Modells), desto mehr Details eines strukturierten Hardwareentwurfes werden sichtbar.

Zu höheren Ebenen hin werden immer mehr Details weggelassen, wodurch komplexe Strukturen besser dargestellt werden können.

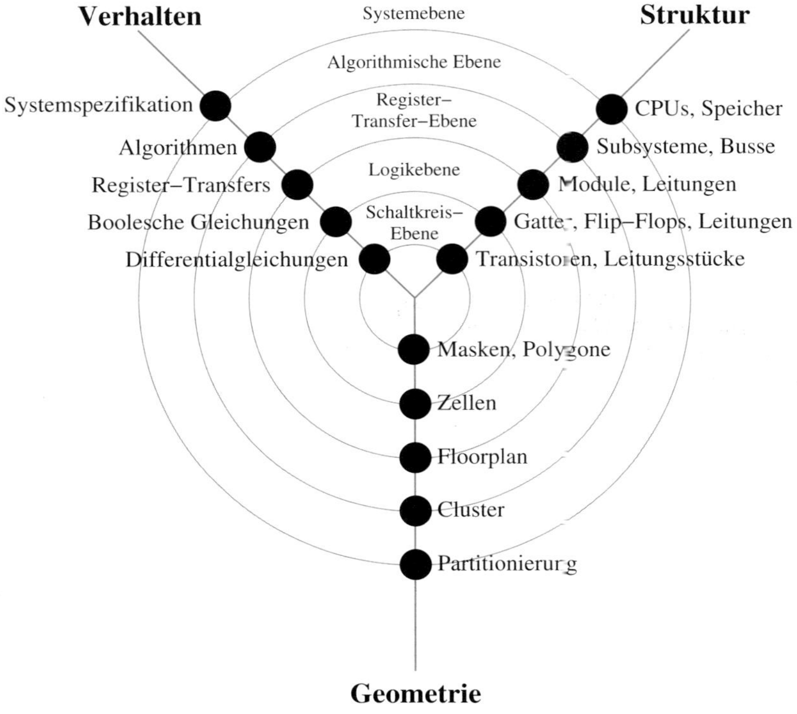

Abbildung 3.1: Y-Diagramm

Ausgehend von einer Spezifikation auf Systemebene wird eine gewünschte Schaltungsfunktion *partitioniert*, d.h., in Teile zerlegt (in der Fachsprache der Informatiker nennt man das "*funktionale Dekomposition*") mit dem Ziel, möglichst alle Aufgaben eines Systems nach Möglichkeit vollständig zu erkennen. Schrittweise wird der Entwurf immer weiter strukturiert und zunehmend mit Details der Implementierung versehen, bis die für die Fertigung des Systems notwendigen Daten vorliegen, z.B. Programmierdaten für Logikbausteine oder Layouts für Leiterplatten.

Man kann sich so den Entwurf elektronischer Systeme als eine Reihe von *Transformationen* (= Wechsel der Sichtweise innerhalb einer Ebene) und *Verfeinerungen* (= Wechsel der Ebene innerhalb einer Sichtweise) im Y-Diagramm vorstellen.

Das reine Top-Down-Vorgehen (Entwicklung in Richtung Kreismittelpunkt) kann dabei nicht immer konsequent eingehalten werden. Verifikationsschritte zwischen den einzelnen Ebenen zeigen gegebenenfalls Fehler auf, die beim Entwurf gemacht wurden. Daher muss das jeweilige Entwurfsergebnis dann noch einmal modifiziert werden, unter Umständen ist der Entwurfsschritt zu wiederholen, oder sogar auf höherer Abstraktionsebene neu anzusetzen. Man spricht deshalb auch vom "Jojo-Design" in Anlehnung an das "Wasserfall-Modell", wie wir es aus dem Bereich des Software-Engineering kennen.

3.2 Entwurfsebenen

3.2.1 Systemebene

Aus der Verhaltenssicht beschreibt man meistens noch mit der natürlichen Sprache die grundlegenden Charakteristika des elektronischen Systems, das entworfen werden soll (Systementwurf). Bezüglich der Struktur erfolgt die Einteilung der Gesamtfunktionalität in Blöcke wie z.B. Speicher oder Prozessoren. Betrachtet man die Gesamtfunktionalität aus der Sicht der Geometrie, so erfolgt hier die Unterteilung der Chipfläche.

3.2.2 Algorithmische Ebene

Aus der Sicht des Verhaltens wird eine Schaltung durch eine algorithmische Darstellung mit Variablen und Operatoren beschrieben. Die strukturelle Sicht liefert für eine Schaltung eine Beschreibung durch Blöcke (Subsysteme, Busse etc.), die durch Signale miteinander kommunizieren. Als Ergebnis der Geometrie-Sicht werden Cluster (das sind grössere Bereiche auf der Chipebene) definiert. Die Struktur der späteren Realisierung ist jedoch noch nicht erkennbar.

3.2.3 Register-Transfer-Ebene

Aus der Verhaltenssicht wird die Schaltung durch Operationen und den Datentransfer zwischen Registern beschrieben. Bei der Strukturbetrachtung werden Register, Codierer und ähnliche Komponenten durch Signale miteinander verknüpft. Aus der Sicht der Geometrie werden Chipflächen grob durch einen *Flurplan* (engl. *floorplan*) eingeteilt. Ausserdem werden Takt- und Rücksetzsignale in dieser Ebene erstmals definiert.

3.2.4 Logikebene

Bei der Betrachtung des Verhaltens werden zur Beschreibung der Schaltung Boolesche Ausdrücke oder Wahrheitstabellen eingesetzt (siehe auch das Lehrbuch G.H. Schildt, et al. "Informatik Grundlagen", Springer Verlag 2002). Die Struktur wird hier durch Gatter, Latches und Leitungen beschrieben: Gatter zur Realisierung gedächtnisloser Schaltungen, Latches für gedächtnisbehaftete Schaltungen (sequenzielle Schaltungen) und Leitungen. Die Anordnung von Leitungen auf einem Chip beeinflusst nicht nur die Laufzeit von Impulsen sondern auch die obere Verarbeitungsfrequenz aufgrund des Kapazitätsbelages zwischen zwei benachbarten Leitungen (den Kapazitätsbelag beschreibt man durch einen typischen Wert der Kapazität pro Längeneinheit). Das Dokument aus der Sicht der Geometrie liefert schliesslich Zellen als Bestandteile des Flurplans.

In der Logikebene ist das Hinzunehmen von Verzögerungs- und Schaltzeiten von besonderer Wichtigkeit, da diese Werte eine spätere Simulation unterstützen. Dabei werden die typischen Werte der Schalt- und Verzögerungszeiten einer Bauteilbibliothek entnommen, die ständiger Pflege und Wartung bedarf. In dieser Bauteilbibliothek sind alle wesentlichen elektrischen Eigenschaften der verwendbaren Bauelemente (Gatter, Latches, etc.) durch Kennwerte hinterlegt, so dass nachfolgend mit geeigneten Simulatoren das sequenzielle Schaltverhalten simuliert werden kann, bevor es überhaupt zur Prototyperstellung einer Hardwareschaltung kommt. Dadurch kann überprüft werden, ob die bis hierhin entwickelte Hardwarestruktur den zeitlichen Anforderungen in der Systemspezifikation entspricht.

3.2.5 Schaltkreisebene

Bezüglich des *Verhaltens* werden Differentialgleichungen zur Modellierung des Systemverhaltens herangezogen. Das stellt sich jedoch als ziemlich rechenintensiv heraus ! Aus der Sicht der *Struktur* werden elektrische Bauelemente (das sind z.B. Transistoren, Widerstände, Kondensatoren etc.) zu einer sogenannten "Netzliste" zusammengefasst. Aus der Sicht der *Geometrie* werden Polygonzüge zur Darstellung verwendet, die z.B. unterschiedliche Dotierungsschichten auf einem Halbleiter darstellen. Einzelne Module werden nun nicht mehr durch eine logische Funktion mit gewissen Verzögerungszeiten beschrieben, sondern durch ihren tatsächlichen Aufbau aus ihren Bauelementen. So ergeben sich aus der Schaltkreisebene zwei Dokumente: eins aus der Sicht der Struktur und eins aus der Sicht der Geometrie.

Hat man den Entwurfsprozess mit Hilfe des Y-Modells vollständig durchlaufen, so erhält man Entwurfsdokumente, wie sie in Abbildung 3.2 dargestellt sind.

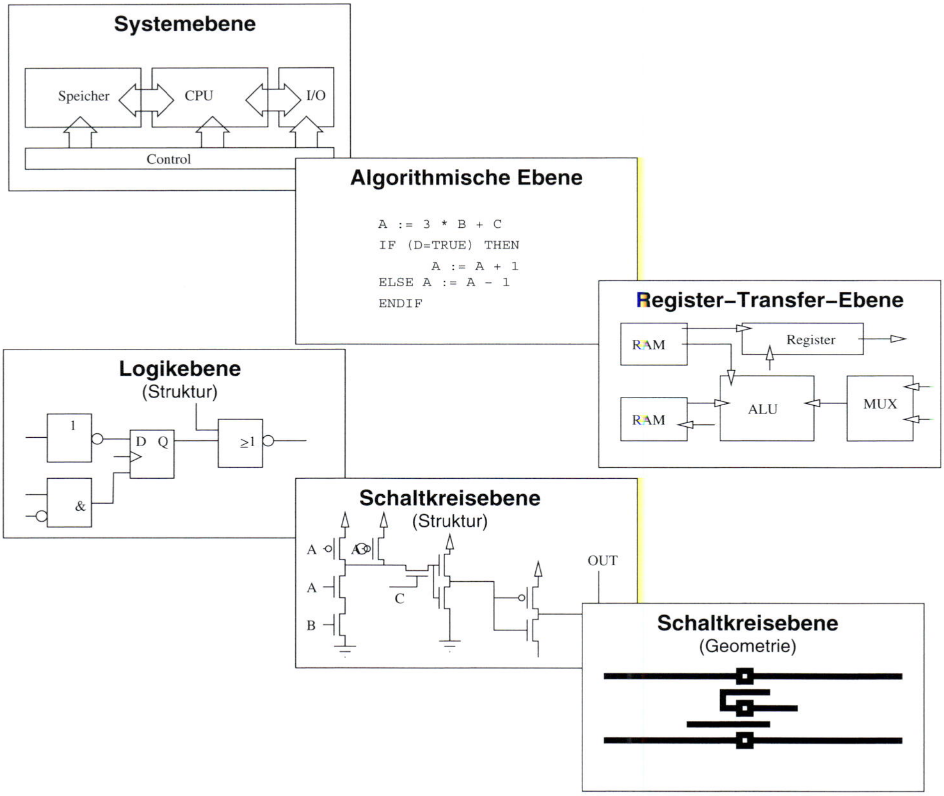

Abbildung 3.2: Ebenen beim Elektronikentwurf

So hat jede der vorgestellten Entwurfsebenen ihre eigene Zielsetzung: Während auf den oberen

Ebenen Systeme hoher Komplexität gut beherrschbar sind, liefern die unteren Ebenen mehr Details bzw. höhere Genauigkeit:

Systemebene und algorithmische Ebene unterstützen die Dokumentation des Gesamtsystems. Register-Transfer-Ebene und Logik-Ebene ermöglichen Simulationen, mit denen zum Beispiel die maximale Taktrate einer Schaltung bestimmt wird oder unerwünschte Impulse (engl. *spikes*) aufgespürt werden können. Somit wird auf jeder Ebene nur die jeweils benötigte Genauigkeit präsentiert, wobei unwichtige Details nicht sichtbar sind (*Abstraktionsprinzip*).

3.2.6 Der Aufbau einer VHDL-Beschreibung

Will man ein VHDL-Modell eines Moduls bzw. einer Komponente beschreiben, so sind dazu insgesamt drei Bearbeitungsschritte erforderlich: eine *Schnittstellenbeschreibung*, die Beschreibung der erforderlichen *Architektur* und die Festlegung der *Konfiguration*.

Schnittstellenbeschreibung

In der *Schnittstellenbeschreibung* des zu entwerfenden Moduls/Komponente werden die Ein- und Ausgänge, Konstanten, Unterprogramme und sonstige Vereinbarungen niedergelegt, die auch für die betreffende Architektur gelten sollen.

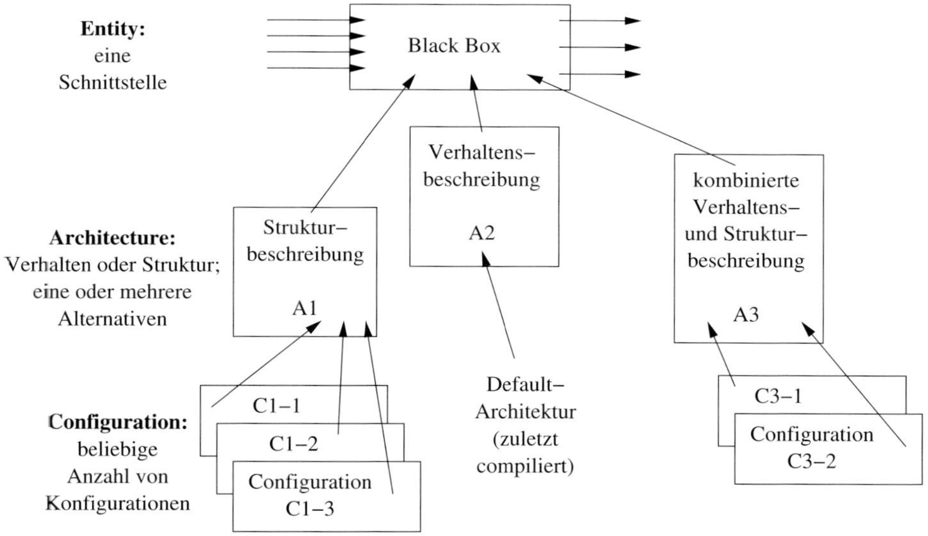

Abbildung 3.3: Configuration

Architektur

Die *Architektur* beschreibt die Funktionalität des Moduls/Komponente entweder als Verhaltensbeschreibung oder als Netzliste. Für einen Modul/Komponente können auch mehrere Architekturen angegeben werden.

Konfiguration

In der *Konfiguration* wird festgelegt, welche Architektur einem Modul/Komponente zugeordnet wird. Dabei können auch untergeordnete Entities der Struktur zugeordnet werden, wie an einem Beispiel in Abbildung 3.3 gezeigt wird.

3.3 Bestandteile einer VHDL-Beschreibung

Üblicherweise enthält ein VHDL-Tool bereits ein sogenanntes Package, d.h., Anweisungen für Typ- und Objektdeklarationen und wie man Prozeduren und Funktionen beschreibt (mehrere solcher Tools sind bereits in den IEEE-Standards enthalten). Zum Beispiel kann in einem Package der verwendete Logiktyp festgelegt werden (zwei- oder mehrwertige Logik) mit allen zugehörigen Operationen. Abbildung 3.4 zeigt die Bereitstellung sowohl von Packages (für oft benötigte Funktionen und Prozeduren, Komponenten und Konstanten), sowie die Schnittstellenbeschreibung (engl. *entity*), die Architektur (als Verhaltensbeschreibung) sowie die Konfiguration (als Auswahl der Architektur und Angabe von Parametern) (siehe Abbildung 3.4).

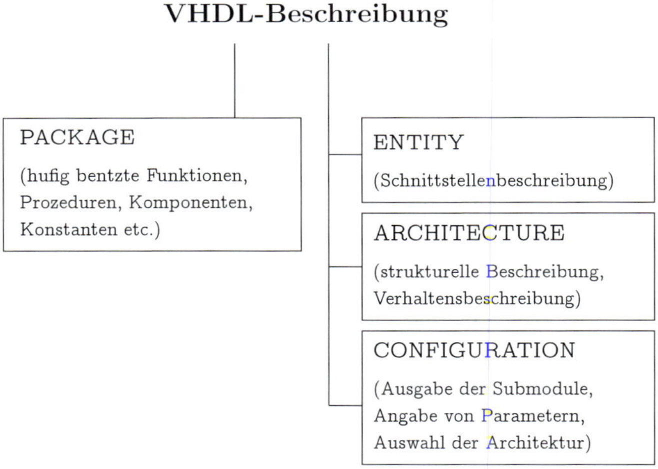

Abbildung 3.4: Bestandteile einer VHDL-Beschreibung

Damit das Ganze nicht so allgemein bleibt, wollen wir ein Beispiel betrachten: Der grundsätzliche Aufbau eines VHDL-Modells soll an einem UND-Gatter (mit der Bezeichnung *and*) mit zwei Eingängen gezeigt werden, da hier der Aufbau recht einfach ist und wir ausserdem noch nicht über detaillierte Sprachkenntnisse der VHDL-Syntax verfügen müssen (siehe Abbildung 3.5).

3.3.1 Entwurfssichten in VHDL

In dem vorgestellten Y-Modell nach Abbildung 3.1 wurden drei Sichtweisen unterschieden. Die Entwurfssprache VHDL ermöglicht eine Verhaltensmodellierung ("behavioral modeling") sowie eine *Strukturelle Modellierung* ("structural modeling").

Bei der Verhaltensmodellierung wird das Verhalten einer Komponente durch die Reaktion der Ausgangssignale auf Änderungen der Eingangssignale beschrieben. Bei der strukturellen Model-

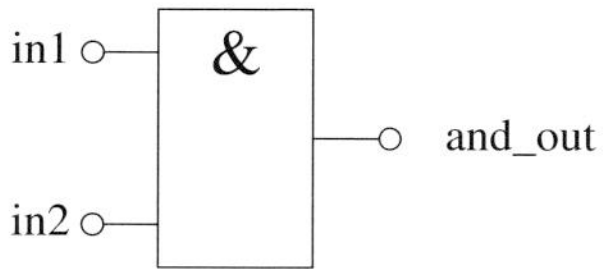


```
Schnittstellenbeschreibung (Entity)
ENTITY and IS
    Port (in1, in2: IN bit; and_out : OUT bit);
    <definiere Pins als Signale vom Typ "bit">
END and;

Architektur (Architecture)
ARCHITECTURE number_one OF and IS
BEGIN
    and_out <= in1 AND in2;
    <Verhaltensbeschreibung>
END number_one;

Konfiguration (Configuration)
CONFIGURATION and_config OF and IS
    FOR number_one
        <verknüpfe Architektur number_one mit Entity and>
    END FOR;
END and_config;
```

Abbildung 3.5: VHDL-Modell für ein UND-Gatter mit zwei Eingängen

lierung werden die Eigenschaften eines Modells durch seinen inneren Aufbau aus Unterkomponenten dargestellt. Dabei werden die Eigenschaften der Unterkomponenten in unabhängigen VHDL-Modellen beschrieben. Diese stehen "bereits compiliert" in sogenannten Modell-Bibliotheken zur Verfügung.

3.3.2 Entwurfsebenen in VHDL

VHDL unterstützt Beschreibungen in verschiedenen Entwurfsebenen, ausgehend von der Systemebene bis hinab zur Logikebene. Folgende drei Beschreibungsebenen haben dabei die grösste Bedeutung:

- Algorithmische Ebene
- Register-Transfer-Ebene
- Logikebene

Auf der Logikebene werden für ein elektronisches System die logischen Verknüpfungen digitaler Signale und deren zeitliche Eigenschaften (normalerweise durch die Verzögerungszeiten der Bauelemente) beschrieben. Die Hardwarebeschreibungssprache VHDL besitzt dazu vordefinierte Operatoren (AND, OR, XOR, NOT usw.) für binäre Signale und erlaubt die Ergänzung weiterer, benutzerdefinierter Operatoren. Für unseren Halbaddierer nach Abschnitt 2.2.1 sieht die Beschreibung auf Logikebene folgendermassen aus (siehe Abbildung 3.6):

```
ARCHITECTURE logic_level OF halfadder IS
BEGIN
    sum <= sum_a XOR sum_b AFTER 15 ns;
    carry <= sum_a AND sum_b AFTER 10ns;
END logic_level
```

Abbildung 3.6: Beschreibung eines Halbaddierers auf Logikebene

3.3.3 Design-Methodik mit VHDL

Abschliessend für diese einführende Übersicht soll jetzt noch einmal zusammenfassend die Design-Methodik gezeigt werden. Abb. 3.8 veranschaulicht den Entwurfsablauf untergliedert in den jeweiligen Entwurf, die zugehörige Beschreibungsebene sowie das Verifikationsdokument.

Man erkennt den Beginn der Erstellung mit der Aufgabenstellung/Spezifikation, dann eine Verhaltensbeschreibung auf algorithmischer Ebene (z.B. als Ablaufdiagramm), sodann die Verhaltensbeschreibung auf Register-Transfer-Ebene und eine Netzliste (zunächst herstellerunabhängig), anschliessend herstellerspezifisch bis hin zum Layout der elektronischen Komponente mit anschliessender Möglichkeit zur Fertigung.

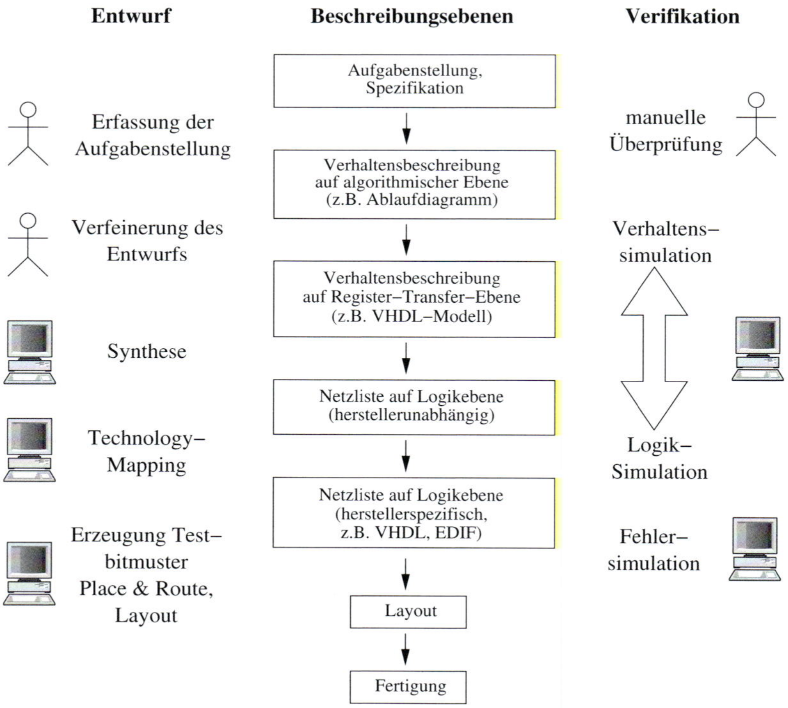

Abbildung 3.7: Design-Methodik mit VHDL

3.3.4 Die Sprache VHDL

Der Sprachaufbau erfolgt aus dem Zeichensatzvorrat über lexikalische Elemente und Sprachkonstrukte zu Design-Einheiten und schliesslich zum VHDL-Modell entsprechend Abbildung 3.8.

Bezüglich der Sprachkonstrukte von VHDL sei auf das (allerdings etwas schwer lesbare) *VHDL Language Reference Manual* (IEEE-1076-1992/B) verwiesen.

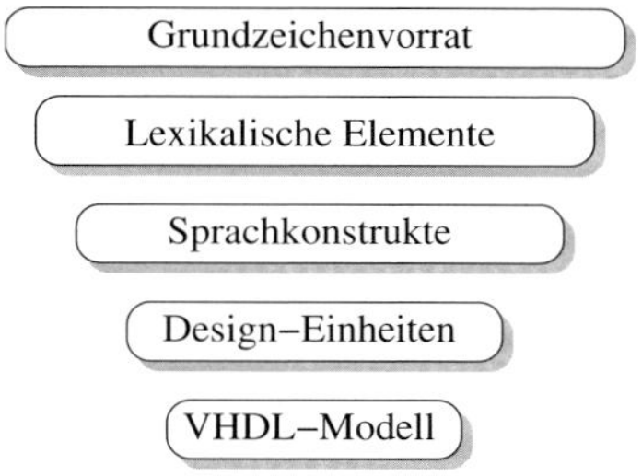

Abbildung 3.8: VHDL Sprachaufbau

3.3.5 Der Aufbau eines VHDL-Modells

Wie bereits beschrieben besteht ein VHDL-Modell aus einer Schnittstellenbeschreibung (*entity*), einer oder mehreren Verhaltens- oder Strukturbeschreibungen (*architecture*) und Konfigurationen (*configuration*).

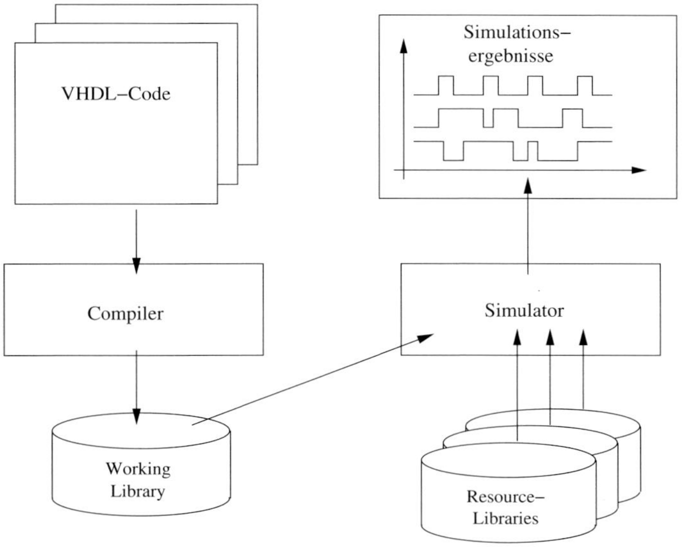

Abbildung 3.9: Konzept der VHDL-Bibliotheken

Ein strukturell aufgebautes VHDL-Modell greift auf hierarchisch gegliederte VHDL-Beschreibungen zu, indem ein Konzept mit Bibliotheken angewandt wird. Diese Bibliotheken dienen als Aufbewahrungsort für compilierte und wieder zu verwendende Design-Einheiten. Damit dieses Konzept unabhängig von bestimmten Betriebssystemen bleibt, werden die einzelnen Bibliotheken nur über logische Namen (sog. *VHDL-Bezeichner*) angesprochen. Standardmässig legt der VHDL-Compiler die compilierten VHDL-Design-Einheiten in einer Working-Library ab. Die Simulation unter VHDL greift dann auf die compilierten Daten in der Working-Library zu und generiert unter Zuhilfenahme von bereits zur Verfügung stehenden Resource-Libraries ein Simulationsergebnis z.B. in Form eines mehrzeiligen Impulsdiagramms, wie Bild 3.9 zeigt.

3.4 Beispiele

3.4.1 (2-von-3) Voter

Ein (2-von-3) Voter soll mittels VHDL spezifiziert werden. Dieser (2-von-3) Voter hat drei Eingänge, die wir mit A, B und C bezeichnen und einen Ausgang, den wir mit R bezeichnen. An jedem der drei Eingänge liegt eine 32-bit Zahl an (der entsprechende VHDL Typ ist integer). Die Aufgabe eines (2-von-3) Voters ist es nun, eine Mehrheitsentscheidung zu treffen und jenen Wert am Ausgang R zu liefern, der am häufigsten unter den drei Eingängen auftritt. Der Ausgang R ist natürlich ebenfalls eine 32-bit Zahl (VHDL Typ: integer). In der Praxis dient ein (2-von-3) Voter der Verbesserung der Fehlertoleranz. Wenn ein Eingang einen falschen Wert liefert, können die anderen beiden das falsche Ergebnis überstimmen und der richtige Wert liegt am Ausgang an.

Der (2-von-3) Voter hat ausserdem noch einen 1-bit-Ausgang ERROR (VHDL Typ: bit), der dann auf 1 gesetzt werden soll, falls alle drei Eingänge voneinander unterschiedlich sind. In diesem Fall muss R auf 0 gesetzt werden. Im Normalfall, wenn eine Mehrheit unter den Eingängen gefunden werden kann, ist der Ausgang ERROR auf 0 zu setzen.

Es soll sowohl eine Schnittstellenbeschreibung (d.h., eine VHDL entity) als auch eine Architekturbeschreibung (d.h., eine VHDL architecture) dieses (2-von-3) Voters in VHDL angegeben werden.

```
entity 2-von-3-voter is
    port ( A, B, C: IN integer;
           R: OUT integer;
           ERROR: OUT bit;
    )
end 2-von-3-voter;

architecture vote of 2-von-3-voter is

        vote_proc process (A, B, C)
        begin
            if (A = B) then
                R <= A; ERROR <= 0;
            elsif ( A=C   ) then
                R <= A; ERROR <= 0;
            elsif ( B=C ) then
                R <= B; ERROR <= 0;
            else
                R <= 0; ERROR <= 1;
        end if;
    end vote_proc;
end vote;
```

3.4.2 Siebensegment-Decoder

Das folgende Beispiel zeigt einen Siebensegment-Decoder, der mit VHDL realisiert wurde. Eine 3-Bit-Binärzahl soll als Dezimalzahl auf einer Siebensegment-Anzeige sichtbar gemacht werden. Der Input ist damit ein 3-Bit-Datenwort, der Output ein 8-Bit-Datenwort, dessen Bits mit den Segmenten der Anzeige korreliert sind. Hierbei ist darauf hinzuweisen, dass der Dezimalpunkt – sofern erforderlich – ebenfalls in die Betrachtung mit einzubeziehen ist. Dabei soll die IEEE-Norm 1164 gelten. Die Schnittstellenbeschreibung (engl. *entity*) und die Verhaltensbeschreibung (engl. *architecture*) werden angegeben.

```
library IEEE;
use     IEEE.std_logic_1164.all;

entity binaertosiebenseg is
port (data: in std_logic_vector(2 downto 0);
      digit: out std_logic_vector(7 downto 0)
);
end binaertosiebenseg;

architecture behaviour of binaertosiebenseg is

-----------------------------------------------------
-- Darstellen v. Binaerzahl auf einem Digit (0 bis 7)
-- Ausgefuehrt als asynchrone Logik
---------------------------------------------------
-- Zuordnung der Bussignale zu den LEDs
-- Die LEDs sind LOW-Aktiv
--       __5__
--      |     |
--      |4    |0
--      |__6__|
--      |     |
--      |3    |1
--      |__2__|  .7
-----------------------------------------------------

begin
    CONVERT : process(data)
    begin

        case data is
            when "000" => digit <= "01000000";
            when "001" => digit <= "01111100";
            when "010" => digit <= "00010010";
            when "011" => digit <= "00011000";
            when "100" => digit <= "00101100";
            when "101" => digit <= "00001001";
            when "110" => digit <= "00000001";
            when OTHERS => digit <= "11011100";
        end case;
    end process CONVERT;
end behaviour;
```

In den folgenden Darstellungen finden wir jeweils eine Beschreibung für den entity- und den architecture-Bereich.

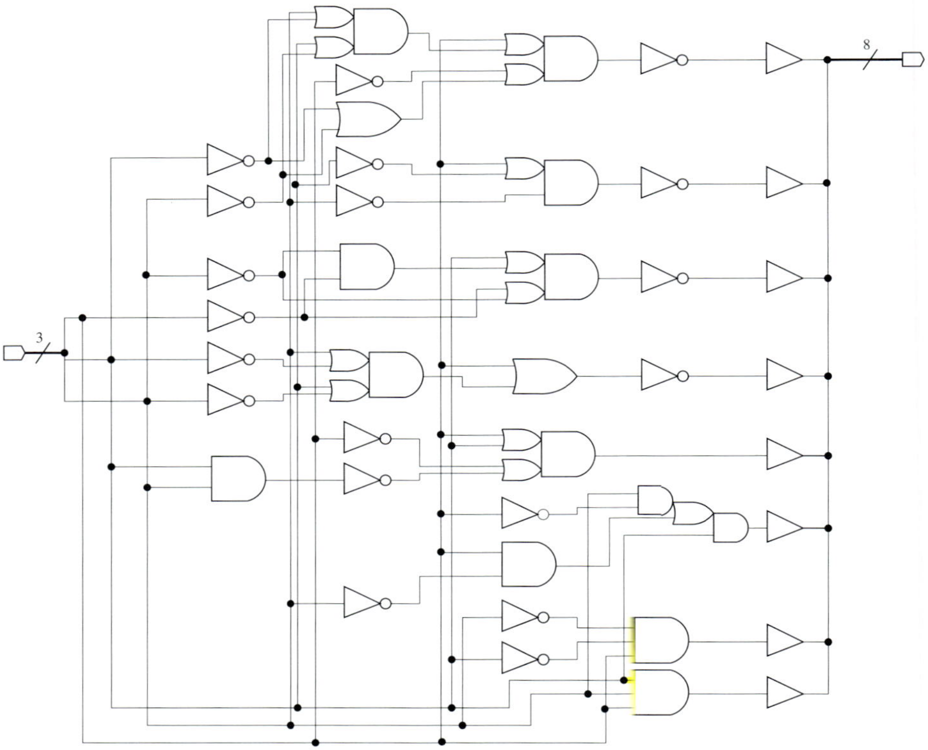

Abbildung 3.10: Schaltung des Siebensegment-Decoders

Ergebnis der Synthese

Das Ergebnis der Synthese zeigt eine Darstellung, wie sie vom Tool SYNOPSYS generiert wird – allerdings in US-amerikanischer Norm –, die unserer Normung nicht entspricht. Es sei noch erwähnt, dass das 3-Bit-Datenwort am Eingang der Schaltung als Leitungsvielfach dargestellt wird ebenso wie die 8 Ausgänge (7 Balken für die 7-Segment-Darstellung + 1 Ausgang für den Dezimalpunkt).

3.4.3 Input-Synchronisation

Ein asynchrones Eingangssignal soll über einen Eingangs-Latch synchronisiert werden. Im vorliegenden Beispiel wird ein 3 Bit breiter Bus über je einen Latch synchronisiert. Die Schnittstellenbeschreibung (engl. *entity*) und die Verhaltensbeschreibung (engl. *architecture*) werden angegeben.

```
library IEEE;
use     IEEE.std_logic_1164.all;



entity synch is
 port (clk   : in  std_logic;
       reset : in  std_logic;
       valid : in  std_logic;
       data  : in  std_logic_vector(2 downto 0);
       valid_synch: out std_logic;
       data_synch : out std_logic_vector(2 downto 0)
       );
end synch;

architecture behaviour of synch is

----------------------------------------------------
-- Synchronisation von externem Signal & Datenbus
-- Ausgefuehrt als synchrone Logik
-----------------------------------------------------

begin
  synchronisation : process(clk,reset)
  begin
    if reset = '0' then
        valid_synch <= '0';
        data_synch <= (others => '0');
    elsif clk'event and clk = '1' then
        valid_synch <= valid;
        data_synch <= data;
    end if;
  end process synchronisation;
end behaviour;
```

Synthese

Das Ergebnis der Synthese zeigt eine Darstellung, wie sie vom Tool SYNOPSYS generiert wird – allerdings in US-amerikanischer Norm –, die unserer Normung nicht entspricht. Das Softwaretool SYNOPSYS generiert die synchronisierten Signale an der Steckverbindung mit der Bezeichnung „data_synch" sowie ein VALID-Signal mit der Bezeichnung „valid_synch".

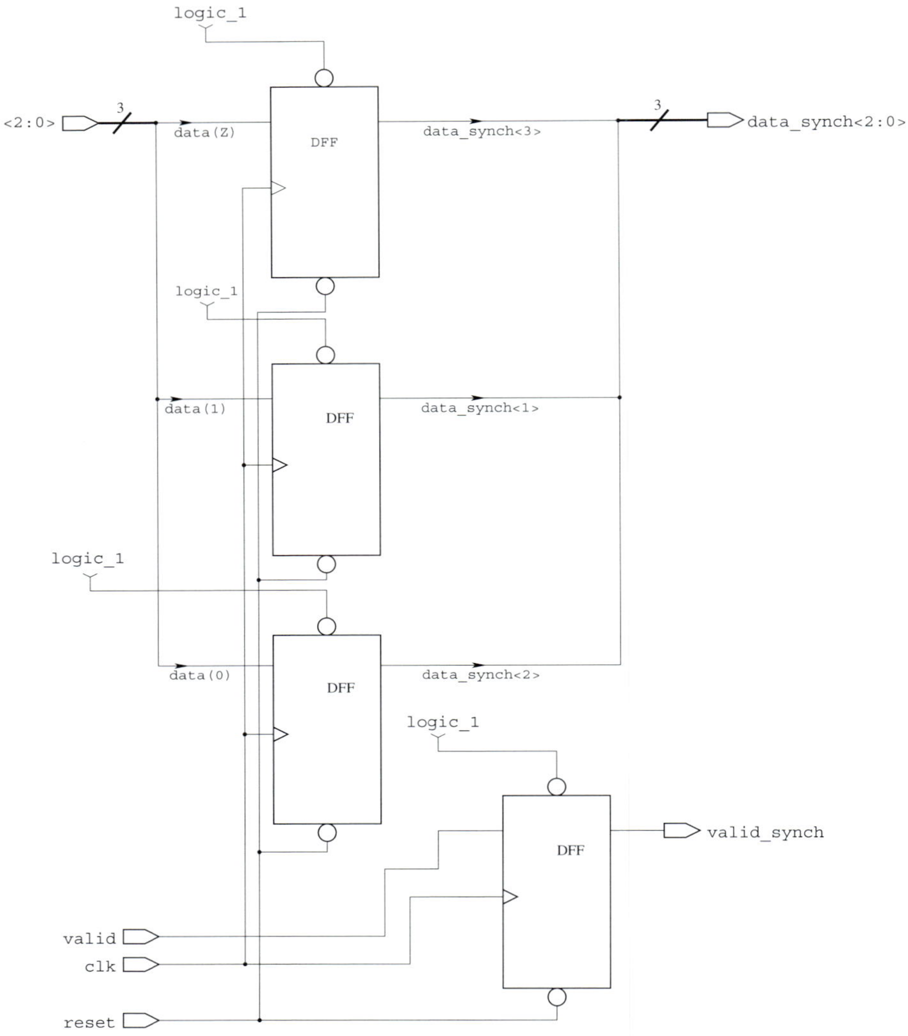

Abbildung 3.11: Schaltung der Input-Synchronisation

3.4.4 Tasten-Entpreller

Wenn ein Taster mechanisch betätigt wird, kommt es normalerweise zu einem mechanisch bedingten Schwingungsvorgang (Prellen des Schaltkontaktes), demzufolge ein Kontakt zwar geschlossen werden soll, aber durch Rückpralleffekte noch mehrmals wieder geöffnet wird, bis die endgültige Lage nach Abklingen der mechanischen Schwingung erreicht wird. Mit elektronischen Mitteln wird nun abgewartet, bis diese Schwingungen abgeklungen sind. Um einen Taster zu „entprellen“, wird zum Beispiel überprüft, ob die Leitung des Tasters mindestens 3 Taktzyklen lang eine konstante Spannung aufweist, bevor ein Zustandswechsel akzeptiert wird. Dabei geht man davon aus, dass mechanische Schwingungen des Tasters bis dahin abgeklungen sind. Um das Design einfach zu halten, erfolgt die Überprüfung erst nach 3 Taktzyklen mittels eines Schieberegisters. Hinzu kommt noch die Zeit, welche die Auswertelogik benötigt. Damit der Code für die Schnittstellenbeschreibung (engl. *entity*) und die Verhaltensbeschreibung (engl. *architecture*) übersichtlich bleibt, haben wir sowohl die „library"-Anweisungen wie auch die Kommentare weggelassen. Die Schnittstellenbeschreibung (engl. *entity*) und die Verhaltensbeschreibung (engl. *architecture*) werden im folgenden angegeben.

```
entity entprellen is
      port (clk        : in  std_logic;
            reset      : in  std_logic;
            taster     : in  std_logic;
            taster_int : out std_logic);
end entprellen;

architecture behaviour of entprellen is

  signal synchreg    : std_logic_vector(2 downto 0);
  signal taster_last : std_logic;

  begin
      synchtaster: process(clk,reset)
      begin
        if reset = '0' then
          synchreg <= (others => '0');
        elsif clk'event and clk = '1' then
          synchreg(0) <= taster;
          synchreg(1) <= synchreg(0);
          synchreg(2) <= synchreg(1);
        end if;
      end process synchtaster;

      gleicherWert: process(clk)
      begin
        if reset = '0' then
          taster_last <= '0';
        elsif clk'event and clk = '1' then
          if synchreg = "111" then
            taster_last <= '1';
          elsif synchreg = "000" then
            taster_last <= '0';
          else
            taster_last <= taster_last;
          end if;
        end if;
      end process gleicherWert;

      taster_int <= taster_last;

  end behaviour;
```

Ergebnis der Synthese

Das Ergebnis der Synthese zeigt eine Darstellung, wie sie vom Tool SYNOPSYS generiert wird – allerdings in US-amerikanischer Norm –, die unserer Normung nicht entspricht. Auf der linken Seite erkennt man 3 kaskadierte Latches (DFF) und darunter die Schaltung zur Übernahme der Information vom Taster mittels eines D-Latch.

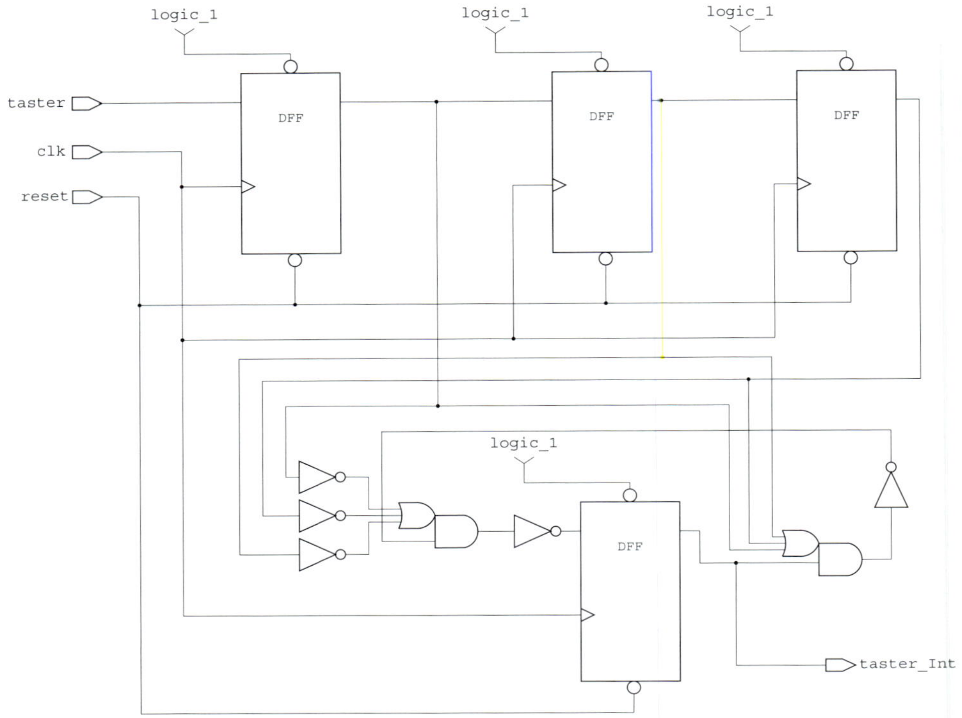

Abbildung 3.12: Schaltung des Tasten-Entprellers

3.5 Bewertung von VHDL

Unsere bisherigen Ausführungen haben gezeigt, dass der Einsatz einer genormten Hardwarebeschreibungssprache viele Vorteile für den Entwurf komplexer Elektronik bietet. Im folgenden soll eine Bewertung vorgenommen werden, da nämlich die umfangreiche Syntax sowohl viele Vorteile bezüglich der Modellierungsmöglichkeiten bringt als auch den Nachteil des erhöhten Einarbeitungsaufwandes verursacht.

Zweifellos kann als Vorteil angesehen werden, dass VHDL eine vielseitige Sprache ist, da sie sowohl für die Spezifikation als auch die Simulation geeignet ist. Dabei eignet sich die für den Menschen lesbare Form gut für die erforderliche Dokumentation. VHDL bietet zum Beispiel die Möglichkeit, Vorgaben für Fläche oder Laufzeit mit einzugeben und zugleich zu dokumentieren. Das Ganze erfolgt zunächst herstellerunabhängig, so dass auf den verschiedenen Entwurfsebenen zwischen verschiedenen Firmen Dokumente ausgetauscht werden können. Es gibt mittlerweile eine Vielzahl von Software-Anbietern, die für viele Entwurfsschritte eine Lösung unter Einsatz von VHDL anbieten. Ausserdem wurde bei der Definition der Sprache VHDL sehr stark auf die Unabhängigkeit von einem bestimmten Rechnersystem geachtet. Weiter ist VHDL technologieunabhängig. Die Entscheidung für eine bestimmte Technologie muss erst zu einem relativ späten Zeitpunkt (ob man nun Gate-Arrays, Standardzellen o.ä. verwendet) getroffen werden. Sollte man sich später noch für eine andere Technologie entscheiden, ist kein komplettes Redesign erforderlich.

VHDL stellt zahlreiche Konstrukte zur Beschreibung von Schaltungen und Systemen zur Verfügung. Mit diesen Konstrukten lassen sich Modelle auf verschiedenen Beschreibungsebenen erstellen wie etwa die algorithmische Ebene, Register-Transfer-Ebene und die Logikebene.

VHDL unterstützt den Entwurf komplexer Schaltungen und verkürzt dadurch die Entwicklungszeiten. Wesentliche Aspekte dabei sind die folgenden:

Da die Spezifikation eine simulierbare Beschreibung darstellt, kann der Entwurf frühzeitig überprüft werden. Zahlreiche Sprachkonstrukte zur Parametrisierung von Modellen erlauben unkompliziertes Variantendesign. Die Entwicklung wiederverwendbarer Modelle wird unterstützt. Es bestehen Umsetzungsmöglichkeiten auf verschiedene Technologien.

Aber natürlich hat der Einsatz von VHDL nicht nur Vorteile: Hardware-Entwickler müssen sich einen grundsätzlich neuen Entwurfsstil angewöhnen, sie sind nicht mehr die eigentlichen Künstler, sondern müssen nach festen Regeln und Konzepten arbeiten. Weiter verursachen die erforderlichen Aus- und Weiterbildungsmassnahmen erhebliche Kosten und Ausfallzeiten. Und die anfallenden Kosten für die Neuanschaffung eines Arbeitsplatzes (Rechner, Speicher, Lizenzgebühren für Software usw.) sind ausserordentlich hoch. VHDL erfordert einen hohen Einarbeitungsaufwand. Ausserdem muss man feststellen, dass VHDL zwar eine umfangreiche Beschreibungssprache für digitale, elektronische Systeme ist, jedoch keine Konstrukte anbietet, um analoge elektronische Systeme zu entwickeln. Das gleiche gilt für Komponenten mit mechanischen, optischen, thermischen, akustischen und hydraulischen Eigenschaften. Es gibt allerdings Bestrebungen, künftig auch die Modellierung analoger Schaltkreise mit wert- und zeitkontinuierlichen Signalen zu unterstützen.

Seit Ende der 80er Jahre unterstützen viele Software-Hersteller mit ihren Tools VHDL. Dennoch besteht ein Mangel vor allem bei den Simulations- und Synthesebibliotheken für logische Gatter und Standardbausteine. Jedesmal, wenn eine neue Hardware-Technologie auf den Markt kommt, muss eine komplette Neuerfassung der Daten der Bauelemente erfolgen, die oft erst zeitlich später zur Verfügung gestellt wird.

Die Ausführlichkeit der Sprache VHDL kann durchaus auch als Nachteil empfunden werden, da der oft als zu „geschwätzig“ empfundene Sprachstil relativ lange und umständliche Beschreibungen verursacht. Das wiederum verhindert bei manuellem Vorgehen eine schnelle Vorgangsweise. Wer sich aber dessen ungeachtet weiter auf diesem Gebiet vertiefen will, dem seien Werkzeuge wie z.B. SYNOPSYS, das unter SUN/UNIX ablauffähig ist und ausserdem ein eigenes Simulationssystem beinhaltet (VSS = VHDL Simulation System), angeraten.

Eine neuerliche Weiterentwicklung betrifft eine Hardwarebeschreibungs-Sprache für hybride elektronische Schaltkreise. Diese Beschreibungssprache mit der Bezeichnung *VHDL-AMS* ist voll kompatibel zu bestehenden Entwürfen in der Beschreibungssprache VHDL. VHDL-AMS steht für „VHDL Analog and Mixed Signal Extensions“.

Elektronische Schaltungen können sehr gut modelliert werden. Die Sprachbeschreibung liegt als *Language Reference Manual* (*LRM*) seit 1999 als IEEE Standard 1076.1 vor. Da für diese spezielle Beschreibungssprache mehrere VHDL-AMS-Simulatoren verfügbar sind, nimmt der industrielle Einsatz ständig zu. Die Sprache ist eine Erweiterung des im Digitalentwurf eingesetzten VHDL. Aspekte der Kompatibilität wurden berücksichtigt, so dass VHDL-Modelle auch stets VHDL-AMS-Modelle sind. Ein grosser Vorteil von VHDL-AMS besteht für den Anwender in den sehr umfangreichen Möglichkeiten, eigene Modelle zu erstellen. Die Modellierungsmöglichkeiten sind so vielfältig, dass man mit dieser Sprache auch Systeme modellieren kann, für die es zunächst keine eindeutigen Lösungen gibt.

Weiterführende Literatur

G. Lehmann, B. Wunder, M. Selz. *Schaltungsdesign mit VHDL*, Franzis-Verlag, 1994

J. R. Armstrong, F. G. Gray. *Structured Logic Design with VHDL*, Prentice Hall, Englewood Cliffs, 1993

U. Tietze, Ch. Schenk. *Halbleiterschaltungstechnik, 12. Auflage*, Springer-Verlag, 2002

Institute of Electrical and Electronics Engineers. *IEEE Standard VHDL Language Reference Manual (IEEE-1076-1992/B)*, New York, 1993

J. Haase. *Vermeidung von VHDL-AMS-Modellierungsproblemen*, Proc. ASIM 2002, Rostock September 2002

Internetverweise

VHDL-AMS *http://vhdl.org/vi/analog*

4 Mikroprozessoren

Ein großes Abenteuer in vielen bunten Bildern.

Albert Uderzo und René Goscinny,
„Asterix und Kleopatra“.

In den vorhergehenden Abschnitten haben wir verschiedene Funktionen als logische Schaltungen realisiert. Diese Einzelteile sollen nun zu Baugruppen mit einer komplexeren Funktionalität zusammengesetzt werden und schließlich ein ganzer Prozessor entstehen. In diesem Zusammenhang sind genauere Schaltungsdetails nicht mehr relevant. Auf dieser Abstraktionsebene stehen die Register mit ihren Verbindungen und Operationen im Vordergrund. Diese Ebene wird Register-Transfer-Ebene genannt. Das heisst, im Gegensatz zu der Funktionsbeschreibung der Logischen Schaltungen aus Kapitel 2, soll auf dieser, der Register Transfer-Ebene die Funktionalität der Register und anderer Baugruppen betrachtet werden (zum Beispiel die von Multiplexern, Addierern oder Codierern). Die darunter liegende Struktur wird als gegeben betrachtet.

Es ist das Ziel, den Aufbau und die Ausführung der Funktionen auf Registerebene darzustellen. Die Operationen werden mit Micro-Codes beschrieben und mit Mikro-Instruktionen (engl. *micro-instructions*) umgesetzt. Aus diesen einzelnen Befehlen werden dann Mikro-Programme entwickelt. Wir erkennen in diesem Abschnitt, dass die Trennlinie zwischen Hard- und Software zunehmend verschwimmt. Wir werden zunächst den Aufbau eines Endlichen Automaten erklären. Bestehend aus Gattern und Latches soll er eine vorgegebene Funktion erfüllen. Mit diesem Wissen soll eine Maschine entworfen werden, die zur Lösung beliebiger Probleme herangezogen werden kann. Bestimmt wird die endgültige Funktionalität des Automaten durch die Software, die auf der Hardware läuft.

4.1 Endliche Automaten

Zunächst wollen wir einige Begriffe definieren.

Automat: Ein *Automat* (engl. *state machine*) ist ein System, das verschiedene Zustände annehmen kann. Dabei hängt der Übergang von einem Zustand zum nächsten von der angelegten Eingangsinformation ab.

Endlicher Automat: Ist die Anzahl der Zustände, die ein Automat annehmen kann, endlich, dann spricht man von einem endlichen Automaten.

Deterministischer Automat: Ein deterministischer Automat ist dadurch gekennzeichnet, dass sich aus der Eingangsinformation und dem Vorzustand des Automaten stets eindeutig der Folgezustand angeben lässt.

Endlicher deterministischer Automat: Dieser besitzt sowohl die Eigenschaften eines deterministischen wie auch die eines endlichen Automaten. Als *Deterministic Finite State Machine* wird dieser Automat in der englischen Literatur bezeichnet.

In weiterer Folge werden wir uns nur mehr mit dieser Art von Automat beschäftigen und dabei die Kurzbezeichnung Automat verwenden. Obgleich ein Automat zwar ein abstraktes Objekt ist, werden wir aber in diesem Buch auch praktische Anwendungen anhand von Beispielen kennen lernen.

Da das Verhalten eines Automaten verbal schwierig zu beschreiben ist, werden wir dazu *Zustandsdiagramme* einführen. Ein Zustandsdiagramm ist ein gerichteter Graph, bestehend aus *Knoten* und *gerichteten Kanten*. Die Knoten (Kreise) repräsentieren die Zustände und die Kanten (Pfeile) die Zustandsübergänge. In diesen gerichteten Graphen werden alle möglichen Zustände und Zustandsübergänge eingezeichnet, die der Automat annehmen kann. Die Übergangsbedingung, die erfüllt sein muss, damit der Automat einen Zustandswechsel durchführt, wird in Form einer *Kantenbeschriftung* angetragen.

Ein erstes Beispiel soll das Verständnis der Funktionalität eines Automaten und seiner Beschreibung erleichtern. Ein Automat A besitze nur die Zustände Z_0 und Z_1. Der Wechsel zwischen diesen beiden Zuständen wird durch die Information am Eingang e eindeutig festgelegt.

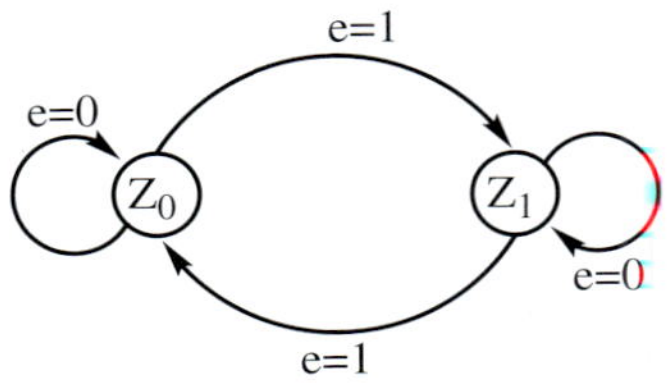

Abbildung 4.1: Zustandsdiagramm vom Automaten A

Aus der Abbildung ist ersichtlich, dass der Automat immer dann den Zustand wechselt, wenn am Eingang logisch 1 anliegt. Damit die inneren Zustände Z_0 und Z_1 für die Umwelt sichtbar gemacht werden können, benötigt man einen Ausgang der logischen Schaltung. Hier wird willkürlich die Zuordnung $a = 0$ bei Z_0 vorgenommen. Der Ausgang $a = 1$ repräsentiert dann den Zustand Z_1. Es ist auch noch festzulegen, welchen Zustand unser Automat A zu Beginn einnimmt. Wir bezeichnen diesen Zustand als *Startzustand* oder *Anfangszustand*. Anfangs- und Endzustand eines Automaten sollen durch besondere Knoten gekennzeichnet werden, wie die folgende Abbildung zeigt:

Abbildung 4.2: Symbole für Startzustand und Endzustand

Unser Automat A nimmt seine Tätigkeit mit dem Zustand Z_0 auf, arbeitet immer weiter und nimmt somit keinen Endzustand ein. Dies zeigt das folgende Zustandsdiagramm.

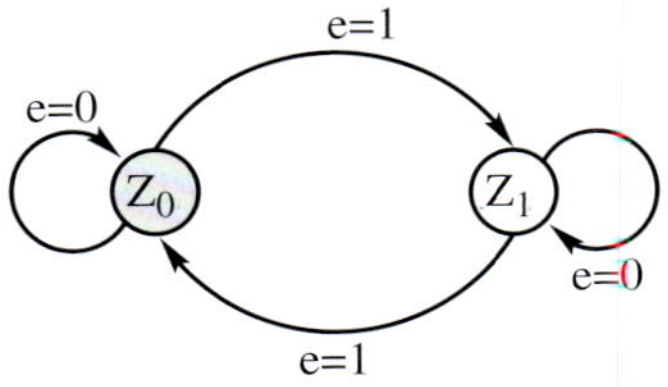

Abbildung 4.3: Zustandsdiagramm vom Automaten A

Dieser Automat kann mit einem JK-Latch realisiert werden, wobei die Vorbereitungseingänge J und K miteinander verbunden sind und den Eingang der Schaltung bilden. Der Q-Ausgang des JK-Latches stellt den Ausgang a dar. Dieser zeigt zugleich an, welche Zustände der Automat gerade eingenommen hat (Z_0 oder Z_1). Damit zu Beginn der Startzustand vorliegt, muss das JK-Latch über einen Reset-Eingang zurückgesetzt werden. Abbildung 4.4 zeigt die Schaltung für den Automaten A zusammen mit einer Wahrheitstabelle für Eingangsinformation e, Vorzustand am Ausgang a und Folgezustand am Ausgang a.

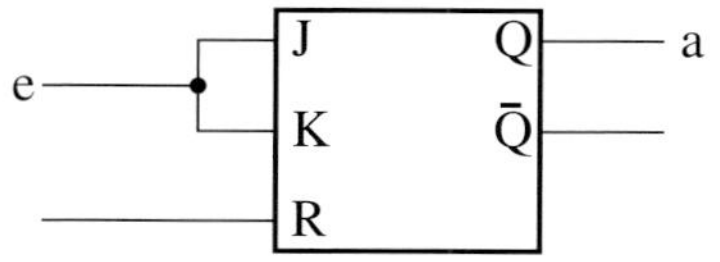

e	a	Nächster Zustand von a
0	0	0
0	1	1
1	0	1
1	1	0

Abbildung 4.4: JK-Latch

Nachteilig bei einer solchen Darstellung eines Zustandsdiagramms ist, dass man nicht ablesen kann, ob es sich um eine asynchrone oder eine synchrone Schaltung handelt. Asynchrones Schaltverhalten liegt vor, wenn zu jedem beliebigen Zeitpunkt eine Zustandsänderung eintreten kann; synchron ist das Schaltverhalten dann, wenn ein Automat nur zu bestimmten Zeitpunkten basierend auf einem periodischen Zeitraster seinen Zustand ändern kann. Beide Schaltungsarten haben wir schon beim Asynchron- und Synchronzähler kennen gelernt.

An einem weiteren Beispiel wollen wir nun darstellen, wie ein Automat zu entwerfen ist, der erkennt, ob eine vier Bit lange Binärzahl kleiner oder gleich 10 ist. Vom Entwurf des abstrakten Automaten bis hin zur Realisierung der Schaltung soll jeder Schritt vorgeführt werden.

Wir gehen davon aus, dass ein Schieberegister zur Verfügung steht, das die vier Bits so gespeichert hat, dass als erstes das *most significant bit (msb)* und als letztes das *least significant bit (lsb)* am Eingang unserer Schaltung angelegt wird. In der folgenden Tabelle sind die Binärzahlen aufgelistet, die der Automat erkennen muss.

dezimal	msb			lsb	
⋮	⋮	⋮	⋮	⋮	
9	1	0	0	1	
10	1	0	1	0	
11	1	0	1	1	
12	1	1	0	0	
13	1	1	0	1	} müssen als $>$ 10 erkannt werden
14	1	1	1	0	
15	1	1	1	1	

Durch die serielle Verarbeitung in dem Schieberegister kann der Aufwand für die Erkennung recht umfangreich werden, da die Entscheidung, ob die 4-Bit-Zahl kleiner oder gleich 10 ist, erst vom lsb abhängen kann. Ebenso kann der Fall eintreten, dass die erste Stelle bereits zur Erkennung ausreicht, wenn nämlich das msb $= 0$ ist. Eine solche Zahl hat sicherlich einen Wert, der kleiner als 10 ist. Dadurch wird unmittelbar der *Endzustand* „kleiner gleich" (Zustand KG) eingenommen. Ist dagegen das msb $= 1$, muss das nächste Bit betrachtet werden. Besitzt dieses den Wert 1, ist die Zahl größer als 10 (Zustand GR); andernfalls muss man die Untersuchung fortsetzen. Alle weiteren Fälle lassen sich leicht aus der Tabelle der Binärzahlen ablesen. Wenn der Automat einen der beiden Endzustände erreicht hat, darf er diesen nicht mehr verlassen. Das folgende Zustandsdiagramm wurde nach diesen Erkenntnissen entworfen..

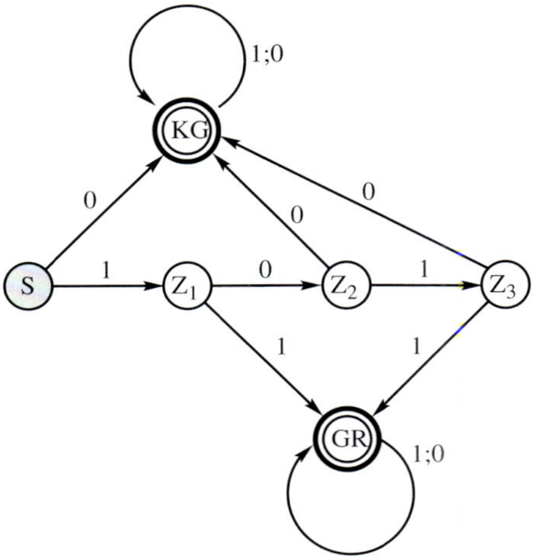

Abbildung 4.5: Zustandsdiagramm

Damit der Automat alle vier Bits aufnehmen kann, sind Zustandsübergänge KG→KG und GR→GR erforderlich, damit auch nach dem Erreichen eines Endzustandes noch die restlichen Bits eingelesen und bearbeitet werden können, auch wenn diese das Ergebnis nicht mehr verändern werden. Zustände, die der Automat nicht mehr verlassen kann, nachdem er sie bereits erreicht hat (in diesem Beispiel KG und GR) werden *absorbierend* genannt.

In der folgenden Tabelle sind die sechs Zustände aufgelistet, die der Automat annehmen kann. Mit drei D-Latches, mit denen acht Kombinationen dargestellt werden können, setzen wir diese Schaltung um. Die Zuordnung der Zustände des Automaten zu den Ausgangszuständen der Latches D_2, D_1 und D_0 kann willkürlich vorgenommen werden. Wichtig ist allein, dass sich die so codierten Zustände eindeutig voneinander unterscheiden. Durch eine geschickte Wahl lässt sich aber gegebenenfalls der Schaltungsaufwand bei der technischen Realisierung minimieren. Wir haben bei unserem Beispiel die Zuordnung der Zustände zu den Zuständen der Latches gerade so vorgenommen, dass das Latch D_2 direkt anzeigt, ob bereits ein Endzustand (KG oder GR) vorliegt.

	Beschreibung	*Bedeutung*	D_2	D_1	D_0
S	Startzustand		0	0	0
Z_1	Zwischenzustand 1		0	0	1
Z_2	Zwischenzustand 2		0	1	0
Z_3	Zwischenzustand 3		0	1	1
KG	Endzustand	*kleiner gleich 10*	1	0	0
GR	Endzustand	*größer 10*	1	0	1

Als nächster Schritt werden in der folgenden Tabelle jeweils der alte Zustand zusammen mit der Eingangsgröße und dem neuen Zustand als Folgezustand aufgelistet.

alter Zustand			Bedingung	neuer Zustand			
D_2	D_1	D_0	e	D_2	D_1	D_0	Zustandsübergang
0	0	0	0	1	0	0	S $\rightarrow$ KG
0	0	0	1	0	0	1	S $\rightarrow$ Z_1
0	0	1	0	0	1	0	Z_1 $\rightarrow$ Z_2
0	0	1	1	1	0	1	Z_1 $\rightarrow$ GR
0	1	0	0	1	0	0	Z_2 $\rightarrow$ KG
0	1	0	1	0	1	1	Z_2 $\rightarrow$ Z_3
0	1	1	0	1	0	0	Z_3 $\rightarrow$ KG
0	1	1	1	1	0	1	Z_3 $\rightarrow$ GR
1	0	0	0	1	0	0	KG $\rightarrow$ KG
1	0	0	1	1	0	0	KG $\rightarrow$ KG
1	0	1	0	1	0	1	GR $\rightarrow$ GR
1	0	1	1	1	0	1	GR $\rightarrow$ GR

Mit Hilfe dieser Tabelle kann nun die Schaltung entworfen werden. Dazu stellt man für jedes Latch eine Funktion der Form

$$D_i = f(D_2, D_1, D_0, e) \qquad \text{mit } i = 0,\ 1,\ 2$$

auf. Für das Latch D_2 werden wir das nun im einzelnen zeigen: Der Wert in der Spalte „neuer Zustand" von D_2 wird als Funktion der Spalten „alter Zustand" von D_2, D_1, D_0 und e nach der disjunktiven Normalform in ein KV-Diagramm eingetragen.

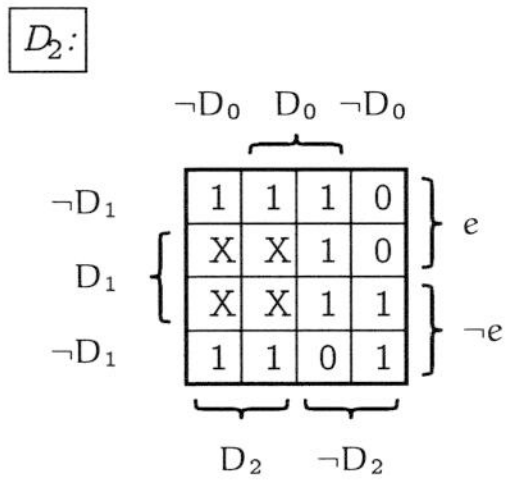

$$D_2 = D_2 \vee (D_0 \wedge e) \vee (\neg D0 \wedge \neg e) \vee (D_1 \wedge \neg e)$$

Die eingetragenen vier Don´t-Care-Bedingungen stellen unbenutzte Zustände dar, die nicht in der Tabelle enthalten sind. Solche Zustände können beispielsweise dazu herangezogen werden, den Automat z.B. nach dem Einschalten in einen definierten Anfangszustand zu bringen. In unserem Beispiel ist dies jedoch nicht vorgesehen. Damit kommen wir für die drei Latches zu folgenden Gleichungen:

$$\begin{aligned}
D_0 &= (D_2 \wedge D_0) && \vee(\neg D_2 \wedge e) \\
D_1 &= (D_1 \wedge \neg D_0 \wedge e) && \vee(\neg D_2 \wedge \neg D_1 \wedge D_0 \wedge \neg e) \\
D_2 &= D_2 && \vee(D_0 \wedge e) \qquad \vee(\neg D_0 \wedge \neg e) \vee (D_1 \wedge \neg e)
\end{aligned}$$

In Abbildung 4.6 ist die Schaltung dargestellt. Aus Gründen der Übersichtlichkeit wurden nur die notwendigsten Elemente dargestellt. Weggelassen wurde das Schiebregister, das die Zahl enthält sowie die zugehörige Steuerung, die dafür sorgt, dass die vier Bits zum richtigen Zeitpunkt am Eingang anliegen, und die gemeinsamen Reset-Leitungen.

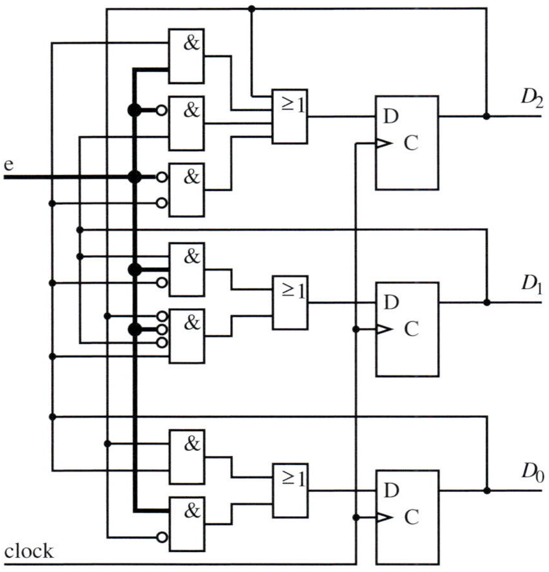

Abbildung 4.6: Schaltung zum Beispielautomaten

Genauso kann für die verschiedensten Aufgaben ein Automat entworfen werden und dann eine logische Schaltung realisiert werden. Diese kann zur Steuerung eines anderen Schaltkreises, der wiederum eine State Machine darstellt, eingesetzt werden. Zum Beispiel könnte unsere logische Schaltung einem Paralleladdierer vorgeschaltet werden, der nur dann zwei Zahlen zusammen zählen soll, wenn beide kleiner oder gleich zehn sind. Dazu müssten beide Zahlen geprüft werden und nur wenn beide diese Bedingung erfüllen, die Addition durchgeführt werden. Eine wesentliche Erkenntnis besteht darin, dass wir jetzt zwar einen Automaten entwickelt haben, der genau die gestellte Aufgabe löst; sobald aber die Aufgabenstellung auch nur geringfügig modifiziert wird, ist die entwickelte Schaltung nicht mehr brauchbar und müsste neu entwickelt werden.

4.2 Das Moore-Schaltwerk

Für viele Aufgabenstellungen der Digitaltechnik sind logische Funktionen nicht ausreichend; man braucht stattdessen sequenzielle Schaltwerke. Die Konstruktion von Schaltwerken soll nun unser nächstes Ziel sein. Anschließend werden wir verschiedene Realisierungsvarianten betrachten. Zunächst beginnen wir mit der Grundschaltung des Moore-Schaltwerkes. Dann besprechen wir an einem konkreten Beispiel die Spezifikation des Moore-Schaltwerkes durch den Zustandsgraphen. Auf alternative Beschreibungsmöglichkeiten wird hingewiesen. Als nächstes beschreiben wir die Entwicklungsschritte für ein Schaltwerk. Dabei werden zwei Arten der Zustandscodierung besprochen. Abschließend untersuchen wir das Zeitverhalten des Schaltwerks. Zusätzlich lernen wir zwei einfache Schaltungen zur Synchronisation von asynchronen Eingangssignalen kennen. In diesem Zusammenhang berechnen wir auch die maximal mögliche Taktfrequenz.

4.2.1 Schaltwerk

In der Literatur finden Sie die Begriffe *Schaltnetz* (*combinational logic*) und *Schaltwerk* (*sequential logic*). Unter einem Schaltnetz versteht man logische Funktionen ohne Speicherwirkung: Die Ausgänge eines Schaltnetzes hängen immer nur von den momentan anliegenden Eingangssignalen ab. Das ist bei vielen Aufgabenstellungen jedoch unzureichend: Bei einem Münzautomat hängt z.B. die Reaktion auf das Drücken der Warenausgabetaste davon ab, ob vorher genug Münzen eingeworfen wurden oder nicht. Entscheidend ist dann nicht nur der momentane Zustand der Eingangssignale, sondern auch die Vorgeschichte (daher die Bezeichnung sequenzielle Schaltwerke). Im Schaltwerk (im engeren Sinn) wird die Vorgeschichte dadurch berücksichtigt, dass das Schaltwerk in verschiedenen *Zuständen* (*states*) sein kann. Ein Zustandsspeicher hält den momentanen Zustand fest. Die Ausgangssignale hängen dann nicht nur von den momentan anliegenden Eingängen sondern auch vom momentanen Zustand ab. Der Übergang von einem Zustand zum nächsten wird dabei ebenfalls über die Eingangssignale gesteuert (wegen der im Schaltwerk gespeicherten Zustände werden Schaltwerke in der englischen Literatur als *state machines* bezeichnet). Es gibt *asynchrone* und *synchrone* Schaltwerke. Das asynchrone Schaltwerk verwendet keinen Takt; es ändert seinen Zustand praktisch sofort, wenn Eingangsänderungen auftreten. Leider macht die Konstruktion von solchen asynchronen Schaltwerken einige Schwierigkeiten. Wesentlich handlicher sind die synchronen Schaltwerke, die mit einem Taktsignal arbeiten. Das hatte schon Konrad Zuse bei der Entwicklung des Z1-Rechners erkannt! Die Speicherelemente des Schaltwerks werden mit diesem Takt gesteuert, so dass sich der in den Latches gespeicherte Zustand nur zu gewissen Taktzeitpunkten ändern kann. Damit kann der in den Latches gespeicherte Zustand allerdings nicht sofort auf Eingangsänderungen reagieren sondern erst bei der nächsten schaltenden Taktflanke. Praktisch bedeutet das keine wesentliche Einschränkung. Man braucht den Takt nur so schnell zu machen, dass keine Eingangsänderungen verloren gehen. Wir behandeln im folgenden nur das synchrone, also das getaktete Schaltwerk.

4.2.2 Die Grundschaltung des Moore-Schaltwerkes

Die Bezeichnung *Moore-Schaltwerk* geht auf eine richtungsweisende Veröffentlichung von Edward Moore zurück. Die von Moore vorgeschlagene Schaltwerksvariante wird durch die folgende Schaltung gebildet:

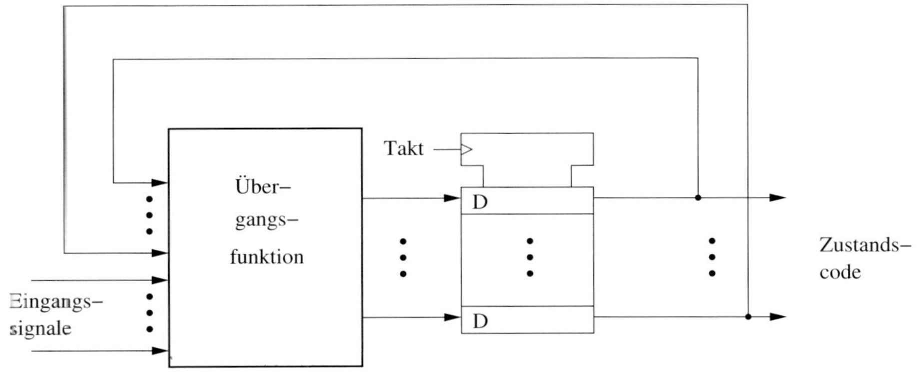

Abbildung 4.7: Schaltwerksvariante

Zur Speicherung des Zustandes werden D-Latches verwendet. Das Bitmuster an den Ausgängen dieser D-Latches kennzeichnet den momentanen Zustand. Dieser Zustand bestimmt zusammen mit den anliegenden Eingangssignalen über die Übergangsfunktion den Folgezustand, der mit der nächsten schaltenden Taktflanke eingenommen wird. Beim Moore-Schaltwerk können die Zustände in beliebiger Reihenfolge aufeinanderfolgen. Ein Zustand kann mehrere Folgezustände haben. Die Eingangssignale entscheiden, welcher dieser Folgezustände tatsächlich eingenommen wird. Beim Moore-Schaltwerk sind die Ausgänge im einfachsten Fall mit den Latch-Ausgängen identisch. In vielen Anwendungen ist aber noch eine Ausgangsfunktion vorgesehen, die aus den Latch-Ausgängen die eigentlichen Ausgänge bildet. Mit dieser Ergänzung sieht das vollständige Moore-Schaltwerk folgendermaßen aus:

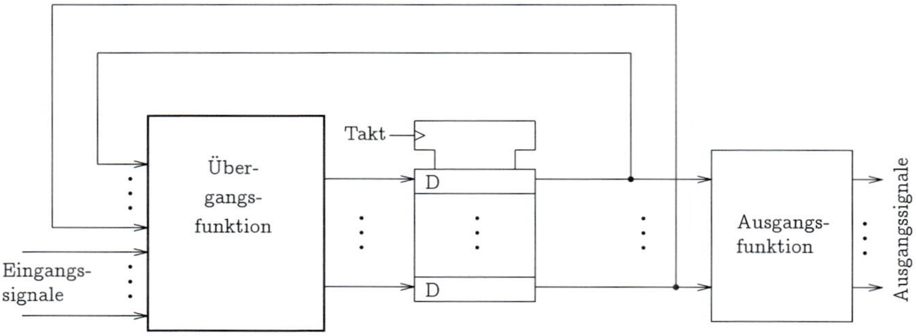

Abbildung 4.8: Komplettes Moore-Schaltwerk

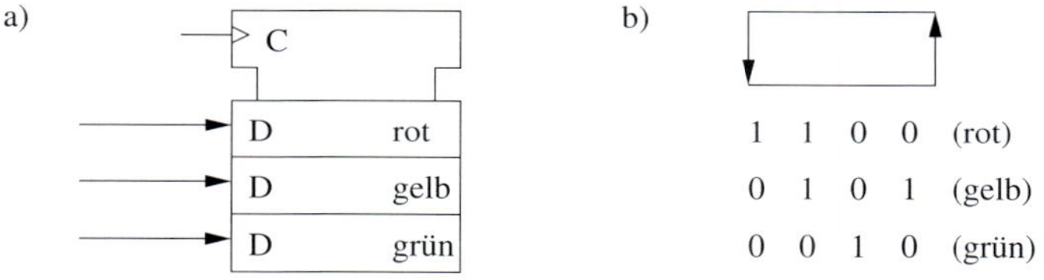

c)

P	Q	Farbe
0	0	Grün
0	1	Gelb
1	0	Rot
1	1	Rot–gelb

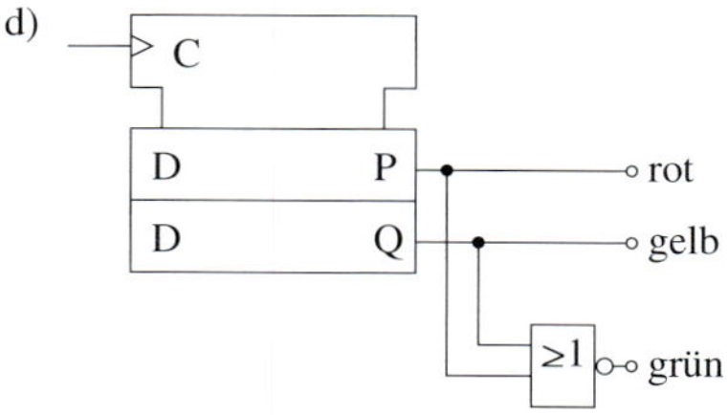

Abbildung 4.9: Ausgangsfunktion einer Ampel

Was ist der Sinn dieser Ausgangsfunktion? Denken Sie z.B. an eine Ampelsteuerung. Im einfachsten Fall (wir verzichten auf Grün- und Gelb-Blinken und ähnliche Komplikationen) braucht die Ampelsteuerung keine Eingänge sondern durchläuft ähnlich wie ein Zähler einen starren Zyklus (dabei wird der Takt nicht periodisch sein, da die verschieden langen Zeitintervalle der einzelnen Ampelphasen zu berücksichtigen sind). Ohne Ausgangsfunktion müssten wir jedem

Latch eine Ampelfarbe zuordnen und durch die Übergangsfunktion dafür sorgen, dass diese Latches den folgenden Zyklus durchlaufen. Mit einer Ausgangsfunktion lässt sich nämlich ein Latch einsparen:

Bei einer Ampelanlage für zwei Richtungen ist die Ersparnis noch größer. Ohne Ausgangsfunktion würden wir dafür sechs Latches (für rot, gelb und grün in den beiden Richtungen) benötigen. Auch eine Ampelanlage für zwei Richtungen hat jedoch nur vier Zustände, die man mit zwei Latches codieren kann. Mit einer Ausgangsfunktion lassen sich dann alle notwendigen Signale von diesen beiden Zustands-Latches ableiten.

4.2.3 Schaltwerksbeschreibung durch den Zustandsgraphen

Bei der Beschreibung des Moore-Schaltwerkes durch den Zustandsgraphen gehen wir von binären Ein- und Ausgangssignalen aus. Eine Codierung der Zustände (jedem Zustand muss ein Bitmuster der Latch-Ausgänge entsprechen) wollen wir aber bewusst noch nicht festlegen, sondern im Zustandsgraph noch mit abstrakten Zuständen arbeiten. Wir wollen die Beschreibung des Schaltwerkes durch den Zustandsgraphen an einem konkreten Beispiel zeigen. Wir betrachten dazu das Schaltwerk für einen Münzautomaten. Dieser soll zwei Einwurfschlitze für 5- und 10-Cent-Münzen haben, die Ware kostet insgesamt 15 Cent:

Abbildung 4.10: Zustandsgraph eines Münzautomaten

Das Schaltwerk hat drei Eingänge: Die Eingänge F und Z werden logisch 1, wenn eine entsprechende Münze (Fünfer oder Zehner) eingeworfen wird. Da unser Schaltwerk synchron sein soll, müssen die Eingänge mit dem Systemtakt synchronisiert werden. Die dazu nötige Schaltung wollen wir erst später besprechen und vorläufig davon ausgehen, dass die Eingänge F und Z beim Münzeinwurf genau ein Taktintervall lang logisch 1 werden. Das gleiche gilt auch für den Eingang R, mit dem eine Geldrückgabe ausgelöst werden kann. Wir nehmen an, dass die eingeworfenen Münzen zunächst in ein eigenes Fach fallen. Im Fall einer Warenausgabe werden die Münzen von dort in den großen Geldvorrat gekippt; bei Geldrückgabe fallen sie von dort wieder heraus und können entnommen werden (falsche Münzen sollen erkannt werden und sogleich durchfallen). Das Schaltwerk hat zwei Ausgänge W und ST. Mit W= logisch 1 wird die Ware ausgegeben und das bis jetzt eingeworfene Geld kassiert. Mit ST = logisch 1 (für Storno) wird das bis jetzt eingeworfene Geld zurückgegeben. Für die Lösung der Aufgabe verwenden wir fünf Zustände (mit englischen Bezeichnungen):

Idle	Ruhezustand des Automaten
Five	Zustand nach Einwurf von fünf Cent
Ten	Zustand nach Einwurf von zehn Cent
Paid	Zustand nach vollständiger Bezahlung (oder Überzahlung)
Cancel	Geldrückgabe

Die Spezifikation für unser Schaltwerk ist damit noch alles andere als vollständig. Praxisorientierte Aufgabenstellungen - besonders verbal formulierte - sind selten vollständig. Es ist Aufgabe des Informatikers, für die offenen Fragen sinnvolle Antworten zu finden. Zunächst stellt sich die Frage der Gleichzeitigkeit: Kann eine Fünf- und Zehn-Cent-Münze gleichzeitig eingeworfen werden? Nachdem es zwei Einwurfschlitze gibt, wollen wir das zulassen: Die Eingangssignale F und Z werden dann eben gleichzeitig logisch 1. Kann gleichzeitig mit einem Geldeinwurf eine Geldrückgabe (Signal R) verlangt werden? Auch das wollen wir zulassen. Kann eine Geldrückgabe verlangt werden, wenn noch gar kein Geld eingeworfen wurde? Auch das wird möglich sein: R wird vermutlich von einer Taste ausgelöst, und es lässt sich nicht verhindern, dass ein Vorbeikommender diese Taste drückt, um vielleicht ein paar Münzen zu ergattern.

Was passiert bei Überzahlung? Hier soll unser Automat laut Wunsch des Auftraggebers rücksichtslos alles Geld kassieren.

Der Zustandsgraph beschreibt, wie die einzelnen Zustände ineinander überwechseln. An den Kanten des Graphen sind die Eingangsbitmuster angegeben, bei denen dieser bestimmte Zustandsübergang erfolgt. Die Eingangsbitmuster sind im folgenden Bild in der Reihenfolge F Z R (F=Fünfer, Z=Zehner, R=Reset) angetragen. Da manchmal ein- und derselbe Zustandsübergang bei mehreren Eingangsbitmustern erfolgt, sind bei manchen Kanten auch mehrere Eingangsbitmuster angetragen. Manchmal ist das Antragen von mehreren Eingangsbitmustern durch eine Notation mit X-Stellen (Don't-Care) vereinfacht. Da die Ausgänge eindeutig zu den Zuständen gehören, schreiben wir sie sogleich in die Zustände hinein. Das geschieht in der Reihenfolge W ST.

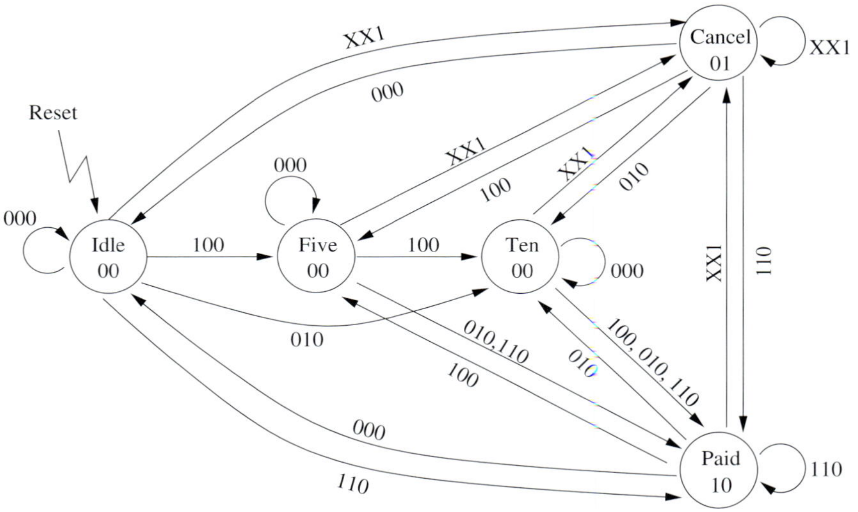

Abbildung 4.11: Zustandsgraph mit Bitmustern

Gehen wir den Zustandsgraphen einmal durch. Beim Zustand Idle ist ein Blitzsymbol mit Reset gezeichnet. Damit geben wir an, dass das Schaltwerk beim Einschalten mit diesem Zustand starten soll. Das Schaltwerk bleibt im Idle-Zustand, solange von aussen keine Aktion kommt, also für F Z R gleich 000. Wird eine Fünf-Cent-Münze eingeworfen (F Z R gleich 100), so geht das Schaltwerk in den Zustand Five. Dort bleibt es, solange keine Aktion erfolgt. Mit dem weiteren Einwurf einer Zehn-Cent-Münze (F Z R gleich 010) geht das Schaltwerk in den Zustand Paid über. Damit ist ein regulärer Zyklus abgeschlossen. Von Paid kommen wir mit 000 wieder in den Zustand Idle zurück. Wird Geldrückgabe verlangt, so geht das Schaltwerk immer in den Zustand Cancel über, gleichgültig, wieviele Münzen schon vorhanden sind und ob gleichzeitig weitere Münzen eingeworfen wurden. Deshalb sind diese Übergänge mit F Z R gleich X X 1 beschriftet: Es kommt nur auf R gleich logisch 1 an, die anderen Eingänge sind dann irrelevant.

Auch von Idle machen wir der Einfachheit halber diesen Übergang auf Cancel, obwohl in diesem Fall noch gar nichts eingeworfen wurde. Es stört aber nicht, die Geldrückgabe auch in diesem Fall zu aktivieren. Der Zustandsgraph muss vollständig sein, d.h., er muss für jeden Zustand und jedes mögliche Eingangsbitmuster den Folgezustand angeben. Dazu müssen von jedem Knoten des Graphen auch genau acht Eingangssituationen an den wegführenden Kanten angetragen sein. An einer Kante können mehrere Eingangsbitmuster stehen; es tritt dann eben ein und derselbe Zustandsübergang bei verschiedenen Eingangsbitmustern auf. Der Zustandsgraph muss auch widerspruchsfrei sein. Jedes Eingangsbitmuster darf immer nur auf einer von einem Zustand wegführenden Kante notiert sein: es wäre ja sonst nicht eindeutig, welcher Folgezustand bei diesem Eingangsbitmuster eintreten soll.

Die Überprüfung auf Vollständigkeit und Widerspruchsfreiheit sollte an dieser Stelle routinemäßig bei jedem Zustandsgraphen vorgenommen werden. Selbstverständlich ist das nur eine formale Überprüfung. Ob der Zustandsgraph die gestellte Aufgabe löst, ist damit nicht bewiesen.

Kommen wir nun zu unserem Münzautomaten zurück. Im ersten Zustandsgraph haben wir die Eingangsbitmuster direkt an die Kanten geschrieben. Als Alternative können wir logische Ausdrücke an die Kanten schreiben: Liefert der logische Ausdruck für ein bestimmtes Eingangsbitmuster eine 1, so wird der entsprechende Zustandsübergang durchgeführt. Auch hier gilt natürlich wieder das Gebot der Vollständigkeit und Widerspruchsfreiheit. Für ein bestimmtes Eingangsbitmuster darf nur der Ausdruck an einer von einem Zustand wegführenden Kante logisch 1 werden, alle anderen müssen logisch 0 ergeben. Für unseren Münzautomaten schaut diese Notation folgendermaßen aus:

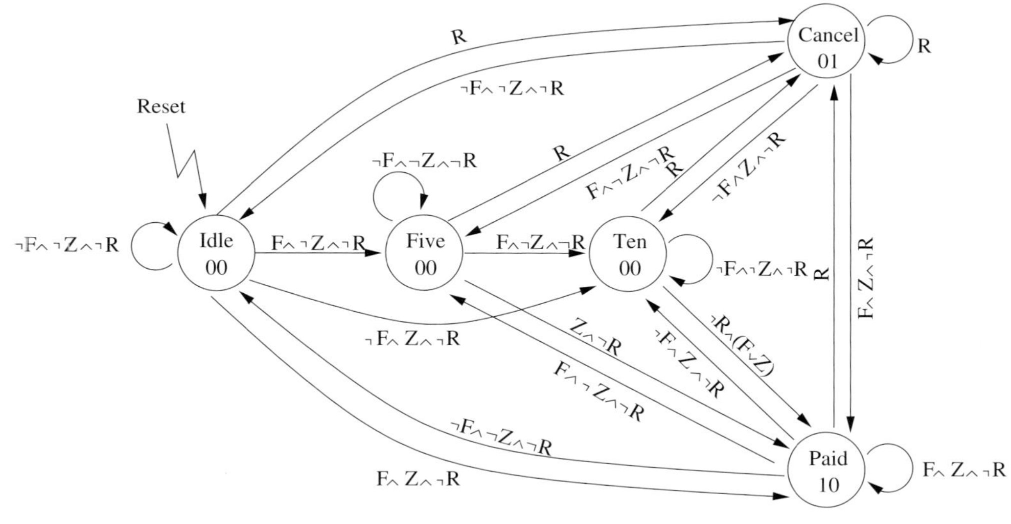

Abbildung 4.12: Zustandsgraph mit logischen Ausdrücken

Beide Ausführungsformen des Graphen (Eingangsbitmuster oder logische Ausdrücke) haben ihre Vor- und Nachteile. Zum Beispiel ergeben sich bei vielen Eingangssignalen lange Bitmuster; logische Ausdrücke, besonders wenn die Übergänge nur von wenigen Eingangsgrößen abhängen, können dann einfacher sein. In der Bitmusterschreibweise ist dagegen die Überprüfung auf Vollständigkeit und Widerspruchsfreiheit übersichtlicher. Wir werden im weiteren diese Notationen gemischt verwenden. Abschliessend noch einige Hinweise zum praktischen Zeichnen des Zustandsgraphen: Wenn viele Kanten in einem Zustand zusammenlaufen, ist es übersichtlicher, diese in einer Sammelkante zu vereinen:

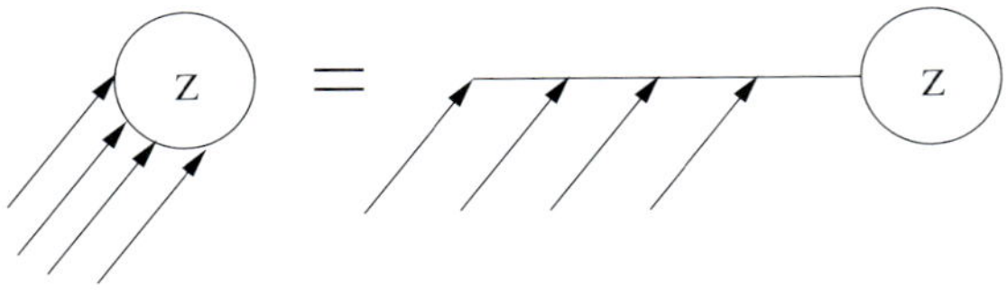

Abbildung 4.13: Zustandsgraph mit Sammelkanten

Wenn ein Übergang zwangsläufig erfolgt (also bei jeder Eingangssituation), braucht er nicht beschriftet zu werden. Zusammenfassend kann festgehalten werden: Jeder Zustand des Schaltwerkes entspricht einem Knoten des Zustandsgraphen, jeder Übergang zwischen zwei Zuständen einer Kante des Zustandsgraphen. Die Eingangssituationen, bei denen ein bestimmter Übergang erfolgt, können an den Kanten durch Bitmuster oder durch logische Ausdrücke angegeben werden. Wenn man Bitmuster verwendet, muss die Reihenfolge der Signale eindeutig festgelegt sein. Von jedem Zustand müssen Kanten für alle möglichen Eingangssituationen wegführen; ein und dieselbe Eingangssituation darf nur an einer Kante vorkommen.

4.2.4 Alternativen zum Zustandsgraph

Der Zustandsgraph ist nur eine Möglichkeit, ein Moore-Schaltwerk zu spezifizieren. Eine naheliegende andere Möglichkeit ist eine Zustandsübergangstabelle und eine Ausgangstabelle. Unser Münzautomat wird durch die beiden folgenden Tabellen beschrieben:

F Z R	0 0 0	1 0 0	0 1 0	1 1 0	0 0 1	1 0 1	0 1 1	1 1 1
Idle	Idle	Five	Ten	Paid	Cancel	Cancel	Cancel	Cancel
Five	Five	Ten	Paid	Paid	Cancel	Cancel	Cancel	Cancel
Ten	Ten	Paid	Paid	Paid	Cancel	Cancel	Cancel	Cancel
Paid	Idle	Five	Ten	Paid	Cancel	Cancel	Cancel	Cancel
Cancel	Idle	Five	Ten	Paid	Cancel	Cancel	Cancel	Cancel

Tabelle 4.1: Tabelle für den jeweilgen Folgezustand, abhängig von den Eingangssignalen

W	ST	Zustände
0	0	„Idle“
0	0	„Five“
0	0	„Ten“
1	0	„Paid“
0	1	„Cancel“

Tabelle 4.2: Tabelle für die Ausgänge, abhängig nur vom Zustand

Eine weitere graphische Möglichkeit der Beschreibung ist das *ASM-Chart* (ASM = algorithmic state machine), eine flussdiagramm-ähnliche Darstellungsform, auf die hier aber nicht eingegangen werden soll. Ausserdem können Schaltwerke mit der Hardwarebeschreibungssprache VHDL (siehe Abschnitt 3) beschrieben werden. Alternativ zum Zustandsgraphen können

Schaltwerke auch durch Tabellen, durch andere graphische Darstellungsformen und durch Hardwarebeschreibungssprachen spezifiziert werden.

4.2.5 Realisierung mit „(1 aus n)" und „dichter" Zustandscodierung

Die Beschreibung des Schaltwerkes durch den Zustandsgraphen ist noch weitgehend abstrakt. Wie das Schaltwerk dann tatsächlich aufgebaut wird, ob D- oder JK-Latches verwendet werden, ob die Funktionen durch Gatter, PLAs oder ROMs aufgebaut werden, das ist natürlich noch offen.

Vor der Realisierung muss auf jeden Fall die *Zustandscodierung* festgelegt werden. Jedem Zustand muss ein Bitmuster der Latch-Ausgänge zugeordnet werden. Für die Zustandscodierung gibt es immer mehrere Möglichkeiten, wobei die Art der Zustandscodierung die Komplexität der Übergangsfunktion stark beeinflussen kann. An Hand des Beispiels sollen zwei grundsätzlich verschiedene Möglichkeiten der Zustandscodierung gezeigt werden (zwischen denen auch noch Mischlösungen möglich sind). Diese beiden Möglichkeiten sind: (1 aus n)- Zustandscodierung (*one hot encoding*), für n Zustände werden n Latches verwendet und *dichte* Zustandscodierung (*dense encoding*), für n Zustände werden f Latches verwendet. Die Anzahl der Latches f wird so klein als möglich und so gewählt, dass $2^f \geq n$ ist.

Sehen wir uns für unser Beispiel zuerst die (*1 aus n*) - Zustandscodierung an. Dabei verwenden wir für jeden der fünf Zustände ein eigenes D-Latch. Die Übergangsfunktion muss die Vorbereitungen bilden und besteht in diesem Fall aus einem Bündel von fünf Funktionen:

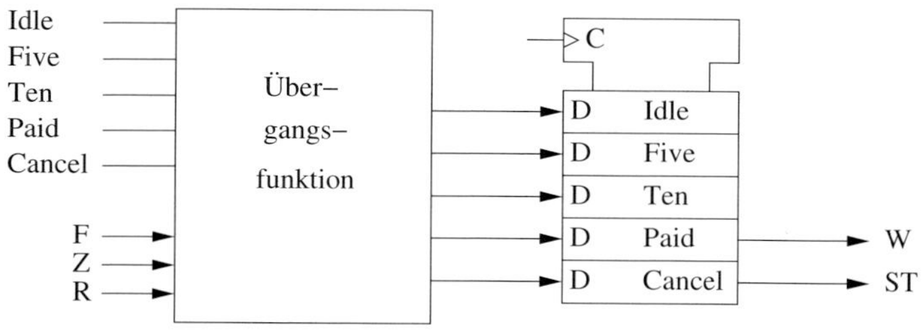

Abbildung 4.14: Schaltung zur Realisierung der Übergangsfunktionen

Da die Ausgänge in unserem Beispiel eindeutig zu bestimmten Zuständen gehören, können die entsprechenden Latch-Ausgänge auch gleich für die Ausgangssignale genutzt werden. Die Übergangsfunktion hat insgesamt acht Eingangsvariablen: Der momentane Zustand wird durch fünf Bit repräsentiert und dazu kommen die drei Eingangssignale F, Z und R. Die Wahrheitstabelle würde mit 256 Einträgen einigermaßen unhandlich! Wir kommen aber auch ohne Wahrheitstabelle aus, weil sich bei der (1 aus n) - Zustandscodierung ein logischer Ausdruck für die Übergangsfunktion einfach und direkt aus dem Zustandsgraphen ablesen lässt. Greifen wir als Beispiel die Funktion für das Latch Paid heraus. Das folgende Bild zeigt einen Ausschnitt aus dem Zustandsgraphen, der alle Übergänge in den Zustand Paid zeigt. Genau in diesen Fällen muss die Vorbereitung für den D-Eingang des Paid-Latch eine logisch 1 liefern; in allen anderen Fällen ist sie logisch 0.

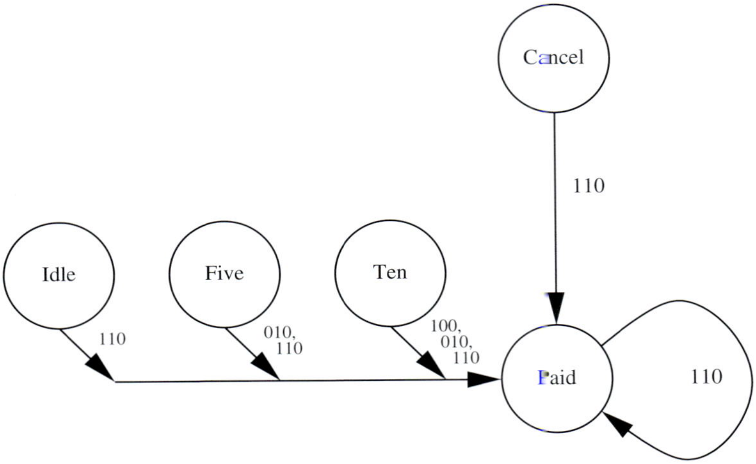

Abbildung 4.15: Übergangsfunktionen

Für die anderen Latches kann man genauso verfahren. Wie die Funktionen tatsächlich aufgebaut werden (mit Gattern, PLA, ROM), soll hier offen gelassen werden. Als nächstes sehen wir uns die dichte Zustandscodierung an, die so wenig Latches wie möglich verwendet. Für unsere fünf Zustände kommt man mit drei Latches aus ($5 \leq 2^3$). Wir bezeichnen die Latches mit K, L und M. Fünf der insgesamt 8 Bitkombinationen dieser Latches müssen wir unseren Zuständen zuordnen. Wir wählen (willkürlich) folgende Zuordnung:

K	L	M	Zustände
0	0	0	„Idle“
1	0	0	„Five“
0	1	0	„Ten“
1	1	0	„Paid“
0	0	1	„Cancel“

Tabelle 4.3: Zustandstabelle für „dichte Codierung“ oder „dense encoding“

Wie sieht die Schaltung bei dieser Zustandscodierung aus? Für die Ausgangssignale W und ST müssen wir die Zustände Paid und Cancel decodieren. Für Paid geschieht dies mit einem UND-Gatter, Cancel lässt sich ohne Gatter direkt aus M ableiten. Die Übergangsfunktion besteht bei dieser Variante nur aus drei Funktionen:

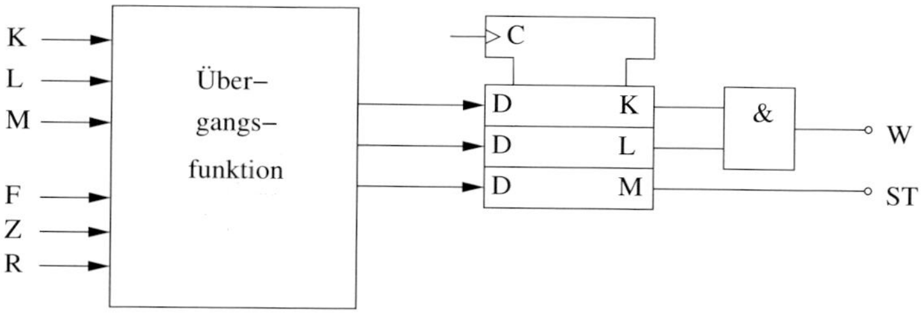

Abbildung 4.16: Übergangsfunktion für „dense encoding“

Die Wahrheitstabelle für diese drei Funktionen ist mit $2^6 = 64$ möglichen Eingangssituationen noch halbwegs darstellbar. Wenn wir die Latch-Ausgänge in der Wahrheitstabelle unten anschreiben, so entspricht eine Gruppe von 8 benachbarten Spalten gerade einem Zustand. Von den insgesamt 8 mal 8 Spalten werden nur die ersten 5 mal 8 gebraucht, da ja nicht alle Bitmuster der Latch-Ausgänge zur Zustandscodierung ausgenutzt wurden.

Aus dem Zustandsgraphen in Abbildung 4.11 kann man ablesen, welche Zustände für jede der acht Eingangssituationen auf einen bestimmten Zustand folgen. Damit lassen sich die Folgezustände in alle Spalten eintragen. Entsprechend der Zustandscodierung folgen daraus dann die nötigen Werte für die D-Eingänge:

	F	01010101	01010101	01010101	01010101	01010101	....
Eingänge	Z	00110011	00110011	00110011	00110011	00110011	....
	R	00001111	00001111	00001111	00001111	00001111	....
	K	00000000	11111111	00000000	11111111	00000000	....
alter	L	00000000	00000000	11111111	11111111	00000000	....
Zustand	M	00000000	00000000	00000000	00000000	11111111	....
		Idle	Five	Ten	Paid	Cancel	
	D_K	01010000	10110000	01110000	01010000	01010000	X X X
neuer	D_L	00110000	01110000	11110000	00110000	00110000	X X X
Zustand	D_M	00001111	00001111	00001111	00001111	00001111	X X X

Tabelle 4.4: Tabelle der Zustandsübergänge

Bei den 3 mal 8 Spalten, bei denen die Latch-Ausgänge keinen gültigen Zustandscode bilden, sind in der Tabelle Don't-Care-Stellen eingetragen. Ist es uns nun wirklich ganz gleichgültig, was in diesen Fällen geschieht? Könnten die Latches nicht z.B. durch eine Störung in einen dieser drei Pseudozustände kommen? Vielleicht wäre es deshalb besser, von diesen Pseudozuständen gezielt einen Übergang zum Zustand Idle zu veranlassen, so dass unser Schaltwerk dort wieder aufsetzen könnte? Davon wollen wir nicht ausgehen, um die Implementierung nicht noch weiter komplizierter zu machen.

Da unsere drei Funktionen von 6 Eingangsvariablen abhängen und manuell nicht mehr minimiert werden können, wollen wir zur praktischen Realisierung der Funktionen ein ROM verwenden. Für die Übergangsfunktion muss es ein 64×3 - ROM sein. Wenn wir stattdessen ein 64×5 - ROM nehmen, können wir auch gleich die zwei Ausgangsfunktionen für W und ST mit dem ROM bilden:

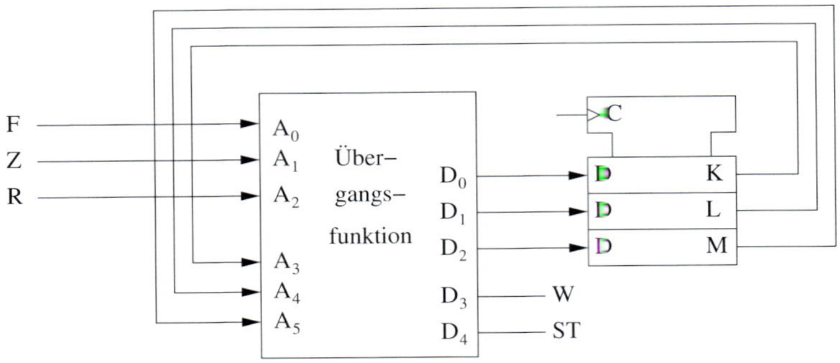

Abbildung 4.17: Schaltungsrealisierung für „dense encoding“

Wie sieht der ROM-Inhalt aus? Dieser wird weitgehend durch die Wahrheitstabelle der Übergangsfunktionen bestimmt, nur die Ausgänge W und ST müssen noch ergänzt werden. Die Don't-Care-Stellen setzen wir alle auf logisch 0; bei einer ROM-Realisierung können sie ohnehin nicht zu einer Minimierung genutzt werden.

Adresse	0	8	16	24	32	≥ 40
$A_0(F)$	01010101	01010101	01010101	01010101	01010101	....
$A_1(Z)$	00110011	00110011	00110011	00110011	00110011	....
$A_2(R)$	00001111	00001111	00001111	00001111	00001111	....
$A_3(K)$	00000000	11111111	00000000	11111111	00000000	....
$A_4(L)$	00000000	00000000	11111111	11111111	00000000	....
$A_5(M)$	00000000	00000000	00000000	00000000	11111111	....
	Idle	Five	Ten	Paid	Cancel	
$D_0(D_K)$	01010000	10110000	01110000	01010000	01010000	0
$D_1(D_L)$	00110000	01110000	11110000	00110000	00110000	0
$D_2(D_M)$	00001111	00001111	00001111	00001111	00001111	0
$D_3(W)$	00000000	00000000	00000000	11111111	00000000	0
$D_4(St)$	00000000	00000000	00000000	00000000	11111111	0

Tabelle 4.5: Tabelle der Zustandsübergänge

Abschliessend wollen wir die zwei Varianten der Zustandscodierung kurz vergleichen. Die (1 aus n)-Codierung braucht mehr Latches als die dichte Codierung. Bei unserem Beispiel war das noch wenig auffällig. Denken Sie aber z.B. an ein Schaltwerk mit 26 Zuständen. Dafür würden bei der (1 aus n)-Codierung schon 26 Latches, für die dichte Codierung aber nur 5 Latches gebraucht werden. In manchen Fällen ergeben sich bei der (1 aus n)-Codierung jedoch sehr einfache Funktionen. Das ist besonders dann der Fall, wenn die Übergänge nur von wenigen Eingangssignalen abhängen. Praktisch hängt die Wahl einer der beiden Varianten vor allem auch von den Bausteinen ab, die zum Aufbau des Schaltwerkes verwendet werden sollen.

Für die Schaltwerksrealisierung muss zunächst die Zustandscodierung festgelegt werden. Dabei ist eine (1 aus n) und eine dichte Zustandscodierung möglich. Die (1 aus n)-Codierung braucht mehr Latches, die Übergangsfunktion ist jedoch leicht abzuleiten und unter Umständen sogar einfacher als bei der dichten Codierung. Der Aufbau der Übergangsfunktion bzw. Ausgangsfunktion kann wieder durch Gatter, durch ein PLA oder durch ein ROM erfolgen.

4.2.6 Der zeitliche Ablauf im Moore-Schaltwerk

Die folgende Abbildung zeigt nochmals die allgemeine Schaltung des Moore-Schaltwerkes. Eine mögliche Ausgangsfunktion ist dabei weggelassen:

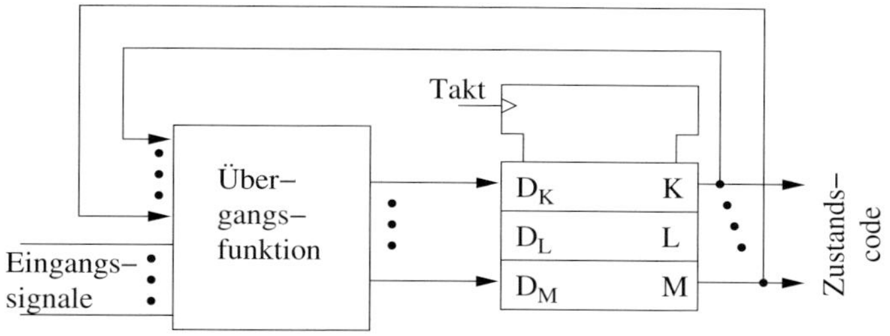

Abbildung 4.18: Allgemeine Schaltung des Moore Schaltwerks

Wir wollen nun den zeitlichen Ablauf des Moore-Schaltwerkes untersuchen. Wenn das Schaltwerk funktionieren soll, so müssen Eingangsänderungen rechtzeitig vor der Taktflanke auftreten. Ändern sich die Eingangssignale zu kurz vor der Taktflanke, so bilden sich die D-Eingänge durch die Durchlaufzeit der Übergangsfunktion vielleicht erst dann, wenn die Taktflanke schon vorbei ist. Oder noch ungünstiger: Die D-Eingänge ändern sich gerade zum Zeitpunkt der Taktflanke. Dann kann nicht vorausgesagt werden, welche Werte die Latches annehmen; dadurch könnte ein falsches Bitmuster entstehen, das in der Zustandscodierung nicht vorgesehen ist. Auch metastabile Latch-Zustände könnten auftreten.

Für die korrekte Funktion des Schaltwerkes müssen die neuen Eingänge offensichtlich schon um die Durchlaufzeit der Übergangsfunktion plus der Latch-Vorbereitungszeit vor der schaltenden Taktflanke im eingeschwungenen Zustand vorliegen. Am günstigsten ist es, wenn sich die Eingänge synchron mit dem Takt ändern. Dann steht zum Bilden der D-Eingänge das ganze Taktintervall zur Verfügung. Wenn bei unserem Münzautomaten ein Eingang einen Münzeinwurf wiedergibt, kann man natürlich nicht verlangen, dass die Münzen synchron mit dem Takt eingeworfen werden; es ist aber möglich, solche asynchronen Signale mit dem Takt zu synchronisieren. Wichtig für den zeitlichen Ablauf ist, dass die Eingänge den Zustand nicht sofort ändern können. Sie bereiten lediglich über die Übergangsfunktion den neuen Zustand vor, der dann bei der nächsten Taktflanke eingenommen wird. Der Zustand hinkt damit den Eingängen immer hinterher. Zum besseren Verständnis sehen wir im folgenden Bild einen Ausschnitt aus dem Zustandsgraphen unseres Münzautomaten und ein entsprechendes Zeitdiagramm. Für das Bild ist vorausgesetzt, dass die Eingangssignale bereits mit dem Takt synchronisiert sind und bei einem Münzeinwurf das entsprechende Eingangssignal genau ein Taktintervall lang logisch 1 wird. In der Abbildung wurde auf eine exakte Darstellung von Durchlaufzeiten verzichtet, die Signale sind jedoch alle in Relation zum Takt verzögert gezeichnet. Das soll daran erinnern, dass sich auf Grund der Durchlaufzeiten alle Signale erst nach den Taktflanken ändern. Das ist für die Funktion des Schaltwerkes sogar wesentlich: Da sich die D-Eingänge erst nach den Taktflanken ändern, kann die entsprechende Zustandsänderung immer erst mit der nächsten Taktflanke auftreten.

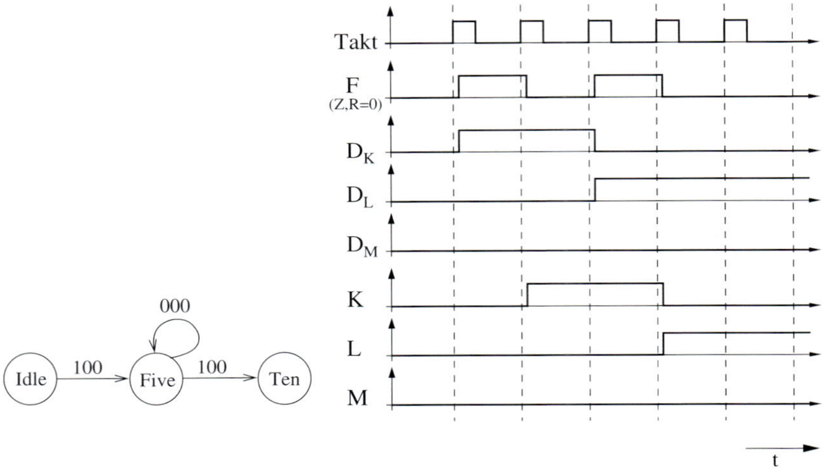

Abbildung 4.19: Zustandsgraph und Zeitdiagramm

Da die Eingänge den Zustand nicht sofort ändern, können sie auch nicht direkt auf die Ausgänge einwirken, da diese ja nur vom Zustand abhängen. Die maximale Taktfrequenz eines Schaltwerkes lässt sich wie folgt berechnen: Mit der positiven Taktflanke ändern sich zunächst die Latch-Ausgänge, damit beginnt die Durchlaufzeit durch die Übergangsfunktion. Schließlich müssen die D-Eingänge schon um die Vorbereitungszeit vor der nächsten Taktflanke fertig sein. Damit ergibt sich der minimale Taktabstand T_{min} durch $T_{min} = t_{Latch} + t_{Gate} + t_{setup}$. Dabei ist t_{Latch} die worst case-Verzögerungszeit der Latches. Da alle Latches gleichzeitig schalten, geht diese Zeit nur einmal in die Rechnung ein, gleichgültig wieviele Latches das Schaltwerk hat. Die Zeit t_{Gate} ist die worst case-Verzögerungszeit der Übergangsfunktion. Und schließlich kommt noch t_{setup}, die Vorbereitungszeit der Latchess, hinzu. Die maximale Taktfrequenz ergibt sich aus dem Reziprokwert $f_{max} = 1/T_{min}$. Zusammenfassend lässt sich folgendes feststellen: Die Mindestdauer für ein Taktintervall ergibt sich aus der Summe von drei Zeiten: Durchlaufzeit durch die Latches, Durchlaufzeit durch die Übergangsfunktion und Latch-Vorbereitungszeit. Die Eingangssignale wirken über die Übergangsfunktion auf die Latch-Vorbereitungen. Die Eingänge müssen deshalb immer schon eine bestimmte Zeit vor der Taktflanke den richtigen Wert haben. Diese Zeit ergibt sich aus der Summe der Durchlaufzeit durch die Übergangsfunktion plus der Latch-Vorbereitungszeit. Am sichersten ist diese Bedingung erfüllt, wenn sich die Eingänge nur zum Zeitpunkt der schaltenden Taktflanke ändern: Es steht dann das ganze Taktintervall zum Bilden der neuen Vorbereitungen zur Verfügung.

4.2.7 Synchronisierung von asynchronen Eingangssignalen

Signale, die von aussen kommen, sind in der Regel asynchron zum Takt. Solche Signale direkt als Eingänge für ein Schaltwerk zu verwenden, ist problematisch, weil sich dann die D-Eingänge gerade zum Zeitpunkt der schaltenden Taktflanke ändern können. Wir müssen also solche asynchronen Signale mit dem Takt synchronisieren. Die einfachste Möglichkeit dazu ist, das asynchrone Eingangssignal über ein zusätzliches D-Latch zu führen:

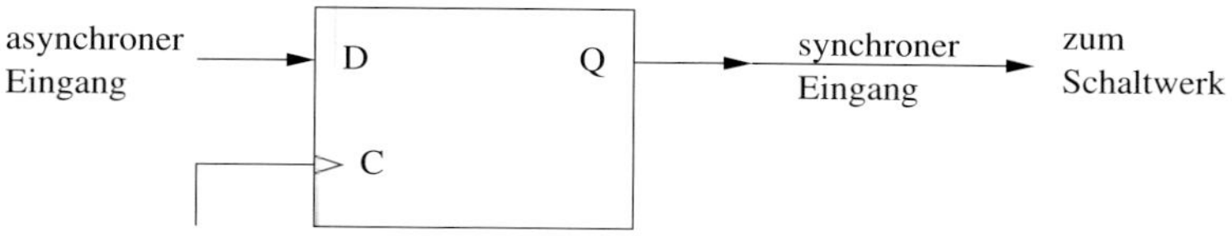

Abbildung 4.20: Schaltung zur Synchronisation des Eingangssignals

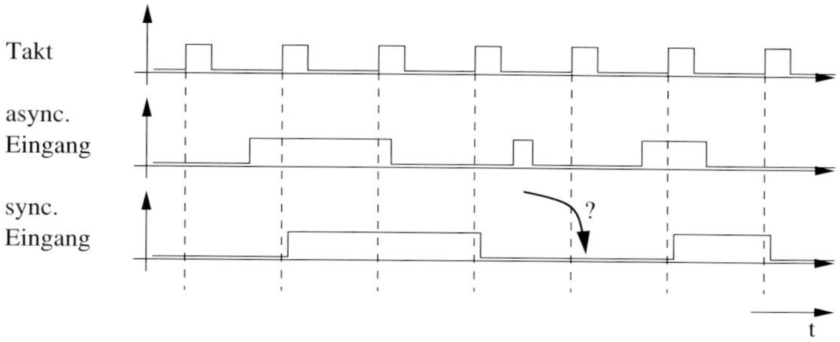

Abbildung 4.21: Timing Diagramm zur Synchronisation

Allerdings gehen durch diese Synchronisation auch die exakten Zeitpunkte verloren, zu denen sich der asynchrone Eingang ändert. Ein asynchrones Signal kann - wie Abbildung 4.21 zeigt - auch verloren gehen.

Um dies zu vermeiden, kann man sogenannte „Impulsformerstufen“ einsetzen, die das „zu kurze“ Signal um mehr als eine Taktperiode verlängern.

Schlechte Schaltwerkskonstruktionen arbeiten ohne Synchronisation der Eingangssignale. Das lässt sich nur rechtfertigen, wenn die Wahrscheinlichkeit einer Eingangsänderung zum Taktzeitpunkt sehr klein ist (diese hängt davon ab, wie oft sich das Eingangssignal ändert und wie hoch die Taktfrequenz ist und wenn gewährleistet ist, dass gelegentliche Fehler keine unzulässigen Fehlzustände auslösen können).

4.2.8 Systematische Schaltwerksentwicklung

Wir werden nun versuchen, Moore-Schaltwerken zu entwickeln. Nach einer Erklärung der einzelnen Entwicklungsschritte folgen Schaltwerksbeispiele, wobei bei jedem Beispiel verschiedene Formen der Realisierung gewählt werden.

Der Entwicklungszyklus eines Schaltwerkes

Die Entwicklung eines Schaltwerkes ist ähnlich der Entwicklung einer Software eine komplexe Aufgabe, die in verschiedene Entwicklungsschritte zerfällt. Wir unterschieden folgende Entwicklungsschritte:

Aufbereiten der Aufgabenstellung. Besonders bei verbal gestellten Aufgaben kommt man beim Durchdenken der Aufgabenstellung oft auf fehlende Angaben oder sogar Widersprüche. Hierzu müssen klärende Entscheidungen getroffen werden. Mit dem Aufbereiten der Aufgabenstellung werden wir auch die Ein- und Ausgangssignale, soweit diese nicht ohnehin durch die Angabe direkt gegeben sind, endgültig festlegen. Ebenso die Zustände des Schaltwerkes: auch wenn das Festlegen der Zustände eng mit dem Aufstellen des Zustandsgraphen verknüpft ist, wird man sich im allgemeinen schon an Hand der Aufgabenstellung die zur Lösung der Aufgabe notwendigen Zustände überlegen. Resultat dieses Entwicklungsschrittes ist eine Dokumentation der Ein- und Ausgänge sowie der geplanten Zustände mit einer kurzen Beschreibung ihrer Bedeutung.

Entwurf des Zustandsgraphen. So wie es bei einer Programmieraufgabe keinen automatischen Weg von der Aufgabe zum Algorithmus gibt, so ist auch das Entwerfen des Zustandsgraphen ein kreativer Vorgang. Zu Hilfe kommen einem dabei früher gelöste Aufgaben, deren Lösungsansätze sich vielleicht in Teilen auf die neue Aufgabe übertragen lassen. Der Zustandsgraph ist nicht eindeutig. Es gibt viele Zustandsgraphen zu ein und derselben Aufgabe. Auch die Zustandsanzahl muss dabei nicht gleich sein. Von der Theorie her verlangt jede Aufgabenstellung eine Mindestanzahl von Zuständen; mehr Zustände kann man aber natürlich immer verwenden. Ist der Zustandsgraph entworfen, wird man ihn zuerst formal auf Vollständigkeit und Widerspruchsfreiheit prüfen. Dann wird man einige ausgewählte Testfälle durchspielen, um festzustellen, ob der Zustandsgraph die Aufgabe löst. Auch hier ist man in einer ähnlichen Situation wie beim Programmieren: Wenn man von der Möglichkeit einer formalen Verifikation absieht, muss man sich darauf beschränken, den Entwurf mit ausgewählten Fällen zu testen. Man wählt dazu einerseits normale Fälle, die von der Aufgabenstellung her naheliegen, zusätzlich aber immer auch besonders ausgefallene Fälle, für welche die Konstruktion auch funktionieren muss. Ein Testen dieser Art kann leider nur die Anwesenheit aber nie mit völliger Sicherheit die Abwesenheit von Fehlern zeigen. Resultat dieses Entwicklungsschrittes ist der gezeichnete Zustandsgraph. Der Anfangszustand ist immer zu kennzeichnen. Zu einem Zustandsgraphen mit Bitmusterangabe gehört immer eine Erklärung zur Interpretation der Bitmuster!

Minimierung der Zustandsanzahl. Es gibt Rechenverfahren, die aus einem vorgegebenen Schaltwerk ein äquivalentes Schaltwerk mit weniger Zuständen ableiten (wenn es eine Lösung mit weniger Zuständen überhaupt gibt). Dieser Entwicklungsschritt wurde in Klammer gesetzt, weil er bei den vorliegenden Beispielen immer ausgelassen wurde. Die Zustandsreduktion ist von Hand sehr mühsam und wird sinnvollerweise nur mit Computerunterstützung durchgeführt. Signifikante Vorteile bringt sie vor allem bei großen Schaltwerken mit sehr vielen Zuständen; bei unseren kleinen Beispielen wird eine Zustandsreduktion im allgemeinen gar nicht möglich sein.

Festlegen der Zustandscodierung. Hier wird die Anzahl der Latches und die Codierung der einzelnen Zustände festgelegt. Wenn in der Angabe nicht eine bestimmte Art der Zustandscodierung vorgeschrieben ist, haben wir primär die Wahl zwischen der (1 aus n) - Codierung und einer dichten Codierung. Wählen wir eine dichte Codierung, so haben wir zusätzliche Freiheitsgrade: wir müssen entscheiden, welche Bitmuster welchen Zuständen zugeordnet werden. Wenn die Anzahl der Zustände nicht genau eine Zweierpotenz ist, bleiben dabei einige Bitmuster unbenutzt. Die Zustandscodierung kann die Komplexität der logischen Funktionen des Schaltwerks stark beeinflussen. Eine Minimierung in diesem Bereich ist nicht möglich; man kann nur einige Varianten durchprobieren und den Aufwand vergleichen. Nach einer Faustregel wählt man die Zustandscodierung so, dass sich bei den meisten Zustandsübergängen nur ein einziges oder zumindest möglichst wenig Bits im Zustandscode ändern. Wie weit das möglich ist, hängt sehr vom konkreten Zustandsgraphen ab. Üblich ist es, den Anfangszustand mit lauter Nullen zu codieren. Dann können die Latches über ein gemeinsames Reset-Signal in diesen Zustand gebracht werden. Beim (1 aus n) - Code macht dies Schwierigkeiten: Hier ist ja in jedem Zustand genau eines der Latches auf logisch 1. Wie man sich hier helfen kann, sehen wir später an einem Beispiel. Resultat dieses Entwicklungsschrittes ist eine Tabelle mit der Zustandscodierung.

Übergangs- und Ausgabefunktion. Ist die Zustandscodierung festgelegt, so sind die Übergangs- und Ausgabefunktionen durch den Zustandsgraphen bereits bestimmt. Die Arbeit in diesem Entwicklungsschritt ist damit völlig mechanisch. Zunächst werden wir entscheiden, wenn dies nicht schon in der Angabe vorgegeben ist, wie die Funktionen realisiert werden sollen (in zweistufiger Form mit Gattern, mit PLAs, oder als ROM-Realisierung). Je nach gewählter Variante müssen die benötigten Funktionen in geeigneter Form aufbereitet und dokumentiert werden. Resultat dieses Entwicklungsschrittes sind die endgültigen Funktionen.

Dokumentation der Gesamtschaltung. Nachdem vorher schon Dokumentationen für den Zustandsgraph, die Zustandscodierung und die Übergangs- und Ausgabefunktion gemacht wurden, kann jetzt die Gesamtschaltung dokumentiert werden. Bei unseren Beispielen werden wir dazu die Zusammenschaltung aller verwendeten Baugruppen aufzeichnen. Die Beschriftungen müssen so gewählt sein, dass die Funktion der Schaltung auch ohne Kenntnis der Zusammenhänge rekonstruiert werden kann bzw. die Verbindung zu anderen Dokumentationsteilen (Wahrheitstabelle oder dergleichen) hergestellt werden kann.

Berechnung der maximalen Taktfrequenz. Oft ist es wichtig zu wissen, mit welcher Taktfrequenz das Schaltwerk betrieben werden kann. Dazu müssen natürlich die notwendigen Daten bekannt sein. Bei einer heterogenen Übergangsfunktion müssen wir den Signalpfad suchen, auf dem die längste Durchlaufzeit auftritt. Bei der Entwicklung geht es selten mit einem einmaligen Durchlauf dieser Entwicklungsschritte ab, sondern es kommt meist zu mehreren Wiederholungen zwischen aufeinander folgenden Schritten (das ist das teure Redesign).

3-Bit-Zähler mit JK-Latches

Zählschaltungen haben wir schon in Abschnitt 2.3.3 behandelt. Wir kommen hier noch einmal mit einem einfachen Beispiel darauf zurück. Das Beispiel soll zeigen, dass es sich bei Zählschaltungen um einen einfachen Sonderfall eines Schaltwerks handelt und dass sich durch die Verwendung von JK-Latches besonders einfache Übergangsfunktionen ergeben.

Aufgabenstellung. Es ist ein Dualzähler mit drei Ausgängen aufzubauen. Mit jedem Takt sollen die Ausgänge im Zyklus von 000 bis 111 um eine Zahl weiterschalten. Steuernde Eingänge gibt es keine. Die Speicherung des Zustandes soll mit JK-Latches erfolgen. Diese werden so vorbereitet, dass J- und K-Eingang jeweils verbunden sind: die Latches ändern also mit der Taktflanke ihren Ausgang (J=K=1) oder behalten den alten Ausgangswert bei (J=K=0). Die Übergangsfunktion ist mit Gattern aufzubauen. Zur Berechnung der maximalen Taktfrequenz gelten folgende Daten:

Gatterdurchlaufzeit	(Negation, UND- und ODER-Gatter):	15	ns
JK-Latches:	Durchlaufzeit vom Takt bis Ausgang:	45	ns
	Vorbereitungszeit:	5	ns
	Haltezeit:	2	ns
	maximale Taktfrequenz:	25	MHz

Aufbereitung der Aufgabenstellung. Die Aufgabe ist hinreichend formuliert. Der Zyklus soll offenbar geschlossen sein, d.h., nach 111 kommt wieder 000. Es gibt keine Eingänge. Die drei Ausgänge wollen wir, wie bei Zählern üblich, mit A, B und C bezeichnen. Für den Zählzyklus sind acht Zustände notwendig, die wir mit 0 bis 7 bezeichnen. Die Struktur der Gesamtschaltung wird folgendermaßen aussehen:

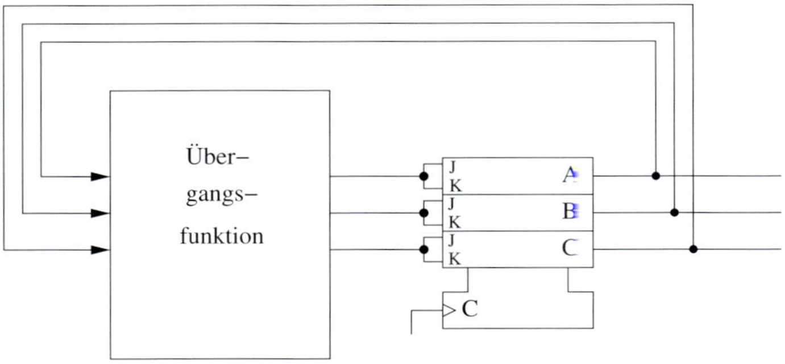

Abbildung 4.22: Struktur der Gesamtschaltung

Entwurf des Zustandsgraphen. Da keine steuernden Eingänge vorhanden sind, ist der Zustandsgraph sehr einfach. Korrekterweise schreiben wir auch die Ausgänge zu den Zuständen dazu. Die graphische Erklärung zum Zustandsgraphen links oben darf nicht vergessen werden!

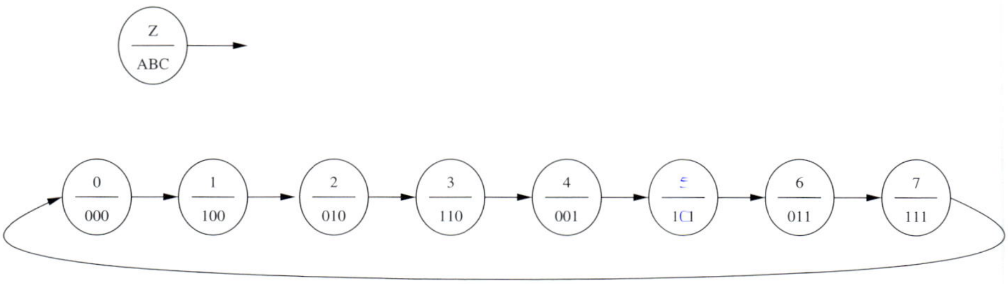

Abbildung 4.23: Zustandsgraph

An den Kanten ist nichts angetragen, da es ja keine Eingänge gibt, welche die Zustandsabfolge beinflussen würden. Jeder Übergang erfolgt zwangsläufig.

Festlegen der Zustandscodierung. Als Zustandscodierung wählen wir eine dichte, duale Codierung. Damit können wir die Latch-Ausgänge gleich als Ausgänge des Schaltwerks verwenden:

	A	B	C
0	0	0	0
1	1	0	0
2	0	1	0
3	1	1	0
⋮		⋮	
7	1	1	1

Abbildung 4.24: Zustandscodierung

Übergangs- und Ausgangsfunktion. Eine Ausgangsfunktion ist überflüssig. Da die Übergangsfunktion mit Gattern gebildet werden soll, stellen wir die Wahrheitstabelle auf, um dann mit dem KV-Verfahren eine minimale Lösung zu suchen. Da es keine Eingänge gibt, hat die Übergangsfunktion nur den momentanen Zustand als Eingang:

alter	A	0 1 0 1 0 1 0 1
Zustand	B	0 0 1 1 0 0 1 1
	C	0 0 0 0 1 1 1 1
gewünschter	A	1 0 1 0 1 0 1 0
neuer	B	0 1 1 0 0 1 1 0
Zustand	C	0 0 0 1 1 1 1 0
dazu	JK_A	1 1 1 1 1 1 1 1
nötige	JK_B	0 1 0 1 0 1 0 1
Vorbereitung	JK_C	0 0 0 1 0 0 0 1

Abbildung 4.25: Wahrheitstabelle zur Bedingung der Übergangsfunktion

Dokumentation der Gesamtschaltung. Als Gesamtschaltung ergibt sich wie zu erwarten die bekannte Schaltung des synchronen Dualzählers, die wir bereits in Abschnitt 2.3.3 kennengelernt haben. Man kann diese Schaltung auch direkt ableiten, wenn man sich überlegt, dass sich im Dualsystem eine Stelle immer (und nur) dann ändert, wenn alle vorhergehenden Stellen logisch 1 sind.

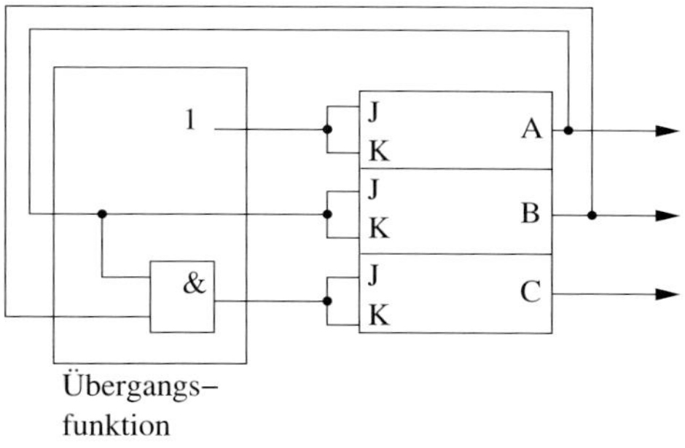

Abbildung 4.26: Gesamtschaltung

Für die maximale Taktfrequenz errechnen wir die minimale Taktperiode aus der folgenden Summe:

Durchlaufzeit der Latches:	45	ns
Durchlaufzeit der Übergangsfunktion:	15	ns
Vorbereitungszeit der Latches:	5	ns
Summe	65	ns

Als Reziprokwert ergibt sich die maximale Frequenz mit 15,4 MHz (die maximale Taktfrequenz dieser Latches ist 25 MHz und wirkt sich nicht beschränkend aus). Die Haltezeit geht in diese Rechnung nicht ein.

Erkennung einer Eingangsfolge

Aufgabenstellung. Das Schaltwerk soll einen Eingang E und einen Ausgang A haben. Der Ausgang A soll mit einer 1 anzeigen, dass am Eingang die Eingangsfolge 1011 aufgetreten ist. Der Eingang sei bereits mit dem Takt synchronisiert. Auch unmittelbar aufeinanderfolgende Eingangsfolgen mit diesem Bitmuster sollen erkannt werden. Bei der Eingangsfolge 10111011 muss der Ausgang zweimal 1 werden. Nicht ansprechen soll die Schaltung dagegen auf überlappende Folgen. Bei der Eingangsfolge 1011011 darf der Ausgang nur einmal 1 werden. Der Zustand soll in möglichst wenig D-Latches gespeichert werden. Die logischen Funktionen des Schaltwerkes sollen durch ein einziges PLA aufgebaut werden. Die UND- und ODER-Matrizen des PLAs sollen nicht grösser sein, als es die Aufgabe erfordert.

Aufbereiten der Aufgabe. Die Aufgabenstellung sagt nichts darüber aus, wann der Ausgang 1 werden soll. Naheliegend ist: so früh wie möglich. Da bei einem Moore-Schaltwerk die Ausgänge nicht sofort auf die Eingänge reagieren können, kann die 1 am Ausgang frühestens in dem Taktintervall nach dem letzten Einser der zu erkennenden Folge 1011 ausgegeben werden. Dieser letzte Einser muss ja erst einen entsprechenden Zustand vorbereiten, der dann bei der nächsten Taktflanke eingenommen wird und den entsprechenden Ausgang erzeugt. Das Bild zeigt, wie das im Zeitverlauf aussieht:

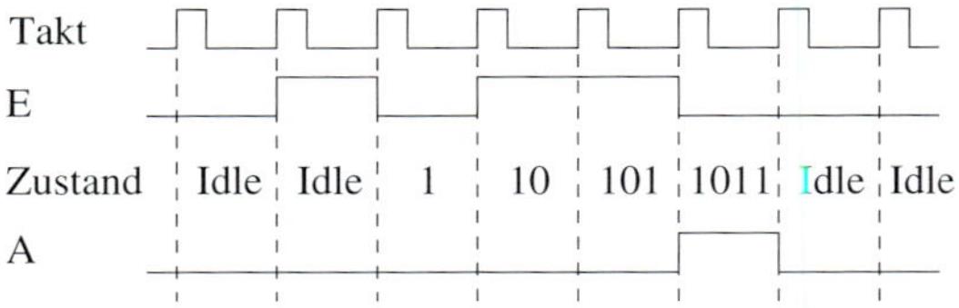

Abbildung 4.27: Zeitlicher Verlauf

Das Schaltwerk hat einen Eingang E und einen Ausgang A. Welche Zustände sind für die Lösung der Aufgabe angebracht? Zunächst ein Ruhezustand „Idle“, in dem das Schaltwerk bleibt, solange am Eingang nur 0 auftritt. Dann werden wir mit jedem Bit der zu erkennenden Eingangsfolge in einen anderen Zustand gehen. Wir nennen diese Zustände „1“, „10“, „101“ und „1011“, im Zustand „1011“ wird der Ausgang 1. Das sind insgesamt fünf Zustände.

Entwurf des Zustandsgraphen. Die folgende Abbildung enthält zwei Zustandsgraphen: der obere zeigt die Zustände, wenn nach einer Folge von Nullen die zu erkennende Eingangsfolge erscheint; der untere zeigt die vollständige Variante.

Kontrolle des Zustandsgraphen: Bei nur einem Eingang müssen von jedem Knoten zwei Kanten wegführen, eine für Eingang 0, die andere für Eingang 1. Als Test können wir ausgewählte Eingangsfolgen nachvollziehen, z.B. die Folgen:

000010110000000	(Normalfall)
000010111011000	(Zwei Folgen unmittelbar hintereinander, Ausgang zweimal 1!)
000010110110000	(Zwei Folgen überlappen sich; Ausgang nur einmal 1!)
000010111101100	(zwischen zwei Folgen mehrere Einser)

Mit diesen Testfällen wurden natürlich noch lange nicht alle möglichen Eingangsfolgen ausprobiert. Aber sie steigern doch unsere Zuversicht, dass der Zustandsgraph die Aufgabe löst.

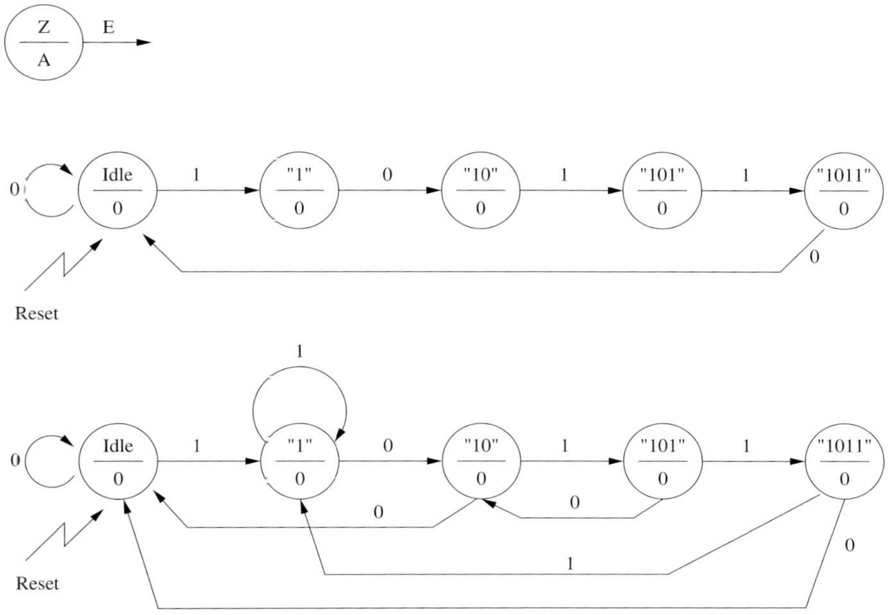

Abbildung 4.28: Zustandsgraph

Festlegen der Zustandscodierung. Wenn wir die Angabe aufmerksam gelesen haben, wissen wir, dass nur eine dichte Codierung in Frage kommt („möglichst wenig D-Latches"). Für die fünf Zustände brauchen wir drei Latches. Wir bezeichnen sie mit K, L und M und legen folgende Zustandscodierung fest:

K	L	M	Zustände
0	0	0	„Idle"
1	0	0	„1"
0	1	0	„10"
1	1	0	„101"
0	0	1	„1011"

Tabelle 4.6: Dichte Zustandscodierung für die fünf Zustände

Der „Idle"-Zustand wird auch der Anfangszustand sein. Dass er mit lauter Nullen codiert ist, erleichtert das Setzen des Anfangszustandes über eine gemeinsame Reset-Leitung. Das M-Latches wird nur für den Zustand „1011" eins. Das ist ebenfalls vorteilhaft, weil wir dadurch M gleich als Ausgang des Schaltwerkes verwenden können.

Übergangs- und Ausgabefunktion. Eine Ausgangsfunktion ist nicht notwendig, weil der Ausgang des M-Latches direkt als Ausgang genommen werden kann. Die Übergangsfunktion liegt durch den Zustandsgraphen und die gewählte Zustandscodierung bereits fest.

Die Wahrheitstabelle sieht folgendermassen aus (bei den nicht benützten Kombinationen von K, L und M setzen wir Don't-Care Stellen ein: für die gewünschte PLA-Realisierung werden wir auf jeden Fall eine Minimierung durchführen. Dabei können uns die Don't-Care Stellen zu einfacheren Funktionen verhelfen).

Eingang	E	0 1	0 1	0 1	0 1	0 1	0 1 0 1 0 1
	K	0 0	1 1	0 0	1 1	0 0	1 1 0 0 1 1
alter	L	0 0	0 0	1 1	1 1	0 0	0 0 1 1 1 1
Zustand	M	0 0	0 0	0 0	0 0	1 1	1 1 1 1 1 1
		Idle	"1"	"10"	"101"	"1011"	nicht benutzt!
neuer	D_K	0 1	0 1	0 1	0 0	0 1	
Zustand	D_L	0 0	1 0	0 1	1 0	0 0	Don't Care
	D_M	0 0	0 0	0 0	0 1	0 0	
Ausgang	A	0	0	0	0	1	

Das PLA, das so klein wie möglich sein soll, braucht nur 3 Eingänge, eine UND-Matrix und eine ODER-Matrix.

Dokumentation der Gesamtschaltung. Abbildung 4.29 zeigt die Gesamtschaltung des Moore-Schaltwerkes. Das PLA besteht aus einer UND-Matrix mit vier Spalten und einer ODER-Matrix mit drei Zeilen.

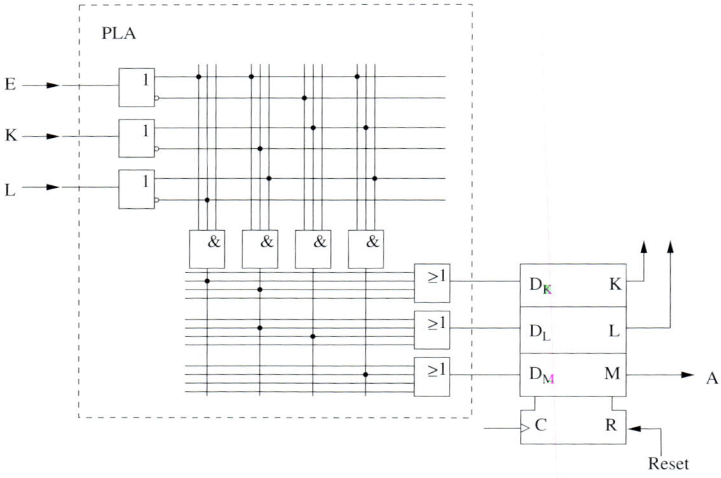

Abbildung 4.29: Gesamtschaltung

Die Initialisierung durch die Reset-Leitung ist unbedingt erforderlich. Die Latches könnten sonst beim Einschalten ein Bitmuster bekommen, das gar nicht als Zustand vorgesehen ist.

Arbitrationsschaltung

Wenn wir in einem normalen englisch-deutschen Wörterbuch unter *arbitration* nachschlagen, werden wir Übersetzungen wie „Schiedsspruch" oder „Schlichtung" finden. In der Computertechnik hat das Wort eine eigene Bedeutung: Wenn mehrere Geräte (oder Prozesse) dasselbe Betriebsmittel beanspruchen, dieses aber immer nur einem zur Verfügung gestellt werden kann, so ist eine Entscheidung notwendig, wer das Betriebsmittel bekommt. Diese Entscheidung trifft ein Arbiter bzw. - wenn dieser in Hardware ausgeführt ist - eine Arbitrationsschaltung.

Aufgabenstellung. Drei Geräte sollen unabhängig voneinander auf einem Bus arbeiten. Eine Arbitrationsschaltung soll sicherstellen, dass immer nur ein Gerät Daten sendet:

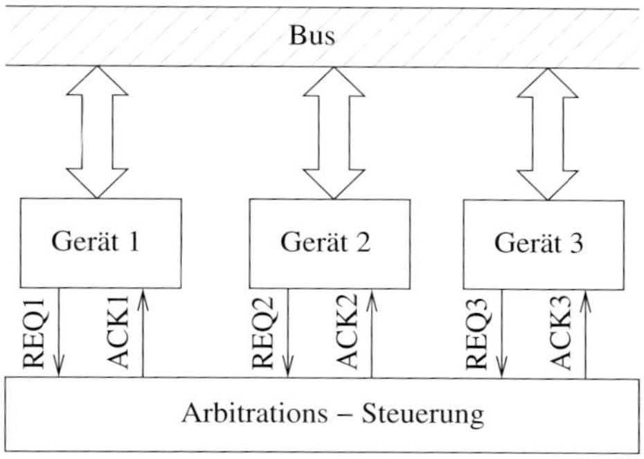

Abbildung 4.30: Arbiter-Konzept

Dazu meldet jedes Gerät über ein Request-Signal (REQ1, REQ2 und REQ3) der Arbitrationsschaltung seinen Buszugriffswunsch und wartet danach auf das Acknowledge-Signal (ACK1, ACK2 und ACK3). Mit diesem Signal wird ihm der Bus zugeteilt. Es kann sich dann an den Bus anschalten und Daten senden. Wenn das Gerät den Bus nicht mehr braucht, nimmt es das Request-Signal zurück. Als Reaktion darauf nimmt die Arbitrationsschaltung auch das Acknowledge-Signal zurück. Signale, die sich in dieser Weise gegenseitig steuern, nennt man Handshake-Signale: Gerät und Arbiter verkehren miteinander wie bei einem rituell reglementierten Händedruck: Das Gerät streckt seine Hand aus (REQ = 1) und muss warten, bis der Arbiter die Hand ergreift (ACK = 1). Der Händedruck darf dabei wieder nur vom Gerät beendet werden: Der Arbiter muss warten, bis das Gerät seine Hand zurückzieht (REQ = 0). Erst dann nimmt er auch seine Hand zurück (ACK = 0). Weitere Vorgaben sind, dass eine (1 aus n) - Zustandscodierung gewählt werden soll und die Übergangsfunktion mit einem PLA aufzubauen ist.

Aufbereiten der Aufgabe. Die Arbitrationsschaltung hat drei Eingänge und drei Ausgänge:

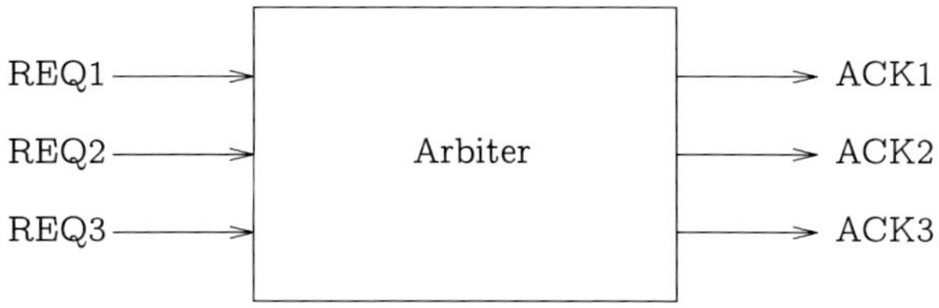

Abbildung 4.31: Arbitrationsschaltung

In der Aufgabenstellung ist nicht festgelegt, was geschehen soll, wenn zwei oder gleich alle drei Request-Signale 1 werden. Nach Rückfrage mit dem Auftraggeber soll dann das Gerät 1 die höchste, das Gerät 3 die niedrigste Priorität haben. Die Ein- und Ausgangssignale liegen bereits fest. Die notwendigen Zustände sind in der folgenden Aufstellung enthalten:

Idle	Kein Gerät braucht den Bus	alle ACK-Signale sind 0
DEV1	Gerät 1 arbeitet am Bus	ACK1 ist 1
DEV2	Gerät 2 arbeitet am Bus	ACK2 ist 1
DEV3	Gerät 3 arbeitet am Bus	ACK3 ist 1

Entwerfen des Zustandsgraphen. Unser Arbitrations-Schaltwerk bleibt im Idle-Zustand, wenn alle Request-Signale 0 sind. An den Übergängen von Idle zu den drei anderen Zuständen spiegelt sich bereits die Priorität wieder: In den Zustand DEV3 kommt man nur, wenn Gerät 1 und 2 den Bus nicht brauchen. Bei dem Gerät 1 kommt man dagegen von Idle immer nach DEV1. Die Übergänge zwischen den Zuständen DEV1, 2 und 3 treten nur auf, wenn Geräte den Bus anfordern, während ein anderes Gerät diesen gerade benutzt.

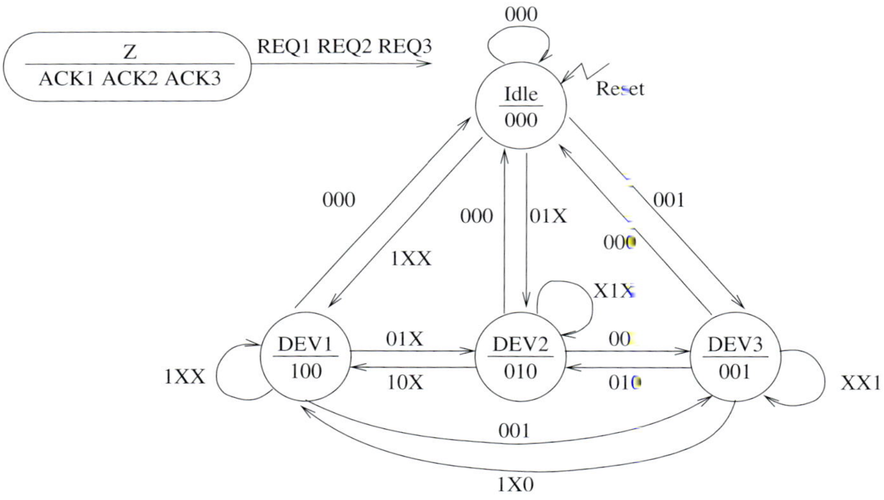

Abbildung 4.32: Zustandsgraph

An Testfällen wollen wir hier nur den besonderen Fall überprüfen, dass alle drei Geräte gleichzeitig den Bus beanspruchen. Unter dieser Annahme ergibt sich der folgende zeitliche Ablauf (ohne Berücksichtigung von Durchlaufzeiten). Die Anzahl der Taktintervalle, welche die Geräte den Bus brauchen, ist willkürlich gewählt. Die Zustandsnamen sind im Bild abgekürzt: Idle mit Id und DEV... mit D....

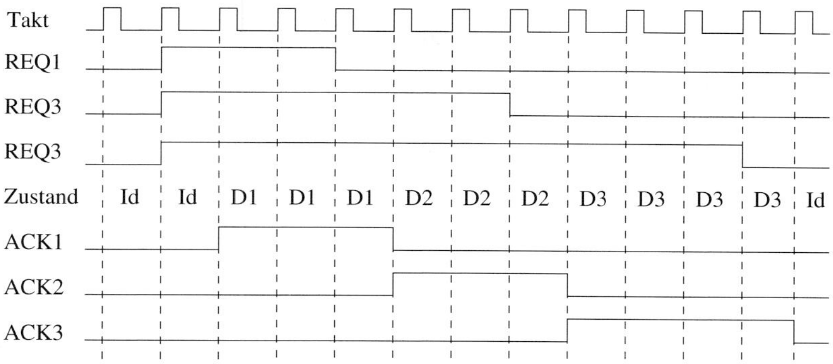

Abbildung 4.33: Zeitdiagramm ohne Berücksichtigung der Durchlaufzeiten

Festlegen der Zustandscodierung. In der Aufgabenstellung wird eine (1 aus n) - Codierung verlangt. Wir brauchen dazu vier Latches, denen wir die gleichen Namen wie den Zuständen geben.

Übergangs- und Ausgabefunktion. Eine eigene Ausgabefunktion ist nicht notwendig: Die Latch-Ausgänge DEV1, DEV2 und DEV3 können direkt die Signale ACK1, ACK2 und ACK3 erzeugen. Für die Übergangsfunktion können wir aus dem Zustandsgraphen die Fälle ablesen, in denen ein Zustand eingenommen wird. Es ergibt sich:

$$
\begin{aligned}
D_{\text{Idle}} &= && (\text{IDLE} \wedge \neg\text{REQ1} \wedge \neg\text{REQ2} \wedge \neg\text{REQ3}) \vee \\
& \vee && (\text{DEV1} \wedge \neg\text{REQ1} \wedge \neg\text{REQ2} \wedge \neg\text{REQ3}) \vee \\
& \vee && (\text{DEV2} \wedge \neg\text{REQ1} \wedge \neg\text{REQ2} \wedge \neg\text{REQ3}) \vee \\
& \vee && (\text{DEV3} \wedge \neg\text{REQ1} \wedge \neg\text{REQ2} \wedge \neg\text{REQ3}) = \\
&= && \neg\text{REQ1} \wedge \neg\text{REQ2} \wedge \neg\text{REQ3}
\end{aligned}
$$

$$
\begin{aligned}
D_{\text{Dev1}} &= && (\text{IDLE} \wedge \text{REQ1}) \vee (\text{DEV1} \wedge \text{REQ1}) \vee \\
& \vee && (\text{DEV2} \wedge \text{REQ1} \wedge \neg\text{REQ2}) \vee (\text{DEV3} \wedge \text{REQ1} \wedge \neg\text{REQ3})
\end{aligned}
$$

$$
\begin{aligned}
D_{\text{Dev2}} &= && (\text{IDLE} \wedge \neg\text{REQ1} \wedge \text{REQ2}) \vee (\text{DEV1} \wedge \neg\text{REQ1} \wedge \text{REQ2}) \vee \\
& \vee && (\text{DEV2} \wedge \text{REQ2}) \vee (\text{DEV3} \wedge \neg\text{REQ1} \wedge \text{REQ2} \wedge \neg\text{REQ3})
\end{aligned}
$$

$$
\begin{aligned}
D_{\text{Dev3}} &= && (\text{IDLE} \wedge \neg\text{REQ1} \wedge \neg\text{REQ2} \wedge \text{REQ3}) \vee (\text{DEV1} \wedge \neg\text{REQ1} \wedge \neg\text{REQ2} \wedge \text{REQ3}) \vee \\
& \vee && (\text{DEV2} \wedge \neg\text{REQ1} \wedge \neg\text{REQ2} \wedge \text{REQ3}) \vee (\text{DEV3} \wedge \text{REQ3})
\end{aligned}
$$

Dokumentation der Gesamtschaltung. In der Gesamtschaltung zeichnen wir das PLA nur als Block ein. Mit dem Reset-Signal kann man alle Latches auf logisch 0 setzen. Das entspräche aber nicht dem (1 aus 4) - Code: Idle sollte logisch 1, die anderen Zustandssignale logisch 0 sein. Die Schaltung verwendet deshalb einen Trick: Das Idle-Latch wird sowohl am Eingang als auch am Ausgang negiert und speichert damit Idle. Durch die doppelte Negation bleibt die logische Funktion unverändert. Wenn man jedoch mit Reset alle Latches auf logisch 0 setzt, wird Idle 1.

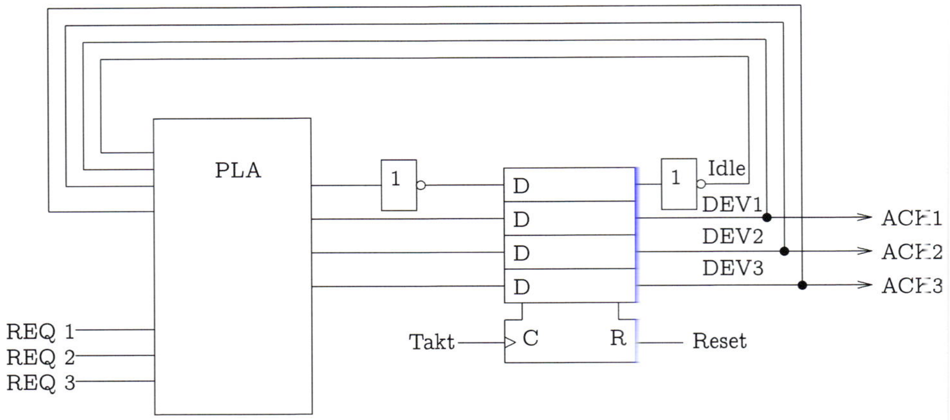

Abbildung 4.34: Gesamtschaltung

Zum Abschluss führen wir wieder die Berechnung der maximalen Taktfrequenz durch. Für die Bauteile sollen die folgenden Daten gelten:

PLA	Durchlaufzeit:	34	ns
D-Latch	Durchlaufzeit (Takt $\rightarrow$ Ausgang):	44	ns
	Vorbereitungszeit	10	ns
	Haltezeit:	3	ns
	Maximale Taktfrequenz:	15	MHz
Negation	Durchlaufzeit	6	ns

Damit ergibt sich die minimale Taktperiode zu 44 ns + 34 ns + 2 · 6 ns + 10 ns = 100 ns und damit die maximale Taktfrequenz zu 10 MHz. Die maximale Taktfrequenz der Latches wirkt also nicht beschränkend. Die Haltezeit geht in diese Rechnung nicht ein.

4.3 Das Mealy-Schaltwerk

Sie werden sehen, dass sich das *Mealy-Schaltwerk* vom Moore-Schaltwerk nur durch eine andere Ausgangsfunktion unterscheidet. Damit lassen sich Ausgangsreaktionen erreichen, die mit dem Moore-Schaltwerk nicht möglich sind. Nach der Erklärung des Mealy-Schaltwerkes sehen wir uns an, wie man ein Mealy-Schaltwerk in ein Moore-Schaltwerk umwandeln kann. Dann folgen wieder einige Schaltwerksbeispiele.

4.3.1 Die Schaltung eines Mealy-Schaltwerks

Die Bezeichnung „Mealy"-Schaltwerk geht auf dessen Erfinder George Mealy zurück. In der folgenden Abbildung ist zum Vergleich ein Moore-Schaltwerks einem Mealy-Schaltwerk gegenübergestellt.

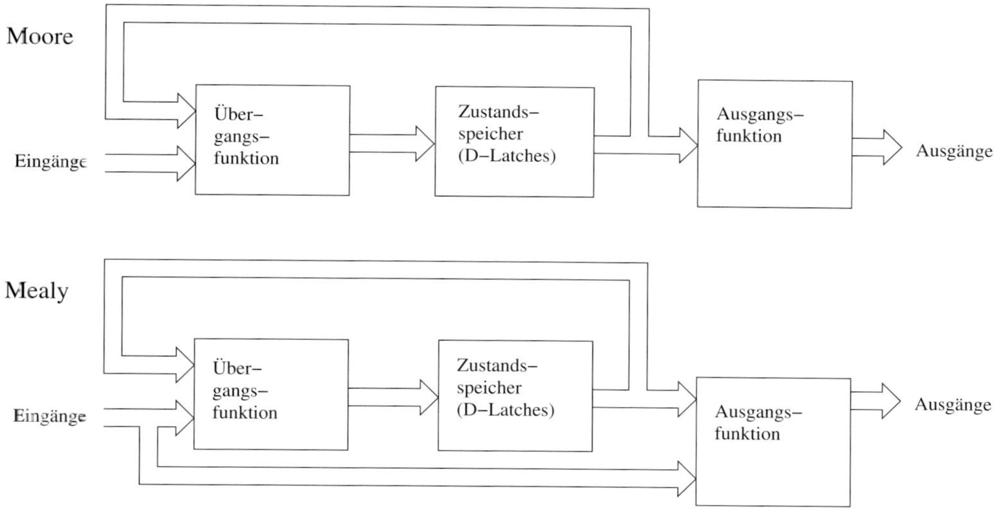

Abbildung 4.35: Moore und Mealy Schaltung

Der einzige Unterschied zwischen den beiden Schaltwerken ist, dass beim Mealy-Schaltwerk die Ausgänge nicht nur von den Ausgängen der D-Latches und damit vom momentanen Zustand, sondern auch von den Eingängen abhängen. Beim Mealy-Schaltwerk kann es dadurch zum gleichen Zustand – abhängig von den Eingangssignalen – verschiedene Ausgänge geben. Damit sind auch schon die wichtigsten Eigenschaften dieser beiden Schaltwerkstypen umrissen:

1. Das Mealy-Schaltwerk „kann mehr". Für jeden Zustand sind – gesteuert von den Eingängen – verschiedene Ausgänge möglich. Damit ist auch ein direkter Durchgriff der Eingänge auf die Ausgänge und damit eine sofortige Reaktion der Ausgänge auf die Eingänge möglich. Sie werden noch an Beispielen sehen, dass für eine bestimmte Aufgabenstellung bei einem Mealy-Schaltwerk typischerweise weniger Zustände und weniger Taktzyklen notwendig sind als bei einem Moore-Schaltwerk.

2. Beim Moore-Schaltwerk hängen die Ausgänge nur vom Zustand ab. Damit können die Eingänge die Ausgänge nicht direkt beeinflussen. Für Ausgangsänderungen ist ein Zustandswechsel notwendig, der immer erst mit der nächsten Taktflanke erfolgen kann.

Diese Einschränkung des Moore-Schaltwerkes ist manchmal aber auch vorteilhaft. Die Ausgänge sind mit dem Takt synchronisiert und haben damit einen zeitlich „sauberen" Verlauf. Sie ändern sich – von den Durchlaufzeiten der Latches bzw. einer Ausgabefunktion abgesehen – exakt zum Zeitpunkt der schaltenden Taktflanke und behalten ihren Wert zwischen zwei Taktflanken verlässlich bei.

Wenn die Eingangssignale mit dem Takt synchronisiert werden (siehe Abbildung 4.21), ändern sich auch beim Mealy-Schaltwerk die Ausgänge nur synchron mit dem Takt. Die Ausgangsfunktion ist beim Mealy-Schaltwerk aber meistens wesentlich komplexer als beim Moore-Schaltwerk; dadurch kann es beim Mealy-Schaltwerk eher zu Hazards und damit zu kurzzeitigen Störungen an den Ausgängen kommen. Wenn bei sehr einfachen Schaltwerken auf die Synchronisierung der Eingangssignale mit dem Takt verzichtet wird, dann sind beim Mealy-Schaltwerk die Ausgangssignale auch asynchron. Durch die Notwendigkeit, für jede Ausgangskombination einen eigenen Zustand vorzusehen, braucht man in der Regel mehr Zustände als beim Mealy-Schaltwerk. Trotz der grösseren Zustandsanzahl kann der Übergangsgraph eines Moore-Schaltwerkes leichter durchschaubar sein als der eines äquivalenten Mealy-Schaltwerkes mit weniger Zuständen.

4.3.2 Beschreibung des Mealy-Schaltwerkes durch den Zustandsgraphen

Das Mealy-Schaltwerk wird genau so wie das Moore-Schaltwerk durch einen Zustandsgraphen beschrieben. Da die Ausgänge beim Mealy-Schaltwerk von den Eingängen abhängen, sind sie im Graphen nicht mehr den Zuständen, sondern den Zustandsübergängen zugeordnet, die ja ebenfalls von den Eingängen abhängen. Wenn wir Ein- und Ausgangsbitmuster direkt aufschreiben, so trennen wir die beiden durch einen Schrägstrich. Zu der Bitmusterangabe gehört wieder eine Erklärung, welche die Bedeutung der angegebenen Bits klarstellt. Angenommen, ein Mealy-Schaltwerk habe die Eingänge E1 und E2 und die Ausgänge A1 und A2. Ein Fragment des Zustandsgraphen könnte damit folgendermassen aussehen:

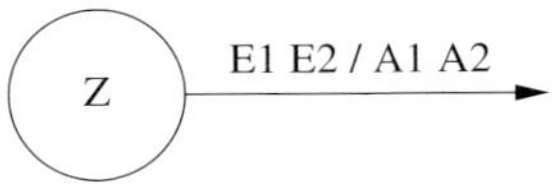

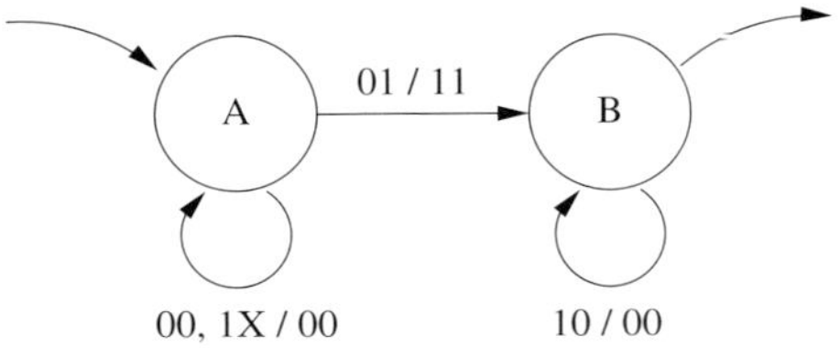

Abbildung 4.36: Beispiel eines Mealy Zustandsgraphen

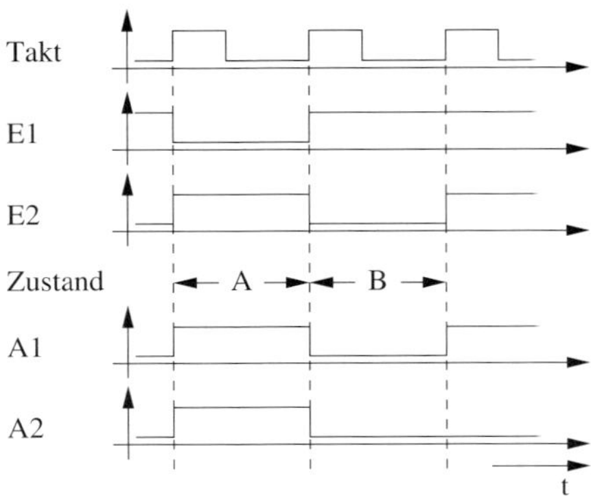

Abbildung 4.37: Zeitdiagramm einer Mealy-Schaltung

Greifen wir die mittlere Kante heraus, erkennen wir folgendes: Ist das Schaltwerk im Zustand A (dieser wird durch ein bestimmtes Bitmuster an den Latch-Ausgängen repräsentiert), und an den Eingängen liegt das Bitmuster E1=0, E2=1 an, so erhält man gleichzeitig an den Ausgängen das Bitmuster A1=1, A2=1. Ausserdem wird der Übergang zum Zustand B vorbereitet, der dann mit der nächsten Taktflanke eingenommen wird. Es ist besonders wichtig, dass Sie den zeitlichen Ablauf dieser Vorgänge verstehen. Ein Beispiel ist in Abbildung 4.37 (ohne Berücksichtigung von Durchlaufzeiten) ersichtlich.

In dem Taktintervall mit dem Zustand A liegt die Eingangskombination E1=0, E2=1 an. Die zum Zustand A und dieser Eingangskombination gehörende Ausgangskombination A1=1, A2=1 wird sofort gebildet. Sofort wird auch die Vorbereitung für den Zustand B an den D-Eingängen der Latches gebildet (nicht im Bild). Der Zustand B selbst wird aber erst im nächsten Taktintervall eingenommen.

Selbstverständlich gibt es auch bei der Beschreibung des Mealy-Schaltwerkes die Möglichkeit, die Übergänge durch logische Ausdrücke zu definieren. Auch die Ausgänge müssen nicht als Bitmuster angeschrieben werden. Stattdessen kann man an den Kanten jene Ausgangssignale aufzählen, die logisch 1 sein sollen. Das Fragment des Zustandsgraphen würde in dieser Notation so aussehen:

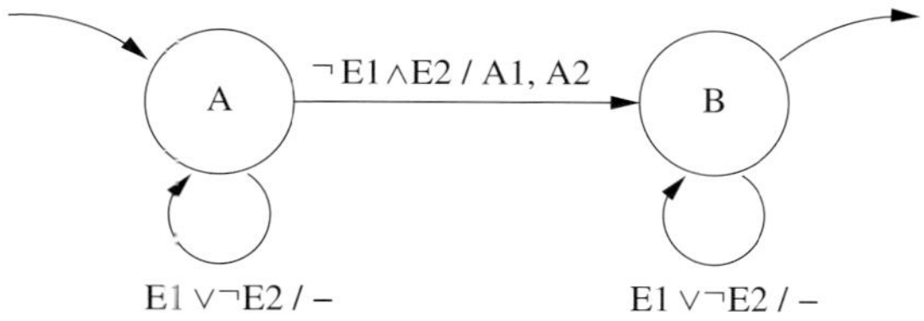

Abbildung 4.38: Variation des obigen Zeitdiagramms einer Mealy-Schaltung

Bei der Realisierung des Mealy-Schaltwerkes gibt es im Vergleich zum Moore-Schaltwerk praktisch nichts Neues; auch hier ist eine Zustandscodierung zu wählen („dicht“ oder „1 aus n“). Ist diese festgelegt, so folgen aus dem Zustandsgraphen zwingend die Tabellen für die Ausgabe- und Übergangsfunktion. Während beim Moore-Schaltwerk die Ausgabefunktion nur die Latch-Ausgänge als Eingänge hat, haben beim Mealy-Schaltwerk beide Funktionen die gleichen Eingänge, nämlich sowohl die Latch-Ausgänge als auch die Eingänge des Schaltwerkes. Zum Speichern der Zustände bevorzugen wir D-Latches. Es könnte aber auch ein anderer Latch-Typ oder ein ladbarer Zähler verwendet werden. Zur Realisierung der logischen Funktionen kommen wieder Gatter, PLA oder ROM in Betracht.

4.3.3 Mealy-Moore-Transformation

Ein Moore-Schaltwerk braucht nicht in ein Mealy-Schaltwerk umgewandelt werden, weil es bereits eines ist. Das Moore-Schaltwerk ist einfach der Sonderfall eines Mealy-Schaltwerkes, bei dem die Ausgänge eben nur von den Zuständen und nicht auch von den Eingängen abhängen.

Dagegen ist die Umwandlung eines Mealy-Schaltwerkes in ein Moore-Schaltwerk nicht trivial. Da das Mealy-Schaltwerk von vornherein mehr Möglichkeiten bietet, ist eine derartige Umwandlung gar nicht 1:1 möglich. Das typische Zeitverhalten des Mealy-Schaltwerkes (sofortige Reaktion der Ausgänge auf die Eingänge) kann durch ein Moore-Schaltwerk nicht erreicht werden. Wenn man jedoch auf das genaue Zeitverhalten keinen Wert legt sondern damit zufrieden ist, dass das Schaltwerk lediglich die gewünschten Ausgangsbitmuster erzeugt – gleichgültig wann – dann lässt sich für jedes Mealy-Schaltwerk auch eine Moore-Realisierung finden.

Das Prinzip der Mealy-Moore-Umwandlung besteht darin, für verschiedene Ausgangsbitmuster, die beim Mealy-Schaltwerk aus ein und demselben Zustand durch verschiedene Eingangsbitmuster entstehen, beim Moore-Schaltwerk verschiedene Zustände einzuführen. Diese Transformation soll an einem Beispiel gezeigt werden. Das Bild links zeigt den Zustandsgraphen eines Mealy-Schaltwerkes mit einem Eingang und drei Ausgängen. Dieses Schaltwerk wollen wir in ein Moore-Schaltwerk umwandeln. Das Bild rechts zeigt bereits das Ergebnis. Wir beginnen beim Zustand A.

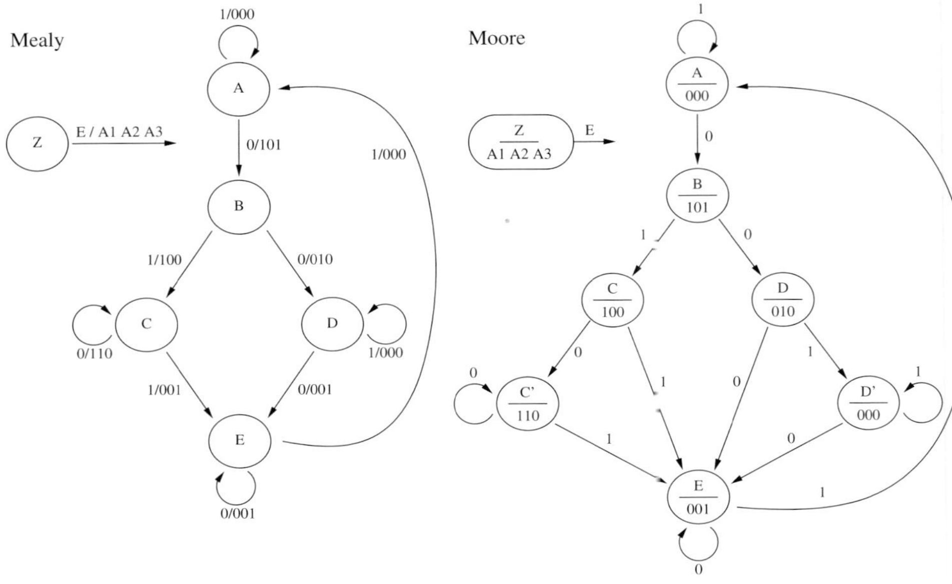

Abbildung 4.39: Zustandsdiagramme der Mealy-Moore-Umwandlung

Vom Zustand A aus sind bei der Mealy-Variante die Ausgangsbitmuster 000 und 101 möglich. Bei 000 verbleiben wir in A. Wir weisen deshalb dieses Ausgangsbitmuster bei der Moore-Variante dem Zustand A zu. Das Bitmuster 101 verlegen wir in den Zustand B. Hier laufen die Schaltwerke bereits zeitlich auseinander. Während das Mealy-Schaltwerk das Ausgangsbitmuster 101 noch im Zustand A abgibt, wird beim Moore-Schaltwerk der Zustand B erst mit der nächsten Taktflanke eingenommen.

Vom Zustand B aus können beim Mealy-Schaltwerk die Ausgangsbitmuster 100 und 010 entstehen. Diese können wir in der Moore-Variante den Zuständen C und D zuweisen. Allerdings verbleibt das Mealy-Schaltwerk für Eingang 0 im Zustand C und gibt dabei 110 ab. Den Zustand C haben wir in der Moore-Variante jedoch schon mit 100 belegt. Wir müssen daher für das Ausgangsbitmuster 110 einen Zusatzzustand C' einführen.

Von C' kann es – wie auch von C – zum Zustand E weitergehen. Das Mealy-Schaltwerk verbleibt mit Eingang 1 im Zustand D und erzeugt dabei den Ausgang 000. Bei der Moore-Variante ist D jedoch schon mit 010 belegt. Also ist auch hier ein zusätzlicher Zustand D' notwendig. Beim Zustand E kommen glücklicherweise nur gleiche Ausgangsbitmuster vor. Die restlichen, noch nicht besprochenen Übergänge kann man äquivalent nachvollziehen.

4.3.4 Die maximale Taktfrequenz des Mealy-Schaltwerkes

Hier gibt es im Vergleich zum Moore-Schaltwerk nichts Neues. Es gilt dieselbe Berechnungsgrundlage wie bei allen getakteten Schaltungen. Damit die Übergänge korrekt ablaufen, müssen die

Vorbereitungseingänge um die Vorbereitungszeit vor der nächsten Taktflanke im eingeschwungenen Zustand vorliegen. Damit muss die Summe aus Latch-Durchlaufzeit, der Durchlaufzeit durch die Übergangsfunktion und der Latch-Vorbereitungszeit gebildet werden. Diese Summe bildet die minimale Taktperiode. Der Reziprokwert davon ergibt die maximale Taktfrequenz.

Die Durchlaufzeiten der Ausgangsfunktion beschäftigen uns dabei nicht. Durch diese hinken zwar die Ausgänge nach, das Übergangsverhalten wird dadurch aber nicht beeinflusst. Das heisst freilich nicht, dass die Durchlaufzeit der Ausgangsfunktion gleichgültig ist. In vielen Anwendungen wird man verlangen, dass die Ausgänge dem Takt nicht allzusehr hinterher hinken so dass es auch für die Durchlaufzeit der Ausgangsfunktion Beschränkungen geben kann.

Damit haben wir die Theorie des Mealy-Schaltwerkes bereits abgeschlossen. Die folgenden zwei Punkte bringen Beispiele zur Konstruktion von Mealy-Schaltwerken.

4.3.5 Überwachung einer Einschaltreihenfolge

Aufgabenstellung. Ein synchrones Schaltwerk hat zwei Eingänge A und B und einen Ausgang ON. Der Ausgang soll nur dann logisch 1 werden, wenn vom Ruhezustand aus (A und B auf logisch 0) erst nur A und später auch B logisch 1 wird. In diesem Fall soll der Ausgang ON gleichzeitig mit B logisch 1 werden. Werden die Eingänge in umgekehrter Reihenfolge oder gleichzeitig logisch 1, so müssen erst beide Eingänge wieder logisch 0 werden, bis ein neues Einschalten möglich ist. Die notwendigen logischen Funktionen sollen durch das PLA aufgebaut werden.

Aufbereiten der Aufgabe. Da der ON-Ausgang gleichzeitig mit dem B-Eingang logisch 1 werden soll, ist jedenfalls ein Mealy-Schaltwerk notwendig.

Die Aufgabenstellung sagt nichts darüber aus, wie abgeschaltet wird. Wir wollen annehmen, dass das ON-Signal logisch 0 wird, wenn nur eines der beiden Eingangssignale A oder B (oder auch beide gleichzeitig) logisch 0 werden. Auch das Abschalten soll sofort erfolgen: ON soll sich also wieder gleichzeitig mit dem Eingangssignal ändern. Zur Lösung der Aufgabe führen wir folgende Zustände ein:

Wait	Schaltwerk im Ruhezustand
Half	Signal A alleine wurde eingeschaltet
Full	Auch Signal B wurde eingeschaltet
Fault	Falsche Einschaltreihenfolge, Warten auf 00 beim Abschalten

Entwurf des Zustandsgraphen. Abbildung 4.40 zeigt den Zustandsgraphen. Der Zustand Fault wird auch für das Abschalten benutzt. Wenn nicht gleich beide Eingänge auf logisch 0 zurückgenommen werden, wird in diesem Zustand gewartet, bis beide Eingänge logisch 0 sind; erst dann kann wieder ein reguläres Einschalten erfolgen.

Zur Kontrolle der formalen Richtigkeit, wird überprüft, ob von jedem Zustand Kanten für alle vier möglichen Eingangssituationen wegführen. Ausserdem können wir einige typische Fälle durchspielen.

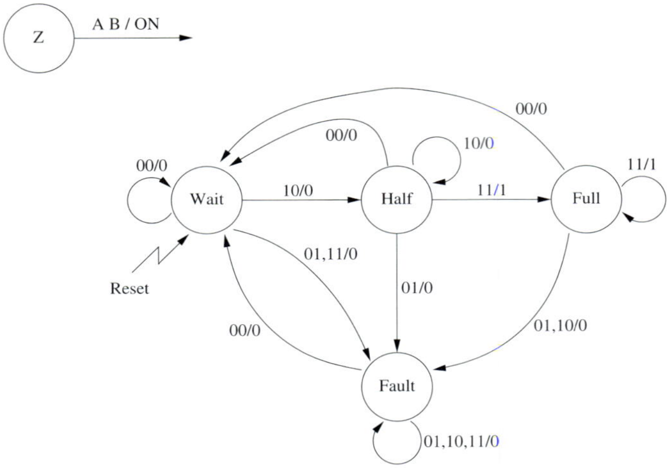

Abbildung 4.40: Zustandsgraph

Festlegen der Zustandscodierung. Wir wollen eine *dichte* Codierung verwenden. Die vier Zustände lassen sich in zwei D-Latches P und Q codieren. Wir verwenden (willkürlich) folgende Zuordnung:

P	Q	Zustände
0	0	Wait
1	0	Half
0	1	Fault
1	1	Full

Tabelle 4.7: Dichte Zustandscodierung für die vier Zustände

Übergangs- und Ausgabefunktion. Aus dem Zustandsgraphen lässt sich die Wahrheitstabelle für die Übergangs- und Ausgangsfunktion aufstellen:

A	0 1 0 1	0 1 0 1	0 1 0 1	0 1 0 1
B	0 0 1 1	0 0 1 1	0 0 1 1	0 0 1 1
P	0 0 0 0	1 1 1 1	0 0 0 0	1 1 1 1
Q	0 0 0 0	0 0 0 0	1 1 1 1	1 1 1 1
	Wait	Half	Full	Fault
D_P	0 1 1 1	0 1 1 0	0 1 1 0	0 1 1 1
D_Q	0 0 1 1	0 0 1 1	0 1 1 1	0 1 1 1
ON	0 0 0 0	0 0 0 1	0 0 0 1	0 0 0 0

Tabelle 4.8: Tabelle der Zustandsübergänge

Übergangs- und Ausgabefunktionen sollen durch einen PLA gebildet werden. Damit ergibt sich folgende Gesamtschaltung:

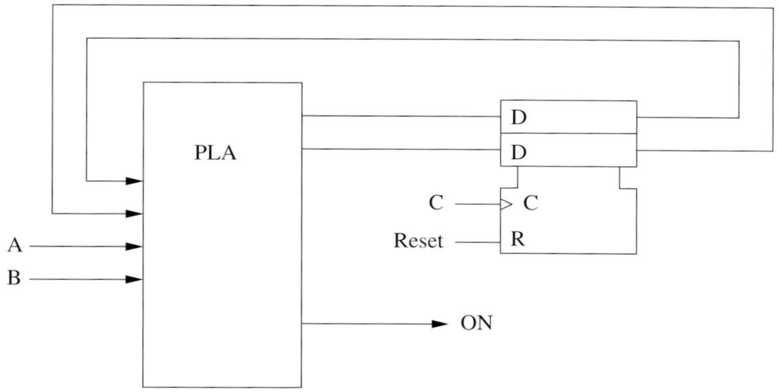

Abbildung 4.41: Gesamtschaltung

4.3.6 Erkennen der Eingangsfolge 1011

Jetzt wollen wir die Aufgabenstellung etwas abwandeln: Der Ausgang A soll gleichzeitig mit dem letzten Einser der Eingangsfolge logisch 1 werden. Diese gleichzeitige Reaktion lässt sich nur mit einem Mealy-Schaltwerk erreichen. Beim Moore-Schaltwerk konnte der Ausgang erst im nächsten Taktintervall logisch 1 werden. Die Zustände sollen in möglichst wenig D-Latches gespeichert werden, logische Funktionen sollen ausschliesslich aus Negationen und NOR-Gattern aufgebaut werden.

Aufbereiten der Aufgabe. Die Aufgabenstellung ist bekannt. Es sollen auch unmittelbar aufeinanderfolgende aber keine überlappenden Folgen erkannt werden. Als Zustände verwenden wir die Zustände „Idle", „1", „10" und „101". Beim Moore-Schaltwerk hatten wir noch einen fünften Zustand „1011". Sie werden sehen, dass wir bei der Mealy-Konstruktion mit vier Zuständen auskommen.

Entwurf des Zustandsgraphen.

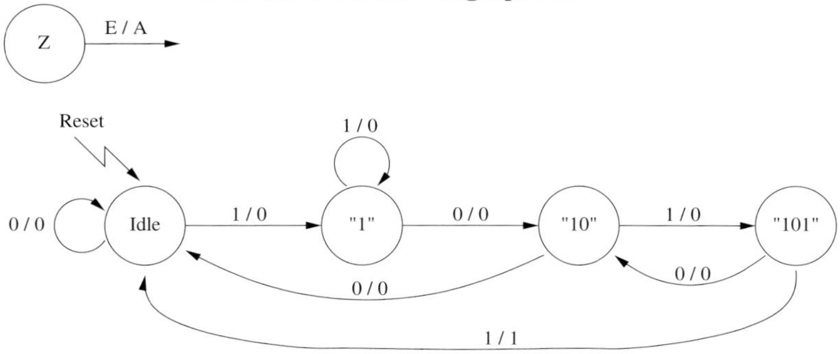

Abbildung 4.42: Zustandsgraph

Ist im Zustand „101" der Eingang logisch 1, so wird eine logisch 1 ausgegeben und das Schaltwerk geht wieder in den Ausgangszustand „Idle". Zur formalen Kontrolle des Graphen wird geprüft, ob von jedem Zustand zwei Kanten wegführen. Beim Durchgehen von charakteristischen Fällen zeigt sich kein Fehler. Wichtig ist wieder der zeitliche Ablauf. Das folgende Bild zeigt diesen für die zu erkennende Eingangsfolge. Durchlaufzeiten sind dabei nicht berücksichtigt:

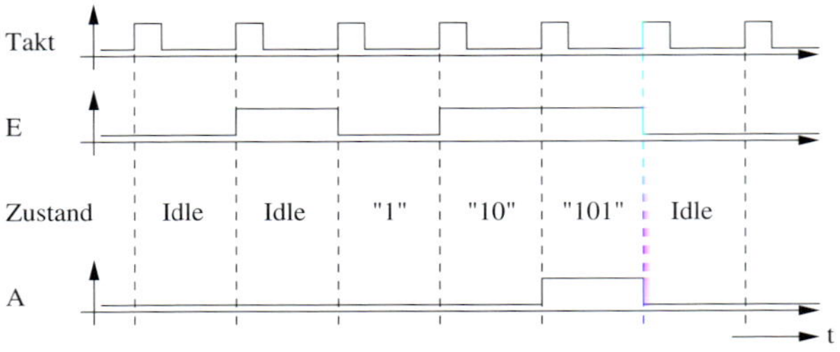

Abbildung 4.43: Zeitdiagramm

Bei der Moore-Realisierung (Abbildung 4.28) ging das Schaltwerk nach Auftreten der Eingangsfolge 1011 in den Zustand „1011“. Dieser Zustand „1011“ hatte dasselbe Übergangsverhalten wie der Zustand „Idle“. Für Eingang logisch 0 gab es einen Übergang nach „Idle“, für Eingang logisch 1 einen Übergang zum Zustand „1“. Der Zustand „1011“ war jedoch notwendig, um den Ausgang logisch 1 zu erzeugen. Bei der Mealy-Variante mit sofortiger Ausgangsreaktion kann der Ausgang logisch 1 im Zustand „101“ vom Eingang her erzeugt werden. Damit kann man von „101“ gleich nach „Idle“ bzw. „1“ weitergehen.

Festlegen der Zustandscodierung.

K	L	Zustände
0	0	Idle
1	0	„1“
0	1	„10“
1	1	„101“

Übergangs- und Ausgabefunktion. Da die Funktionen laut Angabe mit NOR-Gattern aufgebaut werden sollen, minimieren wir die Funktionen in konjunktiver, also in ODER/UND-Form. Für diese muss nach Null-Blöcken gesucht werden.

Dokumentation der Gesamtschaltung. Bei der Umwandlung von ODER/UND in NOR/NOR tritt mehrmals der Fall auf, dass eine Teilfunktion nur von einer Variablen abhängt; es wird deshalb eine zusätzliche Negation notwendig!

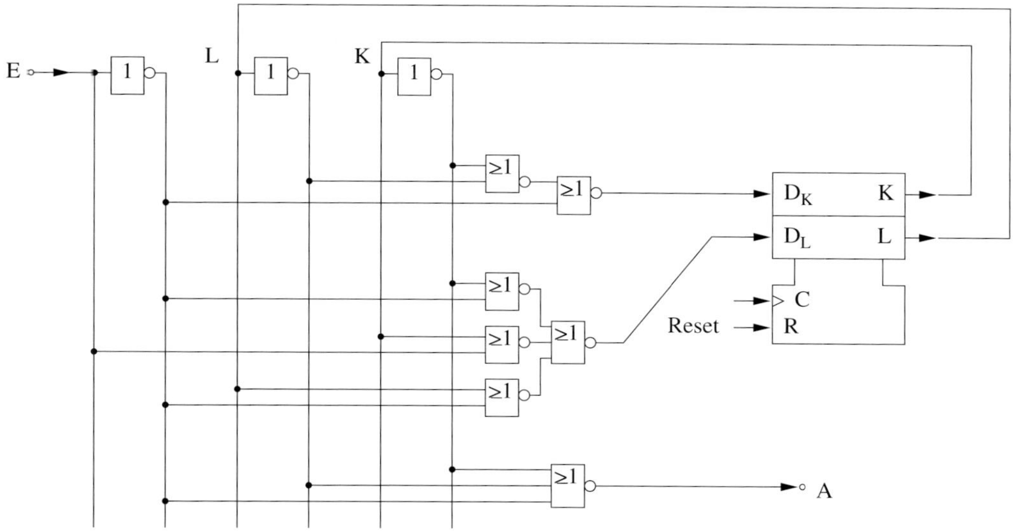

Abbildung 4.44: Gesamtschaltung

Maximale Taktfrequenz. Zur Berechnung der maximalen Taktfrequenz stehen folgende Daten zur Verfügung:

Negation	Durchlaufzeit	10	ns
NOR-Gatter	Durchlaufzeit	15	ns
D-Latches	Durchlaufzeit (Takt → Ausgang):	40	ns
	Vorbereitungszeit	10	ns
	Haltezeit	0	ns
	Max. Taktfrequenz	25	MHz

Bei der Durchlaufzeit für die Übergangsfunktion müssen wir den schlechtesten Fall betrachten. Maximal sind eine Negation und zwei NOR-Gatter hintereinander geschaltet. Damit ist für die Übergangsfunktion eine Durchlaufzeit von 40 ns zu berücksichtigen. Das minimal erforderliche Taktintervall ergibt sich damit aus $t_{Latch}+t_{Gate}+t_{setup} = 40 \text{ ns}+40 \text{ ns}+10 \text{ ns} = 90 \text{ ns}$. Daraus ergibt sich die maximale Taktfrequenz zu 11,1 MHz. Die maximale Frequenz der Latches selbst wirkt nicht beschränkend.

4.4 Prozessoren

Im vorangegangenen Abschnitt 4.1 haben wir gesehen, wie mit Hilfe eines Automaten, also mit Hilfe eines Hardware-Entwurfs, eine bestimmte Aufgabe gelöst werden kann. Es erscheint nun möglich, mit solchen Entwürfen ganze Rechenautomaten aufzubauen. Der entscheidende Nachteil ist dabei aber der große Hardware-Aufwand. Daher soll in den folgenden Abschnitten ein System aufgebaut werden, das eine größere Funktionalität bietet. Dabei werden wir nicht einen so formalen Weg wie beim Entwurf der Automaten sondern eher einen „handwerklichen" Weg gehen, um das Ganze möglichst anschaulich darzustellen. Wir werden ein Beispiel vorstellen, wie moderne Prozessoren konzeptuell aufgebaut sind. Als ersten Teil werden wir die *Arithmetic*

Logic Unit (ALU) kennenlernen. Danach werden Schritt für Schritt die weiteren Elemente eines Rechenwerks entwickelt und zusammengefügt, bis daraus ein leistungsfähiger Prozessor entsteht.

4.4.1 Arithmetic Logic Unit

Bevor wir beginnen, müssen wir noch einige Vereinbarungen bezüglich der Darstellungen vornehmen. Es soll uns jetzt nicht mehr nur die logische Schaltung interessieren, sondern nur mehr ihre Funktionalität. Daher verwenden wir auch andere Symbole. In der folgenden Abbildung sind zwei Beispiele dargestellt. Ein Register wird nur mehr als Rechteck gezeichnet, und die Anzahl der in ihm gespeicherten Bits wird als Zusatzinformation angegeben. Wenn einzelne Teile des Registers zugänglich sind, dann werden diese separat bezeichnet. In der rechten Abbildung ist beim Register der höherwertige Teil mit $R_2(H)$ und der niederwertige Teil mit $R_2(L)$ ansprechbar. Dabei stehen L für LOW und H für HIGH.

Abbildung 4.45: Register

Register werden normalerweise mit Großbuchstaben bezeichnet, die – sofern möglich – eine Abkürzung ihrer Funktion darstellen. Sind mehrere Register vorhanden, dann werden sie einfach durchnummeriert.

Die Anzahl der Bits in einem Register des Rechenwerks variiert in einem großen Bereich (16, 32 und mehr). Wir entscheiden uns der Einfachheit halber für einen Entwurf mit einer Registerbreite von 16 Bits. Dadurch wird die Gültigkeit der folgenden Aussagen aber nicht eingeschränkt. Vielmehr soll der Leser das Prinzip einer klassischen datenverarbeitenden Hardware verstehen lernen und die getroffenen Entwurfsrichtlinien mit allen ihren Vor- und Nachteilen abwägen können.

Genauso wird für die Arithmetic Logic Unit (ALU) ein eigenes graphisches Symbol vorgestellt, jedoch muss ihre Funktionalität noch spezifiziert werden. Wir werden aber als Beispiel eine recht einfache ALU verwenden, diese ist aber ausreichend, um einen voll funktionsfähigen Prozessor aufzubauen. Dieser Prozessor soll folgende Funktionen leisten:

Parallele Addition zweier Datenwörter der Länge 16,

bitweise UND-Verknüpfung zweier Datenwörter der Länge 16,

bitweise Komplementbildung eines Datenwortes (Einerkomplement),

unverändertes Durchschalten eines Datenwortes.

Diese Funktionen können durch die im Abschnitt 2 entwickelten Bausteine leicht realisiert werden. Über zwei Steuerleitungen F_0 und F_1 kann eine der vier Funktionen angewählt werden. Damit wird diese Schaltung durch das folgende Symbol dargestellt.

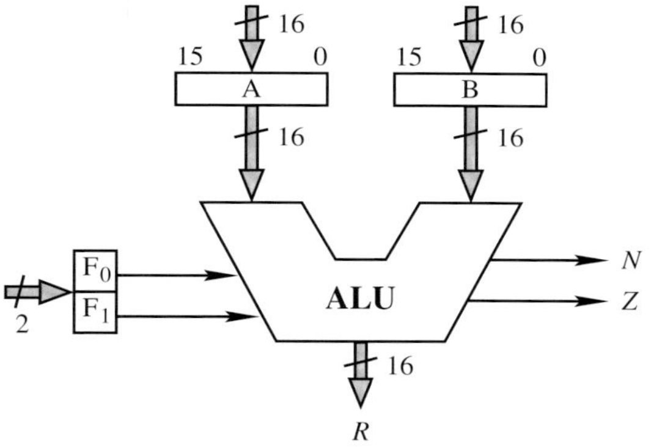

Abbildung 4.46: Arithmetic Logic Unit (ALU)

In der Abbildung sind zusätzlich zwei 16 Bit breite Register A und B eingezeichnet, in denen die Datenwörter, die von der ALU verarbeitet werden sollen, gespeichert werden. Ausserdem gibt es neben dem Resultatsausgang R weitere Ausgänge als Statusanzeigen, die bisher nicht erwähnt wurden:

Übertragsanzeige (engl. *carry*): Sie dient zum Rechnen und zeigt einen Übertrag an, der bei der Bearbeitung des nächsthöheren Wortes berücksichtigt werden muss.

Nullanzeige (engl. *zero status flag*): Dieser Ausgang hat den Wert logisch 1, wenn im Ergebnis alle Bits logisch 0 sind.

Vorzeichenanzeige (engl. *sign*): Dieses Signal erlaubt es, bei einem als Zahl zu interpretierendem Datenwort zwischen positiven und negativen Werten zu unterscheiden. Hat dieser Ausgang den Wert logisch 0, liegt ein positiver Wert vor, ist er logisch 1, so liegt ein negativer Wert vor.

Die ALU besitzt zusätzlich noch zwei Steuereingänge F_0 F_1, mit denen eine der vier vereinbarten Funktionen der ALU ausgewählt wird. Damit haben wir eine programmierbare Hardware geschaffen. Diese Steuerinformation wird in einem zugehörigen Register vorgehalten und stellt damit eine Micro-Instruktion dar, mit der eine Mikro-Operation bewirkt wird. Eine Micro-Instruktion kann innerhalb eines Maschinenzyklus durchgeführt werden, wobei dieser Zyklus durch die Periodendauer des Clock-pulse-Signals definiert ist.

In der folgenden Tabelle ist der Micro-Code für die ALU zusammengefasst. Dabei ist neben der verbalen Beschreibung der Instruktion noch eine symbolische Kurzschreibweise angegeben, die wir im folgenden verwenden und sinngemäss erweitern wollen, da dies einfacher und besser zu lesen ist als ein Bitmuster.

micro instruction (F_0F_1)	Beschreibung	symbolisch
(00)	A unverändert durchschalten	$R \leftarrow A$
(01)	A und B addieren	$R \leftarrow A+B$
(10)	A und B bitweise $\wedge$-verknüpfen	$R \leftarrow A \wedge B$
(11)	A negieren	$R \leftarrow \neg A$

Die Funktion (00) wird später erst einen Sinn bekommen, wenn wir unser Konzept weiter ausgebaut haben. Während die Operationen + und ¬ als bekannt vorausgesetzt werden können, geben wir für die bitweise UND-Verknüpfung ein Beispiel an:

Die UND-Operation kann dazu verwendet werden, einen Teil eines Registerinhaltes auszublenden, während der andere Teil erhalten bleibt. Damit erhalten wir eine *Maskierungsoperation*.

$$A = 10101010\ 01010101$$
$$B = 00000000\ 11111111$$

Die Durchführung der Micro-Operation $A \wedge B$ mit $(F_0F_1) = (10)$ liefert:

$$R = 00000000\ 01010101$$

Da wir nur vier primitive Funktionen realisiert haben, handelt es sich natürlich um eine besonders kleine ALU, obgleich doch noch viele andere Funktionen zu implementieren möglich gewesen wären. Viele andere Operationen wie zum Beispiel die Verknüpfungen ODER und ANTIVALENZ oder weitere arithmetische Funktionen sind häufig schon auf dieser Ebene realisiert, weil auf diese Weise eine bessere Performance erreicht werden kann. Doch für unseren Prozessor wollen wir uns der Einfachheit halber mit den oben genannten vier Basisfunktionen begnügen. Das heißt aber nicht, dass unser Micro-Code bereits vollständig ist, denn im nächsten Schritt soll die ALU noch um ein Schieberegister (engl. *shifter*) erweitert werden. Die folgende Abbildung zeigt, dass das Shifter-Register, das wir mit dem symbolischen Namen SH bezeichnen wollen, als Ergebnisregister der ALU dient.

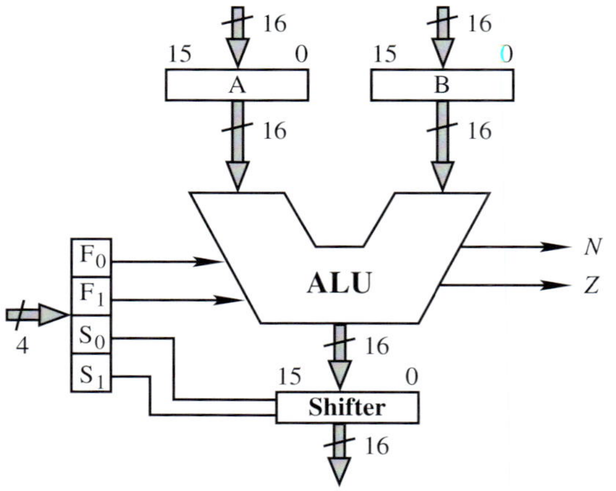

Abbildung 4.47: ALU mit Shifter SH

Um dieses Schieberegister ansprechen zu können, muss ein Ausbau des *Mikro-Code* erfolgen. Da eine Auswahl zwischen drei Kommandos *shift left*, *shift right* oder *keine Operation* vorgenommen werden soll, muss man hier zusätzlich zwei Steuereingänge (S_0S_1) hinzufügen. Die folgende Tabelle zeigt die Zuordnung der Bitmuster zu den Funktionen. Dabei stellt R das Resultat der ALU dar.

(S_0S_1)	Beschreibung	symbolisch
(00)	keine Veränderung	SH←R
(01)	shift left	SH←lsh(R)
(10)	shift right	SH←rsh(R)
(11)	nicht gültig	–

Damit besteht jetzt die Micro-Instruktion bereits aus vier Bits. Wegen der ungültigen Shifter-Funktion $(11)_2$ – man kann nicht gleichzeitig an einem Schieberegister einen Links- und einen Rechtsshift durchführen – existieren nur zwölf statt der bei vier Bit möglichen 2^4 Instruktionen.

micro instruction $(F_0F_1S_0S_1)$	symbolisch
(0000)	SH← A
(0001)	SH← lsh(A)
(0010)	SH← rsh(A)
(0100)	SH← A+B
(0101)	SH← lsh(A+B)
(0110)	SH← rsh(A+B)

micro instruction $(F_0F_1S_0S_1)$	symbolisch
(1000)	SH← A ∧ B
(1001)	SH← lsh(A ∧ B)
(1010)	SH← rsh(A ∧ B)
(1100)	SH← ¬A
(1101)	SH← lsh(¬ A)
(1110)	SH← rsh(¬ A)

Oftmals werden ALU und Shifter zu einer Einheit der *ALSU (Arithmetic Logic Shift Unit)* zusammengefasst und als solche dargestellt. Davon wollen wir hier jedoch absehen.

4.4.2 Register File und Busverbindungen

Prozessoren waren früher nur imstande, die Daten aus den zwei Speichern A und B zu verarbeiten. Moderne CPUs unerliegen nicht mehr dieser Einschränkung. Deshalb wollen wir im nächsten Schritt ein Konzept entwickeln, das mehrere gleichberechtigte Register vorsieht, die Daten an die ALU liefern und das Ergebnis speichern können.

Zunächst scheint sich die Verwendung von zwei Multiplexern anzubieten. Sie sollen den Inhalt eines beliebigen Registers an A bzw. B durchschalten. Der Nachteil dieser Lösung ist jedoch der rasch anwachsende Aufwand und die zunehmende Komplexität der Schaltung bei steigender Speicheranzahl. Darum werden wir eine andere Lösung wählen, die eine beliebig große Schar von Registern erlaubt.

Deshalb werden parallele Leitungen (Informationspfade) – für jedes Bit eine Leitung (sogenanntes *Leitungsvielfach*) – von jedem Register zu A bzw. B gelegt. Diese parallelen Datenpfade nennen wir allgemein *Busverbindung* oder kurz *Bus*. Da die Register und die ALU 16 Bit lange Datenwörter speichern bzw. verarbeiten sollen, besteht der Bus in unserer Schaltung aus 16 parallelen Leitungen. Um eine gegenseitige Beeinflussung zu verhindern, darf aber stets nur ein Register Daten auf diese Leitungen legen. Eine übergeordnete Logik entscheidet dann, welcher Speicher die Verbindung benutzen darf. Diese Steuerung nennt man allgemein *Bus Arbitration Logic* oder *Bus Arbiter*. Dieses Konzept ist sehr mächtig und findet deshalb häufig Verwendung. Wegen der hohen Komplexität kommen ausgefeilte Algorithmen zur Buszuteilung zum Einsatz.

Die Shifter-Einheit wird durch einen Bus mit allen Zielregistern verbunden. Ein Teil der Mikro-Instruktion enthält die Information, in welches Register das Ergebnis tatsächlich geschrieben werden soll. Um diese Schaltung zu realisieren, müssen alle Register eine Logik besitzen, die es ermöglicht, die Ein- oder Ausgänge freizugeben bzw. zu sperren.

In unserem Prozessor kommen drei Busverbindungen zum Einsatz:

- A- und B-Bus verbinden die Speicher mit dem A- bzw. B-Register.

- Das Ergebnis über den S-Bus von der Shifter-Einheit an alle Register übergeben werden.

Damit genügend Speicher zur Verfügung steht, soll die CPU 16 Register besitzen. Daher benötigt man für jeden Bus 16 Enable-Leitungen, welche die Auswahl des gewünschten Speicherplatzes ermöglichen.

Mit Hilfe eines Decoders kann man die Information, welches Register seine Daten auf den Bus legen soll, mit Hilfe von 4 Bit pro Bus codieren. Die schaltungstechnischen Details betrachten wir nicht näher, da sie Gegenstand des vorherigen Abschnitts war. Es werden nur die notwendigen Einrichtungen vorausgesetzt.

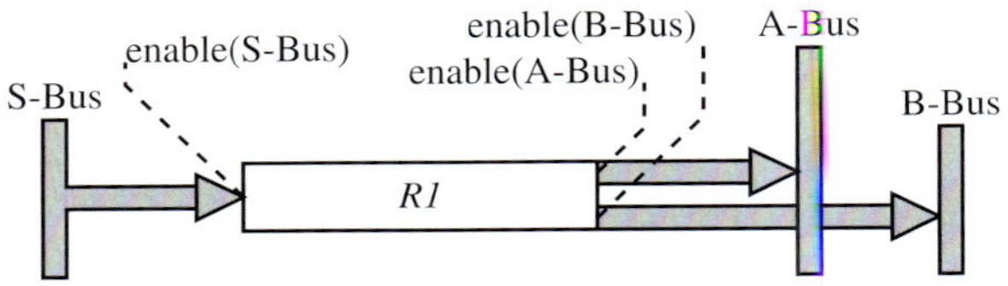

Abbildung 4.48: Busanschlüsse eines Registers

Da die Mikro-Instruktion nun festlegt, welche Register die Daten für die Operationen der ALU liefern und wo das Endergebnis gespeichert wird, haben sie eine Länge von 16 Bit. Wegen der Komplexität des Micro-Codes soll keine Gesamtauflistung mehr erfolgen.

Von den 16 Registern können wir nur 13 ohne Einschränkung verwenden, während die restlichen drei für die Repräsentation der Konstanten 0, +1 und −1 vorgesehen sind. Auf sie ist nur ein lesender Zugriff möglich. In unserem Fall hat das Register mit der Konstanten 0 die Adresse $(0)_{10}$, das Register für '+1' die Adresse $(1)_{10}$, das Register für '-1' die Adresse $(2)_{10}$ ... und das Register AC (Accumulator) besitzt die Adresse $(15)_{10}$. Um die Operanden und das Ergebnisregister jeder Prozedur festzulegen, werden in den Feldern A, B und S jeder Mikro-Instruktion die Adressen binär eingetragen. Die Register A und B verwendet die ALU nur noch als Zwischenspeicher. Eine solche Konfiguration nennt man *Register File* oder *Scratchpad*. Die Registeranzahl differiert von Prozessor zu Prozessor sehr stark. Anstelle der aufwändigen Darstellung, die in Abbildung 4.49 verwendet wurde, soll im folgenden nur mehr ein Schaltsymbol benutzt werden.

Die Steuerleitungen C_1, C_2 und C_4 in Abbildung 4.49 müssen mit Hilfe von zeitlich gestaffelten Impulsen dafür sorgen, dass die Befehlsausführung korrekt erfolgt. Denn unter anderem darf der S-Bus erst freigegeben werden, nachdem die Operation in der ALU schon beendet ist und das Ergebnis im Shift-Register SH stabil vorliegt. Bei einem Signal, das innerhalb dieser Operations-Zeitspanne am S-Bus anliegt, würde nämlich bei Operationen der Art R1 $\leftarrow$ R1+R2 das Register R1 während der Übertragung der Daten überschrieben werden.

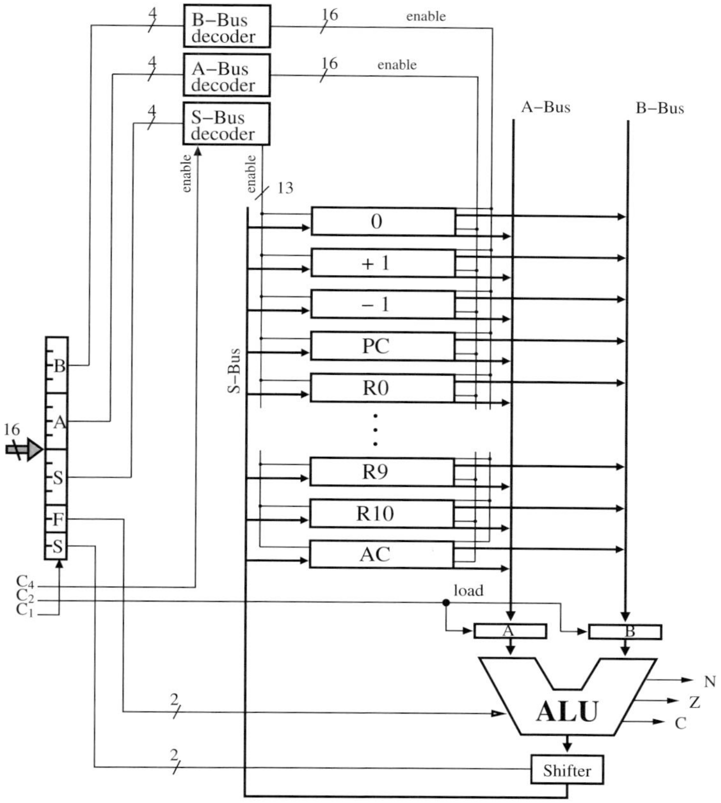

Abbildung 4.49: ALU mit Register File und Steuerleitungen

Die *Control Unit* enthält eine Schaltung, welche die geeigneten Impulse für die Steuerleitungen C_1, C_2 und C_4 erzeugt. Ihr vereinfachtes Schema und das Timing Diagram der Signale ist in Abbildung 4.50 dargestellt.

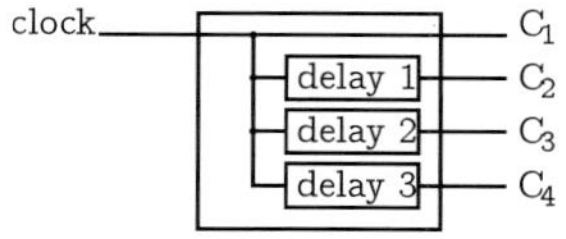

(1) Schema

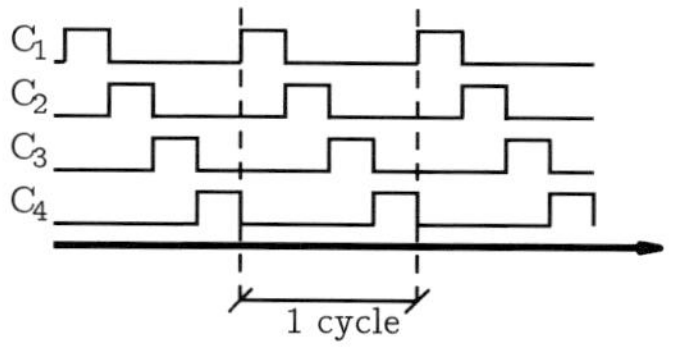

(2) timing diagram

Abbildung 4.50: Teil der Control Unit und Timing Diagramm

Dieser Teil der Control Unit steuert die Baugruppen so an, dass sich folgender Ablauf der Operationen ergibt:

- Trigger C1: die aktuelle Mikro-Instruktion wird geladen, Daten werden auf A– und B–Bus gelegt, es erfolgt die Auswahl der Funktion der ALU und des Shift-Registers.

- Trigger C2: die Register A und B werden mit den Daten versorgt, die sich auf den Bussen befinden.
- Trigger C3: dieser Trigger wurde bis jetzt nicht genutzt. Zeit zur Durchführung der gewählten Operation durch ALU und Shifter.
- Trigger C4: das Ergebnis vom S-Bus wird in das Zielregister geladen.

Mitunter bezeichnet man die Vorgänge, die vom ersten Impuls ausgelöst werden, als *Operation fetch* und den Rest der Tätigkeiten als *Operation execute*.

4.4.3 Speicheranbindung

Ich schnitt es gern in alle Rinden ein.

Wilhelm Müller, Franz Schubert,
„Die schöne Müllerin".

Das Register-File bietet schon die Möglichkeit, mit mehreren Speicherinhalten (Variablen) zu arbeiten, die vorhandene Anzahl wird aber in den meisten Fällen zu gering sein. Die RAM- und ROM-Bausteine aus dem Abschnitt 2.5.1 bieten mehr Flexibilität in dieser Hinsicht. Daher soll eine Schnittstelle zum Datenaustausch mit diesen Speicherbausteinen geschaffen werden.

Deshalb ergänzen wir unser Modell um zwei neue Register *MAR* (engl. *Memory Address Register*) und *MBR* (engl. *Memory Buffer Register*). Ihre Namen geben gleichzeitig Aufschluss über ihre Funktionen. Diese Speicherbereiche sind verbunden mit den Adress- bzw. Datenleitungen eines oder mehrerer Speicher (vergleiche Kapitel 2.5.1). Die Leitungen nennt man auch *Adress-* und *Datenbus*. Am Adressbus kann stets die Information des MAR abgelesen werden. Die Übernahme der Daten in die Register wird durch spezielle Load-Signale bewirkt. Zur Festlegung der Datenübertragungsrichtung und des Zeitpunktes, zu dem der Transfer stattfinden soll, sind die beiden Steuerleitungen read/write und memory select notwendig. Es ist auch vorstellbar, getrennte Steuersignale für read und write zu verwenden und sich so die Memory-select-Leitung zu ersparen. Im *Control-* oder *Steuerbus* sind alle Steuerleitungen zusammengefasst.

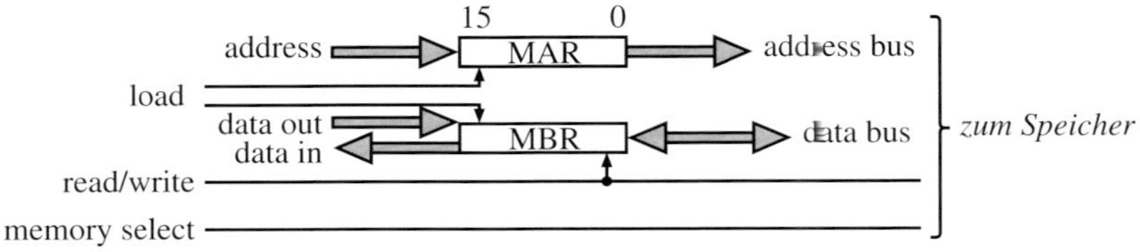

Abbildung 4.51: Memory Control Register

Die Anzahl der Bits im MAR bestimmt die Grösse des Adressbereichs. Bei einer Länge von 16 Bit lassen sich die Adressen von 0 bis $2^{16} - 1$ (entspricht 64K) adressieren. Da dieser Wert die Leistungsfähigkeit beeinflusst, wird in der Praxis mit verschiedensten Strategien versucht, den direkt adressierbaren *Adressraum* zu vergrössern. Da die Funktionalität nicht eingeschränkt wird und auch sonst nur 16 Bit lange Register zum Einsatz kommen, lassen wir es dabei bewenden.

Der Lesevorgang gliedert sich nun in folgende Tätigkeiten:

1. Zuerst wird die Adresse der gewünschten Speicherzelle in das MAR geschrieben. Gleichzeitig erfolgt die Aktivierung der Kontrollleitungen read und memory select.

2. Die *Speicherzugriffszeit* (jene Zeitspanne, welche die Speicherbausteine benötigen, um die Information auf den Datenbus zu legen) muss abgewartet werden.

3. Das MBR kann das Datenwort nun einlesen.

Das Schreiben erfolgt in ähnlicher Weise:

1. Ebenso legt man hier im MAR die Adresse ab, wo die Information gespeichert werden soll, stellt aber zusätzlich das Datum im MBR bereit und aktiviert die Kontrollleitungen *write* und *memory select*.

2. Während der *Speicherzugriffszeit* müssen sowohl MAR als auch MBR die richtigen Werte enthalten, damit die Daten richtig abgespeichert werden.

Solche Operationen sind benötigen teilweise sehr viel Zeit und benötigen daher mehrere Taktzyklen. Um den Prozessor nicht so lange zu blockieren, kommt daher häufig eine andere Strategie zum Einsatz. Die CPU belegt die Register mit den korrekten Werten und aktiviert die entsprechenden Kontrollleitungen. Der Speicher meldet das Operationsende mit einem Signal an die Verarbeitungseinheit zurück. Diese Methode bezeichnet man als *Hand-Shake-Verfahren*. Voraussetzung für dessen Einsatz ist eine CPU, die das *Hand-Shake-Signal* des Speichers verarbeiten kann. Statt einer sind bei modernen Architekturen zwei Leitungen üblich: Das *Address-strobe*-Signal, welches das Anliegen einer gültigen Adresse anzeigt, und das *Data-Ready*-Signal (oder *Data Acknowledge*, DTACK), um das Ende der Operation bekannt zu geben. Beide Signale sind Teil des *Control-Bus*. Das zweite Verfahren benötigt zwar mehr Hardware-Aufwand, ist aber flexibel in Bezug auf Veränderungen der Speicherkonfiguration, da es selbstständig die Wartezeit anpasst und sich dies beim Einsatz schnellerer Bausteine sofort als Vorteil erweist. Für die erste Methode muss stets die Software angepasst werden. In unserem Prozessor soll das erste und einfachere Verfahren Verwendung finden.

Um die Schnittstelle benutzen zu können, werden folgende Funktionen benötigt:

- Laden der gewünschten Adresse in das *Memory Address Register (MAR)*

- Laden eines beliebigen Registerinhalts des Scratchpads in das *Memory Buffer Register (MBR)* vor der Speicheroperation

- Speichern des Inhalts des *Memory Buffer Register (MBR)* in einem Register des Scratchpads nach einer Leseoperation

Damit ergibt sich folgendes Schaltungsschema (wobei rd/wr die Abkürzungen für read/write sind):

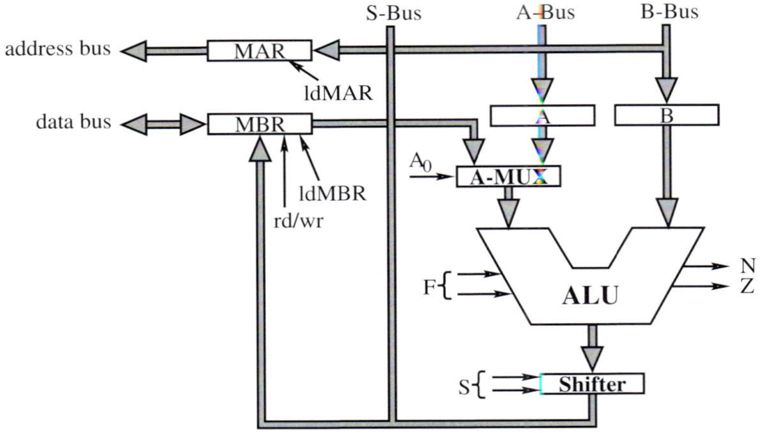

Abbildung 4.52: ALU mit Schnittstelle zu Speicherbausteinen

Das MBR wird mit einem Multiplexereingang (A-MUX) verbunden. So lässt sich mit dem Signal A_0 steuern, ob die Daten für die ALU aus dem A-Bus oder dem MBR kommen. Die Daten aus dem Speicherbaustein kann man auf diese Weise direkt verarbeiten. Auch die Funktion (00) der ALU erhält nun einen Sinn. Damit kann eine Information aus dem MBR ohne Veränderung in einem beliebigen Register abgelegt werden.

Durch die Aktivierung des Signals *'ldMAR'* wird das mit dem B-Bus verbundene MBR mit Daten befüllt. Die *'ldMBR'*-Leitung steuert – abhängig vom rd/wr-Signal – den Ladevorgang des MBR. Bei einem aktiven write-Signal gelangt der Inhalt des Shift-Registers in das MBR, andernfalls stellt der externe Datenbus die Informationsquelle dar.

Da die Länge der Mikro-Instruktionen nun bereits gross ist, verwenden wir zwecks besserer Verständlichkeit in Zukunft symbolische Namen. In der nächsten Abbildung sind die Signale und die korrespondierenden Bits in den Mikro-Instruktionen dargestellt.

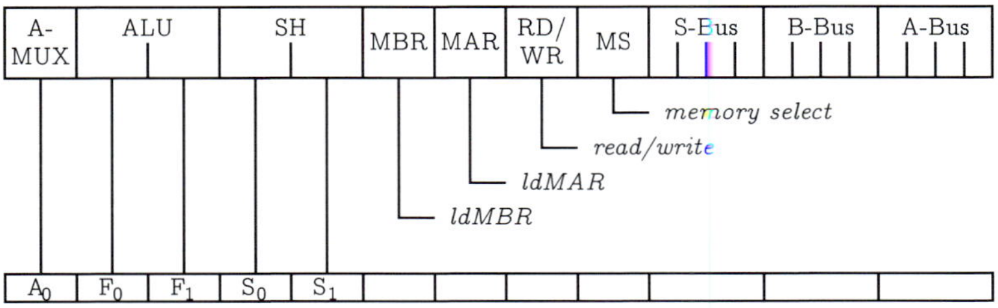

Abbildung 4.53: Bits der Mikro-Instruktionen

Aus der oben entworfenen Schaltung und der Annahme, dass ein RAM– oder ROM–Zugriff bei dem verwendeten Clock-Pulse zwei Maschinenzyklen benötigen, erhalten wir die folgenden Mikro-Befehlssequenzen für das Lesen bzw. Schreiben:

	Micro-Instruction
Lesen(1)	MAR $\leftarrow$ RF_i ; rd
Lesen(2)	rd
Lesen(3)	RF_k $\leftarrow$ MBR
Schreiben(1)	MAR $\leftarrow$ RF_i ; MBR$\leftarrow$ RF_j ; wr
Schreiben(2)	wr

In den Beschreibungen kommen einige neue Symbole vor, die noch definiert werden müssen:

RF_i, RF_j...bezeichnen beliebige Register aus dem Scratchpad.
RF_k...bezeichnet ein beliebiges Register aus dem Scratchpad, das beschrieben werden kann.
rd...umschreibt das richtige Belegen der Bits *RD/WR (read/write)* und *MS (memory select)* in der Micro-Instruction beim Lesen.
wr...umschreibt das richtige Belegen der Bits *RD/WR* und *MS* beim Schreiben.

Diese Notation, die zur Vereinfachung der Darstellung in diesem Abschnitt verwendet wird, soll nicht über den Aufwand hinwegtäuschen, den die Erstellung von solcher Software in Wirklichkeit bedeutet. Während in unseren Beispielen nur die massgeblichen Teiloperationen einer Instruktion notiert wurden, muss man im Normalfall zusätzlich die Bitkombinationen aller Funktionen bestimmen, um zu dem entsprechenden Codewort zu gelangen.

4.4.4 Control Unit

Der Architekt ist hoch verehrlich,
Obschon die Kosten oft beschwerlich.

Wilhelm Busch, „Maler Klecksel".

Das Abbildung 4.54 zeigt das Zusammenspiel der Komponenten im Gesamtkonzept. Ein wichtiger Bestandteil ist der Clock-Baustein, der für die richtige Abfolge der Arbeitsschritte sorgt. Vereinfachend wurde angenommen, dass sein Timing mit dem der Speicher übereinstimmt. Tatsächlich muss eine viel genauere Abstimmung erfolgen. Das bisher noch unbenannte Register, das als Speicher für die Mikro-Instruktion dient, bezeichnen wir ab jetzt mit MIR *(Micro Instruction Register)*. Da die CPU nun nahezu vollständig realisiert wurde, soll auch sie einen Namen erhalten. Wir benennen sie wegen ihrer internen Wortlänge von 16 Bit *Micro16*.

Uns fehlt aber noch eine wichtige Einheit – die Control Unit – mit folgenden Aufgaben:

1. Einlesen des nächsten Befehls in Micro-Code, siehe auch Abschnitt 4.4.5
2. Decodieren des Befehls, Laden des MIR mit den Daten
3. Anlegen der Steuersignale in zeitlich festgelegter Reihenfolge an die anderen Komponenten

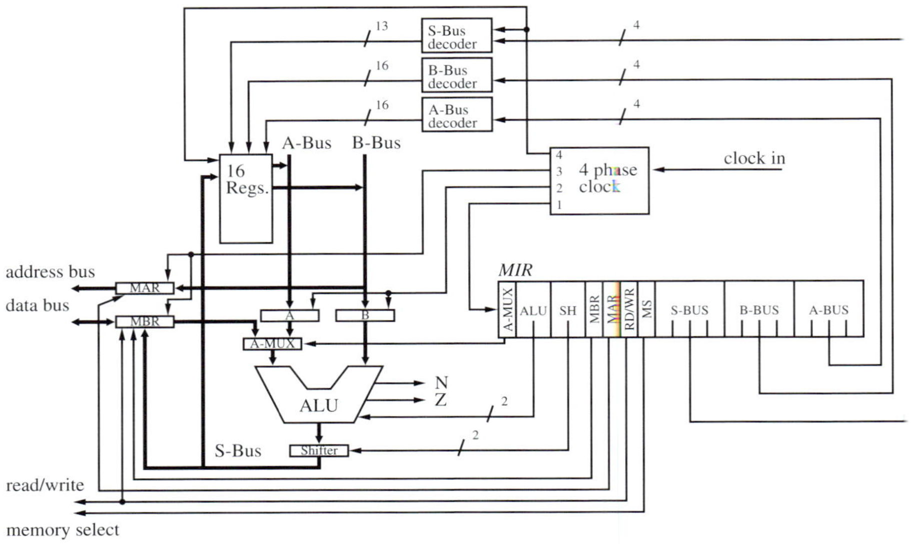

Abbildung 4.54: Architektur des Micro16

Im *Micro16*-Schema sind der *4 phase clock* und die Leitungen vom MIR zu den Komponenten schon enthalten. Es fehlt jedoch noch eine Vorrichtung, in der sich die Mikro-Programme befinden, und eine Möglichkeit, sie in das MIR zu laden. Als Speicher dient ein Micro-Code-ROM, das 256 Codewörter mit der entsprechenden Länge aufnehmen kann. Zum Adressieren eines Befehls findet ein Binärzähler mit 8 Stellen Verwendung; diesen nennt man *MIC (Micro Instruction Counter)*. Der adressierte Befehl (dessen Adresse gleich dem Wert des Zählers ist) wird über parallele Leitungen in das MIR geladen. Wenn man den Zähler nach jedem *Instruction Fetch* um eins erhöht, kann mit dieser Anordnung ein sequenzielles Programm abgearbeitet werden.

Die Fähigkeit einer rein sequenziellen Abarbeitung reicht allerdings in den wenigsten Fällen für die Erstellung von Programmen aus. Die Möglichkeit für *bedingte* und *unbedingte Sprünge* muss vorhanden sein. Daher wollen wir das Modell um diese Funktionen erweitern.

Für die Durchführung eines Sprungbefehls muss der MIC mit einem neuen Wert geladen werden. Daher ergänzt man den MIC um eine *Parallel-Load-Funktion.* Wir erweitern den Mikro-Befehl und das MIR um 8 Bit. Dieses Feld soll die Zieladresse (ADR) des Sprunges enthalten. Es sollen sowohl unbedingte, als auch auch bedingte Verzweigungen möglich sein. Dazu stehen dem Programmierer folgende Varianten zur Verfügung:

1. Sprung, wenn N = 1 gilt (das ALU-Ergebnis also < 0 ist)
2. Sprung, wenn Z = 1 vorliegt (ALU-Ergebnis = 0)
3. unbedingter Sprung

Um diese drei Fälle im Code abzubilden, benötigt man zwei weitere – als COND (engl. *condition*) bezeichnete – Bits. Die logische Schaltung (engl. *micro sequencing logic*) verarbeitet nicht nur diese Bits, sondern auch die Steuerleitungen N und Z und aktiviert den Load-Eingang des Micro-Instruction-Counters, wenn entweder die Bedingung erfüllt ist (die entsprechende Steuerleitung logisch 1 ist) oder ein unbedingter Sprung vorliegt. Im Fall, dass die Steuerleitung den

Wert logisch 0 aufweist, wird die Adresse (ADR) im MIR ignoriert, der MIC um eins erhöht (inkrementiert). Wenn die COND-Bits den Wert $(00)_2$ enthalten, liegt eine sequenzielle Verarbeitung vor, und es gilt $MIC_{neu}=MIC_{alt}+1$. Die folgende Tabelle beinhaltet die möglichen Sprungbefehle, wobei in der letzten Spalte auch die symbolischen Darstellungen enthalten sind (ADR ist ein Platzhalter für die Zieladresse des Sprunges).

Cond=$(00)_2$	kein Sprung	
Cond=$(01)_2$	Sprung, wenn N=1	if N goto ADR
Cond=$(10)_2$	Sprung, wenn Z=1	if Z goto ADR
Cond=$(11)_2$	unbedingter Sprung	goto ADR

Oftmals ist es oft notwendig, für einen bedingten Sprung den Inhalt eines Registers oder die Verknüpfung zweier Register zu überprüfen, ohne das Ergebnis abzuspeichern. Dafür benutzt man ein zusätzliches Kontrollbit in der Mikro-Instruktion (genannt ENS *Enable S-Bus*). Der S-Bus wird nur freigegeben, wenn es gesetzt ist.

Die Gesamtstruktur des *Micro16*, wie sie in Abbildung 4.55 dargestellt ist, wird als *Rechnerarchitektur* bezeichnet. Man nennt die Register-Transfer-Ebene auch Mikro-Architektur.

Da es wegen der großen Anzahl von Prozessoren, die sich in vielen Details unterscheiden (Anzahl der Register, Datenwortlänge, Art und Anzahl der ALU-Funktionen, Größe des Adressraumes etc.) unmöglich ist, auf alle Bestandteile sowie deren verschiedene Varianten einzugehen, wollen wir uns nun anderen Themen zuwenden. Man muss sich aber bewusst sein, dass dieses Konzept eines Prozessors nur die wichtigsten Teile enthält und nicht vollständig ist. So fehlt zum Beispiel eine *Power-up-* oder *Reset*-Schaltung, die beim Einschalten der Energieversorgung die Register richtig initialisiert (z. B. den MIC auf die Adresse 0 setzt). Dem Prozessor fehlt auch noch der Teil des Steuerwerks, der Maschinenbefehle in einen oder mehrere Mikro-Instruktionen übersetzt, d.h., die zugehörigen Mikro-Programme anstösst. Es existiert auch keine Verwaltung oder Steuerung des *Program Counters* (PCs), und damit auch keine Inkrementierung und Sprungmechanismen auf Maschinenbefehlsebene.

Dies Bildnis ist bezaubernd schön!

Tamino.
Wolfgang Amadeus Mozart, Emanuel Schikaneder,
„Die Zauberflöte“.

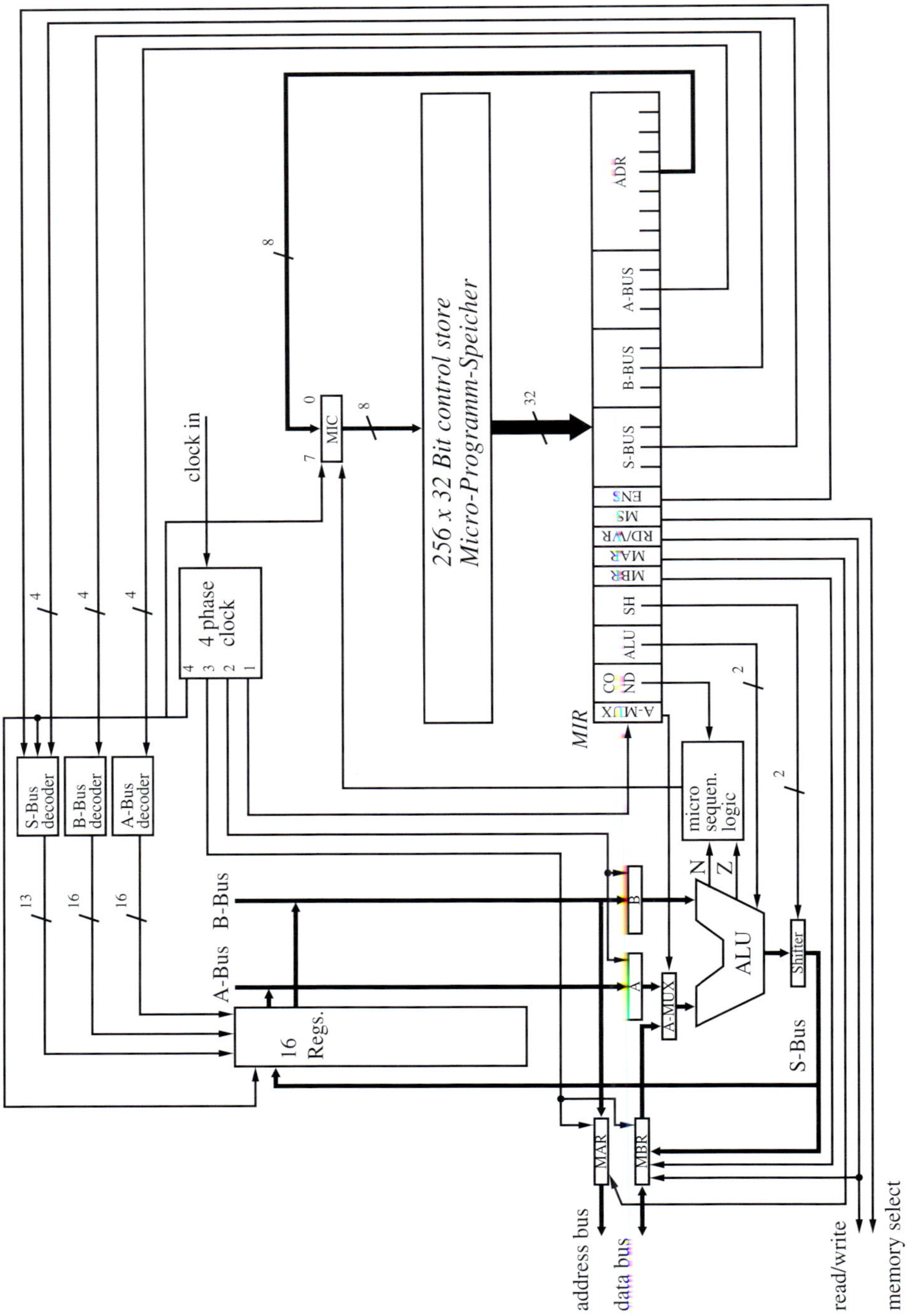

Abbildung 4.55: Architektur des Micro16

4.4.5 Mikro-Programm

Wir versuchen nun mit Hilfe eines Mikro-Programms, die Funktionalität des in den vorigen Abschnitten entwickelten *Micro16* zu erhöhen. Dafür wollen wir ein Programm schreiben, das zwei ganze Zahlen miteinander multipliziert. Die Multiplikatoren sollen aus einem RAM eingelesen und das Ergebnis wieder dorthin ausgegeben werden. Die weitere Verarbeitung des Resultats ist nicht weiter relevant. Für die Vereinfachung der Aufgabe sollen die Adressen der *Parameter* (so nennt man die Ein– und Ausgabewerte einer Funktion) schon zur Zeit der Programmerstellung bekannt sein.

Die Vorgangsweise bei der Multiplikation zweier Binärzahlen wurde schon im Buch G.H. Schildt, et.al. „Informatik Grundlagen" (2002) im Abschnitt „Multiplikation im binären Zahlensystem" erläutert. Da das Ergebnis aber einer Multiplikation von zwei n Bit langen Zahlen eine Länge von $2n$ Bits haben kann, dürfen nur positive ganze Zahlen aus dem Intervall $[0..2^8-1]$ als Operatoren verwendet werden. Damit ist sichergestellt, dass man das Ergebnis korrekt im Register und im RAM speichern kann. Die Multiplikatoren haben somit die Form 0000 0000 xxxx xxxx mit $x \in \{0, 1\}$.

Die beiden Register R10 und R9 dienen als Zwischenspeicher für die Parameter. Das Ergebnis soll am Schluss im Register R8 entstehen. Bei der Multiplikation von zwei Zahlen mit jeweils 8 Stellen muss man das Ergebnis achtmal nach links schieben und, wenn der Multiplikator an dieser Stelle eine 1 im Bitmuster aufweist, den Multiplikanten dazu addieren. Da diese Folge von Anweisungen achtmal hintereinander auftritt, werden wir eine *Schleife* verwenden. Ein Zähler, der die ganzen Zahlen von 8 abwärts durchläuft, soll bewirken, dass die Schleife nach dem achtenmal verlassen wird. Als *Schleifenzähler* wollen wir das Register R7 verwenden. Das Dekrementieren (*Vermindern um Eins*) von R7 erfolgt durch die Addition der Konstante -1, die im Register mit der Adresse $(2)_2$ gespeichert ist. Um rechtzeitig das Schleifenkonstrukt zu beenden, prüfen wir am Ende jedes Durchlaufes, ob der Zähler schon den Wert 0 angenommen hat, also die maximale Anzahl der Wiederholungen erreicht wurde. Die Bedingung Register R7 $=$ 0 führt also zu einem Sprungbefehl.

Zu Beginn des Programms initialisieren wir die benötigten Register:

- Nullsetzen des Ergebnisregisters R8,
- R7 wird mit der Konstante $(8)_{10}$ befüllt.

In den nächsten Programmstücken wird nach einem '#'-Symbol jeweils ein Kommentar angegeben. Er dient dazu, die Vorgangsweise näher zu erklären. Diese Zeichen gehören natürlich nicht zum Mikro-Code. Auch wird in der symbolischen Darstellung bei Konstanten nicht die Registerbezeichnung, sondern nur dessen Wert angegeben. Die Nummern am Zeilenbeginn sind ebenfalls nicht Teil der Instruktionen, sondern geben nur die Reihenfolge der Anweisungen im Micro-Code-Speicher wider (die genauen Adressen im Micro-ROM haben keine Auswirkung auf den Programmablauf)

```
1.  R7←lsh(1+1)     # im ersten Schritt wird in R7 mit 1+1=2=(10)₂
2.                  # und mit lsh((10)₂=(100)₂=(4)₁₀ erzeugt
3.  R7←R7+R7        # R7=4+4=8
4.  R8←0            # Null ins Ergebnisregister laden
```

Im folgenden Schritt werden die Operanden aus dem RAM in die entsprechenden Register eingelesen. Im Hilfsregister R6 erzeugt man dafür die jeweiligen Adressen der zu ladenden Multiplikatoren. In unserem Beispiel sollen die Operanden die Adressen $(3)_{10}$ und $(4)_{10}$ belegen. Das Ergebnis soll auf den Speicherplatz $(9)_{10}$ zurückgeliefert werden (die Werte wurden willkürlich festgelegt). Bei diesen Vorgaben ergeben sich nun die folgenden Mikro-Operationen:

```
5.   R6←(1+1)         # R6=(2)10
6.   R6←R6+1          # R6=2+1=(3)10
7.   MAR←R6; rd       # Laden des ersten Operanden von der Speicherzelle (3)10
8.   rd               # warten, bis der Wert anliegt
9.   R9←MBR           # Speichern des Operanden in R9
10.  R6←R6+1          # R6=3+1=(4)10 (Adresse des zweiten Operanden)
11.  MAR←R6; rd       # Laden des zweiten Operanden von der Speicherzelle (4)10
12.  rd               # warten, bis der Wert anliegt
13.  R10←MBR          # Speichern des Operanden in R10
```

Da man vom Multiplikator im Register R9 stets das msb, in unserem Fall also das Bit 7, testen muss, um feststellen zu können, ob eine Addition notwendig ist, wird die ganze Zahl um acht Stellen nach links geshiftet. Das msb liegt nun auf der Position 15. Sein Wert bestimmt die Steuerleitung N und kann damit geprüft werden.

```
14.  R9←lsh(R9+R9)    # dies entspricht zwei Shift-Kommandos nach links
15.  R9←lsh(R9+R9)
16.  R9←lsh(R9+R9)
17.  R9←lsh(R9+R9)    # insgesamt 8 Shift-Operationen: R9=xxxx xxxx 0000 0000
```

Jetzt kann die Programmierung der Multiplikationsschleife erfolgen. Am Beginn der Schleife erfolgt die schon besprochene Überprüfung des Zählerstands. Wenn sein Wert null erreicht, die Schleife also achtmal durchlaufen wurde, erfolgt ein Sprung auf jene Mikro-Programm-Adresse, an der die Anweisung zum Abspeichern des Resultats steht. Da die exakten Adressen des Programms im Mikro-ROM unbekannt sind, verwenden wir statt diesen die Zeilennummern.

```
18.  (R7); if Z goto 24       # Test, ob (R7= 0): wenn ja Sprung auf Zeile 24
19.                           # bloßer Test ohne Speicherung: ENS= 0
20.  R8←lsh(R8)               # Ergebnis um eine Stelle nach links shiften
21.  (¬R9); if N goto 21      # wenn das msb im Multiplikator R9 0 ist, wird die
22.                           # folgende Zeile übersprungen
23.  R8←R8+R10                # wenn das msb im Multiplikator R9 1 ist, wird der
24.                           # Multiplikant R10 zum Ergebnis R8 addiert
25.  R9←lsh(R9)               # nächstes Bit des Multiplikators ins msb schieben
26.  R7←R7-1                  # Zähler R7 um 1 vermindern
27.  goto 17                  # unbedingter Sprung an den Schleifenbeginn
```

Sobald dieses Programmstück abgearbeitet wurde, enthält das Register R8 das Ergebnis der Multiplikation R10·R9. Die Ausgabe des Resultats in das RAM muss aber noch realisiert werden. Im Register R6, das zur Zeit den Wert 4 beinhaltet, soll die Adresse erzeugt werden.

```
28.  R6←R6+R6         # R6=4+4=(8)10
29.  R6←R6+1          # R6=8+1=(9)10
30.  MAR←R6           # Schreiben des Ergebnisses R8 auf die Speicherstelle (9)10
31.  MBR←R8; wr
32.  wr               # warten, bis der Wert verarbeitet ist
```

Die Anweisungen von Zeile 1 bis 27 ermöglichen es daher, eine Multiplikation durchzuführen. Die Übersetzung der symbolischen Notation in das im Mikro-Code-ROM zu speichernde Bitmuster ist in der nächsten Tabelle ersichtlich. Auch hier sind die Zeilennummern wieder ein Ersatz für die Adressen. Das Beispiel zeigt, wie kompliziert die Erstellung von einfachen Mikro-Programmen ist.

Solche Programme erlauben das Generieren von Funktionen, die in der Hardware ursprünglich nicht vorgesehen waren (in diesem Fall die Multiplikation zweier ganzer Zahlen). Es lassen sich damit die Funktionen, die auf einer höheren Abstraktionsebene notwendig sind, auf der Register-Transfer-Ebene entweder mit Hilfe von Hardware oder als Mikro-Programm realisieren (auch eine

Erweiterung der ALU um die Fähigkeit, zwei Zahlen zu multiplizieren, wäre denkbar).

symbolisch	AMUX	COND	ALU	SH	MBR	MAR	RD/WR	CS	ENS	S-BUS	B-BUS	A-BUS	ADR
	Micro-Instruktionen												
1. R7←lsh(1+1)	0	00	01	01	0	0	0	0	1	1011	0001	0001	0000 0000
2. R7←R7+R7	0	00	01	00	0	0	0	0	1	1011	1011	1011	0000 0000
3. R8←0	0	00	00	00	0	0	0	0	1	1100	0000	0000	0000 0000
4. R6←(1+1)	0	00	01	00	0	0	0	0	1	1010	0001	0001	0000 0000
5. R6←R6+1	0	00	01	00	0	0	0	0	1	1010	0001	1010	0000 0000
6. MAR←R6; rd	0	00	00	00	0	1	1	1	0	0000	1010	0000	0000 0000
7. rd	0	00	00	00	0	0	1	1	0	0000	0000	0000	0000 0000
8. R9←MBR	1	00	00	00	0	0	0	0	1	1101	0000	0000	0000 0000
9. R6←R6+1	0	00	01	00	0	0	0	0	1	1010	0001	1010	0000 0000
10. MAR←R5; rd	0	00	00	00	0	1	1	1	0	0000	1001	0000	0000 0000
11. rd	0	00	00	00	0	0	1	1	0	0000	0000	0000	0000 0000
12. R10←MBR	1	00	00	00	0	0	0	0	1	1110	0000	0000	0000 0000
13. R9←lsh(R9+R9)	0	00	01	01	0	0	0	0	1	1101	1101	1101	0000 0000
14. R9←lsh(R9+R9)	0	00	01	01	0	0	0	0	1	1101	1101	1101	0000 0000
15. R9←lsh(R9+R9)	0	00	01	01	0	0	0	0	1	1101	1101	1101	0000 0000
16. R9←lsh(R9+R9)	0	00	01	01	0	0	0	0	1	1101	1101	1101	0000 0000
17. (R7); if Z goto 24	0	10	00	00	0	0	0	0	0	0000	0000	1011	0001 1000
18. R8←lsh(R8)	0	00	00	01	0	0	0	0	1	1100	0000	1100	0000 0000
19. (¬R9); if N goto 21	0	01	11	00	0	0	0	0	0	0000	0000	1101	0001 0101
20. R8←R8+R10	0	00	01	00	0	0	0	0	1	1100	1110	1100	0000 0000
21. R9←lsh(R9)	0	00	00	01	0	0	0	0	1	1101	0000	1101	0000 0000
22. R7←R7-1	0	00	01	00	0	0	0	0	1	1011	0010	1011	0000 0000
23. goto 17	0	11	00	00	0	0	0	0	0	0000	0000	0000	0001 0001
24. R6←R6+R6	0	00	01	00	0	0	0	0	1	1010	1010	1010	0000 0000
25. R6←R6+1	0	00	01	00	0	0	0	0	1	1010	0001	1010	0000 0000
26. MAR←R6; MBR←R8; wr	0	00	00	00	1	1	0	1	0	0000	1010	1100	0000 0000
27. wr	0	00	00	00	0	0	0	1	0	0000	0000	0000	0000 0000

Tabelle 4.9: Multiplikationsprogramm

Damit sind Hard- und Software äquivalent und die Grenze zwischen diesen Gebieten ist fließend. Die Vor- und Nachteile der unterschiedlichen Realisierungsvarianten sind aber stets im Auge zu behalten. Während bei der Mikro-Programmierung die Hardware und die zugehörigen Kontrollmechanismen vergleichsweise einfach sind, benötigt die Verarbeitung solcher Funktionen mehr Zeit als bei einer Lösung mittels zusätzlicher Hardware-Bauteile.

Abgesehen von solchen Details gelang es uns, aus einfachen logischen Schaltkreisen eine neue Schaltung (einen Prozessor) zu entwickeln, der mit Hilfe eines Mikro-Programms in der Lage ist, komplexe Aufgaben zu lösen. Die Ausführungen in diesem Abschnitt sollten jedoch nur den prinzipiellen Aufbau erklären und ein Verständnis für ihre Arbeitsweise vermitteln.

Man möge aber stets bedenken, dass es sich hier um ein vereinfachtes Modell handelt, in dem noch einige notwendige Komponenten und Konzepte fehlen. So stellt unter anderem die Annahme, dass sich der Speicherzugriff stets in zwei Maschinenzyklen bewältigen lässt, eine fahrlässige Vereinfachung dar. Die genauen Spezifikationen sind für gewöhnlich aus den Datenblättern der einzelnen Bauelemente (Prozessoren, Speicher usw.) zu entnehmen und können nicht pragmatisch für alle Teile gleich angenommen werden.

Abschliessend soll noch ein kurzer Einblick in die hardwaretechnische Realisierung solcher Prozessoren gegeben werden.

4.4.6 Very Large Scale Integration (VLSI)

Während bisher nur die Architektur des *Micro16* im Mittelpunkt des Interesses stand, sollen nun einige Überlegungen zu ihrer schaltungstechnischen Realisierung angestellt werden. Die heute gebräuchlichste Form ist der hinlänglich bekannte *Mikro-Prozessor*. Er vereinigt alle Einzelschaltungen auf einem einzigen Chip. Nur die Speicherbusse (Adress– und Datenbus) und wenige Steuerleitungen (memory-select, read/write, clock usw.) führen aus dem Chip-Gehäuse heraus. Dabei sind 100 Pins bedingt durch zusätzliche Funktionen und breite Busse (32 Bit) keine Seltenheit.

Der Techniker, der einen solchen Chip entwirft, denkt dabei nicht in einzelnen Transistoren, sondern in Funktionseinheiten. Nach dem Chipdesign werden alle Bauteile und Verbindungsleitungen gleichzeitig auf einem Siliziumplättchen (einem Halbleitermaterial) hergestellt. Diese Technik bezeichnet man als *Very Large Scale Integration (VLSI)*. Den Baustein nennt man *VLSI-Chip*.

Weniger hoch integrierte Bausteine, die allerdings heute nur mehr für die Produktion einzelner Gatter Verwendung finden, nennt man *LSI*– bzw. *MSI–Chips (Large* und *Medium Scale Integration*).

Heute besteht die Tendenz, möglichst viele Bauteile auf einem Chip zu integrieren. Da sich der elektrische Strom nämlich nur mit etwa der 0,7-fachen Lichtgeschwindigkeit in IC-Schaltungsleitungen ausbreitet, bedeutet eine Reduzierung der Wegstrecken eine Steigerung der Prozessorgeschwindigkeit. So besteht ein aktueller Intel Pentium 4 Prozessor bereits aus fast 200 Millionen Transistoren. Dem steht jedoch das Problem gegenüber, dass auf dem kleineren Raum mehr Wärme entsteht, die dann abgeführt werden muss.

Weiterführende Literatur

H. Bähring. *Mikrorechnersysteme*, Springer-Verlag, Berlin, 1994.

Th. Flik, H. Liebig. *Mikroprozessortechnik*, Springer-Verlag, Berlin, 1994.

M. M. Mano. *Computer Engineering*, Prentice-Hall, Englewood Cliffs, 1988.

A. S. Tanenbaum. *Structured Computer Organization*, Prentice-Hall, Englewood Cliffs, 1984.

U. Tietze, Ch. Schenk. *Halbleiterschaltungstechnik*, Springer Verlag, Berlin, 2002.

H. Pangratz. *Skriptum Rechnerstrukturen*, Institut für Computertechnik, TU Wien, 2001

Edward F. Moore. *Gedanken-Experiments on Sequential Maschines in Automated Studies*, Princeton University Press, pp. 129-153, 1956

George H. Mealy. *A Method for Synthesizing Sequential Circuits*, Bell System Technical Journal, Vol. 34, pp. 1045-1079, 1955

5 Computersysteme

Ein Computer beherrscht die kompliziertesten Dinge.
Das sieht man am besten an seinen Fehlern.

Erhard Blanck (*1942), Schriftsteller und Maler

In den folgenden Abschnitten wird gezeigt, wie man aufbauend auf der Funktionalitt der Micro-Codes die umfangreicheren Maschinen-Codes realisieren kann. Dabei wollen wir die Zusammenarbeit der einzelnen Komponenten einer Zentraleinheit bestehend aus

- Rechenwerk (ALU = Arithmetik- und Logikeinheit)
- Speicherbausteinen und
- Ein-/Ausgabeeinheiten mit den dazugehörigen Controllern

betrachten.

5.1 Prozessoren

Aufgabe dieses Kapitels ist es, dem Leser vorzustellen, wie sich ein Prozessor dem Anwender präsentiert. Dabei sollen die konzeptuellen Elemente wie der Maschinen-Code und die Adressierungsarten erläutert werden, wobei dies nicht basierend auf einem konkreten Prozessor oder einer bestimmten Architektur sondern eher in allgemeiner Form geschehen soll. Dabei werden wir die wesentlichen und am weitesten verbreiteten Mechanismen auswählen. Möglichkeiten zur Steigerung der Performance eines Computersystems werden ebenfalls dargestellt.

5.1.1 Maschinen-Code

Wie beim Micro-Code handelt es sich beim Maschinen-Code um Bitkombinationen, mit denen in einer vorgebenen Hardware verschiedene Funktionen programmiert werden können. Eine Sequenz von Micro-Instruktionen kann dazu verwendet werden, eine neue Funktion zu realisieren.

Wenn man neue Funktionen auf diese Weise realisieren kann, kann man sich auch vorstellen, einen Interpreter für einen neuen Befehlscode als Micro-Programm zu realisieren, wobei natürlich die neuen Instruktionen sowohl mächtiger als auch komfortabler sein sollen. Der Interpreter soll Codewörter aus dem Speicher in ein Register einlesen, das Bitmuster dann entsprechend einer genauen Decodierungsvorschrift „deuten" bzw. interpretieren und die in ihm enthaltenen Befehle ausführen.

Der Maschinen-Code eines Prozessors ist entsprechend wie beim Micro-Code die Menge aller definierten Datenwörter, die ein Interpreter decodieren kann. Die Elemente dieser Menge, die als Befehlssatz (engl. *instruction set*) bezeichnet wird, nennt man Maschinenbefehle.

In dem Micro-Code-ROM lässt sich eine Sequenz von Anweisungen speichern, die ein größeres, aus mächtigeren Befehlen bestehendes Programm ausführt. Da der Interpreter die Maschinenbefehle aus dem Speicher (RAM oder ROM) liest, kann das Maschinenprogramm sehr viel umfangreicher als das Micro-Programm sein, da der Adressraum um ein Vielfaches größer ist.

In demselben Speicher sind auch noch die Daten, die von den Maschinenbefehlen bearbeitet werden, abgelegt. Damit teilen sich Daten und Instruktionen den Adressraum. RAM und ROM werden wegen der direkten Bindung an den Prozessor und zur Unterscheidung von anderen Speichermedien als Hauptspeicher bezeichnet. Diese klassische Konfiguration wurde bereits in den 40er Jahren des vorigen Jahrhunderts durch John von Neumann eingeführt.

Früher wiesen Rechner festverdrahtete Steuerungen auf, so dass eine Änderung des Programms auch eine Änderung der Verdrahtung erforderlich machte.

Betrachten wir nun das erforderliche Micro-Programm, das den Interpreter darstellt. Von diesem sind folgende Schritte durchzuführen:

1. einen Maschinenbefehl aus dem Speicher in das dafür bestimmte Register einlesen.
2. Befehl decodieren (d.h. analysieren), um zu analysieren, welche Operation auf welche Operanden anzuwenden ist.
3. die Operation durchführen und das Ergebnis entsprechend den Anweisungen im Maschinenbefehl im angegebenen Register speichern.
4. diesen Arbeitszyklus bei Punkt 1 fortsetzen.

Damit stellt der Interpreter eine Endlosschleife dar, die beginnt, sobald der Prozessor mit elektrischer Energie versorgt wird und erst wieder aufhört, wenn der Rechner abgeschaltet wird.

Als nächstes stellt sich nun die Frage, unter welcher Adresse die zu interpretierenden Maschinenbefehle gespeichert sind. Es wird dazu ein Register verwendet, das diese Adresse enthält. Es wird Programmzähler, Program Counter (PC), Instruction Counter (IC) oder Instruction Pointer (IP) genannt. Wir wollen künftig in diesem Buch die Bezeichnung Program Counter (PC) verwenden. Er hat die gleiche Funktion wie der Micro Instruction Counter (MIC) in der Register-Transfer-Ebene. Beide Register müssen beim Einschalten (Power-up, Reset) des Prozessors auf einen definierten Wert gesetzt werden, bei dem die jeweiligen Programme beginnen. Üblicherweise ist das die Adresse 0, darum muss eine Schaltung dafür sorgen, dass beim Power-up der MIC mit 0 geladen wird, bevor der Prozessor mit der Abarbeitung des Mikroprogramms beginnt. Eine der ersten Aufgaben des Mikroprogramms vor der Endlosschleife des Interpreters wird es dann sein, das Instruction Register (IR) und den Program Counter (PC) zu initialisieren. Bei den meisten Prozessoren wird der Program Counter auf 0 gesetzt, d.h., unter der Adresse 0 muss der erste Maschinenbefehl gespeichert sein.

Ein Maschinenbefehl ist, ähnlich wie eine Micro-Instruktion, ein Bitmuster, das in mehrere Felder unterteilt werden kann, wobei jedes aus einem oder mehreren Bits besteht. Ein Feld beschreibt die Operation, die durchgeführt werden soll (Operations-Code, Op-Code). Die nächsten geben an, welche Operanden verwendet werden sollen, und wo das Ergebnis zu finden ist - sofern es eines gibt - und wo es abzuspeichern ist. Auch bei dieser Aufschlüsselung muss wieder darauf hingewiesen werden, dass jeder Prozessor ein eigenes Instruktionsformat mit jeweils unterschiedlicher Anzahl und Länge der Felder hat. Daher ist es kaum möglich, Maschinenprogramme zu portieren, d.h., von einem auf ein anderes Rechnersystem zu übertragen. Eine weitere Unterscheidung kann gemacht werden, indem man die Maschinen-Codes verschiedener Prozessoren danach einteilt, ob die einzelnen Felder bzw. die Befehlswörter eine fixe oder variable Länge haben. Komplexe Befehlssätze verwenden für Instruktionen, die mit wenigen Bits codiert werden können, nur ein Codewort, während komplizierte Befehle mit mehreren Wörtern verschlüsselt werden. Natürlich führen variable Instruktionsformate zu wesentlich umfangreicheren, komplexen und damit auch langsameren Interpretern.

Die unter Punkt 2 der Grobstruktur des Interpreters angegebene Aufgabe, die Operation zu decodieren, kann so gelöst werden, dass der Interpreter den Op-Code des im Instruction Register befindlichen Maschinenbefehls testet und dadurch die Adresse bestimmt, an der sich ein Micro-Programm befindet, das die verlangte Operation realisiert.

Sind alle Micro-Befehle, aus denen sich ein Maschinenbefehl zusammensetzt, abgearbeitet, erhöht der Interpreter den Program Counter und liest aus dem Speicher den nächsten Befehl in das Instruction Register ein. Aus Gründen der Sicherheit empfiehlt es sich, nicht ein allgemeines Register als IR vorzusehen, sondern ein solches mit zusätzlichen Funktionen ausgestattetes zu verwenden, das zum Beispiel das getrennte Decodieren von Op-Code und Operanden ermöglicht.

Nach dieser Darstellung der Instruktionsformate und der Tätigkeiten des Interpreters wollen wir eine Übersicht über verschiedene Kategorien der Maschinenbefehle geben.

Transfer-Operationen

Bei *Transfer-Operationen* (auch *Move-Operationen*) überträgt die Maschine Daten von einer Quelle (engl. *source*) zu einem Ziel (engl. *destination*), ohne diese dabei zu verändern. Deshalb benötigen diese Instruktionen immer zwei Operanden. Diese können Register, Speicherzellen oder Register eines Peripheriebausteins sein. Die Begriffe „Transfer" bzw. „Move" sind in diesem Zusammenhang etwas irreführend, da genau genommen eine Kopie des Bitmusters angelegt wird. Transfer-Operationen, die Daten im Hauptspeicher bearbeiten, nennt man oftmals *Load*– (Wort in ein Register laden) bzw. *Store–Operationen* (Registerinhalt speichern).

Der Operand eines Move-Befehls kann ein Bit, ein Byte, ein Wort oder sogar eine ganze Sequenz von Wörtern sein. Im letzteren Fall existieren mehrere Möglichkeiten der Realisierung: Ein genereller Move-Maschinenbefehl kann die Anzahl der zu kopierenden Elemente in einem eigenen Feld beinhalten, oder es stehen unterschiedliche Befehle zur Verfügung (z.B. Operations-Code für $1, 2, 4, 8$ und 16 Wörter). Die erste Variante ist zwar für den Benutzer in der Handhabung einfacher, dauert jedoch länger als die zweite Version, da die Anzahl der zu transferierenden Wörter erst während der Durchführung des Micro-Programms feststellbar wird. Eine solche Folge von Wörtern bezeichnet man auch als *String*, die zugehörigen Instruktionen *String-Operationen*.

Manche Prozessoren besitzen sogar eigene Kommandos für den Transfer von reellen Zahlen (engl. *floating point numbers*, kurz *float* oder *real*).

Input/Output-Operationen

Die *Input/Output-Operationen (I/O-Befehle)* sind ähnlich den Transfer-Befehlen, allerdings kommt es hier zu einem Datenaustausch mit Peripheriebausteinen (externen Geräten).

Zur Durchführung der I/O-Funktionen haben die Rechner eine Anzahl von *Ports*. Ein solcher Port entspricht einem Register, nur befindet er sich außerhalb des Prozessors. Die Steuerung der Peripheriegeräte erfolgt über Steuerworte, die in einen oder mehrere Ports eingetragen werden. Zur Auswahl des korrekten externen Registers gibt man in der I/O-Operation seine eindeutige Adresse an. Bei der Vergabe der Adressen können zwei Methoden eingesetzt werden:

1. Beim independent I/O-System weisen der Hauptspeicher und die Ports völlig unabhängige Adressen auf. Der Prozessor benutzt aus diesem Grund auch unterschiedliche Befehle für I/O– und Transferoperationen. Der Vorteil dieser Methode liegt darin, dass der Adressraum in vollem Umfang zur Verfügung steht. Daher nennt man diese Art auch *isolated I/O*.

2. Bei Memory-mapped-I/Os werden die Ports so behandelt, als wären sie gewöhnliche Speicherstellen. Ob eine Adresse zu einem Speicherwort oder zu einem Port gehört, ist allein durch die Verdrahtung festgelegt. Da es keinen Unterschied bei der Bearbeitung von einem Wort im Hauptspeicher oder einem I/O-Register gibt, werden auch dieselben Transferbefehle verwendet.

Arithmetische Operationen

Von den zahlreichen *arithmetischen Operationen* beherrschen die meisten Prozessoren zumindest die vier Grundrechnungsarten Addition, Subtraktion, Multiplikation und Division, wobei für gewöhnlich zwischen der hexadezimalen und der dezimalen Darstellung gewählt werden kann. Das Format der Zahlendarstellung wird in der Regel vom Hersteller der CPU vorgegeben (z. B. IEEE-Format, siehe Buch G.H. Schildt, et.al. „Informatik Grundzüge", Springer Verlag 2002). Oftmals ist es dem Benutzer auch möglich, anzugeben, ob es sich bei der Eingabe um eine vorzeichenlose oder eine vorzeichenbehaftete ganze Zahl (engl. *integer numbers*) handelt. Spezielle Operationen für Integer sind das *increment* (addiere eins zu einer Zahl) und das *decrement* (subtrahiere eins von einer Zahl). Die bitweise Inversion ist genauso schon ein Standardkommando einer CPU. Der Compare-Befehl dagegen ist erst bei einigen Produkten realisiert. Er subtrahiert im ersten Schritt die beiden Operanden, ohne deren Werte zu verändern, und setzt dann die Status-Flags. Deshalb wird er meist vor einem bedingten Sprung verwendet.

Im Fall der Transfer-Befehle gibt es verschiedene Kommandos, um beispielsweise Wörter mit einer Länge von 2 oder 4 Byte zu verarbeiten. Ähnliches gilt auch für Instruktionen, die zur Verknüpfung von reellen Zahlen dienen. Diese nennt man *Floating-Point-Operationen*. Hier bestimmt die Stellenanzahl zugleich die Genauigkeit der Zahlendarstellung.

Bei der Ausführung von arithmetischen Operationen können auch Fehler auftreten: so zum Beispiel ein „*Überlauf*" (engl. *overflow*) bei der Addition zweier großer Zahlen. Um dies zu dokumentieren und im weiteren Programmablauf nutzen zu können, besitzen die meisten Prozessoren ein *PSW* (engl. *Program Status Word*). Die Bits des PSW weisen jeweils eine bestimmte Bedeutung auf. Sie zeigen zum Beispiel einen *„overflow"* oder Übertrag (engl. *carry*) an. Diese beiden werden nur durch das Ergebnis einer Operation gesetzt oder gelöscht. Der Anwender kann sie lesen und so überprüfen, ob eine arithmetische Funktion erfolgreich oder fehlerhaft abgeschlossen wurde. Das Ergebnis solcher Tests dient meistens zur Steuerung des weiteren Programmflusses (z. B. durch bedingte Sprünge). Eine ganze Reihe von Operationen gestattet es, einige dieser Bits zu manipulieren. Diese Befehle nennt man Flag- oder Bit-Kommandos.

Logische Operationen

Die Logik ist immer die nämliche,
man mag sie anwenden, worauf man will.

Gotthold Ephraim Lessing, „Anti-Goeze".

Die meisten *logischen Operationen* sind bereits in der Register-Transfer-Ebene implementiert, und stehen dem Benutzer gegebenenfalls noch um einige Varianten erweitert als Maschinenbefehl zur Verfügung.

Zu der Gruppe der logischen Operationen zählen die unären Befehle, die unabhängig vom Vorzustand eines Werts auf logisch 1 (engl. *set*) oder logisch 0 (engl. *clear*) setzen, oder das Komplement bilden (engl. *complement*). Diese könnnen als Operanden entweder ein Bit (*Set-Bit, Clear-Bit, Complement-Bit*) oder eine ganze Folge von Bits (z. B. *Clear-Register*) aufweisen. Im letzteren Fall wird jedes einzelne Bit wie eine eigenständige Variable behandelt, d.h., eine Complement-Funktion negiert jedes Bit im betreffenden Register (= bitweise Anwendung).

Zusätzlich gibt es die binären booleschen Funktionen AND, OR oder XOR. Diese verarbeiten jedes Bit des Operanden (meist ein ganzes Datenwort) einzeln.

Shift-Operationen

Shift-Operationen zählen weder zu den arithmetischen Instruktionen noch zu den logischen

Operationen. Viele Prozessoren können *logische* und *arithmetische Shift*-Kommandos verarbeiten. Während die logischen Shift-Instruktionen den Operanden nur als eine Folge von Bits interpretieren und an den Rändern eine fixe Konstante (0 oder 1) nachschieben, verändern die arithmetischen Operationen beim *Left-Shift* das msb (Vorzeichenbit) nicht und fügen bei einem *Right-Shift* das höchstwertige Bit wieder ein. Dadurch bleibt das Vorzeichen einer ganzen, binären Zahl beim arithmetischen Shift erhalten. Der *arithmetische Shift* geht durch die Multiplikation einer vorzeichenbehafteten binären Zahl mit 2 bzw. der ganzzahligen Division durch 2 hervor.

Neben den Shift-Instruktionen, welche die Bits nur verschieben, gibt es auch *Rotate-Befehle*. Die Bitfolge eines *Rotate*-Befehls ist eine geschlossene Kette, wodurch das Bit, welches an einem Ende „herausfällt", am anderen Ende wieder „eingefügt" wird.

Diverse Varianten der Shift-Operationen speichern jenes Bit, das aus dem Wort geschoben wird, in einem 1-Bit-Register, zum Beispiel dem Carry-Bit des PSW. Dadurch kann es getestet werden und den weiteren Programmablauf bestimmen. Eine spezielle Form stellen auch *Multiple-Shift-Operations* dar, die es ermöglichen, mit einem Befehl den Operanden um beliebig viele Bits zu verschieben. Die folgende Tabelle 5.1 enthält einige Beipiele von Shift-Operationen.

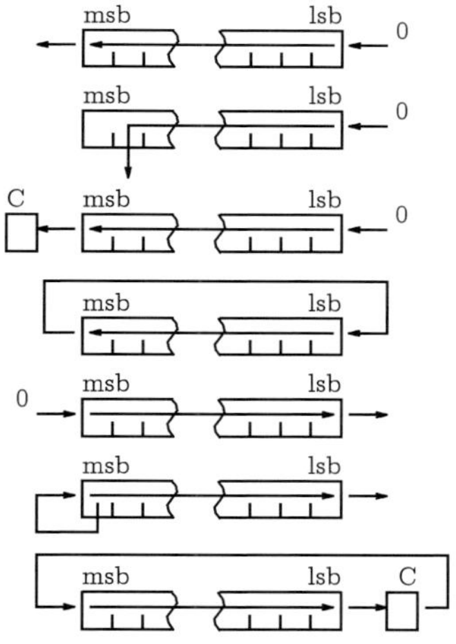

(1) shift left

(2) arithmetic shift left

(3) shift left with carry

(4) rotate left

(5) shift right

(6) arithmetic shift right

(7) rotate right through carry

Tabelle 5.1: Shift-Operationen

Flow-Control

Wehe Euch, verblendete Leiter!

Matthäus 23, 16.

Schon bei der Register-Transfer-Ebene haben wir Konstrukte eingeführt, die es ermöglichen, den sequenziellen Ablauf des Programms zu unterbrechen. Maschinen-Befehle mit dieser Funktion nennt man *Flow-Control-Operationen*. Zusätzlich zu den schon bekannten Sprungbefehlen sind in diesem Zusammenhang auch *Subroutine-Calls* und *Interrupts* zu erwähnen.

Sprünge

In der Schicht *Micro-Codes* haben wir sowohl unbedingte als auch bedingte Sprünge kennengelernt. Der unbedingte Sprung im Maschinen-Code wird *Jump-Operation* genannt und ist ein direktes Analogon zum unbedingten Sprung in der Register-Transfer-Ebene. Allerdings wird hier statt des MIC der Programm-Counter mit einem neuen Wert geladen, statt ihn wie üblich um eins zu erhöhen.

Bei den bedingten Sprüngen, die auch als *Branch-operations* bezeichnet werden, steht im Vergleich zum Micro-Code eine größere Auswahl an Bedingungen zur Verfügung. Die Durchführung des Sprunges kann vom Ergebnis eines Bit-Tests (*Jump-on-Bit-set*, *Jump-on-Bit-not-set*), Word-Tests (*Jump-if-zero, Jump-if-negative*, o. ä.) oder auch einer Vergleichsoperation von zwei Wörtern (*Jump-if-equal*, *Jump-if-greater* usw) abwhängig sein. Bei der letzten Gruppe kann der Benutzer vorzeichenbehaftete oder auch vorzeichenlose Operanden benutzen.

Subroutine Calls

Es ist bei der Erstellung einer umfangreicheren Software oft der Fall, dass eine Folge von Befehlen an mehreren Stellen benutzt wird. Es könnte etwa notwendig sein, mit Hilfe einer Reihenentwicklung den Logarithmus mehrerer Zahlen zu berechnen. Selbstverständlich kann man jetzt den Programmteil an jeder Stelle, an der er benötigt wird, einfügen, aber es wäre rationeller, ihn nur einmal zu programmieren und von verschiedenen Stellen aus benutzen zu können. Das ermöglicht die Funktion *Call-Subroutine* und *Return-from-Subroutine*.

Dieser Teil des Programms, auch *Subroutine* oder *Prozedur* genannt, wird nur einmal im Sourcetext gespeichert und jedesmal, wenn er gebraucht wird, durch den Befehl *Call-Subroutine* aktiviert. Dieses Kommando lädt die Startadresse der aufzurufenden Prozedur in den PC und führt danach die Befehle, die zur Prozedur gehören, aus. Damit dies geschehen kann, wird die Startadresse in einem Feld des Call-Subroutine-Befehls codiert.

Unsere Subroutine würde die Reihenentwicklung des Logarithmus naturalis der im Register R1 gespeicherten Zahl berechnen und das Resultat in den Registern R2 und R3 speichern (die Art und Anzahl der verwendeten Register ist rein exemplarisch). Falls nun an einer beliebigen Stelle der ln(x) nötig ist, speichert man x in R1 und ruft den Befehl *Call-Subroutine* `ln_adr` auf, wobei `ln_adr` der Startadresse unserer Prozedur im Hauptspeicher entspricht.

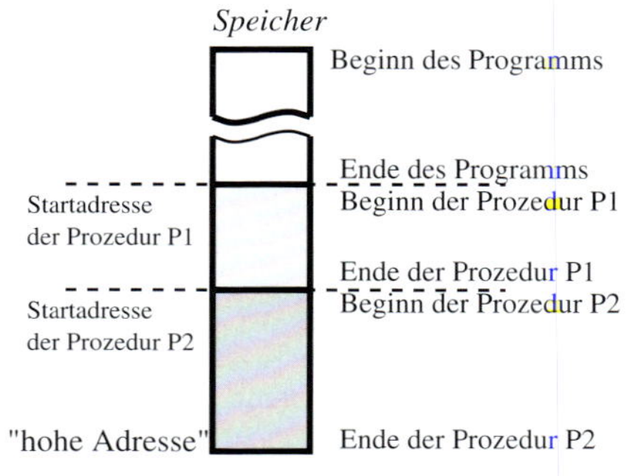

Abbildung 5.1: statische Lage der Prozeduren im Speicher

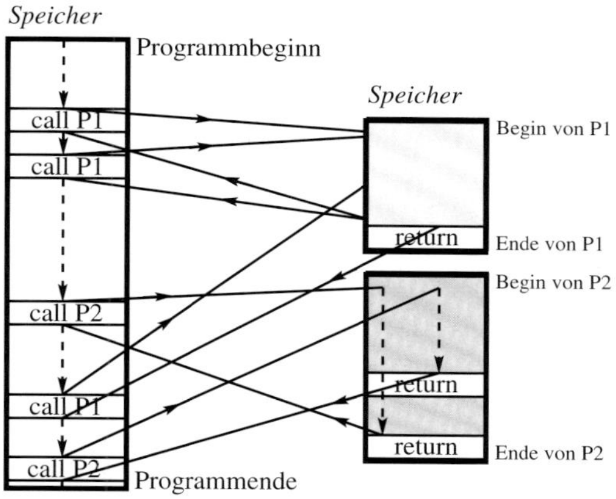

Abbildung 5.2: dynamischer Ablauf von Call– und Return–Befehlen

Am Ende der Prozedur wird die *Return-from-Subroutine*-Instruktion ausgeführt. Das Programm setzt mit der Anweisung fort, die sich hinter dem zuletzt ausgeführten Call-Befehl befindet. Wenn in der Prozedur Verzweigungen existieren, können auch mehrere Return-Anweisungen existieren. Diese springen allerdings alle an dieselbe Stelle des Hauptprogramms zurück.

Dieser Mechanismus ist schematisch in den obigen Abbildungen abgebildet. Die Graphik 5.1 stellt die Anordnung eines Programms und seiner Prozeduren im Speicher dar. In der Abbildung 5.2 kann man den Programmfluss während der Abarbeitung der Software sehen. Um die Graphik übersichtlich zu halten, wurden die beiden Prozeduren (P1 und P2) neben dem Programm eingezeichnet (auch hier handelt es sich wieder um ein Beispiel ohne allgemeine Gültigkeit).

Damit das Return-from-Subroutine-Kommando die korrekte Adresse (*Return Address*) dem PC zuweisen kann, muss sie zwischengespeichert werden. Da es aber möglich ist, dass P1 die Prozedur P2 und diese wiederum sich selbst aufruft (geschachtelte Aufruffolge), ist die Verwaltung der Rücksprungadressen ein sehr schwieriges Unterfangen. Gerade eine rekursive Aufrufstruktur (eine Prozedur ruft sich selbst mittels eines Call-Befehls auf) erschwert die Lösung. Ein oftmals verwendetes Konzept in diesem Zusammenhang ist der *Stack*.

Auch die Veränderung von Registerwerten innerhalb einer Subroutine, wenn deren urspüngliche Informationen nach dem Return-Befehl noch gebraucht werden, kann Konflikte und Fehler hervorrufen. Auf diese Weise werden auch die Register mit Hilfe eines Stacks vor Beginn der Prozedur „gerettet" und am Ende wiederhergestellt. Gewisse Veränderungen sind aber dennoch möglich. Die beiden Subroutine-Befehle (die ebenfalls aus einer Sequenz von Micro-Instruktionen bestehen) müssen jedoch stets folgende Kommandos ausführen:

Call-Subroutine:

1. Retten des PSW, der Registerinhalte und des Program-Counters
2. Laden des PC mit der Prozedur-Startadresse (diese Adresse stellt einen Teil des Befehls dar).
3. Abarbeitung der Prozedur durch den Interpreter.

Return-from-Subroutine:

1. Wiederherstellen des PSW und der Registerinhalte

2. Laden des PC mit dem Wert, der beim Call-Subroutine-Befehl gesichert worden ist (der PC zeigt nun auf die erste Instruktion nach dem Call-Subroutine-Befehl).

3. Fortsetzen des Programmablaufs

Interrupts

Das Konzept des *Interrupt* ermöglicht die Bewältigung von diversen Situtationen, die nicht im normalen Programmablauf vorgesehen sind. Sie *unterbrechen* den herkömmlichen Programmablauf und springen in bestimmte – als ISR *(Interrupt Service Routine)* bezeichnete – Serviceroutinen. Danach kann meistens das unterbrochene Programm wieder fortgesetzt werden.

Eine ISR ist ähnlich einer Subroutine. Deren Auslöser ist aber kein Call-Subroutine-Befehl, sondern ein prozessorinterner Ausnahmefall oder ein externes Ereignis. Beide treten asynchron zum Programmablauf auf und sind meistens nicht vorhersehbar. Interne Ausnahmefälle sind zum Beispiel „Division durch Null" und „illegaler Operation-Code". Sie werden oft durch falsche Programmierung hervorgerufen. In der Fachliteratur nennt man Interrupts, die durch interne Bedingungen verursacht werden, auch *Traps*. Ein Beispiel für einen solchen externen Ausnahmefall ist das schon behandelte Shakehand-Verfahren bei der Durchführung von Speicherzugriffen. Mit Hilfe des „Power Fail Interrupts" können manche Prozessoren aber noch bestimmte abschließende Befehle durchführen, bevor die Energieversorgung aussetzt. All diese Ereignisse werden durch spezielle Leitungen dem Prozessor gemeldet.

Bei der Behandlung eines Interrupts müssen folgende Schritte durchlaufen werden: Nach dem Auftreten eines Interrupts übernimmt spezielle Hardware – die *Interrupt-Logik* – die Steuerung der CPU. Sie stellt fest, ob ein externer oder interner Ausnahmefall vorliegt. Sofern es sinnvoll und möglich ist, führt sie den laufenden Befehl aus und rettet dann den *Programmstatus* (*Context*). Davon sind alle Register, der PC und das Statusregister betroffen. So kann nach Abarbeitung der ISR das Programm wieder fortgesetzt werden, als wäre nichts geschehen (*transparente* Interruptverarbeitung). Manche Prozessoren besitzen mehrere Sätze gleichwertiger Register (so genannte *Registerbänke*) und schalten bei einem Interrupt lediglich auf eine reservierte Registerbank um. So bleiben die Register des Programms unverändert und müssen nicht auf einem Stack ausgelagert werden.

Als nächstes wird die (externe) IR-Quelle festgestellt. Dafür gibt es mehrere Konzepte, wie dies geschehen kann:

- Es wird stets die gleiche ISR-Startadresse im Speicher angesprungen. Die Routine erkennt dann selbstständig, welche Quelle den Interrupt hervorgerufen hat.
- Der Prozessor besitzt (hardwaremäßig) genügend Interrupteingänge. Jede Leitung ist eindeutig einem bestimmten Ereignis zugeordnet (*uncodierte Interrupts*).
- Jede Quelle besitzt eine eindeutige Identifikations-Nummer, die sie gleichzeitig mit dem Interruptsignal (engl. *Interrupt-request*) bzw. nach einer Aufforderung durch den Prozessor auf dem Datenbus anlegt (*codierte Interrupts*).

Ein Interrupt muss nicht davon abhängen, an welcher Stelle des Programms man sich gerade befindet. Da er auch nicht (unbedingt) durch eine bestimmte Instruktion hervorgerufen wird, kann die Adresse der ISR nicht Teil eines Befehles sein; die ISR-Adresse muss stattdessen durch die *Interrupt-Logik* anhand der auslösenden Quelle bestimmt werden. Die Zuordnung einer Interruptquelle zur Adresse der ISR kann auf zweierlei Arten geschehen:

Fixe Zuordnung: Jeder Quelle ist eine bestimmte ISR und somit eine fixe Adresse zugeordnet, die beim Auftreten des IR in den PC geladen wird.

Interruptvektor: Die Interrupt-Tabelle, die an einer definierten Stelle im Speicher liegt, gibt die Zuordnung der Quellen zu den Startadressen der ISRs an. Sie kann vom Programmierer modifiziert werden. Beim Auftreten eines Interrupts lädt die Interruptlogik den PC mit der jeweiligen Adresse (Vektor).

Der Befehl *Return-from-Interrupt* (*Return-from-Exception*) bewirkt, dass die ISR beendet wird und die Hardware den Context wiederherstellt.

Während kritischer Abschnitte ist es manchmal nötig, alle bzw. bestimmte Interrupts zu sperren. Dies ist durch bestimmte Bits, die entweder im PSW, manchmal jedoch auch in einem eigenen *Interrupt Control Register* enthalten sind, möglich. Zumeist existiert ein Bit, welches generell Interrupts verbietet (*„Interrupts disabled“*) oder erlaubt (*„Interrupts enabled“*). Nach dem Auftreten eines Interrupt, prüft die Interrupt-Logik dieses Bit und ruft in Abhängigkeit von seinem Wert die ISR auf, bzw. weist den IR zurück. Weil die Variable meist nicht direkt beschrieben werden kann, muss man die Maschinenbefehle *Enable-* und *Disable-Interrupts* verwenden.

Während der Status „Interrupts-Enabled“ vorliegt, können durch einen zweiten Mechanismus Interrupteingänge des Prozessors nicht zugelassen, sondern gewissermaßen *ausgeblendet* oder *maskiert* werden. Eine *Interrupt-Mask* (z.B. im PSW) bestimmt, welche der Quellen zugelassen, bzw. gesperrt (maskiert) sind. Bei einem IR testet die Interruptlogik zunächst das Enable-Bit. Wenn Interrupts zugelassen sind, wird noch überprüft, ob die aktuelle Unterbrechung nicht möglicherweise durch die *Interrupt-Mask* gesperrt ist. Im allgemeinen wird dazu das Signal am Interrupteingang mit dem entsprechenden Bit in der Maske UND-verknüpft. Manche Interrupts lassen sich jedoch nicht ausblenden, sie müssen immer bearbeitet werden. Man bezeichnet sie als *Non-Maskable-Interrupts*.

Zuletzt soll noch der besondere Fall behandelt werden, dass während der Bearbeitung einer ISR ein weiterer Ausnahmefall eintritt. Manche Prozessoren speichern die neue Interruptanforderung der Hardware und führen sie aus, sobald die erste ISR beendet ist. Man nennt solche wartenden Interrupts *pending IR*. In manchen Fällen ist es aber notwendig, den neuen Interrupt sofort zu behandeln und deshalb die laufende ISR zu unterbrechen. Um einen solchen Fall zu erkennen, werden den einzelnen Interrupts *Prioritäten* zugeordnet. Dabei prüft die Interruptlogik die Prioritäten der beiden Ausnahmefälle. Besitzt der aktive Interrupt eine niedrigere Priorität als der neue, wird die ISR unterbrochen, sonst bleibt der neue Interrupt *pending*, bis alle mit einer höheren Priorität bearbeitet wurden.

Stack-Operationen

Der *Stack* – auch Kellerspeicher oder Stapelspeicher genannt – ist ein spezieller Speicherbereich, der sich normalerweise im Arbeitsspeicher befindet (*software stack*). In der Praxis kann man bei dieser Art noch zwischen Stacks unterscheiden, deren Lage im RAM fixiert ist, und solchen, die von Programmen angelegt werden. Da der Benutzer jeweils dieselben Stackbefehle benutzt, bemerkt er nichts von diesen Implementierungsdetails. Manche neuen CPUs haben auch einen Stack am Prozessorchip (*hardware stack*). Dieser hat zwar oft nur eine kleine Kapazität, weist aber kürzere Zugriffszeiten auf. Ein Stapelspeicher dient u.a. zum Speichern des PSWs, bevor ein Unterprogramm oder eine ISR aufgerufen wird. Er kann aber auch kurzfristig als Zwischenspeicher Verwendung finden. Moderne Prozessoren können sogar mehrere Stacks gleichzeitig verwalten. Zum Beispiel jeweils einen für Sprungadressen, Daten oder Programme. Das Prinzip des Kellerspeichers besteht darin, dass die letzte eingetragene Information als Erste wieder gelesen oder entfernt wird. Wegen dieses Schemas wird er auch *LIFO-Speicher* (*Last-In-First-Out*) genannt.

Im Befehlssatz eines Prozessors gibt es eigene Kommandos für die Datenübertragung in bzw. aus dem Stack. Die *Push*-Operation „legt ein oder mehrere Wörter auf den Stapel“. Das *Pop*-Kommando (auch *Pull*-Befehl) „entnimmt ein oder mehrere Wörter, die zuoberst auf dem Stapel liegen“. Die Operationen des Maschinen-Codes beschränken sich für gewöhnlich auf einzelne Datenwörter, die in einem Register Platz finden. Der Push-Befehl (push Reg) transferiert das Bitmuster eines Registers auf den Stack, und die Pop-Instruktion (pop Reg) liest das oberste Element vom Kellerspeicher und schreibt es in ein durch das Kommando festgelegtes Register. Beide Operationen verändern die Daten dabei nicht.

Der Vorteil dieses Konzeptes liegt darin, dass die Adressverwaltung durch das System übernommen wird. Der Benutzer muss die Adresse des Elements nicht kennen, das er mit dem Push-Befehl auf den Stack legt. Ob er die Anzahl der Datensätze auf dem Stack kennt, ist nicht weiter wichtig. Um ein richtiges Resultat zu erhalten, braucht er lediglich die Datensätze genau in umgekehrter Reihenfolge wieder vom Stack zu holen. Deshalb eignet sich dieses Schema ideal als (quasi unbegrenzter) Zwischenspeicher.

Das System muss nur jene Adresse im Hauptspeicher verwalten, an der sich das oberste Element des Stacks befindet. Dazu verwendet es ein spezielles Register, den SP (*Stackpointer*). Der SP beinhaltet diese Adresse. Sein Wert wird nur durch die Befehle Push und Pop modifiziert.

Anhand eines einfachen Konzepts soll die Realisierung eines Stacks veranschaulicht werden. Wir legen fest, dass sich das erste Element des Stacks auf der höchsten Adresse im RAM befindet. Das nächste Element des Stapelspeichers erhält den Speicherplatz, der sich direkt darunter befindet. In diesem Fall wächst der Speicher also „abwärts“. Da der *Micro16*-Adressbus 16 Bit breit ist, wird der Stackpointer (SP) beim Power-up mit der Adresse $(\texttt{FFFF})_{16}$ initialisiert. Auf diese Weise zeigt der SP zwar nicht auf das oberste Element – das zu diesem Zeitpunkt auch noch gar nicht vorhanden ist – sondern stets auf die Speicherstelle, in der das nächste Wort abgespeichert werden soll. Wenn der Stapel in Bereiche gerät, in denen sich Programme bzw. Daten befinden (engl. *stack size overflow*), treten Probleme auf. Damit man erkennen kann, dass es sich hier um nur eine von vielen Möglichkeiten einer Realisierung der beiden Stack-Operationen handelt, nennen wir sie push_16 und pop_16.

Mit Hilfe eines fiktiven Maschinen-Codes, der dieselbe Notation wie der Micro-Code im Abschnitt 4.4.5 besitzt, soll die Implementierung der beiden Stack-Funktionen dargestellt werden. Diesen beiden Befehlen entsprechen für gewöhnlich Micro-Instruktionssequenzen, die der Interpreter stets ausführt, wenn der Maschinenbefehl pop_16 oder push_16 vorliegt.

Die Darstellung R ← memory[address] beschreibt das Laden eines Wortes vom Speicher in ein Register. Die Variable address gibt die Adresse wieder, wo sich das Wort im RAM befindet. Dieser Platzhalter address kann unter anderem durch einen konkreten Zahlenwert oder ein Register, das auf die Speicherzelle weist, ersetzt werden. Der Ausdruck (reg) beschreibt den Operanden des Maschinenbefehls. Er gibt die Adresse des zu verwendenden Registers an (siehe auch Abschnitt 5.1.2).

Im folgenden wollen wir die Instruktionssequenzen der beiden Maschinenbefehle *push_16* und *pop_16* näher betrachten.

```
push_16(reg)

1.          memory[SP] ← reg     # Das Register reg unter der im SP ange-
                                 # gebenen Adresse im Speicher ablegen.
2.          SP←SP-1              # SP um 1 erniedrigen
```

```
pop_16(reg)

1.    if (¬SP=0) goto 3            # Falls im SP nicht (FFFF)16
                                   # gespeichert ist, springe zu 3
2.    Interrupt Stack-underflow    # Interrupt Stack-underflow auslösen
3.    SP ← SP+1                    # SP um 1 erhöhen
4.    reg ← memory[SP]             # Das Element, das unter der im SP
                                   # angegebenen Adresse im Speicher
                                   # abgelegt ist, im Register
                                   # reg abspeichern
```

Anhand eines Beispielprogramms soll das Konzept des Stacks in der Praxis veranschaulicht werden:

```
1.  R1←1          # Transferoperation: Register R1 mit 1 belegen
2.  R2←2          # Transferoperation: Register R2 mit 2 belegen
3.  R3←4          # Transferoperation: Register R3 mit 4 belegen
4.  push_16(R1)   # R1 auf den Stack legen
5.  push_16(R2)   # R2 auf den Stack legen
6.  push_16(R3)   # R3 auf den Stack legen
7.  R3←1          # Transferoperation: Register R3 mit 1 belegen
8.  pop_16(R3)    # R3 ist das oberste Stack-Element und wird mit
                  # diesem Befehl geholt
9.  R1←0          # Transferoperation: Register R1 mit 0 belegen
10. R2←0          # Transferoperation: Register R2 mit 0 belegen
11. push_16(R2)   # R2 zum zweiten Mal auf den Stack legen
12. R2←4          # Transferoperation: Register R2 mit 0 belegen
13. pop_16(R2)    # R2 das erste Mal vom Stack holen
14. pop_16(R2)    # R2 das zweite Mal vom Stack holen
15. pop_16(R1)    # R1 vom Stack holen
```

Die Werte vom Stack und den Registern bei der Durchführung des obigen Programms sind in der Abbildung 5.3 ersichtlich. Unterhalb der Teilbilder sind jeweils die aktuellen Befehle aufgeschlüsselt.

Nachdem wir die prinzipielle Funktionsweise und die Realisierung des Stacks besprochen haben, wollen wir uns nun den Befehlen im Zusammenhang mit Subroutinen zuwenden. Wie bereits erwähnt, ist es notwendig, vor dem Aufruf einer Prozedur sowohl Register als auch den PC und das PSW zu sichern. Deshalb legt der *Call-Subroutine*-Befehl als erstes die Adresse des im Hauptspeicher folgenden Kommandos auf den Stack. Zu diesem Kommando muss nach Abschluss der Routine zurückgesprungen werden. Danach „pusht“ der Call-Soubroutine Befehl das PSW und gegebenenfalls andere Register in den Stapelspeicher. Vor dem Verlassen der Subroutine stellt der *Return-from-Subroutine*-Befehl die Register und das PSW in umgekehrter Reihenfolge wieder her (speichert die alten Werte also wieder in den diversen Registern). Im letzten Schritt ist es noch nötig, die *Return-Adresse*, die nun zuoberst auf dem Stack liegt, in den PC zu laden.

Dieses Verfahren erlaubt auch das Ineinanderschachteln von Prozeduren, da die Return-Adressen von Routinen, die später aufgerufen wurden, stets weiter oben (über allen anderen) im Stack liegen. Auf diese Weise hebt der *Return-from-Subroutine*-Befehl nur die innerste Schachtelung auf. Dieses Prinzip funktioniert selbstverständlich auch beim Aufruf einer Funktion durch sich selbst (*Rekursion*). Eine große Fehlerquelle stellen jedoch Sprungbefehle dar. Falls direkt in eine Subroutine gesprungen wird, befindet sich keine korrekte Return-Adresse auf dem Stack. Damit lädt der Return-Befehl irgendeinen Wert, der sich zufällig zuoberst auf dem Stack befindet, als Rücksprungadresse in den PC.

Interrupts setzen ein ähnliches Verfahren ein. Vor dem Aufruf der ISR wird der PC (unter Umständen inklusive anderer Register) auf dem Stack abgespeichert. Der *Return-from-Inter-*

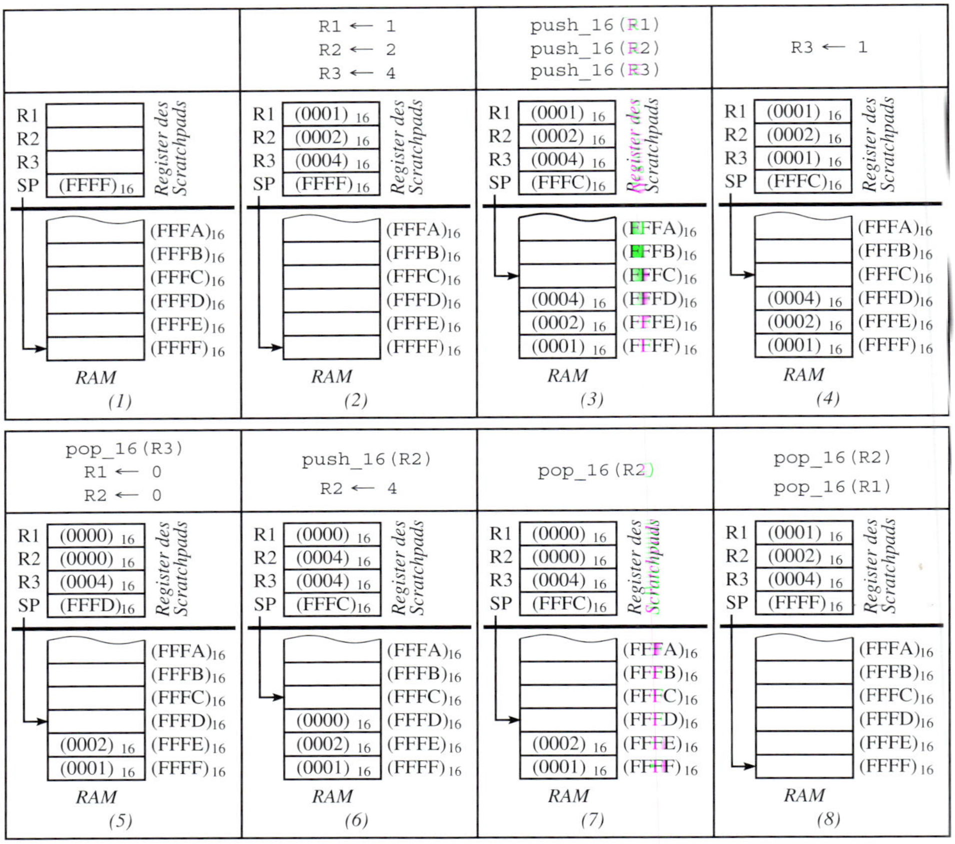

Abbildung 5.3: Werte vom Stack und den Registern

rupt-Befehl „poppt" die Werte am Ende wieder zurück und stellt somit den Programmzustand wieder her. Nach Laden des PC mit dem Originalwert kann der herkömmliche Programmablauf wieder fortgesetzt werden.

5.1.2 Adressierungsarten

Ich kann mir drei Sachen nicht merken: Telefonnummern, Adressen und ... äh ... äh ... hmm ... was war noch das Dritte?

Martin Henry Fischer, amerikanischer Schriftsteller

Eine Maschinen-Instruktion enthält meist einen Befehl, der auf einen oder mehrere Operanden angewandt werden muss. Dazu ist es erforderlich, ihre Adressen (gleichgültig ob im Register oder Hauptspeicher) zu kennen. Sie werden in einem eigenen Feld des Maschinen-Kommandos angegeben. Am einfachsten ist es, an dieser Stelle direkt die Adresse der Speicherzelle anzugeben. Dies hat aber folgende Nachteile:

- Die Adressen müssen bereits zur Zeit der Programmerstellung bekannt sein. D.h., es wird festgelegt, wo die Software zur Ausführungszeit im Speicher liegt. Bei einer Verschiebung kann das Programm nicht mehr exekutiert werden.

- Es ist besonders günstig, Adressierungsmechanismen zu besitzen, die bei einer geringeren Anzahl von Bits einen gleich großen Adressraum ansprechen können.
- Die absolute Adressangabe ist eine eher unkomfortable Methode. Dem Programmierer sollte auch auf dieser niedrigen Schicht ein geeigneter Befehlssatz zu Verfügung stehen.

Daher ist man dazu übergegangen, die Adressen der Operanden aus den Inhalten von Registern, Speicherzellen und Konstanten, die im Maschinen-Code angegeben werden, zu berechnen (*dynamische Adressberechnung*). Die verschiedenen Möglichkeiten der Berechnung bezeichnen wir als *Adressierungsarten* (engl. *addressing modes*). Durch ihre richtige Verwendung (Tabellen, Listen etc.) kann viel Speicherplatz und Rechenzeit eingespart werden.

Der Kennzeichnung der Adressierungsart dient ein Feld *(Mode-Field)* des Kommandos. Abhängig von seinem Wert wird die Operandenadresse berechnet. Das Ergebnis dieser Berechnung nennt man *effektive Adresse* (engl. *effective address*).

Im folgenden sollen nur die wichtigsten Adressierungsarten dargestellt werden, wobei nicht näher auf ihre Implementierung oder auf Vor– und Nachteile der einzelnen Verfahren eingegangen wird. Zur Beschreibung der komplizierteren Modi verwenden wir Beispiele, wobei die linke Seite der Abbildungen immer die Belegung der Register und des Speichers vor und die rechte Hälfte nach der Ausführung des Befehls zeigt. Abschließend wollen wir noch darauf hinweisen, dass die Adressierungsarten ein zum Maschinen-Code orthogonales System sind, da ihre Art und Anzahl nicht vom Umfang und der Mächtigkeit des Befehlssatzes abhängt.

Der *Immediate Mode*, der *Direct-Adressing Mode*, der *Register-Indirect Mode* sowie der *Program-Counter-Relative-Adressing Mode* sind *einstufige Speicher-Adressierungsverfahren*, da nur eine Berechnung notwendig ist, um die *effektive Adresse* zu erhalten.

Implied Mode

Die *implizite Adressierung* (engl. *implied mode*) ist eigentlich keine Adressierungsart im engeren Sinn, denn die Gruppe von Befehlen, die dieses Verfahren verwendet, ist nur für einen bestimmten Operanden definiert, darum muss dieser nicht eigens in einem Adressfeld angegeben werden. Ein Beispiel für ein solches Kommando ist die Instruktion „*Enable Interrupts*". Sie modifiziert stets das Register, welches die *Interrupt-Mask* enthält (also entweder das PSW oder das Interrupt Control Register).

Register Mode

Dieses Konzept haben wir bereits in der Micro-Code-Schicht (Abschnitt 4.4.5) vorgestellt. Die Register werden über die ihnen zugeordneten Adressen angesprochen, wobei diese auch in der Maschinen-Code-Schicht verwendet werden können. Am *Mode-Field* erkennt der Interpreter, dass es sich bei der Angabe nicht um eine Adresse im Hauptspeicher sondern um die eines Registers handelt (z. B. R3 $\leftarrow$R4 + R5).

Immediate Mode

Keine Angst, das ha'm wir gleich,
das geht ganz schmerzlos und ganz schnell.

Reinhard Mey, „Dr. Nahtlos, Dr. Sägeberg und Dr. Hein".

Diese Methode stellt ebenso keine Adressierung im eigentlichen Sinn dar, weil beim *Immediate Mode* der Wert des Operanden direkt im Maschinenbefehl enthalten ist. Es befindet sich somit statt einer Adresse direkt die Konstante, die verarbeitet werden soll, im Operandenfeld. Man wendet dieses Adressierungsverfahren zur Initialisierung von Registern (z. B. Reg $\leftarrow$ 0) oder bei Operationen mit konstanten Werten (z. B. Inkrementieren eines Schleifenzählers) an.

Direct-Addressing Mode

Beim Direct Addressing Mode entspricht der Wert im Operandenfeld der Speicheradresse (effektiven Adresse) des gewünschten Operanden. Dieses Verfahren wird nicht nur bei Transferoperationen, sondern auch bei Sprungbefehlen verwendet. Im zweiten Fall enthält das Operandenfeld die Zieladresse des Sprungs. Zwei Beispiele hierfür sollen die Adressauflösung verdeutlichen:

- *goto* $(220)_{16}$,
  Lädt den PC mit der Adresse $(220)_{16}$.
- *R6* $\leftarrow$ *memory[*$(500)_{16}$*]*
  Das Wort, das sich an der Adresse $(500)_{16}$ befindet, wird in das Register R6 geladen. Das Operandenfeld des Befehles enthält daher die Adresse $(500)_{16}$.

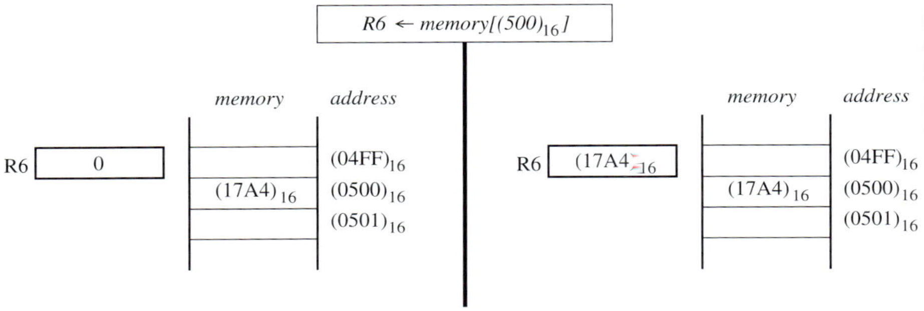

Register-Indirect Mode

Beim *Register-Indirect Mode* enthält das Register, welches im Maschinen-Befehl als Operand angegeben ist, die effektive Adresse des gewünschten Datenwortes. Das Register wird daher auch *pointer* genannt. Bereits im Abschnitt *Stack-Operationen* wurde dieses Verfahren verwendet. Dort wurde auch der Begriff des *Stackpointer* (SP) erwähnt.

Eine andere Variante dieser Adressierungsart bezeichnet man als *Base-Register-Addressing*. Bei diesem Konzept enthält der Maschinen-Befehl noch ein *Displacement*- oder *Offset*-Feld. Um die effektive Adresse zu errechnen, wird zum Wert des im Operandenfeld adressierten Registers (*Base-Register*) das *Displacement* addiert. Bei manchen Prozessoren bestehen eigens für diesen Modus reservierte Register.

Den gleichen Effekt erzielt man durch die *indizierte Adressierung* (engl. *indexed addressing*). Allerdings erfolgt die Berechnung auf eine andere Art. Das Register (*Index-Register*) beinhaltet bei dieser Adressierungsart das Displacement, während die Basisadresse im Befehl selbst gespeichert ist. Dieses Verfahren wird oft verwendet. Dessen Stärke liegt vor allem bei der Bearbeitung sequenziell im Speicher abgelegter Daten, da man in diesem Fall durch eine Erhöhung des Index-Registers (zum Beispiel mit Hilfe einer Schleife) den nächsten Eintrag erhält. Diverse Prozessoren besitzen auch für diese Adressierungsart spezielle Index-Register.

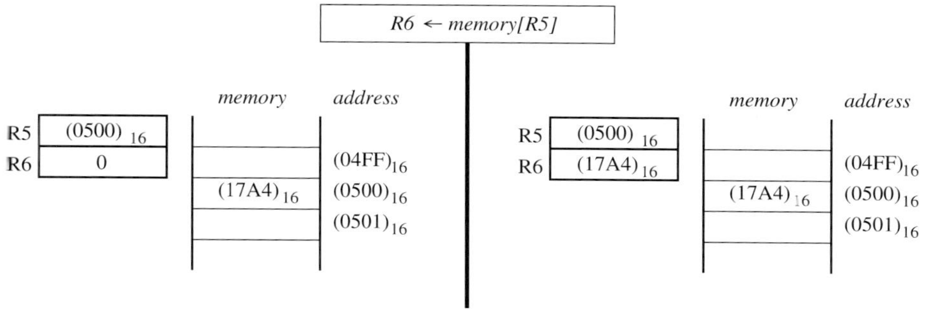

Da die Berechnung beim *Base* und *Indexed Mode* logisch äquivalent ist, enthält die folgende Graphik nur ein Beispiel für die indizierte Adressierung. Das Register R5 dient dabei als Index-Register.

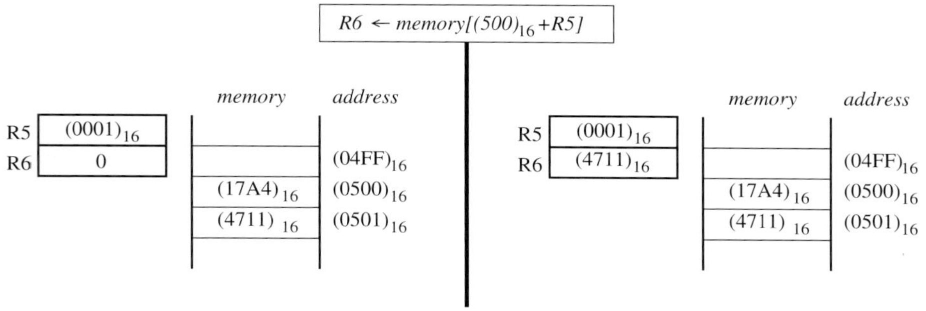

Zwei weitere Varianten des *Register-Indirect Modes* sind die Modi *Register-Indirect-With-Postincrement* und *Register-Indirect-With-Predecrement*. Bei diesen beiden Befehlen wird nach jedem Speicherzugriff (*Memory-Fetch*) das Register, in dem sich die Adresse befindet, erhöht oder vor der Leseoperation vermindert.

In der Maschinensprache Assembler werden solche Adressierungsarten etwa wie folgt angeschrieben:

Postincrement `ADD (A0)+, D3`
Predecrement `ADD -(A0), D3`

In der Funktionsweise ist diese Form des Zugriffs auch vergleichbar mit den aus der Programmiersprache C++ bekannten Post- und Präfix-Operatoren (++, --) auf Variablen:

```
int i, j = ++i, k = j++;
```

Program-Counter-Relative-Addressing Mode

Die *Program-Counter-Relative Adressierung* ist eine Variante der *Base*– bzw. *Indexed*-Adressierung. Dabei berechnet sich die *effektive Adresse* durch die Addition eines im Befehl angegebenen Offsets zum aktuellen Programmzählerstand. Das gestattet das Erstellen von Programmen, die an einer beliebigen Stelle des Arbeitsspeichers lauffähig sind. Der Offset wird für gewöhnlich als vorzeichenbehaftete Zahl in Zweierkomplementdarstellung interpretiert.

Bei einigen Prozessoren ist dieser Modus nur in Verbindung mit Sprüngen, Verzweigungsbefehlen oder Unterprogrammaufrufen zulässig.

Indirect-Addressing Mode

Zuletzt betrachten wir ein Beispiel für eine *zweistufige Speicher-Adressierung*. Mehrere sequenziell aufeinanderfolgende Adressberechnungen und Speicherzugriffe sind dafür notwendig. Das Ergebnis der ersten Berechnung liefert die Adresse eines Speicherwortes, das entweder die Adresse oder den Offset der folgenden Berechnung enthält.

Bei der *indirekten Adressierung* – der einfachsten Form – enthält der Befehl eine absolute Adresse, die auf ein Speicherwort verweist. Der Zellenwert entspricht der effektiven Adresse des gesuchten Operanden. Um diesen zu laden, muss in Folge zweimal auf den Hauptspeicher zugegriffen werden. Diesem Umstand wird in der symbolischen Notation Rechnung getragen. Für ein indirekt adressiertes Wort schreiben wir `memory[memory[address]]`. Im Bitmuster des Maschinen-Befehls ist allerdings nur der Operand `address` gespeichert, und das *Mode-Field* gibt an, dass eine indirekte Adressierung vorliegt. Die Details sind im folgenden Beispiel ersichtlich.

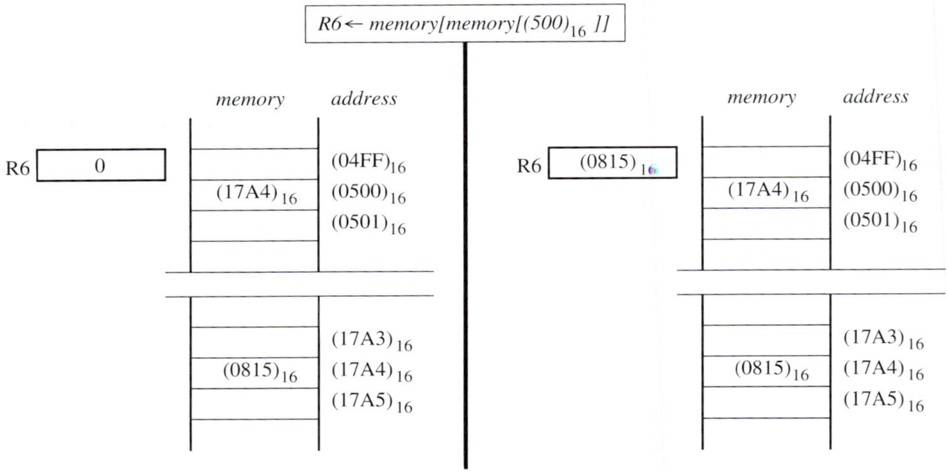

5.1.3 Architekturen

In der modernen Architektur stört der Mensch, die Natur sowieso.

Friedensreich Hundertwasser (eigentl. Friedrich Stowasser) (1928-2000)

Die Bandbreite heutiger Prozessoren reicht von kleinen, oft langsamen bis hin zu sehr leistungsfähigen Prozessoren. Sie besitzen Komponenten, die beispielsweise die Speicherverwaltung unterstützen, im einfachsten Fall eine eigene ALU für Adressberechnungen oder sogar eine *Memory Management Unit* zur Realisierung von virtuellen Speichersystemen und zum Schutz gegen missbräuchliche Zugriffe. Sogar eigene *Floating Point Units* können auf dem Chip integriert sein, um die ALU zu entlasten. Wir wollen nun einige Qualitätsmerkmale aufzeigen und einen kurzen Überblick über die neuen Entwicklungstendenzen gewinnen.

Die Performance eines Prozessors hängt sowohl von der Größe als auch von der Anzahl der vorhandenen Register und ihrer Funktionalität ab. Selbst leistungsschwache Prozessoren besitzen wenigstens zwei allgemeine Datenregister, die zum Speichern der Operanden für die ALU-Funktionen dienen. Eines der beiden findet gleichzeitig als Ergebnisregister Verwendung. Dieses bezeichnet man als *Accumulator* (oder kurz *Accu*, *AC*), das andere als *B-Register*. An speziellen Registern müssen immer ein *Memory Address Register*, ein *Stack Pointer*, ein *Program Counter* und ein *Program Status Word* für die Funktionsfähigkeit des Prozessors vorhanden sein. Diese Register können nicht beliebig eingesetzt werden, sondern haben fixe Aufgaben und können meist durch die Programme nur abgefragt, nicht jedoch direkt modifiziert werden. Eine Ausnahme stellt der PC dar, der u.a. durch einen Sprungbefehl direkt geladen werden kann.

Solche einfachen Prozessoren haben natürlich auch ein sehr einfaches Instruktionsformat. Sie benutzen zur Adressierung meist den *Implied-Addressing Mode*. Lediglich die *Load-* und *Store-*Operationen, die ja bekanntlich Daten vom oder zum Hauptspeicher transferieren, benötigen ein eigenes Adressfeld.

Moderne, leistungsfähige Architekturen weisen neben den speziellen Registern, wie PC, SP oder PSW, allgemein mehrere Datenspeicher in einem *Scratchpad* auf. Diese können bei (nahezu) jeder Operation als Operand und als Ergebnisregister verwendet werden. Daher ist natürlich ein komplexeres Instruktionsformat notwendig, das eigene Felder für den Operation-Code, die Operanden und das Ergebnis beinhaltet. Im Fall, dass der Prozessor auch mehrere Adressierungsarten unterstützt, benötigt jedes Operandenfeld auch *Mode–* und *Address–Bits*. Eine Erweiterung der Hardware (Anzahl der Register und mögliche Adressierungsarten) vergrößert das Instruktionsformat und erhöht somit die Komplexität des Interpreters.

Register, die sowohl zur Speicherung von Daten als auch zur Modifikation von Adressen eingesetzt werden können, bezeichnet man als *Mehrzweckregister*. Dabei ist allerdings zwischen zwei Strömungen in der Architektur zu unterscheiden, nämlich den CISC (*Complex Instruction Set Computer*) und den RISC (*Reduced Instruction Set Computer*). RISC-Architekturen verfügen über große Registerfiles (128 und mehr Register). CISC-Prozessoren enthalten im Gegensatz dazu meist nur 16 oder ein paar mehr Register.

Die Adress- und Datenwortbreite, die ein Prozessor besitzt, hat ebenfalls Einfluss auf seine *Performance*. Je länger die Datenwörter sind, desto mehr Bits können gleichzeitig verarbeitet werden, und bei einer größeren Anzahl von Datenleitungen erweitert sich der direkt adressierbare Speicherbereich. Heute übliche Prozessoren benutzen in der Regel Registerlängen von 32 Bit und mehr. Somit ist eine direkte Adressierung in der Größenordnung von Gigabytes möglich.

Die Taktfrequenzen (*clock pulse frequency*) der Prozessoren wurden stetig gesteigert. Heute liegen sie ungefähr im Bereich von 2 bis 3 GHz. Die endliche Geschwindigkeit des Stroms setzt allerdings einer Erhöhung der Taktfrequenz natürliche Grenzen. Nur bei einer weiteren Miniaturisierung der Bauteile könnten noch höhere Taktraten erreicht werden. Ein anderes Mittel, um die Leistungsfähigkeit zu steigern, ist die *Verbindung mehrerer Rechner*.

Heute übliche Prozessoren haben viele Spezialfunktionen bereits auf dem Chip integriert. Sie enthalten zum Beispiel *Counter* zum Zählen von Ereignissen oder *Timer*. Diese Bausteine sind durch einen internen oder externen Takt angesteuerte Zähler. Man benutzt sie für gewöhnlich, um zeitliche Abhängigkeiten in den Programmfluss einzubringen. Eine andere mögliche Spezialfunktion wäre ein USART (*Universal Synchronous Asynchronous Receiver Transmitter*), also eine programmierbare serielle Schnittstelle. Die Liste der möglichen Einsatzformen läßt sich noch beliebig fortsetzen.

In den folgenden Abschnitten werden wir noch einige besondere Techniken zur Performance-Steigerung näher erörtern. Dies sind etwa Parallelverarbeitung innerhalb des Rechners und die RISC-Architekturen.

5.1.4 Parallelverarbeitung innerhalb eines Rechners

Bei der Durchführung eines Maschinenbefehls wird der Befehl aus dem Hauptspeicher eingelesen und dann von einem Interpreter verarbeitet, d.h., er übersetzt ihn in eine Sequenz ausführbarer Micro-Operationen. Dabei sind nun mehrere Arbeitsschritte zu bewältigen:

1. Instruktion holen
2. Befehl decodieren
3. Operanden holen
4. Befehl exekutieren
5. Ergebnis speichern

Es nun nicht mehr (wie in der Micro-Code-Schicht) möglich, pro Taktzyklus eine Maschinen-Instruktion vollständig abzuarbeiten. Durch Varianten der klassischen Architektur kann man die Leistung eines Prozessors steigern.

Vektorverarbeitung

Es kann vorkommen, dass ein und derselbe Befehl auf mehrere gleichartige Datenelemente zweimal hintereinander angewandt wird – wobei jedesmal alle Schritte der Abarbeitung eines Maschinenbefehls sequenziell ausgeführt werden müssen. Um Zeit einzusparen, lädt man bei diesem Konzept alle Operanden gleichzeitig in die Register und führt dann die Operation an allen vorhanden Datenelementen parallel aus. Damit dieses Konzept verwirklicht werden kann, muss eine entsprechend große Anzahl von Registern und ALUs existieren.

Der Zeitgewinn hängt hierbei stark von der Häufigkeit ab, mit der in einer Befehlsfolge eine parallele (vektorielle) Verarbeitung zustande kommt. Die Verbesserung der Performance wird allerdings auch von der implementierten Vektorlänge (Anzahl an parallelen ALUs) beeinflusst. Wenn zu wenige ALUs zur Verfügung stehen, müssen gewisse Tätigkeiten entgegen der ursprünglichen Idee nach wie vor sequenziell abgearbeitet werden.

Superskalare Verarbeitung

Superskalare Verarbeitung steigert die interne Parallelität, indem alle Bestandteile zur Abarbeitung eines Befehls mehrfach in Form weitgehend autonomer Funktionseinheiten zur Verfügung stehen. Superskalare Prozessoren besitzen mehrere skalare Verarbeitungseinheiten.

Damit sind von seiten der Hardware alle Voraussetzungen für eine parallele Abarbeitung mehrerer Befehle geschaffen. Da mehrere Verarbeitungseinheiten zur Verfügung stehen, können weder Instruktionen mit längerer Ausführungszeit noch Cache Misses die Pipeline behindern. Weiter wird bei diesen Prozessoren meist ein ausgeklügeltes Pipelining verwendet. Welche Kommandos parallel bearbeitet werden können, wird über Daten- und Befehlsabhängigkeitsanalysen ermittelt. Zur Realisierung dieser komplexen Analyse benutzt man *Markierungen* (engl. *scores*).

Ein Nachteil dieses Konzepts liegt in der Tatsache, dass es durch die Parallelität zu einer Steigerung der internen Konflikte kommt und somit der Aufwand, diese zu lösen, steigt. Abhängigkeiten können komplexer und die Ausnahmebehandlungen komplizierter sein. So treten teilweise grössere Zeitverluste auf. Bei der Realisierung der Hardware wurden nämlich keine weiteren Vorkehrungen zur Lösung der Abhängigkeitskonflikte eingeführt.

Trotz des mehrfachen Schaltungsaufwandes ist eine effektive Nutzung nicht garantiert. Die Leistungssteigerung hängt nämlich stark von der jeweiligen Aufgabenstellung ab. Dennoch findet sich diese Art von Parallelverarbeitung oft in den heutigen Prozessoren.

Ein weiteres Feature ist der Einsatz von Co-Prozessoren für Spezialfunktionen wie zum Beispiel Floating Point oder grafische Funktionen. Die Anbindung der Co-Prozessoren kann auf verschiedene Arten erfolgen:

Vollständig sichtbare Anbindung: Der CPU-Instruktionssatz beinhaltet auch Instruktionen für die Co-Prozessoren. So erfolgt eine explizite Übergabe der Kontrolle von der CPU an den Co-Prozessor. Der Instruktionssatz und die Architektur sind in diesem Fall sehr eng aneinander gebunden.

Partiell sichtbare Anbindung: Der CPU-Instruktionssatz enthält ebenso wie im ersten Fall Instruktionen für die Co-Prozessoren, aber CPU und Co-Prozessor arbeiten partiell unabhängig.

Transparente Anbindung: Die CPU weiss nichts von den Co-Prozessoren. Die Co-Prozessoren erkennen bestimmte Speicheradressen der CPU als Co-Prozessor-Instruktionen. Die Co-Prozessoren funktionieren in diesem Fall weitgehend unabhängig von der CPU.

Instruction-Pipelining

Als wichtiges Konzept der Parallelverarbeitung soll das Instruction-Pipelining erläutert werden. Beim *Pipelining* (der *Fließbandverarbeitung*) wird der Hardware-Aufwand unter Umständen nicht im vollen Umfang vervielfacht, sondern die bestehenden Teile werden effizienter genutzt.

Das Konzept des Pipelinings lässt sich am besten anhand der Fließbandarbeit erklären. Bei diesem Schema wird der Herstellungsprozess in einzelne Teile zerlegt, die verschiedenen Arbeitern zugeteilt werden. Das Produkt selbst läuft von einer Station zur nächsten. Als Beispiel soll eine vereinfachte Autoproduktion dienen.

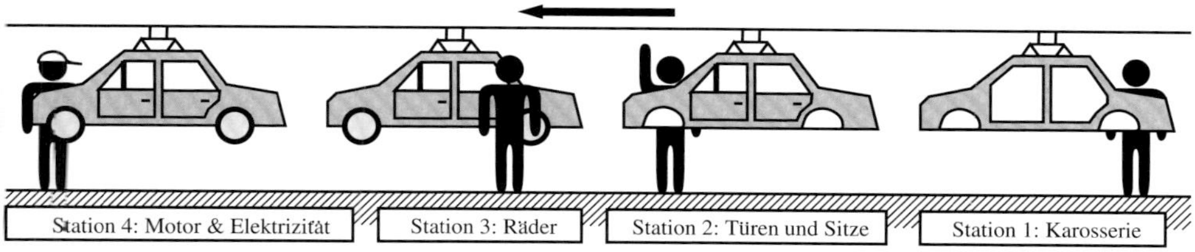

Abbildung 5.4: Fließbandprinzip

Wir können diesen Vorgang nun aus zwei unterschiedlichen Perspektiven betrachten:

Aus der Sicht des Autos: Für ein Auto ergibt sich kein Unterschied, ob nur eine Arbeitsstation oder mehrere vorhanden sind, da es stets alle Produktionsschritte durchlaufen muss.

Aus dem Blickwinkel einer Person am Ende des Fließbandes: Für ihn ist das Intervall, das zwischen der Fertigstellung zweier aufeinander folgender Autos liegt, entscheidend kleiner als die Gesamtherstellungsdauer eines Kraftfahrzeugs.

Aus der Abbildung wird ersichtlich, dass sich das Förderband erst dann weiterbewegen kann, wenn die zeitaufwendigste Tätigkeit am aktuellen Auto abgeschlosssen ist. Unter der Annahme einer konstanten Leistung des Arbeiters bewegt sich das Förderband in genau definierten

Zeitabständen fort. Diese Zeitspanne bestimmt auch, in welchen Intervallen die fertigen Fahrzeuge das Fließband verlassen. Denn selbst wenn ein Arbeiter, der eine einfachere Tätigkeit verrichtet, sich beeilt und schneller mit seiner Arbeit fertig ist, bewegt sich das Förderband erst dann weiter, wenn der Fertigungsschritt abgeschlossen ist, der die Intervalllänge bestimmt. Manche Arbeiter werden dadurch sogar zu einer Pause gezwungen. In unserem Beispiel bestimmt offenbar die Station 4, bei der sowohl der Motor als auch die Autoelektrik eingebaut werden, die gesamte Produktion. Dem Arbeiter, der in der Station 3 nur die Räder zu montieren hat, ist es unmöglich, die Produktivität der Firma zu verbessern. Die Gesamtperformance richtet sich daher nach der zeitaufwändigsten Fertigungseinheit.

Beim Pipelining-Prinzip ist es deshalb wichtig, dass Bearbeitungszeiten der einzelnen Produktionseinheiten ungefähr gleich sind, damit kein Leerlauf an einzelnen Stationen entsteht.

Wir fragen uns daher, wie dieses Prinzip auf einen Mikroprozessor umgelegt werden kann? Um eine geeignete Architektur zu entwickeln (die sich wesentlich vom alten *Micro16* unterscheidet) unterteilen wir zunächst den Arbeitsvorgang „Maschinenbefehl ausführen“ noch detaillierter als im Abschnitt 5.1.4 in die folgenden Schritte:

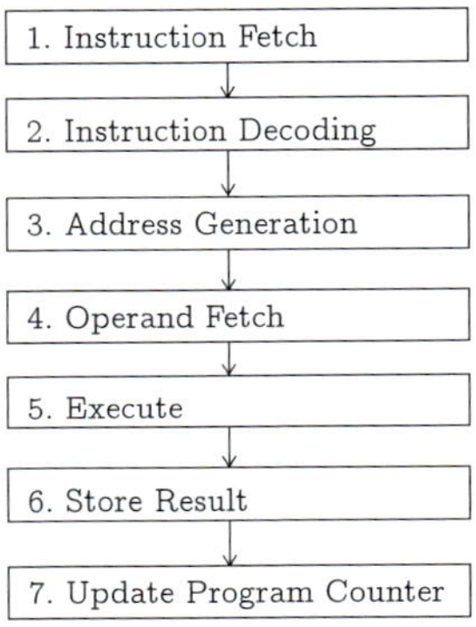

Abbildung 5.5: Arbeitsschritte zur Ausführung eines Maschinenbefehls

Diese Aufteilung stellt nur eine von vielen Möglichkeiten dar, eignet sich allerdings gut, um die wichtigsten Konzepte und Probleme des *Pipelinings* aufzuzeigen.

Zunächst realisiert man für jeden dieser Arbeitsschritte eine eigene Verarbeitungseinheit („Stufe“). Diese Stufen sind über Latches, Daten- und Steuerpfade derart miteinander verbunden, dass sie parallel arbeiten können. In der folgenden Abbildung ist der Zustand nach einem Power-up ersichtlich. Die Pipeline füllt sich Stufe für Stufe mit Maschinenbefehlen. Da sieben Arbeitsschritte vorliegen, sind nach dem Zeitpunkt T7 alle Einheiten aktiv, und es wird in jedem Maschinenzyklus ein Ergebnis erzeugt.

Die Gesamtausführungszeit für einen Befehl verkürzt sich durch das Schema nicht. Wegen der pipeline-internen Verzögerungen und zusätzlicher Kontrollmechanismen steigt sie mitunter sogar etwas an. Aus der Sicht des Benutzers werden jedoch in der gleichen Zeit mehr Befehle abgearbeitet. In der Darstellung ist das Verhältnis von *sequenzieller* zu *paralleler Ausführungsdauer* erkennbar. Während die Verarbeitung eines einzelnen Befehls (in unserem Modell) 7 Einheiten benötigt, wird – wie bereits erwähnt – im Fall des *Pipelinings* ab dem Zeitpunkt T7 bei jedem Maschinentakt eine Operation beendet. Das Verhältnis entspricht somit ungefähr 7:1. Diese Aussage besitzt aber nur theoretischen Charakter, da in der Praxis manche Maschinenbefehle nicht alle Stufen benötigen. Auch der Umstand, dass nach einem Power-up das erste Ergebnis erst vorliegt, wenn die gesamte sequenzielle Ausführungsdauer dieses Befehles beendet ist, verringert

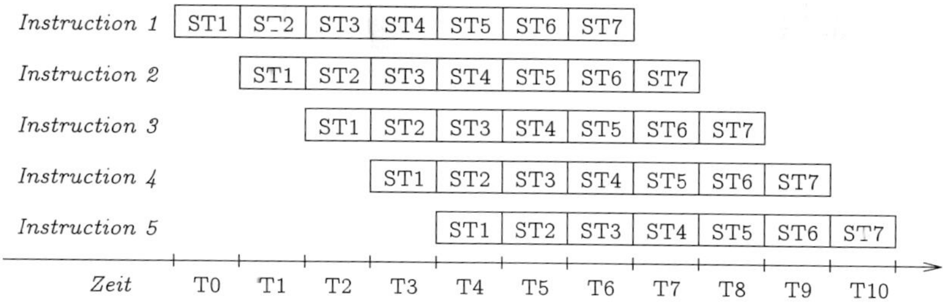

den Zeitgewinn.

Ein weiteres Detail muss noch bedacht werden: in der Prozessorarchitektur sind die langsamsten Stufen für gewöhnlich die Speicheroperationen. Sie bestimmen damit das Weiterschalten der Befehle und die Performance. Die Gesamtproduktivität beim *Pipelining* ist allgemein dennoch besser als bei sequenzieller Ausführung der Einzelschritte.

Die Parallelverarbeitung kann ebenfalls durch die einzelnen Stufen erkannt werden. Die Stufe ST1 (*Instruction Fetch*) ist nur damit beschäftigt, sequenziell hintereinander stehende Wörter aus dem Hauptspeicher zu holen und an ST2 zu übergeben. Während die Stufe ST2 den Befehl noch decodiert, transferiert ST1 bereits den nächsten aus dem Speicher in den Prozessor. Die Stufe ST3 übernimmt von der Stufe ST2 den Befehlsteil sowie die Steuerinformationen (z. B. Adressierungsart) und berechnet daraus die Operandenadressen, die sie an ST4 weitergibt, usw. Vom Zeitpunkt T6 an arbeiten somit alle Stufen gleichzeitig, jede ist aber mit einer anderen Instruktion beschäftigt.

Um das Pipelining-Konzept zu realisieren, müssen jedoch folgende Voraussetzungen erfüllt sein: Falls die verschiedenen Befehlsteile keine Hardware-Betriebsmittel gemeinsam benutzen, genügt es, diese einfach auszuführen. Damit sich die einzelnen Stufen aber möglichst wenig gegenseitig beeinflussen, benötigt jede Einheit eigene Latches zur Aufnahme des aktuellen Datenwortes. Der Kontrollmechanismus, der nötig ist, um die Teilergebnisse von einer Stufe in die nächste zu transferieren, erhöht natürlich die Komplexität der Hardware. Es muss auch eine Anpassung des Maschinen-Codes erfolgen, damit eine effiziente Nutzung der Pipeline garantiert werden kann. Da ein Befehlsformat mit fixer Länge das sequenzielle Laden der Instruktionen erleichtert, findet ein solches hier Verwendung.

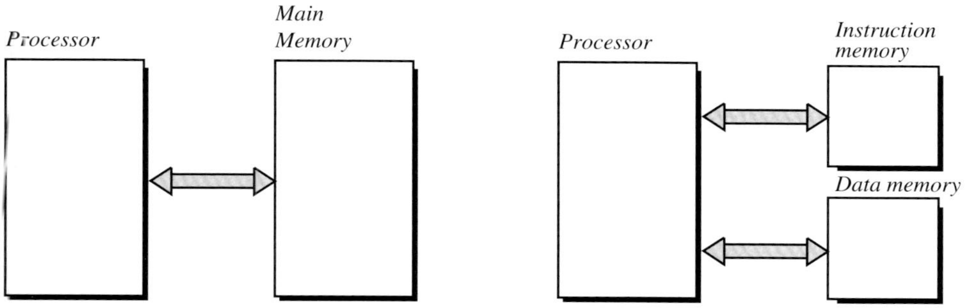

(1) Von-Neumann-Architektur *(2) Harvard-Architektur*

Abbildung 5.6: Harvard-Architektur

Wenn bei einer vollständig gefüllten Pipeline drei Stufen (ST1, ST4 und ST6) gleichzeitig versuchen, auf den Hauptspeicher zuzugreifen, ergibt sich bei der klassischen Von-Neumann-Architektur ein Problem; da nur ein Speicher und ein Bus sowohl für die Daten als auch für die Befehle vorhanden sind, ist ein paralleler *Instruction-fetch* und *Operand-fetch* unmöglich. Eine Lösung ist die *Harvard-Architektur* (vgl. Abbildung 5.6). Sie sieht getrennte Speicher und Busse für Programme und Daten vor. Dieses Konzept erlaubt deshalb einen völlig parallelen Zugriff.

Sogar der Programmablauf selbst kann zu Problemen und Performanceverlusten führen:

- Wird das Resultat des Befehls, der gerade exekutiert wird, für die nachfolgende Instruktion benötigt, kann es zu Konflikten kommen. In diesem Fall werden die Daten direkt an das jeweilige Rechenregister übergeben (*data forwarding*).
- Wenn das Ergebnis der aktuellen Operation ein Register zerstört, das von der nächsten Instruktion schon eingelesen wurde, ergibt sich daraus ein fehlerhafter Programmablauf. Hier kann allerdings unter Umständen durch geschicktes Umstellen der Befehle das Problem behoben werden. Diese beiden Kommandoarten nennt man auch *interferring instructions*.
- Nach bedingten wie auch nach unbedingten Sprüngen und Subroutine Calls muss die gefüllte Pipeline für ungültig erklärt (*flush-pipe*) und daher neu geladen werden.

Da letzterer Fall den Durchsatz des Systems wesentlich vermindert und zusätzlich etwa jede fünfte bis zehnte Instruktion in einem Programm eine solche Sprunganweisung ist, sind bessere (und auch kompliziertere) Techniken entwickelt worden.

Unbedingte Sprünge (und Subroutine Calls) lassen sich durch spezielle Steuermechanismen frühzeitig erkennen, so dass die *Instruction-Fetch-Unit* an der neuen Stelle im Programm fortsetzen kann, noch bevor die Stufe ST7 den PC modifiziert. Bei bedingten Sprüngen existieren größere Probleme. Da ihr Ziel erst in der *Executing-Unit* durch die Auswertung der Bedingung ermittelt werden kann, ist es möglich, dass der gesamte Inhalt der Pipeline ungültig ist. Da die Instruktionen in der Pipeline bereits verschiedene Veränderungen ausgelöst haben, wird der Aufwand, der notwendig ist, die Pipeline neu zu laden und den richtigen Zustand wiederherzustellen, noch erhöht. Es bieten sich damit folgende Lösungsansätze an:

- Eine besonders einfache Maßnahme besteht darin, den Pipeline-Mechanismus zu stoppen, sobald die *Decoding-Unit* einen Sprungbefehl erkennt. Die Freigabe erfolgt erst, sobald die Zieladresse des Sprunges ermittelt bzw. der PC erneuert wurde. Dieses Vorgehen bezeichnet man als *Interlocking*.
- Da die Performance beim *Interlocking*-Konzept immer noch relativ schlecht ist, versucht man, die Methode zu verbessern. Ein Lösungsansatz besteht darin, die dem Sprungbefehl sequenziell folgende Instruktion auf jeden Fall noch auszuführen. Dies kann nur dann erfolgen, wenn dadurch die Sprungbedingung nicht beeinflusst wird. Dieses Verfahren heisst *Delayed Branch*. Dessen Name rührt daher, dass die Sprungausführung scheinbar verzögert erfolgt.
- Andere Verfahren versuchen, sobald ein Sprung erkannt wurde, dessen Zieladresse vorauszusagen. Die Methode des *Predicted branch* verwendet Kenntnisse der Programmiertechniken, um zu prognostizieren, ob ein bedingter Sprung ausgeführt wird oder nicht. Aus einem negativen Displacement („Rückwärtssprung") schließt man zum Beispiel, dass es sich um ein Schleifenende handelt. Da eine Schleife nämlich normalerweise öfter durchlaufen wird, lässt sich daraus folgern, dass die Bedingung mit hoher Wahrscheinlichkeit erfüllt ist. Daher wird der Sprung ausgeführt und die *Instruction-Fetch-Unit* veranlasst, die sequenzielle Reihenfolge zu durchbrechen. Ein ähnliches Verfahren ist auch in anderen Fällen möglich. Da Compiler die Eigenschaft besitzen, die Befehle immer in derselben Art zu verwenden, ist die Trefferquote solcher Vorhersagen recht gross.

- Die Prognose kann durch die Verwendung eines *Sprungziel-Cache* weiter verbessert werden. Dabei handelt es sich um eine Tabelle, welche die Zieladressen der schon einmal ausgeführten Sprünge enthält. Die Verwaltung des Cache erfolgt dabei durch den Prozessor. Da der Cache die „Historie" der Befehle enthält, nennt man dieses Verfahren auch *Branch History*.

5.1.5 CISC versus RISC

Die ersten Erweiterungen der Von-Neumann-Architektur waren darauf ausgelegt, immer mehr Befehle (manchmal über 1000) und komplexere Konstrukte schon auf der Maschinenbefehlsebene zur Verfügung zu stellen. Dies scheint auf den ersten Blick Vorteile mit sich zu bringen. Sie wurden jedoch durch eine aufwändigere *Control Unit* und eine komplexe Micro-Programmierung erkauft. In der heutigen gebräuchlichen Terminologie bezeichnet man solche Produkte als CISC (*Complex Instruction Set Computer*).

Heute werden aber nur mehr wenige Programme direkt in Maschinensprache geschrieben, sondern *Compiler* wandeln den Source-Code, der in einer höheren Programmiersprache geschrieben ist, in entsprechende Sequenzen von Befehlen um. Die Entwicklung der Compiler hat zwar in den letzten Jahren mit den Neuerungen der Prozessorhardware durchaus Schritt gehalten – für die diversen Architekturen bestehen mitunter speziell zugeschnittene Compilerprogramme – es entstanden dennoch weitere softwareseitige Ansätze zur Verbesserung der Performance:

- Beschränkung auf wenige (ungefähr 100 bis 200) Instruktionen, die durch die Compiler aktiv genutzt werden; die Emulation der anderen erfolgen durch den existierenden Befehlssatz.
- möglichst optimale Implementierung dieser geringen Anzahl von Befehlen auf dem Prozessor

Die aus diesen Aspekten hervorgegangenen Architekturen nennt man RISC (engl. *Reduced Instruction Set Computer*). Die zweite Forderung bewirkte, dass ein RISC-Prozessor in etwa der gleichen Zeit, die ein CISC benötigt, um einen Befehl abzuarbeiten, mehrere Befehle ausführen kann.

Zur Performance-Steigerung tragen mehrere Punkte bei:

- RISCs brauchen wegen ihrer einfachen Befehle praktisch keinen Micro-Code. Die Ablaufsteuerung ist fest verdrahtet. Im Falle der RISCs ermöglicht der kleinere Befehlssatz Einsparungen bei internen Kontrollmechanismen. Durch die einfachere Hardware sind auch höhere Taktraten (*clock-in*-Frequenzen) als bei CISC-Rechnern verwendbar.
- Die Verarbeitung der Befehle erfolgt nach dem Pipeline-Prinzip, so dass in der Regel pro Maschinentakt ein Befehl beendet werden kann.
- Die Verwendung einer einheitlichen Länge aller Befehle ermöglicht einen hohen Wirkungsgrad der Pipeline und erleichtert eine effizientere Organisation.
- Nur die *Load/Store*-Befehle kommunizieren mit dem Speicher, alle anderen Befehle verwenden ausschließlich Register.
- Es stehen eine große Anzahl von allgemein benutzbaren Registern zum Speichern von Operanden zur Verfügung. In diesem Zusammenhang werden *Registerbänke* verwendet. Durch dieses Konzept muss beim Aufruf einer Subroutine oder einer ISR der Programmstatus nicht auf einen Stack gerettet werden, sondern es wird statt dessen nur eine andere *Registerbank* verwendet (solange eine freie vorhanden ist).

- Man implementiert mehrere Pipelines, um die Befehle bzw. Befehlsgattungen jeweils optimal ausführen zu können.

- Um die durchschnittliche Dauer der Lade- und Speicherbefehle zu reduzieren, wird ein On-Chip-Cache für Daten eingerichtet, der im Falle eines Cache-Hits auch innerhalb eines Taktes ein Datenwort liefern kann (nähere Details über dieses Konzept sind im Abschnitt 5.2.2 enthalten). Bei einer Cache-Größe von 2 KByte kann eine Trefferrate von bis zu 90% erreicht werden.

- Durch einfaches Umordnen der Befehlsfolge gelingt es oft, Daten– und Befehlsabhängigkeiten zu entschärfen oder sie sogar zu vermeiden. Daher verwendet man bei RISC-Rechnern spezielle Compiler, die solche Pipelinekonflikte weitgehend automatisch lösen. Der Compiler stellt somit eine wichtige Ergänzung der Architektur dar.

Dennoch konnte der entbrannte RISC/CISC-Glaubenskrieg nicht über das Geschwindigkeitsargument entschieden werden: Intel konnte durch einen Hybrid-Ansatz – häufige Instruktionen auf RISC-Basis schnell, seltene Instruktionen auf CISC-Basis langsamer – mithalten und das begonnene Konzept der Abwärts-Kompatibilität beibehalten.

Im folgenden werden ein paar RISC-Weiterentwicklungen kurz erläutert:

SPARC-Architektur: SPARC steht für *Scaleable Processor ARChitecture*. Sie geht auf eine Entwicklung der Berkely Universität zurück. Dabei handelt es sich prinzipiell um einen konventionellen RISC-Prozessor mit einer vierstufigen Befehlspipeline (*Instruction Fetch, Instruction Decoding, Execute, Store Result*). Auffallend ist allerdings die ausgefeilte Registertechnik, die Programmumschaltungen sehr gut unterstützt. Sie ist eine *offene Architektur*, d.h., sie kann von verschiedenen Herstellern frei implementiert werden.

MIPS-Architektur: Dieses Konzept wurde von der Stanford Universität entwickelt. Die Abkürzung bedeutet *Microprocessor without Interlocking Pipelining Stages*. Die Performance-Steigerung wird durch eine feinstufige Befehlspipeline und die realisierte Speicherhierarchie (siehe dazu Abschnitt 5.2) umgesetzt.

Die Entscheidung, ob ein bestimmter Prozessor die Bezeichnung RISC oder CISC verdient, ist meistens Ansichtssache. Bei den heutigen Mikroprozessoren ist die Grenze zwischen RISC und CISC fliessend. So wird das Pipelining-Konzept heute bei allen wichtigen Prozessoren eingesetzt. Genauso haben alle Prozessoren On-Chip-Cache Speicher für Daten und Code. Im Falle der Intel-Pentium-Linie wird aber gleichzeitig der CISC-Befehlssatz der Vorgängermodelle weiterhin angeboten. Andererseits kann man die Befehlssätze der heute als RISC bezeichneten Prozessoren nicht mehr als einfach bezeichnen.

Abschließend wollen wir noch zwei weitere Architekturen, die nicht auf dem RISC-Konzept basieren, kurz erwähnen ohne diese – im Interesse des Umfangs dieses Buches – weiter zu behandeln: die *Transputer* und die *Superskalaren Rechner* (PowerPC von IBM und Motorola).

5.2 Speicher

In den nächsten Abschnitten wollen wir uns nun mit dem Hauptspeicher näher beschäftigen. Aus dem Kapitel 4 sollte bekannt sein, dass Zugriffe auf Speicherbausteine langsam sind, verglichen mit den restlichen Teilen der Befehlsausführung. Die Problematik wird durch den Umstand verschärft, dass sich in der klassischen Rechnerarchitektur sowohl die Daten als auch die Programme im Hauptspeicher befinden. Man spricht in diesem Zusammenhang häufig vom „*von*

Neumannschen Flaschenhals". Deshalb wollen wir in diesem Abschnitt Maßnahmen vorstellen, die den Transfer zwischen Hauptspeicher und Prozessor deutlich beschleunigen und somit die Performance des Gesamtsystems steigern.

Zur Beschreibung der Transferleistung eines Speichers wird allgemein der Begriff *Bandbreite* (engl. *bandwidth*) verwendet. Die Bandbreite in der technischen Informatik entspricht der Anzahl der Bits, auf die man pro Sekunde zugreifen kann. Deren Berechnung soll anhand eines Beispiels dargestellt werden. Bei einem Speicherbaustein, der alle 100 ns (100 Nanosekunden $= 100 \cdot 10^{-9}$ Sekunden) einen Zugriff erlaubt und der einen Datenbus mit einer Breite von 32 Bit aufweist, ergibt sich eine Bandbreite von 320 Mbit pro Sekunde oder 40 MByte/s.

Die Bandbreite kann sowohl durch die Verwendung von schnelleren Speicherchips als auch durch breitere Datenwörter erhöht werden. Schnellere Speicherchips verursachen allerdings hohe Kosten, da schnellere Speicher (SRAM) viel teurer sind als langsamere (DRAM). Der Benutzer muss eine Kosten-Nutzen-Rechnung durchführen und in der Folge entscheiden, ob diese Performance-Steigerung die erhöhten Kosten rechtfertigt. Bei der zweiten Alternative – der Verwendung breiterer Datenwörter – wird mit hoher Wahrscheinlichkeit viel unbrauchbare Information geladen. Sie stellt damit im allgemeinen keinen sinnvollen Lösungsansatz dar. Um die Zugriffszeit zu senken, kann man sich allerdings auch anderer Methoden bedienen. Weitere Ansätze zur Steigerung der Performance sind:

- eine geschickte Anordnung der vorhandenen Speicherbausteine,
- der Einsatz von Caches oder
- die bisher noch wenig verbreitete Harvard-Architekur.

Das Konzept der Speicherbausteine wurde bereits im Kapitel 2.5.1 eingehender betrachtet.

5.2.1 Interleaved Memory

Divide et impera!
Gaius Julius Caesar

Das Konzept des *Interleaved Memorys* geht davon aus, dass meistens sequenziell auf den Speicher zugegriffen wird. Befehle befinden sich normalerweise auf hintereinander liegenden Adressen. Dadurch wird der Speicher in gleich große Bereiche (so genannte *Speicherbänke*) aufgeteilt, wobei aufeinander folgende Adressen immer in einer anderen Bank liegen. Zumeist werden zwischen 2 und 16 Bänke verwendet.

Die Abbildung 5.7 enthält auch die Adressen, unter denen die Daten in den Bausteinen gespeichert sind. Man erkennt, dass der Adressbereich in den Bausteinen nicht mehr geschlossen ist. Damit der ganze Chip trotzdem vollständig ausgelastet werden kann, benutzt man eine geschickte Anordnung der Adressleitungen, um diese Struktur zu erreichen.

Die einfachste Ausprägung des Interleavings ist eine Aufsplittung des Speicherbereichs in zwei Teile. In einem befinden sich die Datenwörter mit den geraden, im anderen die mit den ungeraden Adressen. Hier kann man mit Hilfe des lsb der Adresse (*address line* 0) die zugehörigen Steuersignale erzeugen (siehe Abbildung 5.8). Sogar ein *Interleaving Factor* von 4 oder mehr stellt keine große Herausforderung mehr dar.

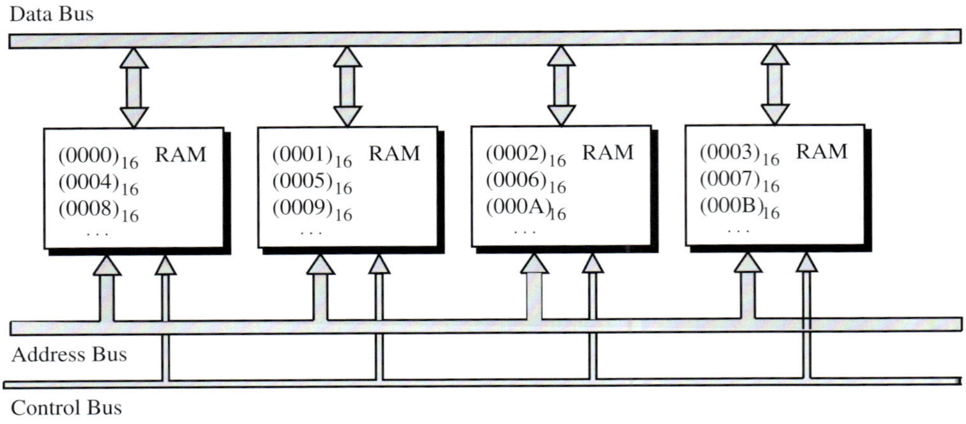

Abbildung 5.7: 4-fach interleaved memory

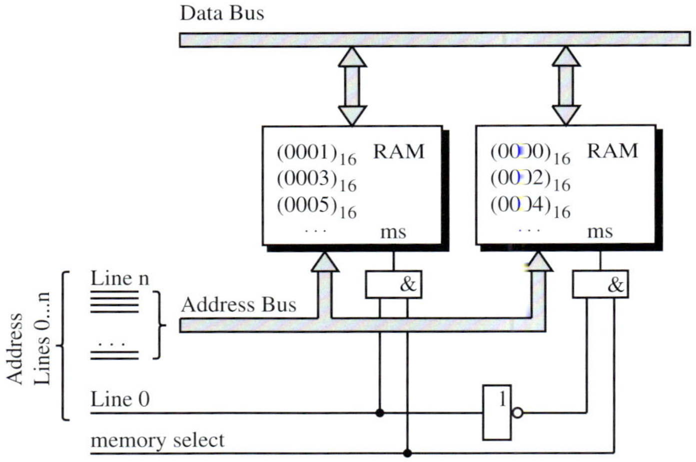

Abbildung 5.8: zweifach interleaved memory

Welcher Vorteil liegt nun in diesem Mehraufwand? Bei einer sequenziellen Leseoperation legt der Prozessor die erste Adresse auf den Adressbus, und aktiviert sodann die Steuerleitungen. In der Wartezeit, bis der Speicher die gewünschten Daten liefert, ist es beim Interleaved Memory möglich, das nächste Datum zu holen, da sich dieses in einem anderen Baustein befindet. Noch bevor die Daten des letzten Speicherzugriffs im *Memory Buffer Register* vorliegen, legt der Prozessor die nächste Adresse auf den Bus. Die Daten treffen stets in derselben Reihenfolge ein, wie die Adressen ausgesendet werden. Zu einem Problem kann es erst kommen, sobald kein sequenzieller Zugriff mehr vorliegt. Falls nämlich der gleiche Baustein mehrmals hintereinander Daten liefern soll, muss ständig die laufende Speicheroperation abgewartet werden.

Das *Interleaved Memory* überträgt damit das Pipelining-Prinzip auf Speicherzugriffe. Bei sequenziellen Speicheroperationen kann man mehrere Speicherbereiche parallel modifizieren, wodurch die Daten rascher beim Prozessor ankommen bzw. schneller gespeichert werden können.

5.2.2 Caches

„Guten Tag“, sagte der kleine Prinz.
„Guten Tag“, sagte der Händler.
Er handelte mit absolut wirksamen, durststillenden Pillen.
Man schluckt jede Woche eine davon
und spürt überhaupt kein Bedürfnis mehr, zu trinken.
„Warum verkaufst Du das?“, fragte der kleine Prinz.
„Das ist eine große Zeitersparnis.“, sagte der Händler.
„Die Sachverständigen haben Berechnungen angestellt.
Man erspart dreiundfünfzig Minuten jede Woche.“
„Und was macht man mit dreiundfünfig Minuten?“
„Man macht damit, was man will...“
„Wenn ich dreiundfünfzig Minuten übrig hätte“, sagte der kleine Prinz,
„würde ich ganz gemächlich zu einem Brunnen laufen...“

Antoine de Saint-Exupery, „Der kleine Prinz“.

Um die Diskrepanz zwischen den schnellen, aber teuren SRAMs und den langsamen, jedoch billigen DRAMs zu überbrücken, wurde der Speicher in mehrere Schichten aufgeteilt. Dies lässt sich mit Hilfe einer *Speicherhierarchie* darstellen und erläutern. Wir werden vom einfachsten Schichtenaufbau ausgehen und diesen in den folgenden Abschnitten noch erweitern.

langsamer Hauptspeicher
schneller Zwischenspeicher (Cache)
Prozessorregister

Tabelle 5.2: Speicherhierarchie

Ein *Cache* setzt sich aus SRAMs zusammen. Wegen der hohen Kosten ist er allgemein kleiner als der Hauptspeicher, aber größer als das Register-File. Er besitzt eine eigene Hardware für das Adressieren, Laden und Auslagern von Speicherinhalten. Seine Arbeit ist für den Benutzer nicht sichtbar. Die Cache-Speicher sollen dem Prozessor während der Ausführung eines Programms die benötigten Daten entweder aus dem eigenen Speicherbereich (*Cache Hit*) oder dem Hauptspeicher (*Cache Miss*) zur Verfügung stellen. Die Wirksamkeit eines Cache hängt von seiner Trefferrate (*hit rate*) ab. Sie weist den Anteil an erfolgreichen Cache-Zugriffen in Prozent aus und liegt in der Praxis zwischen 40 und 95 Prozent. Die durchschnittliche (effektive) Speicher-Zugriffszeit t_{eff} kann wie folgt berechnet werden:

$$t_{eff} = h \cdot t_{cache} + (1 - h) \cdot t_{main}$$

Die Zeit t_{cache} entspricht der Zugriffszeit auf den Cache, t_{main} der auf den Hauptspeicher und h der Trefferrate im Cachespeicher. Da die beiden Zugriffszeiten (t_{cache} und t_{main}) durch die Chiptechnologie bestimmt werden, hängt die effektive Zugriffszeit rein von der Trefferrate ab. Um höhere Werte zu realisieren, muss die Kapazität des Caches möglichst groß gewählt werden; auch die Befehls- und Datenabhängigkeiten müssen ausgenutzt werden. Die Instruktionen eines Programms liegen allgemein „sehr lokal" im Speicher, d.h., Instruktionen bzw. die zugehörigen Daten liegen somit meist in zusammenhängenden Blöcken. Daher muss man nur Kopien der aktuellen Bereiche im Cache halten bzw. bei einem *Cache-Miss* die entsprechenden Speicherstellen und einen kleinen Bereich um diese Adressen in das Cache laden. Im folgenden betrachten wir den Aufbau eines Caches näher.

Aus der Abbildung 5.9 ist erkennbar, dass die Cache-Logik jeden Speicherzugriff verarbeitet. Das *Tag-RAM* beinhaltet ein Verzeichnis von den Adressen der Speicherplätze, die sich derzeit

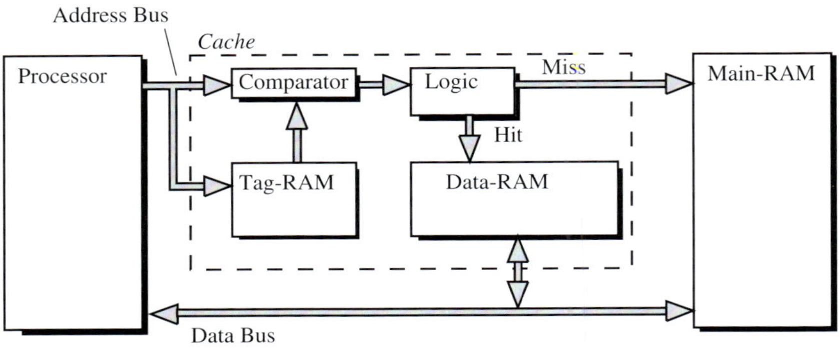

Abbildung 5.9: Cache Memory

im Cache befinden. Bei einer Lese- oder Schreiboperation wird deshalb die Adresse der benötigten Information mit den im Tag-RAM gespeicherten verglichen. Dies erfolgt über einen speziellen Baustein namens *Comparator* (Vergleicher). Bei einer Übereinstimmung aktiviert dieser das *Hit*-Signal, und das Daten-RAM legt die gewünschte Bitkombination auf den Bus. Ansonsten muss das Datum aus dem Hauptspeicher geladen werden. Um zukünftige *Misses* zu vermeiden, wird jedes Datum, das aus dem Hauptspeicher geladen wird, auch in den Cache-Speicher aufgenommen.

Voll assoziative Caches verwalten nicht nur einzelne Speicherzellen, sondern stets zusammenhängende Blöcke. Eine Möglichkeit besteht darin, Wörter, die sich nur durch die drei letzten Bits der Adresse unterscheiden, zu einem Block zusammenzufassen und sie in eine Zeile des Caches zu laden. Diese Anordnung ist in Abbildung 5.10 dargestellt, wobei wir aber den Comparator und die Logik ausgelassen haben.

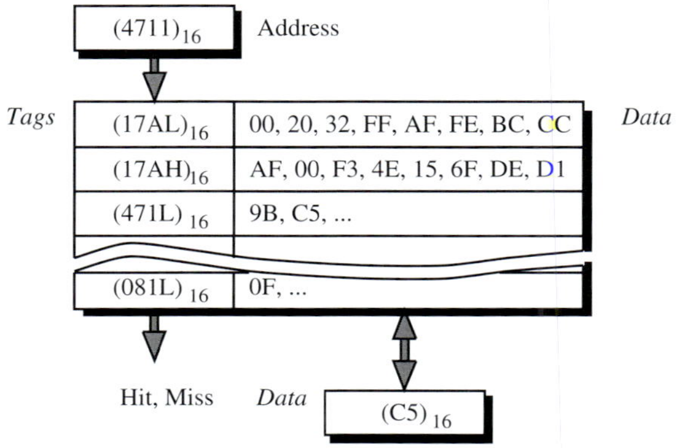

Abbildung 5.10: Voll assoziatives Cache

Das Symbol L steht für die hexadezimalen Ziffern 0 bis 7 (LOW-Byte) und H für die Ziffern 8 bis F (HIGH-Byte). Benötigt man nun die Speicherstelle $(4711)_{16}$, muss im ersten Schritt der Comparator feststellen, ob die Zeile $(471L)_{16}$ im Cache enthalten ist. Da im Tag-RAM alle Adressen von $(4710)_{16}$ bis $(4717)_{16}$ aufgelistet sind (also auch die gewünschte), steuert die Logik das Daten-RAM des Caches so an, dass es das zweite Wort aus der Zeile $(471L)_{16}$ auf den Bus legt.

Im Fall von sequenziellen Zugriffsoperationen tritt bei der Adresse $(4718)_{16}$ ein *Cache-Miss* auf, wodurch es zu einem Zugriff auf den langsameren Hauptspeicher kommt. Da mit hoher Wahrscheinlichkeit später auch die folgenden Speicherzellen benötigt werden, lädt das Cache die gesamte Zeile $(471H)_{16}$ in den Daten-RAM.

Wegen des begrenzten Speicherraums muss man nach einiger Zeit Zeilen freigeben, um neue nachladen zu können. Verschiedene *Replacement-Strategien* sind dabei einsetzbar:

LRU: Eine der bekanntesten Methoden ist *LRU* (*Least Recently Used*). Im Fall mehrerer Kandidaten wird jener ausgewechselt, dessen letzter Aufruf am längsten zurückliegt.

LFU: *Least Frequently Used.* In diesem Fall wird die Zeile ausgetauscht, die am seltensten in letzter Zeit verwendet wurde.

RANDOM: Von den möglichen Kandidaten wird einer zufällig selektiert.

Aus der Erfahrung und durch Messungen hat sich gezeigt, dass die genannten Strategien etwa gleich gut sind, wenn die Kapazität des Caches nicht zu klein gewählt würde.

Eine andere Realisierungsvariante von Caches besteht darin, bestimmte Adressen nur in einer vorgeschriebenen Cache-Zeile zu speichern. Das bedeutet, dass ein Wort abhängig von den niedrigsten Stellen seiner Adresse zwingend einem genau festgelegten Fach zugewiesen wird (*Direct Mapping*). Daher werden im Tag-RAM nur mehr die höherwertigen Stellen der Adresse vermerkt. In der Abbildung 5.11 ist ein Beispiel ersichtlich, wobei die unteren acht Bit das Fach bestimmen.

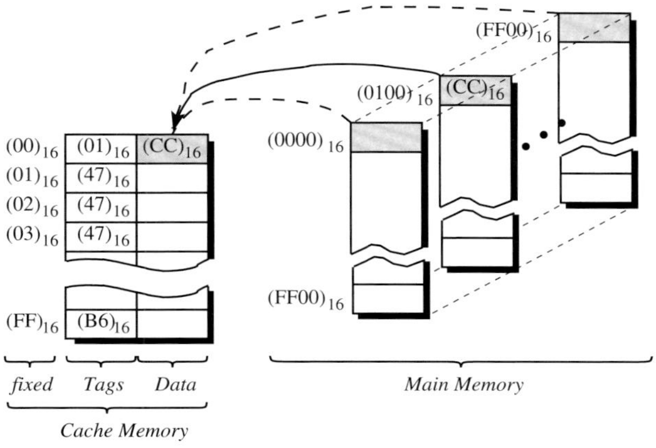

Abbildung 5.11: Cache mit direct mapping

Ein Problem entsteht jedoch, wenn beispielsweise in einer Schleife sowohl auf die Adresse $(4701)_{16}$ als auch auf die Adresse $(4801)_{16}$ zugegriffen wird. Die entsprechenden Wörter können nicht gleichzeitig im Cache enthalten sein; die Trefferrate würde durch das dauernde Auswechseln der Speicherstellen sehr leiden. Deshalb stehen bei der Methode des *assoziativen Zweiwege-Caches* zwei Varianten zur Verfügung, um ein Wort einzuordnen. Das Verfahren stellt eine Verbesserung des *Direct Mappings* dar, da für jedes Wort zwei Speicherstellen reserviert sind. Auf dieselbe Art lassen sich auch *Vierwege-Caches* (oder noch größere) implementieren. Im folgenden Bild wird ein Beispiel für ein assoziatives Zweiwege-Cache dargestellt.

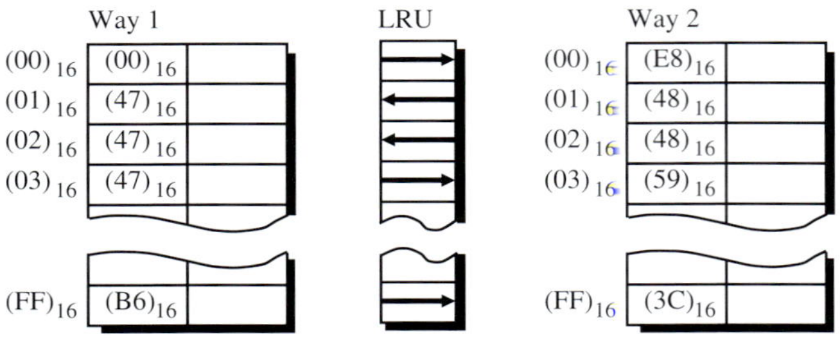

Abbildung 5.12: assoziatives Zweiwege-Cache

Die LRU-Methode kann man hier besonders leicht implementieren. Es genügt, mit einem Bit die Speicherzelle zu kennzeichnen, die zuletzt benutzt wurde. Beim Lesen eines neuen Wortes aus dem Hauptspeicher wird dieses stets in das andere Fach geschrieben. Der Hardware-Aufwand ist beim *Direct Mapping* bzw. bei den *Mehrwege-Caches* recht gering, da nur ein Eintrag des Tag-RAMs überprüft werden muss. So reicht ein Comparator völlig aus. Das System ist dafür aber nicht so flexibel wie ein voll assoziatives Cache.

Während bisher nur die Leseoperationen besprochen wurden, wollen wir nun die Besonderheiten der Schreibprozedur näher betrachten. Die Art und Weise, in der diese gehandhabt werden, hat entscheidende Auswirkung auf die Performance. Es ist am einfachsten, die Daten sowohl im Cache als auch im Hauptspeicher einzutragen, sie sozusagen durch den Zwischenspeicher "hindurchzuschreiben". Daher nennt man dieses Verfahren auch *Write Through*. Sein Vorteil besteht darin, dass die Daten im Cache und im Hautspeicher zu jedem Zeitpunkt identisch sind, also stets *Datenkohärenz* vorliegt. Diese Bedingung muss besonders dann erfüllt sein, wenn mehrere Prozessoren mit lokalen Caches einen gemeinsamen Hauptspeicher benutzen (siehe Abbildung 5.13). Der Vorteil wird jedoch damit erkauft, dass die Schreiboperationen durch die Verwendung des Caches nicht beschleunigt werden.

Eine weitere Methode, die man *Copy-Back-Verfahren* nennt, ermöglicht eine Beschleunigung der Schreibvorgänge. Bei diesem Konzept werden die Schreibaktionen zunächst lediglich im Cache ausgeführt und gesammelt. Eine Inkonsistenz der Daten wird bewusst in Kauf genommen. Die Aktualisierung wird erst vorgenommen, wenn die Cache-Einträge wegen eines *Cache Miss* an den Hauptspeicher retourniert werden (*Write Later*) oder falls ein anderer Prozessor auf ihn zugreifen will. Daher muss man im zweiten Fall unter Umständen lange Wartezeiten in Kauf nehmen.

Die Vorteile dieser beiden Konzepte (Datenkohärenz und schnelle Schreiboperationen) vereinigt die *Buffered-Write-Through*-Methode. Bei diesem Verfahren wird der neue Wert gleichzeitig sowohl in das Cache und als auch in einen zweiten, schnellen Zwischenspeicher (Pufferspeicher oder engl. *Buffer*) eingetragen. Während der Prozessor bereits mit der weiteren Abarbeitung des Programms fortfahren kann, werden die gepufferten Daten in den Hauptspeicher übertragen. Auf diese Weise kann die Datenkohärenz erhalten bleiben. Nur in dem seltenen Fall, dass mehrere Schreiboperationen direkt aufeinanderfolgen und der Puffer daher nicht schnell genug in den Hauptspeicher übertragen werden kann, muss der Prozessor warten.

Zur Entschärfung des Neumannschen Flaschenhals besitzen moderne Prozessoren oft getrennte Daten- und Instruktions-Caches (*split Cache*, siehe Abbildung 5.14). Das Konzept stellt damit einen ersten Ansatz dar, die Harvard-Architektur in der Praxis zu realisieren (diese Architektur wurde bereits im Abschnitt *Pipelining* vorgestellt). *On-Chip-Caches* sind direkt am Prozessorchip integriert und besitzen deshalb ähnliche Zugriffszeiten wie die prozessorinternen Register. Sie sind jedoch aus Platzgründen kapazitätsmäßig beschränkt. Typische Werte liegen zwischen 256 Byte und 32 KByte. Oft werden deshalb ein *On-Chip-Cache* (*first level cache* oder *primary*

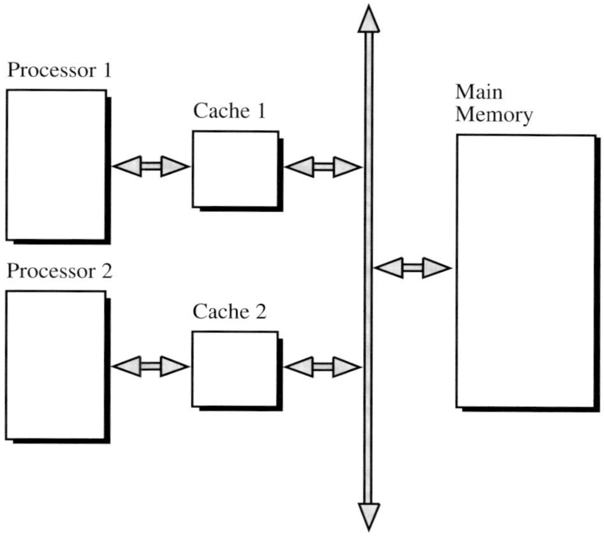

Abbildung 5.13: Mehrprozessorsystem mit Caches

cache) und ein normaler Cache (*second level cache* oder *secondary cache*) in Reihe zwischen Hauptspeicher und Prozessor geschaltet.

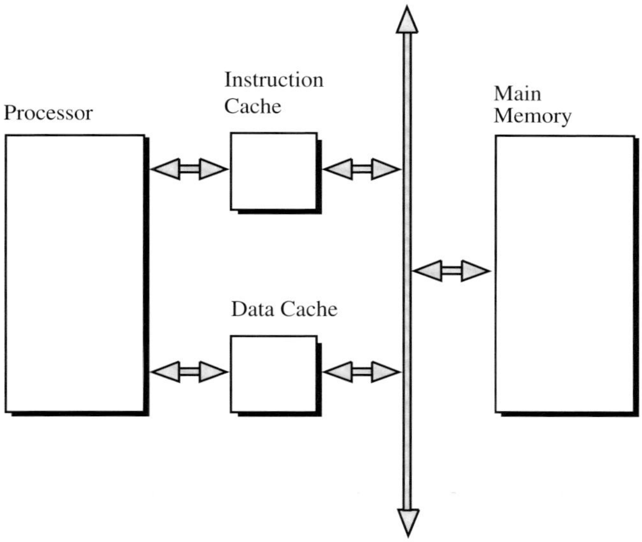

Abbildung 5.14: Mit Caches simulierte Harvard-Architektur

5.2.3 Direct Memory Access (DMA)

Zum Abschluss dieses Abschnitts wollen wir auf den DMA (*Direct Memory Access*) eingehen. Dieses Konzept erlaubt es, die Kommunikation zwischen dem Prozessor und den meist sehr viel langsameren peripheren Geräten zu beschleunigen.

Ein DMA dient zur direkten Übertragung großer Datenmengen vom bzw. zum Speicher, ohne dabei die CPU dabei in Anspruch zu nehmen. Um Konflikte zu vermeiden, darf die CPU während des DMA-Vorgangs nicht auf den Bus zugreifen. Dieses einfache Konzept stellt aber nicht sicher, dass der Prozessor in der Zeitspanne, die zum Transfer nötig ist, Aufgaben durchführt, die ohne externen Buszugriff möglich sind. Es ist auch eine zusätzliche Einheit zur Steuerung der Übertragung notwendig. Diese Bausteine nennt man DMAC (*DMA-Controller*). Die Abbildung 5.15 zeigt das Schema der Schaltung. Die *I/O-Devices* stellen damit die peripheren Geräte dar.

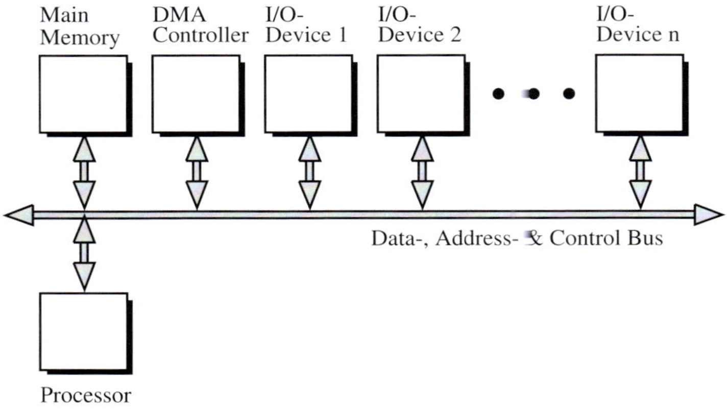

Abbildung 5.15: Direct Memory Access (DMA)

Die folgenden Schritte werden bei einem Datentransfer von oder zu einem I/O-Device durchgeführt:

1. Der Prozessor teilt dem DMAC die Adresse der Quelle (engl. *source pointer*), die des Ziels (engl. *destination pointer*) sowie die Größe der zu übertragenden Daten (engl. *block length*) mit. Daraufhin kann die CPU mit der Abarbeitung des Programms fortfahren.

2. Der DMAC fordert zunächst vom entsprechenden Gerät die Daten an und wartet, bis es zum Transfer bereit ist.

3. Nach dem Ende der Übertragung meldet der DMAC dem Prozessor den erfolgreichen Abschluss der Aktion meistens durch ein Interruptsignal. Die Daten werden damit direkt zwischen I/O-Device und Speicher ausgetauscht.

Wegen der unterschiedlichen Buszuteilung unterscheidet man zwei Arten von DMAs:

1. Das *Cycle-Stealing*-Verfahren ist recht einfach. Sobald das Gerät seine Bereitschaft zum Datentransfer meldet, fordert der DMAC die Busse an und beginnt mit der Übertragung. Auf diese Weise kann der Prozessor erst wieder auf den Speicher zugreifen, wenn die Aktion beendet ist. Der DMA „stiehlt" ihm dadurch Maschinenzyklen.

2. Verbesserte DMACs beobachten die Busse und transferieren die Daten während der Zyklen, in denen der Prozessor nicht den Bus benutzt.

Ein wichtiges Problem darf nicht ausser Acht gelassen werden. Der Prozessor darf die Daten, die der DMA transferieren soll, vor dem Abschluss der Übertragung nicht benutzen, da es sonst zu fehlerhaften Ergebnissen kommen kann. Inkonsistenzen zwischen den Daten im Haupt– und Cache–Speicher können auftreten. Daher muss, wenn der Direct Memory Access Daten im Hauptspeicher verändert, die auch im Cache vorhanden sind, durch geeignete Maßnahmen sichergestellt werden, dass auch dort eine Aktualisierung erfolgt.

5.2.4 Controller und Co-Prozessoren

Controller sind Prozessoren, die spezielle Aufgaben erfüllen, um den Prozessor zu entlasten. Ein Beispiel hierfür ist der DMA-Controller, den wir schon im vorigen Abschnitt erläutert haben. Das Haupteinsatzgebiet solcher Spezialprozessoren sind I/O-Aufgaben, wobei die Datenübertragung zwischen Hauptspeicher und Controller meist mit Hilfe von DMA geschieht. I/O-Controller, welche die Kommunikation mit bestimmten Arten von peripheren Geräten durchführen, nennt man auch *Channels*.

Von den vielen heute am Markt erhältlichen (Micro-)Controllern sollen nur die wichtigsten in Folge näher behandelt werden.

Externspeicher: Die Kommunikation mit Speicherelementen wie Harddisks, Floppys, Tapes oder optische Platten, aber auch ihre Steuerung (Auswahl des Laufwerks, Positionierung des Kopfes etc.) geschieht normalerweise durch Controller-Bausteine. Gleichartige Geräte werden von einem gemeinsamen Controller verwaltet. Es existieren zum Beispiel auch eigene *Hard Disk Controller* und *Floppy Disk Controller*. Natürlich kann nur eine begrenzte Anzahl von *devices* an einem solchen Controller angeschlossen werden.

Moderne Architekturen verfügen meistens über spezielle Subbussysteme, die den Transfer von oder zu externen Geräten bewerkstelligen (siehe Abschnitt 5.2.5). Durch eine solche Zusatzeinrichtung sind die Hauptbusse des Computers weniger belastet, und es gibt eine einheitliche Schnittstelle zu den verschiedenen peripheren Geräten. Die Verbindung zwischen den Hauptbussen und den Subbussystemen verwalten ebenfalls Controller.

Graphik I/O: Um die CPU von der zeitaufwändigen Steuerung moderner Bildschirme zu entlasten, setzt man Graphik-Controller ein. Diese erzeugen alle Signale zur Bildschirmkontrolle, wie zum Beispiel das Videosignal, das die eigentliche Bildinformation überträgt, und etwa ein Signal zur Steuerung des Zeigers (*cursors*), der auf die augenblicklich bearbeitete Bildschirmposition weist. Er wandelt die Information des Bildschirmspeichers – sie beschreibt die einzelnen Bildpunkte (*Pixel*) des Bildschirms – in ein Format um, das zeilenweise auf den Bildschirm ausgegeben werden kann. Der Controller besitzt darüber hinaus Spezialfunktionen – beispielsweise zum Generieren von Rechtecken oder etwa zum Einfärben von Flächen.

Serial I/O: In diesem Fall dient der Controller zur Anbindung der CPU an die Peripherie mit Hilfe einer seriellen Datenleitung. Diese Schnittstelle ist durch die *V.24*-Norm (*RS232*-Standard) standardisiert. Der Controller führt eine Umwandlung zwischen den parallelen und seriellen Darstellungen der Daten durch und unterstützt sogar gewisse Protokollaspekte. Man bezeichnet eine solche Art von Controllern auch als USART (*Universal Synchronous Asynchronous Receiver Transmitter*). Die Bezeichnung Universal rührt daher, dass Parameter wie etwa die Übertragungsgeschwindigkeit durch Befehle festgelegt werden können.

Netzwerke: Die Kommunikation in Netzwerken wird mit Spezial-Prozessoren (*communication processors*) durchgeführt, die der CPU alle Aufgaben, die mit der sicheren Übertragung der Informationen im Zusammenhang stehen, abnehmen.

Neben den Controllern setzt man auch so genannte *Co-Prozessoren* ein, um die CPU zu entlasten. Sie sind in der Lage, verschiedene Spezialaufgaben zu übernehmen und werden heutzutage meist schon auf dem Prozessorchip integriert.

Mathematik-Co-Prozessoren: Dieser Baustein ist vermutlich der Bekannteste. Er führt beispielsweise die Gleitkomma-Berechnungen für den Prozessor durch.

Graphik-Co-Prozessoren: Man verwendet solche GPUs (*Graphics Processing Unit*), um die CPU von komplexen graphischen Operationen zu entlasten. Da diese Berechnungen meist recht zeitintensiv sind, bedeutet dieser Baustein eine wesentliche Entlastung für den Prozessor.

Signalprozessoren: Die Synthese und Analyse von analogen Signalen ist ebenfalls sehr rechenintensiv und benötigt häufig spezielle Reihenentwicklungen. Hierfür ist die Multiplikation gewisser Größen und eine anschließende Addition zu einem bereits vorhandenen Wert nötig. In den letzten Jahren haben DSPs (*Digitale Signalprozessoren*), die speziell für die schnelle digitale Verarbeitung von analogen Signalen ausgelegt sind, immer mehr an Bedeutung gewonnen.

Sie besitzen ein Rechenwerk, das auf solche Berechnungen spezialisiert ist. Daher haben DSPs eine Festpunkt- oder Gleitpunkt-ALU mit relativ hoher Stellenzahl, einen schnellen Multiplizierer und einen Shifter zur Verschiebung eines Operanden um eine beliebige Bitanzahl. Auch der interne Registersatz ist relativ groß, um alle benötigten Operanden darin abspeichern zu können. Der grundsätzliche Aufbau eines Signalprozessors ist in Abbildung 5.16 dargestellt.

Der Prozessor weist mehrere analoge Eingänge (A0, A1, ..., A7) auf. Mit Hilfe eines Multiplexers kann einer ausgewählt werden. Dem Multiplexer ist ein so genannter *Abtast- und Halteverstärker* (engl. *sample and hold* – S & H) nachgeschaltet. Er bestimmt den Zustand des Eingangssignals zu einem bestimmten Triggerzeitpunkt (*sampling*) und hält ihn bis zum nächsten Triggerzeitpunkt (*hold*) fest. Diesem folgt ein *ADC* (*Analog/Digital-Converter*), der das analoge Signal in ein digitales umwandelt, das in der Folge von der CPU des Signalprozessors verarbeitet wird.

Auf dem Prozessor-Chip ist zusätzlich ein RAM integriert, damit es im Normalfall zu keinem langwierigen Zugriff auf den Arbeitsspeicher kommt. Im ROM sind schnelle, kurze Routinen hinterlegt. Durch die gestrichelte Linie deuten wir an, dass ein Signalprozessor häufig getrennte Busse für den Zugriff auf das RAM bzw. ROM besitzt. Auf diese Weise ist stets ein paralleler Zugriff auf die beiden Einheiten möglich (vergleiche Harvard-Architektur, Abschnitt 5.2.2). Die digitale Schnittstelle erlaubt eine Erweiterung des Prozessors um zusätzliche Speicher- oder Schnittstellenbausteine, aber auch eine Kopplung mit einem anderen Prozessor. Die Ergebnisse der CPU des DSPs gibt der *DAC* (*Digital/Analog-Converter*) als analoges Signal aus. Dieser Baustein ist damit genau das Gegenstück zum *ADC*. Vielfach besitzt der DSP mehrere DACs. Die senkrechten, gestrichelten Linien deuten an, dass der Multiplexer, der Abtast- und Halteverstärker und der ADC am Eingang, aber auch die DACs am Ausgang nicht integraler Bestandteil des DSPs sind, sondern separat aufgebaut werden müssen.

Die Hauptanwendungsgebiete von solchen Bausteinen sind:

- Pulscodemodulation (PCM)
- Sprach- und Bildverarbeitung
- Regelungstechnik

In Abbildung 5.16 ist auch ein Beipiel für eine Integration des digitalen Signalprozessors in einen technischen Prozess angegeben. *Sensoren* messen physikalische Größen und setzen diese in elektrische Signale um. Der *Eingangsverstärker* passt diese dann dem zulässigen Spannungsbereich des DSP-Bausteins an und führt sie an die analogen Eingänge. Die analogen Ausgangssignale werden auf entsprechend viele Eingänge eines analogen Multiplexers geschaltet. Einem vom MUX ausgewählten Signalverlauf wird durch Abtastung ein Abtastwert entnommen und bis zur nächsten Abtastung „gehalten" (Sample-and-Hold-Funktion). Dieser gespeicherte Abtastwert wird nachfolgend mittels eines Analog-/Digital-Converter in ein zugeordnetes Digitalsignal umgewandelt. Dieses Digitalsignal wird dann vom Signalprozessor analysiert/verarbeitet und als digitales Resultat an einen zugeordneten Digital-/Analog-Converter geleitet. Dessen Ausgangssignal wird verstärkt und greift regelnd in den technischen Prozess ein. Diese kurze Erläuterung soll uns genügen, um die Arbeitsweise solcher Bausteine zu verstehen. Weitere Details würden den Rahmen des Buches sprengen.

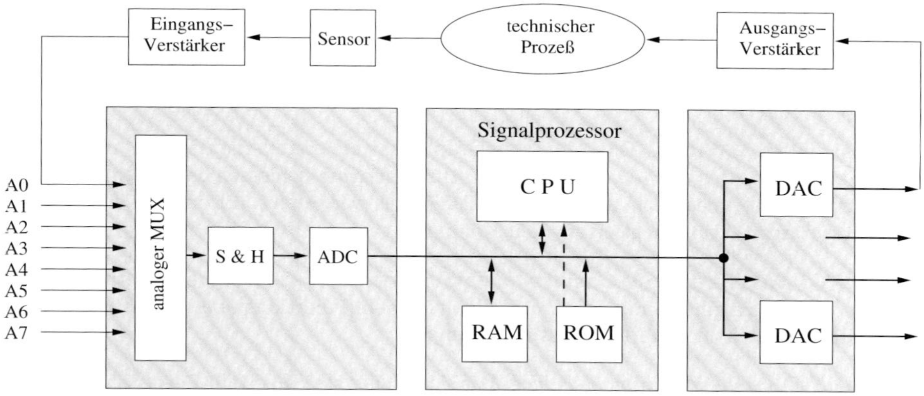

Abbildung 5.16: digitaler Signalprozessor

Multimediaprozessoren:
Multimediaprozessoren stellen eine Weiterentwicklung der Graphik-Controller dar. Neben einem *Display-Processor*, der die Aufgaben des ursprünglichen Controller-Bausteins übernimmt, enthält das System noch einen *Pixel Processor*, der die meisten Aufgaben der klassischen Datenverarbeitung bewältigt. Er komprimiert und dekomprimiert Bilddaten aus dem Hauptspeicher, wobei die unterschiedlichsten Formate von ihm bearbeitet werden (siehe dazu auch die jeweiligen Kapitel im Buch G. H. Schildt, et al. „Informatik Grundlagen", Springer Verlag 2002). Zusätzlich erzeugt dieser Baustein schnelle Graphik- bzw. Spezialeffekte und positioniert die einzelnen Bildschirmfenster (Windows). Man erhält als Ergebnis so den punktweisen Aufbau des Bildschirms. Mit seiner Hilfe ist es möglich, Bilder zu verändern, *2-D-* und *3-D*-Objekte zu erzeugen und Tonsignale hinzuzufügen. Er benötigt dafür nur ein Fünftel der Zeit, die sonst eine normale CPU für solche Operationen brauchen würde.

5.2.5 Interconnection

Die Bestandteile eines Computersystems müssen stets miteinander kommunizieren können. Dies wird durch die *Interconnection* (*Switch*), einen Teil der Architektur, ermöglicht. Bisher fanden für die Interconnection stets Bussysteme Einsatz. Dabei lassen sich zwei Arten unterscheiden:

Paralleler Bus: Dieses Verfahren verwendet zur Übertragung von jedem Bit jeweils eine Leitung. Das kann allerdings zu Problemen bei der Anzahl der benötigten Leitungen führen.

Serieller Bus: Hier werden alle Bits nacheinander über eine Leitung übertragen, wodurch es zu sehr hohen Übertragungszeiten kommen kann.

Busse können über Controller mit Subsystemen verbunden sein. Einige Beispiele für Bussysteme, die im Laufe der Zeit verbreitet eingesetzt wurden, sollen kurz aufgezählt werden:

ISA: (*Industrial Standard Architecture*): Sie besitzt nur eine Datenwortbreite von 16 Bit bei einem maximalen Adressraum von 16 MByte; dies ist heute zu gering.

EISA: (*Extended Industrial Standard Architecture*) stellt eine kompatible Weiterentwicklung des ISA auf 32 Bit dar und wird wegen seiner Leistungsfähigkeit und Funktionsvielfalt (vor allem in der PC-Welt) verwendet.

MICROCHANNEL: dieser IBM-spezifischer Bus, der ebenfalls 32 Bit breit ist, entspricht nicht dem EISA-Standard. Wegen der restriktiven Lizenzpolitik von IBM fand er keine große Verbreitung.

Local Bus: dieser 32-Bit PC-Bus, der von Graphikkartenherstellern, die sich in der VESA (*Video Electronics Standards Association*) zusammengeschlossen haben, entwickelt wurde, wird meist zusätzlich zu ISA oder EISA-Bus verwendet. Er ist ein streng an der Prozessorarchitektur orientiertert. Ein Konkurrent ist der PCI-Bus.

PCI: Der *PCI Bus* (*Peripheral Component Interconnect Bus*) ist eine Verbesserung des *Local Busses*, da er verglichen mit dem *Local-Bus* viel mehr Funktionen besitzt. Er ist ausserdem von der Architektur des Prozessors unabhängig.

SCSI (*Small Computer System Interface*) hat sich bisher stets als High-Level Schnittstelle für die Anbindung sowohl interner als auch externer Peripheriegeräte (Scanner, Magnetplattenspeicher etc.) durchgesetzt.

PCMCIA: Der *PCMCIA*-Standard (*PC Memory Card International Association*) ist eine Entwicklung für Busse, die mittels eines scheckkartengroßen Bausteins mit dem Computer verbunden werden. Der Kartenaustausch ist nach expliziter Abschaltung der Peripheriegeräte, die am Bus angeschlossen sind, bei laufendem Rechner möglich. Sein Einsatzgebiet liegt vor allem bei tragbaren Computern (zum Beispiel *Notebooks*). Der Bus weist eine Datenwortbreite von 16 Bit auf. Der Nachfolgestandard ist bereits geschaffen und nennt sich *CardBus*. Er besitzt eine 32-Bit Architektur.

Der Vorteil solcher Busse liegt in der einheitlichen Schnittstelle zu allen angeschlossenen Geräten. Wenn aber das System einen Defekt aufweist, kommt das ganze Rechnersystem zum Erliegen. Auch die Zuteilung des Busses (*Bus Arbitration*) an die angeschlossenen Prozessoren oder Controller kann Probleme verursachen.

5.3 Periphere Geräte

Man könnte meinen, wir hätten im Grunde in den vorangegangenen Abschnitten alle wesentlichen Teile eines Computers zusammengebaut. Wenn man aber einen Blick auf einen PC wirft, kann man feststellen, dass das noch nicht alles ist. Gewöhnlich besteht so ein Computer auch noch aus anderen, nicht unwesentlichen Kleinigkeiten, die da sind: ein Bildschirm, eine Tastatur, eine Maus oder auch ein Drucker. Irgendwo im Gehäuse macht sich meistens durch kurzes Blinken auch noch eine Festplatte bemerkbar. Der vorliegende Abschnitt beschäftigt sich mit genau mit diesen anderen Komponenten, die einen Computer (hardwaremäßig) erst vervollständigen.

5.3.1 Externspeicher

Obgleich wir bereits verschiedenste Speicherbausteine kennengelernt haben, geben wir uns damit noch nicht ganz zufrieden. Der Grund, warum wir die in Abschnitt 5.2.2 dargestellte Speicherhierarchie noch erweitern, liegt darin, dass die Kosten von Hauptspeichern, Caches oder Registern im Vergleich zu denen von externen Speichern, die wir in diesem Abschnitt vorstellen wollen, wesentlich höher sind und dass es durch geeignete externe Speicher viel leichter und billiger erreicht werden kann, wichtige Daten über einen etwaigen Ausfall der Stromversorgung hinwegzuretten. Unsere neue Struktur gibt der Speicherhierarchie daher folgendes Aussehen:

Externspeicher
Hauptspeicher
schneller Zwischenspeicher (Cache)
Prozessorregister

Abbildung 5.17: Speicherhierarchie

Magnetische Speicher

Bei *magnetischen Speichern* wird eine magnetisierbare Oberfläche an einem Schreib-Lesekopf vorbeigeführt. Die bekanntesten Bauformen sind Band-, Platten- und Diskettenspeicher. Als Magnetwerkstoffe werden derzeit vorwiegend Eisenoxid und Chromdioxid verwendet. Neuere Geräte benutzen aber auch schon Bariumferrit, das es ermöglicht, mehr Information auf gleichem Raum zu speichern. Kunststoffe bzw. nichtmagnetische Metallplatten dienen als Trägermaterial. Der Vorteil magnetischer Speicher liegt einerseits in der Nichtflüchtigkeit der Daten bei Ausfall der Stromversorgung und andererseits in den geringen Kosten pro Bit.

Aufzeichnungsverfahren bei magnetischen Speichern

Zur Informationsspeicherung werden die beiden Magnetisierungsrichtungen magnetischer Werkstoffe benutzt. Die folgende Abbildung zeigt einen Schreib-Lesekopf über der Magnetschicht auf dem Trägermaterial. Der Kopf enthält einen Weicheisenkern mit Luftspalt und eine Spule. Beim Schreiben fliesst ein Schreibstrom durch die Spule. Das dadurch entstehende Magnetfeld durchdringt am Luftspalt die sich vorbeibewegende Schicht und erzeugt in ihr ein permanentes Magnetfeld gewisser Richtung. Kehrt man die Polarität des Schreibstromes um, so entsteht dadurch eine Umkehrung der Magnetisierungsrichtung.

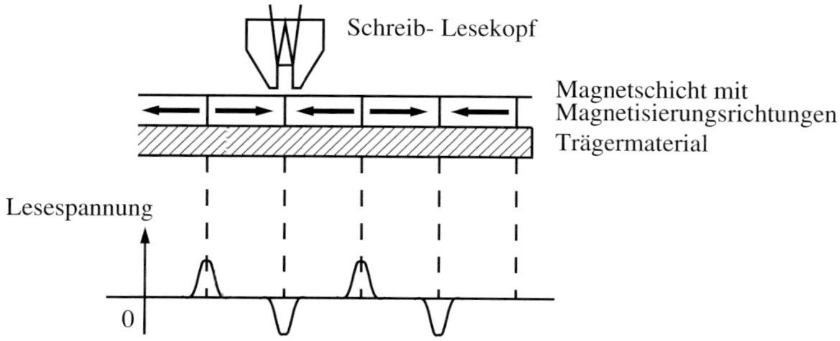

Abbildung 5.18: Magnetische Aufzeichnung

Beim Lesen induziert die Umkehrung der Magnetisierungsrichtung im Schreib-Lesekopf eine Spannung. Die Polarität dieser Lesespannung wird durch die Richtung des Wechsels der Magnetisierung bestimmt.

Speicherparameter

Folgende Parameter charakterisieren die oben beschriebenen Speicherarten:

- Unter der *Kapazität* versteht man die maximale Anzahl von Datenelementen (Bytes, Bits), die in einem Speicher hinterlegt werden können.
- Bei einem Speicher mit wahlfreiem Zugriff versteht man unter der *Zugriffszeit* die Zeit zwischen dem Lesebefehl und dem Vorliegen der gewünschten Daten.
- Unter der *Speicherbandbreite* (oder *Datenrate*) versteht man, wie schon in Abschnitt 5.2 erwähnt, die Anzahl der Bits, auf die innerhalb einer Sekunde zugegriffen werden kann.

Magnetbandspeicher

Zur Speicherung großer, nicht ständig benötigter Datenmengen verwendet man *Magnetband*speicher. Eine Länge von 750 m und Breite von 1/2 Zoll (Inch) eines Bandes sind üblich. Das geringe Volumen in Verbindung mit der hohen Speicherkapazität gestattet eine raumsparende Unterbringung in Datenarchiven. Daher finden Magnetbänder hauptsächlich Verwendung bei Datensicherung und Datenarchivierung. Ein großer Nachteil von Magnetbändern liegt darin, dass sie nur sequenziellen Zugriff auf die Daten erlauben.

Weil sowohl bei Schreib– als auch bei Lesevorgängen eine vorgegebene Relativgeschwindigkeit zwischen Magnetband und Schreib-Lesekopf erforderlich ist, schreibt bzw. liest das Gerät nach jedem Anlaufen des Magnetbandes nicht einzelne Bytes, sondern jeweils ganze *Blöcke*, die zwischen 100 und 100.000 Byte umfassen können.

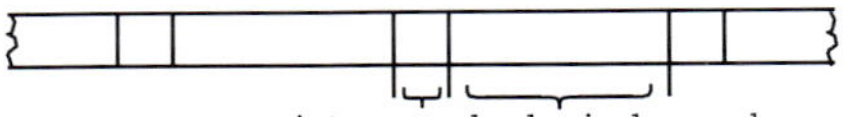

Abbildung 5.19: Sequenzielle Anordnung von Blöcken und informationslosen Lücken

Zwischen den Blöcken (auch *physical records* genannt) befinden sich informationslose Lücken (engl. *interrecord gaps*), die zum Beschleunigen bzw. Bremsen des Magnetbandes vorgesehen sind (siehe auch Bild oben).

Auf den Magnetbändern zeichnet man bis zu neun *Spuren* (engl. *tracks*) parallel auf, so dass jeweils ein Byte (8 Bit) und 1 Prüfbit in Form eines *Frames* gespeichert wird. Hierbei versteht man unter einem Frame diejenigen Bits, die gleichzeitig geschrieben oder gelesen werden können.

Zur Fehlererkennung bei der Aufzeichnung von Daten auf Magnetbändern werden neben den oben erwähnten Paritybits (*Vertical Redundancy Check* , VRC)) an jedem Blockende Prüfzeichen angehängt, die mit dem uns schon aus dem Buch G.H. Schildt, et.al. „Informatik Grundlagen“ (Springer Verlag 2002) bekannten CRC-Verfahren berechnet werden. Daran anschließend wird über alle Bits einer Spur innerhalb eines Blocks ein Prüfbit errechnet. Die so gewonnenen neun Längsprüfbits werden am Ende des Blocks hinter die CRC-Frames angefügt (*Logitudinal Redundancy Check*, LRC)).

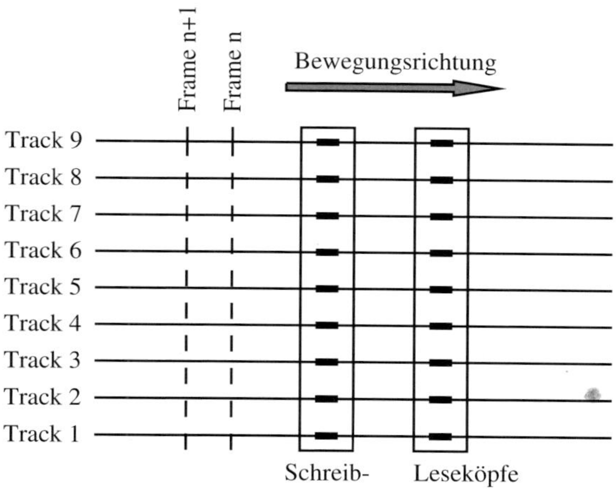

Abbildung 5.20: Parallele Aufzeichnung auf neun Spuren

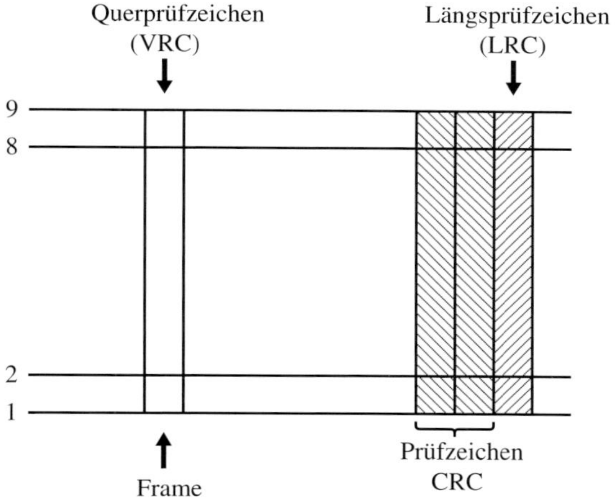

Abbildung 5.21: Datensicherung beim Magnetband

Einfacher in der Handhabung als die altmodischen Bandspulen sind *Magnetbandkassetten* (*Cartridge Tapes*), die ähnlich wie Musikkassetten für Kassettenrecorder aufgebaut sind. Solche Cartridge-Laufwerke sind auch für Aufgaben der Datensicherung (engl. *Backup*) geeignet. Im Unterschied zu den bisher behandelten Bändern arbeiten Magnetbandkassetten nicht im Start-Stopp-Betrieb, sondern lesen oder schreiben kontinuierlich (sofern dies die Geschwindigkeit des Rechners erlaubt), deswegen nennt man sie auch *Streamertapes*. Ein weiterer Unterschied liegt darin, dass ihr Magnetband nur eine Breite von 1/4 Zoll hat und bis zu hundert Spuren parallel aufgezeichnet werden.

Ausserdem wollen wir noch **D**igital **A**udio **T**apes (DAT) ansprechen. Dabei handelt es sich um sehr kleine Magnetbandkassetten mit einer Speicherkapazität von mehreren GBytes. Solch hohe Werte werden durch eine besondere Aufnahmetechnik erreicht. Die Aufzeichnung erfolgt bei DATs, wie bei den Videorekordern, schräg zur Laufrichtung, wodurch sich der Platz, der beschrieben werden kann, vervielfacht und die Zugriffszeit verkürzt wird. Die meisten dieser Geräte enthalten auch einen Spezial-Chip, der die Daten komprimiert und so die Kapazität abermals steigert.

Magnetplattenspeicher

Ein *Magnetplattenspeicher* besteht aus Metallscheiben, die beidseitig mit einer magnetisierbaren Oberfläche beschichtet sind. Diese *disks*) werden über eine gemeinsame Achse angetrieben. Jede Plattenoberfläche ist in konzentrische Spuren mit *Sektoren* strukturiert. Über jeder Oberfläche befindet sich ein *Schreib-Lesekopf*, der an einem beweglichen Arm befestigt ist. Damit sich alle Schreib-Leseköpfe jeweils über Spuren mit gleichem Abstand von der Achse befinden, werden alle Arme von einem gemeinsamen Mechanismus gesteuert. Jeweils alle so übereinander liegenden Spuren werden als *Zylinder* bezeichnet.

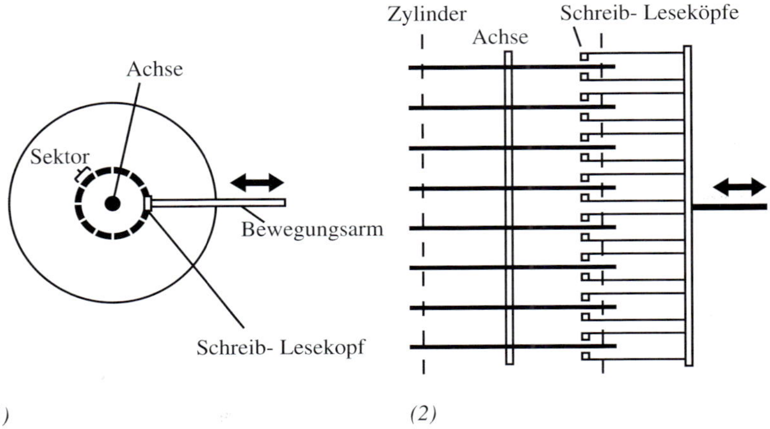

Abbildung 5.22: Magnetplattenspeicher, (1) Magnetplatte, (2) Plattenspeicher mit 8 Scheiben

Die Schreib-Leseköpfe „fliegen" über die Oberflächen der rotierenden Platten in geringem Abstand, ohne sie dabei zu berühren. Tun sie es irgendwann doch, so spricht man von einem *Head Crash*, der möglicherweise Teile der magnetisierbaren Oberfläche zerstört, wodurch sogar die gesamte Platte unbrauchbar werden kann.

Eine Spur beinhaltet zur Erkennung eines Sektoranfangs ein Synchronisationsmuster, auf das ein *Identifikationsfeld* (engl. *identification record header*) folgt, in dem Information zur Kennzeichnung des Sektors enthalten ist (z. B. Spur- und Sektornummer). Auf das Identifikationsfeld folgt wiederum eine Lücke, die dazu dient, ein wenig Zeit verstreichen zu lassen, in der geprüft werden kann, ob der gesuchte Sektor wirklich gefunden wurde. Dadurch kann entweder weitergesucht werden oder der Datenblock des Sektors gelesen bzw. geschrieben werden. Der Datenblock wird durch eine Blockmarke (engl. *data address mark*) eingeleitet, der die abgespeicherten Daten angehängt sind. Den Abschluss bildet wiederum eine Prüfsumme.

Diese Grundstruktur von Identifikationsfeldern, Lücken und Datenblöcken muss auf einer Magnetplatte erst einmal aufgebracht werden, bevor Daten aufgezeichnet werden können. Dieser Vorgang nennt man *Formatieren*. Man kann bereits formatierte Magnetplatten oder Disketten erneut formatieren – dabei gehen allerdings aufgezeichnete Daten unwiderruflich verloren.

Um Daten zu schreiben oder zu lesen, werden an den *Disk-Controller* Spur– und Sektoradresse übermittelt. Dieser positioniert den Schreib-Lesekopf über die jeweilige Spur. Nach erfolgter Positionierung des Schreib-Lesekopfes über der ausgewählten Spur muss noch ein vorgegebener Sektor gefunden werden, um anschließend Daten schreiben oder lesen zu können. Entweder kann der gewünschte Sektor zufällig ohne Wartezeit sofort angesprochen werden, oder der Schreib-Lesekopf muss maximal die Dauer einer Plattenumdrehung warten, bis der gewünschte Sektor gefunden wird. Diese Wartezeit bezeichnet man als *Latenzzeit* (engl. Rotational Latency Time, RLT) . Es gilt:

Mittlere Zugriffszeit = Positionierzeit des Armes + mittlere Latenzzeit

Um die Zugriffszeit zu reduzieren, können über jeder Oberfläche mehrere Schreib-Leseköpfe angebracht werden, die bestimmten Spuren zugeordnet sind (engl. *fixed head disks*. Moderne Magnetplatten haben Plattendurchmesser von 5 1/4" oder 3 1/2" mit gekapselten Laufwerken zum Schutz gegen Staub.

Auf Magnetplatten können Stellen (engl. *Bad Clusters* oder *Bad Blocks*) auftreten, die nicht einwandfrei beschreibbar sind. Dadurch wird eine Oberfläche jedoch nicht unbrauchbar, vielmehr werden im Verlauf der Qualitätsprüfung nach dem Herstellungsprozess diese Stellen ermittelt und deren Adressen softwaremäßig auf der Platte vermerkt, so dass sie vor Zugriffen geschützt werden können, aber ein Großteil der gesamten Speicherkapazität erhalten bleibt.

Disketten

Eine spezielle (antiquierte) Bauform von Magnetplatten stellen die *Floppy-Disks* dar. Ihr Vorteil liegt darin, dass sie nicht fest in den Computer eingebaut sind, vielmehr können sie bei Bedarf gewechselt werden. Sie sind jedoch erheblich langsamer, d.h., durch eine größere Zugriffszeit und eine niedrigere Datenrate gekennzeichnet. Disketten bestehen aus runden, meist beidseitig magnetisierbaren Kunststoffplatten mit einem Durchmesser von 3 1/2 Zoll in einer quadratischen Plastikhülle. Diese enthält eine *Schreibschutzkerbe*, die durch einen elektromechanischen Sensor im Laufwerk abgetastet wird, um festzustellen, ob Schreibschutz zum Sichern von Daten gegen Überschreiben gewünscht ist.

Die Daten werden auf Disketten genau wie bei Magnetplatten in Spuren und Sektoren abgespeichert. Der Schreib-Lesekopf des Laufwerks wird zum Lesen und Schreiben radial auf die jeweilige Spur eingestellt. Die Erkennung der Sektoren erfolgt bei *Softsektorierung* durch Informationen, die auf der Spur aufgezeichnet sind. Die *Hardsektorierung*, die mit einem Kranz von bis zu 16 Indexlöchern und einer Lichtschranke arbeitet, ist heute nicht mehr im Einsatz.

Heute finden Disketten kaum mehr praktischen Einsatz. Sie wurden durch alternative Medien, wie zum Beispiel USB-Memorysticks und CD-ROMs verdrängt.

CD-ROM-Speicher

Im Jahr 1979 entwickelten Sony und Philips einen ersten auf der *Laserdisc* beruhenden Entwurf einer Compact Disk für die Speicherung von Audio-Daten; dieser besass einen 115 mm Durchmesser und eine 14 bit Datenauflösung, was in einer Kapazität von 60 Minuten Audiodaten resultierte. Sony bestand jedoch auf eine 16 bit Datengenauigkeit und eine maximalen Spielzeit von 74 Minuten. Es heisst, dass die Vergrösserung der Kapazität erfolgt sei, weil man auf einer Disk die gesamte 9. Symphonie von Beethoven unterbringen wollte. Die Kapazitätssteigerung führte zur heutigen CD-ROM (*Compact Disk - Read Only Memory*) mit einem Durchmesser von 120 mm.

Eine CD-ROM besteht aus einer 1,2 mm dicken mit Aluminium beschichteten Polycarbonat-Scheibe. Die Aluminiumbeschichtung wird durch eine darüber angebrachte Lackschickt geschützt.

CD-ROMs werden industriell in einem Pressvorgang gefertigt.

Die zu speichernden Informationen werden auf der Disk in einer spiralförmigen Spur als mikroskopisch kleine Vertiefungen abgebildet. Eine spiralförmige Aufzeichnung führt dazu, dass auf Daten nur sequenziell zugegriffen werden kann. Die Datenspur ist 1,2 µm breit (das ist ungefähr 1/60-tel der Breite eines menschlichen Haares) und benachbarte Spuren liegen etwa 1,6 µm auseinander. Durchschnittliche Werte für die Vertiefungen sind 0,5 µm Breite, 2 µm Länge bei einer Tiefe von 0,1 µm. An den Übergängen von Vertiefung und Ebene wird polarisiertes Laserlicht unterschiedlich optisch gebeugt und von Empfängern aufgenommen, die den Lichteinfall in elektrische Signale umsetzen. Der Aufbau einer CD-ROM ist aus der Abbildung 5.23 erkennbar.

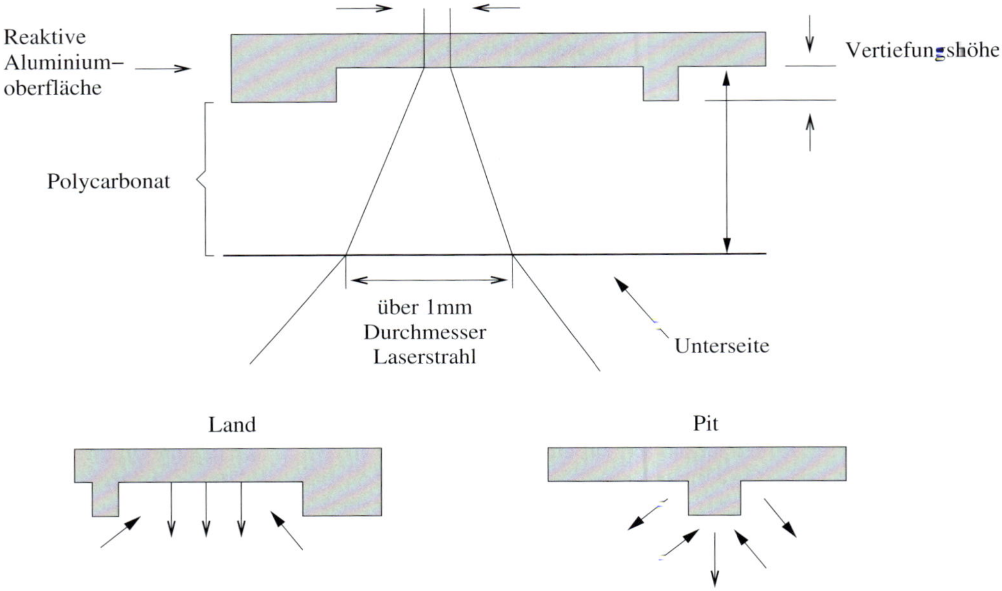

Abbildung 5.23: CD-ROM

Die Aufzeichnung der Daten erfolgt so, dass beim Lesen eine Entschlüsselungsstrategie angewandt werden kann, die sowohl Fehlererkennung als auch Fehlerkorrektur bezüglich zweier Fehler in einem Codewort ermöglicht. Dann ist die noch vorliegende Bitfehlerrate kleiner als 10^{-9}. In Audio-CD-Geräten wird ein einfacheres Verfahren angewandt, das auf der Strategie des Verbergens beruht, d. h., als fehlerhaft erkannte Daten werden akustisch einfach ausgeblendet. Diese Vorgangsweise ist natürlich im Bereich der Datenverarbeitung unzulässig. Daten werden im allgemein mit einem im ISO Standard 9660 beschriebenen Dateisystem auf der CD gespeichert; manchmal kommt bei der Verwendung langer Dateinamen auch das von Microsoft entwickelte *Joliet*-Format zum Einsatz, das eine Erweiterung von ISO9660 darstellt.

Beim Lesen von CD-ROMs werden die auf der Compact Disk kodierten Bits und Bytes mit einer konstanten Bitrate gelesen. Daher kann das Medium im Laufwerk nicht mit konstanter Geschwindigkeit gedreht werden, weil bei einer Umdrehung weiter aussen vom Lesekopf mehr Weg zurückgelegt wird. Um die Bit-Leserate konstant zu halten, muss daher beim Lesen von Daten vom äusseren Rand der CD der Spindelmotor, der die Umdrehungsgeschwindigkeit steuert, gedrosselt werden.

Eine Weiterentwicklung ist die *CD-R* (*CD-Recordable*) und die *CD-RW* (*CD-Rewritable*). Hier kann der Benutzer eine unbeschriebene CD, genannt CD-Rohling, kaufen und mittels des CD-Recorders selbst Daten abspeichern. Bei der CD-R lässt sich dieser Vorgang nur einmal, bei einer CD-RW mehrmals (abhängig von der Güte des Mediums) durchführen. Auf einer CD können bis zu 800 MByte Platz finden. Das Verfahren ist heute sehr gebräuchlich zur Erstellung von Sicherheitskopien oder zur Archivierung von Dokumenten.

Digital Versatile Disk (DVD)

Digital Versatile Disks sind die Nachfolger der Compact Disk. Neben der reinen Datenanwendung erlaubt der Standard sogar die Speicherung von mehreren Stunden Videomaterial.

Die DVD hat die gleichen Abmessungen wie die CD, wobei zwei Schichten vorliegen. Zum Lesen muss die Laseroptik beim Wechsel zwischen den Layern nur die Brennweite verändern.

Die im Vergleich mit der CD höhere Speicherkapazität pro Schicht erreicht die DVD durch einen geringeren Abstand zwischen den Spuren und durch eine reduzierte Mindestlänge der Pits. Die höhere Dichte ist dadurch ermöglicht, dass der Laser eine geringere Tiefe, nämlich nur 0,6 mm des Polycarbonat-Trägers bis zur Informationsschicht durchdringen muss. Bei der Dual-Layer-Scheibe muss die eine Schicht halbdurchlässig sein, weshalb beide Schichten eine entsprechend geringere Reflexion erreichen. Bei allen DVD-Varianten findet das Dateisystem Universal Disc Format (UDF) Version 2 Einsatz. Auch auf DVD-Videos kann man mit UDF-Treibern zugreifen. Der als MPEG-2-Stream codierte Videostrom wird als eine oder mehrere Dateien angezeigt. Die Videodaten sind nach MPEG-2 komprimiert und mit dem CSS-Verfahren (Content Scrambling System) von Matsushita verschlüsselt. Der Soundtrack kann abhängig vom Darstellungsmodus in drei Formaten abgelegt sein. Die Samplefrequenz beträgt bei Linear PCM 96 kHz, andernfalls nur 48 kHz.

5.3.2 Dialoggeräte

Normalerweise erfolgt die Kommunikation zwischen Anwender und Maschine über eine Zwischenebene, die als *Mensch-Maschine-Schnittstelle* (engl. *Man Machine Interface* MMI) bezeichnet wird, deren sinnvolle Ausgestaltung die Aufgabe der *Ergonomie* ist. Handelt es sich bei der Maschine um einen Computer und kommuniziert der Mensch interaktiv mit einem Rechner, so bezeichnet man die Schnittstelle zwischen Mensch und Rechner als *Human Interface* (HI).Wir wollen im folgenden die wichtigsten Geräte betrachten, die zum Informationsaustausch zwischen Benutzer und Computer dienen.

Tastatur

Die üblicherweise bei Computern zum Einsatz kommenden Tastaturen (*Keyboards*) dienen zur Eingabe von Texten, Zahlen und Sonderzeichen. Der Aufbau einer Tastatur hängt vom Verwendungszweck des Computers ab. So werden etwa zur Eingabe von Texten Tastaturen verwendet, die denen von Schreibmaschinen ähnlich sind, während hingegen etwa für Robotersteuerungen speziell dafür entwickelte Tastaturen zum Einsatz gelangen. Bei manchen Anwendungen genügen auch schon rein numerische Tastaturen und eine kleine Anzahl von anderen Tasten, die mit speziellen Funktionen verknüpft sind.

Touchscreen

Unter gewissen Umständen kann es notwendig sein, dass direkt (entweder mit einem Stift oder einem Finger) über den Bildschirm Eingaben erfolgen können. Dafür benötigt man eine besondere Ausrüstung, wie etwa eine Matrix aus Infrarotsendern und -empfängern direkt vor der Bildschirmoberfläche. Tippt nun der Benutzer auf eine bestimmte Position, so werden die entsprechenden Strahlengänge unterbrochen und daraus die zugehörigen Koordinaten bestimmt.

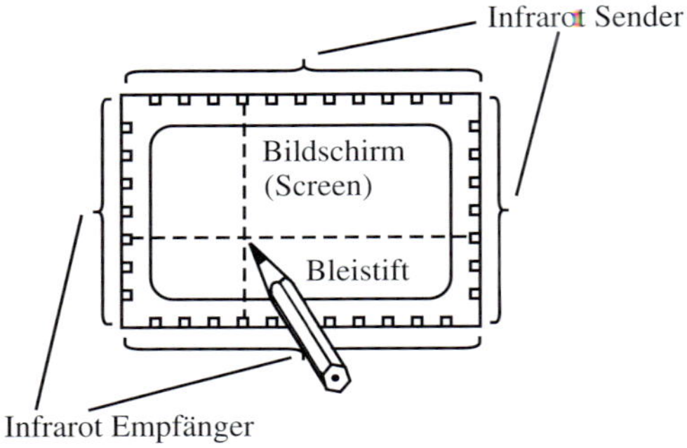

Abbildung 5.24: Touchscreen

Joystick

Ein *Joystick* stellt einen Steuerknüppel dar, der sich in seiner Ruhelage in aufrechter Stellung befindet und zur Eingabe von Richtungen in zwei Dimensionen aus dieser Position gedrückt wird. Einfache Joysticks codieren nur die Richtungen x, y, $-x$, und $-y$ sowie Kombinationen von je zwei benachbarten Koordinaten. Ist das Signal ausserdem von der Stärke der Auslenkung abhängig, so kann damit eine recht komplexe, analoge Richtungsangabe gemacht werden, die von einem Programm (z. B. einer Robotersteuerung oder einem Spielprogramm) in einer entsprechenden Weise gedeutet wird. Die meisten Joysticks sind hinsichtlich der Auslenkungen aus der neutralen Position gefedert aufgebaut, so dass sie automatisch eingenommen wird, sobald der Joystick losgelassen wird.

Ein Joystick kann auch dafür benutzt werden, den *Cursor* (spezielles grafisches Symbol zur Kennzeichnung der aktuellen Arbeitsposition) auf dem Bildschirm zu bewegen. Wird der Joystick in einer bestimmten Richtung ausgelenkt, so wird der Cursor in die entsprechende Richtung bewegt. Der Cursor bewegt sich in den angegebenen Koordinaten so lange weiter, wie der Joystick gedrückt wird. Kommt der Joystick in die Ruhelage zurück, so bleibt der Cursor an der aktuellen Position stehen.

Maus

Die *Maus* dient ebenfalls der Cursor-Steuerung, wobei diese hier nicht absolut, sondern relativ erfolgt. Die von der Maus auf einer Unterlage zurückgelegten Strecke ist direkt proportional zu der vom Cursor zurückgelegten. An der Unterseite der Maus befindet sich zu diesem Zweck eine Kugel oder eine optische Einrichtung in Verbindung mit einer geeigneten Unterlage, die sowohl Bewegungsrichtung als auch Weglänge erfasst. Oft sind auf der Oberseite einer Maus auch noch weitere Tasten angeordnet, mit denen verschiedene (softwareabhängige) Funktionen aktiviert werden können.

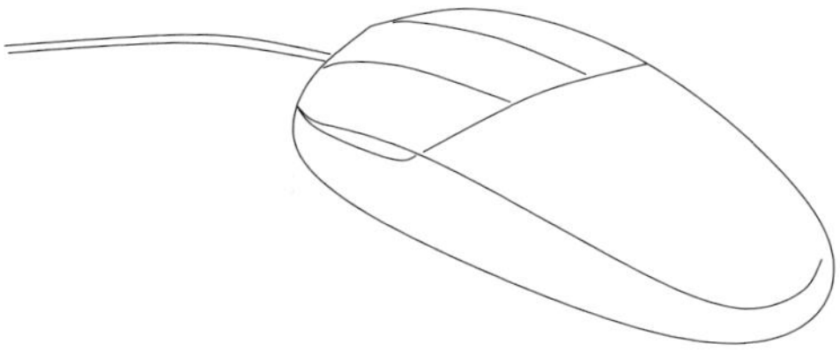

Abbildung 5.25: Maus

Eine Weiterentwicklung der mechanischen ist die *optische Maus.* Diese, 1999 erstmals veröffentlichte Technologie besitzt eine Art von Kamera, die 1500 Bilder pro Sekunde macht. Optische Mäuse, die Bilder auf nahezu jedem Untergrund zu Positionsinformationen verarbeiten können, leuchten die Oberfläche, über die sie geführt werden, mit Licht im roten Spektrum aus. Solch ein Lichtstrahl, der von einer "Licht Emittierenden Diode"(LED) ausgesandt und vom Untergrund reflektiert wird, landet schließlich auf einem "Complementary Metal-Oxide Semiconductor"(CMOS)-Sensor. Dieser CMOS-Sensor leitet das Signal weiter an einen Digitalen Signalprozessor (DSP, siehe Abbildung 5.16), der die analoge in digitale Information umwandelt. Diese, bei Bewegung sich verändernden digitalen Muster (Bilder) werden von dem DSP analysiert und in Bewegungsmeldungen umgewandelt. Dabei ist anzumerken, dass solch ein DSP dazu 18 MIPS (Millionen Instruktionen pro Sekunde) abarbeiten können muss. Eine schematische Darstellung der Funktionsweise einer optischen Maus ist in Abbildung 5.26 zu finden.

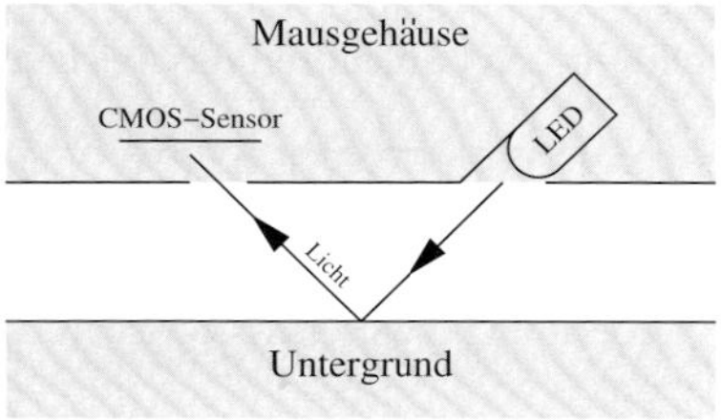

Abbildung 5.26: Funktionsweise einer optischen Maus

Digitizer

Ein *Digitizer* dient der Eingabe von zweidimensionalen Koordinaten. Der Benutzer markiert auf einer Unterlage (Tablett) die gewünschte Position mit Hilfe eines beweglichen Handgerätes (engl. *hand-held puck*), das je nach Konzept entweder einen Sender oder Empfänger enthält. Die Unterlage beinhaltet entsprechend Empfangs– oder Sendeeinrichtungen in einer Matrixanordnung (mit hoher Auflösung). Mit dem Puck können also absolute Koordinaten ausgewählt werden.

Typische Anwendungsgebiete für solche Digitizer sind beispielsweise:

- Kurvendigitizer im Maschinenbau zur Bestimmung der Umrisse eines Werkstücks.
- im Vermessungswesen, um aus fotogrammetrischen Aufnahmen Ortsentfernungen zu berechnen
- in der Medizin zur Ermittlung von Organgrößen aus Röntgen- oder Ultraschallaufnahmen

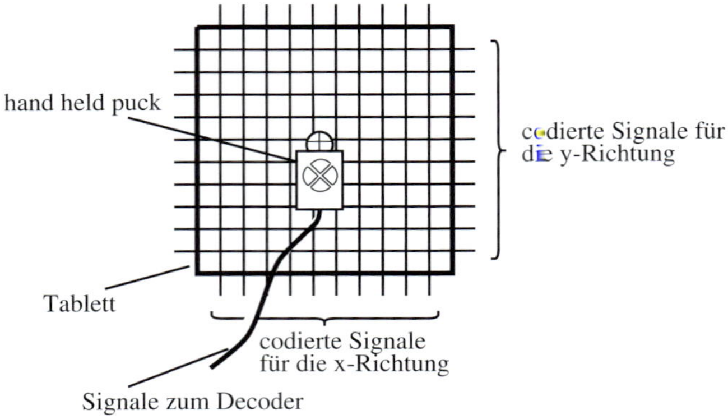

Abbildung 5.27: Digitizer

Belegleser

Geräte, die schriftliche Unterlagen erfassen können, werden als *Belegleser*, *Blattleser* oder *Klarschriftleser* bezeichnet. Die Erfassung von Daten, die in schriftlicher Form vorliegen, wird dadurch erleichtert. Unter Klarschrift versteht man die konventionelle Druck- oder Schreibmaschinenschrift, allerdings auch speziell für Lesegeräte stilisierte (und normierte) Schriftarten, wie zum Beispiel OCR-A und OCR-B. Dabei bedeutet steht die Abkürzung OCR *Optical Character Recognition*. Die folgende Abbildung zeigt einen Teil des Zeichenvorrates der OCR-A-Schrift:

0123AB

Abbildung 5.28: OCR-A-Schrift

Die Zeichen werden mit Laserstrahlen abgetastet. Die punktweise ermittelten Hell-Dunkel-Informationen werden mit den vereinbarten Elementen des Zeichenvorrats verglichen und ein „passendes“ Zeichen aus dem Zeichenvorrat ausgewählt. Allerdings sind solche Klarschriftleser nur zur Erfassung bestimmter Schriftarten geeignet.

Weit verbreitet sind auch *Barcodes*. Aus dem Jahr 1958 stammt die CMC-7-Schrift, bei der jedes Zeichen auf sieben vertikale Balken abgebildet wurde. Die sechs binären Abstände (breit oder schmal) zwischen den sieben Balken codieren alphanumerische Zeichen. Aus dem Alltag ist etwa die Europäische Artikelnummer (EAN) bekannt. Diese ist im Strichcode sowie in der direkt lesbaren OCR-B-Schrift abgebildet. Als Lesegeräte dienen oftmals bewegliche Lesestifte mit Fotosensor, wie sie oft an Supermarktkassen eingesetzt werden.

Scanner

Unter einem *Scanner* versteht man einen fotoelektrischen Abtaster, mit dem Text- und Bildmaterial erfasst werden können. Ein Lichtstrahl verursacht einen Lichtpunkt auf der Vorlage. Das reflektierte Licht wird durch optische Sensoren erfasst und die rote, grüne und blaue Komponente werden als binärer Wert mit einer Auflösung von bis zu 48 Bit abgespeichert. Der abtastende Lichtstrahl wird nun Zeile für Zeile über die Vorlage geführt. Das Auflösungsvermögen beträgt

– abhängig vom Gerät – bis zu 4800 Punkte pro Inch. Die erfassten Daten bedürfen einer aufwendigen Nachverarbeitung, um aus den gewonnenen Punktmengen Muster, wie zum Beispiel Schriftzüge oder Linien, wiederzuerkennen.

Bildschirme (Displays)

Eine häufig auftretende Ausführungsform für Bildschirme ist ein Gerät mit einer Elektronenstrahlröhre (engl. C*athode* R*ay* T*ube, CRT*).Dabei erzeugt ein Elektronenstrahl auf dem Bildschirm einen Leuchtpunkt (*pixel*), unter dem man das kleinste Element einer Darstellungsfläche versteht, dem eine Farb– und Helligkeitsinformation zugeordnet werden kann. Ein wichtiges Qualitätsmerkmal stellt die Anzahl und Anordnung der Pixels dar; man spricht dabei von der *Auflösung* eines Bildschirms. Sie wird für gewöhnlich in „vertikale mal horizontale Pixelanzahl" angegeben (zum Beispiel 1024 x 768).

Will man eine Graphik auszugeben, ergeben sich aufgrund dieser Rasterung einige Probleme. Bei der Darstellung einer Linie, die nicht horizontal oder vertikal verläuft, versucht man, die schräge Linie behelfsweise durch einzelne horizontale und vertikale Streckenabschnitte zu approximieren, wie die folgende Abbildung zeigt.

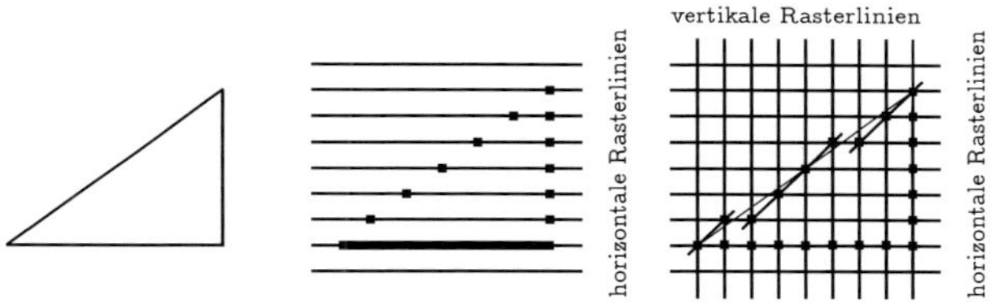

Abbildung 5.29: Auflösung eines Bildschirmes

Normalerweise wird die darzustellende Information in einem *Bildwiederholspeicher* abgelegt, von wo sie mehrmals pro Sekunde ausgelesen und auf dem Schirm ausgegeben wird. Um ein flimmerfreies Bild zu erzeugen, muss dieser Vorgang wenigstens 50 bis 60 mal pro Sekunde erfolgen.

Liquid Crystal Displays

Die Funktion von *Flüssigkristallanzeigen* (engl. L*iquid* C*rystal* D*isplay, LCD*) beruht darauf, dass die Anzeige die physikalischen Parameter des eingestrahlten Lichtes entweder durch Absorption oder durch Dämpfung bei Durchdringung der Display-Fläche bzw. durch Drehung der Polarisationsebene des Lichtes verändert. Es werden mitunter auch mehrere dieser physikalischen Effekte verknüpft benutzt.

Flüssigkristallanzeigen haben die Eigenschaft, dass gewisse organische Bestandteile innerhalb vorgegebener Temperaturgrenzen sich so verhalten, dass ihre kristalline Struktur es ihnen erlaubt, wie Flüssigkeiten zu fließen. Sind Flüssigkristalle in diesem Zustand, kann die Orientierung der Kristalle durch ein überlagertes elektrisches Feld beeinflusst werden. Es hängt von der Lage der Kristalle gegenüber dem einstrahlenden Licht ab, ob es gestreut reflektiert wird oder nicht.

LCDs sind entweder als Punktmatrix oder Segmentanzeige aufgebaut. Letztere dienen vor allem zur Darstellung numerischer Information (z. B. bei Taschenrechnern oder Messgeräten), da bei dieser Methode nur bestimmte senkrechte oder waagrechte Linien angesteuert werden können und dadurch die Vielfalt der Darstellung eingeschränkt wird. Die nächste Abbildung zeigt ein Element der weit verbreiteten *Sieben-Segment-Anzeige*, bei der jeder Balken einzeln angesteuert werden kann.

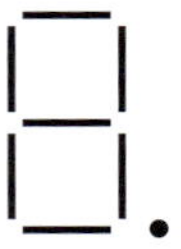

Abbildung 5.30: Sieben-Segment-Anzeige

Für den Computerbildschirm werden Punktmatrix-LCDs entweder in *TFT*– (*Thin Film Transistor*) oder *DSTN* (*Dual SuperTwisted Nematic*)-Technologie verwendet. Da beim TFT-Display ein eigener Transistor aktiv jeden einzelnen Punkt ansteuert (*Aktiv-Matrix-Display*), ergeben sich zwar gute Kontraste und eine hervorragende Farbwiedergabe; es entsteht jedoch ein hoher Fertigungsaufwand.

DSTN steuert die Pixel über eine zweidimensionale Matrix an. Dazu sind auf einer Glasplatte oben horizontale und unten vertikale Leiterbahnen aufgebracht. Diese Vorgehensweise ist zwar billiger, aber mit einigen Nachteilen behaftet, da die Ansteuerung nur zeilenweise erfolgen kann; der Bildaufbau dauert bei einem 640×480 Display 480 Millisekunden. Daher können keine schnellen Bewegungen dargestellt werden. Ausserdem sind die Kontraste bei diesem Verfahren schlechter als bei einem CRT-Monitor.

TFT-Bildschirm

Der Thin-Film-Transistor- oder kurz TFT-Bildschirm ist eine Sonderform des Liquid Crystal Displays.

Beim TFT-Bildschirm werden die einzelnen Pixel durch ein zusätzliches horizontales und vertikales Raster von Leiterbahnen angesteuert. Dabei besteht Bildpunkt aus einer Flüssigkristallzelle, die über einen eigenen Transistor angesteuert wird. Die Transistorsteuerung erlaubt eine gezielte Steuerung der elektrischen Felder zur Polarisation.

Auf diese Weise wird ein kontrastreiches Bild erreicht. Die Darstellung der einzelnen Bildpunkte geschieht dabei wie folgendermassen:

Grundlage für die Funktion ist polarisiertes Licht. Das von einer fluoreszierenden Platte abgegebene Licht fällt als erstes durch einen Filter; dieser lässt nur Lichtstrahlen in der gewählten Polarisationsebene durch. Analog zu einem normalen LCD-Bildschirm fällt das so gefilterte Licht auf die Aktivmatrix der Flüssigkristallzellen, die nur den Bruchteil eines Millimeters gross sind. Die einzelnen Zellen wirken wie ein Tunnel für die Lichtstrahlen. Abhängig davon, ob eine Spannung anliegt oder nicht, lassen sie Lichtstrahlen unverändert durch oder rotieren deren Polarisationsache um einen definierten Winkel. Hinter den Flüssigkristallzellen befindet sich ein weiterer Polarisationsfilter. Nur die von der Aktivmatrix rotierten Lichtstrahlen werden von diesem durchgelassen und erzeugen so das resultierende Bild. Abhängig von der Rotatiosstärke der einzelnen Flüssigkristalle erscheinen die jeweiligen Pixel heller oder dünkler und werden von einem vor dem zweiten Polarisationsfilter liegenden Farbfilter eingefärbt.

Drucker

Bei einem *Tintenstrahldrucker* werden die Buchstaben oder Graphiken durch winzige Tintentropfen gebildet, die aus den Düsen eines Druckkopfes gespritzt werden. Vor allem als günstige Farbdrucker sind sie heutzutage weit verbreitet.

Kern eines *Laserdruckers* ist eine rotierende Trommel, auf die ein Laser mikroprozessorgesteuert die Druckzeichen oder Graphiken punktweise aufträgt. Dadurch werden die vom Laser getroffenen Punkte auf der Trommel elektrostatisch aufgeladen. Nun wird ein aus der Kopiertechnik bekanntes Verfahren angewandt, welches das „Ladungsbild“ auf die Trommel überträgt und die Partikel eines Farbstoffes (Toner) anzieht. Von der Trommel wird dieses Bild nun auf Papier übertragen, wo der Toner schließlich durch Einbrennen oder Schmelzen fixiert wird. Die Trommel wird anschließend mit einer Lichtquelle zur Entladung der Oberfläche beleuchtet. Eine nachfolgende Reinigungsstufe entfernt restliche Tonerpartikel.

Die Geschwindigkeit von Laserdruckern liegt zwischen 6 und über 100 Seiten pro Minute, die Auflösung bei ca. 600 bis zu 1600 Punkten pro Inch (engl. *dots per inch*, *DPI*). Diese Auflösung kommt bereits einer Fotografie recht nahe.

Plotter

Plotter ermöglichen die Ausgabe von Graphiken. Dazu wird mit Hilfe von zwei Stellmotoren entweder ein Schreibstift zweidimensional über Papier bewegt (*Flachbettplotter*) oder ein Motor bewegt den Stift in einer Richtung, während ein zusätzlicher Antrieb das Papier über eine Walze in der zweiten Dimension verschiebt. So lassen sich Linien, Kreise, Polygone usw. direkt als durchgezogene Kurven darstellen. Bei optischer Vergrößerung einer schräg gezogenen Linie zeigt sich allerdings, dass auch hier wieder eine Treppenkurve gezeichnet wird. Dies liegt daran, dass die Stellmotoren nur mit einer sehr kleinen, aber nicht zu vernachlässigenden Schrittweite arbeiten. Die Auflösung von Plottern ist für gewöhnlich jedoch so gut, dass schräge Linien mit bloßem Auge keine Treppenstufen erkennen lassen.

Viele Plotter erlauben auch farbige Ausgaben, wobei der Zeichenstift entweder manuell oder automatisch gegen andersfarbige ausgetauscht werden kann. Selbstverständlich kann auf diese Art und Weise auch die Strichstärke gewählt werden. In diesem Zusammenhang wollen wir vielleicht erwähnen, dass Plotter heutzutage immer mehr von großen Tintenstrahldruckern verdrängt werden, da sie eine weit bessere Auflösung besitzen und zugleich eine höhere Ausgabegeschwindigkeit ermöglichen.

5.4 USB und FireWire®

Der eigene Horizont ist die Schnittstelle
zwischen Wissen und Nicht-Wissen.
Helga Schäferling, deutsche Sozialpädagogin

Heute findet man noch relativ häufig Computer, die Konzepte für den Anschluss von Peripheriegeräten verwenden, die aus den Anfängen der PC-Technik stammen. Diese Konzepte haben aber viele Nachteile, die den Anwender oft verzweifeln lassen. In diesem Kapitel werden wir darum ein modernes Konzept vorstellen: den Universal-Serial-Bus oder auch die USB-Schnittstelle genannt.

Bislang wurde der Anschluss von Peripheriegeräten so gelöst, dass jedes Gerät wie Tastatur, Maus, Drucker, Modem, Scanner usw. über ein spezielles Kabel bzw. einen speziellen Stecker verfügte, so dass der Nutzer beim Anschluss eines Gerätes nach der Steckverbindung suchen musste, die zu diesem Kabel passte. Zusätzlich musste man aber auch noch auf die Richtung der Verbindung achten. Das Ergebnis war, dass viele Anwender bei einem ersten Blick auf die Rückseite ihres PCs bereits überfordert waren. Das neue Konzept des USB-Busses räumt nun mit diesem „Kabelsalat” auf und stellt ein Kabel mit eindeutig unterscheidbaren Steckern für jede Richtung zur Verfügung.

Ein wichtiger Aspekt für die Entwicklung der USB-Schnittstelle war die Erweiterbarkeit eines Computersystems; so werden gerade im häuslichen Bereich die unterschiedlichsten Geräte an den PC angeschlossen, bis hin zum Anschluss an eine Telefonanlage. Daher wurde es erforderlich, besonderen Wert auf eine einfache Erweiterbarkeit des Computersystems zu legen. So fordert man heute durchaus für multimediale Anwendungen den Anschluss von kraftrückgekoppelten Joysticks, Datenhandschuhen oder 3-D-Brillen, für die jedoch der normale PC keine gesonderten Steckverbindungen zur Verfügung stellt. Eine herkömmliche Möglichkeit besteht darin, zusätzliche Erweiterungskarten in den PC einzubauen. Aber dann muss sich der Anwender gegebenenfalls mit dem Setzen von Jumpern, der Konfiguration von Interrupts usw. beschäftigen. Zudem muss der Nutzer den PC teilweise zerlegen, wo er doch eigentlich nur Bilder bearbeiten wollte? Das fängt üblicherweise damit an, dass man unter den Schreibtisch kriechen muss, den Rechner hervorziehen und die Kabel abstecken muss. Nachdem man glücklich die Erweiterungskarte eingebaut hat, schraubt man natürlich das Gehäuse erst einmal nicht wieder zusammen, sondern probiert erst einmal, ob der Rechner diese Operation „überlebt" hat, denn man hat zuvor schon trübe Erfahrungen gemacht. Tage später fragt man sich dann, wo man eigentlich die Schrauben vom PC-Gehäuse hingelegt hat... . Dann liegt der Lieferung des externen Gerätes noch eine CD bei, die entweder eine SETUP.EXE-Datei im Rootverzeichnis enthält, oder man muss sich damit auseinandersetzen, wie die beiliegende Installationsbeschreibung zu interpretieren ist.

USB bietet nun hier eine Lösung für all diese Probleme an: An einem PC mit USB-Schnittstelle kann eine große Anzahl von Peripheriegeräten ohne Eingriff des Benutzers angeschlossen werden. Hierzu sind aber entsprechende Vorkehrungen im Betriebssystem erforderlich. USB bietet - unterstützt von modernen Betriebssystemen - die *Hot-Plug-and-Play-Technik* an. Das bedeutet, dass im laufenden Betrieb angeschlossene Geräte automatisch erkannt werden und die zu ihrem Betrieb erforderlichen Treiber durch das Betriebssystem selbständig installiert werden. Das wird dadurch ermöglicht, dass im Lieferumfang moderner Betriebssysteme bereits eine Vielzahl von Gerätetreibern enthalten sind und so der jeweilige Gerätetreiber nach Erkennung des angeschlossenen Peripheriegerätes automatisch nachgeladen wird. Treibersoftware für Spezialgeräte ist nach einem genau beschriebenen Vorgang nachladbar. So muss sich auch der Benutzer eines Computersystems nicht um mögliche Ressourcenkonflike und Interrupts kümmern. Genau wie beim Anschließen eines peripheren Gerätes während des laufenden Betriebes funktioniert auch das Entfernen eines Gerätes im wesntlichen problemlos. Nicht mehr erforderliche Gerätetreiber werden vom Betriebssystem automatisch aus dem Speicher entfernt.

Das folgende Bild zeigt die übliche Zuordnung von Systemressourcen zu den Interruptleitungen bei einem herkömmlichen PC.

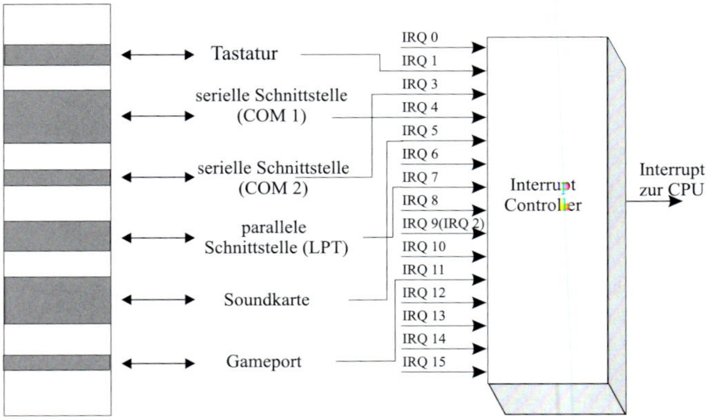

Abbildung 5.31: Zuordnung der Systemressourcen zu Interruptleitungen

Interruptleitungen in einem herkömmlichen PC stellen eine besonders kritische Ressource im PC dar. Wie soll sich da der normale Benutzer eines PCs auskennen?

Die USB-Schnittstelle nimmt ihm diese Sorgen ab. Dabei muss sie auch noch den heutigen Anforderungen an gewünschte Datenübertragungsraten genügen, die deutlich über denen von RS232 oder Parallelports liegen. Die maximale Übertragungsgeschwindigkeit von 12 MBit/s ermöglicht extern angeschlossene Geräte, die bisher nur mit Einsteckkarten realisiert werden konnten.

Eine Übersicht über die Geschwindigkeitsklassen für verschiedene Applikationen gibt die folgende Tabelle:

Geschwindigkeitsklasse	**Applikation**
Low-Speed 10 bis 100kBit/s	Tastatur, Maus, Virtual Reality
Medium Speed 500 bis 10.000kBit/s	Telefonie, Audioanwendungen, Digital Audio, ISDN, Scanner, Drucker
High Speed 25 bis 500MBit/s	Videoanwendungen, LAN-Systeme, Video-Conferencing, Networking

Tabelle 5.3: Geschwindigkeitsklassen

Dabei wird USB im Bereich kleiner und mittlerer Geschwindigkeiten bei geringen Kosten eingesetzt, während für hohe Datenübertragungsraten der unter dem Handelsnamen FireWire bekannte Bus nach IEEE 1394 eingesetzt wird. USB unterstützt zwei Geschwindigkeiten: 1,5 MBit/s im Low-Speed-Mode und 12 MBit/s im Full-Speed-Mode. Der Low-Speed-Mode wird bei kostengünstigen Peripheriegeräten wie Maus, Tastatur usw. angewandt, wobei auch geringere Anforderungen an die Kabel und die elektromagnetische Verträglichkeit (EMV) (engl. *electromagnetic compatibility* = *EMC*) gestellt werden können.

Die Anzahl anschließbarer Geräte ist zwar begrenzt, für den normalen Anwender jedoch mehr als ausreichend: So können maximal $127 = (2^8 - 1)$ physikalische Geräte angeschlossen werden werden. Auch wenn man berücksichtigt, dass notwendige Mehrfachverteiler (engl. *Hubs*) mitgezählt werden müssen, ergibt sich jedoch immer noch eine recht beachtliche Anzahl anschließbarer Geräte.

Für die Verbindungen zwischen Host, USB-Hubs und den peripheren Geräten wurden geeignete Kabel mit einer maximalen Länge von 5 m entwickelt. Die Kabellängenbegrenzung ergab sich aus der Signallaufzeit und dem möglichen Spannungsabfall der Betriebsspannung längs der Leitung.

5.4.1 USB-Datenübertragung

Der USB ist eine preiswerte bidirektionale Schnittstelle, die bereits 1993 durch ein Firmenkonsortium definiert wurde. Der gewählte Name diente eher der Vermarktung, denn die Konfiguration besteht aus vielen Punkt-zu-Punkt-Verbindungen, die in mehreren Ebenen sternförmig angeordnet sind. Damit ist der USB kein Bus im eigentlichen Sinn, auch wenn der Name es behauptet. Bei einem Bussystem hängen ja alle Geräte an einer gemeinsamen Leitung. Am Anfang und am Ende befinden sich dabei Abschlusswiderstände, um an den Enden auftretende Reflexionen zu vermeiden; dazwischen befinden sich die Geräte an Anschlusspunkten. Beim USB hingegen handelt es sich um einen sternförmigen Aufbau mit mehreren Zwischenebenen. Jedes Gerät ist über eine eigene Leitung mit dem Computer oder mit einem dazwischen geschalteten Hub verbunden. Ein Hub arbeitet wie ein Sammelpunkt. Er nimmt Daten von den Geräten entgegen und liefert sie an den PC oder an den nächst höheren Hub. In umgekehrter Richtung nimmt ein Hub Daten vom PC entgegen und leitet sie an das richtige Gerät oder den nächst tieferen Hub weiter. Das USB-System hat folgende Eigenschaften:

- Zwischen den PC und ein peripheres Gerät lassen sich bis zu sieben Hubs einbauen. Sie bilden die verschiedenen Ebenen der Kommunikation.
- In jeder Ebene darf das USB-Kabel maximal 5m lang sein; damit kann ein peripheres Gerät maximal 35 m entfernt vom Host stehen.
- Die Daten bewegen sich nur zwischen dem Computer und dem jeweils angesprochenen Gerät; damit können die angeschlossenen Geräte untereinander nicht selbständig kommunizieren.
- Der Host hat allein die Kontrolle der Daten, d.h., der Computer fragt regelmäßig bei den Geräten nach, ob sie Daten für ihn haben und holt diese dann ab. Die Geräte dürfen keine Daten selbst absenden. Dieses Verfahren wird *Polling* genannt; dies kostet zwar Rechenzeit im Host, erlaubt jedoch, die Geräte einfacher aufzubauen.

Wenn der Host mit einem Gerät Daten austauscht, baut er eine direkte Verbindung (engl. *pipe*) auf. Über diese Verbindung fließen die Daten auf folgende vier verschiedene Arten:

Control-Transfer wird benutzt, um spezielle Anfragen (engl. *requests*) an ein USB-Gerät zu senden. Solche Transfers ereignen sich vor allem in der Konfigurationsphase eines externen USB-Gerätes in Form von Kommandos vom Host an das jeweilige USB-Gerät. Hierauf antwortet das USB-Gerät mit einer Datenübertragung an den Host.

Interrupt-Tranfer wird für Geräte verwendet, die in einer herkömmlichen PC-Umgebung Interrupts auslösen würden. Da der USB keine Hardware-Interrupts unterstützt, müssen angeschlossene Peripheriegeräte durch *Polling* abgefragt werden. So wird zum Beispiel bei einer Tastatur nicht ein Interrupt beim Drücken einer Taste ausgelöst sondern durch periodische Abfrage (Polling) die Information übernommen.

Bulk-Transfer dient der Übertragung großer Datenmengen, die nicht periodisch auftreten und nicht Echtzeit-Anforderungen unterliegen. Die Übertragungsgeschwindigkeit ist zwar wichtig, doch der genaue Zeitpunkt für den Abschluss der Datenübertragung ist nicht zwingend vorgegeben.

Isochronouos-Transfer ist für solche Daten vorgesehen, die Anforderungen an die Übertragungszeit vorsehen. Das sind zum Beispiel Audiodaten, die von einem Mikrofon erzeugt werden oder an einen Lautsprecher zu übertragen sind. Solche Daten erfordern zeitliche Synchronität bei gleichzeitiger Kontinuität des Datenstromes. Diese Übertragungseigenschaften werden als wichtiger eingestuft als gegebenenfalls auftretende Übertragungsfehler. Einzelne Bitfehler bewirken im Bereich von Audioanwendungen kurze Aussetzer und beeinträchtigen die Übertragungsqualität kaum.

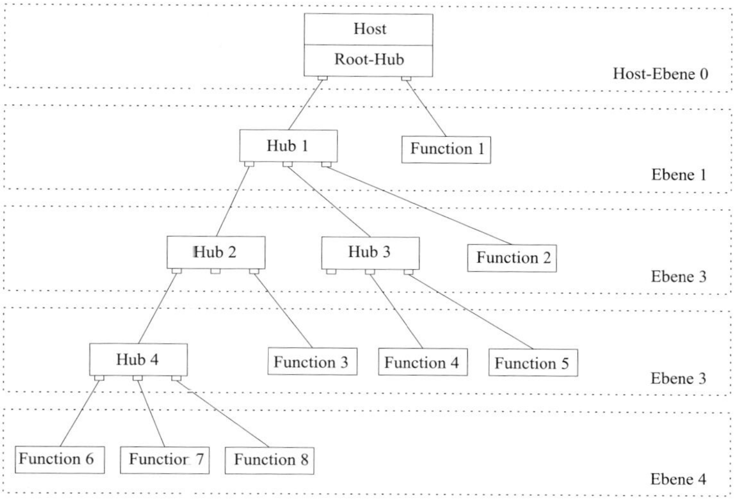

Abbildung 5.32: USB-Topologie bei 5 Ebenen

Fehlererkennung

USB-Transaktionen enthalten Mechanismen zur Fehlererkennung, jedoch nicht zur Fehlerkorrektur. Fehlerhafte Übertragungen werden durch Mehrfachübertragung beherrscht. Damit sich beim Datenaustausch zwischen einem USB-Gerät und dem Host keine Fehler einschleichen, wurde ein spezielles Protokoll entwickelt, das genau regelt, wer welche Daten bekommt und zugleich dafür sorgt, dass alle Daten richtig ankommen. Im Störfall veranlasst das Protokoll einen erneuten Übertragungsversuch. Das Protokoll stückelt die Daten in Pakete zweierlei Art: ein Paket enthält die Kontroll- und Steuerungsinformationen, das andere Paket die zu übertragenden Daten oder zumindest einen Teil davon.

Das erste Paket enthält einen Token, der angibt, was sich in dem Paket verbirgt (zum Beispiel ganz „normale" Daten, wie sie etwa vom Computer an den Drucker gehen, oder es handelt sich zum Beispiel um die Adresse, an die sich das nächst folgende Datenpaket richtet). Diese Adresse gibt an, an welches der 127 möglichen USB-Geräte die Daten gehen. Abschließend erfolgt die Übertragung einer Prüfsumme, mit deren Hilfe der Empfänger feststellen kann, ob die Daten im ersten Paket richtig übertragen wurden.

Sobald die Adressierung für die Daten erfolgreich war, kann das erste Nutz-Datenpaket folgen. Wieder kündigt das Protokoll ein Paket an. Die Größe eines Paketes beträgt maximal 1.023 Byte. Wieder folgt eine Prüfsumme.

Auf die Übertragung des Datenpaketes folgt ein möglicher Handshake; dabei teilt der Empfänger dem Absender mit, ob er die Daten so entgegennimmt. Wenn die Auswertung der Prüfsumme auf Fehler schließen lässt, wird das USB-Gerät diesen Händedruck verweigern, und der Absender muss das Paket noch einmal schicken.

5.4.2 USB-Hardware-Architektur

Bei dem USB-Bus handelt es sich um eine Baumstruktur; dabei bilden die Endgeräte die Blätter des Baumes. Um Verzweigungspunkte zu realisieren, benötigt man sogenannte Hubs, das sind

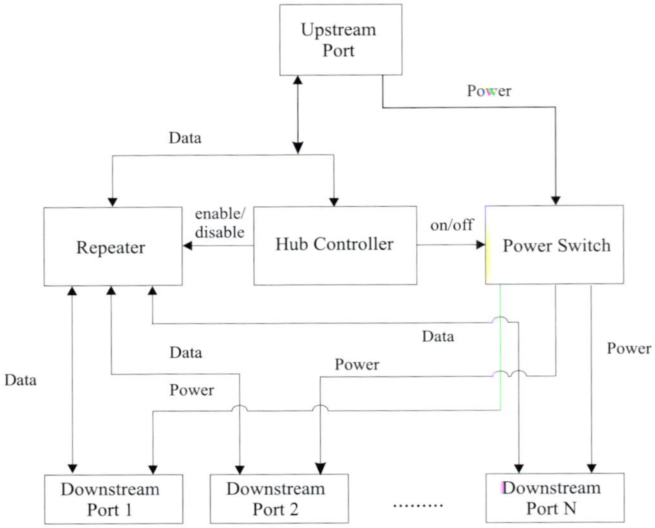

Abbildung 5.33: Architektur des Root-Hub

Mehrfachverteiler, die den Anschluss neuer USB-Geräte an einem Strang ermöglichen. Durch die mögliche Kaskadierung von Hubs lassen sich an eine USB-Root-Schnittstelle maximal inklusive der dazwischen liegenden Hubs 127 ($2^7 - 1$) USB-Geräte anschliessen. Bei der Kaskadierung der Hubs ist jedoch eine maximale Tiefe von 5 Hub-Ebenen einzuhalten.

USB-Hub

Zusätzlich zum Root-USB werden durch das USB-Konzept weitere Hubs zur Erweiterung des Systems unterstützt. Ein Hub stellt normalerweise 2 bis 4 zusätzliche Ports für den Anschluss weiterer USB-Geräte zur Verfügung. Solche Mehrfachverteiler können als eigenständige Geräte realisiert werden. USB-Geräte, die Hub- und Peripheriefunktionen in sich vereinen, werden als Compound-Device bezeichnet. Hubs können eine eigene Stromversorgung aufweisen (engl. *self-powered*) oder über das USB-Kabel versorgt werden (engl. *bus-powered*). Da im Fall der Versorgung über den Bus nicht nur der Hub selbst, sondern auch alle angeschlossenen USB-Geräte versorgt werden müssen, ist bei ihnen die Anzahl der Downstream-Ports auf 4 beschränkt. Hubs spielen eine zentrale Rolle im Vorgang des Anschließens und Entfernens von Geräten im laufenden Betrieb (engl. *hot attachment and detachment*). Hubs müssen alle derartigen Vorgänge erkennen und beim nächsten Abfragen an die Host-Software als Report übermitteln. Ebenso wie der Root-Hub bestehen auch andere Hubs aus Hub-Controllern und Repeatern.

Hot-Plug-and-Play-Mode

Der Hot-Plug-and-Play-Mode bewirkt, dass das Anstecken eines USB-Gerätes durch den USB erkannt wird und daraufhin die Betriebssystemsoftware das Gerät selbständig konfiguriert, ohne dass eine Mitwirkung des Benutzers erforderlich ist. Während des dynamischen Auf- und Abbaues der Verbindung wird kein Neustart erforderlich.

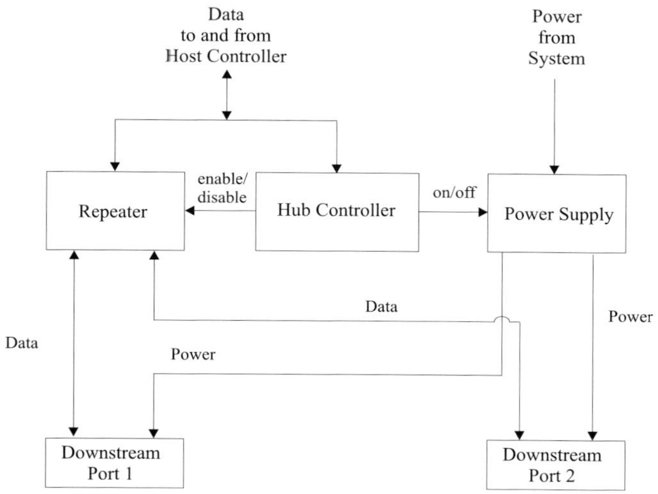

Abbildung 5.34: Blockdiagramm eines Hubs

USB Host-Controller-Treiber

Der Treiber für den USB-Host-Controller organisiert die zeitliche Abfolge der einzelnen Transaktionen durch Scheduling. Dazu stellt der USB-Host-Controller-Treiber Listen der durchzuführenden Transaktionen auf. Jede dieser Listen enthält die noch nicht abgearbeiteten Transaktionen für jedes USB-Gerät. Durch das Scheduling werden diese Listen nacheinander innerhalb eines Zeitschlitzes von 1 ms Dauer abgearbeitet. Da der USB-Bustreiber eine einzelne Anfrage für einen Datentransfer in mehrere Transaktionen zerlegen kann, sind diese auch auf mehrere aufeinanderfolgende Zeitschlitze verteilt. Das spezielle Scheduling bezüglich eines USB-Gerätes hängt von einer Reihe von Einflussfaktoren wie der Transferart, den Geräteeigenschaften und der Busbelastung ab.

5.4.3 USB Kommunikation

Ein USB-Client (Gerät) initiiert einen Datentransfer, indem er bei der USB-Systemsoftware einen Datentransfer anfordert. Daraufhin stellt der USB-Gerätetreiber einen Speicherbereich zur Verfügung, in den die zu übertragenden Daten abgelegt werden können. Der Datentransfer zwischen einem USB-Gerät als Endpunkt in der Baumstruktur und dem dazugehörigen Treiber beim Host erfolgt über Kommunikations-Pipes, die während der Konfigurationsphase aufgebaut werden. Die USB-Systemsoftware teilt diese Kommunikationsanforderungen in einzelne Transaktionen auf, die dann von der Controller-Hardware in einzelnen Paketen durchgeführt wird.

Signal-Pegel und Slew-Rate-Begrenzung

Die beiden Datenleitungen D^+ und D^- werden differentiell betrieben, d.h., wenn auf D^+ eine Spannungserhöhung vorliegt, wird das Potential auf der Leitung D^- abgesenkt. Dies ist zugleich eine sinnvolle Maßnahme als Schutz gegenüber elektromagnetischer Gleichtakt-Störbeeinflussung (engl. *electromagnetic common mode interference*). Dabei werden der HIGH-Pegel mit +3,3

V und der LOW-Pegel mit 0 V betrieben. Die folgenden Bilder zeigen die differentiellen Signale für D^+ und D^- im Full-Speed- und Low-Speed-Mode.

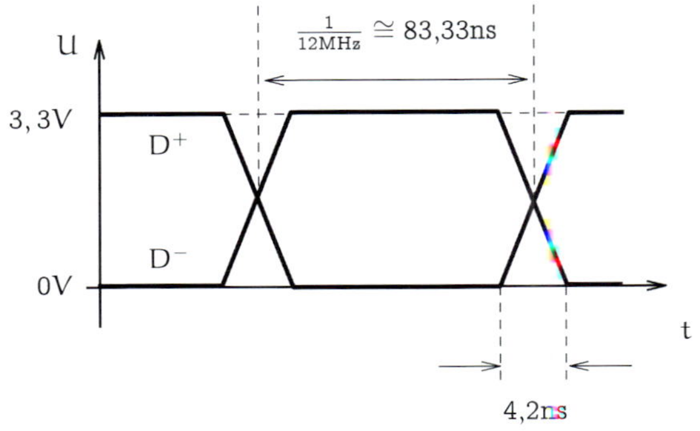

Abbildung 5.35: Differentielle Signale im Full-Speed-Mode

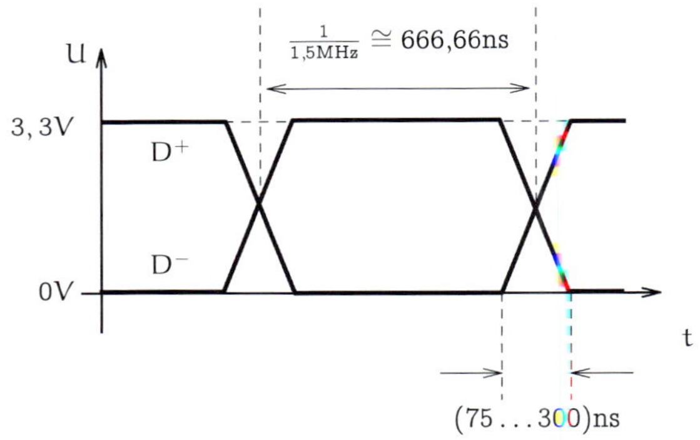

Abbildung 5.36: Differentielle Signale im Low-Speed-Mode

Um die Störabstrahlung der beiden Leitungen D^+ und D^- zu minimieren, werden die Signalanstiegs- und abfallzeiten durch die elektrischen Treiberschaltungen begrenzt. Diese Maßnahme ist notwendig, da die spektrale Analyse von steilen Signalflanken mit einer ausgedehnten spektralen Amplitudendichte verknüpft ist (diese Thematik wird ausführlich in G.H. Schmidt „Grundlagen der Impulstechnik" Teubner Verlag (1987) behandelt). Bei Full-Speed-Geräten darf die Anstiegs- bzw. Abfallzeit zwischen 4ns und 20ns und bei Low-Speed-Geräten zwischen 75 ns und 300 ns betragen.

Connect- und Disconnect-Erkennung

Spezielle Maßnahmen mussten implementiert werden, um die vollständige Hot-Plug-and-Play-Eigenschaft zu gewährleisten, nämlich während des laufenden Betriebes des Computers zu erkennen, ob ein USB-Gerät angesteckt oder abgezogen worden ist. Diese Connect- und Disconnect-Detektierung wird mit elektronischen Mitteln wie folgt realisiert:

Die beiden Datenleitungen D^+ und D^- sind an den Downstream-Ports der Hubs mit Widerständen von jeweils 15 kΩ mit der Masse (0 V) verbunden. Dagegen ist beim USB-Gerät auf der Upstream-Seite eine Leitung über einen 15 kΩ Widerstand mit +3,3 V verbunden. Bei Full-Speed-Geräten ist dies die D^+ - Leitung, bei Low-Speed-Geräten die D^- - Leitung. Die folgenden Bilder zeigen Schaltbilder für die Connect-Erkennung bei Full-Speed- und Low-Speed-Geräten.

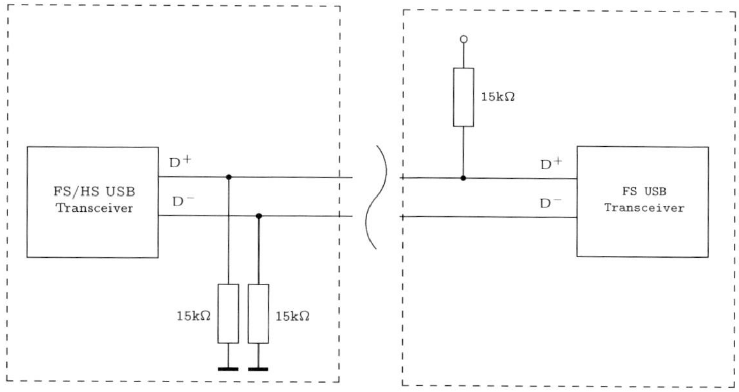

Abbildung 5.37: Connect-Erkennung bei Full-Speed-Geräten

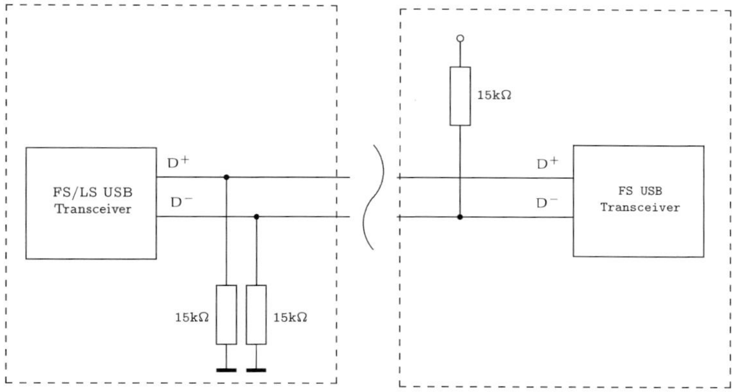

Abbildung 5.38: Connect-Erkennung bei Low-Speed-Geräten

Die Connect-Erkennung funktioniert wie folgt: Der Hub überwacht am Downstream-Port beide Datenleitungen D^+ und D^-. Ist kein USB-Gerät angeschlossen, ziehen die beiden 15 kΩ-Pull-down-Widerstände beide Leitungen auf potentialmäßig auf 0 V herunter. Wird ein Full-Speed-Gerät angeschlossen, bewirkt der 15 kΩ-Pull-up-Widerstand auf der D^+ -Leitung einen HIGH-Pegel. Der Hub erkennt diese Spannungsänderung und signalisiert nach 2,5 µs andauerndem HIGH-Pegel auf der D^+ -Leitung ein Connect-Ereignis an den Host. Daraufhin bewirkt der Host eine Enumeration des angesteckten USB-Gerätes. Gleiches gilt umgekehrt für die Connect-Erkennung eines Low-Speed-Gerätes.

Entsprechend wird auch das Disconnect-Ereignis erkannt. Gehen beide Leitungen des Down-Stream-Ports auf 0 V zurück und behalten mehr als 2,5 µs diesen Spannungswert bei, so wird ein Disconnect-Ereignis erkannt. Ebenso wie beim Connect-Ereignis wird auch beim Disconnect-Ereignis der Host darüber benachrichtigt, der daraufhin das abgesteckte Gerät aus seiner softwaremässigen Konfiguration entfernt.

Buszustände

Auf den Datenleitungen werden logisch 0 und logisch 1 jeweils differentiell dargestellt. Ist die D^+-Leitung positiver als die D^--Leitung, so liegt eine differentielle 1 vor. Im umgekehrten Fall liegt eine differentielle 0 vor. Dabei gilt entsprechend der USB-Spezifikation:

$$\text{differentielle 1: } (D^+ - D^-) > 200\,\text{mV}$$
$$\text{differentielle 0: } (D^- - D^+) > 200\,\text{mV}$$

Low-Level-Datencodierung

Bei der USB-Datenübertragung wird eine Codierung vorgenommen. Dadurch soll sowohl eine höhere Datensicherheit wie auch eine Unterstützung bei der Bittaktregeneration (G.H.Schild et al. „Informatik Grundlagen") erreicht werden. Um die Daten zu codieren, werden sie zunächst in einem Schieberegister serialisiert, durchlaufen einen Bit-Stuffer und werden anschließend durch einen NRZI-Codierer geleitet. Der so gewonnene Datenstrom wird dann auf die differentiellen Treiberstufen geleitet. Die Bezeichnung NRZI steht für Non-Return-to-Zero-Inverted und ist in der Informatik ein häufig verwendetes Codierungsverfahren. Wird im seriellen Datenstrom eine 0 erkannt, dann wird im NRZI-Datenstrom ein Polaritätswechsel durchgeführt. Bei einer 1 im Datenstrom bleibt die Polarität dagegen erhalten. Das Codierungsverfahren dient dazu, lange 0-Folgen zu erkennen, um den Bittakt entsprechend zu unterstützen. Mit den Flanken beim Polaritätswechsel wird ein Phase-Lock-Loop (PLL) synchronisiert, der die Bittaktregeneration liefert. Das folgende Bild zeigt das Codierungsverfahren der NRZI-Codierung des seriellen Datenstromes.

Bleiben Signalwechsel über längere Zeit aus - zum Beispiel bei langen 1-Folgen - wird ein Synchronisationsverlust dadurch vermieden, dass vor den NRZI-Codierer ein Bit-Stuffer aktiviert wird. Erkennt der Bit-Stuffer im seriellen Datenstrom sechs aufeinanderfolgende Einsen, wird automatisch eine 0 in den Datenstrom eingefügt. Diese vom Bit-Stuffer eingefügte Null bewirkt im nachfolgenden NRZI-Codierer einen Polaritätswechsel. Auf der Empfängerseite zählt nach dem NRZI-Decoder der Bit-Destuffer die Anzahl der empfangenen Einsen mit. Nach sechs aufeinanderfolgenden Einsen erwartet der Bit-Destuffer die auf der Senderseite eingefügte Bit-Stuff-Null und entfernt diese wieder aus dem Datenstrom, so dass in einem nachfolgenden Schieberegister die reinen Nutzdaten wieder zur Verfügung stehen. Das folgende Bild zeigt das Verfahren des Bit-Stuffings.

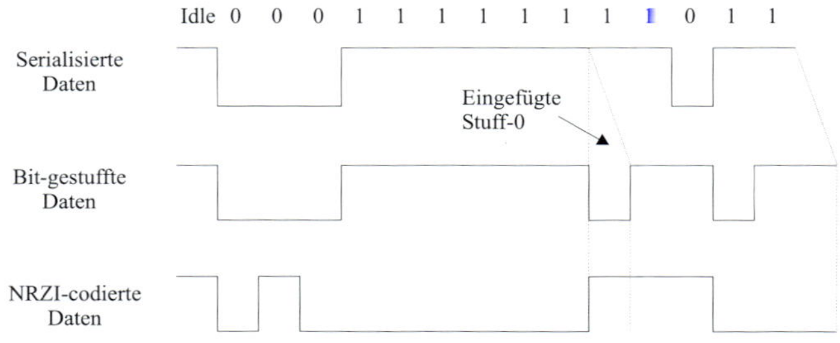

Abbildung 5.39: Bit-Stuffing

Stromversorgung über das Buskabel

Periphere Geräte können über das Buskabel direkt versorgt werden. Dabei steht eine Spannungsversorgung mit 5 V zur Verfügung. Der maximal verfügbare Strom richtet sich nach dem versorgenden Hub. Hubs mit eigener Stromversorgung können je Port maximal 500 mA bei 5 V Spannung bereitstellen. Dagegen können Hubs, die über das Buskabel versorgt werden, je Port maximal 100 mA zur Verfügung stellen.

Das USB-Kabel enthält 4 elektrische Leitungen: Masse (0 V) und Versorgungsspannung (+5 V) zur Stromversorgung des USB-Gerätes über den Bus sowie die Datenleitungen D^+ und D^-. Die Steckerbelegung sowie die Adernfarben der angeschlossenen Leitungen geht aus der folgenden Tabelle hervor.

Leitung	Pin-Nummer am Stecker	Adern-Farbe
V_{CC} (positive Versorgungsspannung)	1	rot
D^- (Datenleitung)	2	weiss
D^+ (Datenleitung)	3	grün
GND (Masse)	4	schwarz

Tabelle 5.4: Steckerbelegung und Adernfarben (S. 41)

USB-Geräte gehen nach 3 ms Inaktivität auf dem Bus automatisch in einen sogenannten Schlafzustand (engl. *suspend*) über. Angeschlossene USB-Geräte belasten den USB-Bus während des Schlafzustandes mit maximal 2,5 mA.

5.4.4 FireWire®

FireWire ist ein Markenname für eine in den Funktionen reduzierte Implementierung des Schnittstellen- und Protokollstandards IEEE 1394, das für den schnellen Datenaustausch zwischen Multimedia- und anderen Peripheriegeräten eingesetzt wird. Dieser Standard wurde ursprünglich als Nachfolger für das Bussystem SCSI entwickelt, lässt sich aber dank der hohen Übertragungsrate auch als Alternative zum Ethernet nutzen. Während bisher FireWire nur für Kabelverbindungen definiert war, wurde inzwischen im Frühjahr 2004 die Spezifikation auch für Wireless FireWire verabschiedet. Diese Spezifikation sieht einen zusätzlichen Protocol Adaptation Layer (PAL) für FireWire über IEEE 802.15.3 als Standard für Wireless Personal Area Networks (WPAN) vor. So sollen künftig z. B. DVD-Player und Soundsysteme kabellos miteinander verbunden werden können.

Firewire Busstruktur

Maximal sind $63 = (2^6 - 1)$ Geräte möglich, wobei es keinen Ringschluss (erstes Gerät ist mit dem letzten verbunden) geben darf. Bei FireWire IEEE1394b sind dagegen Ringschlüsse zulässig. Bis zu 1.023 Busse können mittels Brücken verbunden werden, so dass insgesamt fast 65.000 Geräte verbunden werden können. Der maximale Abstand zwischen zwei Geräten ist 4,5m, die maximale Gesamtlänge des Busses beträgt 72 m. Bei FireWire nach IEEE1394b sind als weitere Verbindungsarten Koaxialkabel und Glasfaser definiert worden, die eine Kabellänge zwischen Geräten von bis zu 100 m gestatten. Anders als der Universal Serial Bus (USB) erlaubt FireWire die direkte Kommunikation aller Geräte untereinander als Peer-to-Peer-Verbindung ohne einen Host. FireWire benutzt wie USB die serielle Datenübertragung.

Entwicklung

Diese FireWire-Versionen verwenden eine 6-Pin-Steckervariante. Seit 2002 gibt es den Nachfolger IEEE 1394b mit S800, S1600 und S3200 und seit 2003 FireWire800 mit 9-poligen Steckern. Der neue Standard bietet mit herkömmlichen Kabeln Übertragungsraten bis zu ca. 800 MBit/s. Die maximale Kabellänge ist mit 100 m dank des neuen Kodierverfahrens 8B10B deutlich erhöht worden. Dabei handelt es sich um ein von der IBM patentiertes Kodierverfahren, bei dem 8 Bit lange Benutzerinformationen zur seriellen Übertragung in 10 Bit lange Codegruppen umgewandelt werden. Die Umkodierung verwendet ein Verfahren, das sicherstellt, dass die 10 Bit langen Symbole weitgehend gleichstromfrei sind und genügend Taktinformationen im Datenstrom enthalten sind, mit denen sich die Übertragungsstationen synchronisieren. Dieses Ziel erreicht man, indem eine Codegruppe mindestens vier Pegelwechsel aufweist. Auf diese Art werden die Lauflängen der Nullen und Einsen auf der Leitung beschränkt, wodurch die Gleichstromfreiheit gewährleistet wird und die Taktinformation aus dem Datenstrom gewonnen werden kann. Die Gleichstromfreiheit und integrierte Synchronisation erkauft man sich jedoch mit einem 25% höheren Bandbreitenbedarf.

Übertragungsrate

Die Zahlen hinter dem FireWire geben jeweils die ungefähre Transferrate in MBit/s wieder. Tatsächlich überträgt die Basisversion 3.145,728 MBit/s.

Einsatzgebiete

Eingesetzt wird FireWire heute vor allem zur Übertragung von digitalen Videodaten, beispielsweise zwischen DV-Camcordern und PCs, aber auch zum Anschluss externer Massenspeicher wie DVD-Brennern, Festplatten usw. oder zur Verbindung von Unterhaltungselektronik-Komponenten mit i. LINK.

Hauptmerkmale

Die Hauptmerkmale bei beiden IEEE-Standards sind nach ...

IEEE 1394a

- 100, 200 oder 400 MBit/s Übertragungsgeschwindigkeit
- Geräte können bei laufendem Betrieb angeschlossen werden und werden automatisch erkannt durch die Hot-Plug-and-Play-Technik
- Es gibt eine integrierte Stromversorgung für Geräte mit Betriebsspannungen zwischen 8 und 40 V Gleichspannung bei einem maximalen Strom von 1,5 A.
- Ein Anschluss erfolgt über *Shielded Twisted Pair* (STP)
  - dünnes und damit flexibles 6-adriges Kabel (4 Adern für Datentransfer, 2 für Stromversorgung) oder
  - 4-adriges Kabel (4 Adern für die Datenübertragung und keine Stromversorgungsleitungen)
- keine Abschlußwiderstände an den Kabelenden erforderlich

- Datenübertragung in beide Richtungen (bi-direktional)
- 4,5 m maximale Entfernung zwischen 2 Geräten (bei 400 MBit/s)
- bis $63=(2^6-1)$ Geräte anschließbar je Bus und bis zu $1023=(2^{10}-1)$ Busse über Bridges zusammenschließbar
- paketorientierte Datenübertragung
- Eine Geräteadressierung erfolgt automatisch, so dass Jumpereinstellungen an den Geräten entfallen können.

IEEE 1394b

- Die Merkmale entsprechen denen von 1394a mit folgenden Erweiterungen und Änderungen:
- 800 MBit/s übertragungsgeschwindigkeit (später 1.600 und 3.200 MBit/s)
- 9-adriges Kabel und Stecker
- neues Arbitrierungsverfahren (Protokoll) unter der Bezeichnung BOSS (Bus Ownership / Supervisor / Selector)
- andere Signalkodierung und Signalpegel
- Abwärtskompatibilität zu 1394a erlaubt den Einsatz verschiedener Kabelmaterialien (z. B. Glasfaser oder Unshielded Twisted Pair (UTP; es handelt sich um nichtabgeschirmte 100 Ω-Datenkabel, die jedoch einen äußeren Schirm haben können)
- Abhängig vom Kabelmedium werden längere Kabelverbindungen möglich.

Weiterführende Literatur

H. Bähring. *Mikrorechnersysteme*, Springer-Verlag, 1994

J.L. Baer. *Computer Systems Architecture*, Computer Science Press, Rockville, Maryland, USA, 1980

T. Flik, H. Liebig. *Mikroprozessortechnik*, Springer-Verlag, Berlin, 1994

K. Lagemann. *Rechnerstrukturen*, Springer-Verlag, Berlin, 1987

M. M. Mano. *Computer Engineering*, Prentice-Hall, Englewood Cliffs, 1988

V. M. Milutinovic. *High Level Language Computer Architecture*, Computer Science Press, Rockville, Maryland, USA, 1989

R. Salmon, M. Slater. *Computer Graphics, System Concepts*, Addison-Wesley Reading, USA, 1987

G. H. Schildt, et al.. *Informatik Grundlagen*, 4. Auflage, Springer Verlag, Wien-New York, 2001

H. S. Stone. *High-Performance Computer Architecture*, Addison-Wesley Reading, USA, 1987

A. S. Tanenbaum. *Structured Computer Organization*, fourth edition, Prentice-Hall, Englewood Cliffs, 1999-2000

H.J. Kelm (Herausg.). *USB Universal Serial Bus*, Franzis-Verlag, 1999, ISBN-Nr. 3-7723-7962-1

Internetverweise

- Intel Compilers - http://www.intel.com/software/products/compilers/

Netzwerke

„Ein Netzwerk von Worten ist ein grosser Wald,
in dem sich die Phantasie herumtreibt."

Shankara.
um 800 n. Chr., indischer Religionsphilosoph,
aus „Das Palladium der Weisheit".

Netzwerke sind heute integraler Bestandteil der Computerwelt. Sie schaffen die Verbindung zwischen Computersystemen für eine Vielfalt von Anwendungsgebieten.Während sich der Datenaustausch zwischen zwei verschiedenen Rechnersystemen früher auf das Hin- und Hertragen von Magnetbändern oder (im besten Fall) auf die (serielle) Übertragung über eine direkte Verbindung beschränken musste, ist heutzutage ein einfacher Zugriff auf geographisch weit entfernte Datenbestände selbstverständlich.

Die Geschichte des heutigen Personal Computers reicht zurück in die Zeit der Grossrechner, die über Bildschirm-Terminals aus der Ferne bedient wurden. Diese Terminals waren eigentlich nur Bildschirm und Tastatur und besaßen weiter keine Rechenleistung. Nach der Erfindung und dem Siegeszug des Personal-Computers, der es jedem erlaubt, einen eigenen, leistungsstarken Rechner zu besitzen, führt die heutige Entwicklung wieder zurück zu einer verstärkten Vernetzung von Computersystemen und einer der Grossrechnerarchitektur ähnlichen Struktur. Spätestens seit dem Siegeszug des Internets sind Netzwerke eindeutig nicht mehr aus der Computerwelt wegzudenken. Dank dieser Tatsache, sowie der weiten Verbreitung und der Standardisierung von Netzwerkkomponenten, kann sich heute jeder sein eigenes Heimnetzwerk relativ günstig zusammenstellen.

Die nächste Evolutionsstufe ist jedoch bereits angebrochen: Verbindungen per Funk erlauben eine kabellose Datenübertragung. Dies betrifft neben dem technologischen auch gleichzeitig einen ästhetischen Faktor: es erlaubt die Verknüpfung von Geräten im Alltagsbereich ohne die sonst damit verbundenen komplizierten und unansehnlichen Kabelbäume. Gerade deshalb wird diese Technik vor allem im Entertainment- und Infotainment-Bereich verstärkt eingesetzt.

Welche konkreten Vorteile ergeben sich nun aber aus der Vernetzung von Computersystemen? Zum einen beendet die Ära der Computer-Netzwerke die „Tyrannei der Geographie", da der Zugriff auf kilometerweit entfernte Datenbestände genau so einfach wie der auf lokale ist.

Ebenfalls möglich ist die netzwerkweite Verwendung spezialisierter Peripheriegeräte (wie etwa Plotter oder hochauflösende Drucker); auch eine mögliche Verteilung der Last eines Programmsystems auf mehrere Rechner ist durchaus praktikabel. Alle diese Punkte können unter dem Schlagwort *Resource Sharing* zusammengefaßt werden. Die auf diese Weise erzielte, verbesserte Auslastung der einzelnen Geräte schlägt sich auch in den *Kosten* vorteilhaft nieder.

Ein weiterer Pluspunkt ist die höhere *Zuverlässigkeit* und *Verfügbarkeit*: Wenn ein im Netzwerk befindlicher Computer ausfällt, stört das den Betrieb der anderen (normalerweise) kaum; die übrigen Rechner können sogar teilweise die Aufgaben der inaktiven Maschine übernehmen. Darüber hinaus ist auch die im Falle steigender Anforderungen unumgängliche *Erweiterung* eines Systems (etwa in Hinblick auf CPU-Leistung oder Externspeicherkapazität) durch das Hinzufügen weiterer Maschinen sehr einfach.

Computernetzwerke stellen auch ein mächtiges *Kommunikationsmedium* dar. Konsequenterweise wird der Einsatz von modernen Datenservices wie etwa DSL in Form von ADSL (Asymetric Digital Subscriber Line) oder SDSL (Symmetric Digital Subscriber Line) forciert (diese Technologiegruppe wird manchmal auch unter der Familienbezeichnung XDSL zusammengefasst).

Denn um die letzen Kilometer zwischen dem berühmtesten aller Netzwerke – dem Internet – und den einzelnen Computern in den Haushalten ist ein regelrechter Kampf ausgebrochen; in der

Europäischen Union hat man sich zum Ziel gesetzt, so bald als möglich Breitbandanbindungen für Einzelhaushalte zu akzeptablen Preisen anzubieten. Diese Strecke – auch als *Last Mile Network* bekannt – gewann in den letzten Jahren immer mehr an Bedeutung und die Umsetzung scheint alles andere als in weiter Ferne, betrachtet man die dafür zur Verfügung stehenden technologischen Ansätze: neben den alteingesessenen Geschwistern ADSL oder SDSL gibt es etwa auch die Verbindung per Telekabel: die Gründerväter des einstigen Fernsehmediums hätten sich bestimmt nicht gedacht, dass ihre Erfindung eines Tages zur Übertragung von Computerdaten genutzt werden würde. Weiter existieren Pilotprojekte, Netzwerkverbindungen über Stromleitungen zu etablieren. Dies würde vor allem den Kostenfaktor positiv beeinflussen, der sonst beim Verlegen neuer Datenleitungen anfallen würde – denn moderne Breitbandverbindungen funktionieren nur dank dementsprechend moderner Telefon- bzw. Datenleitungen die vielerorts (noch) nicht existieren – Stromleitungen sind jedoch praktischerweise ja bereits nahezu überall vorhanden.

In den folgenden Kapiteln werden wir den Aufbau typischer Netzwerke betrachten und die technologischen Grundlagen des Internets eingehender studieren.

6 Aufbau

Seh'n Sie Herr Doktor,
manchmal hat man so n'en Charakter, so n'e Struktur. -
Aber mit der Natur ist's was andres (...)

Woyzeck.
Georg Büchner, „Woyzeck".

Der Aufbau eines Netzwerks ist einfach erklärt: mehrere Rechner werden über eine Netzwerkschnittstelle an ein Medium (zum Beispiel ein Kabel) angeschlossen, welches sie miteinander verbindet. Jeder mit dem Medium verbundene Rechner erhält eine eindeutige Kennzeichnung, damit Daten spezifisch an ihn addressiert werden können.

Man kann sich dieses Schema recht einfach anhand einer Gruppe von Menschen vorstellen, die gemeinsam an einem Tisch sitzen. Der Tisch bzw. der Freiraum darüber sei in diesem Fall das Medium zwischen den Beteiligten. Die Kommunikation der am Tisch Sitzenden läuft streng nach Regeln ab. Ein sogenanntes „Protokoll" definiert die jeweiligen Schritte für die Unterhaltung zwischen zwei oder mehr Personen. Wenn nun jemand ein Gespräch mit jemandem anfangen möchte, muss er der betroffenen Person dies erst in irgendeiner Form mitteilen; ob dies nun durch einen an die Person gerichteten Blick, die Nennung eines Namens oder sogar rein durch Körpersprache erfolgt, hängt vom jeweiligen „Protokoll" ab. Prinzipiell ist auch nicht festgelegt, dass die Kommunikation direkt verbal abläuft, sie könnte zum Beispiel über ein Stück Papier laufen, das von Person an Person rund um den Tisch gereicht wird – auch das wird durch das „Protokoll" definiert.

6.1 Netzwerktypen

Ein Netzwerk besteht aus einer Reihe von Computern (in diesem Kontext *Hosts* genannt), die über ein *Communication Subnet* verbunden sind. Je nach geographischer Ausdehnung kann dabei im wesentlichen zwischen

- Local Area Networks (*LAN*s, bis etwa 1 km, z.B. Netzwerke in Gebäudekomplexen),
- Metropolitan Area Networks (*MAN*s, im Bereich von 50 km, z.B. stadtumspannende Netze) und
- Wide Area Networks (*WAN*s, in der Größenordnung von einigen 1000 km, z.B. das weltumspannende Internet)

unterschieden werden. Ein Subnet besteht nun einerseits aus Übertragungsstrecken (auch Circuits oder Channels genannt, zum Beispiel (Kupfer-)Leitungen, Lichtleiter oder Funkverbindungen) und andererseits aus Schaltstellen, die zwei oder mehrere Übertragungsstrecken verbinden. Bei letzteren handelt es sich um spezialisierte Rechner, die wir als *Interface Message Processors* (*IMP*s) bezeichnen wollen. Ihre Aufgabe ist es, über Input Channels hereinkommende Daten an die „richtigen" Output Channels weiterzuleiten. Abbildung 6.1 zeigt die Situation in graphischer Form.

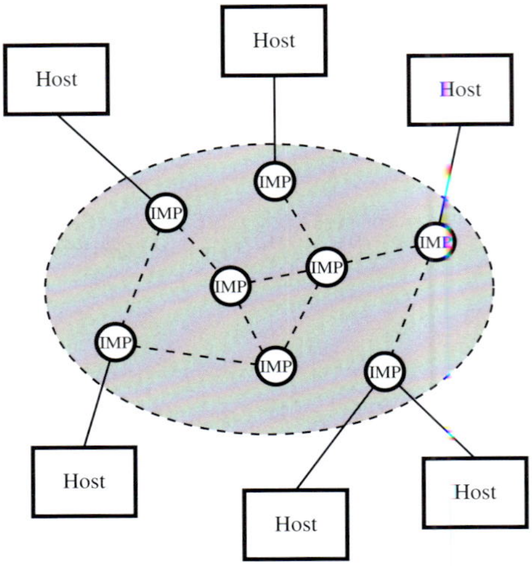

Abbildung 6.1: Struktur eines Computer-Netzwerkes

6.2 Circuit- und Packet-Switching

Es gibt nun zwei prinzipiell unterschiedliche Techniken für die Informationsübertragung innerhalb eines Subnets, das sogenannte Circuit Switching und das Packet Switching. Beim *Circuit Switching* wird vor einem Datenaustausch eine genau festgelegte Verbindung zwischen den Kommunikationspartnern hergestellt. Es wird also, sozusagen im vorhinein, eine gewisse Route durch das Subnet „durchgeschaltet" (und somit Übertragungskapazität reserviert); eine Methode, die etwa im Bereich der Telefonie üblich ist. Nun zeichnet sich jedoch die Computer-Kommunikation in der Regel dadurch aus, dass längere Phasen des „Schweigens" mit kurzen Perioden eminenter „Geschwätzigkeit" abwechseln. Die statische Zuordnung einer gewissen Übertragungskapazität kommt hier einer Verschwendung gleich!

Wesentlich adäquater für Computernetzwerke ist *Packet Switching*. Die zu übermittelnden Daten werden dabei in Blöcke gewisser Größe (sogenannte *Pakete*) zerteilt. Jedes solche Paket wird – mit der „Adresse" des Empfänger-Hosts versehen – von den anderen unabhängig auf die Reise (also von IMP zu IMP) geschickt. Auf diese Weise erfolgt eine dynamische Zuordnung der Übertragungskapazität: nur wenn ein IMP ein Paket tatsächlich weitergibt, wird (kurzzeitig) eine Übertragungsstrecke dafür reserviert. Computer-Netzwerke werden in der Praxis fast ausschließlich auf der Basis des Packet Switchings aufgebaut.

Für die Struktur eines Communication Subnets gibt es nun zwei verschiedene Möglichkeiten, und zwar

Point-to-Point Subnets: Eine einzelne Übertragungsstrecke verbindet hier genau zwei IMPs; jeder IMP kann aber Anfangs- beziehungsweise Endpunkt mehrerer Übertragungsstrecken sein. Die Übermittlung von Paketen zwischen zwei nicht direkt verbundenen IMPs ist daher nur im Umweg über andere IMPs möglich. Ein solcher „Zwischen-IMP" hat die Aufgabe, ein hereinkommendes Paket (zur Gänze) zu empfangen, bis zum Freiwerden der richtigen Output Channels zu speichern und schließlich weiterzuschicken. Derartige Subnets werden daher auch *Store-and-Forward Subnets* genannt und finden hauptsächlich in *Wide Area Networks* Verwendung.

Broadcast Subnets: Subnets dieser Art zeichnen sich durch eine einzelne Übertragungsstrecke aus, die alle IMPs verbindet. Die für die Ankopplung der Hosts zuständigen IMPs sind in der Praxis auf die *Netzwerk-Controller* der einzelnen Computer reduziert; die Notwendigkeit von „Zwischen-IMPs" entfällt hier völlig. Aus diesem Grunde werden wir auch in diesem Zusammenhang die Begriffe *Host* und *IMP* austauschbar benutzen. *Local Area Networks* basieren in der Regel auf derartigen Broadcast Subnets (z.B. Ethernet).

Am Rande erwähnt gibt es übrigens die Möglichkeit, die Kapazität eines Broadcast-Mediums (statisch) auf viele, logisch getrennte Übertragungskanäle aufzuteilen. Auf diese Weise wird einem Broadcast Subnet die Struktur eines (vollverbundenen) Point-to-Point Subnets aufgeprägt. Dafür geeignete Techniken sind unter den Bezeichnungen *FDM* (Frequency-Division Multiplexing) beziehungsweise *TDM* (Time-Division Multiplexing) bekannt. Eine detaillierte Beschreibung dieser Verfahren ist zu finden in G. H. Schildt, et.al. „Informatik Grundlagen", 4. Auflage (2002), Abschnitt „Datenübertragungsverfahren"

Es gibt heutzutage eine ganze Menge von Computer-Netzwerken, sowohl LANs als auch WANs, die sich in vielen Details unterscheiden und demzufolge nicht kompatibel sind. Die meisten davon sind aber über spezielle IMPs (sogenannte *Gateways*) miteinander verbunden, so dass ein (mehr oder weniger komfortabler) Datenaustausch zwischen Hosts verschiedener Netzwerke möglich ist. Eine derartige Verbindung unterschiedlicher Computer-Netzwerke bildet das *Internet*.

Die Vielfalt der Realisierungsmöglichkeiten hätte allerdings zu einem unbewältigbaren Chaos geführt, wenn nicht relativ frühzeitig die Notwendigkeit von Standards erkannt und berücksichtigt worden wäre.

6.3 Standardisierung

Wir sind ein Volk,
und einig wollen wir handeln.

Friedrich Schiller, „Wilhelm Tell".

Die Entwicklung der *Computer-Netzwerke* wurde, entgegen der in der Informatik normalerweise üblichen scheinbar planlosen Entwicklung ohne Richtlinien, relativ frühzeitig von (internationalen) *Standardisierungsbestrebungen* geprägt. Das ist unter anderem auch insofern nicht verwunderlich, als sich die „Architekten" der ersten Stunde die Erfahrungen mit zwei bereits seit langem existierenden „Netzwerken", dem Telefon und vor allem dem Fax, zunutze machen konnten. Diese werden etwa in den USA von privaten Firmen oder vor allem in europäischen Ländern, von Post- und Telekommunikationsgesellschaften betrieben. Die Sicherung der notwendigen weltweiten Kompatibilität obliegt dem *Comité Consultatif International de Télégraphique et Téléphonique (CCITT)*, einer Suborganisation der *ITU* (International Telecommunication Union). Seine konkrete Aufgabe ist die Ausarbeitung von Empfehlungen betreffend Telefon- und Datenkommunikations-Schnittstellen, die dann oft international anerkannte Standards werden. Ein Beispiel dafür ist die für serielle Datenübertragungen gedachte CCITT-Empfehlung *V.24*, die in den USA unter *EIA RS-232*-Standard bekannt ist.

Die Notwendigkeit (und Problematik) der Standardisierung war also schon hinlänglich bekannt. Darüber hinaus waren die Betreiber der ersten geographisch weiter verteilten Netzwerke nicht (nur) einzelne Computer-Firmen (wie IBM) sondern relativ unabhängige Institutionen. Deren Hauptinteresse lag also nicht darin, ausschließlich Systeme eines bestimmten Herstellers zu unterstützen, sondern möglichst offen für potenzielle Netzwerkteilnehmer (also Kunden!) zu sein. Das heißt aber natürlich nicht, dass es keine firmeninternen „Standards" gegeben hätte; IBM allein hatte ein Dutzend davon anzubieten!

Wie auch immer, verschiedene Standardisierungsbehörden nahmen sich der Computer-Netzwerke an, und zwar mit dem (Fern-)Ziel, eine weltweite Kompatibilität zu erreichen. Eine der wichtigsten Organisationen auf diesem Gebiet ist die 1946 gegründete *ISO* (International Organization for Standardization), die sich aus nationalen Institutionen der über 140 Mitgliedsländer konstituiert; einige davon sind:

ANSI	*American National Standards Institute*
BSI	*British Standards Institution*
DIN	*Deutsches Institut für Normung eV*
AFNOR	*Association Française de Normalisation*

Tabelle 6.1: Nationale Suborganisationen der ISO

Die eigentliche Arbeit der ISO geschieht in den ca. 200 TCs (Technical Committees), die jeweils ein bestimmtes Aufgabengebiet abdecken; TC97 beschäftigt sich etwa mit dem Gebiet Computer und Informationsverarbeitung. Jedes TC hat mehrere Subcommittees (SCs), die ihrerseits aus Working Groups (WGs) bestehen. Für die Computer-Netzwerke zuständig sind zum Beispiel SC6 (Communications) und SC21 (Open Systems). Die ISO arbeitet übrigens auch mit anderen Organisationen (wie dem CCITT) zusammen, um unterschiedlichen offiziellen Standards auszuschließen.

Die prinzipielle Vorgangsweise basiert auf der abwechselnden Ausarbeitung von Standardisierungsvorschlägen in den WGs und der Abstimmung darüber in den Meetings des jeweiligen SCs. Dieser Prozess führt in der ersten Stufe zu einem *Draft Proposal*, das nach einer erneuten Abstimmungsrunde in einen *Draft International Standard* mündet. Ein weiterer „Durchgang" ist dann noch notwendig, um einen *International Standard* festzulegen. Die ganze Vorgangsweise ist in Wirklichkeit natürlich sehr viel komplizierter und kann, da ja meist auch kommerzielle und politische Aspekte eine Rolle spielen, Jahre dauern. Ein wichtiger Beitrag zur Standardisierung von Computer-Netzwerken ist das ISO *OSI* Reference Model (OSI = Open Systems Interconnection), das wir noch vorstellen werden.

Neben der ISO gibt es aber auch noch andere Organisationen, die mit der Standardisierung zu tun haben. Sehr wichtig ist etwa das *IEEE* (englisch gesprochen: *"I" triple „E"*, Institute of Electrical and Electronics Engineers), das neben der Herausgabe von Fachzeitschriften und der Veranstaltung von Konferenzen auch Standardisierungsaufgaben auf dem Gebiet der Elektro- und Computertechnik erfüllt. Der sogenannte IEEE 802 LAN Standard wurde zum Beispiel sogar von der ISO übernommen. Abschließend wollen wir (noch einmal) einige der bedeutendsten Körperschaften in der „Welt" der Standardisierung aufzählen:

ISO	*International Organisation for Standardization*
IEEE	*Institute of Electrical and Electronics Engineers*
NBS	*National Bureau of Standards*
IEC	*International Electrotechnical Commission*
ECMA	*European Computer Manufacturers Association*
IFIP	*International Federation for Information Processing*

Tabelle 6.2: Internationale Standardisierungsbehörden

Weiterführende Literatur

A.S. Tanenbaum. *Computer Networks, Third Edition*, Prentice-Hall, New Jersey, 1996

William Stallings. *Operating Systems, Internals and Design Principles*, Prentice-Hall, New Jersey, 1998

A.S. Tanenbaum, Maarten van Steen. *Distributed Systems, Principles and Paradigms*, Prentice-Hall, New Jersey, 2002

Internetverweise

- IEEE - http://www.ieee.org
- ANSI - http://www.ansi.org
- http://www.networkitweek.co.uk/features/1156320
- http://www.nwc.com/1320/1320mile.html
- http://www.wi-fiplanet.com/tutorials/article.php/3065261
- http://www.proxim.com/solutions/lastmile/
- http://www.lightreading.com/document.asp?doc_id=2476
- http://www.euractiv.com/Article?tcmuri=tcm:29-117450-16&type=LinksDossier

7 Architekturen

Architektur ist gefrorene Musik.

Arthur Schoppenhauer
1788-1860, deutscher Philosph.

Die Mechanismen, die ein Host (beziehungsweise ein IMP) zur Verfügung haben muss, um an einem Netzwerk partizipieren zu können, werden in der Praxis durch eine Anzahl aufeinander aufbauender Schichten (*Layer*) implementiert. Der Layer n einer Maschine kommuniziert dabei unter Einhaltung eines genau festgelegten Satzes von Regeln und Konventionen (das sogenannte *Layer n Protokoll*) mit dem Layer n einer anderen Maschine. Über das Interface „nach oben" können dem Layer $n+1$ daher gewisse *Kommunikations-Services* angeboten werden, die diesem seinerseits für die Realisierung des *Layer* $n+1$ *Protokolls* (und damit letztendlich zur Bereitstellung „höherwertigerer" Services für den Layer $n+2$) zur Verfügung stehen. Abbildung 7.1 zeigt die prinzipielle Struktur mit drei Layers.

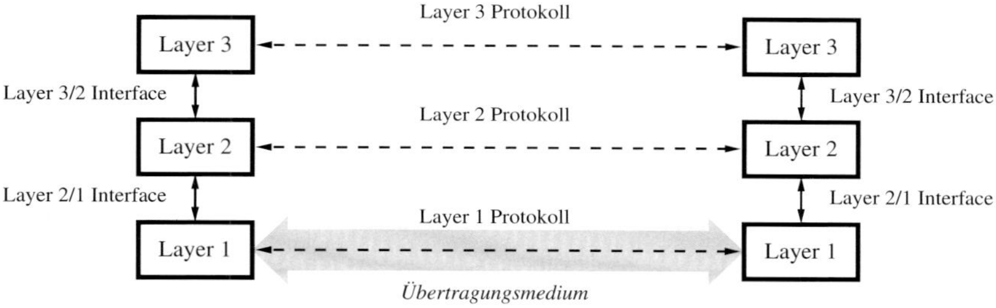

Abbildung 7.1: Prinzipielles Schichtenmodell eines Computer-Netzwerkes

In Wirklichkeit findet natürlich, trotz der virtuell „horizontalen" Kopplung durch das Layer n Protokoll, kein direkter Datentransfer zwischen dem Layer n des Hosts A und dem Layer n des Hosts B statt (ausgenommen im Falle $n=1$). Die einzige für einen realen Datenaustausch geeignete Verbindung ist ja das ganz unten dargestellte physikalische Übertragungsmedium. Eine im Zuge der Abwicklung des Layer n-Protokolls erforderliche Informationsübertragung, zum Beispiel von Host A nach Host B, erfolgt vielmehr durch die Weitergabe der entsprechenden Daten an den direkt darunterliegenden Layer $n-1$ (am Host A). Dies veranlasst aber wiederum gewisse, nach dem Layer $n-1$ Protokoll ablaufende Aktionen, also letztendlich eine Informationsübertragung auf dieser Ebene. Das „Spiel" wird nun solange fortgesetzt, bis schließlich der (unterste) Layer 1 erreicht ist. Dieser kann die Daten über das Übertragungsmedium zum Layer 1 des Hosts B senden, von wo aus sie schrittweise bis zum Layer n „hochgereicht" werden.

Zur Veranschaulichung versuchen wir nun, dies anhand eines bildhaften Beispiels aus dem „täglichen Leben": Stellen Sie sich etwa zwei Informatiker vor, einen Europäer und eine Tibetanerin, die im Zuge der Arbeit an einem gemeinsamen Buch über Informatik einen Meinungsaustausch über den „*Faust*" von Johann Wolfgang von Goethe planen (wie gesagt – lebensnah). Beide sind zunächst einmal, durch eine Spätfolge der babylonischen Sprachverwirrung, gezwungen, je einen Dolmetscher zu bemühen (Layer 2). Die Überbrückung der großen Entfernung macht darüber hinaus auch die Zwischenschaltung je eines (Morse-)Funkers (Layer 1) notwendig.

Wenn nun zum Beispiel der europäische Informatiker die Frage *„Mein schönes Fräulein, darf ich wagen, meinen Arm und Geleit Ihr anzutragen?"* übermitteln will, muss er sie zunächst auf einen Zettel schreiben und „seinem" Dolmetscher übergeben. Dieser übersetzt die Nachricht ins Englische (Layer 2 Protokoll) und reicht den entsprechenden Wortlaut an „seinen" Funker weiter. Der hat nun die Aufgabe, die einzelnen Buchstaben im Morse-Code (Layer 1 Protokoll) nach Tibet zu senden, so dass sie der dort befindliche Kollege verstehen kann. Der tibetanische Funker übergibt nun den empfangenen Wortlaut „seinem" Dolmetscher, der sie aus dem Englischen ins Tibetische übersetzt und auf einen Zettel schreibt. Dieser Zettel mit der Nachricht *?????* (den Anblick der Schriftzeichen wollen wir uns aber ersparen) ist es, den er schließlich der hoffnungsvoll darauf wartenden tibetanischen Informatikerin überreicht.

Wenn wir etwa die Ebene der Dolmetscher (Layer 2) betrachten, so stellt sich die Situation so dar, als würden die beiden in „horizontaler" Art und Weise englischsprachige Nachrichten austauschen (Layer 2 Protokoll), obwohl das Ganze in Wirklichkeit im Umweg über eine Morse-Übertragung erfolgt! Ob die Übersetzer als gemeinsame Sprache Englisch, Französisch oder Russisch haben, ist für die beiden Informatiker übrigens völlig unerheblich. Genauso ist es vom Prinzip her gleich, ob die Datenübertragung nun über Funk oder aber mittels Briefpost erfolgt.

Die Datenübertragung zwischen zwei Hosts funktioniert nach demselben Prinzip; sie kann so interpretiert werden, als würden zwei „benachbarte" (also korrespondierende) Layer n mittels des *Layer* n *Protokolls* miteinander kommunizieren. In diesem Zusammenhang ist der abstrakte Begriff der *Peer-Prozesse* gebräuchlich: Konzeptuell können wir uns vorstellen, dass den Peer-Prozessen auf Layer n unter anderem „Prozeduren" *SendToOtherSide* und *GetFromOther-Side* zur Verfügung stehen, die eine (virtuell) „horizontale" *Layer* n *Kommunikation* nach dem *Layer* n *Protokoll* erlauben. Realisiert wird diese Möglichkeit aber durch die „vertikale" Benutzung der Services des Layers $(n-1)$.

7.1 OSI Reference Model

In diesem Abschnitt werden wir nun die konkreten Aufgaben der einzelnen *Layer* eines Computer-Netzwerkes vorstellen. Unsere diesbezüglichen Ausführungen basieren auf dem aus dem Jahre 1983 stammenden ISO International Standard des *OSI* (Open Systems Interconnection) *Reference Models*. Die konsequente Anwendung eines schichtartigen Aufbaues führte im Zuge einer ca. 5 Jahre dauernden Standardisierungstätigkeit zu einem Modell mit 7 Layers.

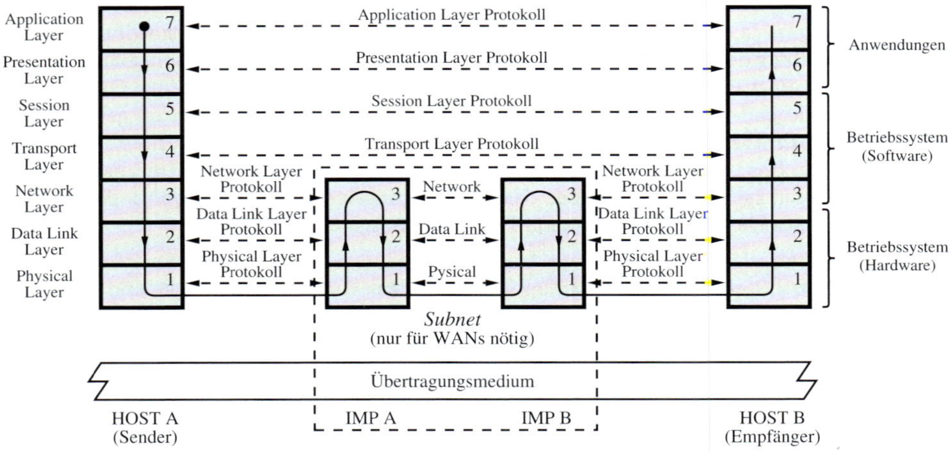

Abbildung 7.2: OSI Reference Model für Computer-Netzwerke

Das in Abbildung 7.2 dargestellte OSI Reference Model beschreibt keine konkrete Implementierung, sondern legt nur die Aufgaben der einzelnen theoretischen Layer fest. Es gibt aber selbstverständlich auch „konkrete" ISO Standards für die einzelnen Layer.

Layer 1 – Physical Layer: Die Aufgabe dieses Layers kann grob mit der Übertragung „einzelner" Bits umrissen werden. In diesem Zusammenhang sind etwa die Art der Übertragungsstrecken (Lichtleiter, Koaxialkabel, Twisted Pair Leitungen, Funkstrecken, usw.) und die verwendeten Übertragungstechniken von primärer Bedeutung. Das *Layer 1 Protokoll* umfasst also grob gesagt die Konventionen und Regeln, nach denen „einzelne" Bits zu übertragen sind. Die angebotenen *Services* bieten die Möglichkeit, einen „Strom" von Bits über das jeweilige physikalische Medium zu senden beziehungsweise zu empfangen. *Bittaktregeneration* wird dadurch bewirkt, dass das empfangene (verzerrte) Empfangssignal durch einen Amplitudenentscheider (siehe auch Schmitt-Trigger in Abschnitt 2.4.4) bewertet wird. So enstehen Rechtecksignale, die erkannten Einsen entsprechen. Dieses Signal wird nun dazu verwendet, einem lokalen Oszillator am Empfangsort „zu stützen" und ihn praktisch wie einen Schwungradoszillator zu betreiben. Um diesen Oszillator taktmässig zu stützen, wird ein *Phase Lock Loop (PLL)* eingesetzt.

Wortsynchronisation erfolgt dadurch, dass beim Sender periodisch am Anfang jedes Nachrichtenblocks ein Synchronisationswort in den seriellen Bitstrom eingefügt wird. Neben den periodisch eingeblendeten Synchronisationsworten treten statistisch verteilte, scheinbare Synchronisationsworte als Bestandteil der Nutzdaten auf, die es jedoch aufgrund fehlender Periodizität auszublenden gilt. Ein Verlust des Synchronisationswortes durch Störungen im Nachrichtenkanal wird durch fortlaufende, bitweise Prüfung – die sogenannte *Spurprüfung* – kompensiert.

Eine detaillierte Beschreibung der Funktionsweise des Physical Layer ist zu finden in G. H. Schildt, et al. „Informatik Grundlagen", 4. Auflage (2002), Abschnitt „Datenübertragungsverfahren".

Layer 2 – Data Link Layer: Dieser Layer bildet den Grundstein zur fehlerfreien Datenübertragung. Die vom Network Layer kommenden Daten werden dazu vom Data Link Layer zunächst einmal in „mundgerechte" Stücke (typisch einige zehn bis hundert Byte) portioniert und mit einem Header und einem Trailer versehen; das Ganze wird als (Daten-)*Frame* bezeichnet. Der *Header* kennzeichnet den Beginn des Frames und beinhaltet gewisse Zusatzinformationen (wie zum Beispiel die „Adresse" des Empfänger-Hosts und die Anzahl der folgenden Datenbytes), der *Trailer* enthält üblicherweise eine *CRC*-Checksumme (siehe Buch „Informatik Grundlagen" Abschnitt „Fehlerkorrigierende Codes") und markiert das Ende des Frames.

Die Frames werden nun nacheinander (mit Hilfe der Services des Physical Layers) an den jeweiligen Empfänger-IMP übermittelt, der den Empfang normalerweise durch das Senden eines sogenannten *Acknowledgement Frames* quittiert. Man beachte, dass auf dieser Ebene aber nur jene IMPs erreicht werden können, die direkt an der physikalischen Übertragungsstrecke des Sender-IMPs angeschlossen sind! Die im folgenden genauer umrissenen Konventionen und Regeln, nach denen der Austausch von Frames (zwischen den Peer-Prozessen im Data Link Layer) erfolgt, stellen dann das *Layer 2 Protokoll* dar.

Ein lediglich im Zusammenhang mit *Broadcast Subnets* auftretendes Problem ist die Koordination des Wettbewerbs der vielen Netzwerkteilnehmer um die Zuteilung des einzelnen Übertragungsmediums. Es wird ja in derartigen Systemen des öfteren vorkommen, dass zwei oder mehrere IMPs gleichzeitig einen Frame übertragen wollen. Natürlich gibt es hier mehrere verschiedene Lösungsmöglichkeiten; einige davon zeichnen sich unter anderem auch dadurch aus, dass sie ohne einen zentralen Arbiter auskommen. Diese Aufgabe betrifft in gewisser Hinsicht sowohl den Physical Layer als auch den Data Link Layer und wird vom sogenannten *MAC Sublayer* (MAC = Media Access Control) des Data Link Layers für Broadcast Subnets erledigt.

Die vom Physical Layer (beziehungsweise vom MAC Sublayer) zur Verfügung gestellte Übertragung ist nicht hundertprozentig zuverlässig; zum Beispiel können elektromagnetische Störungen über eine elektrische Leitung geschickten Frame (total) zerstören. Der Data Link Layer muss daher in Verlust geratene oder beschädigte (d.h., an einer falschen CRC-Checksumme zu erkennende) Frames erneut senden, was wiederum die Gefahr duplizierter Frames (im Falle verlorengegangener Acknowledgement Frames) heraufbeschwört. Derartige Maßnahmen werden unter der Bezeichung *Error Control* geführt.

Eine ebenfalls sehr wichtige Aufgabe des Data Link Layers ist die Bereitstellung von Mechanismen zur sogenannten *Flow Control*, ohne die ein schneller Sender einen langsameren (weil vielleicht gerade andererseits beschäftigten) Empfänger mit Frames „überfüttern" könnte.

Die vom Data Link Layer angebotenen *Services* bieten dem Network Layer also neben einer qualitativ minderwertigeren (also nicht ganz sicheren, aber dafür schnellen) Datenübertragung vor allem Möglichkeiten zur fehlerfreien Datenübermittlung mit garantierter (weil bestätigter) Ankunft beim Empfänger.

Layer 3 – Network Layer: Dieser Layer ist für den eigentlichen Betrieb des *Communication Subnets* zuständig. Damit ist jene Grenze erreicht, die den Zuständigkeitsbereich des Betreibers eines Subnets (etwa einer Postgesellschaft) von dem der einzelnen Netzwerkbenutzer trennt. Der Network Layer bietet dem Transport Layer bereits die Möglichkeit echter *End-zu-End-Verbindungen* (sogenannter *Network Connections*) zwischen den Hosts an. Die Layer darunter konnten im Gegensatz dazu immer nur direkt (also über eine Übertragungsstrecke) angeschlossene IMPs erreichen!

Die „Informations-Einheiten" des *Layer 3 Protokolls* sind (Daten-)*Pakete*, die aus den vom Transport Layer kommenden Daten auf ähnliche Art und Weise gewonnen werden, wie dies bei den (Daten-)Frames im Data Link Layer der Fall ist. Allerdings sind die jeweiligen Header und Trailer völlig unterschiedlich aufgebaut. Die konkreten Schnittstellen zum Transport Layer heißen in der ISO-Terminologie Network Service Access Points (*NSAPs*) und können mit „Telefonanschlüssen" verglichen werden. Jeder solche NSAP ist durch eine netzwerkweit eindeutige Adresse (eine Art „Telefonnummer") gekennzeichnet (aus der auch der jeweilige Host ersichtlich ist). Eine Network Connection ist nun effektiv eine (logische) Verbindung zwischen zwei NSAPs; insbesondere ist also das endgültige Ziel eines Paketes durch die entsprechende NSAP-Adresse eindeutig festgelegt.

Die Hauptaufgabe des Network Layers ist das sogenannte *Routing*, also die Lösung der Frage, über welche IMPs ein Paket am effizientesten zu seinem Ziel geschickt werden kann. Dazu bietet der Network Layer in der Regel sowohl *connection-oriented* als auch *connection-less services* an. Bei den *connection-oriented services* wird vor dem eigentlichen Datenaustausch eine dedizierte (logische) Verbindung zwischen den Kommunikationspartnern (also zwei NSAPs) hergestellt, die nach der Datenübertragung wieder explizit aufgelöst werden muss. Im Gegensatz dazu wird bei einem *connection-less service* jedes Daten-Paket unabhängig von allen anderen durch das Subnet geschleust; die Ankunftsreihenfolge der Pakete beim Empfänger-NSAP kann daher unter Umständen von der Sendereihenfolge verschieden sein! In diesem Zusammenhang sei auf die Verwandtschaft mit dem in Abschnitt 6.2 vorgestellten *Circuit-* bzw. *Packet Switching* hingewiesen.

In beiden Fällen existieren in der Regel verschiedene *Service-Qualitäten*, vor allem betreffend die Zuverlässigkeit der Datenübermittlung und die Garantie, ob der Empfänger-NSAP die Daten auch bekommen (also den Erhalt bestätigt) hat. Ein Beispiel ist etwa das *unacknowledged connection-less service* (*Datagram Service*), bei dem zwar weder eine sichere Datenübertragung noch eine garantierte Ankunft gewährleistet wird, das aber dafür sehr schnell ist. Im Gegensatz dazu sind die im obigen Sinne zuverlässigen connection-oriented services (durch die Notwendigkeit des Verbindungsaufbaus) langsamer.

Layer 4 – Transport Layer: Die Aufgabe dieses Layers kann grob mit der Abschirmung der höheren Layer von gewissen Eigenheiten des Network Layers umrissen werden. Wie schon erwähnt, liegen (hauptsächlich bei WANs) die für das Communication Subnet zuständigen Layer 1 – 3 normalerweise innerhalb der Kompetenz der Betreibergesellschaften, sind also für einen Benutzer unbeeinflussbare Dinge. Um diese Abhängigkeit zu reduzieren, stellt der Transport Layer in seinem *Layer 4 Protokoll* bereits aus dem *Data Link Layer* bekannte Methoden zur „sicheren" Übertragung von *Transport-Paketen* bereit. Mit deren Hilfe können „schlechte" Eigenschaften der vom Network Layer offerierten Services ausgeschaltet werden.

Die konkreten Schnittstellen zum Session Layer werden, analog zu den NSAPs des Network Layers, Transport Service Access Points (*TSAP*) genannt. Sie repräsentieren die Endpunkte der sogenannten *Transport Connections* und werden durch netzwerkweit eindeutige Adressen identifiziert. Die Bereitstellung eines einheitlichen Schemas für TSAP-Adressen ist eine der ganz wesentlichen Aufgaben des Transport Layers. Da für eine Transport Connection natürlich (auf der Ebene des Network Layers) eine Network Connection erforderlich ist, muss zum Beispiel aus der TSAP-Adresse eine „geeignete" NSAP-Adresse gewonnen werden können.

Hinsichtlich *Services* geht es hauptsächlich um die Bereitstellung von *connection-oriented services*. Der Transport Layer bietet demzufolge (bequeme) Mechanismen für deren Herstellung, Verwendung und Termination an. Im Fall einer Transport Connection mit sehr hohem Datenaufkommen können dabei intern gleichzeitig mehrere *Network Connections* zu ein und demselben Empfänger-Host aufgebaut werden; der dortige Transport Layer muss die ankommenden Pakete natürlich wieder richtig zusammenstellen. Umgekehrt ist es möglich, eine schwierig herzustellende oder schlecht ausgenutzte Network Connection für mehrere unabhängige Transport Connections heranzuziehen. Dieses *Multiplexen* und *Demultiplexen* erfolgt selbstverständlich für den Session Layer unbemerkt. Daneben werden letzterem natürlich auch *connection-less services* verschiedenster Qualität offeriert.

Die nun folgenden (oberen) Layer 5 – 7 haben grob gesprochen „nur mehr" die Aufgabe, den Transport Layer schrittweise zu erweitern, bis die zur Verfügung stehende Funktionalität für komplizierte Anwendungen ausreicht.

Layer 5 – Session Layer: Grob umrissen ist dieser Layer für die Kommunikation zwischen Prozessen auf verschiedenen Hosts zuständig. Interessanterweise weiß (außer der ISO) kaum jemand so genau, was der Session Layer eigentlich tun soll (auch wenn dies selten explizit ausgesprochen wird; kein pre-OSI Netzwerk hatte etwa je einen Session Layer). Im Prinzip bietet er etwas erweiterte *Transport Layer Services* an, unter anderem auch ein Analogon zu den *Atomic Actions*, und zwar für Messages. Eine *Atomic Action* kann nicht in mehrere Einzelaktionen geteilt werden; sie muss garantiert entweder komplett erfolgreich durchgeführt werden oder – zum Beispiel im Fehlerfall – in den Urzustand vor Beginn der Ausführung zurückkehren. Im Fall der Messages wird sichergestellt, dass entweder alle oder aber gar keine der zur Activity gehörenden Messages beim Empfänger ankommen.

Layer 6 – Presentation Layer: Dieser Layer ist im wesentlichen mit der Syntax und der Semantik der übertragenen Information befasst. Während die übermittelten Daten für die Layer 1 – 5 keinerlei Bedeutung haben, ist sich der Presentation Layer über deren Struktur sehr wohl im klaren. Da nun verschiedene Computer bekanntlich intern unterschiedliche Datenformate (etwa für die Darstellung von Integers, Reals, Characters, usw.) aufweisen können, muss bei einer Datenübertragung eine entsprechende Konversion stattfinden: Einer- auf Zweierkomplementdarstellung, ASCII auf ISO ... . Der Presentation Layer ist übrigens auch der richtige Platz, um eine der im Buch G.H.Schildt et al. ,,Informatik Grundlagen" Kapitel ,,Cryptographie" vorgestellten Methoden zur Verschlüsselung von Daten unterzubringen.

Layer 7 – Application Layer: Dieser Layer enthält die eigentlichen Applikationen, für welche die ganzen Services des Netzwerkes (also des Presentation Layers) eigentlich gedacht sind. Beispiele dafür wären etwa *Electronic Mail* Services oder die sehr wichtigen *File Server*.

7.2 Kabel und Stecker

Stecker ´raus,
Computer aus.

Unbekannt.

Seit der Entstehung von Computernetzwerken hat die Welt eine Vielzahl an Kabel- und Steckervarianten kommen und gehen sehen. Eine der übriggebliebenen und die heute vermutlich am häufigsten verwendete ist Twisted Pair (TP); diese Variante wird für gewöhnlich mit RJ-45-Steckern mit Computern verbunden und löste vor wenigen Jahren das veraltete Thin Ethernet (auch als „Cheapernet" bekannt) ab. Dieses war dank seiner günstigen Kabel weit verbreitet – trotz fehleranfälliger, auf Klinkenstecker beruhender Verbindungen.

7.2.1 BNC und Thin Ethernet

Eine nunmehr als veraltet geltende Verkabelungsmethode, die aber mancherorts wegen ihrer niedrigen Kosten noch eingesetzt wird, ist Thin Ethernet. Die auch als „Cheapernet" bekannte Technologie erhielt den Beinamen „Thin" (engl. *dünn*), weil neben dieser auch eine dickere (und vermeintlich auch zuverlässigere aber auch teurere) als „Yellow Cable" oder „Thicknet" bekannte Schwestervariante existierte. Thin Ethernet verwendet zur Verbindung von Computersystemen ans Netzwerk die aus der Videotechnik bekannten Klinken- bzw. BNC-Stecker („Bayonet Neill-Concelman", benannt nach Paul Neill von den Bell Labs und dem bei der Firma Amphenol arbeitenden Techniker Carl Concelman).

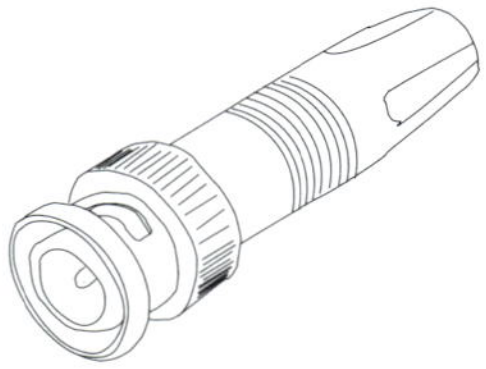

Abbildung 7.3: BNC Stecker

7.2.2 Twisted Pair und RJ-45

Twisted Pair Kabel sind eine gebräuchliche Form, Computer miteinander zu vernetzen. Jedes TP-Kabel besteht aus mehreren dünnen Drähten, die gemeinsam mit einer Plastikschicht umhüllt sind. Die Drähte sind miteinander nach einem festen Schema verflochten, um die bei Übertragungen anfallenden elektromagnetischen Interferenzen auszulöschen. Die Anzahl der Verflechtungen pro Meter ist abhängig von der Spezifikation des Kabels; es gilt allerdings: umso mehr Verflechtungen pro Meter, desto mehr wird der Effekt des „Crosstalk", d.h., dass Signale von einer Kabelfaser auf die andere übertragen werden, reduziert.

Es existieren zwei Typen von Twisted-Pair Kabeln:

Shielded Twisted Pair (STP), die zusätzlich zur Plastikhülle mit einem Leitermaterial umhüllt sind, um Interferenz durch äussere Einflüsse zu verhindern. STP-Kabeln werden vor allem in Token-Ring Netzwerken verwendet.

Unshielded Twisted Pair (UTP) ist die gängige Form von heute im Einsatz befindlichen Netzwerkkabeln und weist keinerlei zusätzliche Abschirmung auf. Sie findet unter anderem auch im Telefoniebereich Verwendung. Es existieren diverse Varianten von UTP, die durch eine Nummer identifiziert werden und unterschiedliche Signalintegrität gewährleisten. Die typische Variante für Computernetzwerke ist UTP Category 5. Diese bezeichnet man mitunter auch mit deren Kurznamen „CAT5".

UTP-Kabel werden im Regelfall mit Hilfe von RJ-45-Steckern (RJ steht für engl. *Registered Jack*, was die Bezeichnung für in den Vereinigten Staaten regulierte Steckertypen ist) mit Computern verbunden. Die verbundenen Computer werden so an einen zentralen Hub oder Switch angeschlossen.

UTP existiert in diversen qualitativ unterschiedlichen Formen; die für gewöhnlich in Computernetzwerken eingesetzte Variante ist, wie bereits erwähnt, Category 5. Diese bestehen aus 8 farbcodierten, miteinander verdrillten Drähten, wobei diese „einfach durchgezogen" werden, d.h., von Stecker zu Stecker führt Pin 1 zu Pin 1, Pin 2 zu Pin 2 usw. Es existiert jedoch auch eine „Crossover"-Variante der CAT5-Kabel, welche die direkte Verbindung zweier Computer ohne dazwischengeschaltenen Hub bzw. Switch erlaubt. In einem solchen Crossover-Kabel werden die Drahtpaare invertiert verlegt. Der designierte ANSI-Standard, der CAT5-Kabel exakt spezifiziert, läuft unter dem Namen EIA/TIA-568 und sieht vor, dass diese mindestens drei Verdrillungen per Drahtpaar per Inch aufweisen.

7.3 LAN und WAN

7.3.1 ARPANET

Das erste, wirklich gut funktionierende *Wide Area Network* war das vom U.S. Department of Defense angeregte *ARPANET*, das die gesamte Entwicklung der Computer-Netzwerke wie kein zweites beeinflusst hat. Der Prototyp wurde im Jahre 1969 in Betrieb genommen und umfasste damals vier Hosts. Heute umspannt dessen Nachfolger mittlerweile die ganze Erde und verbindet dabei Millionen von Hosts. Die IMPs des Communication Subnets (ursprünglich Honeywell DDP-516 Minicomputer mit 12 KB Speicher) waren über 56 KBit/s oder 230,4 KBit/s Standleitungen miteinander verbunden, wobei eine total irreguläre Topologie vorherrschte.

Das ARPANET folgte natürlich nicht dem *OSI Reference Model* (letzteres wurde erst 20 Jahre später „erfunden"), die Aufgaben der einzelnen Layer waren also etwas vermischt. In vielerlei Hinsicht sehr bewährt hatten sich das Network Layer Protocol *Internet Protocol* (*IP*) und das Transport Layer Protocol *Transmission Control Protocol* (*TCP*). Das ARPANET kannte aber weder einen Session- noch einen Presentation Layer; auf der Ebene des Application Layers existierten unter anderem Protokolle für *Electronic Mail* , *Simple Mail Transfer Protocol* (*SMTP*) und *File Transfer Protocol* (*FTP*).

7.3.2 Ethernet

Bei Local Area Networks (LANs) ist die unter der Bezeichnung *Ethernet* bekannte Technologie auf Basis von *Carrier Sense Multiple Access with Collision Detection, IEEE 802.3 (CMSA/CD)* am weitesten verbreitet.

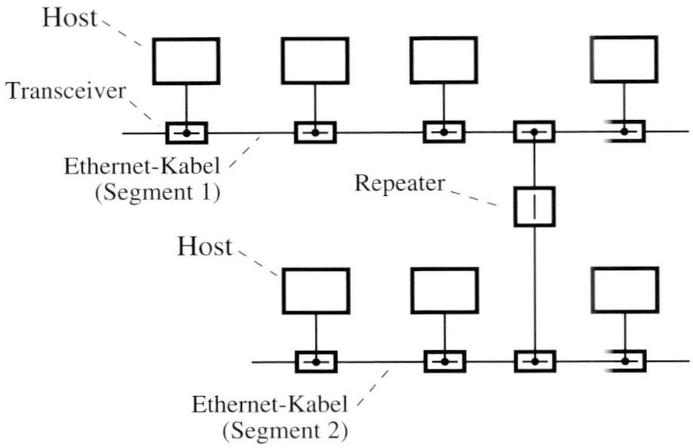

Abbildung 7.4: Prinzipieller Aufbau eines IEEE 802.3 CSMA/CD-Netzwerkes (Ethernet)

Wie schon im Zuge der Diskussion des *MAC Sublayers* im Data Link Layer erwähnt, ist in einem Ethernet-Netzwerk ein Mechanismus zur Koordination gleichzeitiger Sendeversuche erforderlich. Dazu wird *CSMA/CD* verwendet. Das Prinzip ist ganz einfach: Ehe ein „sendewilliger" Host einen Frame abschickt, stellt er (mit Hilfe der Elektronik für die sogenannte Carrier Detection im Transceiver) fest, ob gerade eine Datenübertragung stattfindet. Ist das der Fall, wird noch deren Beendigung abgewartet, andernfalls sendet er seinen Frame sofort. Wenn währenddessen noch andere Teilnehmer (nach der Anwendung desselben Verfahrens) ebenfalls einen Frame absetzen, entsteht eine Kollision, die von den jeweiligen Transceivern erkannt und an „ihren" Host gemeldet werden kann. Alle an der Kollision beteiligten Maschinen beenden daraufhin ihre Bemühungen und warten eine zufällig gewählte Zeit, ehe sie erneut mit dem beschriebenen Vorgang beginnen.

Sofern nicht allzu viele Teilnehmer gleichzeitig ihre Frames loswerden wollen, funktioniert dieses Verfahren problemlos und schnell. In diesem Fall ist nämlich die Wahrscheinlichkeit von (wiederholten) Kollisionen sehr gering. Darüber hinaus ist bei diesem Verfahren der physikalische Anschluss zusätzlicher Hosts sehr einfach. Diesen Vorteilen stehen allerdings auch einige Nachteile gegenüber: So kann es infolge eines zu hohen Datenaufkommens (auch bei kurzzeitigen Spitzen) zu einem totalen Kollaps des Netzwerkes kommen (wenn die Kollisionen überhand nehmen). Außerdem ist auch die Elektronik für das Carrier Sensing und die Collision Detection relativ aufwendig.

Als häufigstes Übertragungsmedium findet in heutigen Netzwerken die Twisted-Pair-Verkabelung Anwendung, über welche die Computer sternförmig mit einem sogenannten *Hub* oder *Switch* verbunden sind. Ein Hub besitzt die Eigenschaft, die an einem Eingang (Eingangs-Port) eingehenden Signale auf alle Ausgänge (Ausgangs-Ports) zu verteilen. Diese Funktionalität entspricht einem sogenannten *Multi-Port Repeater* (eine Art Verstärker mit Verteilerfunktion), wodurch die Merkmale des CSMA/CD-Verfahrens erhalten bleiben. Durch den zentral gelegenen Hub ist außerdem auch eine leichtere Verwaltung und Kontrolle der Teilnehmer gegeben.

Die Standardversion von 802.3 beruht auf BNC-Kabeln und arbeitet mit einer Übertragungsrate von 10 MBit/s; die maximale Länge bei der Koaxialverkabelung ist auf 500 m beschränkt. Mit der Twisted-Pair-Variante können nur noch ca. 200 m von Teilnehmer zu Teilnehmer überwunden werden. Dies beruht auf der Signaldämpfung der übertragenen Signale, da diese beim

Durchlaufen der Leitungen an Intensität verlieren. Ab einer gewissen Länge kann ein Computer deshalb übertragene Signale nicht mehr korrekt erkennen.

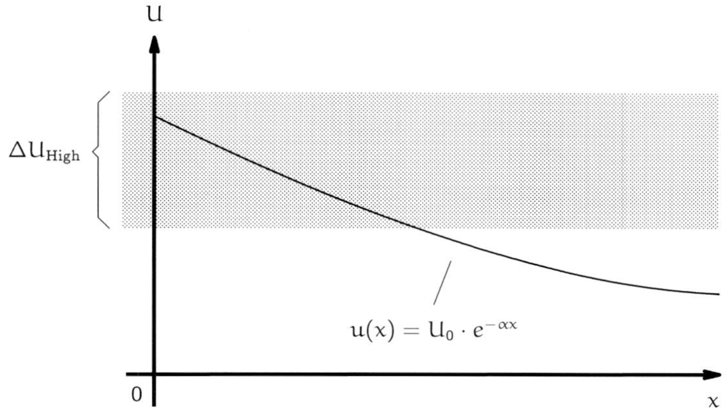

Abbildung 7.5: Spannungsverlust über die Länge der Leitung

α = Dämpfungskonstante, gemessen in dB/m

Eine Abhilfe für dieses Problem ist ein *Repeater* im betroffenen Kabelsegment; dieser übernimmt die eingehenden Signale und verstärkt diese unabhängig vom Inhalt der übertragenen Daten. Aufgrund der exponentiellen Abnahme der Signalamplituden in Abhängigkeit von der Entfernung x muss man beachten, rechtzeitig Signalgeneratoren zu setzen um bei Ausfall des benachbarten Regenerators den Betrieb des Netzes fehlertolerant aufrecht zu erhalten.

7.3.3 Fast Ethernet

Neben dem Standard-Ethernet sind, um den Erfordernissen steigender Übertragungsgeschwindigkeiten (z.B. im multimedialen Bereich) gerecht zu werden, Weiterentwicklungen mit Übertragungsraten von 100 MBit/s verfügbar. Unter einigen unterschiedlichen Verfahren kann das *Fast Ethernet* (im IEEE 802.3 Standard enthalten) als direkter Nachfolger des Standard-Ethernets angesehen werden. Bei diesem Verfahren kommt nach wie vor die CSMA/CD-Methode zum Einsatz, wobei aber eine alle 4 Leitungspaare ausnutzende *Twisted Pair Verkabelung* zu einem zentralen *Hub* zwingend notwendig ist. Ein Vorteil ist dabei, dass bestehende Standard-Ethernet-Komponenten unter Umständen weiterhin im gemischten Betrieb eingesetzt werden können. Im Falle solcher unterschiedlich gearteter Teilnehmer bedarf es in der Regel eines *Switching Hubs*, um *gleichzeitig* beide Ethernet-Verfahren nutzen zu können. Im Gegensatz zu gewöhnlichen Hubs besitzen Switches die Fähigkeit, zwei Hosts miteinander kommunizieren lassen zu können ohne dass dies die Kommunikation des restlichen Netzwerks betrifft; d.h., in einem Netzwerk mit vier Hosts A, B, C und D kann Host A mit Host B kommunizieren und gleichzeitig C mit Host D, ohne dass es zu einer Kollision kommt.

7.3.4 Token Ring

Ein Broadcast Subnet gänzlich anderer Struktur liegt dem Standard IEEE 802.5 (*Token Ring*) zugrunde. Die Hosts werden hier durch eine „Kette" einzelner Koaxialkabel derart verbunden, dass die Topologie eines geschlossenen Ringes entsteht. Das Ring-Interface einer Maschine ist im wesentlichen ein (1 Bit) D-Latch; der (unidirektionale!) Ring kann daher im Falle von n Hosts konzeptuell als ein verteiltes, zyklisches n Bit Schieberegister aufgefasst werden, das mit einer konstanten Clock-Frequenz getaktet wird! Abbildung 7.6 zeigt den entsprechenden Aufbau.

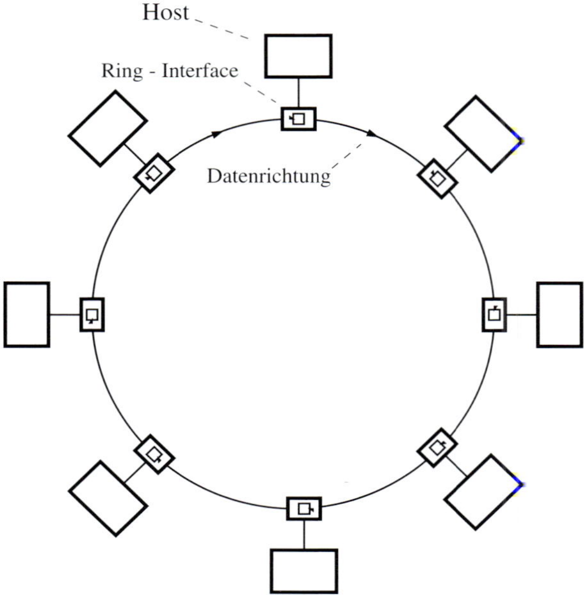

Abbildung 7.6: Prinzipieller Aufbau eines IEEE 802.5 Token Ring Netzwerkes

Jeder Host kann dabei „sein“ Bit lesen (und darüber hinaus auf Bedarf auch invertieren), so dass zunächst einmal ein bitserieller Empfang möglich ist. Im Normalzustand rotiert nun auf dem Ring ein spezielles Bitmuster, der sogenannte *Token*, mit dessen Hilfe gleichzeitige Schreibzugriffe koordiniert werden: Wenn ein Teilnehmer einen Frame übertragen will, so wartet er zunächst einmal darauf, dass der Token an seinem Ring-Interface vorbeikommt. Ist das der Fall, so invertiert er das letzte Bit des Tokens (dessen Erkennung ja erst beim „Erscheinen“ dieses letzten Bits möglich ist!) und wandelt ihn so in jenes Bitmuster um, das den Start eines Frames kennzeichnet. Zu diesem Zeitpunkt ist der Anfang des (ehemaligen) Tokens im Ring bereits weitergewandert!

Die eigentliche Datenübertragung erfolgt nun dadurch, dass der Host den Ring am Interface auftrennt und seinen Frame bitseriell in den Ring einspielt. Wenn diese Bits den (jetzt offenen) Ring durchlaufen haben, kommen sie natürlich zum Absender zurück, der sie inspizieren und schließlich verwerfen kann! Sobald das letzte Datenbit abgeschickt ist, kann der Token wieder „injiziert“ und der Ring geschlossen werden. Da auf diese Weise nur jener Teilnehmer einen Frame senden darf, der unmittelbar zuvor den Token verändert (also effektiv entfernt) hat (und selbstverständlich nur ein Token am Ring vorhanden ist), kann zu jedem Zeitpunkt höchstens ein Host senden. Durch geeignete Maßnahmen muss aber sichergestellt sein, dass das Bitmuster des Tokens nicht „zufällig“ in einem Frame auftaucht!

Eine sehr peinliche Situation entsteht, wenn der zirkulierende Token zum Beispiel durch eine elektromagnetische Einstreuung zerstört wird; in diesem Falle ist der Ring nämlich vollkommen blockiert! Dieses Problem des Token Loss erfordert natürlich organisatorische Gegenmaßnahmen, durch eine geeignete Überwachung (engl. *Monitoring*) des Netzwerkes. Im Falle des IEEE 802.5 ist das die Aufgabe eines einzelnen (automatisch ausgewählten) Hosts.

Der Hauptvorteil des Token Rings liegt zweifellos darin, auch in Hochlastfällen optimale Performance gewährleisten zu können, also insbesondere kein instabiles Verhalten (wie CSMA/CD) zu besitzen. Es ist gegenüber Ethernetvarianten definitiv kollisionsfrei. Darüber hinaus ist es bei diesem Verfahren möglich, mit Hilfe von Punkt-zu-Punkt-Verbindungen ein *Broadcast Subnet* zu realisieren; der IEEE Standard 802.5 sieht konkret ganz gewöhnliche twisted-pair (also verdrillte) Zweidrahtleitungen vor, die mit einer Übertragungsrate von 1 MBit/s oder 4 MBit/s betrieben werden. Es ist aber kein Problem, an deren Stelle Lichtleiter einzusetzen: Das an IEEE 802.5 „angelehnte" Glasfaser-LAN *Fiber Distributed Data Interface (FDDI)*) erlaubt durch den Einsatz zweier paralleler, aber gegenläufiger Ringe den Aufbau sehr zuverlässiger 100 MBit/s-LANs für Entfernungen bis zu 200 km! Die Nachteile des Token Rings liegen, neben der bereits erwähnten Möglichkeit des Token Loss, vor allem in der Tatsache begründet, dass die Unterbrechung eines einzigen Koaxialkabels das ganze Netzwerk lahmlegt!

Während die diversen Physical Layer und MAC Sublayer (etwa für die besprochenen Verfahren 802.3 und 802.5) sehr unterschiedlich sind, ist der „obere" Teil des *Data Link Layers*, *Logical Link Control (LLC)* für alle IEEE Standards derselbe. Auf diese Weise werden die Eigenheiten des jeweiligen Subnets vor dem Network Layer vollständig verborgen, d.h., ein ursprünglich auf CSMA/CD aufgebautes Netzwerk funktioniert ohne Einschränkungen auch dann, wenn Physical- und Data Link Layer (802.3) zum Beispiel gegen einen Token Ring (802.5) ausgetauscht werden! Wie schon erwähnt, ist es üblich, (zumindest) die beiden untersten Layer (also die Grundfunktionen des IMPs) in die diversen *Netzwerk-Controller* „auszulagern".

7.3.5 WaveLAN

Wie bereits in den einführenden Worten dieses Kapitels dargestellt, zieht eine neue Form von Netzwerk in die Computerwelt ein: die Wi-Fi Standards (**W**ireless **F**idelity) erlauben die Vernetzung von Computern per Funk und wurden unter dem IEEE Standard 802.11 exakt definiert; die „11" hinter 802 bedeutet, dass die Standards von der Arbeitsgruppe 11 erstellt wurden.

Die 802.11-Familie umfasst aktuell fünf Protokolltypen: 802.11-legacy (manchmal auch als „801.11y" bezeichnet), 802.11a, 802.11b, 802.11g und 802.11n, wobei letzterer sich noch in der Planungsphase befindet.

802.11-legacy

Der 802.11-legacy Standard stellt den Grundstein der Wi-Fi Familie dar und wurde 1997 von IEEE veröffentlicht. Er sah Transferraten zwischen 1 und 2 MBit/s vor; die Übertragung erfolgte per Infrarot im 2,4 GHz-Band. Der Transfer per Infrarot wurde in späteren Revisionen des Standards fallen gelassen, da das Protokoll gegen besser etablierte Transferformen wie IrDA (Protokoll der Infrared Data Association) nicht bestehen konnte. Daher wurde dieser Standard schnell von seinem Nachfolger 802.11b ersetzt.

802.11a

Ratifiziert im Jahr 1999 arbeitet 802.11a im 5 GHz-Band mit 54 MBit/s Transferrate. Soweit nicht speziell durch einen zusätzlichen Sender/Empfänger angeboten, sind 802.11a-Geräte dementsprechend nicht mit dem – nahezu gleichzeitig herausgegebenen – 802.11b Standard interoperabel. Die tatsächliche Nettotransferrate von 802.11a liegt allerdings genauso wie bei 802.11b deutlich tiefer, nämlich irgendwo zwischen 20 MBit/s und 30 MBit/s.

IEEE versah das 802.11a-Protokoll mit 12 nicht-überlappenden („paarweise disjunkten") Kanälen. Auch dieser Standard erlaubte keine weltweite Nutzung aller Kanäle. Der Standard wurde allerdings auch aufgrund einer anderen Tatsache von der Welt nicht wirklich angenommen: die deutlich geringere Reichweite machte den Einsatz gegenüber 802.11b einfach nicht sinnvoll.

802.11b

Ebenfalls im 2,4 GHz Band angesiedelt, fand dieser Standard – trotz gewisser Probleme – rasch seine Anhänger. 802.11b erlaubt eine Transferrate von 11 MBit - allerdings nur auf dem Papier. Aufgrund der Verwendung von CSMA/CD zwecks Media Access Control erlangt man im praktischen Einsatz eine maximale Datentransferrate zwischen 5,9 und 7,1 MBit/s. Zusätzlich werden die Funksignale von 802.11b durch Wasser, dicke Wände und Metall absorbiert, was die tatsächliche Reichweite des Protokolls dramatisch reduziert.

Mit 802.11b wurde das erste Mal das verfügbare Frequenzspektrum in sogenannte „Channels" aufgeteilt, die den Betrieb mehrerer Netzwerke nebeneinander erlauben, ohne dass sich diese gegenseitig störten. Die Teilung erfolgte in 14 jeweils 22 MHz breite, überlappende Kanäle. Diese Teilung stellt jedoch - so vorteilhaft es auch sein mag - ein weiteres Problem für 802.11b dar.

Es folgen nämlich leider auch die Telekommunikations-Regulierungsbehörden dem Leitsatz „andere Länder, andere Sitten". So darf prinzipiell nicht jeder der verfügbaren Kanäle überall auf der Welt verwendet werden, da nicht der gesamte Frequenzbereich jederorts frei verfügbar ist. Einzig die Kanäle 10 und 11 sind weltweit einsetzbar.

802.11g

Im Juni 2003 ratifizierte das IEEE den 802.11g-Standard. Dieser verwendet wieder wie 802.11b das unregulierte 2,4 GHz-Band und arbeitet mit 54 MBit/s (rund 24,7 MBit/s netto) bei 14 verfügbaren Kanälen. Sinnvollerweise ist 802.11g vollständig „abwärtskompatibel", auch wenn der Einsatz von älteren 802.11b-Geräten in einem 802.11g-Netzwerk die Gesamt-Übertragungsrate so stark absenkt, dass es realistisch betrachtet völlig unsinnig ist.

802.11n

Das IEEE kündigte Anfang 2004 die Entwicklung eines neuen Standards an. Dieser vermeintlich unter dem „Decknamen" 802.11n bezeichnete Standard soll eine Real-Transferrate von 100 MBit/s erreichen und damit vier bis fünf Mal schneller sein als es nach 802.11g möglich wäre. Ausserdem soll er eine bessere Reichweite als seine Vorfahren aufweisen. Der Standard soll Ende 2006 ratifiziert werden.

Wi-Fi Netzwerktrennung: SSID

Wie wir nun wissen, existieren für die diversen Wi-Fi Standards Kanäle, die helfen sollen, lokal nebeneinander betriebene Funknetze voneinander getrennt zu halten. Es existiert allerdings noch ein zweites Kriterium für die Kommunikation zweier Geräte.

Der *Service Set Identifier* (SSID) legt für jedes Wi-Fi Netzwerk einen eindeutigen Netzwerknamen fest. Dieser besteht aus maximal 32 alphanumerischen Zeichen; dieser wird jedem im Funknetz versandten Paket angefügt. Damit zwei Geräte miteinander kommunizieren können, muss deren SSID übereinstimmen.

Betriebsmodi

Es existieren zwei unterschiedliche Varianten, ein Wi-Fi Netzwerk zu betreiben:

Infrastructure Modus: im *Infrastructure* Modus existiert im Netz ein *Access Point*, welcher die Übertragung von Signalen im Netzwerk reguliert. Oftmals bietet ein Access Point auch die Möglichkeit, ihn mit einem LAN zu verbinden; das erlaubt die direkte Übermittlung von Paketen ins Local Area Network. In diesem Modus wird ein *Extended Service Set Identifer* (ESSID) benutzt.

ad hoc Modus: im *ad hoc* Modus besteht das Funknetz nur aus Client-Systemen ohne *Access Point*. Es wird nur ein *Basic Service Set Identifer* (BSSID) verwendet.

Für gewöhnlich sagt man statt ESSID bzw. BSSID einfach nur SSID; alle drei werden einfachhalber manchmal auch als „Netzwerkname" bezeichnet.

7.4 Digital Subscriber Line (DSL)

DSL repräsentiert eine Technik, digitale Daten über eine Leitung des öffentlichen Telefonnetzes (*Public Switched Telephone Network*, *PSTN*) zu senden und zu empfangen. Die Geschichte von DSL reicht zurück bis in das Jahr 1988, als ein Techniker bei den Bell Labs einen Weg fand, wie man Daten über das ungenutzte Frequenzspektrum der Telefonleitungen schicken könnte. Dies hätte bereits damals Datentransfers erlaubt, ohne dabei die eigentlichen Telefonleitungen zu blockieren.

Allerdings hatte das Erfindergenie die Rechnung ohne das Management gemacht, welchem seine Erfindung alles andere als gefiel. Denn in den 80er-Jahren war es allgemein üblich, sich einfach eine zweite Telefonleitung zuzulegen, wenn man Datenservices in Anspruch nehmen wollte ohne dabei seine Telefonleitung zu blockieren. Für Bell wäre es also unrentabel gewesen, statt einer zweiten Telefonleitung das ungenutzte Frequenzband zu vermieten. So kam es, wie es kommen musste und die Idee wurde gut eingemottet irgendwo am Dachboden verstaut, wo sie bloss keiner finden sollte.

Mitte der Neunzigerjahre brach jedoch die Zeit des „Breitbandanschlusses" an und Telekabel-Anbieter rund um den Globus begannen, den Telekommunikations-Firmen hinsichtlich deren altmodischen Internetanschlüssen per Modemeinwahl das Wasser abzugraben. Daraufhin schickte Bell Labs vermutlich einen Suchtrupp auf den Dachboden, denn nach nur kurzer Zeit zauberte man das Wundermittel DSL aus dem Hut - jene Technologie, die man knapp ein Jahrzehnt davor bewusst vergessen hatte.

Heute stellt DSL neben Kabelmodems die einzige momentan realistische und nahezu für jedermann verfügbare Methode zu einem Internet-Breitbandanschluss dar.

7.4.1 Funktionsweise

Die menschliche Stimme reicht von 0 bis 15 kHz. Um sie allerdings per Telefonleitung zu übermitteln, reicht es, sie auf 300 Hz bis 3,3 kHz frequenzmässig zu begrenzen und dann über die Leitung zu schicken; der eigentliche Sprachinhalt bleibt dabei dennoch erhalten. Die meisten heutigen Telefonleitungen können allerdings Frequenzen bis hinauf zu 200 kHz bis 800 kHz übermitteln. Das frei bleibende Band kann nun mit Hilfe eines DSL-Modems für die Übermittlung von Daten genutzt werden.

Die altbekannten Telefonleitungen, die ein Telefon mit dem Post-Anschluss verbindet, sind allerdings eigentlich nur herkömmliche Kupferdrähte, gleich einem billigen Klingeldraht. Wie kommt es also, dass über diese Leitung mehr übertragen werden kann als vor einigen Jahren? Die Antwort liegt in der Entstehungsgeschichte des Telefons. Als im Jahre 1868 Alexander Graham Bell seine Erfindung (das Telefon) patentieren liess, war der Grundgedanke einzig und allein die Übertragung der Sprache. Die Technologie hat sich bis heute nahezu erhalten, bis auf den feinen Unterschied, dass einst die Sprachübertragung analog erfolgte, was heute per Digitaltechnik durchgeführt wird, weil diese einfacher zu implementieren und zu warten ist. Die bekannte Einschränkung auf 3,3 kHz erfolgt heute mit einem Digitalfilter im Vermittlungsamt der Post. Zusammen mit neuen Glasfaserverbindungen zwischen den einzelnen Verbindungsämtern und Schaltzentralen des PSTN bildet dies die grundlegene Basis für die DSL-Technologie.

Die Tatsache, dass die Stimmübertragung weiterhin eingeschränkt erfolgt, macht es möglich, den Telefonanschluss eines DSL-Nutzers auf einen eigenen *Switch* im Vermittlungsamt zu legen, der den zuvor erwähnten Digitalfilter nicht aufweist. Dadurch kann man eine deutlich höhere Transferrate erreichen, die vom DSL-Dienst genutzt wird.

Das DSL-Modem konvertiert bei der Übertragung die binären Daten in einen für das obere Telefon-Frequenzband passenden Audio-Stream. Die Daten werden so im oberen, zuvor ungenutzten, Frequenzband des Endanschlusses zum eigentlichen Zielknoten (im Normalfall ein Internet Service Provider) in der nächstgelegenen Telefonschaltzentrale übermittelt.

Die Telefonschaltzentrale darf allerdings nur in einer gewissen Entfernung liegen; denn ein Grundproblem bleibt auch bei DSL erhalten: die Qualität der Leitungen (Dicke, Isolierung und Material der Leitungen) bestimmt darüber, mit welcher maximalen Rate Daten übertragen werden können. Umso höher die gesetzte Geschwindigkeit für den DSL-Dienst ist, desto geringere Entfernungen dürfen die DSL-Anschlüsse vom Vermittlungsamt (mit dem erwähnten Switch) aufweisen.

7.4.2 Bluetooth

Bluetooth ist eine Funktechnik und verbindet u.a. PC, Drucker und mobile Rechner. Für den Funkkontakt verwendet Bluetooth den Frequenzbereich zwischen 2,402 und 2,480 GHz. Dieses Band ist in nahezu allen Industriestaaten frei nutzbar. Ausnahmen bilden nur Japan und Spanien. Um den Energieverbrauch zu minimieren, ist eine Sendeleistung von nur 1 mWatt definiert. Das reicht aus, um eine Strecke von ca. 10 Metern zu überbrücken. Befinden sich zwischen den sendenden Geräten Hindernisse, sinkt die Reichweite je nach Dicke und Material auf wenige Meter. In diesem Frequenzband senden auch drahtlose Netze weshalb Bluetooth-Verbindungen deren Übertragung stören können.

Bluetooth unterteilt den Frequenzbereich in 79 Kanäle und springt 1.600-mal pro Sekunde zwischen diesen hin und her. Dieses Verfahren heißt *Frequency-Hopping*; das Verfahren senkt die Wahrscheinlichkeit, dass sich Bluetooth-Verbindungen gegenseitig behindern. Umgekehrt steigert dies allerdings die Störungsrate von WaveLAN-Netzwerken, denn der kurze Aufenthalt im Frequenzband eines benachbarten WiFi-Netzes stört zwar eine Bluetooth-Verbindung nur kurzzeitig, da das Band gleich wieder gewechselt wird, das WiFi-Netz beeinflusst es jedoch nachhaltig, da es erst wieder in einen stabilen Zustand übergehen muss.

Die Verbindung bleibt auf diese Weise nur für einen kurzen Bruchteil einer Sekunde durch den Störstrahler blockiert. Neben dem Verschlüsselungsverfahren trägt Frequency-Hopping auch zur Datensicherheit bei. Geräte, die innerhalb ihrer Reichweite liegen, erkennen sich an individuellen, 48 Bit langen Seriennummern. Sie schließen sich selbständig zu einem so genannten Piconet zusammen. Diese kleinen Netzwerke können ein größeres Scatternet bilden. Dabei werden die Daten mit maximal 1 MBit/s ausgetauscht - 15-mal schneller als bei ISDN, aber dennoch mit einem Bruchteil der Geschwindigkeit moderner Ethernet-Netze. Mit speziellen Modulen ist es möglich, die Sendeleistung auf 100 mW anzuheben, womit sich rund 100 Meter überbrücken lassen.

7.4.3 ADSL und SDSL

Die bekanntesten Formen von DSL sind ADSL und SDSL. ADSL steht für *Asynchronous Digital Subscriber Line* und bedeutet nichts anderes als einen Unterschied zwischen Download- und Upload-Rate der Leitung. Sie wird von Internet Service Providern gern als typischer Internet-Anschluss vermarktet; dank einer höheren Download-Transferrate kann man schneller Daten aus dem Internet downloaden. Die Upload- im Vergleich zur Downloadbandbreite ist kleiner. Die Uploadbandbreite wird hier allerdings auch nur benötigt, um Anfragen an Server im Internet zu richten - ein Betrieb eines Servers an einem solchen Anschluss ist dementsprechend unrentabel.

SDSL ist die Abkürzung für *Synchronous Digital Subscriber Line* und bedeutet, dass die Down- und Upload-Rate der Leitung gleich gross sind. Dies ist zum Beispiel für den Einsatz beim Betrieb eines Servers sinnvoll.

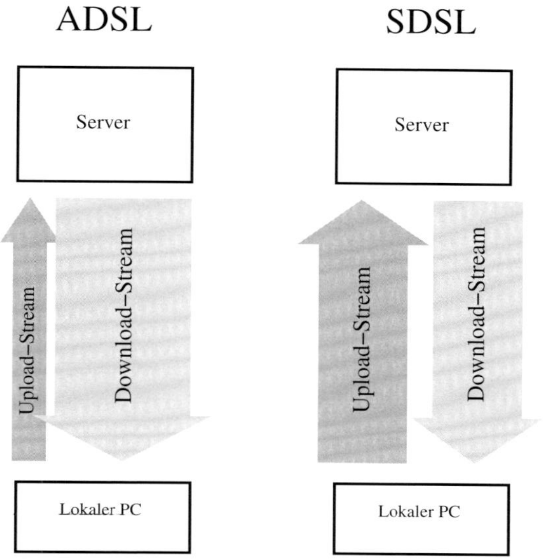

Abbildung 7.7: Vergleich ADSL und SDSL

Weiterführende Literatur

A.S. Tanenbaum. *Modern Operating Systems, Second Edition*. Prentice-Hall, New Jersey, 2001

A.S. Tanenbaum. *Computer Networks, Third Edition*. Prentice-Hall, New Jersey, 1996

A.S. Tanenbaum. *Distributed Operating Systems*. fourth edition, Prentice-Hall, New Jersey, 1999-2001

8 Protokolle

Kyoto-Protokoll. Unsere Luft soll besser werden.
Na es würde doch reichen, wenn sie so würde,
wie sie vor hundert Jahren war.

Wolfgang J. Reus,
Satiriker, Aphoristiker und Lyriker

Das vermutlich berühmteste aller Netzwerke ist das aus dem ARPANET entstandene *Internet*, das eine Vielzahl an Hosts - und auch eine grosse Zahl an unterschiedlichen Netzwerktopologien - miteinander verbindet. Wir werden uns daher in der Folge auf das *Internet Protocol (IP)* und die darauf aufbauenden Netzwerke konzentrieren.

Heute besteht das Internet grob betrachtet aus drei Ebenen:

Backbones: diese stellen keine eigentlichen Netzwerke im klassischen Sinn dar, sondern bestehen aus Hochgeschwindigkeitsleitungen in Verbindung mit speziellen Routern. Sie repräsentieren das „Rückgrat" des Internets und befinden sich zumeist im Besitz von grossen Internet-Service-Providern (ISPs) oder staatlichen Organisationen.

Midlevel Networks: nahtlos an die Backbones sind die sogenannten *Midlevel Networks* angeschlossen; diese stellen die von ISPs an deren Endkunden zur Verfügung gestellten Netzbereiche dar.

LANs: die an die Midlevel Networks angeschlossenen Netzwerke wie Universitäten, Firmen, regionale Netzwerke etc. bilden den Abschluss des hierarchischen Aufbaus.

Diese drei Ebenen unterliegen keinerlei regionaler oder technischer Struktur; es existieren - abgesehen von wenigen Basisstandards - also keinerlei Vorschriften, wie zum Beispiel Midlevel Networks auszusehen haben. Dies ist auch eine der Stärken des Internets, das deshalb über die Jahre hinweg stetig weiter wachsen konnte.

8.1 Internet Protocol (IP)

Die Kommunikation zwischen den einzelnen Hosts erfolgt mit Hilfe des *Internet Protocol* (IP); dieses arbeitet im OSI Reference Layer 3 (Network Layer). Die aktuell (noch) in Verwendung befindliche Variante dieses Protokolls ist IPv4 (zu lesen als „IP Version 4"), die vermutlich in den kommenden Jahren durch dessen Nachfolger IPv6 abgelöst werden wird. IPv6 hat aktuell allerdings noch seine Schwierigkeiten bei der „Adoption" durch die diversen Internet Service Provider, da man die in den vergangenen Jahrzehnten angeschaffenen auf IPv4 arbeitenden Geräte verständlicherweise nicht einfach aufgeben möchte.

IP liefert nun die Infrastruktur, um *Datagrams* von einer Quelle zu einem Ziel zu befördern, unabhängig davon, ob sich beide im gleichen Netzwerk befinden. Der Transport Layer zerlegt die zu übermittelnden Datenströme in mehrere kleine Datagrams – im deutschen auch als *Pakete* bezeichnet –, die danach übermittelt und am Ziel durch den Network Layer wieder in richtiger Reihenfolge zusammengesetzt werden.

Ein solches Datagram darf bis zu 64 Kilobyte gross sein, nimmt allerdings im Durchschnitt um die 1.500 Bytes ein. Wird ein Datagram auf die Reise geschickt, kann es mitunter durch mehrere

Netzwerke wandern. Bei jedem Wechsel in ein anderes Netz „überspringt" das Datagram dabei - bildlich gesprochen - eine Grenze; diese Brücken von einem zum nächsten Netz nennt man auch *Hop*. Jedes Datagram besteht aus einem Header wie in Abbildung 8.1 und den daran angefügten Datenblock.

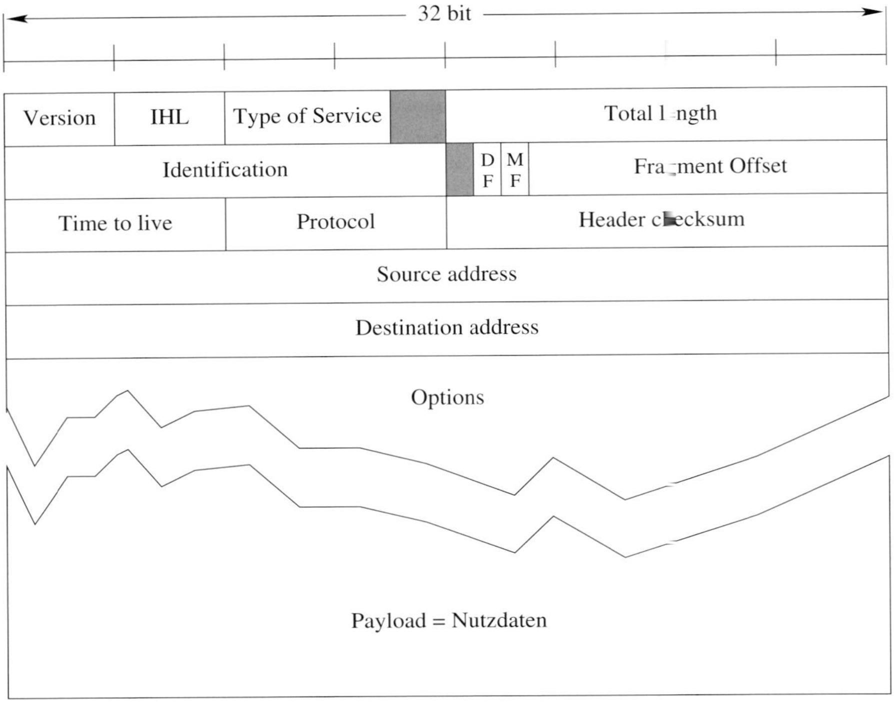

Abbildung 8.1: IP Datagram Header

Die in der Graphik eingezeichneten Graubereiche stellen im Header enthaltene Leerbits dar. Diese wurden eingefügt, um die Headerbreite von 32 bit zu erhalten. Die einzelnen Felder des Headers besitzen die folgende Bedeutung:

Version: enthält die IP-Protokoll Versionsnummer; rein theoretisch kann auf diese Weise das Protokoll „sanft" erneuert werden und mehrere Versionen nebeneinander koexistieren.

IHL: enthält die tatsächliche Headerlänge; da der Header ein Optionsfeld mit variabler Länge besitzt, muss mit Hilfe dieses Feldes die tatsächliche Gesamtlänge angegeben werden.

Type Of Service: entscheidet über die Art der Übertragung; es existieren mehrere Abstufungen zwischen „Maximierung der Geschwindigkeit" bis „Maximierung der Zuverlässigkeit".

Total Length: spiegelt die Gesamtlänge des Datagrams inklusive an den Header angehängte Daten wider.

Identification: Datenströme werden in mehrere kleinere Datagrams zerlegt. Alle zu einem Datenstrom gehörenden Datagrams besitzen dieselbe Identifikationsnummer, um wieder zum ursprünglichen Datenstrom zusammengesetzt werden zu können.

DF: das „Don't Fragment"-Flag weist Router an, das Datagram nicht in weitere kleinere Datagrams zu zerlegen. Dies ist unter gewissen Umständen erforderlich, wenn ein Host (z.B. während des Boot-Prozesses) im aktuellen Zustand nicht die Fähigkeit besitzt, Datagrams wieder zusammenzufügen.

MF: wird ein Datagram während der Übermittlung in mehrere kleinere Fragmente zerlegt, wird bei allen bis auf das letzte das Feld „More Fragments" gesetzt. Es zeigt dem Empfänger-Host an, wann die Fragmentserie endet und er mit dem Zusammenfügen zum ursprünglichen Datagram beginnen kann.

Fragment Offset: gibt die Stelle in einer Serie von zu einem Datenstrom gehörenden Datagrams an.

Time To Live: dieser Wert (von 0 bis 255) wird bei jedem Hop (mindestens) um 1 dekrementiert. Erreicht der Wert 0, wird das Datagram vom betroffenene Router fallen gelassen und eine Warnung, dass das Datagram unzustellbar ist, an den Absender zurückgeschickt. Dies soll vor allem „rundreisende" Datagrams verhindern. Eigentlich sollten Router den Wert – entsprechend der verstrichenen Zeit – für jede seit dem Versenden des Pakets vergangene Sekunde um eins dekrementieren. In der Praxis führen Router aber immer nur eine Subtraktion mit 1 durch.

Protocol: gibt an, welchem Prozess im Transport Layer der Datenstrom – nach Zusammensetzen aller Datagrams – übergeben werden soll (z.B. TCP, UDP, etc.)

Header checksum: beinhaltet eine Checksumme zur Überprüfung der Korrektheit des Headers.

Source address: enthält die Quelladresse des Datagrams bzw. Datenstroms.

Destination address: enthält die Zieladresse des Datagrams bzw. des Datenstroms.

Options: Platz für optionale Flags zur Erweiterung, die beim allerersten Entwurf des IP-Protokolls nicht berücksichtigt wurden.

Sehr oft ist ein Hop etwa ein *Router*, der darüber Bescheid weiss, welche Hosts sich bei ihm lokal im Netz befinden und welche Adressen ausserhalb liegen. Es ist auch durchaus möglich, dass ein Router gleich mehrere Netzwerke miteinander verknüpft. In manchen Fällen - besonders im Bereich des Internet - findet man an Netzwerkgrenzen auch sogenannte *Firewalls*, die neben Routing-Aufgaben auch noch einen Filterprozess absolvieren. Dazu besitzen sie - ebenso wie Router - zwei oder mehr Netzwerkanschlüsse, über welche die einzelnen Netze angeschlossen sind. Jedes ein- und ausgehende Datagram wird genau unter die Lupe genommen. Besitzt ein Paket keine „Aus-" bzw. „Einreisegenehmigung", wird es fallen gelassen. Die Firewall besitzt dafür eine Tabelle an Regeln, die exakt festlegt, welche Arten von IP-Paketen von einem Netzwerk-Interface zum anderen wechseln dürfen.

Die Eigenschaften einer Firewall offenbaren uns ein weiteres wichtiges Kriterium des Internet Protocol: Datagrams werden völlig unabhängig voneinander versendet. Jedes geht praktisch seinen eigenen Weg, d.h., es kann durchaus vorkommen, dass zwei völlig gleich aufgebaute Datagrams zwei völlig unterschiedliche Wege von einem Quell- zu einem Zielhost durchlaufen. Das liegt einerseits an der historischen Entstehungsgeschichte des Internet – und deshalb auch des Internet Protocol – als auch an der technischen Implementierung von Routern.

Das ARPANET sollte - dessen Ursprung im militärischen Department of Defense liegend - vor allem auch eine Form der Ausfallsicherheit bieten, was durch eine teilweise redundant ausgelegte Übertragungsstrecke gewährleistet werden kann. IP nutzt diese Tatsache und baut diesen Vorteil weiter aus: jeder Router kann selbständig über die bei ihm eingehenden Datagrams „regieren"; anhand seiner Routingtabelle kann er optimal entscheiden, wie er das Paket unter den gerade bestehenden Bedingungen weiterleitet. Im Überlastfall ist es ihm sogar gestattet, Pakete einfach fallen zu lassen. Diese Tatsache kann manchmal dazu führen, dass Pakete doppelt am Zielhost ankommen – wenn etwa ein Datagram über einen solch langen Weg geleitet wurde, dass der Zielhost inzwischen bereits ein erneutes Senden beantragte.

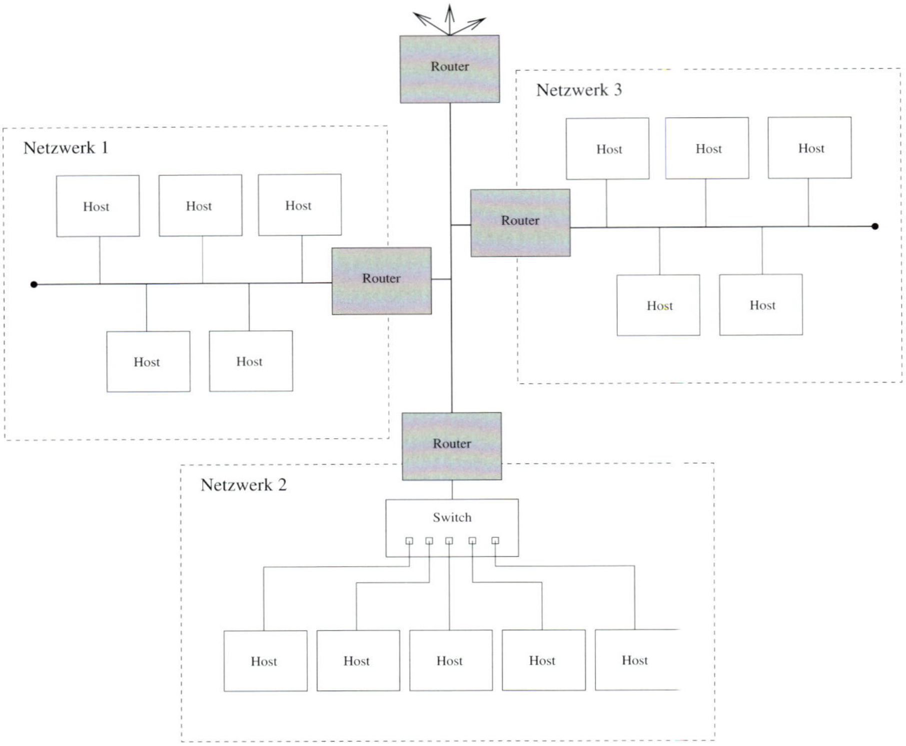

Abbildung 8.2: Prinzip eines Routers

Im Beispielfall wie in Abbildung 8.2 dargestellt, können Hosts aus „Netzwerk 1" beliebig Pakete zu anderen Hosts im lokalen Netz (Netzwerk 1), Netzwerk 2 oder Netzwerk 3 senden. Dabei werden lokale Pakete einfach direkt – ohne Einsatz des Routers – an den jeweiligen Host übermittelt. Sollen andererseits etwa Daten von einem Host in Netzwerk 1 an einen anderen, ausserhalb befindlichen, Host gesendet werden, müssen diese über die *Default Route* – in jenem Fall den Router des jeweiligen Netzsegements – weitergeleitet werden. Dieser nimmt die Daten entgegen und übermittelt sie in das jeweilige Zielnetzwerk weiter. Befindet sich der adressierte Host in keinem der ihm bekannten Netzwerke, verhält sich der Router ebenso wie die Hosts im Netzwerk – er reicht die jeweiligen Pakete an seinen benachbarten Router bzw. seine Default Route weiter. In manchen Fällen kommt es auch vor, dass mehrere Netzwerke an einem Router angeschlossen werden und so ein Router die Aufgabe der Verteilung auf mehrere Segmente übernimmt (ein solches Beispiel ist etwa in Abbildung 8.5 dargestellt).

Grundsätzlich besitzt jeder Host, ebenso wie jeder Router, mindestens eine eigene, eindeutige *IP Adresse*. Eine IP-Adresse (der Version 4) wird als numerisches Vierer-Tupel angeschrieben, wobei jede der vier Zahlen einen Wert von 0 bis 255 annehmen kann. Die Adresse beinhaltet eine Host- und Netzwerknummer; alle Hosts in einem Netzwerk müssen dieselbe Netzwerknummer aufweisen. Jede Adresse ist formal wie in Abbildung 8.3 aufgebaut. Diese Form der Adressierung teilt IP-Adressbereiche in die folgenden Grössenkategorien:

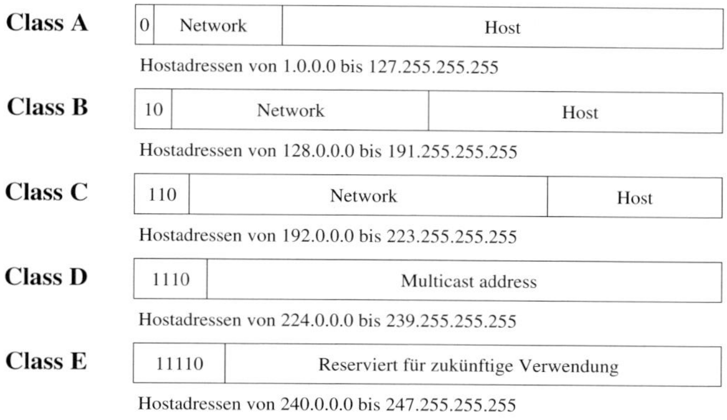

Abbildung 8.3: IP Adressaufbau

Klasse A: werden Computer nach diesem Schema adressiert, ist es möglich, bis zu 126 Netzwerke mit jeweils 16 Millionen Hosts zu konfigurieren.

Klasse B: erlaubt die Konfiguration von bis zu 16.382 Netzwerken mit jeweils bis zu 65.536 Hosts.

Klasse C: maximal bis zu 2 Millionen Netzwerke mit bis zu 254 Hosts.

Rein logisch betrachtet unterscheiden sich Typ-A, Typ-B und Typ-C Adressen voneinander nicht – sie sind 32 Bit lang und codieren den gleichen Adressbereich; der einzige Unterschied liegt in der Anzahl der Anfangsbits, die man sich für die Codierung der Netzwerknummer zurückbehält. Steigt diese Zahl, erlaubt die höhere Bitzahl die Codierung einer dementsprechend grösseren Zahl für die Netzwerknummer; es schränkt aber gleichzeitig – wie in obiger Aufzählung dargestellt – die grösstmögliche codierbare Hostzahl ein.

Die Netzwerknummern in einer IP-Adresse werden vom *NIC* (*Network Information Center*) zugeteilt, um Konflikte zu vermeiden. Die Adressen 0.0.0.0 und 255.255.255.255 sind allerdings für spezielle Zwecke reserviert.

Das Internet Protocol erlaubt das Adressieren von mehreren Hosts gleichzeitig; diesen Vorgang nennt man *Multicasting*. Die Adresse 255.255.255.255 ist für eben diesen Zweck vorgesehen; mit ihr kann man alle im lokalen Netz befindlichen Hosts ansprechen. Die Adresse 0.0.0.0 bedeutet umgekehrt „dieser Host" und wird mitunter auch von Computern während des Bootvorgangs verwendet, wenn dem Host noch keine IP-Adresse zugeteilt wurde.

Im IP-Adressraum gibt es ausserdem wichtige Adressbereiche – sogenannte „private Adressen" –, die nicht für den öffentlichen, sondern rein für den internen Gebrauch gedacht sind:

- 127.*.*.*
- 10.*.*.*
- 192.168.*.*
- 172.16.0.0 bis 172.31.255.255

Der erste Adressblock 127.*.*.* wird als *Loopback* bezeichnet und ist für Testzwecke gedacht; die an diesen Adressblock gerichteten IP-Datagrams werden nicht auf das Netzwerkmedium gelegt sondern vom Netzwerkinterface direkt als eingehende Pakete behandelt.

Der 10.*.*.* Adressbereich war einst im Besitz des amerikanischen Verteidigungsministeriums (Department of Defense, DoD) und wurde für die Verwendung in lokalen Netzwerken – getrennt vom eigentlichen Internet – umgewidmet. Für denselben Zweck sind auch die beiden letzten Bereiche in der Liste gedacht.

Wozu soll man allerdings ein eigenes IP-Netzwerk abgetrennt vom Internet aufbauen? Die Antwort ist recht einfach: man erspart sich die Anschaffung und die damit anfallenden Kosten vieler globaler IP-Addresen über das NIC; denn für den Anschluss eines ganzen IP-Netzwerks an das Internet bedarf es nur einer einzigen „externen" (d.h., nicht in den obigen Adressbereichen liegenden) Adresse.

Dazu verwendet man intern Adressen aus den drei privaten Adressbereichen und ein spezielles *Gateway*, das als einziger Host eine externe IP-Adresse mit Anschluss zum Internet besitzt. Dieses Gateway führt eine „Adressübersetzung" durch; die Hosts im Netzwerk verwenden das Gateway als Default Route und schicken daher sämtliche Datagrams, die nicht an Hosts im lokalen Netz gerichtet sind, an das Gateway. Dieses nimmt diese Pakete und ändert die Absenderadresse auf die eigene, externe Adresse um; danach wird das Paket herkömmlich über den externen Anschluss weitergeleitet. Das Gateway führt dabei intern eine Liste aller bisher eröffneten Verbindungen und der dabei veränderten Datenblöcke. Dies ist notwendig, um auch in umgekehrter Richtung eine Kommunikation zu erlauben. Sendet der externe Zielhost nämlich eine Antwort zurück, kann das Gateway so wiederum die Zieladresse im Datagram auf die „interne" (d.h. LAN-seitige) Adresse umändern und weiterleiten. Diesen (stark vereinfacht dargestellten) Prozess nennt man *Network Address Translation* (*NAT*).

Gelangen dennoch Datagrams ins Internet, die als Source- oder Zieladresse eine Adresse aus den privaten Adressbereichen aufweisen, werden diese für gewöhnlich bereits nach dem ersten oder zweiten Hop von einem Router *discarded*, d.h., gelöscht bzw. fallen gelassen. Denn laut RFC 1918 (RFC = *Request for Comment*, herausgegeben von der *Internet Society (ISOC)*) gibt es keine Route zu diesen Adressen, weshalb „öffentliche" Router im Internet mit diesen Adressen auch dementsprechend nichts damit anzufangen wissen.

Ein weiterer wichtiger Aspekt des Internet Protokolls ist das *Subnetting*. Es erlaubt die interne Aufteilung eines Netzwerks in mehrere Subnetze (engl. *Subnet*), ohne dass der von aussen sichtbare Gesamtkomplex des Netzwerks davon betroffen wird. Dies ist vor allem dann wichtig, wenn man mit öffentlichen (d.h., vom NIC zugewiesenen) IP-Adressen arbeitet, bei welchen bei einer Vergrösserung, Verkleinerung oder Umstrukturierung des Netzwerks stets eine Kontaktaufnahme mit dem NIC erforderlich wäre. Statt dessen reserviert man einen Bitblock der IP-Adressen als Bereich für eine Subnetz-Nummer, die mit Hilfe der *Subnet Mask* extrahiert werden kann. Diese Subnet Mask weist man jedem Host spezifisch zu; die eigentliche Subnetz-Nummer errechnet man durch AND-Verknüpfung der Host-Adresse mit der Subnet-Mask. Gleichzeitig können auch Router sehr einfach auf dieses Konzept erweitert werden, da sie nur Einträge der jeweiligen Subnetznummern und nicht sämtliche Host-Routen speichern müssen.

Veranschaulichen wir uns dieses Konzept anhand eines Beispiels: eine Softwarefirma besitzt ein Netzwerk, in welchem eine Entwicklungs- und eine Buchhaltungsabteilung nebeneinander arbeiten. Der Adressbereich sei – beispielhalber aus dem Adressblock der Privatadressen gewählt – 10.10.0.1 bis 10.10.0.255. Mitarbeiter des Entwicklungsteams sollen nicht auf Rechner der Buchhaltung zugreifen können; dies funktioniert ganz einfach dadurch, dass Rechner der Buchhaltung eine andere Subnet Mask besitzen. Abbildung 8.4 veranschaulicht das Konzept graphisch.

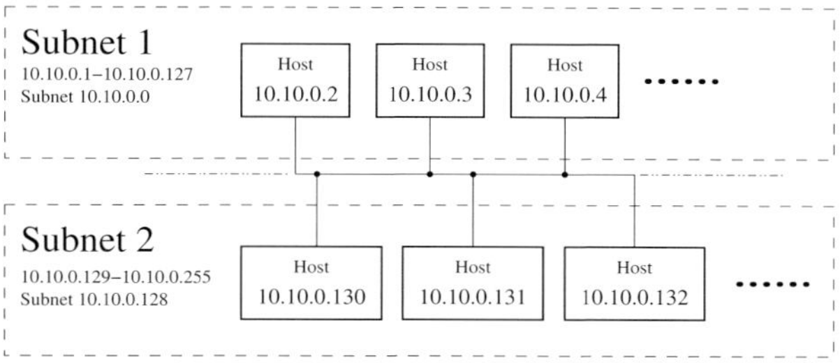

Abbildung 8.4: Konzept eines Subnet, Subnetmaske 255.255.255.128

Für beide Subnets gilt die Subnet Maske 255.255.255.128, womit der Zugriff der Rechner auf die Hosts im jeweiligen Abteilungsbereich beschränkt wird. Führt man eine AND-Verknüpfung einer Adresse aus der Entwicklungs- und aus der Buchhaltungsabteilung durch, erhält man so die beiden Subnetz-Nummern 10.10.0.0 und 10.10.0.128:

- 10.10.0.2 AND 255.255.255.128 = 10.10.0.0
- 10.10.0.129 AND 255.255.255.128 = 10.10.0.128

Wollte unsere Softwarefirma im Netzwerk nun zwei weitere Abteilungen unterbringen - zum Beispiel für den Helpdesk und für das Lager, müsste nur die Subnetmaske der Rechner auf 255.255.255.192 geändert werden und das Netzwerk wäre wie in Abbildung 8.5 auf vier Segmente aufgeteilt.

Die einzige relevante Änderung bei der Verwendung von Subnets und Subnet-Masken beschränkt sich also auf die Konfiguration der Router; deren Routingtabellen müssen auf die dementsprechend ersonnenen Netzpfade angepasst werden.

Betrachten wir etwa den in Abbildung 8.5 eingezeichneten Router, der eine Verbindung zur Zweigstelle des Unternehmens bietet. Dieser besitzt für jeden der vier Netzsegmente eine eigene IP-Adresse, weil ihn sonst die Hosts nicht erreichen könnten. Dieser muss die Pakete der vier – physikalisch voneinander getrennten – Netzsegmente korrekt routen und braucht sich dafür nur die folgenden vier Routing-Einträge merken:

- 10.10.0.0 → Interface 1
- 10.10.0.64 → Interface 2
- 10.10.0.128 → Interface 3
- 10.10.0.192 → Interface 4

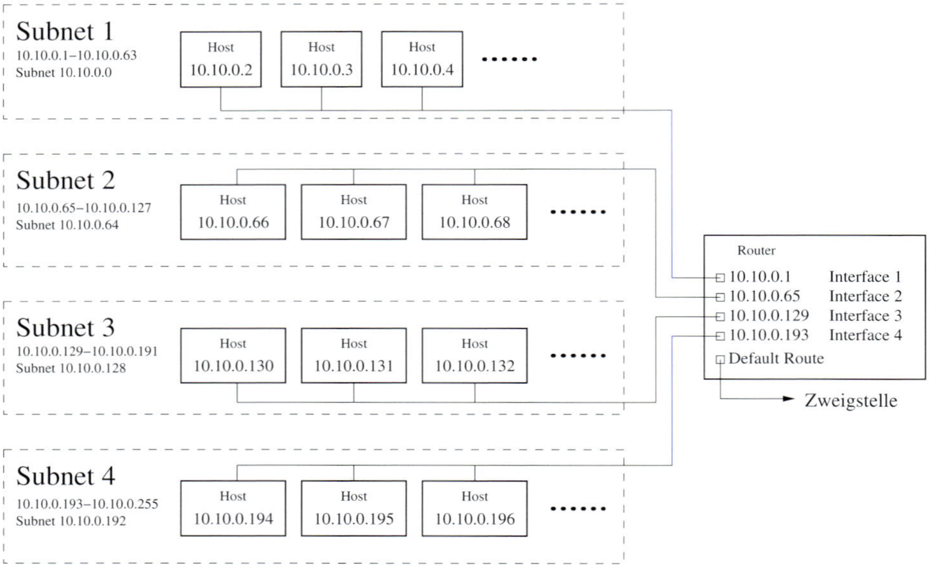

Abbildung 8.5: Konzept eines Subnet, Subnetmaske 255.255.255.192

8.1.1 TCP

Das Internet hat in den letzten Jahren immer mehr an Bedeutung gewonnen und ist zu einem sehr wichtigen Informationsmedium geworden. In diesem rufen User auf diversen Wegen Daten von Servern ab. Dieser Abruf erfolgt in zwei Schritten: zuerst sendet der Computer des Benutzers (*Client*) eine Anfrage an den Server, in welcher er die gewünschten Daten spezifiziert, z.B. in Form eines Dateinamens. Daraufhin antwortet der Server, indem er die genannte Datei oder – im Fehlerfall – eine Fehlermeldung zurücksendet. Diese Form der Kommunikation entspricht einer *Client-Server-Architektur*.

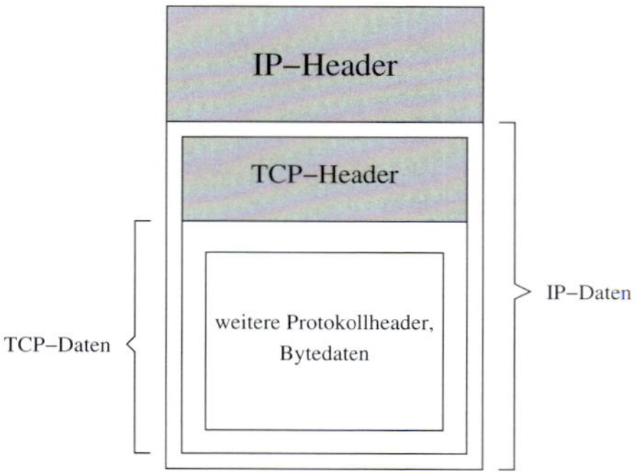

Abbildung 8.6: Protokollstapel

Ein solches Vorgehen ist rein auf IP-Basis nicht einfach zu implementieren. IP unterstützt lediglich die Adressierung von Hosts und das Versenden von Datagrams. Es ist weder gewährleistet, dass die Datagrams des – möglicherweise auf dem Weg in mehrere kleinere Datagrams zerlegten – Datenstroms in der richtigen Reihenfolge am Ziel ankommen, geschweige denn, dass überhaupt alle Datagrams den Zielhost erreichen. IP erlaubt jedoch das Prinzip eines *Protokollstapels*, d.h., in ein IP-Datagram können diverse Subprotokolle verschachtelt werden. Ein solches auf IP aufbauendes, verbindungsorientiertes Protokoll ist das *Transmission Control Protocol (TCP)*.

TCP stellt einen gesicherten Datenfluss von einem Quell- zu einem Zielhost sicher, unabhängig von den dazwischen liegenden Übetragungsmedien und deren Qualität. Die exakte Basis-Definition kann RFC 793 (RFC = *Request for Comment*, herausgegeben von der *Internet Society (ISOC)*) entnommen werden. Im Verlauf der Zeit wurden diverse Fehler im RFC 1122 korrigiert; im RFC 1327 wurden zusätzliche Erweiterungen notiert.

Das Transmission Control Protocol ermöglicht eine Punkt-zu-Punkt Verbindung, d.h., es existiert weder eine Form von *Multicasting*, noch eine Variante des *Broadcasting* für dieses Protokoll. Es baut in einem mehr oder weniger komplexen Initialisierungsvorgang durch Austausch mehrere Initialisierungspakete einen gesicherten Datenstrom zwischen zwei Hosts auf und gwährleistet so, dass versendete Daten auch ankommen – es werden also auch auf dem Weg verloren gegangene Datagrams neu vom Quellhost angefordert. TCP baut sogar am Zielhost ankommende Datagrams in der richtigen Reihenfolge wieder zum ursprünglich versandten Datenstrom zusammen. Der zusammengesetzte Datenstrom wird allerdings erst dann an die jeweilige Applikation weitergereicht, wenn sämtliche zum Datenstrom gehörenden Datagrams eingelangt sind. Die Quell- und Zielpunkte, von denen TCP-Verbindungen ausgehen, nennt man *Ports*; diese sind wie Hausnummern durchnummeriert. Die Ports von 1 bis 1024 sind sogenannte *well known ports*, die durch die IANA (*Internet Assigned Numbers Authority*) für vordefinierte Programmzwecke reserviert sind. Einige Beispielports können der Tabelle 8.1 entnommen werden.

Port	Zweck
21	File Transfer Protocol
22	Secure Shell
23	Telnet
25	Simple Mail Transfer Protocol
110	POP3

Tabelle 8.1: Auszug aus der Portliste, die durch die IANA definiert wurde

Es ist durchaus üblich, dass TCP ebenso wie IP als Basis für höhere Protokolle eingesetzt und in der gleichen Art in einem Protokollstapel verschachtelt verwendet wird.

8.1.2 UDP

Wir haben zuvor festgestellt, dass TCP kein Multicasting oder Broadcasting erlaubt, da es sich dabei um eine einzelne Point-to-point Verbindung handelt. Das Gegenstück zu TCP bildet hierzu das in RFC 768 definierte *User Datagram Protocol (UDP)*; manchmal sind (mit relativ vielen Datagrams) initialisierte Verbindungen nicht unbedingt wünschenswert, da es mitunter reicht, einen einfachen Request an einen Server zu senden und dann eine einfache Antwort abzuwarten. Langt die Antwort nicht innerhalb einer gewissen Zeitspanne – dem *Timeout* – am fragenden Host ein, geht dieser bei den ersten Versuchen einfach davon aus, dass sein Request nicht am Zielhost angelangt ist und sendet seine Anfrage nochmals. Erst nach mehrmaligen erfolglosen Versuchen wird der Zielserver als unerreichbar (engl. *unreachable*) angesehen. Das reduziert den für eine Anfrage notwendigen Nachrichtenaufwand und -umfang und entlastet dadurch gleichzeitig das Netzwerk.

Ein Beispiel für ein solches System ist das *Domain Name Service (DNS)*, das eine Umwandlung numerischer IP-Adressen in für Menschen lesbare Form und umgekehrt – von lesbarer Form in für Computer verständliche numerische Schreibweise – erlaubt.

8.2 IPv6

Ein immanentes technisches Designproblem das IPv4 anhaftet, ist die Tatsache, dass über die Zeit die Adressen ausgehen. Der für die Netzwerknummern-Vergabe zuständige InterNIC verteilte an diverse grössere Firmen grosszügig B-Klasse Netzwerke, was zu einem Schrumpfen der verbleibenden, freien IP-Adressen führte. Aufgrund des IPv4-Adresschemas ist es praktisch unmöglich, so viele Hosts im Internet zu betreiben, wie es die Theorie erlauben würde, da viele Netzsegmente nicht vollständig ausgenutzt werden. Viele der heute vergebenen B-Klasse-Netze werden in Wirklichkeit nur zu einem Bruchteil verwendet. In den letzten Jahren hat zwar zum Beispiel die Technik des *Network Adress Translation* bzw. *Masquerading* dazu beigetragen, die vermeintliche Adressnot zu lindern, das Grundproblem bleibt allerdings dennoch bestehen. Im Jahre 1990 wurde deshalb der Nachfolger von IPv4 aus der Taufe gehoben: IP Version 6 (IPv6). Die Entwicklung des auf Sicherheit zugschnittenen IPv5-Protokolls wurde zugunsten IPv6 eingestellt. Die damals für die Version 6 gesetzten – und heute selbstverständlich nach wie vor verfolgten – Ziele sind:

- Unterstützung von Milliarden von Hosts
- Reduktion des Umfangs der Routingtabellen
- Vereinfachung des Protokolls in Hinsicht auf Router, um eine höhere Transferrate erzielen zu können
- Sicherheit im Hinblick auf die in den letzten Jahren immer wichtiger gewordenen Themen *Authentifizierung* und *Datenschutz*
- stärkere Betonung des *Type of Service*, wobei hier das Ziel der Echtzeitdaten-Übertragung anvisiert wird
- bezüglich der Funktion des Multicasting soll man den Umfang der angesprochenen Hosts einschränken können
- Protokollerweiterungen sollen auch nach der fertigen Spezifikation noch problemlos möglich sein
- die Koexistenz des neuen und vorhergehender alter Protokolle soll gewährleistet sein

Rein vom technischen Standpunkt betrachtet, ist IPv6 nicht mit IPv4 kompatibel, allerdings funktionieren die darauf aufbauenden Protokolle – wie etwa TCP oder UDP – nach wie vor nach demselben Prinzip.

Das erste auffallende Merkmal an IPv6 sind die mit 16-bit Länge deutlich gewachsenen Adressen. Sie werden als acht Gruppen von jeweils 4 Hexadezimal-Zahlen dargestellt, zum Beispiel

A000:0000:0000:0000:0A14:4512:ABCD:CDEF

Um die Schreibweise etwas zu vereinfachen, wurden die folgenden drei Optimierungen eingeführt:

- Führende Nullen können weggelassen werden

- eine oder mehrere Gruppen von Nullen können durch eine leergelassene Gruppenstelle zwischen zwei Doppelpunkten angeschrieben werden
- IPv4-Adressen kann man im Format ::192.168.0.1 anschreiben

Somit lässt sich obige Adresse etwa als

A000::A14:4512:ABCD:CDEF

notieren.

Die zweite offensichtliche Veränderung betrifft den Protokoll-Header: dieser wurde stark vereinfacht und auf sieben Felder reduziert – gegenüber 13 Felder in IPv4. Das erlaubt vor allem eine schnellere Bearbeitung durch Router. Weitere relevante Punkte sind:

- eine verbesserte Unterstützung von Optionen – gegenüber dem beliebig langen Optionsfeld in IPv4,
- die zuvor obligatorischen Flags sind nun optional – das verkleinert den Header zusätzlich und
- Router dürfen Optionsfelder, die sie nicht betreffen, ignorieren.

Der Header in IPv6 ist gegenüber IPv4 deutlich kleiner. Das Headerschema in IPv6 besteht aus einer mehrschichtigen Struktur; der Primärheader am Anfang des Datagrams beinhaltet ein eigenes Feld, das angibt, ob sich nach dem Primär-Header ein weiterer (optionaler) Erweiterungsheader befindet. Auf diese Weise müssen Router in erster Instanz nur den Primärheader bearbeiten und – nur wenn unbedingt erforderlich – die angefügten Erweiterungsheader durchlaufen. Wir werden einfachhalber nur den Primärheader und dessen Felder betrachten; detailliertere Informationen über die diversen Erweiterungsheader findet man in den unter dem Punkt „Weiterführende Literatur" aufgeschlüsselten Fachbüchern.

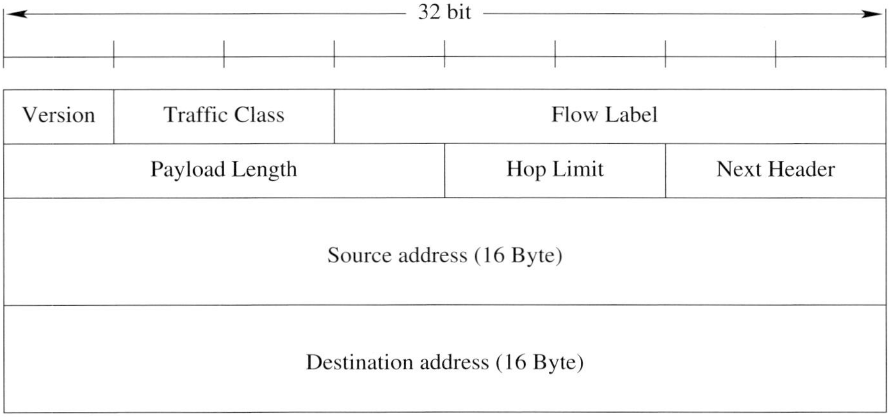

Abbildung 8.7: IPv6 Protokollheader

Version: das Versionsfeld beinhaltet bei IPv6 stets den Wert 6.

Traffic Class: dieses Feld unterscheidet herkömmliche Pakete von Datagrams mit Echtzeitinhalten

Flow Labels: dieses Flag ermöglicht eine Form der „Bandbreitenreservierung". Ist dieses Feld nicht null, überprüfen alle durchlaufenen Router in deren Routingtabellen, welche spezielle Behandlung der Pakete notwendig ist

Payload length: Länge des angefügten Datenblocks hinter dem Header (inklusive den optionalen Erweiterungsheader)

Next Header: das zuvor erwähnte Feld, das angibt ob – und wenn ja – welcher Erweiterungsheader dem Primärheader folgt. Derzeit stehen sechs unterschiedliche Formen zur Auswahl.

Hop Limit: früher als „Time To Live" bezeichnet, wurde das Feld seinem eigentlichen Verwendungszweck entsprechend umgetauft.

Source address: wie der Name bereits sagt: die Quelladresse.

Destination address: die Zieladresse.

Weiterführende Literatur

A.S. Tanenbaum. *Computer Networks, Third Edition*, Prentice-Hall, New Jersey, 1996

William Stallings. *Operating Systems, Internals and Design Principles*, Prentice-Hall, New Jersey, 1998

A.S. Tanenbaum, Maarten van Steen. *Distributed Systems, Principles and Paradigms*, Prentice-Hall, New Jersey, 2002

Internetverweise

- RFC 1918 - http://www.ietf.org/rfc/rfc1918.txt?number=1918

Betriebssysteme und Systemsoftware

An operating system is similar to a government,
like a government the OS performs no useful function by itself.

Silberschatz

Betriebssysteme gehören zu den komplexesten Softwaresystemen, die je entwickelt wurden. Dennoch wollen wir versuchen, einen Einblick in die grundlegenden Konzepte zu gewinnen, die in Betriebssystemen bisher realisiert wurden. Dabei werden wir die Prinzipien und Arbeitsweisen der einzelnen Funktionalitäten eines Betriebssystems kennenlernen, ohne uns allein auf am Markt verfügbare Betriebssysteme und ihre speziellen Realisierungen zu beziehen. Das Ziel dieses Abschnitts ist es, die grundsätzliche Arbeitsweise eines Betriebssystems zu verstehen, so dass wir künftig in die Lage versetzt sind, ein bisher uns fremdes Betriebssystem anhand seiner Dokumentation schnell in seiner Funktionalität zu erkennen und zu verstehen.

9 Übersicht

Bei uns gilt die Arroganzstruktur von oben nach unten
und die Ressentimentstruktur von unten nach oben.

Heinrich Böll (1917-1985), Schriftsteller,
1972 Nobelpreisträger für Literatur

Nach Denning gibt es bei der Entwicklung von Betriebssystemen fünf grundsätzliche Bereiche:

- Prozesse
- Speicherverwaltung
- Ablaufplanung und Ressourcenverwaltung
- Datenschutz und Datensicherheit
- Systemstruktur

Diese fünf Bereiche gelten als die Hauptaspekte der Entwicklung und Implementierung moderner Betriebssysteme.

9.1 Ziele und Funktionen von Betriebssystemen

Ein Betriebssystem ist ein Programmsystem, das die Ausführung von Anwenderprogrammen unterstützt und zugleich eine Software-Schnittstelle zwischen der Applikationssoftware und der Computerhardware darstellt. Die Leistungsmerkmale von Betriebssystemen wollen wir künftig nach folgenden Kriterien bewerten:

Mensch-Maschine-Schnittstelle: Hier ist die Benutzerfreundlichkeit eines Betriebssystems gemeint; wie bequem kann der Computer vom durschschnittlichen User genutzt werden? Früher musste man am besten das entsprechende Manual zum jeweiligen Betriebssystem präsent haben.

Effizienz: Hierbei geht es zum einen um die effiziente Nutzung der vorhandenen Computer-System-Ressourcen als auch um die Möglichkeit zur Abschätzung des Antwortzeitverhaltens (engl. *responsiveness*).

Aspekte der Weiterentwicklung von Betriebssystemen: Aus heutiger Sicht sollte ein Betriebssystem modular aufgebaut sein, so dass neue Systemfunktionen relativ problemlos integriert werden können. Dabei sind die Wartbarkeit (engl. *maintainability*), die Kompatibilität (engl. *compatibility*) zu anderen Betriebssystemversionen sowie die Portierbarkeit von Software (engl. *portability*) von besonderer Bedeutung.

9.2 Betriebssystemschnittstelle zwischen Benutzer und Computersystem

Für die Darstellung der Funktionalität eines Betriebssystems innerhalb eines Computersystems eignet sich zunächst ein relativ einfaches Layer-Modell nach Abbildung 9.1. Man erkennt, wie die Betriebssystemschicht auf der Schicht der Computerhardware nach unten aufsetzt und nach oben die Schicht der Hilfsprogramme (engl. *utilities*) unterstützt. Auf die Schicht der Hilfsprogramme (die häufig verwendete Funktionen zur Verfügung stellen) setzt der Layer der Anwendungsprogramme auf. Man erkennt weiter, wo Eingriffe durch Programmierer möglich sind: Betriebssystementwickler im Layer Betriebssysteme, Programmierer für die Entwicklung von Bibliotheken und Utilities im Layer Hilfsprogramme und schließlich die Anwenderprogrammierer für die sog. Anwendersoftware (engl. *user software*).

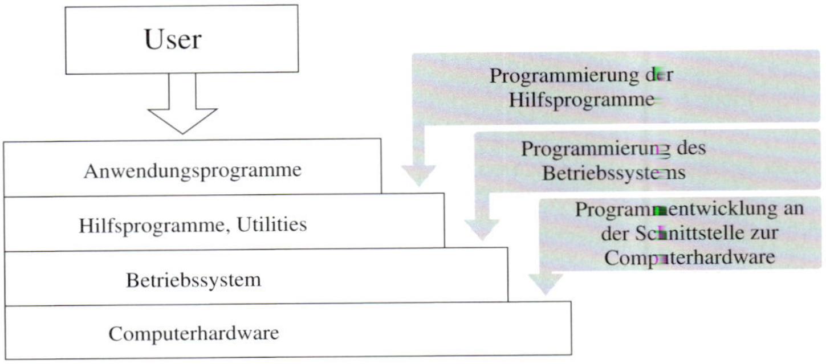

Abbildung 9.1: Layer Modell eines Computersystems

Müsste man ein Anwenderprogramm mit einer Sequenz von Maschinenbefehlen implementieren und dabei auch zugleich die komplette Kontrolle der Computerhardware übernehmen, so stände man vor einer nahezu unlösbaren und hoch-komplexen Aufgabe. Um diese Aufgabe zu lösen, wurden Betriebssysteme entwickelt. Diese verbergen Hardwaredetails vor dem Anwender und agieren als Vermittler zwischen den Anwender-Programmprozessen und den Ressourcen im Computersystem. Ein Betriebssystem bietet üblicherweise folgende Dienste an:

Prozessmanagement: Anwendungsprogramme müssen gestartet und auch wieder beendet werden können. Es soll dabei möglich sein, eine beliebige Anzahl von laufenden Programmen (Prozessen) gleichzeitig zu verwalten.

Interprozess-Kommunikation: Prozesse müssen miteinander kommunizieren, um eine Aufgabe gemeinsam erledigen zu können. Dazu braucht es Mechanismen, wie Prozesse untereinander Information austauschen können.

Speichermanagement: Eine der wichtigsten Ressourcen in einem Computersystem ist der Hauptspeicher. Dieser muss fair unter den laufenden Prozessen aufgeteilt werden. Außerdem ist es vorteilhaft, wenn ein Prozess nicht direkt auf den Speicherbereich eines anderen Prozesses zugreifen kann.

Zugriff auf E-/A-Geräte: Das Betriebssystem stellt eine einheitliche Schnittstelle zur Verfügung, so dass mit einfachen Lese- und Schreiboperationen auf diese Geräte zugegriffen werden kann.

Zugriff auf Dateien: Bei Multi-User-Systemen soll das Betriebssystem zusätzlich Schutzmechanismen für die Kontrolle des Zugriffs auf Dateien zur Verfügung stellen. Die Zugriffsfunktionen müssen den Schutz der Ressourcen und der Daten vor unbefugten Benutzern sicherstellen und bei kollidierenden Ressourcenzugriffen entstehende Konflikte lösen.

Fehlerbehandlung: Während des Betriebes eines Computersystems kann es zu vielfältigen Fehlern kommen. Dazu gehören interne und externe Hardwarefehler wie z.B. Speicherfehler, der Ausfall von Geräten sowie verschiedene Softwarefehler wie z.B. ein arithmetischer Überlauf oder der Versuch, auf geschützte Speicherbereiche zuzugreifen. In allen diesen Fällen muss das Betriebssystem so reagieren, dass der Fehlerzustand mit einer möglichst geringen Auswirkung auf die Anwenderprogramme behoben werden kann oder aber, falls dies nicht möglich ist, möglichst eindeutige Fehlermeldungen generiert werden.

Accounting: Von einem leistungsfähigen Betriebssystem erwartet man die Führung von Nutzungsstatistiken für die verschiedenen Ressourcen im Computersystem sowie die Überwachung von Leistungsdaten wie z.B. die Antwortzeiten, die CPU-Belastung mit aktuellen und Höchstwerten (die sog. „Schleppzeigerfunktion"). Diese auf Nutzungsperioden bezogene Daten können dazu verwendet werden, um die Notwendigkeit künftiger Releases für ein Betriebssystem abschätzen zu können. Im Fall eines Computer-Netzwerkes kann diese *accounting information* auch zur Weiterverrechnung an andere Nutzer herangezogen werden.

9.3 Betriebssystemaufrufe

Herr, die Not ist gross.
Die ich rief, die Geister
werd ich nun nicht los.
Johann Wolfgang von Goethe, "Der Zauberlehrling".

Um die Funktionalität eines Betriebssystems nutzen zu können, werden Betriebssystemaufrufe (engl. *system calls*) zur Verfügung gestellt. System Calls stellen das Interface zwischen laufenden Programmen und dem Betriebssystem dar. Anders als bei einem Unterprogrammaufruf oder bei der Ausführung eines Sprungbefehls wird bei den System Calls in der Regel ein Software-Interrupt-Befehl (engl. *trap*) verwendet. Ein solcher Trap hat in etwa die gleiche Wirkung wie ein Interrupt, d.h., die normale Exekution des Prozessors wird unterbrochen. Nach dem "Retten" der wichtigsten Register einschließlich des Program Counters wird mit der Ausführung desjenigen Programmes begonnen, dessen Startadresse im korrespondierenden Trap-Vektor eingetragen wurde. Moderne Prozessoren stellen eine große Zahl verschiedener Traps zur Verfügung, denen eigene Vektoren zugeordnet sind. Die Rückkehr (also die Wiederaufnahme der vor der Unterbrechung laufenden Programmexekution) erfolgt durch eine eigene Return-Instruktion, die meist ähnlich dem Return-from-Interrupt-Befehl ist.

Setzt nun ein User oder ein Programmprozess einen solchen System Call ab, so wird in der beschriebenen Weise eine eindeutig zugeordnete Prozedur vom Betriebssystem gestartet. Diese Schnittstelle wird *Application Programmers Interface (API)* genannt. Das API definiert einen Satz von Funktionen mit ihren Parametern, wobei die API-Definition häufig auf eine Programmiersprache (z.B. C) bezogen ist.

Wir wollen uns dies an einem Beispiel verdeutlichen: Ein Teil des Betriebssystems ist das sogenannte Filesystem. In diesem werden nun System Calls zur Verfügung gestellt, welche die Manipulation von Files erlauben. Will zum Beispiel ein Programmprozess ein File bearbeiten, so muss er es zuerst mittels F_OPEN(filename, attributes) vom Betriebssystem anfordern, um die Datei zu öffnen. Hierbei ist es üblich, Files durch einen File-Namen zu bezeichnen. Mit den Attributen wird unter anderem angegeben, welcher Art die beabsichtigten Zugriffe auf das File sind. Es gibt hier die Möglichkeit lesender (engl. *read*), schreibender (engl. *write*) oder exekutierender (engl. *execute*) Zugriffe. Letztere sind notwendig, wenn der Inhalt eines Files ein ausführbares Maschinenprogramm ist, das in den Speicher des Rechners geladen werden soll. Das Betriebssystem soll nun überprüfen, ob der anfordernde Programmprozess die benötigten Zugriffsrechte (engl. *access rights*) besitzt. Wenn dies der Fall ist, liefert der System Call eine das benötigte File-Objekt repräsentierende File-ID, andernfalls eine Fehlermeldung zurück. Alle weiteren gleichartigen System Calls verwenden nicht mehr den File-Namen sondern die File-ID als Parameter. Man sieht also, was für Aktionen allein mit dem einfachen System Call F_OPEN verbunden sind, so dass man sich leicht vorstellen kann, welche Aufgaben das dadurch aufgerufene Programm erledigen muss.

Bezogen auf unser Beispiel des Filesystems sind aber weitere System Calls erforderlich, um Files zu bearbeiten, wie die folgende Auflistung zeigt:

F_READ(file-ID,element) dient dazu, ein Element von einem File zu lesen, mittels F_WRITE(file-ID,element) kann ein Element auf ein File geschrieben werden. Die vorgenannten Operationen beziehen sich üblicherweise auf das Element, dessen Index durch die aktuelle File-Position (engl. *current file position*) festgelegt ist. Durch den System Call F_SEEK(file-ID,index) kann der Pointer auf diese aktuelle Position gesetzt werden; bei sequentiellen Files ist als Index meist nur 0 oder EOF (engl. *end of file*), bei einem File mit n Elementen also Index n) erlaubt. F_READ oder F_WRITE werden meist so implementiert, dass sie nach dem Lesen oder Schreiben die aktuelle Position automatisch um 1 erhöhen, wodurch sequentielle Zugriffe ohne F_SEEK möglich sind. Es ist natürlich nicht zulässig, über das Ende eines Files hinaus zu lesen; ein entsprechender Versuch wird durch eine Fehlermeldung abgewiesen. Um die aktuelle File-Position abfragen zu können, sehen wir noch einen System Call F_CURRPOS(file-ID) vor. Wenn ein File nicht mehr benötigt wird, muss es mit einem System Call F_CLOSE(file-ID) an das Betriebssystem „zurückgegeben" werden. An diesem Beispiel wollten wir zeigen, wie viele System Calls allein für das File Management benötigt werden. Würde man für jede dieser Aktivitäten als Anwender ein eigenes Programm schreiben müssen, würde die Programmierung eines Computers unübersehbar komplex; auch würden sich Fehler einschleichen, so dass es besser ist, über System Calls auf entsprechende Aktionen zuzugreifen.

Ähnliche System Calls finden wir unter UNIX für Dateizugriffe. Die wichtigsten System Calls für den Umgang mit dem Dateisystem sind.

- open zum Öffnen von Dateien
- creat zum Anlegen von Dateien
- close zum Schliessen
- read zum Lesen
- write zum Schreiben
- unlink zum Entfernen und ggf. Löschen von Dateien

Diese System Calls werden natürlich noch mit Argumenten versehen um den Zugriff auf eine Datei zu spezifizieren.

9.4 Betriebssystem-Struktur

Nachdem wir nun einzelne Funktionalitäten eines Betriebssystems betrachtet haben, wollen wir uns dem Aufbau eines Betriebssystems zuwenden. Es soll nicht unerwähnt bleiben, dass es eine Unzahl verschiedener Ansätze zur Strukturierung eines Betriebssystems gibt, daher ist eine umfassende Darstellung kaum erreichbar. In der Praxis eröffnen sich zwei Möglichkeiten, die Gliederung in Schichten vorzunehmen: die *konsistente* und die *quasikonsistente* Schichtung.

9.4.1 Konsistente Schichtung

Konsistente Schichtung bedeutet, dass jede Schicht n nur Funktionen und Objekte der darunter liegenden Schicht $(n-1)$ benutzt. Daher gilt für jede Schicht (engl. *layer*):

- es sind nur Funktionen der darunter liegenden Schicht benutzbar
- ihre Objekte sind nur für die unmittelbar darüber liegende Schicht $(n+1)$ sichtbar.

Es dürfen die ausführenden Funktionen der einen Schicht somit nur die Dienste der jeweils niedrigeren Schicht benutzen.

9.4.2 Quasikonsistente Schichtung

Bei einer quasikonsistenten Schichtung können die Dienste aller darunter liegenden Schichten benutzt werden; damit ist der Durchgriff auf niedrigere Schichten erlaubt, wenn es die Situation sinnvoll erscheinen lässt. Durch diese konzeptuelle Öffnung erweist sich in den meisten Fällen die quasikonsistente Schichtung als effektiver.

9.4.3 Schichtenmodell

Entwicklungskonzepte für Betriebssysteme verfolgen grundsätzlich das Ziel, Anwendungsprogramme logisch vollständig von der Hardware zu entkoppeln, auf der sie ablaufen. Zwischen Anwendungsprogramm und Hardware liegt das Betriebssystem. Dieses hat sozusagen zwei Gesichter: eins ist den Anwendungsprogrammen zugewandt, das andere der Hardware. Die Schnittstelle zu den Anwenderprogrammen heißt *Application Programmers Interface (API)*; zur Seite der Hardware besteht das Betriebssystem aus Hardware-Treibern, auch *Hardware Abstraction Layer (HAL)* oder kurz *Hardware Layer (HL)* genannt. Anwendungsprogrammierer sehen das API, die Hardware sieht nur das HAL.

Die folgende Darstellung stellt nur eine Möglichkeit dar und lässt jede Menge Details offen. Wir versuchen nun im folgenden, ein Betriebssystem an Hand eines relativ allgemein gehaltenen, traditionellen Schichtenmodells vorzustellen, das die wesentlichen Konzepte unterstützen soll.

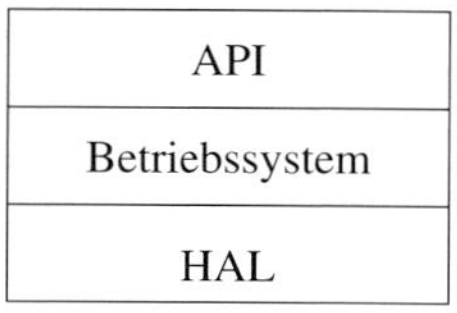

Abbildung 9.2: Grundsätzliche Struktur eines Betriebssystems

Die folgende Abbildung zeigt das Schichtenmodell eines traditionellen Betriebssystems. Prinzipiell ist das Betriebssystem nur ein Programmsystem; es muss daher irgendwo im Speicher stehen und benötigt zu seiner Ausführung einen Prozessor. Ereignisse, die eine solche Exekution auslösen können, kommen entweder aus den Anwendungsprozessen über System Calls oder von der Hardware über Interrupts. Wir haben versucht, dies in der folgenden Abbildung durch die

Schraffur auszudrücken: Ausgehend vom Aufruf eines zur Interprozesskommunikation gehörenden System Calls (etwa S_P) pflanzt sich die Exekution durch die nicht zuständigen Layer hindurch fort, bis die zuständige Schicht erreicht ist. Dort erfolgt die eigentliche Bearbeitung des System Calls; gegebenenfalls auftretende Rückmeldungen (vor allem Fehlermeldungen) werden wieder nach oben weitergereicht, so dass sie der aufrufende Programmprozess verarbeiten kann. Analog ist der gezeichnete Vorgang beim Aufruf eines System Calls aus dem Ressource-Management (zum Beispiel F_OPEN) zu interpretieren.

Tritt hingegen ein Hardware-Interrupt auf, so erfolgt die Initialisierung der Exekution „von unten" her, pflanzt sich also nach oben (etwa im Fall eines Page Faults bis zur Speicherverwaltung) fort. In realen Computersystemen gibt es eine Vielzahl solcher Interrupt-Quellen. So geben die meisten Controller für I/O-Devices die Beendigung einer zuvor gestarteten Operation (etwa einen Block von der Disk zu lesen) durch einen Interrupt bekannt. Dadurch ist es überhaupt erst möglich, den anfordernden (auf die Daten wartenden) Prozess in den Zustand des Wartens (BLOCKED) zu versetzen. Um nun den Programmprozess wieder darauf vorzubereiten, demnächst fortgesetzt zu werden, bedarf es eines externen Ereignisses durch einen Interrupt.

Ein anderes Beispiel ist ein zyklischer Clock Interrupt, der regelmäßig (alle 10 ... 100 Millisekunden) von einer Hardware-Uhr (engl. *hardware clock*) ausgelöst und zur Steuerung des Timings im Betriebssystem herangezogen wird.

Allerdings taucht dort ein mögliches Problem auf, nämlich dass auslösende Ereignisse möglicherweise gleichzeitig auftreten können. Diese Tatsache erfordert besondere Maßnahmen des gegenseitigen Ausschlusses (engl. *mutual exclusion*) auf der Ebene des Betriebssystems.

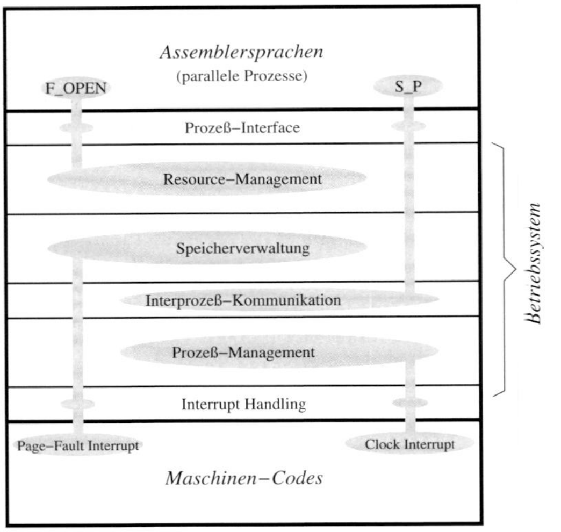

Abbildung 9.3: Beispiel eines traditionellen Schichtmodells für ein Betriebssystem

Das Betriebssystem lässt sich in Form aufeinander aufbauender Schichten (engl. *layered structure*) darstellen. Dabei werden die untersten Schichten als Betriebssystemkern (engl. *kernel oder nucleus*) bezeichnet. Spezielle Funktionen des Computersystems, wie sie für das Einrichten neuer Aufgaben/Funktionen benötigt werden, stehen nur im geschützten Modus im Kernel zur Verfügung. Im User-Modus sind die Betriebsmittel nur über Dienste zugeordneter Schichten des Betriebssystems zugänglich.

Weiterführende Literatur

P. Denning. *Working Sets Past and Present*, IEEE Transactions on Software Engineering, 1990

V. Richter. *Grundlagen der Betriebssysteme*, Fachbuchverlag Leipzip, 2004, ISBN Nr. 3-446-22863-2

J. Blieberger, J. Klasek, A. Redlein, G.H. Schildt. *Informatik*, Springer-Verlag Wien New York, 3. Auflage, 1996, ISBN-Nr. 3-211-82860-5

W. Stallings. *Betriebssysteme "Prinzipien und Umsetzung"*, Prentice Hall, 4. Auflage, 2002, ISBN-Nr. 3-8273-7030-2

A.S. Tanenbaum. *Computer Networks*, third edition, Prentice Hall, 1996, ISBN-Nr. 0-13-394248-1

J. Heusler (Herausg). *Betriebssysteme*, Siemens Nixdorf Informationssysteme AG, Siemens AG Berlin und München, 1991, ISBN-Nr. 3-8009-1585-5

10 Prozesse

Betrachtet man die Entwicklung der Computer mit ihren Betriebssystemen genauer, so ist im Laufe der Zeit eine sehr deutliche Zunahme der „gleichzeitig" zu erledigenden Tätigkeiten festzustellen. Bis in die Ära des Batch-Betriebs arbeitete ein Rechner noch zu jedem Zeitpunkt an genau einer Aufgabe. So wurde etwa ein als Stapel von Lochkarten vorliegendes Programm zuerst eingelesen und dann exekutiert. Diese sequentielle Ausführung verschwendete jedoch sehr viel Rechnerleistung, da der Prozessor während der langsamen I/O-Operationen unbeschäftigt in einer Warteschleife laufen musste. Zu beachten ist, dass der (auch heute noch!) eklatante Geschwindigkeitsunterschied zwischen einem Prozessor und einem peripheren Gerät es ersterem erlaubt, Tausende Befehle auszuführen, bis zum Beispiel vom Disk-Controller angeforderte Daten endlich eintreffen!

Die Idee, den Prozessor in der Zwischenzeit an einer anderen Aufgabe arbeiten zu lassen, war daher naheliegend. Der darauf basierende Multiprogramming-Betrieb erlaubte es schliesslich, mehrere im Speicher residente Programme auch mit nur einem Prozessor (scheinbar) gleichzeitig zu bearbeiten. Zu dessen effizienter Durchführung waren jedoch gleichzeitig gewisse administrative Tätigkeiten zu erledigen. So wurden (sozusagen „nebenbei") die Kartenstapel neuer Jobs auf eine Disk eingelesen, wodurch die bei der Termination eines gerade exekutierten Programmes freigewordene Speicher-Partition schnell mit einem neuen Job geladen werden konnte.

Derartige administrative Aufgaben wurden früher sehr deutlich von den eigentlichen Jobs unterschieden. Dies äusserte sich nicht zuletzt darin, dass erstere oft durch ein kompliziertes Interrupt-Management implementiert wurden (wie zum Beispiel auch bei MS-DOS®). Konzeptuell betrachtet stellt dies jedoch eine äusserst unorganische Lösung dar. Heutzutage ist es üblich, alles „über einen Leisten" zu scheren: Moderne Betriebssysteme bieten die Möglichkeit, mehrere Programme (scheinbar) parallel auszuführen. Ob ein derartiges Programm nun „nützliche" Arbeit verrichtet (also zum Beispiel die Zahl Pi berechnet) oder nur der „Systemerhaltung" dient, ist im Prinzip völlig gleichgültig. Das Ganze führte zu einer radikalen Vereinfachung der Struktur eines Betriebssystems und schaffte so erst die Voraussetzungen für heutzutage selbstverständliche Möglichkeiten. Übrigens brachte dies mit sich, dass mittlerweile die Anzahl der administrativen Aufgaben die der direkt „nützlichen" meistens weit übersteigt!

Im Laufe der Zeit hat sich das Bild der Betriebssysteme signifikant verändert. Waren sie zu Beginn vor allem dazu da, die Programme der Anwender an die Maschine heranzubringen, ist es heute die Implementierung einer *virtuellen Maschine* für das komfortable Handling der verschiedenen Ressourcen eines Computersystems. Diese virtuelle Maschine ist in der Lage, den geordneten, (quasi)-gleichzeitigen Ablauf *mehrerer* Programme zu gewährleisten. Die primären „Klienten" eines Betriebssystems sind nicht mehr physische Benutzer, sondern sogenannte Prozesse, die die verschiedensten Betriebssystemfunktionen hauptsächlich über Betriebssystemaufrufe (engl. *System Calls*, auch Supervisory Calls oder Service Calls, abgekürzt *SVC*s oder *SC*s, genannt) nutzen können.

Unter einem solchen *Prozess* verstehen wir nun den abstrakten Begriff eines Programms in Exekution. Mit einem *Programm* wollen wir eine Folge von Anweisungen bezeichnen, die auf der durch die Systemkomponente *Betriebssystem* realisierten virtuellen Maschine ausgeführt werden kann. Im Gegensatz zu einem Prozess, der einen dynamischen Charakter hat, ist ein Programm ausschliesslich von statischer Natur. Ein Programm erlangt nur durch die Exekution auf einem Prozessor den Status eines zu sinnvoller Arbeit fähigen Prozesses. Um den Zustand eines bestimmten Prozesses vollständig zu beschreiben, genügt es bei weitem nicht, den gerade in der Ausführung befindlichen Befehl anzugeben. Es muss vielmehr auch das gesamte „Umfeld" (zum Beispiel Datenbereiche, die Variablen enthalten, sowie auch alle anderen dem Prozess zugeordnete Ressourcen bzw. Objekte) mit einbezogen werden. Dazu kommen noch jene Informationen, die das Betriebssystem (intern) zur Verwaltung des Prozesses benötigt, beispielsweise die Priorität als Mass der Wichtigkeit eines Prozesses oder der Prozessorstatus bestehend aus dessen Register-Inhalten. Alles das zusammen wird als *Prozess-Image* bezeichnet (siehe Abbildung 10.1).

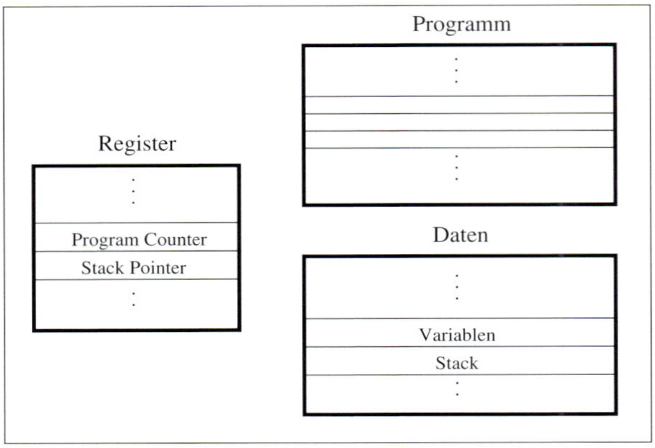

Abbildung 10.1: Prozess-Image

10.1 Parallelität

Es ist eine altbekannte Tatsache, dass die Lösung eines komplexen Problems durch mehrere, voneinander relativ unabhängige Teile meist wesentlich einfacher als eine integrierte Gesamtlösung ist. Man denke etwa an ein *Timesharing-System*: Über mehrere Eingabegeräte (zum Beispiel Terminals) soll gleichzeitig ein *interaktiver* Dialog mehrerer *Benutzer*(engl. *user* mit einem Computer stattfinden können. Von jedem Terminal aus muss es also möglich sein, Eingaben an den Rechner zu schicken. Dieser überprüft, ob hierbei gültige Befehle der *Job Control Language* vorliegen, und führt sie gegebenenfalls aus; dabei entstehende Ausgaben werden an das jeweilige Terminal zurückgeschickt. Es handelt sich dabei also um eine Interpretation der Job Control Language.

Ein einzelnes Programm, das alle Terminal-Schnittstellen (gleichzeitig!) überwacht, für jede die ankommenden Zeichen zu einer Eingabezeile gruppiert, syntaktisch überprüft und schliesslich ausführt, kann nur eine „Krampflösung" sein. Viel günstiger ist es, pro Terminal einen eigenen Prozess zur Verfügung zu stellen, der einen Interpreter für die Job Control Language (in der UNIX-Terminologie *Shell*genannt) ausführt. Dieser hat sich lediglich um die Bedienung „seines" Terminals zu kümmern und braucht keine Ahnung von der Existenz der anderen zu haben. Die Verwaltung der Prozesse ist Sache des Betriebssystems. Es ist aber klar, dass diese Form der Parallelität bei der Programmierung *explizit* vorgesehen werden muss.

Das Betriebssystem muss also eine Art logischer Parallelität unterstützen. An sich kann ja jeder Prozessor nur ein Programm exekutieren, auf einem Computer mit n Prozessoren wären daher eigentlich nur n (echt) gleichzeitige Prozesse möglich. Es ist aber eine der ganz zentralen Aufgaben eines Betriebssystems, ein virtuelles „10.000.000-Prozessorsystem" zu realisieren. Die Zuteilung der wenigen physikalischen Prozessoren auf potentiell unendlich viele Prozesse (das sogenannte *Prozess-Scheduling*) muss dabei für letztere transparent erfolgen. Wir wollen diese quasi-gleichzeitige Exekution mehrerer Prozesse als *Multi-Processing* bezeichnen.

Eine feinere Unterteilung der Parallelität wird gegebenenfalls von den in Prozessen eingegliederten Threads (siehe Abschnitt 10.4) unterstützt. In der (fast) abgeschlossenen „Welt“ eines Prozesses wird eine zweite, auf die Aufteilung des Exekutionspfades reduzierte Ebene der Parallelverarbeitung eingeführt.

Kurz zusammengefasst liegen die Vorteile einer (virtuellen) Parallelität vor allem in der klaren Struktur darauf aufbauender Programmsysteme und in der verbesserten Auslastung der Prozessoren (vor allem in Hinblick auf die langsamen peripheren Geräte). In der Literatur wird übrigens oft die Bezeichnung *Task* für unseren Prozess und *Multitasking* oder *Multiprogramming* für unser Multi-Processing verwendet, während mit *Multiprocessing* (man beachte die Schreibweise) ein Betrieb auf einem System mit mehreren Prozessoren gemeint ist.

Die Ausnutzung der expliziten Parallelität induziert aber eine Reihe von nichttrivialen *Problemen*. Zunächst einmal ist das menschliche Denken sequentiell orientiert; es gibt auch keine natürliche Sprache, die vernünftige Konstrukte für parallele Sachverhalte beinhaltet. Es existieren aber graphische „Sprachen“, wie etwa die sogenannten *Petrinetze*, mit denen derartige Situationen recht gut modelliert werden können (weitere Informationen über diese Thematik sind im Buch „Prozessautomatisierung“ (Schildt, Kastner) zu finden). Höhere Programmiersprachen wie *Ada* sind ebenfalls mit entsprechenden Möglichkeiten versehen. Die in diesen Programmiersprachen auftretenden *objektorientierte* Programmierparadigmen setzen hier bereits eine parallele Denkweise und Modellbildung voraus, so dass von Anfang an strikt sequenzielle Modelle vermieden werden können. Die unter dem Einfluss der Objektorientierung entstandenen Modellierungsansätze bieten bereits recht gute Möglichkeiten im Umgang mit der Parallelität. Viel problematischer ist allerdings, dass die Einführung der Parallelität eine neue Ebene der Komplexität bezüglich *Test* und *Debugging* der Software (von *Korrektheitsbeweisen* ganz zu schweigen) mit sich bringt. Ein sehr tiefliegendes Problem sind etwa die sogenannten *Race Conditions* , deren Diskussion Aufgabe des Abschnittes 11.1 sein wird. Im Prinzip handelt es sich dabei um Schwierigkeiten, die durch die nie genau bestimmbare „Exekutionsreihenfolge“ paralleler Prozesse auftauchen können.

Ein anderer, ebenfalls sehr unangenehmer Effekt sind die sogenannten *Deadlocks*; eine sehr beliebte, allgemein verständliche Darstellung einer Deadlock-Situation ist *Dijkstras Dining Philosophers Problem*: Stellen wir uns einen runden Tisch vor, an dem fünf (blinde und taube) Philosophen sitzen, deren Leben aus alternierenden Phasen des Essens und Denkens besteht. Zu diesem Zweck befinden sich auf diesem Tisch fünf Teller, gefüllt mit äusserst schlüpfrigen Spaghetti. Deren Schlüpfrigkeit ist so gross, dass es unmöglich ist, sie mit nur einer Gabel zu essen. Zwischen den Tellern befinden sich lediglich fünf Gabeln. Wenn einer der Philosophen Hunger verspürt, nimmt er zuerst die links und dann die rechts neben seinem Teller liegende Gabel und isst. Wenn er satt ist, legt er die Gabeln wieder zurück und denkt weiter.

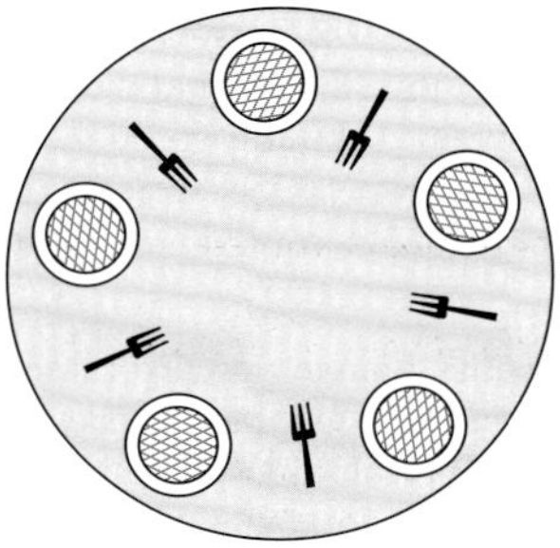

Abbildung 10.2: Dijkstras Dining Philosophers Problem

So weit so gut. Es könnte allerdings passieren, dass unsere armen Philosophen einen unerwarteten Hungertod erleiden. Überlegen wir, was passiert, wenn einmal alle gleichzeitig ihre linken Gabeln in die Hand nehmen. Damit sind alle Gabeln „besetzt“, aber keiner der etwas unflexiblen Herren kann auch nur einen Bissen essen – eine ausweglose Situation. Wir werden nun unsere Philosophen bis zum Abschnitt 11.4, in dem wir uns mit dem Deadlock-Problem gründlicher auseinandersetzen werden, ein wenig hungern lassen und wieder an den Ausgangspunkt zurückkehren. Wir können uns aber bis dahin überlegen, was das Ganze mit unseren parallelen Prozessen zu tun hat.

Ein wesentlicher Grund für die immer stärker werdende Ausnutzung der echten Parallelität ist der Bedarf nach immer grösserer *Rechenleistung*. Wie schon erwähnt, ist eine beliebige Steigerung der Geschwindigkeit auf Grund physikalischer Limits (vor allem der endlichen Lichtgeschwindigkeit) nicht möglich. Dem Trend nach immer leistungsfähigeren Maschinen kann aber durch den Verzicht auf die streng *sequenzielle Ausführung* eines Programmes Rechnung getragen werden.

Im Zusammenhang mit der Steigerung der Verarbeitungsleistung richtet sich die Hoffnung der Informatiker vor allem auf die *implizite* Parallelität. Auf der Ebene der *Maschinen-Codes* (Kapitel 5) wird zum Beispiel durch spezielle Prozessor-Architekturen die gleichzeitige Ausführung mehrerer Maschineninstruktionen unterstützt. Hierbei finden sowohl *Pipelining-Techniken* (die überlappende Ausführung mehrerer Befehle) als auch *mehrfache Verarbeitungseinheiten* (mehrere ALUs, mehrere Datenpfade von und zu den Registern, usw.) Verwendung. Auf diese Weise wird eine im exekutierten Programm lokal (auf „kleinstem Raum“) vorhandene Parallelität implizit ausgenutzt. Nun können aber nur solche Instruktionen simultan ausgeführt werden, deren Ergebnisse einander nicht beeinflussen. Daher kann unter Umständen durch eine geschickte Umordnung einer Folge von Befehlen eine funktionell äquivalente, jedoch mit grösserer impliziter Parallelität ausgestattete Sequenz erreicht werden. Es ist uns nicht möglich, hier tiefer ins Detail zu gehen, es sollte aber auch so klar sein, dass diesbezüglich optimierende Compiler angemessen wären.

Eine Ebene höher liegt die Komplexität bei Mehrprozessorsystemen. Hier gibt es die Möglichkeit, das „Aufspüren“ impliziter Parallelität an höheren abstrakten Ebenen in unserem Modell (also zum Beispiel an die *Höheren Programmiersprachen*) zu delegieren und die vom Betriebssystem angebotenen Mechanismen für die explizite Parallelität zu nutzen. So könnte etwa ein Compiler bei der Übersetzung parallelisierbarer Programme entsprechende System Calls einfügen. Ein Vorteil dieser Methode ist der, dass die (sehr komplexe) Analyse nur einmal (zur Übersetzungszeit) erfolgt und nicht bei jeder Programm-Exekution wertvolle Prozessorkapazität wegnimmt. Die Alternative zu dieser Methode wäre es, das Auffinden der impliziten Parallelität dem Betriebssystem zu überlassen; mit dieser Möglichkeit wollen wir uns jedoch nicht befassen.

Es erhebt sich also die Notwendigkeit, Betriebssystemfunktionen zur Kontrolle des Multi-Processings vorsehen zu müssen, und diesen sind die nächsten Abschnitte gewidmet. Der Vollständigkeit halber sei noch erwähnt, dass das Gebiet der parallelverarbeitenden Maschinen im Grunde relativ jung und entwicklungsbedürftig ist, aber ohne Zweifel die Zukunft der Informatik wesentlich bestimmen wird.

10.2 Prozesshierarchien

Jede Programmausführung erzeugt eine Menge von Prozessen, die wiederum Nachfolgeprozesse auslösen können. Der Prozess einen oder mehrere Prozesse auslöst wird als *Parent Prozess* bezeichnet, seine Nachfolgeprozesse selbst als *Child Prozesse*. Diese Prozesshierarchie kann in einer Prozesshierarchie (Prozessgraph) abgebildet werden. Wenn ein Prozess weitere Childprozesse erzeugt wird dies durch d direkte Nachfolger dargestellt. Diese Prozesse sind in folgender Abbildung als rechteckige Knoten dargestellt.

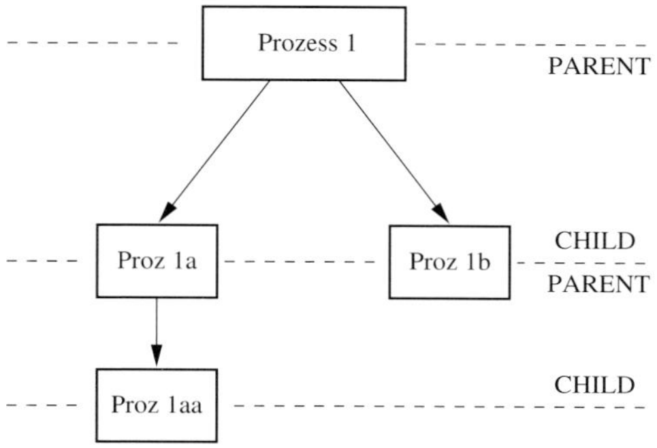

Abbildung 10.3: Beispiel einer einfachen Prozesshierarchie

Für jeden Prozess kann eindeutig bestimmt werden, wer sein unmittelbarer Vorgänger (sein Parent-Prozess) ist und welche Knoten seine unmittelbaren Nachfolger (seine Child-Prozesse) sind. Eine logisch zusammengehörige Menge von Prozessen wird gern als *Job* bezeichnet und entspricht einem „Ausschnitt“ in unserer Prozesshierarchie (einem Unterbaum). Folgende zwei Eigenschaften liegen der Parent-Child-Beziehungen zugrunde:

Einheitliche Kontrollmöglichkeit eines Jobs (Unterbaumes): Es wäre denkbar, die Terminierung oder das Anhalten des gesamten Jobs schlicht durch eine geeignete Signalisierung des initialen Parent-Prozesses zu erwirken. An alle vom Parent ableitbaren Child-Prozesse wird dieses Signal automatisch verbreitet. Somit braucht sich der einst den Parent-Prozess erzeugende Prozess nicht weiter um die veränderliche Child-Prozess-Menge kümmern.

Vererbung der Prozess-Umgebung: Einem Prozess ist eine mehr oder minder umfangreiche Umgebung zugeordnet, die als Menge von Ressourcen angesehen werden kann. Um nun die Child-Generierung möglichst einfach zu halten, bietet sich natürlich an, die bereits beim Parent verwendete Umgebung (Speicherbereiche, angeforderte Objekte, ...) auch beim Child einzusetzen. Der Parent-Prozess vererbt dem Child-Prozess seine Umgebung, wodurch gewisse Teile der Umgebung kopiert, andere wiederum direkt weiterwendet werden. Obwohl Parent und Child sonst gemeinsam auf alle Ressourcen zugreifen – mit allen Problemen, die sich durch die Parallelität ergeben – , erfordern veränderliche Datenbereiche eine Trennung. Erst dadurch kann der Child-Prozess unabhängig vom Parent seinen Tätigkeiten nachgehen. Diese unkomplizierte Art der Prozess-Aufspaltung birgt aber einen Nachteil in sich, wenn Child-Prozesse die Umgebung des Parents nicht oder nur zum Teil benötigen. Das heisst, dieser Mechanismus macht sich dann bezahlt, wenn Parent und Child den gleichen Programmcode ausführen. Das mit einem gehörigen Aufwand verbundene Kopieren der Prozess-Umgebung kann oft durch die Verwendung spezieller System Calls oder durch den Einsatz von Threads (siehe Abschnitt 10.4) vermieden werden.

Wir sollten anmerken, dass es noch andere Möglichkeiten zur Definition von Prozessgraphen gibt, mit denen wir uns jedoch nicht befassen wollen.

Es sollte klar sein, dass Prozesshierarchien zeitvariant sind, sich also im Laufe der Zeit verändern. Ein Baum wie oben kann daher immer nur eine „Momentaufnahme“ darstellen. Das *Prozess-Management* eines Betriebssystems hat nun die Aufgabe, Mechanismen (vor allem *System Calls*) zur Erzeugung, Kontrolle und Termination von Prozessen bereitzustellen. Damit ist es erst möglich, Prozesshierarchien praktisch zu realisieren: Im Zuge der *Startup-Sequenz* eines Computers wird (nach betriebssysteminternen Initialisierungen) mittels der oben erwähnten Mechanismen ein meist mit *Init* oder *Root* bezeichneter Prozess erzeugt. Dieser hat die Aufgabe, eine Reihe von weiteren Prozessen einzurichten, deren Programme bei der *Konfiguration* des Systems (vom *Systemadministrator*) spezifiziert werden können. Die Abbildung 10.4 zeigt die (vereinfachte) Prozesshierarchie für ein *Timesharing-System* mit drei Terminals.

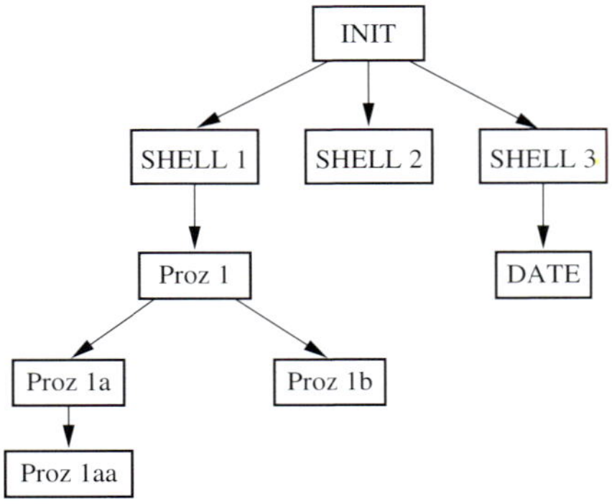

Abbildung 10.4: Beispiel einer Prozesshierarchie in einem Timesharing-System

Wie schon erwähnt, ist eine *Shell* ein interaktiver Interpreter für die *Job Control Language* und für den Dialog mit einem Benutzer zuständig. Bestimmte Sprachelemente erlauben zum Beispiel die Erzeugung eines Prozesses, der ein angegebenes Programm ausführt. Wird nun bezugnehmend auf Abbildung 10.4 einer Shell über das zugeordnete *Eingabemedium* (etwa ein Terminal) der Programmaufruf geschickt, so hätte dies die Aktivierung eines Prozesses zur Folge, der unser Programm ausführt.

Der Abbildung 10.4 liegt die Annahme zugrunde, dass der User des Terminals 1 über seine Shell die Exekution des Programms gestartet hat. Der Benutzer des Terminals Nummer 2 ist gerade dabei, sein Trinkglas zu füllen, und hat demzufolge keine Hand frei, um ein Kommando an seine Shell zu geben. Der dritte ist im Begriff, seine Uhr zu stellen, und hat zu diesem Zweck das Programm DATE aktiviert (das am Schirm die aktuelle Zeit ausgibt). Nachdem die Shell 3 den Prozess für DATE aktiviert hat, wird sie normalerweise dessen Termination abwarten, da es ziemlich unsinnig wäre, inzwischen weitere Eingaben zu akzeptieren. Diese Zeit in einer Warteschleife zu verbringen, hiesse aber wertvolle Prozessorleistung verschwenden. Ähnliches gilt für die auf Eingaben wartende Shell 2. Eine saubere Lösung ist die, wartende Prozesse in einen Blockierungszustand zu versetzen, der erst durch ein „erlösendes“ *externes Ereignis* (engl. *external event*, also zum Beispiel die Termination des DATE-Prozesses) aufgehoben wird.

10.3 Prozesszustände

Geniesse, was dir Gott beschieden,
entbehre gern, was du nicht hast,
ein jeder Stand hat seinen Frieden,
ein jeder Stand hat seine Last.

Christian Fürchtegott Gellert, „Zufriedenheit mit seinem Zustande“.

Jeder Prozess befindet sich zu jedem Zeitpunkt in einem der folgenden *Prozesszustände CREATED*, *RUNNING*, *READY*, *BLOCKED*, *SUSPENDED*, *DEAD*. In der Notation der endlichen Automaten können diese *Process States* wie in Abbildung 10.5 dargestellt werden. Wir wollen gleich an dieser Stelle erwähnen, dass unsere Festlegung nicht die einzige Möglichkeit der

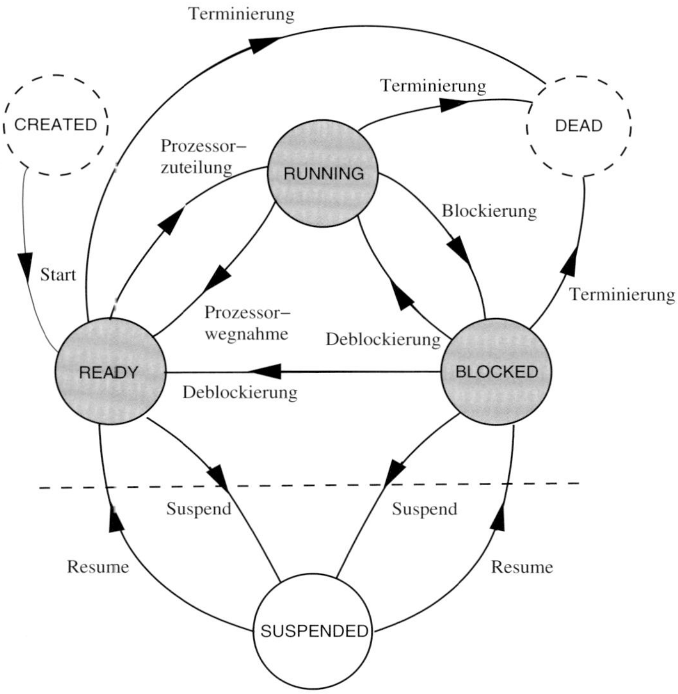

Abbildung 10.5: Prozess-Zustände

Definition ist; in der Literatur gibt es eine Vielzahl (leicht) unterschiedlicher Auffassungen. Vor allem bei Betriebssystemen, die speziellen Anforderungen genügen müssen (wie zum Beispiel ein Echtzeitbetriebssystem, oder ein Betriebssystem in einem Mobiltelefon), kann es manchmal noch zusätzliche Prozess-Zustände geben.

Zustand CREATED: Das Erzeugen eines Prozesses bewirkt vorerst das Anlegen einer entsprechenden Datenstruktur (Systemobjekt „Prozess"). Dieser Prozess, der sich im initialen Zustand CREATED befindet, ist bis zur Vervollständigung der Datenstruktur vorerst nicht ausführbar. Erst nach der Zuordnung des auszuführenden Programmcodes und sonstiger Ressourcen zum Prozess-Objekt (gemeinhin als *Prozessdescriptor* bekannt), ist der Prozess bereit, zur Ausführung zu gelangen.

Zustand READY: Prozesse im Zustand READY sind bereit, einen Prozessor zur Ausführung zugeteilt zu bekommen.

Zustand RUNNING: Ein Prozess im Zustand RUNNING ist im Besitz des Prozessors, bis die im Betriebssystem zuständige Instanz, der sogenannte *Scheduler* (siehe Abschnitt 10.5), die Wegnahme vornimmt. Normalerweise kann immer nur genau ein Prozess im Zustand RUNNING sein, ausser wenn ein Mehrprozessorsystem vorliegt.

Zustand BLOCKED: Der Zustand BLOCKED wird eingenommen, wenn ein Prozess bei seiner Exekution einen Punkt erreicht, an dem er auf den Eintritt eines externen Ereignisses warten muss. Dies kann zum Beispiel die Eingabe eines Zeichens vom Terminal oder die Termination eines anderen Prozesses sein. Wichtig ist, dass ein Prozess nur durch eine von sich selbst ausgehende Aktion den Zustandswechsel von RUNNING nach BLOCKED verursachen kann. Für einen blockierten Prozess besteht keine Notwendigkeit zur Exekution, er bekommt also auch niemals einen Prozessor zugeteilt. Das Verlassen von BLOCKED ist nur durch ein „von aussen" kommendes Ereignis möglich.

Zustand SUSPENDED: Der Zustand SUSPENDED entspricht einer Blockierung, in die ein Prozess „von aussen" versetzt werden kann. Konzeptuell entspricht dies einem „Einfrieren" eines Prozesses, der sich gerade im Zustand RUNNING oder READY befindet. Im Unterschied zur eigentlichen Blockierung wird ein derartiger Übergang in der Regel durch einen anderen Prozess oder auch durch das Betriebssystem verursacht. Wird der Zustand SUSPENDED aufgehoben, befindet sich der Prozess wieder in seinem vorherigen Zustand.

Zustand DEAD: Im Zustand DEAD angelangt, hat sich ein Prozess vom aktiven Dasein mehr oder weniger freiwillig gelöst. Die dafür notwendige Terminierung kann ein Prozess selbst initiiert haben oder „von aussen" erfolgt sein. Einzig die dem Prozess noch zugeteilten Ressourcen bzw. Informationen (z.B. Status der Termination) bewahren das Prozess-Objekt vor der endgültigen Löschung. Meist erwarten andere Prozess oder das Betriebssystem selbst die „Hinterlassenschaft" des terminierten Prozesses. Erst nach der erfolgten Übergabe ist der Prozess vollständig verschwunden.

Mit den eben angeführten Zuständen treten beim Zustandsautomaten folgende *Zustandsübergänge* auf:

CREATED → READY: *Start*. Nach der Beendigung aller organisatorischer Tätigkeiten (im Grunde die Zusammenstellung des Prozess-Images) findet die Überführung des Prozesses (genau genommen Prozess-Images) von Zustand CREATED nach READY statt – sozusagen als „Geburt" des Prozesses.

READY → RUNNING: *Prozessorzuteilung*. Einem auf den Prozessor wartenden Prozess wird nun der Prozessor (ebenfalls durch den Scheduler) zugewiesen. Von ganz zentraler Bedeutung ist dabei, dass im allgemeinen keine Aussagen darüber gemacht werden können, wann ein bestimmter Prozess nun tatsächlich exekutiert wird (RUNNING ist) oder gezwungenermassen (eben, weil kein freier Prozessor vorhanden ist) im Status READY verharren muss.

RUNNING → READY: *Prozessorwegnahme*. Dem Prozess wird durch den sogenannten *Prozess-Scheduler* aufgrund bestimmter Scheduling-Strategien (zum Beispiel in Abhängigkeit von *Prozess-Prioritäten*) der Prozessor entzogen.

RUNNING → BLOCKED: *Blockierung*. Der gerade laufende Prozess ist auf das Eintreten eines Ereignisses angewiesen und wird bis zu diesem Eintritt blockiert. Auslösendes Ereigniss (engl. *event*) ist in der Regel ein System Call, bei dessen Abarbeitung eine angeforderte Ressource (Datenblöcke von der Festplatte, Zeichen von der Tastatur) noch nicht verfügbar ist oder ein für eine Ressource stellvertretendes Systemobjekt (typischerweise ein Semaphor, siehe Kapitel 11) den Zugriff verhindert. Die Blockierung eines Prozesses kann auch dadurch erfolgen, dass auf den Eintritt bestimmter *Zeitbedingungen* gewartet werden soll, möglicherweise auch in Kombination mit anderen Events. So ist es etwa bei einer Shell durchaus sinnvoll, nur gewisse Zeit auf das Eintreffen von Zeichen von einem Terminal zu warten; kommen innerhalb einer halben Stunde keine Eingaben, so kann die Session mit dem (offensichtlich eingeschlafenen) Benutzer abgebrochen werden.

BLOCKED → READY, BLOCKED → RUNNING: *Deblockierung*. Sobald die zuvor angeforderte Ressource verfügbar ist (die Festplatte hat endlich die Datenblöcke fertig übertragen) oder eine entsprechende Zeitbedingung zum Abbruch des Wartens führt (*Timeouts* oder *Alarme*), wird der Prozess wieder aktiviert. Ob nun vom Zustand BLOCKED in den Zustand READY oder gleich ein den Zustand RUNNING übergegangen wird, hängt von der konkreten Scheduler-Implementierung ab. Sinnvoller (und auch effizienter) ist es natürlich, direkt in den Zustand RUNNING zu gelangen, wenn sich herausstellen sollte, dass ein deblockierter Prozess gemäss der Scheduling-Strategie die höchste „Priorität" aufweist (so zum Beispiel beim Echtzeitbetriebssystem pSOS^{+}®). Der abrupte Wechsel eines Prozesses von BLOCKED zu RUNNING kann dabei zu Datenverlusten beim gerade ausgeführten Prozess führen und muss daher vom jeweiligen Entwickler des Programms zuvor wohl durchdacht worden sein.

BLOCKED → SUSPENDED, READY → SUSPENDED: *Suspend.* Bei diesem als *Suspendierung* bezeichneten Vorgang wird ein Prozess von BLOCKED oder READY nach SUSPENDED übergeführt. Dabei wird im Gegensatz zur impliziten Blockierung des Zustandes BLOCKED diese Art der Blockierung explizit angeordnet. Damit kann dem Scheduler die alleinige Kontrolle über die Prozesse entzogen werden und sogar an andere (Scheduler)Prozesse delegiert werden. Dass mit diesen Möglichkeiten das resultierende Systemverhalten auch nicht unbedingt einfacher wird, muss als Preis der zusätzlichen Flexibilität in Kauf genommen werden.

SUSPENDED → BLOCKED, SUSPENDED → READY: *Resume.* Damit wird der Suspendierungszustand wieder aufgehoben und der Prozess nimmt seinen ursprünglichen Zustand wieder ein.

RUNNING, READY, BLOCKED → DEAD: *Terminierung.* Das Beenden eines Prozesses geschieht in der Regel durch Eigeninitiative. Diese „saubere" Art der Terminierung bringt den Vorteil mit sich, dass der Prozess seine Ressourcen vorher ordnungsgemäss an das Betriebssystem retournieren kann. Die unfeine Methode hingegen gestattet auch anderen Prozessen, das Ende eines Prozesses herbeizuführen. Allerdings kann dieser Versuch scheitern, wenn noch Ressourcen vom betroffenen Prozess gehalten werden. Setzt man sich über diesen Umstand hinweg (manche Betriebssysteme bieten das an), dann sind möglicherweise Ressourcen nicht mehr zugänglich. Im unangenehmsten Fall führt dies sogar zu einem *Deadlock*: Ein exklusiv genutztes Device bleibt dann blockiert (vgl. Abschnitt 11.4).

SUSPENDED → DEAD: *Terminierung.* Auch aus dem Suspend-Zustand ist die Terminierung durchaus möglich. Sie weist allerdings stets einen gewaltsamen Charakter auf. Hier droht ebenso entweder die Abweisung des Terminierungsbegehrens oder der Verlust von Ressourcen wie in den vorhergehenden nach DEAD führenden Übergängen.

Die Existenz eines Prozesses kann nun entweder durch die eigene Terminierung oder aber durch den Abbruch „von aussen" (also durch das Betriebssystem oder einen anderen Prozess) beendet werden. Dieses *Killen* eines Prozesses ist nicht ohne Probleme, da das Opfer von der Massnahme asynchron „überrascht" wird; es gibt gewisse Abschnitte im Leben eines Prozesses, in denen ein derartiger Abbruch problematisch wäre. Denken wir zum Beispiel an ein (Disk)File, das die Zuordnung der Namen von Informatikstudenten zu ihrer Matrikelnummer beinhaltet. Wird ein Prozess, der gerade eine neue Matrikelnummer auf das File geschrieben hat, abgebrochen, bevor er den Namen eintragen konnte, bleibt ein unvollständiger Record auf dem File zurück! Auf eine ähnliche Problematik werden wir noch des öfteren stossen. Entsprechende Lösungsmöglichkeiten basieren meist auf sogenannten *Atomic Actions*. Bei einer solchen – auch als *unteilbare Operation* bezeichneten – Folge von Instruktionen wird durch geeignete Massnahmen sichergestellt, dass ihre Ausführung entweder zur Gänze oder gar nicht erfolgt.

Nach der konzeptuellen Einführung der Prozesszustände wird es Zeit, uns dafür zu interessieren, wie denn das Betriebssystem die Verwaltung der vielen „Klienten" (Prozesse) organisiert. Übliche Betriebssysteme legen für jeden Prozess einen sogenannten *Prozessdeskriptor* an, in dem die für die Verwaltung des Prozesses notwendigen Daten abgelegt werden. Ein solcher Deskriptor besteht aus einem Teil zur Identifikation des Prozesses (*Process Identification*), einem Teil zur Speicherung von Zustandsinformation (*Process State*) und einem Teil zur Speicherung von Kontrollinformation (*Process Control*). Der Inhalt eines typischen Prozessdeskriptors ist in Abbildung 10.6 dargestellt.

Prozess Identification
- Prozess ID (PID)

Process State Information
- Prozesszustand (RUNNING, READY, ...)
- Priorität
- Registerinhalte (Register Save Area)

Process Control Information
- Besitzer (User ID)
- Zugriffsrechte (effektive User ID)
- Liste von offenen Dateien (File Handles)
- Verweise auf Programmcode und Daten
- Accounting Information

Abbildung 10.6: Typischer Prozessdeskriptor

Konzeptuell ist es nun einfach, das Management der Prozesse zu organisieren. Wir legen dazu für jeden Prozesszustand eine Liste an, in die wir die Prozess-IDs aller Prozesse mit entsprechendem Zustand eintragen (siehe Abbildung 10.7). Die Zustandsübergänge erfolgen durch das jeweilige Entfernen und Wiedereintragen. Tritt also etwa ein Event auf, das den Prozess mit der ID 4711 von BLOCKED nach READY überführt, so braucht nur die Blocked-Liste nach der Prozess-ID 4711 durchsucht werden. Der gefundene Eintrag wird gelöscht und in die Ready-Liste eingefügt. Die Aufgabe des bereits erwähnten Prozess-Schedulers ist es, für jeden Prozessor einen READY Prozess aus der Liste zu entfernen, diesen mit RUNNING zu markieren und dem Prozessor zur Ausführung zu übergeben. Aus diesem Grunde wird normalerweise auch keine Running-Liste benötigt. Selbstverständlich werden in der Praxis spezielle Listenorganisationen eingesetzt, die ein sehr rasches Durchsuchen, Eintragen und Löschen ermöglichen.

Ein wichtiges Detail bleibt noch zu erwähnen. Wie erreichen wir es, dass ein Prozess, nachdem ihm der Scheduler einmal den Prozessor entzogen hat, wieder fortsetzen kann, als ob nichts gewesen wäre? Dazu ist es notwendig, die Inhalte aller (relevanten) Register des Prozessors (den sogenannten *Context*) in der *Register Save Area* im Prozessdeskriptor abzuspeichern. Wenn der Scheduler einem Prozessor einen neuen Prozess zuteilen will, so muss er lediglich die aktuellen Registerinhalte im Deskriptor des alten Prozesses abspeichern (*Context Save*) und dafür ein Restore der Register aus dem Deskriptor des neuen Prozesses durchführen. Da auch der Program Counter ein Teil des Contextes ist, setzt der Prozessor nach diesem *Context Switch* die Exekution mit dem „nächsten" Befehl des neuen Prozesses, also dort, wo letzterer unterbrochen wurde, fort. Die Aktivierung des neuen Prozesses wird übrigens *Dispatching* genannt. Abbildung 10.8 soll das Prinzip verdeutlichen.

Als wesentliches Charakteristikum von Betriebssystemen gilt in diesem Zusammenhang die sogenannte *Context Switch Time* (CST). Neben der reinen Context-Save und –Restore-Tätigkeit wird ausserdem auch die Zeit für die Findung einer Scheduling-Entscheidung eingerechnet. Diese Gesamtdauer sollte natürlich so gering wie möglich sein. Vor allem bei Echtzeitbetriebssystemen

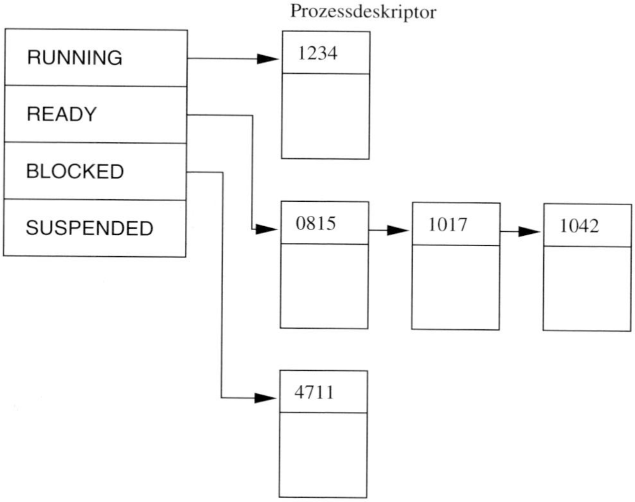

Abbildung 10.7: Listenstruktur für Prozessmanagement

ist es wichtig, dass die Dauer durch einen maximalen Wert (unter allen mögliche Lastfällen) nach oben hin abschrankbar ist.

Welche *System Calls* benötigt ein Betriebssystem nun für das *Prozess-Management*? Zunächst einmal sollten wir eine Möglichkeit vorsehen, einen Prozess erzeugen zu können. In realen Systemen werden dafür die verschiedensten Mechanismen angeboten; die einfachste ist sicherlich das parametrisierte Create. Wird in einem Prozess `P_CREATE(program,parameter,attributes)` aufgerufen, so erzeugt dies einen Child-Prozess, der das angegebene Programm (mit den übergebenen Parametern) ausführt. Über die Attribute können dem Betriebssystem diverse Sonderwünsche in Bezug auf die Behandlung des neuen Prozesses (wie etwa die Priorität) mitgeteilt werden. Die Prozess-ID des Childs wird dem Parent-Prozess zurückgeliefert.

Mittels `P_WAIT()` kann ein Parent-Prozess auf die Termination eines Childs (also auf ein externes, durch den Child-Prozess bestimmtes Ereignis) warten. Selbstverständlich geht der wartende Prozess dabei in den Zustand BLOCKED über. Die Prozess-ID des terminierten Childs wird dabei als Resultatwert zurückgeliefert. Mit Hilfe dieses System Calls ist es also möglich, die „Aufteilung" in parallele Prozesse wieder zusammenzuführen. Letztendlich wollen wir noch den System Call `P_EXIT()` erwähnen, der als letzter Befehl eines Programmes die Aufgabe hat, das Betriebssystem von der Terminierung zu unterrichten. Dies ist natürlich jenes Ereignis, das ein (gegebenenfalls aufgerufenes) `P_WAIT` des Parent-Prozesses beendet. Für den Fall, dass der Parent-Prozess (noch) nicht per `P_WAIT` wartet, verbleibt der Child-Prozess im Zustand DEAD, bis der Parent per `P_WAIT` – in diesem Fall nicht blockierend – den Resultatwert übernimmt (zum Beispiel so auch in UNIX implementiert, wo dieser Zustand als ZOMBIE anstatt von DEAD bezeichnet wird).

An dieser Stelle sollte nicht unerwähnt bleiben, dass das hier beschriebene System Call Interface keineswegs in dieser Form Verwendung finden muss. Wir nehmen einfach an, dass eine prozedurale höhere Programmiersprache für die Programmierung herangezogen wird und geben deshalb eine entsprechende Syntax für die System Calls an. Andere höherere Programmiersprachen bieten hingegen eine mehr oder weniger umfangreiche Integration der Betriebssystemfunktionen durch sprachliche Mittel der Programmiersprache. Bei der höheren Programmiersprache *Ada* steht abhängig von der konkreten Implementierung des Compilers, ein *Tasking*-Konzept

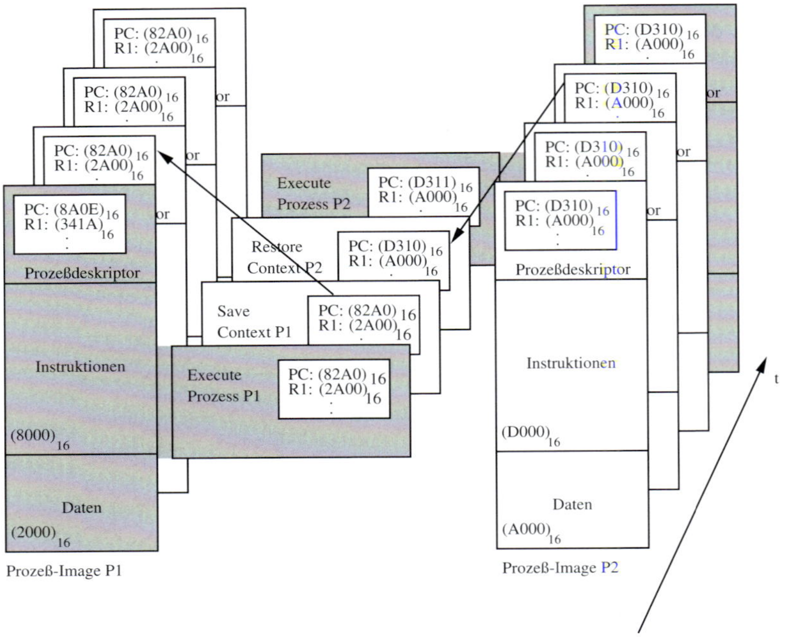

Abbildung 10.8: Context Switch

zur Verfügung, bei dem Ada-Tasks auf die Prozess- (bzw. Thread-) Funktionalität des Betriebssystems (je nach dem, was verfügbar ist) abgebildet werden.

Es gibt dann noch weitere System Calls, die für die Zustandsübergänge eines Prozesses verantwortlich sind. Mittels `P_SLEEP(event)` kann ein Prozess (sich selbst) von RUNNING nach BLOCKED überführen. `P_SIGNAL(process-ID,event)` schafft die Möglichkeit (von einem anderen Prozess oder vom Betriebssystem ausgehend), dem durch `process-ID` identifizierten Prozess den Eintritt des Ereignisses `event` zu signalisieren; dadurch erfolgt bekanntlich dessen erneuter Wechsel in den Zustand READY. In praktischen Realisierungen sind natürlich noch Service Calls vorhanden, die der Kontrolle bereits erzeugter Prozesse dienen; auf deren Beschreibung müssen wir jedoch aus Platzgründen verzichten.

10.4 Threads

Bisher wurde stillschweigend vorausgesetzt, dass Prozesse „das“ Instrument für die (quasi)gleichzeitige Abarbeitung mehrerer Programme auf einem oder sogar mehreren Prozessoren sind. Damit lassen sich hervorragend parallele Vorgänge, die jeweils in einer eigenen „Welt“ agieren, modellieren und exekutieren. Dem Verständnis des Menschen entgegenkommend, vermittelt ein Prozess dem Anwender die Illusion, den Rechner für sich alleine zu haben, ganz so wie es auch bei den Timesharing-Betriebssystemen der Fall. Dem potentiellen Anwender steht zwar nur ein Teil der gesamten Ressourcen (CPU-Leistung, Speicher, ...) zur Verfügung, doch braucht er sich nicht um deren Aufteilung zu kümmern.

Insbesondere haben wir, wenn von einem Prozess die Rede war, eigentlich immer zwei grundlegende Konzepte unter diesem Begriff zusammengefasst.

Ressourcenverwaltung. Jedem Prozess sind bestimmte Ressourcen zugeordnet, auf die der Prozess über Betriebssystemroutinen (die System Calls) zugreifen kann. Als wichtigste Ressource steht dabei jedem Prozess ein eigener, privater Speicherbereich zur Verfügung. Dieser Speicherbereich wird unter anderem dazu verwendet, die Daten des Programms (wie dynamisch angelegter Speicher und globale Variablen) abzulegen. Eine wichtige Eigenschaft des privaten Speicherbereichs ist dabei die Tatsache, dass andere Prozesse nicht daruf zugreifen können (wie der Name schon andeutet). Dieser *Speicherschutz*, den moderne Betriebssysteme zur Verfügung stellen, hat den wichtigen Vorteil, dass ein fehlerhafter (oder bösartiger) Prozess keinen anderen Prozess, und vor allem auch nicht das Betriebssystem, beeinträchtigen kann. Dass dies nicht selbstverständlich ist, zeigt ein Blick zurück auf frühe Versionen von Microsoft Windows (Windows 3.11) oder Microsoft DOS. Hier konnte ein Prozess auf die Daten beliebig anderer Prozess zugreifen, und das Betriebssystem stürzte häufig auch dann ab, wenn nur ein Fehler in einer der Anwendung aufgetreten war. Die Realisierung des privaten Speicherbereichs, zum Beispiel mittels virtuellem Speicher, wird im Kapitel 12 näher erklärt. Hier soll uns genügen, dass das Betriebssystem solche getrennten Speicherbereiche für die einzelnen Prozesse anlegt.

Neben dem Speicher verwaltet das Betriebssystem auch noch andere Ressourcen, wie zum Beispiel Zeiger (beziehungsweise *Handles*) auf geöffnete Dateien oder eine Liste von Sockets zum Datentransfer über das Netzwerk. Jeder Prozess bekommt seine eigenen, privaten Handles auf Ressourcen, obwohl natürlich eine Datei im Filesystem von einem Prozess verändert werden kann, auch wenn ein anderer einen Handle darauf hat.

Programmausführung. Neben der Zuordnung der Ressourcen spielt auch die eigentliche Ausführung des Programms eine wichtige Rolle beim Prozessbegriff. Nachdem mehrere Prozesse gleichzeitig das selbe Programm ausführen können, ist es interessant zu fragen, welche Information ein Prozess eigentlich für die Ausführung "seines" Programms benötigt.

Zum einen haben wir dazu im vorigen Abschnitt 10.3 den Context eines Prozesses kennengelernt. Unter dem Context versteht man den Inhalt der Prozessorregister während der Ausführung, und dabei handelt es sich natürlich um einen wichtigen Bestandteil jener Information. Allerdings ist der Context noch nicht ausreichend, um die Programmausführung vollständig zu beschreiben. Für jeden Prozess muss man sich nämlich auch noch merken, welche Prozeduren (Funktionen, Unterprogramme) ein Prozess aufgerufen hat, um zum aktuellen Punkt in der Ausführung zu gelangen. Dieses Wissen ist notwendig, um (wie in Kapitel 5.1.1 in Verbindung mit Maschinen-Code erläutert) nach der Beendigung einer Prozedur wieder korrekt zu jener Stelle zurückkehren zu können, von wo der Aufruf erfolgt ist. Ein weiterer Punkt sind lokale Variablen, die für jede Prozedur neu angelegt werden. Wie beim Maschinen-Code werden die Reihenfolge der Prozeduraufrufe und die lokalen Variablen in einem eigenen Bereich, dem Stack, abgelegt.

Obwohl wir diese zwei Konzepte bislang immer gemeinsam unter dem Begriff des Prozesses betrachtet haben, ist es natürlich auch möglich, beide getrennt zu behandeln. Insbesondere wollen wir uns nun einen Prozess vorstellen, dem ein einziger Satz an Ressourcen (und vor allem nur ein einziger privater Addressraum) zugeordnet ist, in dem aber mehrere Programmausführungen gleichzeitige ablaufen.

Für die Menge von Programmausführungen unter dem Mantel eines Prozesse hat sich der Begriff **Lightweight Processes** etabliert, für die auch noch der Ausdruck *Thread* (engl. thread of control, jener „Faden", entlang dessen sich die Befehlsabarbeitung durch den Prozessor zieht) Verbreitung gefunden hat. Die nunmehr aus nichts anderem als jeweils einem Context (Registersatz des Prozessors) und Stack (den dazugehörigen lokalen Variablen und Rücksprungaddressen) bestehenden Threads „laufen" quasi parallel (bei nur einem Prozessor) oder tatsächlich parallel auf mehreren Prozessoren verteilt. Der Context und der Stack werden übrigens auch zusammengefasst als *thread-spezifische Daten* bezeichnet.

Abbildung 10.9 stellt die bisherige Prozess-Struktur der Thread-Struktur gegenüber. Auf

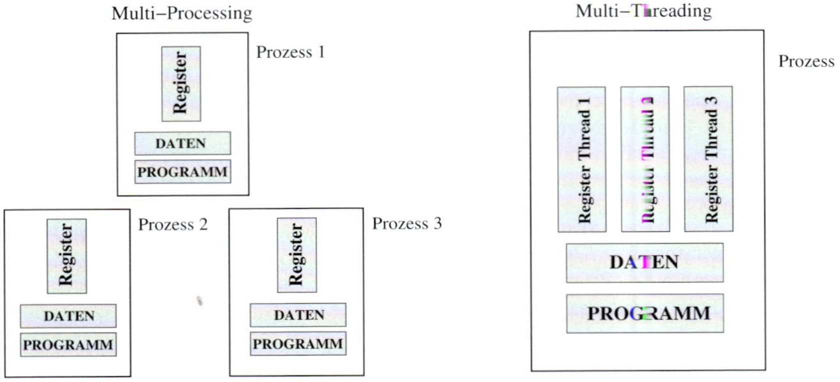

Abbildung 10.9: Multi-Processing und Multi-Threading

der rechten Seite von Abbildung 10.9 wird das sogenannte *Multi-Threading* dargestellt. Dort übernehmen die Threads die parallele Verarbeitung, wobei der dazugehörige Prozess als umgebende Hülle nur noch in der Funktion als Container für die gemeinsamen Ressourcen verbleibt. Nach „aussen“ hin präsentieren sich Prozesse, auch wenn Threads eingebettet sind, in ihrem Verhalten und im Funktionsumfang in gewohnter Weise. Im Inneren des Prozesses jedoch ist das Prozessgeschehen auf Threads aufgeteilt, wie dies in der Abbildung 10.10 bezogen auf ein Rechnersystem dargestellt wird: Der Grund für die Verwendung von Threads ist ein mögliche

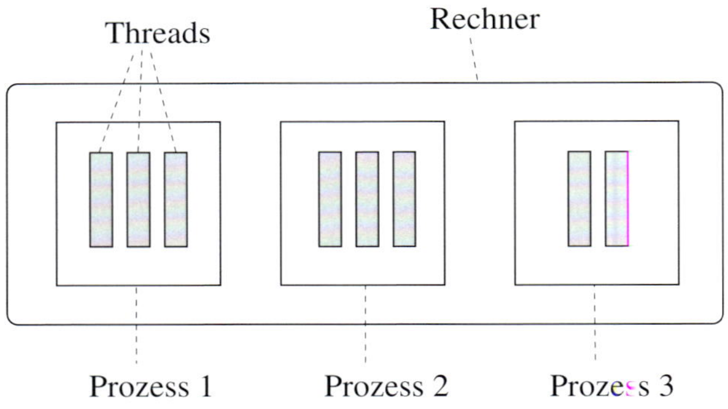

Abbildung 10.10: Threads im Prozess-Umfeld

Leistungssteigerung des gesamten Systems. Es bedeutet nämlich für das Betriebssystem einen recht grossen Speicher- und Rechenaufwand, voneinander getrennte Prozesse zu erstellen und zu verwalten.

Eine kleine Tätigkeit, wie zum Beispiel das periodische Speichern des in Bearbeitung befindlichen Dokumentes bei einer Textverarbeitung im „Hintergrund“, rechtfertigt daher meist nicht den Aufwand einer Prozessgenerierung. Im schlimmsten Fall wird nämlich für den neuen Prozess eine Kopie (inklusive des gesamten Speicherbereichs) des ursprünglichen Prozesses angelegt! Selbst bei den effizienteren Methoden, die in Kapitel 12 vorgestellt werden, kann der zeitliche Betriebssystem-Overhead untragbar sein. Wird stattdessen ein zusätzlicher Thread angelegt, der diese Aufgabe übernimmt, muss das Betriebssystem nur einen extra Stack anlegen und Platz schaffen, wo der entspechende Context gespeichert werden kann.

Ein anderes Problem ist das der Kommunikation zwischen Prozessen. Die getrennten, voneinander abgeschotteten Adressräume der Prozesse machen spezielle (Betriebssystem)Mechanismen zum Datenaustausch notwendig, die besonders bei grossen Datenmengen zu Kommunikationsengpässen führen können.

Die Aufteilung der Programmausführung auf mehrere Threads ist normalerweise nicht Sache des Betriebssystems und muss explizit vom Programmierer vorgenommen werden. Während die Unterteilung in Prozesse noch recht einfach zu bewerkstelligen ist, indem man grob jedes in sich abgeschlossene Programm einem Prozess zuordnet, ist bei den Threads eines Prozesses eine wesentlich engere Beziehung und Abhängigkeit untereinander gegeben. Durch eine bereits vorhandene *Modularisierung* eines Programms (Trennung eines Programmes in Teilaufgaben, die von Unterprogrammen bzw. –routinen wahrgenommen werden) sind bereits Grundvoraussetzungen für eine Thread-Aufteilung gegeben. Diese recht umfangreiche Aufteilungsproblematik, die Prozesse und Threads gleichermassen betreffen, soll uns aber nicht weiter beschäftigen.

Ein Vergleich mit einfachen prozeduralen Programmiersprachen versucht das Verständnis für die angeführten konzeptuellen Elemente zu verdeutlichen. Das Konzept der Threads hat demnach ganz ähnliche Eigenschaften wie Unterprogramme bzw. Subroutinen einer prozeduralen Programmiersprache. Sie verfügen einerseits über den Zugriff auf globale Variablen und andererseits sind lokale Variablen auf den jeweiligen Thread beschränkt. Im Falle der Threads wären jedoch die entsprechenden Unterprogramme parallel in Ausführung. Das bedeutet, dass es nicht zu einer Verschachtelung in *LIFO*-Manier (engl. **L**ast **I**n **F**irst **O**ut) kommt, sondern zu einer (im Prinzip beliebig) abwechselnden Reihenfolge der Thread-Abarbeitung führt. Die genauen Bedingungen und Regeln für die Koordination der Threads gibt das sogenannte *Thread-Management* vor. In sich abgeschlossene, unabhängige Programme lassen sich hingegen mit Prozessen vergleichen. Beide Konzepte weisen verhältnismässig geringe Abhängigkeiten zur „Aussenwelt" auf. Es soll hier noch angemerkt sein, dass auch Programmiersprachen existieren, in denen die oben gegenübergestellten Konzepte verschmelzen und eine klare Trennung Programmiersprache – Betriebssystem kaum mehr wahrgenommen werden kann, wie zum Beispiel bei *Ada* oder *Smalltalk*.

Zusammenfassend lässt sich eine Reihe von Eigenschaften der Threads angeben, die sie im Vergleich zu herkömmlichen Prozessen auszeichnet:

- Ein Thread besteht lediglich aus einem Registersatz des Prozessors (damit natürlich auch mit einem thread-eigenen Program Counter) und den thread-spezifischen Daten (wie der Stack mit den lokalen Variablen und den Rücksprungaddressen der aufgerufenen Prozeduren).
- Alle Threads haben vollständigen Zugriff auf Programm- und Datenbereiche (engl. *Sharing*), da die Threads eines Prozesses im gleichen Adressraum agieren. Somit haben Threads auch den Zugriff auf die gleichen Ressourcen und Objekte ihres Prozesses. Es existieren demnach in der Regel auch keine Schutzmechanismen zwischen den Threads. Insbesondere können alle Threads auf die globalen Variablen eines Programms zugreifen.
- Feinere Realisierung der parallelen Abarbeitung durch die zusätzliche Thread-Ebene.
- Die Neugenerierung eines Threads ist effizient (aus der Sicht des Speicher- und Zeitaufwandes).
- Die Kommunikation zwischen Threads kann wegen des Sharings leicht über globale Variablen erfolgen, wobei aber ebenso wie bei Prozessen zusätzlich Synchronisationsmittel (vergleiche Abschnitt 10.1) notwendig werden können.
- Thread-Funktionen werden über ein eigenes Thread-Interface angeboten. Darin enthalten sind auch Synchronisations- und Kommunikationsdienste auf Thread-Ebene.

- Es gibt keine klare Parent-Child Beziehung zwischen Threads so, wie sie zwischen Prozessen existieren.

Diese nun innerhalb eines Prozesses um den Prozessor konkurrierenden bzw. auf mehrere Prozessoren verteilten Threads implizieren aber auch gewisse Probleme, die bislang bei Prozessen verhindert worden sind. Zunächst gibt es wegen des Sharings des gleichen Adressraumes praktisch keine Schutzmechanismen zwischen Threads. Die von einem Thread versehentlich angerichteten Manipulationen in Datenregionen eines anderen Threads können diesen Thread und sogar den umgebenden Prozess in die Gefahr eines Absturzes bringen. Weiter erfordern Threads je nach konkreter Implementierung in der Regel vom Betriebssystem eine gesonderte bzw. zusätzliche Behandlung, wenn es darum geht, das Prozessverhalten mit den Threads in Einklang zu bringen. Ebenso treten Schwierigkeiten bei der Verwendung von Bibliotheken (Libraries) auf, wenn diese nicht für die gleichzeitige Benutzung im demselben Adressraum geeignet – also nicht *reentrant* – sind. Globale Variablen sind in dieser Hinsicht besonders betroffen.

Der Zugriff zur Thread-Funktionalität, in Form sogenannter *Thread-Packages* realisiert, stützt sich grundsätzlich auf zwei Ansätze der Thread-Integration in ein Betriebssystem:

Thread-Funktionen ausserhalb des Betriebssystems: Die Thread-Funktionalität wird dabei als eine Sammlung von diversen Funktionen bzw. Unterprogrammen realisiert, die ausserhalb des Betriebssystems angesiedelt sind. Die auf diese Weise gebildete *Thread-Bibliothek* ist zwar durch das Vermeiden der Betriebssystemintegration effizienter (ein System Call ist in der Regel recht zeitaufwendig), jedoch fehlt dem Thread-Management durch die Isolation auf den umgebenden Prozess die systemglobale Sicht. Damit ist auch eine ausgewogene Verteilung der verfügbaren Prozessoren auf alle vorhandenen Threads eingeschränkt.

Threads als integraler Bestandteil des Betriebssystems: Die für den Einsatz der Threads notwendigen Funktionen sind auf System Calls des Betriebssystems abgebildet. So obliegt die Verwaltung der Threads vollständig einem Teil des Betriebssystems. In dieser Variante kann es sogar vorkommen, dass Threads als einziges – grundlegendes – Instrument der Parallelisierung implementiert sind. Dabei fällt oft auch die Realisierung der Prozesse in ein anderes Licht, beispielsweise wenn diese dann selbst als Erweiterung auf das Basiskonzept „Threads“ aufbauen.

Die zuletzt genannte Variante eines Thread-Packages ist nebenbei bemerkt kennzeichnend für eine *Microkernel*-Architektur, wo lediglich die grundlegensten Konzepte wie Threads in den Betriebssystemkern (*Kernel*) Eingang finden. Alle anderen, komplexeren Elemente eines Betriebssystems sind als *Systemsoftware-Komponenten* ausgegliedert. Es soll allerdings auch nicht unerwähnt bleiben, dass gewisse Mischformen der obigen Aufzählung existieren. Dabei wird die Thread-Funktionalität zwar nach aussen hin durch eine Funktions-bibliothek zur Verfügung gestellt, aber intern auf die tatsächliche System Call Schnittstelle, zum Beispiel eines Microkernels, abgebildet. Dies findet vor allem in jenen Fällen Verwendung, bei denen die herstellerspezifische Thread-Schnittstelle an ein standardisiertes *Thread-Interface* (zum Beispiel ein *POSIX*-konformes) angeglichen werden soll.

Der Einsatz von Threads findet seinen Ursprung in zwei Bereichen: Einerseits wird dort, wo das Anlegen von Prozessen zu aufwendig ist, mit Threads gearbeitet. Das Erzeugen eines Threads zieht kaum mehr Aufwand nach sich (zumindest im Vergleich zu Prozessen) als der Aufruf einer Hochsprachenprozedur. Bei kommunikationsorientierten Prozessen können so die durch Anforderungen entstehenden Berechnungen auf mehrere Threads (*Workers*) verteilt werden, währenddessen ein bestimmter Thread (*Dispatcher*) ständig neue Anforderungen empfängt und diese an die Worker-Threads weiterleitet. Ein anderes Beispiel ist die schon vorher erwähnte Durchführung einer im Hintergrund ablaufenden Rechtschreibüberprüfung, während der Anwender mühevoll seinen Text Wort für Wort eintippt. Vorgänge innerhalb von Prozessen lassen sich so mit Hilfe von Threads effizient und unkompliziert entwerfen.

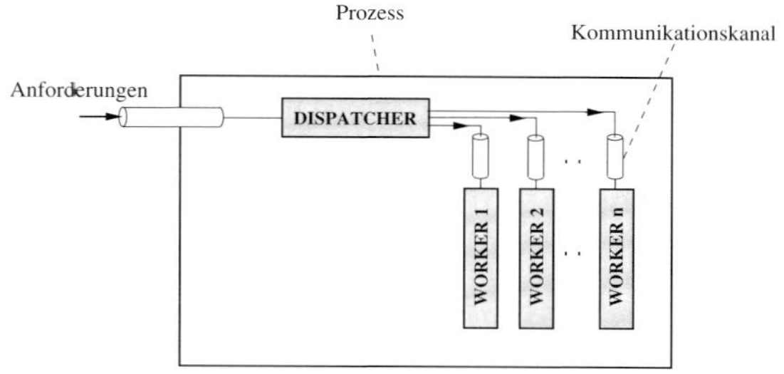

Abbildung 10.11: Dispatcher- und Worker-Threads

Auf der anderen Seite liegt die Domäne der Threads bei der Verwendung in Mehrprozessorsystemen. Eine Zuordnung von Threads zu Prozessoren bietet sich geradezu ideal an und lässt sich relativ leicht bewerkstelligen, da nicht der Ballast einer vollständigen Prozess-Umgebung mitgetragen werden muss. Mit der Aufteilung des Prozess-Geschehens in mehrere Threads entbindet der Anwender das Betriebssystem von der Entscheidung, wie eine Parallelisierung vorzunehmen ist bzw. wie sie effizient zu erfolgen hat, da dem Anwender die genauen Abhängigkeiten in den Abläufen eines Programmsystems bekannt sind. Daneben ist noch anzumerken, dass der Einsatz von Threads aus der Sicht des Anwenders auch implizit, nämlich im Betriebssystem selbst, erfolgen kann. Vorgänge im Betriebssystem werden für den Anwender transparent auf mehrere Prozessoren (und damit Threads) abgebildet, was allerdings generell zu einer schlechteren Prozessorenauslastung führt, da die Aufteilung nur auf die Betriebssystemabarbeitung selbst beschränkt bleibt. Für diese Eigenschaft hat sich der Begriff *multi-threaded Kernel* etabliert. Es sollte noch darauf hingewiesen werden, dass der Begriff *Multi-Threading* als Verallgemeinerung gilt und damit das Konzept der Threads an sich beschreibt.

In *Distributed Operating Systems* und in Mehrprozessorsystemen spielen Threads eine ganz wesentliche Rolle. In diesen Bereichen sind besonders *Microkernel-Architekturen* bezogen auf die Betriebssystemstrukturierung verbreitet. Ein typischer Vertreter ist das an der CMU (Carnegie Mellon University) entstandene Betriebssystem *Mach*.Weiter sind hier auch noch *Amoeba* (nach Andrew S. Tanenbaum) und *CHORUS* (von CHORUS Systèms) anzuführen.

10.5 Scheduling

Ich selbst verteil´ die Rollen
nach eines jeglichen Natur und Richtung.

Der Meister.
Calderon de la Barca, „Das grosse Welttheater".

In diesem Abschnitt wollen wir uns damit beschäftigen, wie durch das Betriebssystem auf einer Maschine mit nur wenigen Prozessoren (meist nur einem) ein virtuelles 10.000.000-Prozessorsystem realisiert wird. Die dazu notwendige Verteilung der Aufgaben auf die tatsächlich vorhandenen Ressourcen wird als *Scheduling* bezeichnet. Speziell bei grösseren Systemen ist es üblich, dieses in *mehreren Ebenen* durchzuführen. So kann zum Beispiel auf einer oberen Ebene entschieden werden, welche Jobs (die im allgemeinen aus mehreren Prozessen bestehen) überhaupt zur

Ausführung zugelassen werden. Dies wird naheliegenderweise *Job-Scheduling* genannt. Das darunterliegende *Prozess-Scheduling* hat dann die Aufgabe, die so ausgesuchten Prozesse auf die physikalischen Objekte „Prozessoren“ zu verteilen. Am Rande bemerkt hängt es von der konkreten Implementierung ab, ob die Prozessoren nun den Prozessen oder die Prozesse den Prozessoren zugeteilt werden. Bei Vorhandensein von Threads verlagert sich die Prozessoren-Zuteilung auf die Thread-Ebene. Jeder Prozess umfasst dann eine Thread-Gruppe, oft auch *Cluster* genannt.

10.5.1 Prozess-Scheduling

Obwohl die Verteilung der Prozesse auf die Prozessoren die mittlere Ebene beim Scheduling darstellt, werden wir sie aus didaktischen Gründen zuerst behandeln. Die Vorgangsweise ist eigentlich einfach: Wir müssen lediglich dafür sorgen, dass jeder Prozess, der sich im Zustand READY befindet, in bestimmten Abständen und für eine bestimmte Zeit einen Prozessor zugeteilt bekommt (d.h., in den Zustand RUNNING wechselt). Prozesse, die sich in anderen Zuständen befinden, können wir ignorieren, da sie keinen Bedarf nach einem Prozessor haben. Abbildung 10.12 zeigt diese *Quasi-Parallelität* für drei READY Prozesse auf einem Prozessor.

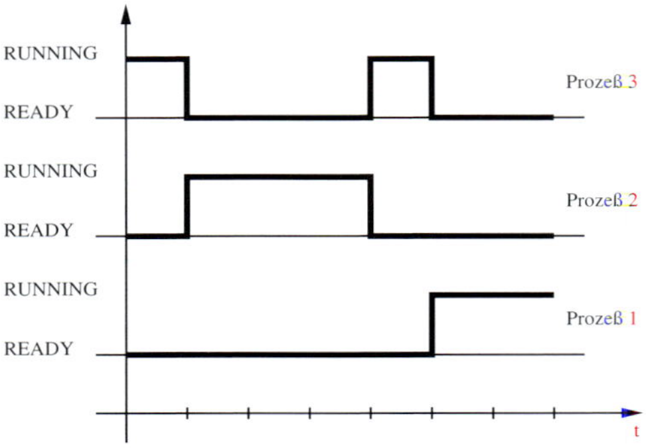

Abbildung 10.12: Beispiel für ein Scheduling von drei Prozessen mit einem Prozessor

Wenn die Zuteilung der Prozessoren (der *Context Switch*) in sehr kurzen Abständen (etwa (10 ... 100) ms) erfolgt, entsteht für jeden Prozess die Illusion einer kontinuierlichen Exekution mit entsprechend verminderter Geschwindigkeit. Man sollte bei der *parallelen Programmierung* stets vor Augen haben, dass in der Regel keinerlei Aussagen darüber gemacht werden können, wann nun ein Prozess tatsächlich RUNNING oder wann er nur READY ist! Eine gute Technik ist die, immer so zu tun, als ob genügend Prozessoren für die echt parallele Exekution zur Verfügung stünden, die READY Prozesse also immer RUNNING wären.

Beobachtungen konkreter Systeme zeigen, dass die Anzahl der READY Prozesse als Funktion der Zeit „fast immer“ sehr klein ist. Obwohl diese Aussage natürlich nicht allgemein gilt, haben doch sehr viele Programme die Eigenschaft, I/O-intensiv (engl. *I/O-bound*) zu sein. Sie verbringen einen Grossteil ihrer Lebensdauer als Prozess mit dem Warten auf die Beendigung der (relativ langsamen) *I/O-Operationen*, also im Zustand BLOCKED. Im Gegensatz dazu ist ein Prozess *CPU-bound*, wenn er hauptsächlich einen Prozessor (also Rechenleistung) benötigt.

Eine Menge verschiedener *Strategien* für das Prozess-Scheduling existieren, und natürlich gibt es auch eine Reihe von (einander widersprechenden) *Forderungen* an derartige *Scheduling-Algorithmen*

Fairness (engl. *Fairness*): Die Verteilung der Prozessorkapazität soll gerecht sein.

Effizienz (engl. *Efficiency*): Die Prozessoren sollten möglichst optimal ausgelastet werden.

Durchsatz (engl. *Throughput*): Die Anzahl der verarbeiteten Jobs sollte maximiert werden.

Antwortzeiten (engl. *Response Time*): Gerade bei interaktiven Prozessen (zum Beispiel Shells) ist es wichtig, raschen Response zu liefern (bevor der Benutzer einschläft).

Prozessorwechselzeit (engl. *Context Switch Time*): Die Prozessorwechselzeit ist die für die „Berechnung" einer Scheduling-Entscheidung notwendige Zeit und soll minimal sein. In diesem Zusammenhang gibt die (möglichst kleine) Context Switch Time als charakteristischer Wert Auskunft über den Scheduling Overhead inklusive der Dauer des sogenannten *Dispatches* (das ist der Context-Save und –Restore, siehe Abschnitt 10.3).

Das Hauptproblem, mit dem sich der Scheduler konfrontiert sieht, ist, dass er keine Vorhersagen über das Verhalten der Prozesse zur Verfügung hat. Er muss seine Entscheidungen daher mehr oder weniger *heuristisch* treffen. Es gibt sehr aufwendige *adaptive* Techniken, die während der Lebensdauer eines Prozesses Informationen über dessen Verhalten sammeln und dadurch ein (möglicherweise) adäquates Scheduling ermöglichen. Bedingt durch die Häufigkeit der Aktivierung des Schedulers werden aber für gewöhnlich primitivere Methoden bevorzugt (wegen des geringeren Overheads). Wir werden nun einige der wichtigsten Verfahren kurz vorstellen.

First Come First Served (FCFS): In den früheren *Batch-Systemen* kamen in der Regel so genannte *non preemptive* Scheduling-Techniken, zum Beispiel *FCFS* (First Come First Served) zum Einsatz. Hierbei wurde einem Prozess der einmal zugeteilte Prozessor bis zu seiner Termination nicht mehr entzogen. Die weit häufiger vorkommende Variante der nichtpreemptiven Scheduling-Technik entzieht einem Prozess den Prozessor bereits bei einem zur Blockierung führenden System Call. In dieser Form auch *kooperatives Multitasking* genannt, liegt es in der Verantwortung der einzelnen Prozesse, dass überhaupt regelmässige Context Switches auftreten. Da diese Techniken nicht ein besonders befriedigendes Verhalten aufweisen, werden heutzutage meist *preemptive* Methoden verwendet, die wesentlich flexibler sind.

Round Robin Scheduling (RRS): Diese Art des Schedulings ist eine der ältesten Methoden. Hier bekommt nacheinander jeder READY Prozess für ein (kurzes) Zeitintervall (*Quantum* oder *Time Slice* genannt) einen Prozessor zugeteilt. Läuft das Quantum eines Prozesses im Zustand RUNNING ab, ohne dass der Prozess BLOCKED wurde, wird er (also seine Prozess-ID, siehe Abschnitt 10.3) am Ende der Ready-Liste eingetragen; eine vor dem Ablauf des Time Slices stattfindende Blockierung bewirkt natürlich den Eintrag in die Blocked-Liste.

In jedem Fall muss danach aus der Ready-Liste ein Prozess ausgewählt werden, der dem freigewordenen Prozessor zugeteilt werden soll. Im einfachsten Fall wird dabei der erste Prozess aus der Liste verwendet (First Come First Serve Strategie). Dadurch werden die in der Ready-Liste befindlichen Prozesse zyklisch, einer nach dem anderen, (maximal) für die Dauer einer Time Slice RUNNING, abgearbeitet. Eine andere Möglichkeit wäre es, jenen Prozess zu wählen, der die höchste Priorität besitzt (prioritätsgesteuerte Strategie). In beiden Fällen kann es natürlich passieren, dass jener Prozess, der sich gerade noch im Zustand RUNNING befunden hat, den Prozessor für eine weitere Time Slice zur Verfügung gestellt bekommt. Dies wäre bei der First Come First Serve Strategie dann der Fall, wenn sich sonst kein anderer Prozess im Zustand READY befindet. Die möglichen Zustandsübergänge eines laufenden Prozesses sind in Abbildung 10.13 veranschaulicht.

Kritisch für das Round Robin Scheduling ist die Länge der Time Slices; ist sie zu klein, reduziert der Scheduling Overhead die nutzbare Prozessorleistung unzulässig, ist sie zu gross, sind die Antwortzeiten unbefriedigend. Manchmal wird übrigens auch hier der Terminus *nicht preemptiv* benutzt, um zu betonen, dass, wenn erforderlich, ein Prozess immer eine ganze Time Slice im Zustand RUNNING bleibt.

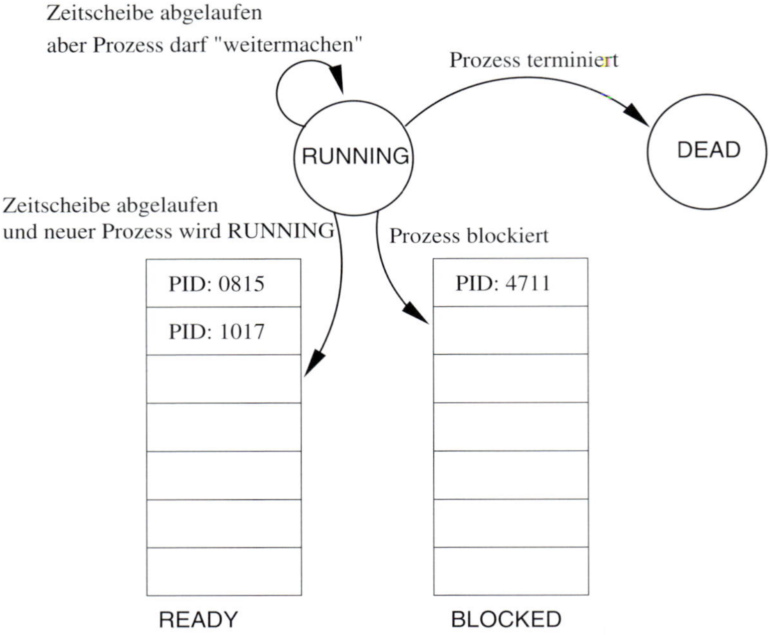

Abbildung 10.13: Zustandsübergänge eines laufenden Prozesses bei Round Robin Scheduling

Static Priority Scheduling (SPS): Betrachtet man den „Alltag“ eines Computersystems, so gibt es wichtige und weniger wichtige Aufgaben. Es ist daher natürlich, Prozessen eine *Priorität* zuzuordnen und die Prozessorkapazität entsprechend aufzuteilen. Diese Prioritäten können nun statischer oder dynamischer Natur sein. Erstere liegen dann vor, wenn das Betriebssystem von sich aus keine Veränderungen vornimmt; zu beachten ist, dass diese Definition aber keineswegs die Änderung der Prioritäten durch die Prozesse selbst verbietet. Das einfachste der prioritätsgesteuerten Verfahren, das sogenannte *Static Priority Scheduling* (*SPS*), ist einfach zu erklären: RUNNING ist immer jener Prozess, der die höchste Priorität hat. Immer wenn ein anderer Prozess in den Zustand READY wechselt, der eine höhere Priorität als der aktuell laufende Prozess hat, nimmt der Scheduler dem laufenden Prozess den Prozessor weg und bringt den neuen Prozess zur Ausführung. Es handelt sich hierbei um eine preemptive Strategie, die zwar sehr einfach zu implementieren, aber nicht ohne Probleme ist. So kann es etwa passieren, dass ein niedrigpriorer Prozess nie einen Prozessor zugeteilt bekommt, ein Effekt, der *Starvation* genannt wird.

Dynamic Priority Scheduling (DPS): Schwierigkeiten dieser Art können durch die dynamische Änderung von Prioritäten (durch das Betriebssystem) gelöst werden. Durch eine geschickte Vergabe derselben kann sowohl eine Anpassung an verschiedene Betriebssituationen (Ressource-Engpässe, Hochlastfälle, usw.) als auch eine adäquate Aufteilung der Prozessorkapazität erfolgen. Derartige Techniken werden *Dynamic Priority Scheduling* (*DPS*) genannt. Es kann zum Beispiel jedem Prozess ein ihm zustehendes Soll-Service zugeteilt werden. Dieses könnte als Anteil (Prozentsatz) eines bestimmten Zeitintervalls formuliert werden, für das der Prozess den Prozessor nutzen können soll. Die Priorität wird dann entsprechend dem Verhältnis des Soll-Services zum bereits konsumierten Ist-Service justiert. Dies ist übrigens ein Beispiel einer adaptiven Scheduling-Strategie.

Selbstverständlich ist es beim Priority Scheduling auch möglich, Prozesse gleicher Priorität mittels Round Robin zu behandeln und somit die Vorzüge der beiden Techniken zu vereinen. RRS kann sogar als Spezialfall eines DPS mit einer *linearen Prioritätsfunktion* aufgefasst werden. Konzeptuell können wir uns vorstellen, dass die Priorität eines RUNNING Prozesses in regelmässigen Abständen um einen gewissen Wert b, die Priorität eines READY Prozesses aber um einen Wert a erhöht wird. Für $b = -1$ und $a = 0$ erhalten wir RRS, die oben erwähnten regelmässigen Intervalle entsprechen klarerweise dem Quantum. Der Fall $b < 0$, $a > 0$ wird im allgemeinen die Anzahl der Context Switches verringern und die *Monopolisierung* der Prozessoren durch einzelne Prozesse (und damit die Starvation niedrigpriorer Prozesse) verhindern.

Daneben gibt es noch jede Menge anderer Verfahren, wie etwa das *Shortest Job First* (*SJF*) oder *Shortest Remaining Time* (*SRT*) Scheduling, die auf Schätzungen der Ausführungszeit eines Prozesses aufbauen. Wegen der mangelhaften hellseherischen Fähigkeiten eines Betriebssystems sind derartige Methoden aber nur sehr beschränkt verwendbar. Es gibt übrigens interessante Performance-Analysen von Scheduling-Algorithmen, die hauptsächlich auf der sogenannten *Queueing Theory* (einem Spezialgebiet der Wahrscheinlichkeitstheorie) basieren.

10.5.2 Thread-Scheduling

In einem System mit integriertem Thread-Mechanismus gilt gleichfalls das in Abschnitt 10.5 Gesagte. Mit dem Thread-Scheduling wird das Prozess-Scheduling um eine hierarchisch untergeordnete Ebene des Schedulings ergänzt. Normalerweise bleibt das Verhalten der Threads im dazugehörigen Prozess gekapselt. Vor allem bei nicht im Betriebssystemkern eingebundenen Threads tritt das Problem auf, was passieren soll, wenn ein Thread blockiert. Ohne spezielle Behandlung wird auch der Prozess blockiert, obwohl noch andere Threads im Zustand READY warten und zur Ausführung gelangen könnten. Ein geschickter Thread-Scheduler nimmt darauf Rücksicht und gibt den Prozessor erst dann ab, wenn alle Threads eines Prozesses blockieren, also kein anderer Thread mehr READY ist. Natürlich kann auf Prozessebene ein Prozessorentzug bereits vorher erfolgen, ohne auf die momentane Thread-Situation Rücksicht zu nehmen. Dieser hierarchischer Aufbau in der Scheduling-Strategie ist in Abbildung 10.14 skizziert.

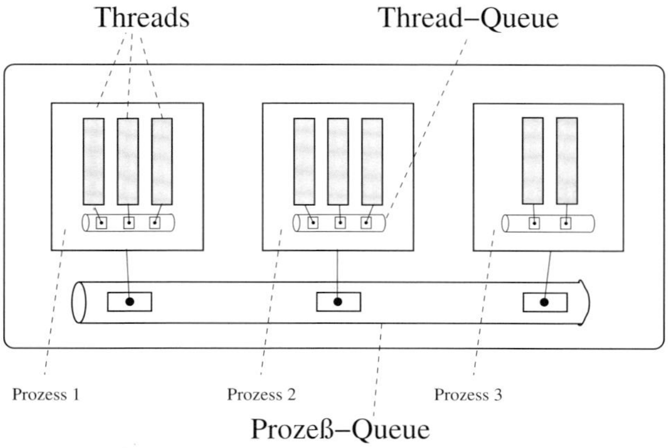

Abbildung 10.14: Hierarchisches Thread-Scheduling

Getrennte *Queues* für Prozesse und Threads stehen hier stellvertretend für die entsprechenden Organisationsstrukturen wie Ready-Liste und Blocked-Liste.

Der Aufbau kann aber gänzlich anders geartet sein, speziell dann, wenn dem Scheduler die Bewältigung zeitkritischer Vorgänge abverlangt werden. In einer solchen Situation muss das Thread-Scheduling prozessübergreifend agieren. Durch Einführung systemweiter Prioritätsebenen ist es damit sogar möglich, die Ausführungsabfolge zu einem höher prioren Thread eines anderen Prozesses wechseln zu lassen, obwohl der gerade noch aktive Prozess durchaus über Threads im READY-Zustand verfügt. Abbildung 10.15 zeigt den Sachverhalt einer globalen Thread-Queue. Auf Prozess-Ebene verkümmert nun die Scheduling-Funktionalität, die nun vollkommen in der

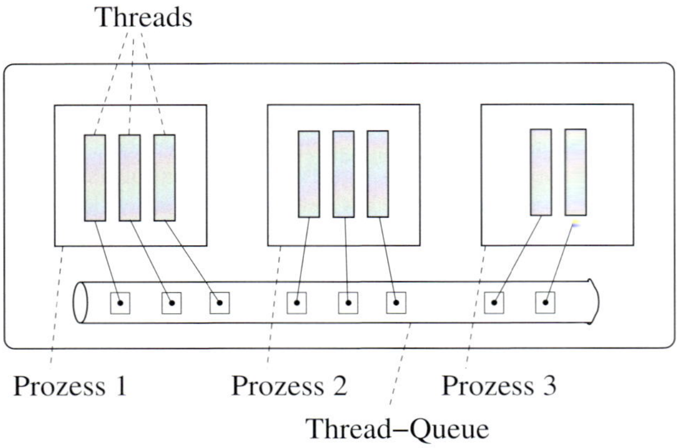

Abbildung 10.15: Globales Thread-Scheduling

Hand des Thread-Schedulers liegt. Diese Methode gilt im allgemeinen als die feinere in bezug auf die *Scheduling-Granularität*, wodurch die Threads enger verzahnt und aus der Gesamtsystemsicht auch gleichmässiger zum Zug kommen. Unter feinerer Granularität versteht man in diesem Zusammenhang die Möglichkeit des Schedulers, direkt auf die kleinsten Einheiten des Schedulings (Threads) zugreifen zu können. Das vorher besprochene hierarchische Thread-Scheduling weist hingegen eine gröbere Granularität auf, weil nur auf der Ebene der Prozesse Entscheidungen getroffen werden, diese aber mehrere Threads auf einmal betreffen können. Die Variante des globalen Thread-Schedulings ist in der Regel in thread-basierten Betriebssystemen vertreten, wo Prozesse nicht als grundlegendes Element implementiert sind.

10.5.3 Job-Scheduling

In Hochlastfällen ist es oft günstig, die angespannte Lage zu entschärfen und einige der konkurrierenden Prozesse zur Gänze „auf Eis" zu legen (also aus dem Wettbewerb zu nehmen). Dadurch wird zum Beispiel der *System-Overhead* beim Prozess-Scheduling verringert und damit die Nutzkapazität erhöht. Weitere Vorteile ergeben sich aufgrund von Eigenheiten spezieller Techniken der Speicherverwaltung (Paging), die wir im Abschnitt 12 vorstellen werden.

Ziel des Job-Schedulings ist es also, dem Prozess-Scheduler eine gut bewältigbare Arbeit zuzuteilen. Die meisten der bereits vorgestellten Strategien für das Prozess-Scheduling sind auch hier einsetzbar; statt eines einzelnen Prozesses sind es eben ganze Jobs, die davon betroffen sind. Klugerweise haben wir auch schon den Prozesszustand und System Calls eingeführt, die wir dazu brauchen, nämlich SUSPENDED, sowie `P_SUSPEND` und `P_RESUME`. Durch den Aufruf von `P_SUSPEND` und `P_RESUME` kann das Betriebssystem im Zuge des Job-Schedulings „unerwünschte" Jobs (also mehrere Prozesse) suspendieren und später wieder aktivieren. Wir wollen aber hier noch einmal betonen, dass das Job-Scheduling nur eine Möglichkeit des Schedulings mit mehreren

Ebenen darstellt. Speziell bei Grossrechner-Betriebssystemen werden häufig noch zusätzliche *Scheduling Levels* verwendet.

Weiterführende Literatur

H.M. Deitel. *An Introduction to Operating Systems*, Addison-Wesley, Reading, Massachusetts, 1984

L. Kleinrock. *Queueing Systems, Vols. 1 and 2*, John Wiley & Sons, New York, 1975

M. Maekawa, A.E. Oldehoeft, R.R. Oldehoeft. *Operating Systems*, Benjamin/Cummings, Manlo Park, California, 1987

A. Silberschatz, J.L Peterson. *Operating System Concepts*, Addison-Wesley, Reading, Massachusetts, 1988

A.S. Tanenbaum. *Modern Operating Systems, Second Edition*, Prentice-Hall, New Jersey, 2001

W. Stallings. *Operating Systems*, fourth edition, Prentice Hall, New Jersey, 2001

G. Schildt, W. Kastner. *Prozessautomatisierung*, Springer Verlag, Wien, New York, 1999

POSIX: IEEE Std. 1003.1. *Portable Operating System Interface, 2001*,

Internetverweise

- IEEE POSIX - http://standards.ieee.org/regauth/posix/

11 Interprozess-Kommunikation

An dieser Stelle ist es angebracht, uns kurz zu überlegen, was die auf Basis der bisher besprochenen Betriebssystem-Mechanismen aufgebaute virtuelle Maschine bereits leistet: Im Prinzip ist sie in der Lage, den geordneten Ablauf mehrerer paralleler Prozesse zu kontrollieren. Diese logische Parallelität erlaubt es, beliebig viele solche Prozesse zu erzeugen, ihren Ablauf zu beeinflussen und ihre Termination zu bewirken. Bei der Erstellung irgendwelcher Anwendungsprogramme brauchen wir somit keinen Gedanken mehr an die eigentliche Ablaufsteuerung zu verschwenden. Allerdings laufen die Prozesse (noch) ziemlich unkoordiniert nebeneinander her.

Gerade das für das Multi-Processing sprechende Argument, eine Aufgabe in mehrere Teile (Prozesse) zerlegen zu können, erfordert jedoch in der Regel eine stärkere Interaktion zwischen den Einzelteilen. Der dafür zuständigen *Interprozess-Kommunikation*, also dem Austausch von Nachrichten zwischen einem Sender- und einem oder mehreren Empfängerprozessen, ist dieser Abschnitt gewidmet. Die diesbezüglich angebotenen Möglichkeiten sind ein guter Gradmesser für die Qualität eines Betriebssystems. Es ist hier oftmals üblich, zwischen Mechanismen der *Kommunikation* und der *Synchronisation* von Prozessen zu unterscheiden. Die Synchronisation kann aber auch als Spezialfall der Kommunikation aufgefasst werden, bei der die übermittelten Nachrichten keine andere Information als ihr bloßes Vorhandensein tragen.

11.1 Server-Prozesse

Asterix: *Bist du Marcus Apfelmus?*
Apfelmus: *J ... j ... ja!*
Asterix: *Na, dann vor allem mal zwei Wildschweine in Weinsoße.*
Obelix: *Für mich auch.*

René Goscinny, Albert Uderzo, „Asterix und der Arvernerschild".

Eine typische Anwendung für Mechanismen der Interprozess-Kommunikation in Betriebssystemen finden sich bei *Server-Prozessen* (in der UNIX-Terminologie *daemons* genannt). Server-Prozesse haben die Aufgabe, anderen Prozessen gewisse Dienstleistungen zur Verfügung zu stellen. Dabei ergibt sich der Nutzen dieser Prozesse nicht direkt, sondern erst dadurch, dass anderen Prozessen Dienste zur Verfügung gestellt werden. Um diese Dienste nutzen zu können, müssen die (User-)Prozesse (*Clients*) nun Requests über die Mechanismen der Interprozess-Kommunikation an die diversen Server-Prozesse schicken. Welcher Art der Service und die Rückmeldungen sind, hängt klarerweise vom konkreten Fall ab.

Wenn ein Server-Prozess gerade nichts zu tun hat, wartet er auf Client Requests und befindet sich im Zustand BLOCKED. Erst wenn ein Request eintrifft, „wacht der Server auf" und geht in den Zustand READY über. Folgen Service Requests sehr rasch hintereinander, kommen also noch während der Bearbeitung eines Auftrages bereits weitere an, werden sie üblicherweise in eine Warteschlange eingereiht und einer nach dem anderen abgearbeitet. Eine weitere Möglichkeit besteht darin, für jeden Service Request einen eigenen Server-Prozess (dynamisch) zu erzeugen. Bei Verwendung von Prozessen ist das eine recht aufwendige Sache, da die Prozessgenerierung (wie bereits im Abschnitt 10.4 erläutert wurde) sehr ressourcen intensiv ist. Die Situation könnte dadurch entschärft werden, eine gewisse Anzahl von Prozessen vorher zu erzeugen und die Anforderungen auf diese durch einen separaten Prozess verteilen zu lassen (siehe auch das *Dispatcher-Worker-Modell* auf Thread-Basis in Abschnitt 10.4). Obwohl hier die beträchtlichen Prozessgenerierungszeiten eingespart werden können, behindern die prozessbedingten Kommunikationsschwächen die effiziente Datenweiterleitung zwischen Dispatcher und den Workers. Der Grund ist, dass alle Daten ein weiteres Mal über Mechanismen der Interprozess-Kommunikation vom Dispatcher-Prozess zu den jeweiligen Workers kopiert werden müssten. Falls man jedoch den Thread-Mechanismus zur Verfügung hat, bietet sich dessen Verwendung in idealer Weise an, weil hier ein Kopieren der Daten entfällt (der Worker-Thread arbeitet im demselben Adressraum wie der Dispatcher-Thread und kann auf die Daten direkt zugreifen). Abbildung 10.11 stellt die Situation durch Threads dar, wobei hier durch die effiziente Thread-Generierung die Anzahl der Workers dynamisch mit den eingehenden Anforderungen variiert.

Der Vorteil eines Server-Prozesses soll anhand eines *Printer Servers* anschaulich gemacht werden, der für das Management eines Druckers zuständig sein soll. An sich könnten wir ja für das Management eines Druckers, sozusagen als ersten Ansatz, folgende Strategie vorsehen: Wenn ein Prozess Ausgaben auf einem Drucker zu erledigen hat, so muss er zunächst warten, bis dieser frei wird. Ist er einmal im Besitz des benötigten Gerätes, darf er es erst nach der letzten Ausgabe wieder hergeben, da andernfalls der Output mehrerer Prozesse wirr durcheinander ausgedruckt werden würde. Um den Drucker `PRINTER` zu besetzen, wird ein entsprechender System Call (zum Beispiel `F_OPEN("PRINTER",attributes)`) an das Betriebssystem geschickt; dabei wird unter Umständen auf dessen Verfügbarkeit gewartet. Nach der letzten Ausgabe hätte dann `F_CLOSE` die Aufgabe, den Drucker wieder freizugeben. Auf diese Weise würde aber ein Prozess, der zu Beginn die Meldung „*Ich bin's nur!*“ ausgibt, dann 30 Minuten lang über das Ergebnis von $1 + 1 = ?$ meditiert, um dann lediglich „$1.0 + 1.0 = 1.999999999999$“ zu auszugeben, den Drucker eine halbe Stunde lang blockieren, obwohl das Ausdrucken der paar Zeichen in einer halben Sekunde erledigt wäre.

Um dies zu verhindern, wird nun das sogenannte *Printer Spooling* (*Simultaneous Peripheral Operation On Line*) eingesetzt. Dabei wird die Aufgabe mit Hilfe eines Printer Servers erledigt. Im Falle von Spooling öffnet ein `F_OPEN("PRINTER",attributes)` sozusagen insgeheim statt des Druckers ein File auf der Disk. Alles, was nun der Prozess vermeintlich auf den Drucker schreibt, geht in Wirklichkeit auf dieses *Spool-File*. Dessen File-Name muss (etwa durch die Verwendung der Prozess-ID und der aktuellen Uhrzeit, also zum Beispiel OUTPUT.4711.020912141543) eindeutig (engl. *unique*) sein; andernfalls könnte der Output eines anderen Prozesses ein noch nicht ausgedrucktes Spool-File überschreiben. Wenn der erzeugende Prozess den (imaginären) Drucker mittels `F_CLOSE` wieder schließt (dies ist spätestens bei der Termination des Prozesses der Fall), wird ein *Service Request* an den Printer Server geschickt, der diesen veranlasst, das File auszudrucken.

Service Requests an Printer Server beinhalten (zusätzlich zu ihrer „auslösenden“ Wirkung) oft noch einige andere Informationen. Neben dem Filenamen des auszugebenden *Spool-Files* und der Angabe, ob das File Text oder etwa Graphik enthält, können dies beispielsweise vom Üblichen (den sogenannten *Default-Werten*) abweichende Formatanweisungen (Anzahl der Zeilen pro Seite, linker und rechter Rand, ...) sein. Ob diese aber direkt im Service Request, im auszudruckenden Spool-File oder sonst wo stehen, ist unerheblich; der Printer Server muss bei der Bearbeitung des Auftrags nur an die Informationen herankommen.

Um das Beispiel des Printer Services zu vertiefen, wollen wir im folgenden einen einfachen Printer Server für Zeilendrucker entwerfen. Wir sehen zu diesem Zweck ein Disk-File SPOOL_QUEUE vor, das die Datei-Namen der auszudruckenden Spool-Files aufnehmen soll. In dem das Spooling abschließenden `F_CLOSE` öffnen wir SPOOL_QUEUE, schreiben den Namen des Spool-Files, das den gesamten Output des Prozesses beinhaltet (zum Beispiel OUTPUT.4711.020912141543) hinein und schließen es wieder. Danach muss der Printer Server darüber informiert werden, dass dass Arbeit auf ihn wartet. Erinnern wir uns dazu kurz der bereits im Abschnitt 10.3 vorgestellten System Calls `P_SLEEP(event)` und `P_SIGNAL(process-ID,event)`. Ersterer dient dazu, den aufrufenden Prozess bis zum Eintreten des (externen) Ereignisses `event` in den Zustand BLOCKED zu versetzen. Mittels `P_SIGNAL` kann einem (wartenden) Prozess das Eintreten eines Events mitgeteilt werden. Damit haben wir bereits einen (relativ primitiven) Mechanismus zur Verfügung, den Ablauf paralleler Prozesse zu koordinieren. In unserem Fall heisst das, dass der Client ein P_SIGNAL an der Printer Server sendet, der schon (mittels P_SLEEP) auf die Service Requests lauert und die in SPOOL_QUEUE stehenden Files (eines nach dem anderen) ausdruckt. Die folgende Abbildung soll die Vorgangsweise illustrieren:

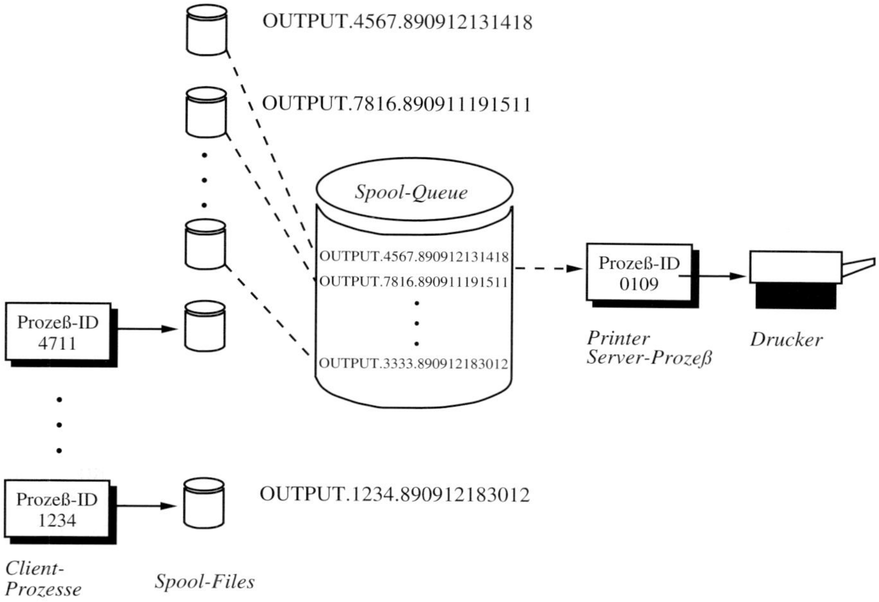

Abbildung 11.1: Prinzip des Spoolings mittels Server-Prozessen

Der (für die Clients zuständige) Programmabschnitt im F_CLOSE für einen Drucker kann in einer Modula-2-ähnlichen Notation wie folgt formuliert werden:

```
fd := F_OPEN("SPOOL_QUEUE",READ+WRITE); (* SPOOL_QUEUE Lesen und Schreiben *)
F_SEEK(fd,0); (* Aktuelle File-Position auf den Anfang des Files setzen *)
REPEAT  (* Suche nach einem freien Eintrag *)
  FOUND := TRUE; (* Default *)
  IF F_READ(fd,element) <> EOF THEN
  BEGIN (* Ende von SPOOL_QUEUE noch nicht erreicht *)
    IF element = "                         " THEN
    BEGIN (* Ein nicht belegter Record, Hurra ! *)
      F_SEEK(fd,F_CURRPOS(fd)-1) (* File-Position wieder herstellen *)
    END ELSE
    BEGIN (* Ein belegter Record, Suche fortsetzen *)
      FOUND := FALSE
    END
  END
UNTIL FOUND;
F_WRITE(fd,spoolfile); (* Eintragen von OUTPUT.xxxx.xxxxxxxxxxxx *)
F_CLOSE(fd); (* SPOOL_QUEUE wieder schließen *)
P_SIGNAL(server,TUWAS); (* Service Request an den Server-Prozess absetzen *)
```

Zu beachten ist, dass normalerweise das obige Programm von mehreren Clients parallel exekutiert werden wird. Der entsprechende Abschnitt für den (einzigen) Server lautet

```
fd := F_OPEN("SPOOL_QUEUE",READ+WRITE); (* SPOOL_QUEUE Lesen und Schreiben *)
WHILE TRUE DO
BEGIN (* Endlosschleife *)
  F_SEEK(fd,0); (* Aktuelle File-Position auf den Anfang des Files setzen *)
  WHILE F_READ(fd,element) <> EOF DO
  BEGIN (* Ende von SPOOL_QUEUE noch nicht erreicht *)
    IF element <> "                        " THEN
    BEGIN (* Ein belegter Record, los gehts! *)
      printfile(element); (* Ausgabe des gefundenen Files am Drucker *)
      F_SEEK(fd,F_CURRPOS(fd)-1) (* File-Position wieder herstellen *)
      F_WRITE(fd,"                        "); (* Eintrag löschen *)
      F_DELETE(element); (* Das gerade ausgedruckte Spool-File löschen *)
      F_SEEK(fd,0)  (* File-Position wieder auf den Anfang setzen *)
    END
  END (* WHILE Durchlesen von SPOOL_QUEUE *)
  P_SLEEP(TUWAS)  (* Warten auf Service Request *)
END (* WHILE Endlosschleife *)
F_CLOSE(fd); (* SPOOL_QUEUE wieder schließen *)
```

Wir haben hier ein Event TUWAS eingeführt, auf das der Server-Prozess wartet, wenn er einmal alle in SPOOL_QUEUE befindlichen Files ausgedruckt hat. Wir könnten jetzt auf den Gedanken kommen, zu fragen, was denn eigentlich P_SIGNAL bewirkt, wenn der Empfänger nicht auf das Ereignis wartet. Naheliegend ist es, dass in diesem Falle auch nichts passiert; mehr als READY (respektive RUNNING) kann ein Prozess ja nicht werden. Wenn unser Server also gerade mit dem Drucken eines Files beschäftigt ist und irgendein Client ein weiteres File in SPOOL_QUEUE eingetragen hat, wird dessen P_SIGNAL ignoriert; der Server exekutiert aber erst dann sein P_SLEEP, wenn die SPOOL_QUEUE leer ist.

Unglücklicherweise weist unser – anscheinend völlig problemlos funktionierender – Printer Server einen schweren verdeckten Fehler auf, der sich darin äußert, dass gelegentlich (vor allem in Phasen starker Druckaktivität) einzelne Ausgaben verloren gehen, also nicht ausgedruckt werden. Der Grund dafür sind sogenannte *Race Conditions*: Nehmen wir an, dass der Client mit der Prozess-ID 4711 im Zuge der Ausführung des F_CLOSE ein unbelegtes Element im File SPOOL_QUEUE (mit Index k) gefunden, die REPEAT-Schleife also terminiert hat und er kurz davor ist, F_WRITE aufzurufen. Bevor er dies tun kann, beschließt der Scheduler, ihm den Prozessor zu entziehen und diesen dem Client 1234 zuzuteilen. Dessen Suche nach einem freien Element liefert klarerweise ebenfalls dasjenige mit Index k, er trägt daher den Namen seines Spool-Files OUTPUT.1234.021223141516 dort ein. Jetzt entschließt sich unser Scheduler, den Prozess 4711 wieder mit einem Prozessor zu beglücken, worauf dieser OUTPUT.4711.021223141312 einträgt ... und damit den Eintrag des anderen Prozesses überschreibt!

Leider ist nun der soeben entdeckte Fehler in unserem Printer Server nicht der einzige. Es kann nämlich – sehr selten, aber doch – passieren, dass manche Ausgaben erst nach längerer Zeit herauskommen, obwohl der Drucker in der Zwischenzeit stundenlang unbeschäftigt (engl. *idle*) ist. Nach längerem Nachdenken zeigt sich ein weiteres, durch die Parallelität induziertes Problem, diesmal auf einer weiter unten liegenden Ebene.

Angenommen, der Server-Prozess ist dabei, das letzte in SPOOL_QUEUE befindliche File auszudrucken. Nach der Beendigung erfolgt ein erneutes Durchlesen, ob noch etwas in SPOOL_QUEUE eingetragen ist. Das ist nicht der Fall, also bricht die WHILE-Schleife ab. Bevor nun das P_SLEEP aktiviert werden kann, nimmt der Scheduler unserem Server den Prozessor weg und gibt ihn einem Client. Durch den zugeteilten Prozessor wird dieser fertig und terminiert, worauf das Spool-File in SPOOL_QUEUE eingetragen und P_SIGNAL aufgerufen wird. Diese Operation wird aber vom Server-Prozess ignoriert, da er sich ja noch im Zustand READY befindet. Wenn schließlich der Server wieder einen Prozessor bekommt, exekutiert er sein P_SLEEP ... und hat übersehen, dass SPOOL_QUEUE inzwischen nicht mehr leer ist! Das File wird erst dann ausgedruckt, wenn der nächste Service Request kommt; erst zu diesem Zeitpunkt wird ja SPOOL_QUEUE wieder inspiziert.

Die obige Ausführung sollte uns in drastischer Art und Weise vor Augen führen, welche Probleme man sich mit der Parallelität aufladen kann. Derartige Schwierigkeiten entstehen nur dann, wenn unter bestimmten Umständen ein Prozess zufällig vor einem anderen „fertig" wird. Aus diesem Grund hat sich dafür auch der Name *Race Conditions* eingebürgert: das „Ergebnis" der Ausführung eines Programmsystems ist von der relativen „Geschwindigkeit" der beteiligten Prozesse abhängig. Solche Fehler treten auch auf einem System mit genügend vielen Prozessoren auf, nicht das Scheduling, sondern die Parallelität selbst ist das eigentliche Problem! Race Conditions gehören zu den unangenehmsten Dingen, die einem bei Software-Systemen unterkommen können; durch das relativ seltene und indeterministische Auftreten ist die Eingrenzung eine äußerst schwierige und zeitraubende Sache (Wochen und Monate sind hier sicher nicht übertrieben).

Jetzt, wo wir die Fehler lokalisiert haben, sind wir natürlich an Behebungsmöglichkeiten interessiert. Fangen wir mit dem zuletzt entdeckten Betriebssystemproblem an: Eigentliche Ursache ist die Tatsache, dass P_SIGNAL ignoriert wird, wenn der Empfängerprozess nicht im Zustand BLOCKED ist. Aus diesem Grunde ist es notwendig, ein mittels P_SIGNAL gemeldetes Eintreten eines Ereignisses „aufzuheben", wenn der empfangende Prozess (noch) nicht im Blockierungszustand ist. Eine oft verwendete Möglichkeit ist es, im READY-Zustand ankommende Ereignismeldungen in einer Liste im *Prozessdeskriptor* zwischenzuspeichern und bei einem späteren P_SLEEP gar keine Blockierung mehr vorzunehmen. In diesem Zusammenhang ist es üblich, von anstehenden (engl. *pending*) Ereignissen zu sprechen. Eine Alternative besteht darin, den Aufrufer von P_SIGNAL zu fragen, ob der Empfänger das Ereignis brauchen konnte.

Damit ist der eine Fehler aus der Welt geschafft, was aber machen wir mit dem gegenseitigen Überschreiben? Das Problem liegt offensichtlich darin, dass zwei Clients gleichzeitig das File SPOOL_QUEUE bearbeiten können, genauer gesagt, dass vor Beendigung der Manipulation durch einen Prozess ein anderer ebenfalls damit beginnen darf. Während der Ausführung der *Critical Section* (Zeilen 3 bis 16) durch einen Client müsste also sichergestellt sein, dass kein anderer damit beginnen kann. Dieser sogenannte gegenseitige Ausschluss (engl. *mutual exclusion*) ist eines der ganz wichtigen Probleme der Interprozess-Kommunikation; die im folgenden Abschnitt vorgestellten Mechanismen werden uns dabei helfen, es zu lösen.

11.2 Synchrone Methoden

Das Neue daran ist nicht gut,
und das Gute daran ist nicht neu.
Gotthold Ephraim Lessing,
„Briefe, die neueste Literatur betreffend".

Synchrone Methoden zur Interprozess-Kommunikation zeichnen sich dadurch aus, dass der Empfänger eine Nachricht durch eine eigene Aktivität abholen muss. Ein Analogon dazu ist etwa die gewöhnliche Post, die man ja auch aus dem Briefkasten nehmen muss. Wenn man diesen vier Wochen nicht entleert, wird man in der Zeit auch keine Briefe, Rechnungen, Mahnungen, Werbeprospekte und dergleichen mehr bekommen. Den meisten der im Anschluss vorgestellten Techniken ist es gemeinsam, Nachrichten über spezielle Objekte, eine Art *Information Exchange*, auszutauschen. So gesehen ist beim Senden einer Nachricht nicht der eigentliche Empfänger, sondern der Information Exchange das Ziel. Wer nun die Nachricht wirklich abholt, ist nicht explizit festgelegt.

11.2.1 Semaphore

Im Jahre 1965 stellte *E. W. Dijkstra* das zur Vermeidung von Race Conditions geeignete Konzept der *Semaphore* vor. Eine Semaphor ist ein Objekt (konzeptuell eine Datenstruktur), bestehend aus einem auf 0 initialisierten *Counter* (Typ integer) und einer zunächst leeren *Liste* (*Warteschlange*, engl. *queue*) für Prozess-IDs. Eine Reihe von speziellen Zugriffsoperationen (*System Calls*) erlaubt nun die Synchronisation paralleler Prozesse. Zunächst einmal kann ein Semaphor (also ein Information Exchange im Sinne unserer einleitenden Bemerkungen) mit `S_OPEN(semaphorname)` vom Betriebssystem angefordert werden. Wie auch bei Dateien üblich wollen wir dabei einen Semaphor durch einen symbolischen Semaphor-Namen identifizieren und annehmen, dass das allererste S_OPEN das Semaphor-Objekt erzeugt, während die folgenden S_OPEN-Calls (aus anderen Prozessen) das bereits erzeugte Objekt (genauer gesagt, die entsprechende Semaphor-ID) zurückliefern. Die Abbildung 11.2 zeigt einen frisch initialisierten Semaphor namens SEMA.

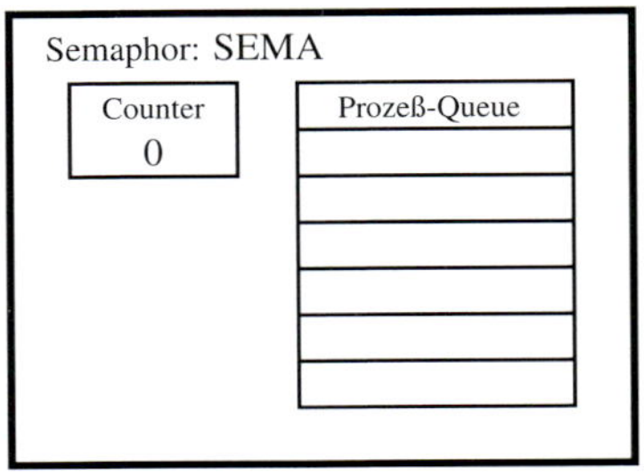

Abbildung 11.2: Darstellung eines initialisierten Semaphors

Es gibt nun zwei Operationen, `S_P(semaphor-ID)` und `S_V(semaphor-ID)`, deren Wirkung davon abhängt, ob der Counter des Semaphors größer, kleiner oder gleich 0 ist.

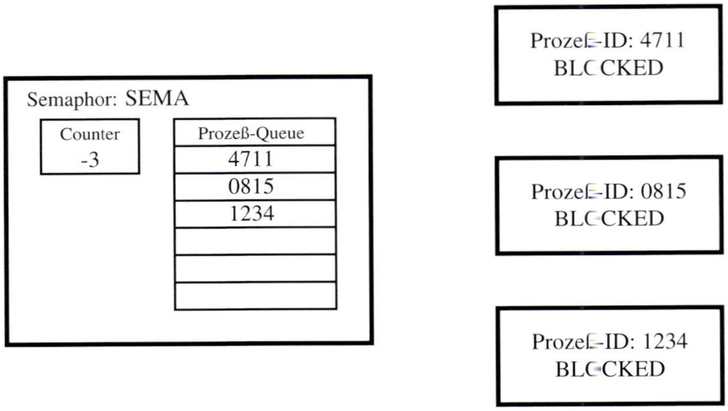

Abbildung 11.3: Darstellung eines Semaphors mit drei wartenden Prozessen

Betrachten wir zunächst die S_P Operation. Ist der Counter > 0 zieht diese Operation ein Dekrementieren (Counter:=Counter-1) des Counters nach sich. Ist der Counter jedoch ≤ 0, dann wird zwar wieder der Counter dekrementiert (Counter:=Counter-1), der aufrufende Prozess wird aber zusätzlich mittels seiner Prozess-ID in die Prozess-Queue eingetragen und in den Zustand BLOCKED versetzt; er bleibt also in der Operation „hängen“! Wenn zum Beispiel drei Prozesse ein S_P auf den in Abbildung 11.2 dargestellten Semaphor SEMA durchführen, ergibt sich die Darstellung nach Abbildung 11.3.

Nun brauchen wir natürlich auch eine Möglichkeit, um „hängende" Prozesse wieder flott zu machen. Dazu steht die S_V Operation zur Verfügung. Für den Fall, dass der Counter ≥ 0 ist, bewirkt S_V ein Inkrementieren des Counters (Counter:=Counter+1). Was passiert aber nun, wenn ein Prozess S_V für einen Semaphor mit Counter < 0 aufruft? Wieder erfolgt ein Inkrementieren (Counter:=Counter+1) des Counters, außerdem wird aber der erste Prozess aus der Prozess-Queue entfernt und in den Zustand READY versetzt, das heißt, er kommt aus seiner S_P-Operation, in der er hängengeblieben war, wieder heraus. Das erste S_V an den oben dargestellten Semaphor würde daher das S_P des Prozesses mit der ID 4711 beenden. Wenn also der Counter kleiner als 0 ist, gibt sein Absolutbetrag die Anzahl der an dem Semaphor wartenden Prozesse an. Ist der Counter hingegen größer oder gleich 0, so zählt er die Anzahl der Prozesse, die S_P ohne Blockierung aufrufen können.

Sehen wir uns zur Illustration des Semaphorkonzepts das Zusammenspiel zwischen einem Server Prozess und dreier Client Prozesse genauer an. Dabei soll der Server Prozess mittels eines Semaphors den geregelten (und exklusiven) Zugriff der Client Prozesse auf eine einzelne Ressource sicherstellen. In der folgenden Abbildung 11.4 wird auf der Ordinate der Stand des Counters im Semaphor und auf der Abszisse der zeitliche Verlauf der System Calls der beteiligten Prozesse dargestellt.

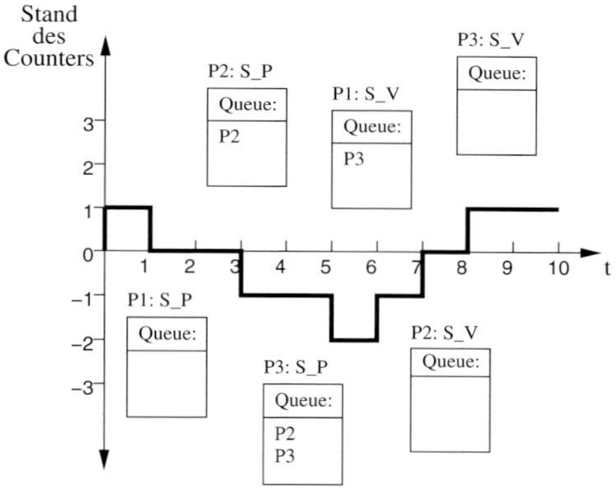

Abbildung 11.4: Darstellung des zeitlichen Verlaufs des Counterstands.

In unserem Beispiel wird vom Server Prozess ein Semaphor angelegt. Nachdem der Counter mit 0 initialisiert wurde, jedoch eine Ressource verfügbar ist, führt der Server zuerst ein S_V aus und erhöht den Counter auf 1. Dadurch ist die Ressource sofort für den ersten Prozess verfügbar. Zum Zeitpunkt $t = 1$ versucht nun der erste Prozess (P_1) Zugriff auf die Ressource zu erhalten und führt dazu ein S_P aus. Da der aktuelle Counterstand 1 ist, wird der Zugriff sofort gewährt; allerdings wird der Counter auf 0 dekrementiert. Zum Zeitpunkt $t = 3$ versucht der zweite Prozess (P_2) auf die Ressource zuzugreifen. Diese ist jedoch momentan belegt, was durch den Counterstand von 0 angezeigt wird. Daher wird der Prozess blockiert und in die Prozess-Queue des Semaphors eingetragen. Zusätzlich wird der Zähler nochmals um Eins verringert. Etwas später ($t = 5$) verlangt nun auch der dritte Prozess (P_3) Zugriff. Wieder wird der Counter dekrementiert, und der Prozess wird ebenfalls in die Prozess-Queue eingetragen. Als zum Zeitpunkt $t = 6$ der erste Prozess seine Arbeit beendet, gibt er die Ressource frei. Durch die entsprechende S_V Operation wird nun der Counter erhöht, gleichzeitig wird aber auch der erste Prozess (P_2) in der Prozess-Queue aufgeweckt und bekommt Zugriff auf die Ressource. Erst wenn P_2 die Ressource freigibt, kann auch der letzte Prozess zugreifen (zum Zeitpunkt $t = 7$). Natürlich wird auch der

Counter inkrementiert. Wenn dieser Prozess die Ressource nun ebenfalls nicht mehr benötig und freigibt (t = 8), erreicht der Counter wieder seinen ursprünglichen Stand von 1.

Wir sollten noch erwähnen, dass die Ordnung der Prozess-Queue (ihre sogenannte *Queueing-Disziplin*) nicht unbedingt FIFO (*First In First Out*) sein muss; etwa eine nach der Priorität der wartenden Prozesse geordnete Liste ist ebenfalls möglich. In diesem Falle wäre es der höchstpriore Prozess, der beim ersten `S_V` wieder READY wird. Wie bei anderen Objekten gibt es natürlich auch ein `S_CLOSE(semaphor-ID)`, mit dem ein zukünftig nicht mehr benötigter Semaphor wieder an das Betriebssystem „zurückgegeben" werden kann. Semaphore sind ein recht brauchbares und weit verbreitetes Mittel zur *Prozess-Synchronisation*, eine echte Kommunikation im Sinne einer weitergehenden Informationsübertragung ist allerdings nicht möglich.

Wie sieht nun die auf Semaphore aufgebaute Lösung unserer Probleme beim Spooling aus? Zunächst einmal sehen wir einen Semaphor SERVICE_REQ vor, über den die Service Requests an den Server-Prozess geschickt werden. Im Programm des Server-Prozesses ersetzen wir dann das `P_SLEEP` durch ein `S_P(SERVICE_REQ)`, im Programm der Clients das `P_SIGNAL` durch `S_V(SERVICE_REQ)`. Der Server bleibt (sofern von den Clients (noch) keine Service Requests geschickt wurden) nach dem allerersten Durchlesen von SPOOL-QUEUE in der `S_P`-Operation hängen, da der Counter nach dem initialen `S_OPEN` ja 0 ist. Jeder Service Request eines Clients erhöht den Counter aber um 1, wodurch der Server aus `S_P` herauskommt und die Inspektion von SPOOL_QUEUE vornehmen kann. Zu beachten ist, dass der Server-Prozess genau so oft „munter" wird, wie ihm Service Requests geschickt werden.

Das noch anstehende Mutual Exclusion Problem lösen wir durch einen zweiten Semaphor MUTUAL_EX, dessen Counter durch den Server-Prozess, ehe dieser mit dem Warten auf Service Requests beginnt, mittels `S_V(MUTUAL_EX)` auf 1 initialisiert wird (Zeile 0.3 im Programm des Servers). Der kritische Programmabschnitt in den Clients (genauer gesagt, im `F_CLOSE`) wird durch ein Paar `S_P(MUTUAL_EX)` und `S_V(MUTUAL_EX)` „geklammert":

```
0.1  SERVICE_REQ := S_OPEN("SERVICE_REQ");    (* Semaphor für Service Requests *)
0.2  MUTUAL_EX := S_OPEN("MUTUAL_EX");    (* Semaphor für Mutual Exclusion *)
1.   fd := F_OPEN("SPOOL_QUEUE",READ+WRITE); (* SPOOL_QUEUE Lesen und Schreiben *)
2.   F_SEEK(fd,0); (* Aktuelle File-Position auf den Anfang setzen *)
2.1  S_P(MUTUAL_EX); (********** Beginn Mutual Exclusion **********)
3.   REPEAT  (* Suche nach einem freien Eintrag *)
4.    FOUND := TRUE; (* Default *)
5.    IF F_READ(fd,element) <> EOF THEN
6.    BEGIN (* Ende von SPOOL_QUEUE noch nicht erreicht *)
7.      IF element = "                         " THEN
8.      BEGIN (* Ein nicht belegter Record, Hurra ! *)
9.        F_SEEK(fd,F_CURRPOS(fd)-1) (* File-Position wieder herstellen *)
10.     END ELSE
11.     BEGIN (* Ein belegter Record, Suche fortsetzen *)
12.       FOUND := FALSE
13.     END
14.   END
15.  UNTIL FOUND;
16.  F_WRITE(fd,spoolfile); (* Eintragen von OUTPUT.xxxx.xxxxxxxxxxxx *)
16.1 S_V(MUTUAL_EX); (********** Ende Mutual Exclusion **********)
17.  F_CLOSE(fd); (* SPOOL_QUEUE wieder schließen *)
18.  S_V(SERVICE_REQ); (* Service Request an den Server-Prozess absetzen *)
18.1 S_CLOSE(SERVICE_REQ);    (* Semaphor für Service Requests zurueckgeben *)
18.2 S_CLOSE(MUTUAL_EX);    (* Semaphor für Mutual Exclusion zurueckgeben *)
```

Das zuständige Programm für den Server sieht wie folgt aus:

```
SERVICE_REQ := S_OPEN("SERVICE_REQ");    (* Semaphor für Service Requests *)
MUTUAL_EX := S_OPEN("MUTUAL_EX");    (* Semaphor für Mutual Exclusion *)
S_V(MUTUAL_EX);    (* Counter auf 1 erhöhen *)
fd := F_OPEN("SPOOL_QUEUE",READ+WRITE); (* SPOOL_QUEUE Lesen und Schreiben *)
WHILE TRUE DO
BEGIN (* Endlosschleife *)
  F_SEEK(fd,0); (* Aktuelle File-Position auf den Anfang setzen *)
  WHILE F_READ(fd,element) <> EOF DO
  BEGIN (* Ende von SPOOL_QUEUE noch nicht erreicht *)
    IF element <> "                        " THEN
    BEGIN (* Ein belegter Record, los gehts! *)
      printfile(element); (* Ausgabe des gefundenen Files am Drucker *)
      F_SEEK(fd,F_CURRPOS(fd)-1) (* File-Position wieder herstellen *)
      F_WRITE(fd,"                        "); (* Eintrag löschen *)
      F_DELETE(element); (* Das gerade ausgedruckte Spool-File löschen *)
      F_SEEK(fd,0)  (* File-Position wieder auf den Anfang setzen *)
    END
  END (* WHILE Durchlesen von SPOOL_QUEUE *)
  S_P(SERVICE_REQ) (* Warten auf Service Request *)
END (* WHILE Endlosschleife *)
F_CLOSE(fd); (* SPOOL_QUEUE wieder schließen *)
S_CLOSE(SERVICE_REQ);    (* Semaphor für Service Requests zurueckgeben *)
S_CLOSE(MUTUAL_EX);    (* Semaphor für Mutual Exclusion zurueckgeben *)
```

Bevor also ein Client mit der Suche nach einem freien Eintrag beginnen kann, muss er die Operation S_P(MUTUAL_EX) durchführen; hier bleibt er jedoch genau dann „hängen“, wenn ein anderer Prozess schneller war. Erst wenn der „glücklichere“ Client beim Verlassen der Critical Section wieder ein S_V exekutiert hat, wird der erste in der Prozess-Queue stehende Prozess READY und kann seinerseits den kritischen Abschnitt exekutieren.

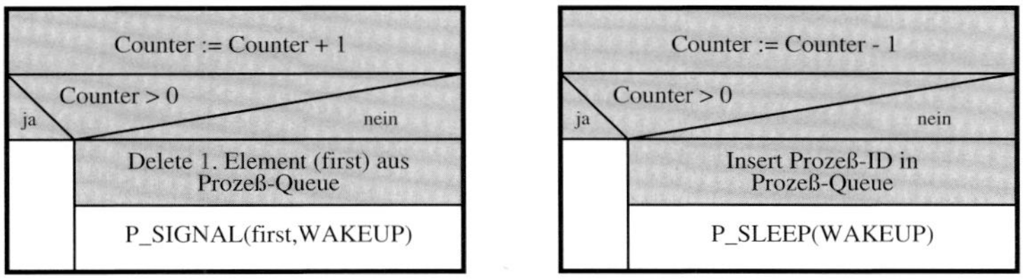

Abbildung 11.5: Nassi-Shneiderman Diagramm: Implementierung der Semaphor-Operationen

Ein interessante Frage, die wir bisher noch nicht betrachtet haben, ist jene nach der Art und Weise, wie die Synchronisationsroutinen S_P und S_V auf Betriebssystemebene realisiert werden können. Wie bei jedem System Call löst der zu S_P (oder S_V) gehörende Trap zunächst die Exekution des korrespondierenden Unterprogramms im Prozess-Interface aus. Dieses gibt den Aufruf durch die darunterliegenden Schichten (meist durch andere Traps) weiter, bis er zur Interprozess-Kommunikation vorgedrungen ist. Dort beginnt die Ausführung der durch die obigen Struktogramme beschriebenen Befehlsfolge.

Bekanntlich darf aber der Aufruf eines System Calls gleichzeitig (in verschiedenen Prozessen) erfolgen; damit kann natürlich auch die Ausführung der in den obigen Struktogrammen beschriebenen Sequenz für S_V und S_P (beliebig verschoben) parallel erfolgen; selbstverständlich müssen die zugrundeliegenden Programme ablaufinvariant sein. Überlegen wir nun, was passiert, wenn S_P auf einen Semaphor mit Counter $= 0$ nach dem Dekrementieren (auf -1) und der Abfrage (Counter ≥ 0) durch ein von einem anderen Prozess veranlasstes S_V „überholt" wird. Letzteres inkrementiert den Counter wieder (auf 0) und versucht dann, aus der (noch leeren!) Prozess-Queue den ersten Prozess zu entfernen und ihm ein WAKEUP-Signal zu schicken! Das ist natürlich nicht möglich; wenn das („überholte") S_P daher fertig wird, ist ein wartender Prozess in der Prozess-Queue, der Counter ist jedoch 0! Das heißt, dass der Mechanismus, den wir zur Verhinderung von Race Conditions in den Prozessen vorgesehen haben, selbst mit *Race Conditions* auf der *Betriebssystemebene* zu kämpfen hat! Wir haben durch dessen Einführung das Problem lediglich verlagert, müssen uns also jetzt für die *Mutual Exclusion* der *Critical Sections* in den *System Calls* kümmern. In unserem vorigen Beispiel sollten etwa die schraffierten Abschnitte *unteilbar* (*atomic*) gemacht werden.

Es gibt zwei grundsätzlich verschiedene Lösungsansätze für dieses Problem. Der erste ist sicherlich der einfachste: Wir erlauben *keine gleichzeitige Ausführung* kritischer System Calls; simultane Aufrufe werden in einer Warteschlange gesammelt und einer nach dem anderen ausgeführt. In diesem Zusammenhang ist es üblich, von *Serialized Actions* zu sprechen. Der zuständige Teil des Betriebssystems kann hierbei (konzeptuell) als Server aufgefasst werden, dessen Service Requests die System Calls sind. Klarerweise gibt es hier kein Mutual Exclusion Problem (sieht man von der Organisation der Service-Call-Warteschlange ab); es sind nicht einmal reentrante Programme nötig. Am Rande bemerkt würde es in einem System mit nur einem Prozessor auch genügen, während der Exekution eines kritischen Abschnittes in einem System Call alle („gefährlichen") Interrupts zu sperren.

Der andere Weg ist der, echte oder quasi-parallele Ausführung zuzulassen, durch Hard- oder Softwaremaßnahmen aber eine *Mutual Exclusion* zu gewährleisten. So gibt es zum Beispiel Prozessor-Architekturen, welche die bei Semaphoren nötige atomare Inkrement/Dekrement + Abfrage-Operation als Maschinenbefehl besitzen. Nichts und niemand kann eine derartige Read/Modify/Write-Instruktion unterbrechen. Auf dieser Basis kann auch leicht ein Algorithmus realisiert werden, der es nur einem von vielen parallelen System Calls erlaubt, eine Critical Section zu exekutieren, während die anderen warten müssen. Zu beachten ist, dass in einem Multiprozessorsystem das Sperren der Interrupts des jeweiligen exekutierenden Prozessors nicht genügt, um andere Prozessoren an der Ausführung eines „störenden" System Calls zu hindern! Es gibt dann auch noch reine Software-Maßnahmen zur Lösung des Mutual Exclusion Problems. Ein relativ komplizierter Algorithmus wurde etwa von *T. Dekker* gefunden, ein wesentlich besserer und einfacherer stammt von *G.L. Peterson*.

Zu beachten ist, dass wir an dieser Stelle ein qualitativ anderes Mutual Exclusion Problem meinen, als jenes zwischen Prozessen. Es geht jetzt darum, relativ kurze Programmabschnitte (im Mikrosekunden-Bereich) bei der echt parallelen Ausführung von System Calls zu schützen, und nicht mehr beliebig lange Befehlssequenzen in den Prozessen. Waren wir bei letzteren vor allem bestrebt, keine Prozessorleistung mit dem Warten auf das Freiwerden einer Critical Section zu verschwenden (Übergang in den Zustand BLOCKED bei Operationen wie S_P), ist bei den Service Calls ein *Busy Wait* der parallelen Prozessoren kein großes Problem mehr. Aus Zeitgründen werden hierfür aber praktisch ausschließlich die hardwaremäßigen Lösungen eingesetzt.

11.2.2 Message Passing

Im Gegensatz zu den Semaphoren handelt es sich beim *Message Passing* um einen Mechanismus, der eine Kommunikation im Sinne eines Datenaustausches zwischen Prozessen erlaubt. Üblicherweise deponiert dabei ein Senderprozess Nachrichten (engl. *messages*) an einem *Message Exchange* (oft nur *Exchange*, *Mailbox* oder *Queue* genannt), von wo sie ein Empfängerprozess abholen kann. Praktisch wird dies wieder durch eine Anzahl von *System Calls* ermöglicht. So kann zunächst (wie bei den Semaphoren) mittels E_OPEN(exchangename) ein Exchange vom

Betriebssystem angefordert werden. Man kann sich einen derartigen Exchange als eine spezielle Datenstruktur vorstellen, die diesmal aus zwei (zunächst leeren) *Listen* (*Warteschlangen*), einer für Messages und die andere für Prozess-IDs, besteht.

Mittels der Operation `E_SEND(exchange-ID,message)` kann nun eine einzelne Message an dem angegebenen Exchange deponiert werden. Ein Prozess, der eine einzelne Message von einem Exchange abholen will, kann dies unter Zuhilfenahme von `E_RECEIVE(exchange-ID,message)` tun; nach dem Aufruf enthält `message` die Nachricht. Nicht schnell genug abgeholte Messages werden naheliegenderweise in der *Message-Queue* des Exchanges gesammelt. Hierbei finden wieder die verschiedensten Queueing-Disziplinen Verwendung; üblich ist etwa FIFO (First In First Out), bei dem die erste hereingekommene Message auch zuerst (also durch den nächsten Aufruf von `E_RECEIVE`) abgeholt wird. Es ist aber auch möglich, Messages nach ihrer Wichtigkeit mit Prioritäten zu versehen und eine nach diesen geordnete Message-Queue vorzusehen; damit würde die wichtigste der eingetroffenen Nachrichten zuerst abgeholt. Bei der in Abbildung 11.6 gezeigten Exchange stehen drei Messages unabgeholt an.

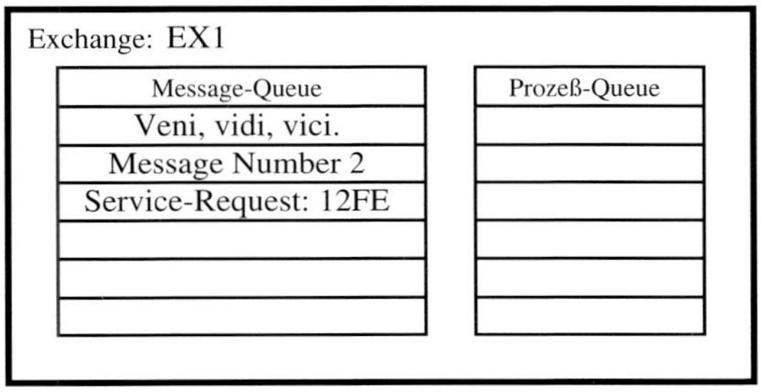

Abbildung 11.6: Darstellung eines Exchanges mit drei wartenden Messages

Das nächste `E_RECEIVE` würde also „Veni, vidi, vici." aus der Message-Queue entfernen und dem aufrufenden Prozess zurückliefern. Der Inhalt der Messages ist für das Betriebssystem übrigens gleichgültig; er wird nur durch die Anwendungen bestimmt. Wir wollen uns hier nicht mit den Details betreffend die möglichen Datentypen für Messages beschäftigen; wir tun so, als ob die Messages ausschließlich Strings wären. Es ist also schon einmal sichergestellt, dass keine der angekommenen Nachrichten verloren gehen kann, nur weil der Empfänger gerade keine Zeit hat, sie abzuholen. Zu beachten ist aber, dass die Messages am Exchange deponiert (also gespeichert) werden müssen. Das Betriebssystem muss daher in der Lage sein, hierfür genügend Speicherplatz zur Verfügung zu stellen.

Die *Prozess-Queue* erfüllt wieder dieselbe Aufgabe, die sie auch bei den Semaphoren hatte. Im Gegensatz zu einem „privaten" Postkasten ist ein Message-Exchange ja gewissermaßen öffentlich zugänglich. Es ist daher prinzipiell möglich, dass mehrere Prozesse auf Nachrichten warten, die an diesem Exchange hinterlegt werden. Wenn nun ein Empfänger sein `E_RECEIVE` exekutiert, bevor der sendende Prozess `E_SEND` rufen konnte, wird der Empfängerprozess in den Zustand BLOCKED versetzt und vermittels seiner Prozess-ID in die Prozess-Queue eingetragen. Abbildung 11.7 zeigt die entsprechende Situation bei drei auf Messages wartenden Prozessen.

Wenn sich der Sender dann doch zum Abschicken einer Message entschließen kann, wird diese nicht in die Message-Queue eingetragen, sondern dem ersten Prozess in der Prozess-Queue übergeben; das für dessen Zustandsübergang von BLOCKED nach READY nötige externe Ereignis ist eingetreten. In unserem Beispiel würde daher die nächste an den Exchange geschickte Message dem Prozess 4711 übergeben werden. Die jeweilige Prozess-ID wird dann selbstverständlich aus der Liste gelöscht. Auch bei der Organisation der Prozess-Queue können die verschiedensten Queueing-Disziplinen verwendet werden; FIFO oder nach Prozess-Prioritäten geordnete Queues sind üblich.

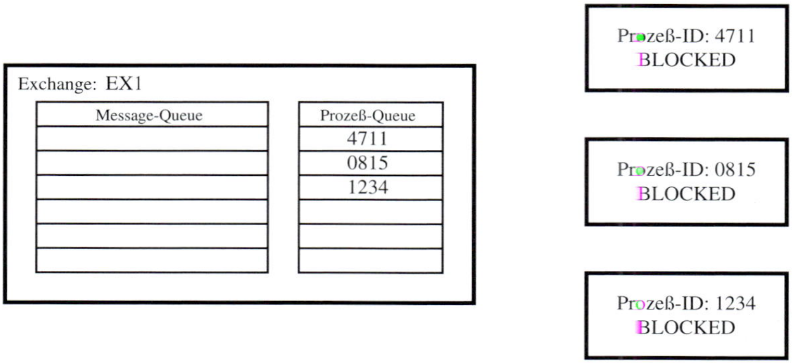

Abbildung 11.7: Darstellung eines Exchanges mit drei wartenden Prozessen

Um Situationen behandeln zu können, in denen die Blockierung eines Empfängerprozesses im Falle einer leeren Message-Queue unerwünscht ist, wird gelegentlich der System Call `E_ACCEPT(exchange-ID,message,time)` zur Verfügung gestellt. Wenn eine Message an dem Exchange deponiert ist, verhält sich dieser Service Call genau wie `E_RECEIVE`. Ist hingegen die Message-Queue leer, wartet `E_ACCEPT` (wie vorher mit Blockierung) maximal `time` Sekunden auf deren Eintreffen; kommt innerhalb dieses Zeitraumes keine Nachricht an, so liefert `E_ACCEPT` einen Fehlercode oder eine spezielle Message zurück. `E_RECEIVE` entspricht also der Situation beim Empfang eines Lottogewinnes; sollte der Briefkasten zu dem Zeitpunkt, an dem man das erste Mal hineinschaut, noch leer sein, wird man sicher solange (unbeschäftigt) am Briefkasten warten, bis der Briefträger kommt. `E_ACCEPT` entspricht der Normalsituation, in der man im Falle eines leeren Postkastens vermutlich nach kurzer Zeit wieder weggeht und es später noch einmal versuchen wird.

Wird ein Exchange nicht mehr benötigt, so kann er mittels `E_CLOSE(exchange)` an das Betriebssystem „zurückgegeben" werden. Das vorgestellte Message Passing ist insgesamt eine sehr attraktive Methode zur Kommunikation von Prozessen, die sich noch dazu gut mit Computer-Netzwerken verträgt. Es gibt übrigens auch Formen des Message Passings, die keinen Information-Exchange benutzen. Bei einer SEND- oder RECEIVE-Operation muss in diesem Falle explizit der Ziel- respektive Quellprozess spezifiziert werden. Abschließend wollen wir noch erwähnen, dass auch in *UNIX* eine Art Message Passing existiert, die entsprechenden Exchanges werden hier *Pipes* genannt.

Wie sieht nun eine auf Exchanges aufbauende Lösung unseres *Spooling-Problems* aus? Die einfachste Möglichkeit wäre die, den Printer Server an einem Exchange SERVICE_REQ mittels `E_RECEIVE` auf Service Requests warten zu lassen und alle Informationen (Name des Spool-Files, Text/Graphik, Formatanweisungen, ...) in die Message aufzunehmen; das File SPOOL_QUEUE (und damit das Problem der Mutual Exclusion) könnte völlig entfallen. Diese Implementierung ist die einfachste und eleganteste, hat aber einen praktischen Nachteil: Sollte der Rechner aufgrund irgendwelcher Probleme (Stromausfall!) abstürzen, werden die fehlenden Ausgaben einfach fallengelassen!

Um die bei den Semaphoren vorgestellte Lösung für das Message Passing zu adaptieren, sehen wir zunächst einen Exchange SERVICE_REQ vor, über den die Service Requests an den Server-Prozess geschickt werden. Wir ersetzen daher das `P_SLEEP` des Servers durch ein `E_RECEIVE(SERVICE_REQ,message)` und das `P_SIGNAL` der Clients durch das entsprechende `E_SEND(SERVICE_REQ,message)`. Der Inhalt von `message` ist beliebig; es findet keine Kommunikation, sondern nur eine Synchronisation statt. Das Mutual Exclusion Problem lösen wir durch einen zweiten Exchange MUTUAL_EX, an den der Server-Prozess, ehe er mit dem

Warten auf Service Requests beginnt (also vor Zeile 2), eine beliebige Message schickt. Der kritische Programmabschnitt in den Clients wird durch `E_RECEIVE(MUTUAL_EX,message)` und `E_SEND(MUTUAL_EX,message)` „geklammert". Wir ersparen uns aber die erneute Darstellung des Sachverhaltes in Modula-2.

Bevor ein Client mit der Suche nach einem freien Eintrag beginnen kann, muss er den System Call `E_RECEIVE(MUTUAL_EX,message)` aufrufen; hier bleibt er jedoch genau dann „hängen", wenn ein anderer Prozess schneller war und die vom Server deponierte Message abgezogen hat. Erst wenn der andere Client beim Verlassen der Critical Section die Message wieder an MUTUAL_EX schickt, wird der erste in der Prozess-Queue stehende Prozess READY und kann seinerseits den kritischen Abschnitt exekutieren. Bei dieser Lösung werden also, aufbauend auf dem Message Passing, Semaphore „nachgebildet"!

11.2.3 Höhere Mechanismen

Es gibt noch eine ganze Menge anderer Methoden für die Interprozess-Kommunikation, die genauer zu beschreiben uns aus didaktischen (und platzmäßigen Gründen) nicht sinnvoll erscheint. Da gibt es etwa das in *Ada* verwendete *Rendezvous-Konzept*, das (konzeptuell) als Spezialfall des Message Passings aufgefasst werden kann. Während beim normalen Message Passing ein sendender Prozess (also nach `E_SEND`) weiterarbeiten kann, da seine Message in der Message-Queue gespeichert wird, muss bei einem Rendezvous auch der Senderprozess auf den Empfänger warten (der umgekehrte Fall ist ohnedies selbstverständlich). In unserem Analogon entspräche dies der Situation, in welcher der Briefträger (ohne zu klingeln!) vor der Tür wartet, bis man den Briefkasten entleeren wollte. Dadurch entfällt natürlich die Notwendigkeit eines Information Exchanges vollständig, ebenso das Zwischenspeichern von Messages. Außerdem sind bei einem solchen Rendezvous zweier Prozesse eine Vielzahl von Aktivitäten (nicht nur der Austausch von Nachrichten) möglich. Die Möglichkeiten bei einem echten Rendezvous sind ja auch nicht auf die Übergabe eines Briefes beschränkt ...

Ein Grund, über höhere Methoden der Interprozess-Kommunikation nachzudenken, ist die Gefahr, die durch die (irrtümlich) falsche Verwendung der einfacheren Techniken besteht. Wie bereits erwähnt, müssen die bei der Lösung des *Mutual Exclusion Problems* bisher verwendeten Operationen paarweise (wie eine Klammerung) eingesetzt werden. Wird etwa in unserem Beispiel am Ende der Critical Section eines Spooler-Clients anstatt eines `S_V` ein `S_P` geschrieben, so ist der Deadlock aller Clients die Folge! Es gibt daher Bestrebungen, solche Situationen „automatisch klammern" zu lassen; eine solche Möglichkeit ist etwa durch das Konzept der *Monitore* gegeben. Ein Monitor kann als Programmabschnitt aufgefasst werden, der (zum Beispiel durch einen Einschluss in `S_P` und `S_V`) nur von einem Prozess verwendet werden kann. Indem nun kritische Abschnitte prinzipiell in einen Monitor gestellt werden, kann eine automatisch kontrollierte Mutual Exclusion erreicht werden. Ein ähnlicher Ansatz findet sich auch in der Programmiersprache Ada in Form von *Protected Objects*.

Abschließend wollen wir noch erwähnen, dass die meisten der synchronen Techniken in dem Sinne äquivalent sind, dass eine beliebige Methode (mit mehr oder weniger Zusatzaufwand) auf einer anderen aufbauend realisiert werden kann. Mit Semaphoren kann zum Beispiel (in Systemen, die *shared Variable* unterstützen) ein Message Passing implementiert werden, mit Message Passing (wie bei unserem Spooling demonstriert) Semaphore, ...

11.3 Asynchrone Methoden

Jetzt wollen wir noch eine *asynchrone Methode* zur Interprozess-Kommunikation vorstellen, also eine solche, die vom Empfänger kein explizites Abholen der an ihn geschickten Nachrichten verlangt. Es handelt sich dabei um die sogenannten *asynchronen Signale*. Im Gegensatz zu synchronen Techniken unterbricht die Ankunft einer asynchronen Nachricht den Empfänger in seiner normalen Tätigkeit, was der Zustellung eines eingeschriebenen Briefes durch einen Boten entspricht. Vielleicht werden einige jetzt etwas verwirrt darüber sein, dass überhaupt jemand synchrone Methoden verwendet. Es ist aber sehr unangenehm, jederzeit mit der Unterbrechung durch eine ankommende Nachricht rechnen zu müssen; denken wir nur daran, dass Eilboten prinzipiell dann zu kommen pflegen, wenn man gerade in der Badewanne liegt.

Durch einen *System Call* `A_TRIGGER(signal,process-ID)` wird dem spezifizierten Prozess das angegebene Signal `signal` geschickt. Signale tragen normalerweise sinnvolle symbolische Namen (in UNIX zum Beispiel SIG_QUIT, SIG_KILL, SIG_STOP, ...). Mit Hilfe des Service Calls `A_CATCH(signal,service_routine)` kann spezifiziert werden, was bei Eintreffen von `signal` geschehen soll. Wenn ein Prozess also zum Beispiel das Signal SIG_KILL durch eine *Signal Service Routine* abfängt, die den String *„Getroffen!"* auf den Standard-Output schreibt, erfolgt bei jeder Ankunft von SIG_KILL eine Ausgabe dieses Strings, egal was der Prozess gerade sonst macht. Ein Signal, das nicht durch eine mit `A_CATCH` installierte Signal Service Routine abgefangen wird, *killt* üblicherweise den Empfänger, das heißt, der Prozess terminiert sofort. Auf die dadurch entstehende Problematik haben wir bereits im Abschnitt 10.3 hingewiesen.

Bei den meisten Implementierungen ist es auch möglich, einen Prozess (im Zustand BLOCKED) auf das Eintreffen eines (beliebigen) Signales warten zu lassen; wir sehen dafür den Service Call `A_PAUSE()` vor. Soll ein Signal einen Prozess nur aufwecken (das heißt, aus einem blockierenden Zustand wieder in READY überführen), braucht für `A_PAUSE` lediglich eine spezielle Service Routine installiert zu werden, die gar nichts tut. Zu beachten ist, dass diese Anwendung unserer ersten (falschen) Realisierung des Spoolings mit `P_SIGNAL` und `P_SLEEP` entspricht. Unglücklicherweise ist es dabei nämlich nicht möglich, *pending Signals* zu implementieren, da im Falle eines READY Prozesses einfach die Service Routine exekutiert, also nichts gemacht wird! Insbesonders sollte man auf diese *Race Conditions* achten, wenn man unter *UNIX* programmieren!

Abschließend wollen wir darauf hinweisen, dass die asynchronen Signale exakt den im Kapitel 5 vorgestellten *Interrupts* entsprechen, allerdings auf Prozessebene. Während ein normaler Interrupt die laufende Exekution eines Prozessors unterbricht, eine Interrupt Service Routine ausführt und an der Unterbrechungsstelle wieder fortsetzt, unterbricht ein asynchrones Signal die normale Exekution eines Prozesses und bewirkt die Ausführung der installierten Signal Service Routine, um danach mit der unterbrochenen Exekution fortzufahren.

11.4 Deadlocks

Die bisher aufgearbeiteten Themen versetzen uns nun in die Lage, das im Kapitel 10.1 angerissene Problem der *Deadlocks* auf einer vernünftigen Basis angehen zu können. Wie Ihnen vielleicht noch erinnerlich sein wird, haben wir dort lediglich Dijkstra's *Dining Philosophers Problem* vorgestellt und den Leser mit der Frage, was das alles mit unseren parallelen Prozessen zu tun hat, alleingelassen (beziehungsweise auf den vorliegenden Abschnitt vertröstet). Die Lösung war aber auch einfach: Die abwechselnd denkenden und Spaghetti-essenden Philosophen entsprechen natürlich Prozessen, die zum Essen notwendigen Gabeln haben hingegen ihr Äquivalent in gewissen, von den Prozessen benötigten Objekten (wie zum Beispiel der Drucker, Files, oder auch freie Einträge in einer Warteschlange).

Wir werden nun die Rolle eines Betriebssystems in bezug auf Deadlocks klären. Es ist dazu lediglich notwendig, das bisherige Szenarium um einen (sehenden und hörenden!) Kellner zu erweitern und die Essgewohnheiten der fünf Philosophen etwas abzuändern: Wenn einer der Denker Hunger bekommt, so hebt er zuerst die linke und dann die rechte Hand. Der Ober notiert die Anforderungen und nimmt die Zuteilungen vor, das heißt, drückt den Besitzern seiner momentanen Gunst eine (und hoffentlich irgendwann einmal eine zweite) Gabel in eine erhobene Hand. Kommt auf diese Weise einer der Philosophen in den Besitz zweier Gabeln, so beginnt er zu essen; sobald er satt ist, gibt er sie wieder zurück.

Global gesehen sieht sich der Kellner also mit dem Problem konfrontiert, eine Sequenz von Gabelanforderungen (und -rückgaben) der Philosophen „abarbeiten" zu müssen. Wie wir schon im Abschnitt 10.1 festgestellt haben, ist dabei die Reihenfolge der Zuteilungen keineswegs unerheblich (im Hinblick auf Deadlocks): Angenommen, die Anforderungen kommen in der zeitlichen Abfolge L(1), L(2), L(3), L(4), L(5), R(1), R(2), R(3), R(4), R(5) an, wobei L(i) beziehungsweise R(i) für die linke respektive rechte Hand des Philosophen i steht. Während nun die Vergabe der Gabeln an L(1), L(2), L(3), L(4), L(5), ... unweigerlich zu einem Deadlock führt (alle Gabeln weg, aber keiner kann essen!), macht etwa die Zuteilung an L(1), L(2), L(3), L(4), R(4), R(3), R(2), R(1), L(5), R(5) keine Probleme. Offensichtlich genügt es also nicht, die einzelnen Aufträge in der Reihenfolge ihrer Ankunft (*FCFS*, *First Come First Served)* abzuarbeiten, um Deadlocks zu verhindern.

Die „Übersetzung" unserer modifizierten *Dining Philosophers* in die Welt der Computersysteme ergibt zunächst einmal fünf den Philosophen entsprechende Prozesse, die auf Grund der postulierten Blind- und Taubheit keinerlei direkte Kommunikation untereinander haben. Außerdem existieren fünf die Rolle der Gabeln übernehmende Objekte, auf die die Prozesse gelegentlich zugreifen müssen. Dabei benötigt jeder Prozess immer gleichzeitig zwei solche Objekte exklusiv zu seiner Verfügung. Vom Standpunkt eines derartigen Objektes aus betrachtet, gibt es also zwei bestimmte Prozesse, die von Zeit zu Zeit einen „Alleinanspruch" anmelden.

Unser Kellner findet sich schließlich in der Rolle des Betriebssystems wieder, das sich dementsprechend mit einer Folge von Objekt-Anforderungen (und Freigaben) konfrontiert sieht. In diesem Zusammenhang erhebt sich natürlich die Frage, wie diese am besten zu bedienen sind. So sollte das Ganze unter anderem deadlockfrei, nach gewissen Kriterien „vernünftig" und „gerecht", aber ohne zu großen *System-Overhead* vonstatten gehen.

Eine Menge von Prozessen ist nun im Zustand eines *Deadlocks*, wenn jeder einzelne von ihnen auf etwas wartet, was nur durch eine Aktivität eines (anderen) Prozesses aus dieser Menge hervorzubringen ist. Da diese Bedingung aber die Blockierung aller Prozesse impliziert, ist keine einzige „erlösende" Aktion möglich. Es kann also kein Objekt freigegeben werden. Eine sorgfältige Analyse von Deadlock-Situationen zeigt nun vier notwendige Bedingungen für deren Entstehung:

Mutual Exclusion: Ein bestimmtes Objekt kann zu jedem Zeitpunkt von höchstens einem Prozess okkupiert sein.

Resource Waiting: Wenn ein beantragtes Objekt gerade besetzt ist, geht der anfordernde Prozess in den Zustand BLOCKED über, wartet also auf dessen Freiwerden.

Partial Allocation: Prozesse, die bereits im Besitz von Objekten sind, können die Zuteilung weiterer beantragen.

Nonpreemption: Ein einmal zugeteiltes Objekt muss explizit durch den die Ressource haltenden Prozess wieder freigegeben werden, kann ihm also nicht zwangsweise entzogen werden.

Es gibt ein Mittel zur formalen Darstellung des Zustandes derartiger Systeme, die sogenannten *Ressource Allocation Graphs*. Ein solcher Graph repräsentiert die erfolgten Objekt-Zuteilungen beziehungsweise die nicht erfüllten Anforderungen in einem System, und zwar mittels gerichteter Kanten zwischen verschiedenen, die Prozesse respektive die Objekte darstellenden Knoten. Durch neuerliche Zuteilungen oder Freigaben verändert sich die Kantenmenge entsprechend, der Resource Allocation Graph ist also diesbezüglich zeitvariant. Mit bestimmten (algorithmisch formulierbaren) Untersuchungen können nun (unter gewissen Voraussetzungen) Deadlocks erkannt oder „sichere" Zuteilungsentscheidungen gewonnen werden. So spiegelt sich zum Beispiel ein

Deadlock in der Existenz eines Zyklus (einer Folge von Kanten, die an den Ausgangsknoten zurückkehrt) wieder. Zu beachten ist, dass es ohne solche Methoden gar nicht einfach ist, eine Deadlock-Situation überhaupt zu erkennen!

Da sich die Resource Allocation Graphs (und vergleichbare Dinge) auch sehr gut für die Darstellung und Manipulation in einem Computer eignen, kann das Problem der Behandlung von Deadlocks überhaupt erst dem Betriebssystem delegiert werden. Es gibt dafür folgende prinzipielle Möglichkeiten:

Deadlock Detection and Recovery: Bei dieser Technik wird im Zuge der ganz gewöhnlichen Zuteilungen und Freigaben von Objekten der Resource Allocation Graph aktualisiert und auf Zyklen (also Deadlock-Situationen) untersucht. Wird ein solcher Zyklus gefunden, so muss er durch das Terminieren eines (oder sogar mehrerer) Prozesse aufgelöst werden. Diese unter Umständen recht brutale Vorgehensweise könnte, wie bereits bemerkt wurde, zu Problemen führen. Außerdem verursacht die Analyse des Graphen einen nicht unerheblichen System-Overhead.

Deadlock Prevention: Diese Methode basiert darauf, allein durch die Beachtung gewisser Kriterien beim Design eines Betriebssystems eine der notwendigen Bedingungen für einen Deadlock a priori zu „verletzen", wodurch ein solcher gar nicht auftreten kann.

Ein Beispiel, das die Ausschaltung der *Mutual Exclusion*-Bedingung bewirkt, haben wir bereits vorgestellt: Das Spooling von Druckern. Beliebig viele Prozesse können hier gleichzeitig und unabhängig Ausgaben für ein und denselben Drucker generieren. Das eigentliche Device (Special File) wird ausschließlich von einem einzigen Prozess angesprochen, nämlich vom Printer Server.

Deadlock Avoidance: Dieser Technik für die Behandlung von Deadlocks liegt, wie bei der Deadlock Detection, eine sorgfältige Analyse der Objekt-Anforderungen zugrunde. Dabei wird bei jeder Anforderung versucht vorausschauend zu klären, ob die Zuteilung irgendwelche späteren Deadlocks nach sich ziehen kann. Es gibt dafür zwar Algorithmen, aber diese liefern nur im Falle des Vorhandenseins gewisser zusätzlicher Informationen „sichere" Zuteilungsentscheidungen.

Wir haben nun einige Ansätze vorgestellt, mit denen ein Betriebssystem dem Problem der Deadlocks begegnen kann. Diese haben eine wesentliche Eigenschaft gemeinsam: Sie sind als universelle Lösungen nicht zu gebrauchen. Wenngleich für gewisse Spezialfälle sehr gute Verfahren existieren, geben die vielen indirekten Möglichkeiten eines Deadlocks (auch im Betriebssystem selbst!) genügend Anlass, eine weitere Methode zu propagieren: das Problem der Deadlocks überhaupt nicht zu beachten. Vergleicht man die Wahrscheinlichkeit des Auftretens eines Deadlocks mit der eines Maschinenabsturzes durch Hard- oder Softwarefehler, so ist in der Tat eine derartige Sichtweise nicht von der Hand zu weisen. Noch dazu ist dieses „Verfahren" ohne jeden Aufwand zu realisieren, weshalb es tatsächlich weite Verbreitung (zum Beispiel auch in UNIX) gefunden hat.

Weiterführende Literatur

G.F. Coulouris. *Distributed Systems: Concepts and Design*. Addison-Wesley, Reading, 1988

L. Kleinrock. *Queueing Systems, Vols. 1 and 2*. John Wiley & Sons, New York, 1975

M. Maekawa, A.E. Oldehoeft, R.R. Oldehoeft. *„Operating Systems*. Benjamin/Cummings, Manlo Park, California, 1987

A. Silberschatz, J.L Peterson. *Operating System Concepts*. Addison-Wesley, Reading, Massachusetts, 1988

A.S. Tanenbaum. *Modern Operating Systems, Second Edition*. Prentice-Hall, New Jersey, 2001

A.S. Tanenbaum. *Computer Networks, Third Edition*. Prentice-Hall, New Jersey, 1996

A.S. Tanenbaum. *Distributed Operating Systems*. fourth edition, Prentice-Hall, New Jersey, 1999-2001

12 Speicherverwaltung

Nach der konzeptuellen Einführung des Multi-Prozessings können wir uns jetzt der Frage widmen, wie Prozesse eigentlich im Speicher eines Rechners „angelegt“ werden bzw. welche Voraussetzungen dafür eigentlich notwendig sind. Bis jetzt sind wir ja mit einer diesbezüglich eher vagen Vorstellung ausgekommen. Welche betriebssysteminternen Aktivitäten zieht also das `P_CREATE(program,parameter,attributes)`, mit dem ein neuer Prozess erzeugt wird, nun tatsächlich nach sich?

Zuerst einmal ist es wichtig, *Speicherplatz* für den Prozess vorzusehen. Dieser wird sowohl für die ausführbaren Instruktionen (den *Code*) als auch für die vom Programm verwendeten *Variablen* (die *Daten*) benötigt. Daneben ist natürlich auch ein bisschen Platz für die zur Verwaltung des Prozesses erforderlichen Datenstrukturen (vor allem den *Prozessdeskriptor*) erforderlich. Wir haben für all das den Begriff des *Prozess-Images* eingeführt und werden im folgenden so tun, als sei das Image ein einziges „Stück“, bestehend aus Code, Daten und Prozessdeskriptor. In realen Systemen werden hingegen oft geteilte Prozess-Images verwaltet, die aber selbstverständlich logisch zusammengehören.

Ein vom Compiler oder Assembler erzeugtes Maschinenprogramm kann, sieht man vom Prozessdeskriptor ab, als *initiales Prozess-Image* aufgefasst werden. Man kann sich vorstellen, dass das üblicherweise in einem File vorliegende Maschinenprogramm eine Momentaufnahme des Prozess-Images (vor der Exekution des ersten Befehls) ist. Dieses wird im Zuge der Ausführung von P_CREATE in den bei der Speicherzuteilung zugeordneten Bereich geladen. Es ist dann nur noch notwendig, den *Prozessdeskriptor* entsprechend zu initialisieren: Gemäß Abschnitt 10.3 wird zunächst eine eindeutige Prozess-ID und der (initiale) Prozesszustand CREATED vergeben. Die Verweise auf das Programm und auf die Daten sind vom vorherigen Laden bekannt, können daher ebenfalls leicht eingetragen werden. Um die anderen „Felder“ im Deskriptor (etwa die Verweise auf die benutzten Objekte, vor allem die Files) zu initialisieren, ist es üblich, sie aus dem Prozessdeskriptor des erzeugenden Prozesses zu kopieren; der Child-Prozess *erbt* diese daher vom Parent-Prozess. Wichtig ist noch die Vorbesetzung der in der *Register Save Area* gespeicherten Inhalte der Prozessor-Register (des initialen *Contextes*). Hier werden jene Werte eingetragen, welche die Register haben sollen, wenn der erste Befehl des neuen Prozesses exekutiert wird. Der Program Counter wird zum Beispiel auf jene Adresse gesetzt, auf der der erste Maschinenbefehl von `program` im Speicher steht. Auf diese Weise wird beim allerersten *Dispatching* „automatisch“ mit der ersten Instruktion begonnen. Sobald alle Einstellungen und Datenstrukturen für einen Prozess in konsistenter Weise angelegt sind, wird der Prozess in den Zustand READY versetzt, wo er sein erstes Dispatching erwartet.

Offensichtlich kommt bei alledem der *Speicherverwaltung* eines Betriebssystems eine ganz wesentliche Rolle zu; der Vorstellung der hierbei relevanten Konzepte sind die folgenden Abschnitte gewidmet. Zwei zentrale Begriffe sind dabei die *virtuellen* und *physikalischen Speicheradressen* (in späterer Folge nur noch *Adressen* genannt) und *Adressräume*. Betrachten wir ein einzelnes, von einem Compiler oder Assembler übersetztes Maschinenprogramm, so können darin für gewöhnlich (mehrere) *Code*– und *Daten-Segmente* unterschieden werden. Ein *Code-Segment* bezeichnet einen Abschnitt, der ausschließlich ausführbare Maschinenbefehle enthält. Die selbst bei der Implementierung ganz einfacher Algorithmen etwa zur Speicherung diverser Verarbeitungsergebnisse notwendigen Variablen werden hingegen in den *Daten-Segmenten* angelegt. Jeder Befehl und jedes Datum stehen auf einer eindeutigen *virtuellen Adresse*, die während der Übersetzung vergeben wird. Ein Befehl, der etwa den Inhalt zweier Speicherzellen addieren soll, bekommt als Operanden deren virtuelle Adressen. Ein derartiges Maschinenprogramm könnte etwa folgenden Aufbau haben:

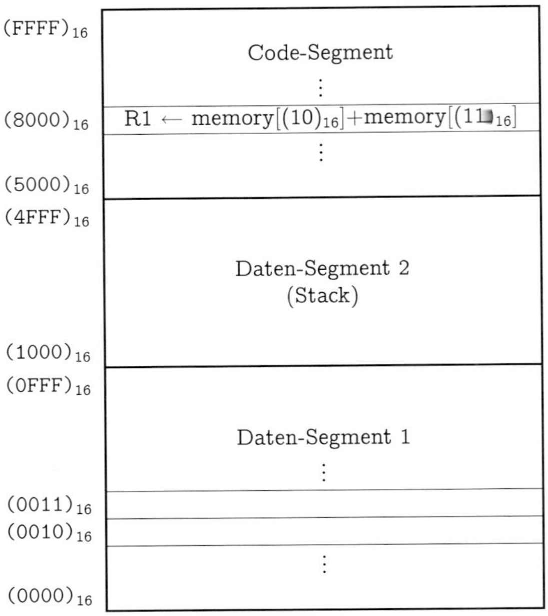

Tabelle 12.1: Beispiel für eine Segmenteinteilung

Alle in der Abbildung dargestellten hexadezimalen Adressen sind virtuell, wobei wir zur Unterscheidung von Dezimalzahlen die bereits mehrfach vorgestellte Notation $()_{16}$ verwendet haben. Auf das bei der virtuellen Adresse 0 anfangende, $(1000)_{16}$ Speicherwörter lange Daten-Segment folgt ein weiteres Daten-Segment (*Stack*, etwa für Unterprogrammaufrufe) und ein auf der Adresse $(5000)_{16}$ beginnendes Code-Segment. Wir wollen aber betonen, dass die Segmenteinteilung in unserem Beispiel nur exemplarisch zu verstehen ist.

Wenn wir nun auf einem Computer mit einem Prozessor (ohne Betriebssystem) ein einzelnes Programm exekutieren wollen, so steht dafür der gesamte physikalische Adressraum zur Verfügung. Der virtuelle Adressraum kann durch den *Ladevorgang* mit dem physikalischen in Übereinstimmung gebracht werden. Wenn wir unser Programm also ab der physikalischen Adresse 0 in den Speicher laden, so befindet sich etwa der explizierte Additionsbefehl in der physikalischen Speicherzelle $(8000)_{16}$; dieser addiert den Inhalt der physikalischen Speicherzellen $(10)_{16}$ und $(11)_{16}$.

Wollen wir hingegen auf diesem Computer ein *Multi-Processing* ausführen, so bekommen wir Probleme. Jedes Programm wurde gemäß unserer vorherigen Annahme vom Compiler so übersetzt, dass es auf der virtuellen Adresse 0 beginnt und allein über den gesamten Adressraum verfügt. Ein Übereinanderladen kommt demnach (klarerweise) nicht in Frage. Es muss daher ein Weg gefunden werden, gleiche virtuelle Adressen verschiedener Prozesse auf eindeutige physikalische Adressen abzubilden, ein Vorgang, den wir *Binding* nennen wollen. In der Literatur wird mit diesem Begriff übrigens auch der gesamte Vorgang der Zuordnung einer physikalischen Adresse zu einem symbolischen Datum (etwa einer Variablen im Source-Programm) bezeichnet.

Eine andere, immer wichtiger werdende Forderung an Speicherverwaltungen ist der Schutz vor illegalen Zugriffen. Hierbei sind zwei primäre Effekte zu unterscheiden, die in einem Multiprozessing-System denkbaren Eingriffe von „außen" (durch andere Prozesse) und die durch Programmierfehler induzierten illegalen Modifikationen von „innen" (durch den eigenen Prozess). Die Verhinderung der Zugriffe von außen ist ein altes Problem; Maßnahmen zur *Memory*

Protection sind ganz wesentliche Aufgaben eines Betriebssystems, die aus Gründen der Performance oft in Hardware realisiert werden. Im Prinzip wird dabei die Verletzung selektiver *Access Rights* (welcher Prozess welche Speicherbereiche schreibend, lesend oder exekutierend benutzen darf) überprüft. Viel problematischer ist die Forderung, *Schutzmechanismen* gegen die „eigene Dummheit" vorsehen zu müssen. Gute Speicherverwaltungen setzen, soweit es geht, die für die Memory Protection vorhandenen Mittel ein. Es gibt aber auch wirkungsvollere, auf dem Objektansatz basierende Maßnahmen, die wir noch vorstellen werden.

12.1 Virtuelle Adresszuordnung

Wenn eine größere Aufgabe gelöst werden soll, so ist es zweckmäßig, sie aufzuteilen und die Einzelteile getrennt zu behandeln. Bereits die alten Römer wussten um die Effektivität der Strategie „Teile und herrsche" („*Divide et impera*"), die aus einem zeitgemäßen Software-Design nicht mehr wegzudenken ist. Zur Durchführung dieser sogenannten *Modularisierung* müssen jedoch flankierende Maßnahmen von Seiten der *Entwicklungswerkzeuge* (Compiler, Assembler, usw.) getroffen werden.

Nehmen wir ein ganz einfaches Beispiel. Angenommen, wir haben die Aufgabe, ein Programm easysort in Modula-2 zu erstellen, das eine Folge von Zahlen einliest, sortiert und schließlich die geordnete Folge ausgibt. Eine natürliche (datenorientierte) Modularisierung wäre die Unterteilung in ein Eingabe-, Sortier- und Ausgabemodul. Ein Hauptprogramm (–modul) könnte die Koordination der Aufrufe übernehmen. Jedes Modul kann nun durch die Definition seiner Schnittstelle nach außen (des *Interfaces*) festgelegt werden. Wir könnten etwa beschließen, für das Eingabemodul ein Input-Array zur Aufnahme der eingelesenen Zahlen vorzusehen und in einer zusätzlichen Variablen deren Anzahl zu zählen. Für das Sortier- und Ausgabemodul müsste diese Festlegung noch durch ein Output-Array, das die sortierte Folge aufnehmen kann, ergänzt werden.

Der Sachverhalt kann in einer Modula-2-ähnlichen Notation wie folgt dargestellt werden:

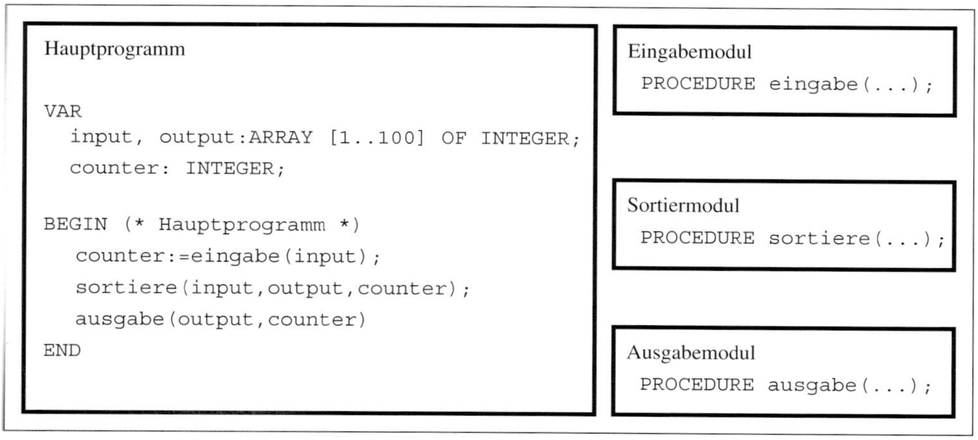

Abbildung 12.1: Beispiel für eine datenorientierte Modularisierung

Einer der Hauptvorteile dieser Modularisierung ist die weitgehende Unabhängigkeit von der konkreten Implementierung. Sollte die erzielte Performance unzureichend sein, so ist es kein Problem, nachträglich eine durchdachte Quicksort-Implementierung an dessen Stelle zu setzen. Sofern die Schnittstellen übereinstimmen, sind in den anderen Modulen keinerlei Änderungen erforderlich. Im übrigen sollte man beachten, dass normalerweise ein *Modul* ein wesentlich umfassenderes Konzept als nur eine einzelne *Prozedur* darstellt.

Wir wollen uns hier nicht mit den Details des Prozeduraufrufes und schon gar nicht mit der Parameterübergabe herumschlagen. Es ist aber klar, dass das Hauptprogramm die virtuellen Adressen kennen muss, an denen die Prozeduren der einzelnen Module beginnen. Solange alle in einem großen Source-Programm gehalten werden, gibt es hier keine Probleme. Der Compiler oder Assembler hat die entsprechenden Adressen zur Verfügung und kann sie bei den Unterprogrammaufrufen im Hauptprogramm einsetzen. Außerdem ist die Hintereinanderreihung der Einzelteile (also das Zusammenfügen der Code- und Daten-Segmente) einfach. Wie aber lösen wir diese Probleme, wenn die einzelnen Module getrennt übersetzt vorliegen? Dies ist insofern sinnvoll, als die Compilierung ein komplizierter Prozess ist, der recht lange dauern kann; wegen irgendwelcher Änderungen in einem Modul jedesmal das Gesamtsystem compilieren zu müssen, ist unnötige Zeitverschwendung. Darüber hinaus hat die Software-Industrie großes Interesse daran, universell verwendbare Module (*Standard-Software*) nicht als Source Code ausliefern zu müssen, um ihre Urheberrechte möglichst gut schützen zu können.

Die Lösung liegt nun darin, Assembler und Compiler zu bauen, die an der Stelle von direkt exekutierbaren Maschinenbefehlen eine Art Zwischen-Code erzeugen. Dieser sogenannte *Relocatable Object Code* erlaubt zum Beispiel die Existenz unbekannter Adressen (*Unresolved External Addresses*); außerdem ist die Zuordnung der virtuellen Adressen zu den Befehlen und Daten (noch) verschiebbar. Das Zusammenfügen der benötigten Module zu einem ausführbaren Maschinenprogramm erfolgt dann durch den sogenannten *Linker*. Die Tatsache, dass der Prozess des Linkens von Relocatable Object Code wesentlich einfacher ist als das Kompilieren von Source Code, resultiert in einer nicht unbedeutenden Zeitersparnis bei der Software-Entwicklung. Außerdem ist es jetzt tatsächlich möglich, jedes Modul durch ein eigenes Source-Programm zu implementieren; für die Verwendung in einer Applikation ist lediglich der entsprechende Relocatable Object Code notwendig. In der Praxis werden solche universell verwendbaren Module in einer *Bibliothek* (*Library*) gesammelt.

Für das Linken selbst gibt es prinzipiell zwei Möglichkeiten, das nach der Übersetzung erfolgende statische und das zur Laufzeit stattfindende dynamische Linken der Module. Beim *statischen Linken* werden alle zur Bildung des Gesamtsystems benötigten Module von einem zu den *Entwicklungswerkzeugen* gehörenden Programm (eben dem *Linker*) segmentweise zu einem Ganzen zusammengefügt. Dabei werden die Unresolved Externals befriedigt und die Zuordnung der virtuellen Adressen fixiert. Im Falle einer vollständigen Auflösung entsteht so ein ausführbares Maschinenprogramm, bei dem die verschiedenen Segmente (dicht) hintereinander liegen.

Dabei gibt es nun ein Problem im Zusammenhang mit der Verwendung des *Direct Addressing Modes*. Wenn wir annehmen, dass innerhalb eines Segmentes die bei der Übersetzung vergebenen Adressen bei 0 beginnen, könnte unser Sortiermodul etwa folgendermaßen aussehen (die angeführten Befehle und Segmentlängen haben keine tiefere Bedeutung):

$(37FF)_{16}$	Code-Segment
	⋮
$(0800)_{16}$	memory[$(102)_{16}$] ← memory[$(101)_{16}$]
$(07FF)_{16}$	memory[$(102)_{16}$] ← 1+memory[$(102)_{16}$]
$(07FE)_{16}$	goto $(1000)_{16}$
$(07FD)_{16}$	memory[$(100)_{16}$] ← memory[$(102)_{16}$]
	⋮
$(0000)_{16}$	
$(07FF)_{16}$	Daten-Segment
	⋮
$(0102)_{16}$	
$(0101)_{16}$	
$(0100)_{16}$	
	⋮
$(0000)_{16}$	

Tabelle 12.2: Möglicher Aufbau des Sortiermoduls

Wenn der Linker alle Module segmentweise zusammenfügt, ergibt sich für unser Sortiermodul folgende in Abbildung 12.3 ersichtliche Verschiebung (die Längen der einzelnen Segmente sind in den entsprechenden Abschnitten eingetragen).

Bei direkter Adressierung muss der Linker daher eine Modifikation der Operanden durchführen. In unserem Beispiel würde sonst (bei der Exekution) das verschobene Sprungziel (Adresse $(B800)_{16}$) verfehlt werden. Ähnliche Überlegungen gelten auch für die virtuellen Adressen in den Daten-Segmenten; die in den explizierten Befehlen referenzierten Variablen liegen nach dem Linken auf den Adressen $(510x)_{16}$. Für die Code-Segmente können Probleme dieser Art auch „automatisch", durch die Berücksichtigung der Konventionen für *Position Independent Code* (*PIC*) gelöst werden. Dabei werden zum Beispiel statt absoluter Sprungadressen nur die Distanzen (*Displacements*) von der aktuellen Adresse (also zum Beispiel der des goto-Befehls) angegeben; im Abschnitt 5.1.2 haben wir bereits das hierfür geeignete *Program-Counter-Relative Addressing* vorgestellt. Da sich durch die Verschiebung solche Displacements nicht verändern, entfallen diesbezügliche Operandenmodifikationen völlig.

Einer der Hauptnachteile des statischen Linkens ist, dass die Änderung eines universell verwendbaren Moduls das neuerliche Linken aller Programmsysteme notwendig macht, die dieses benötigen. Außerdem erhält hier ein ausführbares Maschinenprogramm prinzipiell alle konstituierenden Teile, auch wenn diese „fast nie" aufgerufen werden; daraus entstehen natürlich recht große Programme. Damit ist es auch sehr wahrscheinlich, universelle Module als Teile vieler Programme gleichzeitig (also mehrfach) im Speicher der Maschine zu finden. Diese Probleme werden durch das *dynamische Linken* verhindert. Dabei wird im Maschinenprogramm statt eines Unresolved Externals ein spezieller System Call und eine Identifikation (zum Beispiel der Name der benötigten Prozedur) abgespeichert. Kommt der Prozessor (zur Laufzeit!) an eine derartige Stelle, so wird durch den Service Call der *Runtime Linker* aktiviert, der die benötigte Funktion in einer (meist schon im Speicher geladenen) *Runtime Library* lokalisiert. Um eine wiederholte Suche bei mehrfachen Aufrufen zu verhindern, kann selbstverständlich die beim ersten Mal gefundene Adresse irgendwo aufgehoben werden.

$(\mathrm{E7FF})_{16}$ $(\mathrm{E000})_{16}$	**Ausgabemodul** Code-Segment, Länge $(800)_{16}$
$(\mathrm{DFFF})_{16}$	**Sortiermodul** Code-Segment, Länge $(3800)_{16}$ ⋮
$(\mathrm{B000})_{16}$	memory[$(5102)_{16}$] ← memory[$(5101)_{16}$]
$(\mathrm{AFFF})_{16}$	memory[$(5102)_{16}$] ← 1+memory[$(5102)_{16}$]
$(\mathrm{AFFE})_{16}$	goto $(\mathrm{B800})_{16}$
$(\mathrm{AFFD})_{16}$	memory[$(5100)_{16}$] ← memory[$(5102)_{16}$]
$(\mathrm{A800})_{16}$	⋮
$(\mathrm{A7FF})_{16}$	**Eingabemodul** Code-Segment, Länge $(1800)_{16}$
$(6800)_{16}$	**Hauptprogramm** Code-Segment, Länge $(2800)_{16}$
$(67\mathrm{FF})_{16}$ $(5800)_{16}$	**Ausgabemodul** Daten-Segment, Länge $(1000)_{16}$
$(57\mathrm{FF})_{16}$	**Sortiermodul** Daten-Segment, Länge $(800)_{16}$ ⋮
$(5102)_{16}$	
$(5101)_{16}$	
$(5100)_{16}$	
$(5000)_{16}$	⋮
$(4\mathrm{FFF})_{16}$	**Eingabemodul** Daten-Segment, Länge $(2000)_{16}$
$(0000)_{16}$	**Hauptprogramm** Daten-Segment, Länge $(3000)_{16}$

Tabelle 12.3: Beispiel für die Operandenmodifikation durch den Linker

Alle bisher besprochenen Maßnahmen hatten den Zweck, die Ordnung der diversen Segmente in einem *linearen Adressraum* herzustellen. Unglücklicherweise hat dieser *eindimensionale Adressraum* einen ganz wesentlichen prinzipiellen Nachteil. Dieser wird offensichtlich, wenn wir Segmente betrachten, die dynamisch (also zur Laufzeit!) größer werden können. Bereits bei zwei derartigen Segmenten gibt es keine wie auch immer geartete Anordnung im virtuellen Adressraum, die ein „Ineinanderwachsen" verhindern würde. Eine bereits beim Design von *Multics* realisierte Abhilfe schafft die Einführung eines real *zweidimensionalen Adressraums*. Im Prinzip steht dabei jedem Programm eine große Anzahl von linearen virtuellen Adressräumen zur Verfügung, die konsequenterweise ebenfalls als Segmente bezeichnet werden.

Eine zweidimensionale Adresse besteht aus der Verkettung einer Segment-Nummer und einer Adresse innerhalb des Segmentes. Idealerweise sollte sowohl der SegmentAdressraum (also die Anzahl der verschiedenen Segmente) als auch der jeweilige lineare virtuelle Adressraum sehr groß sein (zum Beispiel je 2^{32}). Damit könnte jedes Code- und jedes Daten-Segment, ja sogar jedes einzelne (getrennt übersetzte) Unterprogramm in ein eigenes Segment gesteckt werden; folglich wäre der statische Linker arbeitslos geworden! Auch das vorher besprochene dynamische Linken würde einfacher: Beim ersten Aufruf des *Runtime Linker* Service Call wird einfach das Segment mit der benötigten Prozedur in den Segment-Adressraum „eingehängt". Abbildung 12.2 stellt das Konzept auch graphisch dar.

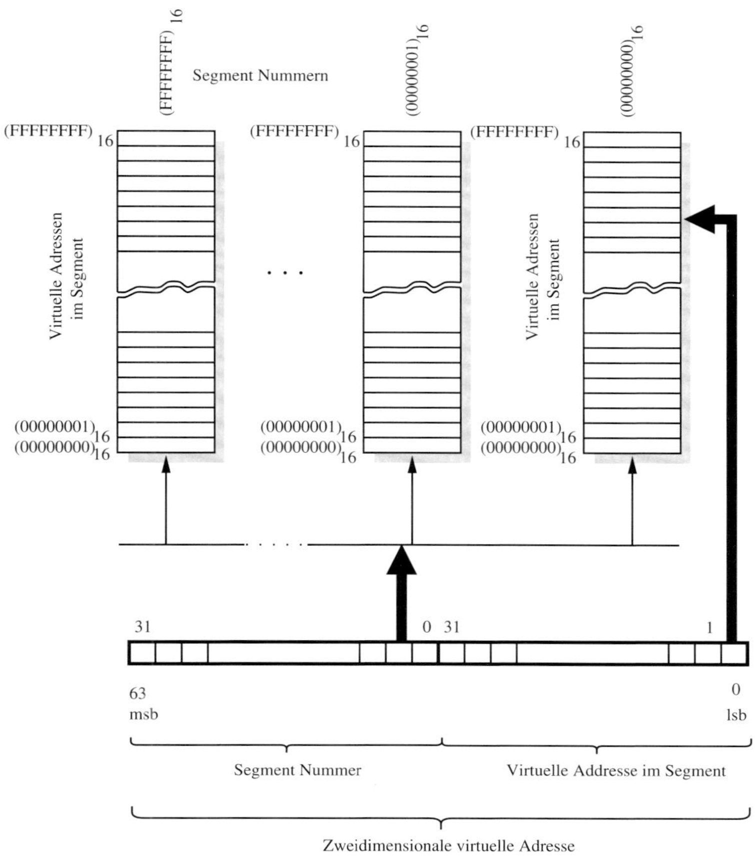

Abbildung 12.2: Zweidimensionaler virtueller Adressraum

12.2 Physikalische Adresszuordnung

Wir haben also jetzt eine ganze Anzahl von Prozessen mit ihren virtuellen Adressräumen vor uns, die mittels Multi-Processing gleichzeitig ausgeführt werden sollen. Nun wird aber der gesamte Speicherbedarf im allgemeinen wesentlich größer als der physikalische Speicher der Maschine sein. Da jedoch zu jedem Zeitpunkt nur soviele Prozesse gleichzeitig exekutiert werden können, wie Prozessoren vorhanden sind, braucht aber nur eine gewisse Anzahl von *Prozess-Images* (und diese, wie wir noch sehen werden, manchmal nur „stückweise“) gleichzeitig *speicherresident* zu sein.

Konzeptuell können wir uns vorstellen, dass die Images aller Prozesse auf einem (sehr großen) *externen Speicher* (dem *virtuellen Speicher*, meist einer Disk) stehen. Ein solches Prozess-Image wird nur dann in den physikalischen Speicher geladen, wenn das Betriebssystem im Zuge des *Schedulings* eine Prozessorzuteilung an den entsprechenden Prozess beabsichtigt. Dabei wird es im allgemeinen nötig sein, ein anderes, früher speicherresidentes Image auf den Externspeicher auszulagern. Wir werden in der Folge einige der wichtigsten dieser *virtuellen Speichertechniken* vorstellen, wobei das zuerst behandelte *Swapping* eher als „abschreckendes Beispiel“ zu werten ist. Wie auch das danach behandelte *Paging* ist das Swapping eine für *eindimensionale virtuelle Adressräume* gedachte Speicherverwaltung. Die abschließend besprochene *Segmentierung* hingegen ist für *zweidimensionale Adressräume* geeignet.

12.2.1 Swapping

Abbildung 12.3 soll die einfachste virtuelle Speichertechnik, das sogenannte *Swapping* (auch als *Roll-In/Roll-Out* bezeichnet) verdeutlichen. Prozess-Images werden hier als Ganzes zwischen dem physikalischen und dem virtuellen Speicher hin- und herbewegt.

Bevor wir uns dem Swapping selbst zuwenden, ist noch das Problem des korrespondierenden *Bindings*, also der Abbildung mehrerer virtueller Adressen auf einen physikalischen Adressraum zu lösen. Im Prinzip ist es dabei notwendig, sicherzustellen, dass die Programme auch dann korrekt ablaufen, wenn sie an physikalischen Adressen ungleich der zugeordneten virtuellen Adressen geladen und exekutiert werden. Die hierbei verwendeten Techniken können recht gut in Kombination mit der Mehrfachverwendung von Segmenten dargestellt werden.

Jedem Prozess ist zu jedem Zeitpunkt genau ein auszuführendes (physikalisches) *Code-Segment* zugeordnet. Die Umkehrung dieser Aussage gilt jedoch nicht, es ist vielmehr möglich, ein und denselben Maschinen-Code als Basis für mehrere Prozesse zu verwenden. Ein gutes Beispiel dafür bietet ein interaktiver *Interpreter* für die *Job Control Language* eine *Shell*. Im *Timesharing-Betrieb* ist es bekanntlich üblich, jedes Terminal durch einen eigenen Prozess, der eine Shell ausführt, zu bedienen. Ein Programm, das eine derartige *Mehrfachverwendung* (engl. *sharing*) zulässt, wird *reentrant* genannt. Zunächst einmal muss dazu der *Code* selbst *shareable* sein. Selbstmodifizierende, also das eigene Programm verändernde Techniken sind daher verboten. Würde diese Restriktion nicht gelten, so könnte die Ausführung durch einen Prozess das Programm verändern, obwohl es für andere noch unmodifiziert benötigt würde.

Im Gegensatz dazu ist das *Sharing* von (physikalischen) *Daten-Segmenten* eher ein Ausnahmefall. Als unmittelbare Konsequenz ergibt sich die Notwendigkeit, für jeden Prozess eigene, ihm allein zugeordnete Daten-Segmente bereitzustellen, also ein und dasselbe virtuelle Daten-Segment auf mehrere physikalische Daten-Segmente abzubilden. Es muss aber sichergestellt werden, dass bei der Ausführung eines Befehls im Kontext eines bestimmten Prozesses das jeweils richtige Datenobjekt referenziert wird. Betrachten wir zum Beispiel das in Kapitel 12 verwendete Musterprogramm und denken wir es uns von zwei realen Prozessoren als parallele Prozesse ausgeführt. Das (shareable) Code-Segment sei ab der physikalischen Adresse $(8000)_{16}$ geladen,

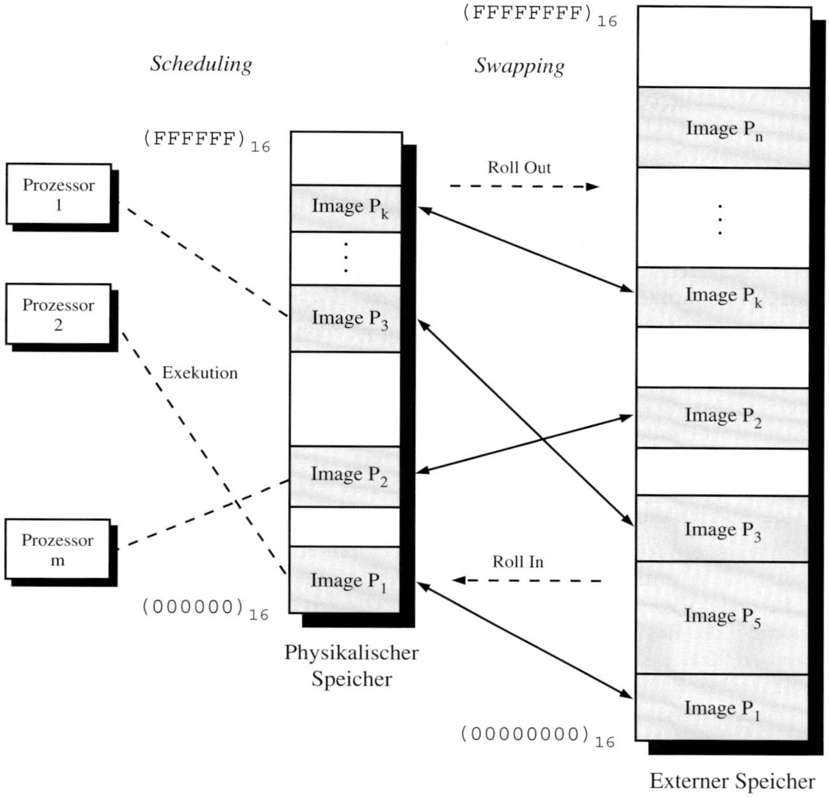

Abbildung 12.3: Virtuelle Speicherkonzepte (Swapping)

die Daten-Segmente (1 und 2) für den ersten Prozess ab $(7800)_{16}$, für den zweiten ab $(1000)_{16}$.

Da beiden Prozessen ein und dasselbe Programm zugrunde liegt, „sehen“ die beiden verarbeitenden Prozessoren exakt dieselben Maschinenbefehle. Die jeweiligen Program Counter zeigen in der Tat auf Adressen (ab $(8000)_{16}$), die dem Code-Segment angehören, auch wenn die parallele Befehlsausführung völlig asynchron, also ohne gegenseitigen zeitlichen Bezug vor sich geht. Abhängig davon, in welchem Kontext (Prozess 1 oder Prozess 2) nun der explizierte Maschinenbefehl

$R1 \leftarrow \text{memory}[(10)_{16}] + \text{memory}[(11)_{16}]$

exekutiert wird, müsste er die physikalischen Adressen $(781x)_{16}$ oder $(101x)_{16}$ referenzieren.

Dieses Problem kann zum Beispiel durch die Programmierung mit *indizierten Zugriffen* gelöst werden. Alle Referenzen auf (Daten-)Speicherzellen werden über ein (natürlich zum *Context* gehörendes) *Index-Register* (*Segment Register* oder *Base Address Register* genannt) durchgeführt, dem bei der Erzeugung des Prozesses (also zur Laufzeit) die physikalische Anfangsadresse des jeweiligen Daten-Segments zugewiesen wird. Die jeder Variablen (zur Übersetzungszeit) fix zugeordnete virtuelle Adresse ist relativ zum Beginn des Daten-Segmentes zu interpretieren. Eine mögliche Implementierung der obigen Anweisung mit dem Register R2 als Segment Register wäre also

$R1 \leftarrow \text{memory}[(10)_{16}+R2] + \text{memory}[(11)_{16}+R2]$

Die tatsächlich referenzierten physikalischen Adressen ergeben sich hierbei durch die Addition der virtuellen Adressen mit dem Inhalt des Segment Registers R2. Zu beachten ist, dass auch Stackpointer für eine derartige Verwendung sehr gut geeignet sind; mit ein Grund, warum die Stacks bei den Compilerbauern so beliebt sind. Übrigens ist eine ähnliche Technik auch für die Exekution eines den PIC-Konventionen nicht genügenden Code-Segments möglich; das dafür nötige Spezialregister wird als *Relocation Register* bezeichnet. Es wird (im wesentlichen) mit der physikalischen Adresse geladen, an der das Code-Segment im Speicher beginnt. Ein Compiler, der Maschinenprogramme für ein derartiges Binding produzieren soll, muss daher alle Code- und Variablenzugriffe über solche Segment Register durchführen lassen.

An dieser Stelle scheint es angezeigt, uns kurz das Problem der *Memory Protection* zu überlegen. Eine Möglichkeit wäre es, im Prozessor ein *Upper* und ein *Lower Bound Register* vorzusehen, mit deren Hilfe ein aus einem Segment „hinausgreifender" Speicherzugriff abgefangen werden kann. Allerdings benötigt jedes Segment Register ein eigenes Paar von solchen Bound-Registern. Ein anderer Weg wäre die Verwendung von sogenannten *Storage Keys*. Es gibt hier spezielle Memory-Architekturen, die jedem (zum Beispiel 2 KByte) großen Block aufeinanderfolgender Speicherwörter eine Art (Speicher-)Register zuordnen, in das ein Storage Key eingetragen werden kann. Vor einem Speicherzugriff überprüft nun der Prozessor, ob der Inhalt seines *Prozessor Key Registers* mit dem jeweiligen Storage Key übereinstimmt. Diese Technik bedingt allerdings eine Ausrichtung der geladenen Segmente auf solche Blockgrenzen.

Dieses einfache *Binding* ist für die eingangs erwähnten Swapping-Techniken (die sogar in manchen (alten) *UNIX*-Implementierungen Verwendung finden) ausreichend: Wird im Zuge des Roll-In ein Prozess-Image auf eine andere physikalische Adresse geladen, muss lediglich das Segment Register (in der Register Save Area) umgesetzt werden. Wir möchten noch einmal explizit darauf hinweisen, dass bei dieser Methode das gesamte Image eines Prozesses „in einem Stück" in den physikalischen Speicher geladen wird. Aufeinanderfolgende virtuelle Adressen werden daher auf aufeinanderfolgende physikalische Adressen abgebildet. Der physikalische Speicher einer Maschine muss demzufolge groß genug sein, um wenigstens ein Image aufnehmen zu können.

Eine wichtige Frage ist natürlich, an welcher Stelle im physikalischen Speicher ein Image untergebracht werden soll. Zwei Varianten können hier unterschieden werden:

fixe Partitionen: Die einfachste Möglichkeiten ist sicherlich die, den physikalischen Speicher in n fixe Partitionen einzuteilen und je ein Prozess-Image in einen derartigen Bereich zu laden. Die Nachteile liegen auf der Hand: Ein winziges Programm verschwendet eine ganze Partition, und die maximale Größe des virtuellen Adressraumes eines Prozesses ist unnötig limitiert.

variable Partitionierung: Eine bessere Methode ist die variable Partitionierung des Speichers. Ein Image kann ab jeder beliebigen physikalischen Adresse geladen werden, die den Beginn eines genügend großen, freien Speicherbereiches bezeichnet. Da normalerweise mehrere geeignete Kandidaten existieren werden, gibt es eine Reihe von Auswahlverfahren (wie z.B. First Fit, Best Fit oder das Buddy Verfahren).

Der Grund, warum diese Verfahren überhaupt noch von Bedeutung sind, hängt natürlich nicht mit dem heutzutage relativ unbedeutenden Swapping zusammen. Es ist vielmehr auch bei den raffiniertesten virtuellen Speichertechniken notwendig, den Speicherplatz für die Prozess-Images auf dem Externspeicher zu verwalten.

Wie ist nun das Swapping zu bewerten? Zunächst einmal ist es sicherlich eine der einfachsten Strategien überhaupt und kommt mit einem Minimum an Hardware-Unterstützung aus. Diesen Vorteilen stehen aber einige gravierende Nachteile gegenüber. So ist zunächst einmal die Restriktion betreffend die maximale Größe der virtuellen Adressräume unpraktisch. Außerdem dauert das physikalische Kopieren des gesamten Prozess-Images vom und zum Externspeicher recht lange; dabei werden klarerweise meist dieselben Daten (abgesehen von den geänderten

Variablen) übertragen. Dazu kommt noch die Speicherverschwendung durch die Fragmentation und die etwas unflexible Memory Protection. Eine weitere Schwierigkeit bereiten dynamisch expandierende Prozess-Images: Um im Zuge der Ausführung eines Programmes dessen „oberstes" Daten-Segment dynamisch vergrößern zu können, sollte „oberhalb" des Images noch freier Speicher vorhanden sein. Ist das nicht der Fall, muss ein Roll-Out und ein anschließendes Roll-In auf einen genügend großen Bereich durchgeführt werden.

12.2.2 Paging

Eine andere Lösung für das Speicherproblem ist das virtuelle Speicherkonzept mit Namen *Paging*. Durch geeignete Maßnahmen wird (scheinbar) jedem Prozess tatsächlich sein gesamter virtueller Adressraum auch physikalisch zur Verfügung gestellt. Zu diesem Zweck wird dieser in (sehr viele) gleichgroße Abschnitte, sogenannte *Pages* eingeteilt, deren Größe je nach der konkreten Implementierung zwischen 128 Byte und 4 KByte liegen kann. Jeder Page ist eine logische *Page-Nummer* zugeordnet, die ihrem Platz im virtuellen Adressraum entspricht. Da die Page-Größe immer als Zweierpotenz gewählt wird, lässt sich die logische Page-Nummer und der Offset innerhalb dieser Page leicht aus einer virtuellen Adresse ermitteln (im folgenden Beispiel haben wir 32 Bit virtuelle Adressen und 1 KByte Pages angenommen):

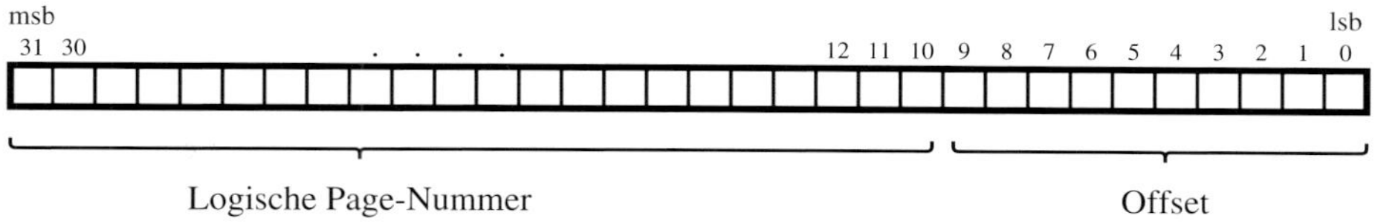

Abbildung 12.4: Gewinnung der logischen Page-Nummer aus einer virtuellen Adresse

Analog wird auch der physikalische Speicher der Maschine in Bereiche derselben Größe unterteilt, die *Page Frames* genannt werden. Jeder solche Frame wird durch eine logische *Frame-Nummer*, die seiner Position im physikalischen Speicher entspricht, identifiziert. Diese wird analog wie vorher aus der physikalischen Adresse gewonnen. Wie schon beim Swapping müssen nun die Prozess-Images zur Gänze auf einem als *virtuellen Speicher* bezeichneten Externspeicher untergebracht sein. Jede Page eines solchen Images kann durch ihre *Blockadresse* (also Oberflächen-, Spur- und Sektornummer) auf dem Externspeicher lokalisiert werden.

Der Trick beim Paging besteht nun darin, eine als *Lokalität der Referenzen* benannte Eigenschaft von Programmen auszunutzen und nur jene Pages im physikalischen Speicher zu halten, die tatsächlich „gebraucht" werden. Diese Lokalität ist eine empirisch beobachtete Tatsache, die durch die üblichen Programmiertechniken (also die Methoden und Konventionen, nach denen Programme erstellt werden) recht plausibel motiviert werden kann. Da gibt es einerseits die *zeitliche Lokalität*, die für eine erst kürzlich referenzierte virtuelle Adresse den Schluss zulässt, dass bald wieder ein Zugriff darauf stattfinden wird. Gestützt wird diese Hypothese etwa durch das Verhalten bei der Exekution von Schleifen und Unterprogrammen. Bei Adressen in Daten-Segmenten sind die Organisation von Stacks und häufig notwendige Zählervariable als Beispiele zu benennen. Daneben gibt es noch eine *örtliche Lokalität*, die für eine jüngst benutzte Adresse die Voraussage zulässt, dass die benachbarten Adressen ebenfalls bald angesprochen werden. Neben der sequenziellen Abarbeitung eines Programmes sind es vor allem die in den höheren Programmiersprachen so beliebten Datenstrukturen, die diese Aussage zulassen. Wir sollten allerdings anmerken, dass es auch („Destruktiv"-)Programme gibt (solche sind ganz einfach zu schreiben), die diese Lokalität der Referenzen nicht aufweisen.

Es ist daher so, dass ein (normaler) Prozess in einem kleinen Beobachtungs-Zeitintervall mit hoher Wahrscheinlichkeit nur relativ kleine Ausschnitte seines virtuellen Adressraumes tatsächlich referenziert. Für unsere Page-Einteilung würde dies bedeuten, dass die Anzahl der „benötigten“ Pages relativ klein sein wird. Die Menge dieser Pages als Funktion des Betrachtungszeitpunktes und der Länge des Beobachtungsintervalles wird als *Working Set* bezeichnet. Durch die Bereitstellung eines Mechanismus, der nur die konkret referenzierten Pages im physikalischen Speicher hält, kann die „Tyrannei des kleinen Hauptspeichers“ beendet werden. Zu beachten ist, dass die beim Swapping so unangenehme Restriktion des „Ladens in einem Stück“ hierbei völlig vermieden wird. Mit geschickten Strategien sollte es möglich sein, die Performance einer „Riesenspeichermaschine“ wenigstens annähernd zu erreichen. Unseren vorigen Ausführungen zufolge wird dies dann der Fall sein, wenn der physikalische Speicher wenigstens so groß ist, dass er die Working Sets aller Prozesse aufnehmen kann. Ist er dafür zu klein, entsteht ein als *Trashing* bezeichnetes Phänomen: die Maschine wird praktisch ausschließlich damit beschäftigt sein, die referenzierten Pages vom Externspeicher zu laden.

Konzeptuell können wir uns vorstellen (vgl. Abbildung 12.5), dass das Betriebssystem für jeden Prozess eine *Page Table* führt, welche die Abbildung *Pages* → *Page Frames* enthält. Bei jeder Page-Nummer wird die Frame-Nummer desjenigen Page Frames eingetragen, in dem die Page geladen ist. Diese Page Table wird nun wie folgt zur Umsetzung der virtuellen auf die physikalische Adresse (also für das *Binding*) verwendet (wir haben in Abbildung 12.5 virtuelle Adressen mit 32 Bit, 1 KByte Pages und 24 Bit physikalische Adressen angenommen):

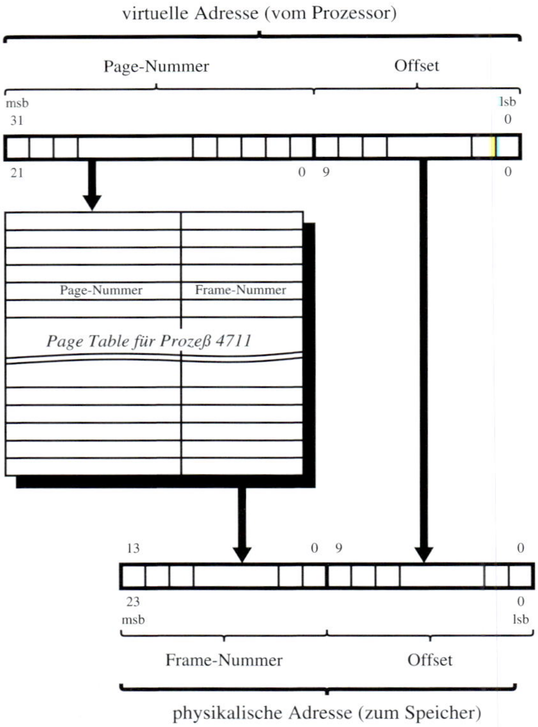

Abbildung 12.5: Adressumformung beim Paging

Wird in einem Prozess eine virtuelle Adresse referenziert, so kann die eindeutig bestimmte Page-Nummer dazu benutzt werden, um die Nummer des zugehörigen Page Frames in der Page Table zu finden. Die physikalische Adresse wird dann durch die Verkettung mit dem Offset innerhalb der Page gewonnen. Auf diese Art und Weise haben wir auch eine implizite *Memory Protection* erzielt, da ein Prozess nur jene Pages referenzieren kann, die seinem Image angehören.

Durch die Eintragung ein und desselben Page Frames in die Page Tables mehrerer Prozesse ist auch das Sharing (etwa von Code-Segmenten) relativ einfach zu bewerkstelligen. Die zusätzliche Aufnahme von *Access Modes* (Read, Write, Execute) in die Page Tables erlaubt sogar eine Überwachung der Speicherzugriffe (pro Page). Um diese Eigenschaften optimal ausnützen zu können, orientiert sich die Segmentorganisation an die vorgegebenen Page-Grenzen. Die Lage und der Umfang von Segmenten (Code, Daten, Stack, etc.) richtet sich dann direkt nach der Page-Granularität.

Sofern alle benötigten Pages geladen sind, funktioniert die Methode wunderbar. Gerade diese Voraussetzung wollten wir aber vermeiden; die meisten Einträge in der Page Table werden daher statt einer Frame-Nummer eine Kennung „Page nicht geladen“ beinhalten. Wenn der Zugriff auf eine derartige virtuelle Adresse erfolgt, ist ein sogenannter *Page Fault* die Folge. Der die Referenz verursachende Maschinenbefehl wird abgebrochen, da zuerst die benötigte Page in einen Page Frame geladen werden muss. Erst wenn das Betriebssystem diese Operation erfolgreich durchführen konnte, darf der zuvor unterbrochene Prozess mit dem erfolglosen Befehl wieder fortsetzen.

Da wir gerade bei praktischen Problemen sind, sollten wir an dieser Stelle erwähnen, dass die oben beschriebenen Page Tables nicht wirklich für jede Page einen Eintrag aufweisen müssen. In der Praxis werden Page Tables verwendet, die nur eine gewisse Anzahl von Paaren (Page-Nummer, Frame-Nummer) aufnehmen können. Diese entspricht damit der maximalen Zahl von Page Frames, die einem Prozess zugeordnet sein können, und sollte nicht kleiner als die Größe eines durchschnittlichen Working Sets sein. Damit die Adressumsetzung schnell geht, werden die Page Tables (wenigstens Teile davon) oft in Hardware ausgeführt. Diese sehr speziellen und schnellen Elemente werden *assoziative Speicher* genannt und erlauben eine Art „paralleler Suche“ nach der benötigten Page-Nummer. Auch andere Funktionen des Pagings werden einfach schon aus Geschwindigkeitsgründen in Hardware realisiert, genau gesagt durch eine sogenannte *Memory Management Unit*, die bereits oft im Prozessor selbst integriert ist.

Interessante Fragen ergeben sich bei der näheren Betrachtung der Betriebssystemaktivitäten zur Behebung eines Page Faults. Wenn wir einen geeigneten Computer nach einiger Zeit stärkerer Auslastung betrachten, so werden wir feststellen, dass keine unbenutzten Page Frames mehr existieren. Bei einem Page Fault stellt sich dann das Problem, einen belegten Page Frame auswählen und die darin gespeicherte Page austauschen zu müssen. Wenn die „alte“ Page seit dem Laden verändert (also beschrieben) wurde, muss sie vor dem Austausch auf den Externspeicher zurückgeschrieben werden. Solche *Dirty Pages* sind natürlich schlechte Kandidaten für das Page Replacement. Um ihre Anzahl klein zu halten, gibt es eine *Sneaky Writes* genannte Technik, die parallel zum Normalbetrieb des Rechners „schmutzige“ Pages durch das Zurückschreiben auf das Prozess-Image „sauber“ macht.

Was gibt es nun für Möglichkeiten für das *Page Replacement*? Ein bisschen Nachdenken ergibt sofort die optimale Lösung: Wir ersetzen jene Page, deren Referenz am weitesten in der Zukunft liegt. Diese Idee hatte ein gewisser Herr *Denning* schon vor geraumer Zeit, das Problem mit ihrer Implementierung haben wir aber noch heute. Es ist nämlich leider so, dass diese Page nicht mit vernünftigem Aufwand zu bestimmen ist; die Auguren sind heutzutage auch nicht besser als in der Römerzeit. Es gibt jedoch eine große Anzahl von praktikablen Strategien, von denen wir jetzt einige kurz beschreiben wollen. Bei diesen Methoden werden natürlich *Clean Pages* bevorzugt, auch wenn wir das nicht extra erwähnen. Zu beachten ist, dass alle diese Methoden auf Heuristiken basieren, also kein garantiert gutes Verhalten für alle Fälle liefern.

First In First Out (FIFO): Dieses Verfahren scheint auf den ersten Blick recht fair zu sein. Jede Page bekommt zum Zeitpunkt ihres Ladens einen Zeitstempel; wenn ein Page Fault aufzulösen ist, wird die „älteste“ Page ersetzt. Der zweite Blick entlarvt jedoch den Pferdefuß der Methode, der nämlich darin besteht, dauernd referenzierte Pages bevorzugt auszutauschen.

Least Recently Used (LRU): Das Page Replacement nach dieser Methode ist hingegen schon besser. Hier wird jene Page ersetzt, deren letzte Referenz am weitesten in der Vergangenheit liegt; die Strategie wird durch die besprochene zeitliche Lokalität der Referenzen gestützt. Allerdings muss einer Page bei jedem Zugriff auf eine zugehörige virtuelle Adresse ein neuer Zeitstempel gegeben werden, was leider ein recht aufwendiger Prozess ist.

Least Frequently Used (LFU): Eine Approximation von LRU ist diese Art des Page Replacements. Hierbei wird jene Page für einen Austausch herangezogen, die am wenigsten oft benutzt wurde. Es ist dazu notwendig, bei jeder Page einen Zähler mitzuführen, der bei einer Referenz (automatisch) inkrementiert wird. Eine *Aging* genannte Technik kann dazu verwendet werden, um (früher) hochgezählte Counter von nicht mehr referenzierten Pages in gewissen Abständen zu dekrementieren.

Not Used Recently (NUR): Dieser noch einfachere und sehr beliebte LRU-Ersatz verwaltet anstelle eines Reference Counters pro Page nur eine Kennung (Referenced/Not Referenced). Da aber im Laufe der Zeit praktisch jede Page den Vermerk Referenced erhält, werden in gewissen Abständen die Kennungen aller Pages auf Not Referenced gesetzt, was dem vorher besprochenen Aging entspricht.

Ein wichtiges Detail haben wir (absichtlich) bis jetzt verschwiegen, nämlich die Frage, ob die Austauschkandidaten nur *lokal* unter den Page Frames eines Prozesses oder *global* unter denen aller Prozesse gesucht werden sollen. Die lokale Strategie hat den Vorteil, dass das Working Set eines Prozesses nicht durch Page Faults anderer Prozesse beeinflusst wird. Der Nachteil ist, dass bei einer ungeschickten „Dimensionierung" der Anzahl der für einen Prozess verfügbaren Page Frames Probleme auftreten. Wird diese zu klein gewählt, kann ein quasi lokales Trashing passieren, obwohl global gesehen genügend Frames verfügbar wären. Wird sie hingegen zu groß dimensioniert, kommt das einer Verschwendung von physikalischem Speicher gleich.

Die üblicheren globalen Austauschstrategien benötigen eine Methode zur dynamischen Bestimmung der Größe der Working Sets. Eine Möglichkeit ist es, die (lokale) *Page Fault Frequency* (*PFF*) eines Prozesses heranzuziehen. Solange diese über einem gewissen oberen Limit liegt, wird die Anzahl der zugeordneten Page Frames vergrößert. Liegt die Frequenz unterhalb einer unteren Grenze, kann deren Anzahl verkleinert werden. Dieser Technik liegt die Tatsache zugrunde, dass bei den meisten Page Replacement Strategien die PFF mit der Anzahl der zugeordneten Page Frames abnimmt. FIFO gehört übrigens nicht dazu, diese Tatsache wird gern als (*Belady's*) *FIFO-Anomalie* bezeichnet. Derartige Informationen werden auch für die Entscheidungen des im Abschnitt 10.5.3 vorgestellten *Job-Schedulers* herangezogen. Indem ganze Jobs „aus dem Verkehr" gezogen werden, erfährt in Hochlastfällen der Gesamtdurchsatz durch die Vermeidung des Trashings keine signifikante Verminderung.

Neben dem Page Replacement gibt es noch eine andere Entwurfsentscheidung, die Einfluss auf die Performance des Pagings hat. Wie schon erwähnt, sollten die Working Sets der Prozesse möglichst rasch in den physikalischen Speicher gebracht werden. Die bisher mehr oder weniger implizit vorausgesetzte Methode war das *Demand Paging*. Eine Page wurde genau dann in den Speicher geholt, wenn ein Page Fault den Bedarf danach angezeigt hatte. Eine andere Möglichkeit wäre, durch ein vorausblickendes Laden (schon wieder die Auguren!) von Pages einem Page Fault zuvorzukommen. Dieses *Anticipate Paging* ist vor allem im Zusammenhang mit globalen Austauschstrategien und PFF ein nicht unsinniger Ansatz. Wenn nämlich ein bestimmter Prozess längere Zeit keinen Prozessor zugeteilt bekommt, kann er auch keine Page Faults verursachen. Die Konsequenz ist, dass er allmählich seiner Page Frames beraubt wird. Sollte ihn dann der Scheduler doch einmal mit einem Prozessor beglücken, wird er im Falle des Demand Pagings eine Flut von Page Faults auslösen, bis sein Working Set wieder komplett ist.

Abschliessend kann man feststellen, dass die Vorteile hauptsächlich darin zu suchen sind, dass keine Beschränkungen des virtuellen Adressraumes eines Programmes in Kauf genommen werden müssen und dem Betriebssystem die (transparenten!) Abbildungen auf den physikalischen

Speicher überlassen zu können. Wir wollen an dieser Stelle noch einmal explizit erwähnen, dass der ganze komplexe Prozess der Adressumsetzung und des Page-Replacements für die Applikationsprogramme (also die Prozesse) völlig unmerklich vor sich geht. Insbesondere sind keine wie auch immer gearteten Maßnahmen bei der Programmierung erforderlich! Allerdings besteht die Möglichkeit über diverse System Calls die Replacement-Technik zu variieren (beispielsweise im Falle eines ausschließlich linearen Lesevorganges).

Die Memory Protection kann unter Umständen etwas problematisch sein, ist aber durch die bereits erwähnte Segmentorganisation machbar, die den virtuellen Adressraum in „logisch" zusammengehörige Regionen aufteilt. Ähnliches gilt für das Sharing, das übrigens das Page Replacement nicht gerade leichter macht. Als echter Nachteil kann die Tatsache angesehen werden, dass das transparent erfolgende Paging unvorhersehbare *Timing-Probleme* verursachen kann.

Im übrigen sollten uns die vorgestellten Techniken bereits bekannt vorkommen. Ähnliche Methoden haben wir nämlich schon bei der Verwaltung von *Caches* eingesetzt. Der „Externspeicher" war dort der Hauptspeicher der Maschine, der „physikalische Speicher" das Cache Memory. Die „Pages" waren natürlich wesentlich kleiner (zum Beispiel 16 Byte). Analoges gilt für die Transferzeiten. Eine globale Sichtweise zeigt also die bereits im Abschnitt 5.3 erwähnte *Speicherhierarchie*: In der untersten Schicht haben wir das ultraschnelle, aber kleine Cache. Eine Ebene höher liegt der wesentlich größere, aber doch um eine Größenordnung langsamere Hauptspeicher, und ganz oben finden wir einen riesengroßen, aber umständliche und daher langsame Zugriffe erfordernden Massenspeicher.

12.2.3 Segmentierung

Als letztes wollen wir noch Methoden zur Realisierung zweidimensionaler Adressräume vorstellen, und zwar die reine *Segmentierung* und die *Segmentierung mit Paging*. Erstere ist nichts anderes als ein segmentweises Swapping, die zweitere Methode verwendet Paging, um die einzelnen linearen virtuellen Adressräume zur Verfügung stellen zu können. Ähnlich wie beim „reinen" Paging wird hier jedem Prozess eine eigene *Segment Table* zugeordnet.

Im Fall der reinen Segmentierung enthält diese Segment Table für jede *logische Segment-Nummer* die physikalische Speicheradresse, auf der das entsprechende Segment beginnt, und dessen Länge. Wie beim Paging wird die Abbildung einer zweidimensionalen virtuellen Adresse auf die korrespondierende physikalische Adresse durch eine (hardwaremäßig realisierte) Umsetzung durchgeführt: Die im höherwertigen Teil der virtuellen Adresse stehende Segment-Nummer wird dazu herangezogen, die physikalische Startadresse des Segmentes in der Tabelle zu finden. Durch den Vergleich des restlichen (niederwertigeren) Teiles der virtuellen Adresse (die dem Offset innerhalb des Segments entspricht) mit der Segmentlänge kann dann überprüft werden, ob die referenzierte Stelle überhaupt innerhalb des Segmentes liegt. Die endgültige Speicheradresse wird dann durch die Addition der gefundenen Startadresse mit dem Offset innerhalb des Segmentes gewonnen. Abbildung 12.6 illustriert den Vorgang der Adressumformung bei der Segmentierung.

In Abbildung 12.6 haben wir 16 Bit Segment-Nummern, 16 Bit Offsets innerhalb eines Segmentes und 24 Bit physikalische Adressen angenommen. Zu beachten ist, dass die maximale Länge eines Segmentes dadurch 64 KByte beträgt.

Falls das referenzierte Segment nicht im physikalischen Speicher geladen sein sollte, enthält die Segment Table einen Eintrag „Segment nicht geladen". Das Resultat eines diesbezüglichen Speicherzugriffes ist ein *Segment Fault*, der das Betriebssystem veranlasst, das benötigte Segment vom Externspeicher zu holen. Die dafür notwendige Zuordnung von physikalischem Speicherplatz ist aber genauso unangenehm, wie es bereits beim Swapping mit fixen oder variablen Partitionen der Fall war.

Besser ist es daher, die virtuellen Adressräume der einzelnen Segmente mittels Paging zu realisieren. Jedem Segment wird dabei eine eigene Page Table zugeordnet; ein Eintrag in der

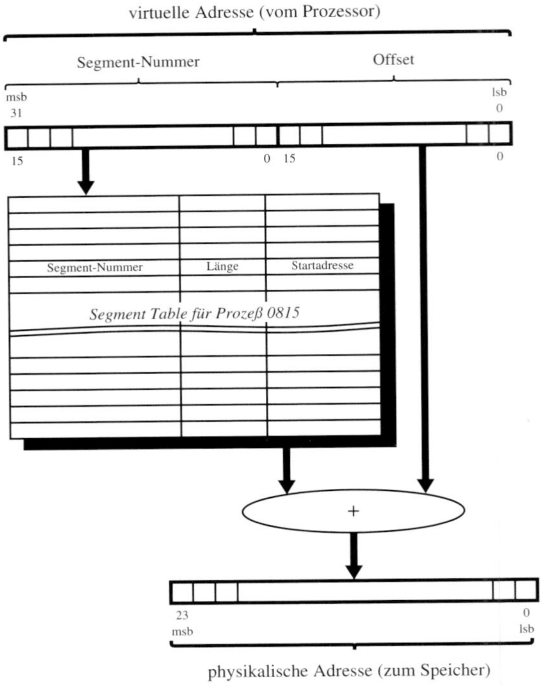

Abbildung 12.6: Adressumformung bei der Segmentierung

Segment Table eines Prozesses zeigt nicht mehr auf das Segment selbst, sondern auf dessen Page Table. Nach der wie bei der reinen Segmentierung ablaufenden Lokalisierung der entsprechenden Page Table wird der höherwertige Teil des Offsets im Segment (der der logischen Page-Nummer entspricht!) dazu benutzt, den korrespondierenden Page Frame zu ermitteln. Die physikalische Adresse kann dann durch die Verkettung der Frame-Nummer mit dem Offset innerhalb der Page gewonnen werden. Dieser nun zweistufige Prozess der Adressumsetzung ist in Abbildung 12.7 dargestellt.

Ein Eintrag „Segment nicht geladen“ in der Segment Table löst wie zuvor einen Segment Fault aus, auf den das Betriebssystem mit dem Holen der Page Table des nicht geladenen Segments vom Externspeicher reagiert. In dieser wird dann über die logische Page-Nummer der entsprechende Frame gesucht. Sollte die referenzierte Page nicht speicherresident sein (Eintrag „Page nicht geladen“), so ist ein Page Fault die Folge, der das Betriebssystem zum Laden der benötigten Page veranlasst. Wie schon beim Paging erfolgen diese Maßnahmen selbstverständlich auch hier für die Applikationsprogramme (also die Prozesse) völlig transparent. Obwohl wir den Vorgang sehr vereinfacht dargestellt haben, ist intuitiv klar, dass die Adressumsetzung ein recht aufwendiger Prozess ist. Um trotzdem eine vernünftige Performance zu erreichen, sind Hardware-Maßnahmen auf der Basis der erwähnten assoziativen Speicher erforderlich. Wir wollen uns jedoch nicht weiter mit diesbezüglichen Details herumschlagen.

Im Zuge der immer stärkeren *Objektorientierung* von Betriebssystemen gehen Bestrebungen dahin, die Segmentierung auf den Level einzelner Objekte auszudehnen. Hierbei erhält im Prinzip jede Variable ein eigenes Segment. Zu beachten ist, dass dadurch das Konzept eines Daten-Segmentes, also der Zusammenfassung von Speicherplatz für mehrere Variablen, ad absurdum geführt wird. Um sowohl sehr kleine als auch sehr große Segmente effizient verwalten zu können, ist es günstig, je nach Objekt reine Segmentierung oder Segmentierung mit Paging (also eine

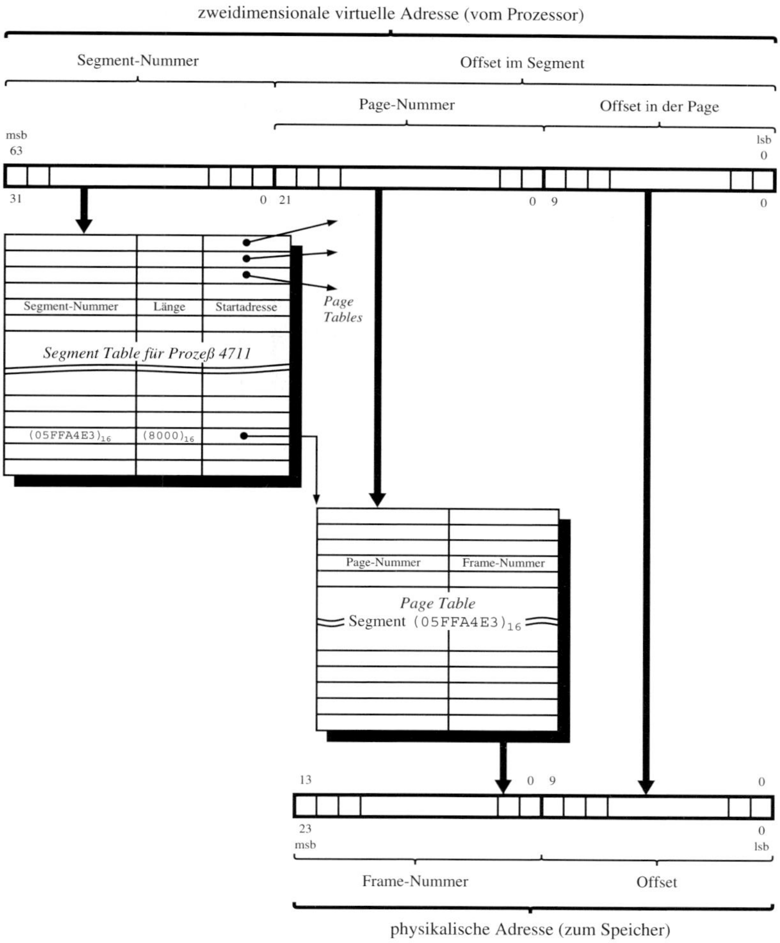

Abbildung 12.7: Adressumformung bei der Segmentierung mit Paging

Mischform) zu verwenden. Einzelne Variable eines einfachen Datentyps werden mittels reiner Segmentierung implementiert, (sehr) große Objekte wie Arrays mit kombiniertem Paging. Dazu ist lediglich eine Kennung in der Segment Table erforderlich, aus der hervorgeht, ob das Segment direkt im physikalischen Speicher steht oder über seine Page Table referenziert werden muss. In jedem Falle funktioniert der Zugriff völlig transparent.

Auf diese Weise ist eine sehr genaue Kontrolle der referenzierenden Operationen (zum Beispiel der Wertzuweisungen) möglich. So kann zum Beispiel durch das Betriebssystem festgestellt werden, ob illegalerweise einer Integer-Variablen ein Real-Wert zugewiesen wird. Aus Gründen, die wir im Abschnitt 14.2 noch erläutern werden, ist für derartige Techniken der Terminus *Capability Based Addressing* gebräuchlich. Zur praktischen Realisierung ist es lediglich notwendig, Typinformationen und erweiterte Zugriffsrechte in die Segment Tables aufzunehmen und diese bei jedem Zugriff zu überprüfen. Ein derartiges *Type Management* (wie die Verwaltung von Objekten gern allgemein genannt wird), ist natürlich ein recht brauchbarer Schutzmechanismus auch gegen die eigene „Dummheit“, also Programmierfehler.

Wie sieht es nun mit der Bewertung dieser Segmentierung aus? Vor allem die kombinierte Segmentierung mit Paging ist bei weitem das eleganteste Speicherverwaltungskonzept. Sowohl die Memory Protection als auch die Organisation von Access Rights und Sharing ist wesentlich homogener als etwa bei reinem Paging. Der Grund dafür ist der, dass logisch (also vom Programm her) zusammengehörige Teile auch gemeinsam in einem Segment organisiert werden können. Es ist strukturell wesentlich besser, ein ganzes Code-Segment vor schreibendem Zugriff zu schützen, als nur eine Page. Beim reinen Paging muss man sich einer „künstlichen" Segmentierung durch die Unterteilung des (einzigen) virtuellen Adressraums bedienen.

Auf Basis der Segmentierung kann darüber hinaus auch ein „transparentes" Filesystem errichtet werden, das die ganzen noch zu erwähnenden Schwierigkeiten mit dem Management von File-Objekten automatisch löst. Im Prinzip ist ja bei Systemen dieser Art gar kein Filesystem mehr notwendig, da statt eines Files einfach ein Daten-Segment verwendet werden kann! Der „Hauptspeicher" ist also (scheinbar) in der Lage, riesige Datenmengen aufzunehmen. Die Nachteile der Segmentierung liegen natürlich in der aufwändigen Hardware und der relativ schlechten Performance.

Weiterführende Literatur

M. Maekawa, A.E. Oldehoeft, R.R. Oldehoeft. *„Operating Systems*. Benjamin/Cummings, Manlo Park, California, 1987

A. Silberschatz, J.L Peterson. *Operating System Concepts*. Addison-Wesley, Reading, Massachusetts, 1988

A.S. Tanenbaum. *Modern Operating Systems, Second Edition*. Prentice-Hall, New Jersey, 2001

13 Ressourcen-Management

Hotelterminus: *Hier kriegt ihr eure Uniformen!*
Legionär: *Wir haben drei Größen: klein, mittel und groß.*
Nennt eure Größe!
Asterix: *Klein!*
Obelix: *Mittel!*
Asterix: *Obelix, sei nicht kindisch!*

Albert Uderzo, René Goscinny, „Asterix als Legionär".

In diesem Abschnitt werden wir uns den Teilen eines Betriebssystems zuwenden, die den Prozessen die komfortable Benutzung der verschiedensten Betriebsmittel eines Computersystems (beziehungsweise eines ganzen Computer-Netzwerkes) gestatten. Genau genommen haben wir die Diskussion einiger eng mit dem Prozess-Management verflochtener Ressourcen bereits vorweggenommen, denken wir etwa an die Speicherverwaltung oder an das Scheduling. Konsequenterweise soll es daher jetzt um die (objektorientierte) Betrachtung jener Dinge gehen, deren Verwendung eher optionalen Charakter hat. Zu beachten ist, dass dieses *Ressourcen-Management* bei weitem die umfangreichste Aufgabe eines modernen Betriebssystems ist. Der dafür nötige Code kann ohne Probleme hundert mal so groß wie der Betriebssystem-Kernel sein! Aus diesem Grunde wählen wir hier eine sehr vereinfache Darstellung und werden uns hauptsächlich auf das Management von Dateien (Files) konzentrieren.

13.1 Objektorientierung in Betriebssystemen

Moderne Betriebssysteme abstrahieren von den realen Gegebenheiten durch die Einführung von Objekten. Jede *Ressource* wird als ein vom Betriebssystem verwaltetes *Objekt* eines bestimmten *Typs* (einer bestimmten Klasse) betrachtet, dessen Manipulation ausschließlich über spezielle *Zugriffsoperationen* möglich ist. Die betriebssysteminterne Verwaltung der diversen Objekte wird als *Type Management* bezeichnet. Objekte eines bestimmten Typs werden durch einen dafür zuständigen *Type Manager* betreut. Wichtig ist nun, dass ein Objekt gewissermaßen seinem Type Manager „gehört"; will ein Prozess ein Objekt verwenden, so muss er es zuerst von ihm anfordern.

Es sollte eigentlich klar sein, dass für die Gewährleistung des störungsfreien Betriebes eines Multi-Processing-Systems gewisse Restriktionen bezüglich der Verwendbarkeit mancher Objekte ratsam sind. Im Zuge der Bearbeitung einer Objekt-Anforderung kann der jeweilige Type Manager nun leicht überprüfen, ob der jeweilige Prozess überhaupt für eine Benutzung autorisiert ist. Nur wenn das der Fall ist, wird eine Zuteilung vorgenommen.

Anstatt aber das jeweilige Objekt selbst „aus der Hand" zu geben (und damit einer missbräuchlichen Verwendung erst recht Tür und Tor zu öffnen), bekommt ein anfordernder Prozess lediglich eine Art Identifikation zurück, die *Objekt-ID*. Wir haben einige davon bereits in den früheren Abschnitten (stillschweigend) eingeführt, denken wir nur an die *File-IDs*. Für sich allein genommen haben diese nun überhaupt keine Bedeutung; insbesondere erlauben sie auch keinerlei „direkte" Zugriffe auf das entsprechende Objekt. Die eigentliche Verwendung eines Objektes ist ausschließlich über einen vom jeweiligen Type Manager bereitgestellten Satz von Zugriffsfunktionen möglich, die als Parameter die Objekt-ID erwarten. Auf diese Weise ist es möglich, die Manipulationen eines Objektes genauestens zu überwachen und gegebenenfalls zu verhindern. Es ist allerdings zu beachten, dass jede Kontrolle mit einem gewissen Hard- und/oder

Software-Aufwand verbunden ist. In der Praxis wird also letztlich immer ein Kompromiss zwischen möglichst guter Kontrolle und vertretbarem *Aufwand* beziehungsweise *Overhead* (das heißt, langsamerer Ausführung) zu suchen sein.

Welcher Art nun die Zugriffe auf ein Objekt sind, hängt natürlich vom konkreten Objekt ab. Bei Files haben wir zum Beispiel die verschiedenen *Access Modes* read, write und execute erwähnt; bei einem Semaphor könnte etwa der Zugriff mittels S_P und S_V unterschieden werden. Naheliegenderweise wird die Erlaubnis, eine bestimmte Manipulation durchführen zu dürfen, als *Recht* (*Access Right*) bezeichnet. Wenn einem Prozess zum Beispiel lesende, nicht aber schreibende und exekutierende Zugriffe auf ein File gestattet sein sollen, benötigt er das Lese-, nicht aber das Schreib- und Ausführungsrecht für dieses File. Sollte er dennoch einen schreibenden Zugriff (also F_WRITE) versuchen, muss das Betriebssystem diesen abweisen. Wir sollten allerdings anmerken, dass normalerweise nicht alle Objekte über ein so rigoroses Type Management verwaltet werden. Zum Beispiel wird physikalischer Speicherplatz sehr wohl „aus der Hand" gegeben! Die Zuweisung etwa eines Real-Wertes an eine Integer-Variable ist dabei nicht zu verhindern!

Zu klären ist noch die Frage, warum der „Umweg" über die Objekt-IDs überhaupt nötig ist. An sich würde es ja genügen, bei jeder Zugriffsfunktion den Objekt-Namen (also zum Beispiel einen File-Namen) anzugeben, und die Überprüfung der Zugriffsrechte jedesmal vorzunehmen. Das wäre auch vom Standpunkt der Protection her sicherlich die beste Lösung. Unglücklicherweise ist aber die erwähnte Überprüfung bei manchen Objekten (etwa Files) recht (zeit)aufwendig, so dass der *System-Overhead* inakzeptabel würde.

In herkömmlichen Systemen wird die Überprüfung der Zugriffsrechte daher nur einmal, bei der Anforderung eines Objektes, durchgeführt. Im Falle einer positiven Erledigung wird (dynamisch!) eine fälschungssichere Identifikation (eben die Objekt-ID) generiert und als Resultat zurückgeliefert. Sie dient bei den weiteren Aufrufen als Nachweis dafür, dass der aufrufende Prozess die Kontrolle bereits „passiert" hat. Dass hier unter Umständen Probleme mit (gut) gefälschten Objekt-IDs entstehen können, sei am Rande erwähnt.

Abschließend sollten wir noch bemerken, dass die *Objektorientierung* in realen Systemen wie dem *IBM System/38* sogar tief in die *Maschinen-Codes* hineinreicht. Das Konzept der einfachen Datentypen eines Prozessors (Bit, Byte, Character, Word, usw.) wird hierbei auf allgemeinere Maschinen-Objekte ausgedehnt. Mittels eigener Instruktionen ist es möglich, diese zu erzeugen, zu manipulieren und wieder zu zerstören. Komplexere Objekte, wie etwa Files, werden intern aus mehreren (Maschinen-)Objekten zusammengesetzt (Composed Objects). Das bedeutet im Endeffekt, dass das *Type Management* hardwaremäßig (oder zumindest mit Hardware-Unterstützung) durchgeführt wird.

13.2 Device-Unabhängigkeit

Ein weiteres, für die Objektorientierung sprechendes Argument ist, dass ein Anwender, der ein File, einen Bildschirm, einen Drucker oder was auch immer benutzen will, nur die Informationen über das entsprechende Interface (zum Beispiel die System Calls F_OPEN, F_READ, ...) benötigt, sich aber nicht mit Details der Implementierung (wie und wo ein File auf der Disk steht, wie der Disk-Controller anzusprechen ist, ...) belasten muss (*Information Hiding*). Die Realisierung der entsprechenden „virtuellen Maschine" ist allein Aufgabe der für das Betriebssystem zuständigen Systemprogrammierer, die naturgemäß über die vielen notwendigen Hardware- und Software-Details Bescheid wissen müssen. Nur für sie ist es relevant, ob der zugrundeliegende Computer für die Peripherieansteuerung etwa einen EIDE- oder einen SCSI-Controller hat (die sich unter anderem beträchtlich in der Ansteuerung unterscheiden).

In diesem Licht ist die *Device-Unabhängigkeit* zu sehen. Im Prinzip werden darunter alle jene Maßnahmen geführt, die ein einheitliches Interface zu den unterschiedlichsten Objekten unterstützen. Da gibt es zunächst einmal Bestrebungen, Objekte der verschiedensten Klassen möglichst gleichartig zu behandeln. Wir haben bereits erwähnt, dass gewisse Devices, wie Drucker oder Terminals, als spezielle Files interpretiert und demzufolge mit denselben Operationen bedient werden können, die für Disk Files zur Verfügung stehen. Das *Filesystem* stellt dafür eine ganze Reihe von System Calls bereit; wir haben im Abschnitt 9.3 F_OPEN, F_READ, F_WRITE, F_SEEK, F_CURRPOS und F_CLOSE bereits kurz vorgestellt. Es sollte aber klar sein, dass das Filesystem letztlich die verschiedenen Type Manager mit der eigentlichen Ausführung betraut; es ist daher im Endeffekt eine Art übergeordneter Stellvertreter, in der Objektorientierung auch *virtuelle Klasse*. Selbstverständlich differieren diese strukturellen Details aber von Implementierung zu Implementierung. Die Abbildung 13.1 stellt das Prinzip in graphischer Form dar.

F_OPEN, F_READ, F_WRITE, ..., F_CLOSE

Filesystem			
Type Manager Disk Files	Type Manager Drucker	Type Manager Terminals	. . .

Abbildung 13.1: Prinzipielle Struktur des Filesystems und bestimmter Type Manager

Nun bringt es das „über einen Leisten scheren" natürlich mit sich, dass spezielle Eigenschaften verschiedener Geräte damit, ohne explizite Feststellung des zum Objekt gehörenden Type Managers (genauer Objekttyp), nicht genutzt werden können. Umgekehrt sind manche Operationen für gewisse Devices relativ sinnlos oder nur eingeschränkt verwendbar, denken wir an F_SEEK im Zusammenhang mit einem Drucker. Erst diese Form der Device-Unabhängigkeit macht aber das Konzept der abstrakten *Standard Input-* und *Standard Output Files* sinnvoll und unterstützt damit die Entwicklung flexiblerer Programme.

Qualitativ anderer Natur ist jene Device-Unabhängigkeit, die den Anwender von der Notwendigkeit entbindet, spezielle Eigenschaften realer Geräte einer bestimmten Klasse zu berücksichtigen. Betrachten wir dazu das den PC-Freaks unter Ihnen sicherlich bekannte leidige Problem mit den verschiedenen Bildschirm-Controllern. Für IBM-PCs werden von Seiten verschiedener *Vendors* („Nachahmer" von Originalprodukten) eine große Anzahl unterschiedlicher Produkte (SVGA® Graphikadapter, Soundkarten, usw.) angeboten, die sich naturgemäß in ihren Fähigkeiten und ihrer Bedienung durch die Software unterscheiden. Da aber MS-DOS kein ordentliches Interface zum Bildschirm zur Verfügung stellt, müssen leistungsfähige Anwendungsprogramme (etwa *CAD-Systeme*) das notwendige Management selbst übernehmen. Jeder Hersteller eines derartigen Produktes ist also gezwungen, Bildschirm-Treiber für alle marktüblichen Gerätetypen bereitzustellen; diese haben die Aufgabe, den spezifischen Controller zu bedienen. In jeder solchen Firma muss es daher jemanden geben, der tief in die Details der jeweiligen Hardware (und des Betriebssystems) eingedrungen und demzufolge in der Lage ist, derartige Treiber zu entwickeln.

Auch die Anwender leiden unter dieser Sachlage, sie müssen nämlich aufpassen, dass ein ins Auge gefasstes Software-Paket auch den vorhandenen Controller unterstützt (damit allein ist es in der Praxis nicht getan, ob ein Bildschirm-Treiber wirklich hundertprozentig funktioniert, merkt man normalerweise erst einige Wochen nach dem Kauf!). Ähnliche Überlegungen gelten natürlich auch für andere Ressourcen, etwa die diversen am Markt angebotenen Drucker mit ihren vielen verschiedenen Datenformaten (Postscript®, Portable Document Format (PDF), HP PCL®, ...). Das ist natürlich sowohl von Seiten der Herstellerfirmen als auch der Anwender eine äußerst unbefriedigende Situation. Konsequenterweise gehen Bestrebungen dahin, das Problem an das Betriebssystem zu delegieren: Durch ein einheitliches Interface könnten die Applikationsprogramme einen *virtuellen Bildschirm* für ihre Ein- und Ausgaben benutzen; die Abbildung auf die verschiedensten *realen Geräte* wäre nicht mehr ihre Aufgabe.

Klarerweise birgt das Ganze sehr große Schwierigkeiten in sich. Das Hauptproblem ist die Festlegung und Realisierung einer allen erdenklichen Anforderungen genügenden *Interface-Definition*. Es ist schon einmal ein sehr schwieriger und langdauernder Prozess, die Bedürfnisse aller potentiellen Anwender zu erfassen. War es beim monolithischen Ansatz noch wichtig, bei ihrer Berücksichtigung eine zu große Aufblähung zu vermeiden, tritt mit der Verwendung von objektorientierten Ansätzen (Vererbung und Überladen von Methoden, also *Code-Reuse* mit Hilfe der objektorientierten Modellierung) diese Gefahr in den Hintergrund.

13.3 File Management

In den folgenden Abschnitten werden wir uns die Verwaltung einer der wichtigsten *Ressourcen* in einem Computersystem ansehen. Konkret soll es dabei um Externspeicher (hauptsächlich Disks) und den darauf gespeicherten Dateien (Files) gehen.

Files

Die riesigen Datenmengen, die von gewissen Applikationsprogrammen (wie zum Beispiel *CAD-Systemen*, Computer Aided Design, oder digitalen Bild- und Videobearbeitungssystemen als klassische Anwendungen im *Multimedia*-Bereich) angelegt und manipuliert werden, erfordern geeignete Maßnahmen zu ihrer Speicherung. Ideal wäre es natürlich, den Hauptspeicher eines Rechners dafür verwenden zu können, da die Speicherzugriffe einfach (Random Access!) und sehr schnell sind. Dies ist aber (in der Regel) aus mehreren Gründen nicht praktikabel.

Obwohl die stets fortschreitende Entwicklung hochintegrierter Speicherbausteine Größenordnungen von mehreren hundert MByte (und sogar GByte) bereits ermöglichen, garantiert der Trend nach immer leistungsfähigeren Software-Systemen (vor allem bezüglich der Graphik) eine eher noch wachsende Diskrepanz zwischen den Datenmengen und den realen Hauptspeichergrößen. Ein anderer Nachteil ist die *Flüchtigkeit* der Daten in den zur Realisierung großer Memorys verwendeten (dynamischen) RAMs. Selbst eine Batterieversorgung ist nicht in der Lage, die erforderliche *Datensicherheit* über längere Zeiträume zu gewährleisten. Aus diesen Gründen werden große Datenbestände auf *Externspeichern* angelegt, auf die ein Prozessor jedoch nicht direkt zugreifen kann.

Unter einem *File* verstehen wir nun eine von ihrer Darstellung unabhängige Folge von Daten (*Elementen*). Ein einfaches File wäre etwa eine Liste der Matrikelnummern aller Informatikstudenten; die Elemente sind hier (siebenstellige) Dezimalzahlen (*Integers*). Einige Beispiele für *Textfiles* liefern uns die Modula-2-ähnlichen Source-Programme des Kapitel 11. Die Elemente derartiger Files sind diverse Buchstaben, Zahlen und Sonderzeichen (*Characters*). Auch das entsprechende, vom Compiler erzeugte Maschinenprogramm ist ein File, dessen Elemente einzelne *Bytes* (die den Maschineninstruktionen entsprechen) sind.

Neben diesen *unstrukturierten Files*, die eine mehr oder weniger lose Folge von Elementen eines einfachen Datentyps (Character, Integer, Real, ...) darstellen, gibt es auch *strukturierte Files*, deren Elemente *Records* genannt werden. Records sind aus mehreren (einfachen) Datentypen zusammengesetzt. Als Beispiel kann etwa das Paar Matrikelnummer und Name, das aus einer Dezimalzahl und einer Zeichenkette (einem *String*) besteht, dienen. Eine Liste dieser Records für alle Studenten der Informatik ist ein Beispiel für ein strukturiertes File. Die folgende Darstellung soll dies auch graphisch veranschaulichen:

Integer	*String*
8825188	Methusalix
9925068	Hochgenuss
9925387	Dompfaff
.	
.	
.	
9925677	Taubenuss
0325333	Haudraufundschluss

Tabelle 13.1: Beispiel eines strukturierten Files

Es hat sich übrigens eingebürgert, die *Elemente* eines Files generell *Records* zu nennen, egal, ob sie nun strukturiert oder unstrukturiert sind. Ein File kann somit als Analogon zu einem *Array* (Datenfeld der Größe n, dessen gleichgroße Elemente durch einen Index i, $0 \leq i \leq n-1$ adressierbar sind) mit einer variablen Anzahl von Elementen betrachtet werden. Jedes Element ist durch einen eindeutigen *Index* gekennzeichnet, der die Position im File (relativ zum Anfang) angibt. Das erste Element eines Files mit n Elementen hat den Index 0 (Methusalix), das (momentan) letzte Element den Index $n-1$ (Haudraufundschluss). Technische Gründe bringen es mit sich, eine Klassifikation der Files nach den möglichen Zugriffsarten durchführen zu müssen. So gibt es etwa *Random Access Files*, bei denen jedes beliebige Element (also mit beliebigem Index) gelesen oder geschrieben werden kann. Disk Files gehören zum Beispiel in diese Klasse. Im Gegensatz dazu können die Elemente *sequenzieller Files* nur hintereinander gelesen werden (zum Beispiel bei Files, die auf Bandlaufwerken gespeichert sind). Schreibende Zugriffe sind hier nur am Ende eines Files möglich (*Append Mode*).

Durch einen (meist sehr umfangreichen) Teil des Betriebssystems, das sogenannte *Filesystem*, werden nun *System Calls* zur Verfügung gestellt, welche die Manipulation von Files erlauben. Einige System Calls zur Manipulation von Files wurden bereits in Abschnitt 9.3 kurz erwähnt. Hier folgt nun eine detailliertere Beschreibung.

Will ein Prozess ein File bearbeiten, so muss er es zuerst mittels `F_OPEN (filename, attributes)` vom Betriebssystem „anfordern". Hierbei ist es üblich, Files durch einen *File-Namen* zu bezeichnen. Mit den Attributen wird unter anderem angegeben, welcher Art die beabsichtigten Zugriffe auf das File sind. Es gibt hier die Möglichkeit lesender (*read*), schreibender (*write*) oder exekutierender (*execute*) Zugriffe. Letztere sind notwendig, wenn der Inhalt eines Files ein ausführbares Maschinenprogramm ist, das in den Speicher des Rechners geladen werden soll. Das Betriebssystem kann nun überprüfen, ob der anfordernde Prozess die benötigten *Zugriffsrechte* (engl. *Access Rights*) besitzt. Im Falle der positiven Erledigung liefert der System Call eine das benötigte File-Objekt repräsentierende *File-ID*, andernfalls kommt eine Fehlermeldung zurück. Alle weiteren Service Calls erwarten nicht mehr den File-Namen, sondern die File-ID als Parameter.

`F_READ(file-ID,element)` dient nun dazu, ein Element von einem File zu lesen, mittels `F_WRITE(file-ID,element)` kann ein Element auf ein File geschrieben werden. Die vorgestellten Operationen beziehen sich üblicherweise auf das Element, dessen Index durch die aktuelle File-Position (engl. *current file position*) festgelegt ist. Durch den System Call `F_SEEK(file-ID,index)` kann diese aktuelle Position gesetzt werden; bei sequenziellen Files ist als `index` meist nur 0 oder *EOF* (engl. *end of file*, bei einem File mit n Elementen also Index n) erlaubt. F_READ oder F_WRITE werden meist so implementiert, dass sie nach dem Lesen oder Schreiben die aktuelle Position automatisch um 1 erhöhen, wodurch sequenzielle Zugriffe ohne F_SEEK möglich sind. Es ist natürlich nicht gestattet, über das Ende eines Files hinaus zu lesen; ein entsprechender Versuch wird mit einer Fehlermeldung abgewiesen. Um die aktuelle File-Position abfragen zu können, sehen wir noch `F_CURRPOS(file-ID)` vor. Wenn ein File nicht mehr benötigt wird, muss es mit `F_CLOSE(file-ID)` an das Betriebssystem „zurückgegeben" werden.

Files sind in der Regel prozessglobale Objekte. Das bedeutet, dass zwei F_OPEN auf ein und denselben File-Namen ein und dasselbe File „treffen", auch in verschiedenen Prozessen. Zu beachten ist, dass das allererste F_OPEN das jeweilige File-Objekt erzeugt und alle weiteren F_OPEN sich auf genau dieses Objekt beziehen. Ein File wird (normalerweise) weder durch F_CLOSE noch durch das Abschalten des Rechners gelöscht; dies ist nur mit Hilfe des System Calls `F_DELETE(filename)` möglich.

Wie bereits erwähnt, wollten wir den Begriff File unabhängig von der eigentlichen Repräsentation verstanden wissen. Damit ist es auch legitim, ein *Device* (wie einen Drucker oder ein Terminal) als *spezielles File* (sequenziell, unstrukturiert, Character-Elemente) zu interpretieren. Identifiziert wird ein solches Device(-Objekt) einfach durch einen File-Namen (etwa PRINTER), wobei das dazugehörige File-Objekt mit einem Attribut versehen ist, das es als ein *Device File* ausweist. Dabei muss ein Device keineswegs stets auf ein physikalisches Gerät abgebildet sein, sondern kann z. B. auch beliebige interne Informationen aus dem Betriebssystem wie die Prozessorauslastung, verwendete Prozessen und vom Betriebssystem verwaltete Ressourcen enthalten. Da Devices nicht immer der Semantik eines Files folgen, bietet der zusätzliche System Call `F_CTRL(file-ID,function,data)` die beliebige Kontrolle eines (Device) Files (engl. *I/O control*) an, die jenseits der Möglichkeiten von F_READ und F_WRITE liegen. Mit Hilfe der vorher erwähnten System Calls können daher (in fast allen Betriebssystemen) neben Disk Files auch Devices in einer einheitlichen Art und Weise angesprochen werden.

Auch das sehr verbreitete Konzept der (abstrakten) *Standard Input* - und *Standard Output Files* gehört an dieser Stelle erwähnt: Jeder Prozess hat hierbei zwei (oder mehrere) abstrakte Files (zum Beispiel mit Namen *STDIN* und *STDOUT*) zugeordnet, die vermittels spezieller System Calls mit realen Files assoziiert werden können. Alles, was ein Prozess etwa auf sein Standard Output File schreibt, geht in Wirklichkeit direkt auf das assoziierte File. Zu beachten ist, dass auf diese Weise etwa die Entscheidung, auf welches File ein bestimmter Prozess schreiben soll, nicht schon bei der Implementierung des jeweiligen Programmes, sondern erst zur Laufzeit getroffen werden muss.

Abgesehen von den eigentlich „nützlichen" Daten (Records) und einen *File-Namen* besitzen Files noch eine ganze Menge von Attributen (etwa Sequential oder Random Access), über die noch einiges zu sagen sein wird. In den folgenden Abschnitten wollen wir zuerst erläutern, wie moderne Filesysteme mittels hierarchischer *Directories* eine logische Ordnung in die in der Regel sehr große Anzahl von File-Objekten bringen. Weitere Abschnitte sind den diversen *File-Attributen* und der *Concurrency Control* (der Behandlung von gleichzeitigen Zugriffen auf ein und dasselbe File) gewidmet.

Erwähnen sollten wir noch, dass sich die im Anschluss vorgestellte Directory-Struktur nicht auf jedem physikalischen Speichermedium (mit vernünftigem Aufwand) realisieren lässt. Probleme machen vor allem rein sequenzielle Geräte wie Tape Drives, bei denen ein blockweiser Random Access nicht möglich ist oder wegen der extrem langen Positionierdauer des Bandes nicht praktikabel erscheint. Aus diesen Gründen kommt es kaum vor, dass die auf Magnetbändern befindlichen Files in die Directory-Struktur eingebunden werden können. Erst mit geeigneten (also schnellspulenden) Tape Drives, wie zum Beispiel den DAT Tape Drives (vgl. Abschnitt 5.3), kann an eine brauchbare Einbindung in die Directory-Struktur gedacht werden.

Directories

Eine der wichtigsten Aufgaben des Filesystems ist die Organisation einer logischen Ordnung der File-Objekte. Es muss ja zum Beispiel in der Lage sein, die Zuordnung der File-Namen zu den Files herzustellen, um unseren F_OPEN-Service-Call richtig behandeln zu können: Wenn ein File eines bestimmten File-Namens noch nicht existiert, wird ein (leeres) Objekt erzeugt, anderenfalls das bereits existierende herangezogen. Das Filesystem muss daher eine Art Tabelle mit den File-Namen verwalten. Da diese sehr groß werden kann (und außerdem beim Abschalten des Computers nicht verlorengehen sollte!), ist es naheliegend, sie ebenfalls in einem File am Externspeicher unterzubringen. Files dieser Art werden *Directories* genannt; im Abschnitt 11.1 haben wir uns ein solches Directory (SPOOL_QUEUE) bereits selbst „gezimmert".

Nun ist es aber auch im Alltag günstig, statt eines riesigen, ungeordneten Stapels von Gegenständen aller Art (etwa Büchern) eine hierarchische Ordnung einzuführen. Würde etwa eine Bibliothek alle ihre Bücher (nach Autoren sortiert) in einem riesigen Regal aufstellen, ohne eine Aufgliederung nach Kategorien (Kultur, Naturwissenschaften, ...) und diversen Subkategorien (innerhalb der Naturwissenschaften zum Beispiel Physik, Chemie, ...) vorzunehmen, würde man als Benutzer wohl kaum Grund zur Begeisterung haben. Viel besser ist es natürlich, die einzelnen Kategorien auf verschiedene Stockwerke zu verteilen und die Räume in den jeweiligen Stockwerken den Subkategorien zuzuordnen. Beim Eingang der Bibliothek genügt eine Tafel, welche die Zuordnung der Kategorien zum entsprechenden Stockwerk beschreibt, um den Besucherstrom in der ersten Instanz richtig aufzuteilen. Im jeweiligen Stockwerk erlaubt eine weitere Tafel, den für die benötigte Subkategorie zuständigen Raum zu ermitteln, und innerhalb eines solchen Raumes ermöglicht ein kleiner Karteikasten schließlich das Auffinden des für eine Spezialdisziplin vorgesehenen Regals.

Praktisch alle modernen Filesysteme bieten die Möglichkeit, Files in der oben beschriebenen Art und Weise zu organisieren, und zwar dadurch, dass die in einem Directory eingetragenen File-Namen durchaus die von weiteren Directories (sogenannte *Sub-Directories*) sein können (sie entsprechen natürlich den in unserer Bibliothek verwendeten Tafeln und Karteikästen). Die so entstehende *hierarchische Struktur* kann mit Hilfe eines Baumes dargestellt werden. Abbildung 13.2 zeigt ein (rein didaktisches) Beispiel eines derartigen *Directory Trees*. Die schraffierten Knoten entsprechen dabei Directories, die übrigen den „gewöhnlichen" Files.

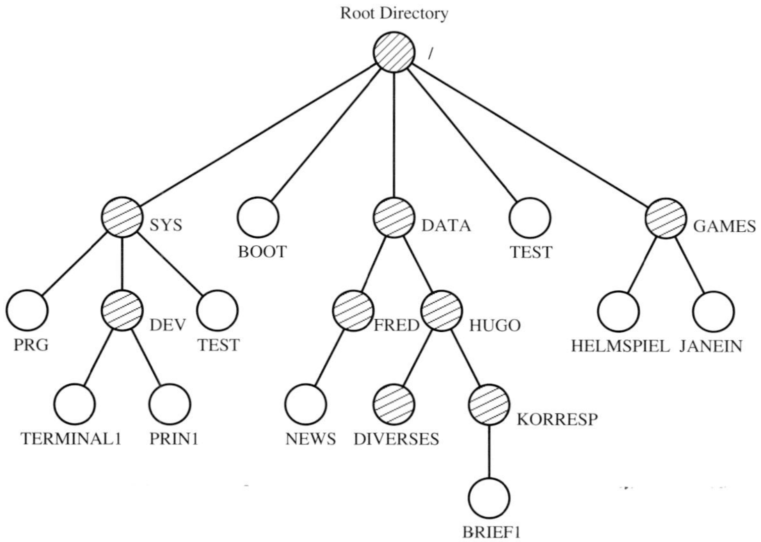

Abbildung 13.2: Beispiel eines Directory Trees

Die Baumstruktur impliziert natürlich, dass der File-Name eines jeden Files in genau einem Directory eingetragen sein muss. Selbstverständlich ist es Aufgabe des Filesystems, bei der Erzeugung eines Files den entsprechenden Eintrag vorzunehmen. Es ist in diesem Kontext üblich, vom „Anlegen eines Files XXXX im Directory YYYY“ zu sprechen. Zu beachten ist, dass auf diese Weise verschiedene Files durchaus denselben File-Namen haben können, sofern sie sich nur in verschiedenen Directories befinden. Anstelle der nicht mehr eindeutigen File-Namen stellen moderne Systeme daher das mächtigere Konzept der *Pfadnamen* (engl. *path names*) zur Verfügung.

Die „Position“ eines Files im Directory Tree kann klarerweise durch eine Folge von Directory-Namen angegeben werden, die dem Weg von der Wurzel (engl. *root*) des Baumes bis zum gesuchten Knoten entspricht. Umgekehrt ist durch eine derartige Folge von Namen ein File eindeutig bestimmt. Auf die Abbildung 13.2 bezogen würde etwa die Folge (SYS, TEST) eindeutig das File TEST im Subdirectory SYS des Root Directorys bezeichnen. Der String /SYS/TEST wird dann als *absoluter Pfadname* des Files bezeichnet. Das Trennsymbol (*Path Name Delimiter*, bei uns wie in UNIX der /) darf natürlich nicht in einem File-Namen selbst vorkommen. Absolute Pfadnamen geben sozusagen die exakte Position eines Files im Directory Tree (von der Wurzel weg) an. Das Zeichen / allein bezeichnet das *Root Directory* selbst.

In großen Directory Trees (mit vielen Ebenen) ist es aber mühsam und unflexibel, immer den absoluten Pfadnamen verwenden zu müssen. Aus diesem Grunde verwalten übliche Betriebssysteme pro Prozess ein sogenanntes *Current Directory*, das als Verweis auf die Wurzel eines Unterbaumes im Directory Tree interpretiert werden kann. Wir stellen den Service Call `P_SETCD(pathname)` zur Verfügung, der das Current Directory des aufrufenden Prozesses auf den angegebenen Pfadnamen setzt. Letzterer wird dabei üblicherweise im *Prozessdeskriptor* eingetragen und an (später erzeugte) Child-Prozesse vererbt. Analog kann mittels `P_GETCD(pathname)` der Pfadname des Current Directorys abgefragt werden. Der *relative Pfadname* eines Files ist nun die durch Path Name Delimiter getrennte Folge von Directory-Namen vom Current Directory bis zum File. Wenn also zum Beispiel das Current Directory auf /DATA/HUGO gesetzt ist, lautet der relative Pfadname des Files BRIEF1 im Sub-Directory KORRESP klarerweise KORRESP/BRIEF1. Zu beachten ist, dass absolute und relative Pfadnamen auf einen Blick durch den führenden Path Name Delimiter unterschieden werden können!

An dieser Stelle sollten wir erwähnen, dass bei File-Strukturen dieser Art zwei spezielle File-Namen (. und ..) automatisch in allen Directories (auch in leeren) eingetragen werden. Das File mit dem Namen . bezeichnet das jeweilige Directory selbst, das File .. den unmittelbaren Vorgänger im Directory Tree (das *Parent Directory*). Der Pfadname /SYS/TEST/. würde daher das Directory /SYS/TEST bezeichnen, /SYS/TEST/.. hingegen /SYS. Sinn macht das Ganze aber erst im Zusammenhang mit dem Current Directory. Wenn dieses zum Beispiel auf /DATA/HUGO gesetzt ist, verweist der Pfadname . auf /DATA/HUGO, der Pfadname .. auf /DATA, also das Parent Directory des Current Directorys. Durch ../FRED/NEWS wäre also /DATA/FRED/NEWS bezeichnet.

Um das oben vorgestellte Konzept der Directory Trees auch praktisch nutzen zu können, sind natürlich Erweiterungen unserer System Calls notwendig. Zunächst einmal müssen F_OPEN und F_DELETE dahingehend abgeändert werden, dass sie statt eines File-Namens einen vollständigen Pfadnamen als Parameter akzeptieren. `F_OPEN("/DATA/HUGO/KORRESP/BRIEF1",READ+WRITE)` würde daher das File BRIEF1 in /DATA/HUGO/KORRESP (für lesende und schreibende Zugriffe) öffnen. Außerdem sollte aus dem bisher Gesagten klar sein, dass Directories nicht nur einfache Files sind, die File-Namen enthalten. Das Filesystem trägt ja zum Beispiel bei einem `F_OPEN("/DATA/FRED/FAX",WRITE)` nach der Erzeugung des leeren Files automatisch den File-Namen FAX in /DATA/FRED ein. Zur Bereitstellung einer Möglichkeit für die Erzeugung eines neuen Sub-Directorys erweitern wir daher bei unserem `F_OPEN(pathname,attributes)` die bisher eingeführten Attribute (READ, WRITE und EXECUTE) um DIRECTORY. Damit würde beispielsweise das allererste `F_OPEN("/DATA/HUGO/TU",DIRECTORY)` ein (leeres) Subdirectory mit dem Namen TU in HUGO erzeugen. Sofern der aufrufende Prozess keine direkte Bearbeitung eines so geöffneten Directorys beabsichtigt, kann sofort das F_CLOSE erfolgen. Ein direktes Auslesen wäre zum Beispiel notwendig, um eine Liste der enthaltenen File-Namen produzieren zu können. Zu beachten ist, dass es nicht möglich ist, ein bereits existierendes (gewöhnliches) File als Directory zu öffnen (etwa `F_OPEN("/SYS/PRG",DIRECTORY+READ)`), ein entsprechender Versuch würde mit einer Fehlermeldung abgewiesen.

Wo es etwas zum Erzeugen gibt, muss es auch etwas zum Löschen geben. Wir erweitern daher den System Call `F_DELETE(pathname)` noch dahingehend, dass er ein leeres Directory entfernen kann. Wichtig ist, dass dadurch ein nicht leeres Directory nur nach dem F_DELETE auf jedes enthaltene File zu löschen ist. Im Falle von Sub-Directories (also beim Löschen eines ganzen Directory Trees) muss dies sogar rekursiv geschehen. Schlussendlich bedürfen auch noch manche andere, nicht zum Filesystem gehörende System Calls einer Anpassung. So muss zum Beispiel der Service Call `P_CREATE(program,parameter,attributes)` insoweit abgeändert werden, dass `program` den Pfadnamen eines (executable) Files bezeichnet, das das ausführbare Maschinenprogramm enthält.

Die streng hierarchische Struktur ist manchmal eine unangenehme Einschränkung der Möglichkeiten. Denken wir an unsere Bibliothek von vorhin, manche Bücher wie *D.E. Knuths „The Art of Computer Programming"* gehörten sowohl in das Regal *„Applied Mathematics"* als auch in *„Theoretical Computer Science"*. Probleme dieser Art können auf zwei verschiedene Arten gelöst werden. Die eine Variante ist, derartige Bücher mehrfach zu kaufen und an den verschiedenen Plätzen aufzustellen. Diese Methode hat unter anderem den Nachteil, dass irgendwelche Revisionen den Austausch der Bücher auf allen Standorten (und damit eine Liste, wo sie stehen!) notwendig machen. Die Alternative besteht darin, statt eines Buches nur einen Zettel hinzulegen, auf dem der tatsächliche Standort vermerkt ist. Der Hauptnachteil hierbei ist der erhöhte Suchaufwand bei einer Benutzung.

Auf unser Filesystem übertragen, entspricht das Mehrfachaufstellen von Büchern der Existenz unabhängiger Kopien ein und desselben Files in mehreren Directories. Die Standortverweise spiegeln sich hingegen in den sogenannten *Links* wieder. Konzeptuell können wir uns vorstellen, dass ein Link ein spezielles File-Objekt ist, in dem statt des erwarteten Inhalts der Pfadname des gesuchten Files steht. Durch den System Call `F_LINK(linkname,filename)` kann ein Link mit dem Pfadnamen `linkname` erzeugt werden, der auf das File mit dem Pfadnamen `filename` zeigt. Um etwa den gesamten Unterbaum von /GAMES unter dem Namen GA in /DATA/HUGO verfügbar zu machen, wäre `F_LINK("/DATA/HUGO/GA","/GAMES")` genau das Richtige. Damit wird ein Link mit dem (File-)Namen GA im Directory /DATA/HUGO angelegt, so dass danach zum Beispiel das File /GAMES/HELMSPIEL auch durch /DATA/HUGO/GA/HELMSPIEL angesprochen werden kann. Gelöscht wird ein solcher Link einfach mittels `F_DELETE(linkname)`. Am Rande wollen wir noch erwähnen, dass die oben beschriebenen Verweise *Symbolic Links* genannt werden. Es gibt auch noch die Alternative der *Hard Links*, die einen Link direkt mit dem referenzierten File verknüpfen; wir wollen uns jedoch damit nicht weiter befassen.

Das Betriebssystem stellt demzufolge also nur das initial leere Root Directory und die Mechanismen für das Erzeugen, Modifizieren und Löschen von Files und Directories zur Verfügung. Es liegt an den Prozessen, diese zu nutzen und eine sinnvolle Directory-Struktur zu erzeugen. Abgesehen von (absichtlichen) Einschränkungen durch Maßnahmen der Protection kann jeder Prozess Files in jedem Directory anlegen und so seine Datenbestände organisieren.

Aus Gründen der Einheitlichkeit ist es günstig, nur einen einzigen „globalen" Directory Tree zu organisieren. In diesem Fall kann nämlich jedes File durch einen eindeutigen und gleichartig aufgebauten Pfadnamen angesprochen werden. In realen Computersystemen existieren im allgemeinen aber mehrere physikalische Externspeicher (zum Beispiel mehrere Harddisks und/oder Floppys), auf die der „globale" Directory Tree abgebildet werden muss. Es gibt nun die Möglichkeit, für jedes Device auf der ersten Ebene unter dem Root Directory eine Art „lokales" Root Directory (zum Beispiel mit den Namen DISK1, DISK2, ...) einzurichten, die Basisstruktur also gemäß den physikalischen Gegebenheiten festzulegen. Dieses (unter anderem bei MS Windows verwendete) Verfahren hat aber den Nachteil, dass die Größe eines Unterbaumes durch die Speicherkapazität der entsprechenden Disk (und nicht durch die Summe aller Disks!) limitiert wird.

Eine bessere, für das Filesystem aber aufwendigere Technik ist die Bereitstellung einer Möglichkeit, mittels der ein „lokaler“ Directory Tree einer Disk an beliebiger Stelle im „globalen“ Baum „montiert“ werden kann. Von dessen Standpunkt aus betrachtet, kann damit ein beliebiger Unterbaum auf eine beliebige Disk gelegt werden. Wir sehen dafür den System Call `F_MOUNT(device,pathname)` vor, der den auf `device` vorhandenen „lokalen“ Directory Tree an dem durch `pathname` gegebenen Directory unseres „globalen“ Directory Trees „montiert“. Nehmen wir zum Beispiel an, dass auf einer Floppy Disk eine Directory-Struktur, wie in Abbildung 13.3 dargestellt, existiert.

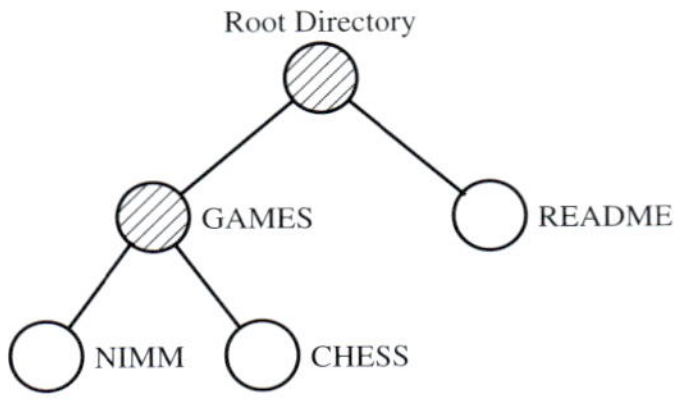

Abbildung 13.3: Beispiel für einen „lokalen“ Directory Tree

Der Aufruf von F_MOUNT(„FLOPPY1“,„/DATA/HUGO/FLOPPY“) würde es daher gestatten, das auf der Floppy befindliche File NIMM einfach durch den absoluten Pfadnamen /DATA/HUGO/FLOPPY/GAMES/NIMM zu referenzieren. Natürlich sollten wir auch eine Möglichkeit vorsehen, eine solche Maßnahme wieder rückgängig machen zu können; die Wirkung von `F_UNMOUNT(pathname)` ist wohl evident. Die Aufgabe des Filesystems ist es, die intendierte Illusion eines einzigen Directory Trees zu erwecken; die Abbildung auf mehrere Disks ist eine im Detail recht knifflige Sache.

Ein interessantes Problem ergibt sich im Zusammenhang mit Dateisystemen, die auf andere Rechner, sogenannte *File Server*, ausgelagert worden sind. Hier ist noch eine Erweiterung des Konzeptes der *Pfadnamen* notwendig. Um ein File in einem Netzwerk eindeutig zu bezeichnen, ist nämlich zusätzlich zu der Angabe des absoluten Pfadnamens auch die Angabe des jeweiligen Hosts erforderlich! Abbildung 13.4 zeigt eine derartige Struktur.

Um also netzwerkweit einheitliche File-Namen zu erzielen, wird in manchen Systemen ein *Network Root Directory* eingeführt, das (in der ersten Ebene) „Files“ beinhaltet, die den einzelnen File Server Hosts entsprechen; sie korrespondieren natürlich zu den jeweiligen (lokalen) Root Directories. Wir haben in Abbildung 13.4 das Network Root Directory durch das Doppelsymbol // bezeichnet; die Details der Namenskonventionen differieren aber selbstverständlich von Betriebssystem zu Betriebssystem.

Eine andere Möglichkeit (statt netzwerkglobaler File-Namen) wäre es, zu erlauben, einen beliebigen (Sub-)Directory-Tree eines remote Hosts in ein lokales Subdirectory zu mounten (*Remote Mounts*). Hier kann durch F_MOUNT nicht nur ein auf einer zusätzlichen lokalen Disk befindliches File-System, sondern auch eine auf einem anderen (remote) Host befindliche Directory-Struktur lokal verfügbar gemacht werden.

File-Attribute

Bei euch, ihr Herrn, kann man das Wesen
Gewöhnlich aus dem Namen lesen,
Wo es sich allzudeutlich weist (...)

Faust.
Johann Wolfgang von Goethe, „Faust“. Der Tragödie erster Teil.

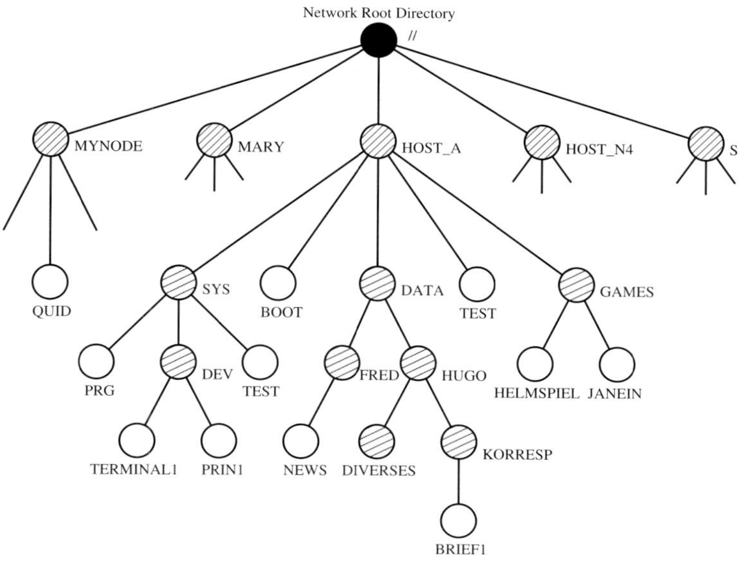

Abbildung 13.4: File-Struktur eines Netzwerkes

Die *Attribute* eines File-Objektes sind Zusatzinformationen, die nicht zu den im File gespeicherten Daten gehören. So klassifizieren übliche Filesysteme die Files nach einem *Filetyp*, der (grobe) Aussagen über dessen „Inhalt" zulässt. Bei Disk Files können etwa Directories und gewöhnliche Files unterschieden werden. Beispiele für letztere wären *Object Files*, die ausführbare Maschinenprogramme enthalten, oder *Source Files* für Programme in höheren Programmiersprachen. Weitere Attribute sind etwa die Anzahl der Records (also die Länge des Files), das Datum der Erzeugung sowie der letzten Modifikation und die Art der Zugriffe (die *Access Method*). Auch die (eventuell verwendete) *Access Control List* eines Files (siehe Abschnitt 14.2) gehört selbstverständlich zu den File-Attributen. All diese Informationen müssen, von den eigentlichen Daten logisch getrennt, irgendwo aufgehoben werden; wie das erfolgen kann, werden wir noch zeigen. Der Filetyp ist übrigens ein Attribut, das gelegentlich über den Aufbau der File-Namen verwaltet wird (denken wir nur an XXXXX.EXE oder XXXXX.COM –Files bei MS-DOS; andere Betriebssysteme wie UNIX erlauben im Gegensatz dazu die freie Wahl von File-Namen).

Die elementaren Begriffe in bezug auf die *Access Methods* haben wir ja bereits eingeführt. Files, die nur den Zugriff auf aufeinanderfolgende Elemente gestatten, haben wir sequentiell genannt; hierbei ist auch die Bezeichnung *Sequential Access Method (SAM)* gebräuchlich. Im Gegensatz dazu kann bei der *Direct Access Method (DAM)* jedes beliebige Element eines Files gelesen oder geschrieben werden (*Random Access*).

Vom Standpunkt des Betriebssystems aus gesehen gibt es (außer der Reihenfolge) keine *Ordnungsrelation* auf den Records derartiger Files. Für gewisse Anwendungen ist es jedoch oft wünschenswert, nach einem bestimmten Kriterium sortierte Elemente zur Verfügung zu haben. Eine übliche Methode bei strukturierten Files ist die, ein bestimmtes „Feld" eines Records als *Suchschlüssel* (engl. *key*) heranzuziehen. Unter Bezugnahme auf das Beispiel des Abschnittes 13.3 (bei dem die Records aus dem Paar *Matrikelnummer, Name* bestanden haben) können wir uns sicherlich vorstellen, dass für gewisse Aufgaben ein nach Matrikelnummern geordnetes File recht günstig wäre.

Eine Organisationsform für Disk Files, die derartige Möglichkeiten bietet, wird als *Index Sequential Access Method (ISAM)* bezeichnet. Durch eine geeignete interne Speicherung der

Records auf dem Externspeicher ist es möglich, eine effiziente *Suchoperation* (eine Modifikation von F_SEEK) zur Verfügung zu stellen, die anstelle der gewünschten File-Position den gesuchten Schlüssel als Parameter bekommt. Derartige ISAM-Files sind bereits für einfache *Datenbankanwendungen* (Maßnahmen, die der Speicherung und vor allem dem Wiederauffinden von großen und komplexen Datenbeständen in einem Computer dienen) geeignet. Am Rande bemerkt werden verschiedene Disk Files (DAM, ISAM, usw.) oftmals durch eigene Type Manager betreut.

Eine gänzlich andere Access Method haben wir im Abschnitt 12.2 kennengelernt, die aber leider nur auf Systemen mit segmentierten Speicherverwaltungen existiert. Jedes File wird dabei einfach in einem eigenen Segment untergebracht. Statt über die System Calls des Filesystems kann ein Prozess mittels ganz gewöhnlicher Speicherzugriffe (= Maschinenbefehle) direkt auf jedes einzelne Element (Speicherwort) eines „Files" zugreifen.

Concurrency Control

Weil, so schließt er messerscharf,
Nicht sein kann, was nicht sein darf.

Christian Morgenstern, „Alle Galgenlieder".

Als letzten Punkt betreffend die logische Struktur der File-Objekte wollen wir kurz die *Concurrency Control*, also die Koordination gleichzeitiger Zugriffe auf ein und dasselbe File, erörtern. Dieses Thema betrifft eigentlich fast alle Objekte, lässt sich aber anhand der Files am besten darstellen. Ähnlich wie bei den Race Conditions existieren dabei zwei qualitativ unterschiedliche Ausprägungen. Da gibt es einmal das Problem der *Concurrency Control* auf der *Prozessebene*, das wir in Wirklichkeit bereits kennen: Wir haben bei der Implementierung des Spoolings im Abschnitt 11.1 nicht umsonst den Client-Prozessen die Einträge der File-Namen der Spool-Files in SPOOL_QUEUE übertragen, anstelle schon dort das Konzept der Directories einzuführen. Wir wissen nämlich dadurch bereits, dass die Modifikation eines Files durch mehrere parallele Prozesse geeignete Maßnahmen erfordert, diese Aktionen zu koordinieren.

Bei unserem Spooling haben wir als Lösung des Problems die *Mutual Exclusion* der kritischen Programmabschnitte verwendet. Wir haben damit aktiv, also durch geeignete Maßnahmen im Programm, einen gleichzeitigen Zugriff auf SPOOL_QUEUE verhindert. Die Situation kann aber auch „vom Standpunkt des Files" aus betrachtet werden: Durch geeignete System Calls sollte die Möglichkeit geschaffen werden, das File-Objekt selbst sperren zu können. Dabei gibt es im Prinzip zwei Lösungen, das (automatisch erfolgende) *implizite* und das *explizite File Locking*. Beim *impliziten* Locking zieht ein erfolgreiches F_OPEN die exklusive Zuteilung des Files an den aufrufenden Prozess nach sich. Versucht ein anderer Prozess ebenfalls ein F_OPEN auf das File, so wird dieses abgewiesen (die Alternative wäre es, auf das Freiwerden zu warten). Mutual Exclusion Probleme, wie wir sie bei unserem Spooling hatten, können auf diese Weise automatisch gelöst werden. Um dabei aber auch Situationen behandeln zu können, in denen eine gleichzeitige Verwendung eines Files in mehreren Prozessen unumgänglich ist, könnten wir bei unserem F_OPEN die (nun „exklusiven") Attribute READ, WRITE und EXECUTE durch PUBLIC_READ, PUBLIC_WRITE und PUBLIC_EXECUTE ergänzen.

Im Gegensatz dazu stellen Systeme mit *explizitem* File Locking System Calls (etwa `F_LOCK(file-ID)` und `F_UNLOCK(file-ID)`) zur Verfügung, mit deren Hilfe ein File nach Belieben gesperrt und wieder freigegeben werden kann. Natürlich ist das File Locking aber im Grunde eine relativ primitive Form der Concurrency Control. Eine verfeinerte Technik, die wenigstens das Locking des ganzen Files vermeidet, ist das *Record Locking*, bei dem einzelne Records eines Files gesperrt werden können. Jedenfalls sollten wir beachten, dass alle Locking-Techniken potentiell *Deadlocks* provozieren.

Die Concurrency Control bekommt vor allem im Zusammenhang mit den *File Servern* in *Computer-Netzwerken* eine zusätzliche Dimension. So ist zum Beispiel das Locking im Falle von *Stateless File Servern* insofern problematisch, als diese keine Verwaltung offener Files durchführen. Das bedeutet, dass keine zentrale Instanz existiert, die eine Kontrolle über ein eventuell gleichzeitiges Öffnen ein und desselben Files durch zwei auf verschiedenen Hosts befindliche Prozesse hätte! Auf der anderen Seite ist es im Falle der *Stateful File Server* sehr schwierig, im Zuge der Wiederherstellung eines konsistenten Zustandes nach einem Maschinenabsturz die Locked Files (automatisch) zu lokalisieren und freizugeben. Dieses sogenannte *Recovery* nach *Crashes* ist allgemein ein sehr wichtiges und bei weitem nicht befriedigend gelöstes Problem.

Ein in diesem Zusammenhang vor allem bei *Datenbanksystemen* sehr wichtiger Begriff sind die sogenannten *Transactions*. Unter einer Transaction verstehen wir eine Manipulation von (logisch zusammengehörigen) File-Objekten, die diese von einem konsistenten Zustand in einen anderen konsistenten Zustand überführt. Neben einer geeigneten (transaktions-internen) *Concurrency Control* muss vor allem die *Unteilbarkeit* einer Transaction als Ganzes gewährleistet sein. Das bedeutet, dass sie (auch im Falle eines Crashes!) entweder zur Gänze oder gar nicht ausgeführt wird. Wenn zum Beispiel unser Printer Server-Prozess aus dem Abschnitt 11.1 nach der Ausgabe eines Spool-Files am Drucker das Löschen des Eintrages in SPOOL_QUEUE (Zeile 11 im Programm) durchführt, dann aber infolge eines Stromausfalles abstürzt, ohne das Spool-File selbst gelöscht zu haben (Zeile 12), bleibt letzteres ewig auf der Disk stehen.

Wären die beiden Operationen in einer Transaction „verpackt", müsste das Filesystem dafür sorgen, dass im oben beschriebenen Fall das Löschen des Eintrags in SPOOL_QUEUE rückgängig gemacht wird. Wenn der Computer wieder hochfährt, würde daher der Printer Server-Prozess dieses Spool-File zwar noch einmal ausdrucken, danach aber löschen. Prinzipiell kann der Mechanismus der Transactions durch zwei System Calls (ähnlich dem F_LOCK und F_UNLOCK) realisiert werden, die den Beginn und das Ende einer Transaction kennzeichnen. Außerdem sind natürlich geeignete Hardware-Maßnahmen zur mehrfachen Speicherung der Daten (etwa sogenannte *Stable Storage Systems*) nötig. Wir haben übrigens bei der Diskussion der Aufgaben des *Session Layers* (siehe Abschnitt 7) ein für die Realisierung von Transactions geeignetes Konzept, die *Activities* (eine Art *Atomic Messages*) erwähnt.

Die schon zu Beginn angedeutete zweite Art der Concurrency Control ist qualitativ anderer Natur. Es handelt sich hierbei um Maßnahmen, welche die *Unteilbarkeit* der vom Filesystem angebotenen *System Calls* garantieren. Wir können uns sicher vorstellen, dass zum Beispiel die für die Eintragung eines File-Namens in einem Directory nötigen Aktionen im Prinzip genau so ablaufen, wie wir das bei unserer „händischen" Realisierung des „Directorys" SPOOL_QUEUE im Abschnitt 11.1 formuliert haben: Das jeweilige Directory muss Schritt für Schritt nach einem nicht belegten Record durchsucht werden, bevor der Eintrag des File-Namens möglich ist. Für die Implementierung gilt daher dasselbe, was wir auch schon bei der detaillierteren Betrachtung der Semaphor-Operationen im Abschnitt 9.3 festgestellt haben: Aktionsfolgen der oben beschriebenen Art in System Calls müssen atomic sein, um *Race Conditions* auf der Ebene des Betriebssystems zu vermeiden.

Device Driver

Während die vorigen Ausführungen eher mit der logischen Struktur von File-Objekten zu tun hatten, wollen wir uns jetzt um die *Implementierung* des Disk-Managements kümmern. Es erscheint hier angebracht, mit Hilfe eines *Bottom-Up* Approaches Schritt für Schritt von den physikalischen Devices aufwärts bis zu den besprochenen Konzepten vorzudringen.

Wie sieht die technische Realität eigentlich aus? In der Regel werden wir in einem Computer verschiedene *Disk-Controller* vorfinden, die den mehr oder weniger primitiven, blockweisen Zugriff auf die diversen Harddisks, Floppys und optischen Platten erlauben. Die Aufgabe, einen bestimmten Block einer Disk zu lesen oder zu schreiben, ist aber höchst device-abhängig. So ist die Blocklänge mancher Disks 256 Byte, andere wiederum stellen 512 Byte Blöcke bereit; ein Controller verwendet zur Datenübertragung einen DMA-Kanal, ein anderer wiederum kann nicht mit einem DMA-Kanal kommunizieren und muss direkt vom Prozessor „gefüttert" werden.

Als erste Maßnahme verordnen wir unserer Hardware daher *Device Driver*, die diese Eigenheiten „verdecken" sollen. Was wir dadurch erreichen, ist ein einheitliches Interface zu jeder Disk. Diese Maßnahme ermöglicht es zum Beispiel, eine interne *Standardblockgröße* zu definieren (zum Beispiel 1 KByte) und es dem jeweiligen Device Driver zu überlassen, aus wie vielen physikalischen Blöcken er einen Standardblock zusammensetzen muss. Außerdem können statt den unpraktischen und device-abhängigen Blockadressen (Oberflächen-, Spur- und Sektor-Nummern) jetzt einheitliche *Blocknummern* (etwa von 0 aufwärts) verwendet werden.

Ein Zugriff auf ein Device erfolgt auf folgende Weise: Der anfordernde Prozess (*requesting process*) ruft im Betriebssystem den Gerätetreiber (*Device Driver*) mit Standardparameter auf. Dieser startet selbständig die E/A-Operation, indem er Parameter und Steuerinformation an das Gerät (*Hardware*) überträgt. Nach Abschluss der E/A-Operation erzeugt das Gerät einen Interrupt. Der Interrupt-Handler startet den Device Driver, und dieser setzt den anfordernden Prozess fort.

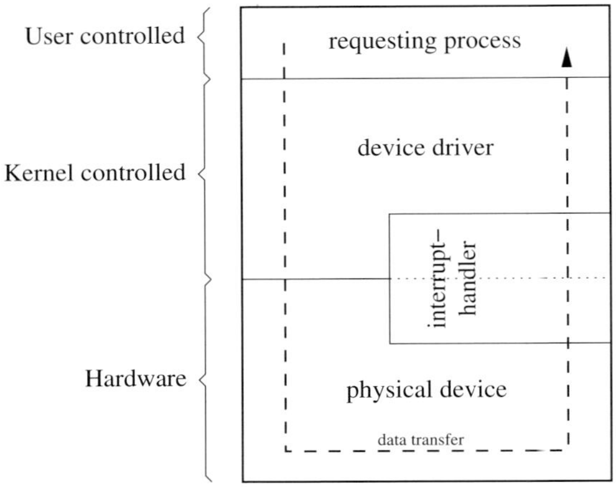

Abbildung 13.5: Durchführung eines I/O Befehls mit Hilfe eines Device Treibers

Der Device Driver muss sich neben der reinen Verarbeitung des Befehls des Betriebssystems auch mit der Unzahl von Kommandos und Fehlermeldungen eines spezifischen Controllers auseinandersetzen. Device Driver werden nicht nur im Bereich der Laufwerke verwendet, sondern auch zur Steuerung aller anderen Hardwarebestandteile eines Computers. Sie stellen Standardbefehle als Standardinterfaces für alle I/O Geräte zur Verfügung, da sie die Besonderheiten der jeweiligen Bestandteile kapseln. So verhält sich ein Keyboard oder eine Maus stets gleich und verfügt für das Betriebssystem über den gleichen Befehlssatz, egal von welchem Hersteller sie sind.

Im Bereich der Disk haben wir mit Hilfe der Device Driver die Möglichkeit gewonnen, jeden beliebigen Standardblock einer Disk zu lesen oder zu schreiben. Für einen Disk Device Driver stellt sich die Situation so dar, dass er im praktischen Betrieb eine Folge von Aufgaben der Form „Lese/Schreibe Standardblock xxxxxxxxx" auszuführen hat. Hier ergeben sich schon einmal zwei Möglichkeiten der Optimierung. Zunächst könnten wir, anstelle wirklich jedesmal eine Lese- oder Schreiboperation auf der Disk durchzuführen, ein *Cache* für die Blöcke einsetzen. Die Daten von oftmals referenzierten Blöcken werden dabei in einem RAM aufgehoben, wodurch sie schnell verfügbar sind. Aus Sicherheitsgründen wird in der Praxis aber fast ausschließlich *Write-Through* verwendet (der Strom kann ja jederzeit ausfallen)!

Eine weitere Möglichkeit zur Verbesserung der Zugriffsgeschwindigkeit ergibt sich für alle jene Fälle, in denen die Reihenfolge der Blockzugriffe keine wesentliche Rolle spielt (etwa beim Lesen). Hier können nämlich raffinierte Algorithmen für das Scheduling der Zugriffe verwendet werden, um die unangenehmen *Seek Times* möglichst zu minimieren. Wenn wir zum Beispiel annehmen, dass hintereinander drei Aufträge kommen, die eine Positionierung der Schreib/Leseköpfe auf die Spuren 80, 5 und 50 erfordern, so wäre es ungeschickt, zuerst ganz nach innen (zur Spur 80), dann ganz nach außen (zur Spur 5), und schließlich wieder nach innen (zur Spur 50) zu gehen. Wesentlich besser ist es, den Request für die Spur 50 vor dem für die Spur 5 zu behandeln. Es gibt sehr interessante Verfahren für dieses sogenannte *Disk Scheduling*, die näher zu beschreiben uns jedoch der Platz fehlt.

Wir wollen noch erwähnen, dass alle diese Aufgaben sehr gut dem Disk-Controller selbst übertragen werden können, anstatt vom Device Driver erledigt zu werden. Derartige *„intelligente" Controller* werden in einer Vielzahl am Markt angeboten. Der Device Driver braucht dann nur noch dem Controller die Aufträge zu übergeben und die Rückmeldungen entgegenzunehmen.

Disk-Management

Haben wir bis jetzt vom device-abhängigen Bereich des Disk-Managements gesprochen, wenden wir uns nun dem device-unabhängigen Teil zu. Diese Situation spiegelt sich schon in der ab jetzt verwendeten Terminologie wieder: Mit einem Block meinen wir immer einen Standardblock, der Terminus „den Block xxxxxxxxx auf die Disk y schreiben" steht für die Erteilung des entsprechenden Auftrages an den zuständigen Device Driver. Obwohl der Umstand klar sein sollte, wollen wir explizit darauf hinweisen, dass jedes einzelne Byte auf einer Disk durch das Holen des Blocks mit der richtigen Blocknummer gelesen werden kann; analoges gilt für das Schreiben.

Als nächstes überlegen wir uns, wie und wo ein File auf einer Disk untergebracht werden kann. Hierbei gibt es zwei verschiedene Ansätze, die konzeptuell dem Swapping beziehungsweise der Segmentierung entsprechen. Bei der ersten Methode ordnen wir jedem File eine fixe Anzahl von aufeinanderfolgenden Blöcken zu. Da die physikalischen Zugriffe auf hintereinanderliegende Blöcke normalerweise sehr schnell sind (es ist dabei (fast) kein Seek notwendig!), ist die Performance natürlich sehr gut. Dynamisch größer werdende Files stellen dieses System allerdings vor die schon beim Swapping erwähnten Probleme: Der zugeordnete Platz kann zu klein werden. Verschärft wird dieser Umstand noch dadurch, dass bei der Erzeugung eines Files in der Regel nichts über dessen spätere Größe bekannt ist.

Die meisten Systeme bieten daher eine andere, erweiterte Möglichkeit an, die konzeptuell der Segmentierung entspricht. Ein File kann hierbei aus beliebig vielen Segmenten zusammengesetzt sein, die ihrerseits (wie oben) aus aufeinanderfolgenden Blöcken bestehen. Wenn ein File so groß wird, dass der freie Platz im letzten Segment nicht mehr ausreicht, wird einfach ein noch unbenutztes Segment gesucht und dem File zugeordnet. Es ist dabei üblich, Segmente der Länge eines Vielfachen einer bestimmten Mindest-Blockanzahl (etwa 5 bis 20 Blöcke, je nach Blockgröße) zuzuteilen; für letztere ist auch der Begriff *Cluster* gebräuchlich. Logisch aufeinanderfolgende Records eines Files werden daher in der Regel (segmentweise) unzusammenhängend über die Disk verteilt gespeichert. Klarerweise benötigt jedes File eine *Segmentliste*, in der alle Segmente eingetragen sind, aus denen das File besteht. Ein derartiger Eintrag besteht im Prinzip aus dem Paar (Blocknummer, Blockanzahl), wobei die Blocknummer den ersten Block im Segment bezeichnet, und die Blockanzahl dessen Länge angibt. Wir wollen uns aber nicht in Details verlieren und deshalb nicht darauf eingehen, wie dies in der Realität aussehen kann.

Jetzt müssen wir uns noch um die File-Attribute kümmern. Üblicherweise werden diese zusammen mit der oben beschriebenen Segmentliste in einem eigenen, von den Daten unabhängigen Segment (oft als *File Descriptor*, in UNIX *i-node* bezeichnet) abgelegt, das für alle Files identische Struktur hat. Dadurch kann jedes File eindeutig durch die Blocknummer des ersten Blockes des File Descriptors identifiziert werden. Diese *FD-Blocknummer* erlaubt nämlich einen Zugriff auf die Segmentliste, wodurch wiederum die Blöcke der Datensegmente zu lokalisieren sind. Am Rande bemerkt, ist es meistens möglich, die im File Descriptor gespeicherten Daten so zu komprimieren, dass sie in einen einzelnen Block passen.

Damit ist auch klar, wie ein Directory aufgebaut werden kann: Die *Records* sind Paare (File-Name, FD-Blocknummer), wobei für jedes File im Directory ein solches Paar notwendig ist. Abbildung 13.6 zeigt einen Teil der internen Struktur des im Abschnitt 13.3 (Directories) dargestellten Directory Trees.

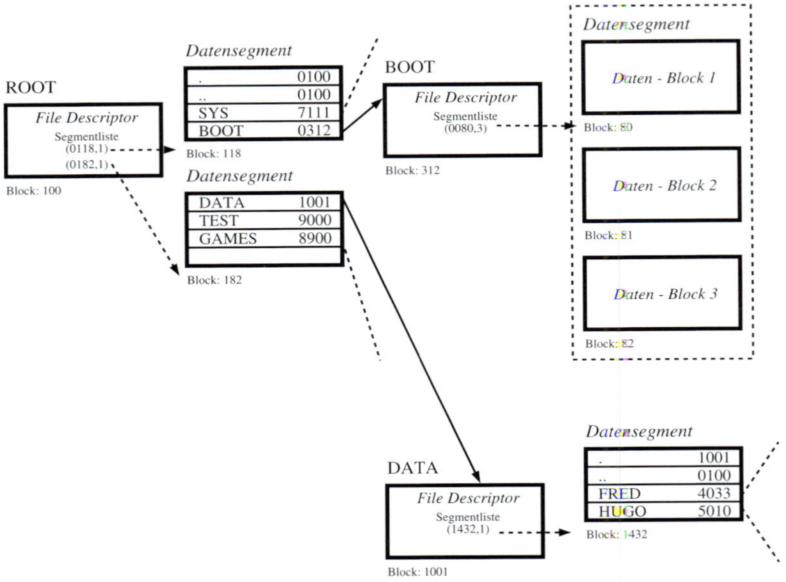

Abbildung 13.6: Ausschnitt aus der internen Struktur eines Directory Trees

Zu beachten ist, dass auch die speziellen File-Namen „." und „.." zusammen mit der FD-Blocknummer im Directory-Tree eingetragen werden. Wir haben dabei angenommen, dass die Länge eines File Descriptor Segments genau 1 Block ist. Um ein File zu löschen, muss lediglich der entsprechende Record im Directory ungültig gemacht werden, zum Beispiel durch das Überschreiben mit Leerzeichen; anschließend kann die Freigabe der Segmente des Files erfolgen.

Diese Struktur ist sehr brauchbar für den Zugriff auf bereits existierende Files, erlaubt es aber (noch) nicht, über den freien Platz auf einer Disk Buch zu führen. Zu diesem Zweck führen wir noch eine (unter Umständen recht große) Tabelle ein, die *Free List*, in der für jeden Block auf der Disk eingetragen wird, ob er „frei" oder bereits „besetzt" ist. Wenn ein neues Segment benötigt wird, kann durch eine Suche in der Free List ein solches ermittelt und mit „besetzt" markiert werden; beim Löschen eines Files werden die freigegebenen Segmente wieder als „frei" gekennzeichnet. Auch hier wollen wir uns aber nicht auf Details der Speicherung einlassen.

Auf diese Art und Weise ist es übrigens auch relativ einfach, mit dem Problem der *Bad Blocks* fertig zu werden. Bekanntlich haben Disks den Nachteil, dass aus den verschiedensten Gründen einzelne Blöcke (manches Mal auch ganze Spuren, also mehrere Blöcke) defekt werden können. Es ist daher möglich, dass ein Device Driver als Reaktion auf einen Auftrag „Schreibe Standardblock xxxxxxxx“ eine Fehlermeldung (Seek Error oder CRC Error oder ähnliches) liefert. Ein solcher Block braucht daraufhin nur in der Free List mit „besetzt“ markiert zu werden, wobei natürlich keine Zuordnung zu einem File stattfindet. Um den defekten Block (im File) zu ersetzen, wird einfach ein anderer Block (oder gleich ein ganzes Segment) in der Free List gesucht, mit „besetzt“ markiert und den entsprechenden Daten beschrieben. Selbstverständlich muss die Segmentliste des Files entsprechend aktualisiert werden.

Unangenehmer ist die Situation, wenn Probleme beim Lesen eines Blocks auftauchen. Meist ist es dann nämlich nicht mehr möglich, die ursprünglich dort gespeicherten Daten zu rekonstruieren. Es bleibt dann normalerweise nichts anderes übrig, als dem eigentlichen Auslöser der Leseoperation eine entsprechende Fehlermeldung zu liefern (dieser Auslöser ist natürlich der Prozess, der den System Call des Filesystems aufgerufen hat, bei dessen Ausführung der Bad Block gefunden wurde).

Damit haben wir den Level erreicht, den im Prinzip auch MS-DOS bietet. Wir sind in der Lage, auf einzelnen Disks je einen Directory Tree zu organisieren. Aus Gründen der Einheitlichkeit wollten wir aber bekanntlich nur einen einzigen, „globalen“ Directory Tree haben. Es erscheint jedoch didaktisch nicht sinnvoll, die Details von F_MOUNT zu besprechen. Im Prinzip muss die FD-Blocknummer eines Directory-Eintrages, der ein Mounted Device repräsentiert, ein spezielles File Descriptor Segment bezeichnen.

Abschließend wollen wir noch exemplarisch vorstellen, welche internen Aktivitäten der Service Call F_OPEN in etwa zur Folge hat. Unseren Ausführungen liegt natürlich die vorige Darstellung des internen Aufbaus eines Directory Trees zugrunde. Versetzen wir uns also in die Lage eines Betriebssystems und versuchen wir, nachzuvollziehen, was beim Öffnen des noch nicht existierenden Files /DATA/WUERG zu geschehen hat.

1. Zuerst müssen wir den File Descriptor des Root Directorys lesen, um an die Segmentliste heranzukommen; wir fordern daher den Block 100 an.

2. Danach überprüfen wir die ACL, ob der anfordernde Prozess überhaupt das Root Directory lesen darf(!); da dies der Fall sein soll, ermitteln wir die Blocknummern und Längen der Datensegmente aus der Segmentliste. Wir fordern nun der Reihe nach alle Blöcke an, die zu den Datensegmenten gehören, und inspizieren die eingetragenen Records, bis wir den File-Namen DATA gefunden haben; die korrespondierende FD-Blocknummer ist 1001.

3. Das File Descriptor Segment von DATA beginnt also auf Block 1001, den wir jetzt anfordern. Nach der Überprüfung der ACL beginnt wieder das Durchlesen aller zugehörigen Datensegmente, ob nicht vielleicht doch schon ein Record für den File-Namen WUERG existiert. Da dies nicht der Fall ist, wird ein nicht belegter Record gesucht (würde keiner gefunden, müsste für DATA ein neues Datensegment zugeordnet werden).

4. Als nächstes wird in der Free List je ein Segment für den File Descriptor und die Daten gesucht, wir nehmen zum Beispiel (Blocknummer 9803, Länge 1 Block) und (Blocknummer 9845, Länge 10 Blöcke). Dann wird der File Descriptor für WUERG zusammengestellt (wie das im Detail erfolgt, interessiert uns jetzt nicht) und zusammen mit der nur das eine Datensegment beinhaltenden Segmentliste auf den Block 9803 geschrieben.

5. Nun kann in dem im vorletzten Schritt gefundenen freien Record im Directory DATA (WUERG, 9803) eingetragen und der ganze Block auf die Disk geschrieben werden.

6. Zuletzt fordert das Filesystem (Haupt-)Speicherplatz für eine Datenstruktur an, welche die wesentlichen Daten über das geöffnete File aufnehmen kann. Neben der *Blocknummer* des File Descriptors werden hier etwa der aktuelle *File-Index* und manchmal auch gewisse *File-Attribute* und die *Segmentliste* abgespeichert, so dass diese Informationen in der Folge

(also bei weiteren System Calls) schnell verfügbar sind. Diese Datenstruktur wird übrigens (ebenfalls) gern als *File-Deskriptor* bezeichnet; sie ist es, die betriebssystemintern das geöffnete File-Objekt repräsentiert.

Nach diesem Beispiel sollte man in der Lage sein, sich die prinzipielle Vorgangsweise bei der Ausführung anderer System Calls selbst zusammenzureimen. Wir wollen diesen Abschnitt jedoch mit einigen Überlegungen betreffend die Performance und Reliability (Zuverlässigkeit) des Disk-Managements beenden.

Da heutzutage die Geschwindigkeit eines Computersystems sehr stark von der *Performance* des Disk-Managements abhängt, wird diesem Aspekt bei realen Betriebssystemen sehr viel Beachtung geschenkt. Neben optimierenden Maßnahmen betreffend Struktur und Implementierung werden etwa sehr häufig alle möglichen *Caches* eingesetzt. Die Block-Caches in den Device Drivern haben wir schon erwähnt; es ist aber darüber hinaus (also zusätzlich!) möglich, für jedes geöffnete File eine gewisse Anzahl von zugehörigen Blöcken direkt im Speicher zu halten. Mit etwas „Glück" können die meisten Blockzugriffe so sehr rasch durchgeführt werden. Eine dabei oft implementierte Technik ist das *Anticipatory Fetch*, also das vorausblickende Hereinholen eines (oder mehrerer) vermutlich als nächstes benötigter Blöcke. So bietet es sich etwa bei sequenziellen Files an, den jeweils folgenden Block des Files im vorhinein zu laden. Derartige Caching-Techniken werden übrigens gern als *Buffering* bezeichnet.

Es gibt auch noch andere Verbesserungen der Performance, die auf der Ausnutzung der Parallelität aufbauen. Indem ein File blockweise auf mehrere Disks aufgeteilt wird, können intelligente Controller gleichzeitig mehrere Blöcke eines Files von den Disks lesen. Ein anderes Kriterium, das mindestens ebenso wichtig wie die Performance ist, ist die *Reliability* (Zuverlässigkeit) des Disk-Managements. Die Anforderungen an die Datensicherheit werden immer größer, und der ebenfalls stets steigende Umfang der Daten macht die Situation nicht gerade leichter. Neben der Zuverlässigkeit der Hard- und Software-Komponenten ist hier vor allem die Robustheit gegen Schäden durch Crashes von zentraler Bedeutung. Unglücklicherweise sind aber gerade in dieser Hinsicht die Forderungen nach hoher Performance und hoher Zuverlässigkeit konträr.

Als Beispiel können wir die *Caches* heranziehen: Wird hierbei (wie in den meisten UNIX-Implementierungen) auf das *Write-Through* verzichtet, dass heißt, ein veränderter Block nicht sofort auf die Disk geschrieben, so könnte ein Stromausfall alle zwar schon im Cache, aber noch nicht auf der Disk befindlichen Änderungen löschen! Die Folge einer derartigen Panne ist meist eine inkonsistente Directory-Struktur; manchen Files fehlen einige Teile, dafür gibt es einige „herrenlose" Blöcke, ... Gute Systeme sehen zwar Möglichkeiten vor, die Konsistenz (auf Kosten mancher Files!) wieder herzustellen; wenn sich jedoch ein unersetzlicher Datenbestand unter den verworfenen Files befinden sollte, ist das ein schwacher Trost!

Weiterführende Literatur

G.F. Coulouris. *Distributed Systems: Concepts and Design, Third Edition*, Addison-Wesley, Reading, 2001

A. Silberschatz, J.L Peterson. *Operating System Concepts, Sixth Edition*, Addison-Wesley, Massachusetts, 2001

A.S. Tanenbaum. *Modern Operating Systems, Second Edition*, Prentice-Hall, New Jersey, 2001

A.S. Tanenbaum. *Distributed Operating Systems*, Prentice-Hall, New Jersey, 1995

A.S. Tanenbaum. *Structured Computer Organisation, Fourth Edition*, Prentice-Hall, New Jersey, 2000

14 Sicherheit

Die Anforderungen an die Informationssicherheit haben sich in den letzten Jahrzehnten grundlegend geändert. Vor der weiten Verbreitung von Rechnersystemen wurde die Sicherheit von Information hauptsächlich durch physikalische und administrative Maßnahmen sichergestellt. Beispiele dafür sind abschließbare Aktenschränke oder der Portier an der Eingangstür. Mit dem zunehmenden Einsatz von Computern hat sich die Lage jedoch verändert. Informationen, die jetzt auf Computersystemen gespeichert werden, können wie physische Gegenstände geändert, zerstört oder außer Reichweite für den rechtmäßigen Besitzer gebracht werden. Aber im Gegensatz zu physischen Gegenständen können Informationen kopiert und in vielen Fällen modifiziert oder gelöscht werden, ohne Spuren zu hinterlassen. Dazu kommt, dass ein Computersystem oft von mehreren Benutzern gleichzeitig verwendet wird, und dass es möglich ist, über das Netzwerk auch auf entfernt abgelegte Daten zuzugreifen.

Es ist deshalb von wesentlicher Bedeutung, dass jede Organisation als Ganzes Verständnis für die Notwendigkeit von Sicherheitsmaßnahmen hat. Um die Bedrohungen, der ein System ausgesetzt ist, und die entsprechenden Sicherheitsmaßnahmen aber verstehen und beschreiben zu können, muss man sich zuerst mit den grundlegenden Sicherheitsanforderungen vertraut machen:

Geheimhaltung (*Secrecy*): Die Forderung nach Geheimhaltung von Daten verlangt, dass diese nur von autorisierten Personen eingesehen werden können. Das Einsehen schließt jedoch nicht nur das Ausdrucken und Anzeigen von Daten ein, sondern manchmal auch schon das bloße Wissen um deren Existenz.

Integrität (*Integrity*): Unter Integrität versteht man die Forderung, dass Daten nur von autorisierten Benutzern verändert werden können. Das Verändern bezieht sich jedoch nicht nur auf das Schreiben von Objekten (wie zum Beispiel Dateien), sondern auch auf das Anlegen oder Löschen.

Verfügbarkeit (*Availability*): Unter Verfügbarkeit versteht man, dass alle Teile eines Computersystems von den autorisierten Benutzern verwendet werden können.

Basierend auf diesen Sicherheitsanforderungen lassen sich nun unterschiedliche Kategorien von Bedrohungen definieren. Dabei wollen wir uns die Funktionalität eines Computersystems zuerst einmal abstrakt als ein System denken, das Information zur Verfügung stellt. Dabei fließt die Information von einer Quelle (wie zum Beispiel einer Datei oder dem Hauptspeicher) über ein Medium (Speicherbus, Netzwerk) zu einem Ziel (eine andere Datei, eine anderer Rechner). Basierend auf der normalen Funktionalität des Systems sind in Abbildung 14.1 Bedrohungsklassen dargestellt, die im folgenden näher beschrieben werden.

Unterbrechung (*Interruption*): Diese Klasse beschreibt Bedrohungen, die zu einer Unterbrechung des Informationsflusses führen. Beispiele dafür sind das Zerstören von Hardware, das Durchtrennen einer Kommunikationsleitung, oder das Überfluten des Ziels mit zu viel Information. Die Angriffe in dieser Klasse bedrohen die Verfügbarkeit von Teilen des Systems.

Abfangen (*Interception*): Unter Abfangen versteht man Angriffe, die sich Zugriff auf die übertragene Information verschaffen. Typische Beispiele sind das Mithören des Netzwerkverkehrs oder das unautorisierte Kopieren von Dateien. Diese Klasse enthält Bedrohungen gegen die Vertraulichkeit. D.h., der Angreifer kann sich Wissen aneignen, das nicht für ihn bestimmt war.

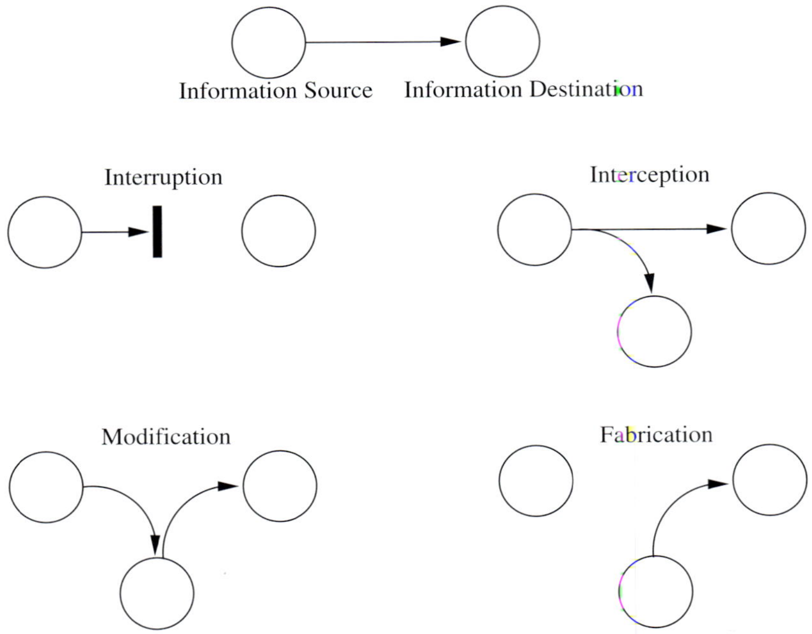

Abbildung 14.1: Bedrohungsklassen

Modifikation (*Modification*): In dieser Klasse finden sich Angriffe gegen die Integrität von Information, wobei die übertragenen Daten verändert werden. Beispiele sind das Verändern von Dateiinhalten oder von Netzwerkpaketen.

Fälschung (*Fabrication*): Verwandt mit der vorigen Klasse sind Angriffe, wo unautorisierte Subjekte gefälschte Daten in den Informationsfluss einbringen. Auch hier handelt es sich um einen Angriff gegen die Integrität; Beispiele sind das Einfügen von zusätzlichen Einträgen in Dateien (Passwortdateien sind hierfür ein beliebtes Ziel).

Welche Mechanismen muss ein Betriebssystem nun zur Verfügung stellen, um diesen Bedrohungen entgegenwirken zu können? Auf der einen Seite stellt das Betriebssystem einen *Zugriffsschutz (engl. Access Protection)* zur Verfügung, der es Prozessen verbietet, direkt auf die Hardware oder auf andere Prozesse beziehungsweise deren Daten zugreifen zu können. D.h., das Betriebssystem hat die alleinige Kontrolle über die Hardware, auf der es läuft, und jedes Anwendungsprogramm muss Funktionen des Betriebssystems nutzen, wenn es auf die Hardware zugreifen will. Außerdem müssen Prozesse und Dateien vor nicht genehmigtem Zugriff geschützt werden.

Auf der anderen Seite braucht man Mechanismen, die einen kontrollierten Zugriff auf Objekte (Ressourcen) erlauben. D.h., basierend auf einem funktionierenden Zugriffsschutz braucht es Techniken, die regeln, unter welchen Umständen und mit welchen Rechten ein Subjekt auf ein Objekt zugreifen kann. Diese Mechanismen fasst man üblicherweise unter dem Begriff der *Zugriffskontrolle* (engl. *Access Control*) zusammen.

Neben dem Zugriffsschutz und der Zugriffskontrolle auf Betriebssystemebene gibt es noch eine Reihe von anderen Mechanismen, die zur Erhöhung der Sicherheit beitragen. Auf der einen Seite sind dies beispielsweise Programme wie Virenscanner, die bösartigen Code im System entdecken und entfernen sollen. Auf der anderen Seite sind das Systeme wie Firewalls, die zur Zugriffskontrolle auf Netzwerkebene dienen. Außerdem gibt es noch kryptographische Mechanismen, die sowohl zur Erhaltung der Vertraulichkeit wie auch zum Schutz gegen Datenmodifikation dienen. Mit diesen Mechanismen wollen wir uns aber nicht weiter beschäftigen, sondern wenden uns in den nächsten Abschnitten den Hauptaufgaben des Betriebsystems zu.

14.1 Zugriffsschutz

Seit es Computersysteme gibt, auf denen mehrere Benutzer (zum Teil auch gleichzeitig) arbeiten können, werden Mechanismen gebraucht, um den Zugriff auf gemeinsamen Ressourcen zu regeln. Dabei teilen sich die Benutzer nicht nur den Prozessor sondern auch den physikalischen Speicher (sowohl Festplatten also auch Hauptspeicher), Daten und Programme. Die Möglichkeit, Ressourcen gemeinsam zu verwenden, macht es aber auch notwendig, diese vor unbefugtem Zugriff zu schützen. Dafür stellt das Betriebssystem, oft mit der tatkräftigen Unterstützung der Hardware, Möglichkeiten zur Verfügung. Diese werden unter dem Begriff *Zugriffsschutz* zusammengefasst.

Schon im Kapitel 12 haben wir darauf hingewiesen, dass einem (User-)Prozess jede Möglichkeit genommen werden sollte, den Betrieb des ganzen Systems stören oder gar zum Absturz bringen zu können. Die dort vorgestellten Maßnahmen des virtuellen Speichers gewährleisten zum Beispiel, dass ein Prozess nur auf die zu seinem Image gehörenden Speicherzellen (und nur mit gewissen Access Modes), zugreifen kann. Durch Paging oder Segmentierung des physikalischen Speichers wird jedem Prozess ein individueller Adressraum zur Verfügung gestellt, der von den Adressräumen aller anderen Prozesse vollständig getrennt ist. Dieser *Speicherschutz* verhindert, dass ein Prozess Daten von anderen Prozessen lesen oder diese verändern kann. Natürlich ist es auch notwendig, den Addressbereich des Betriebssystems selbst vor Modifikationen zu schützen.

Eine interessante Frage ist nun, wie das Problem des Speicherschutzes im Zusammenhang mit System Calls gelöst ist. Wenn ein Prozess nämlich einen System Call aufruft, wird eine Betriebssystemroutine ausgeführt, die in der Regel zum Betriebssystem gehörende Objekte modifiziert. Diese Objekte müssen aber, wie oben erwähnt, vor dem Zugriff des Prozesses geschützt sein! Um das Problem zu lösen, muss daher nach dem Aufruf eines System Calls der Zugriffsschutz ausgesetzt werden. Natürlich müssen beim Aussetzen des Zugriffsschutzes alle Tricks ausgeschaltet werden, die es einem Angreifer erlauben, einem System Call die Modifikation „fremder" Daten-Objekte zu übertragen. So wäre zum Beispiel die Idee verlockend, als Parameter bei einem `F_WRITE(ADDRESS,ELEMENT)` eine Adresse `ADDRESS` aus einem schreibgeschützten Bereich anzugeben. Der System Call würde somit das Element auf die angegebene Adresse schreiben und so die Schutzmechanismen umgehen. Der Phantasie der Angreifer sind dabei keine Grenzen gesetzt; selbst in sorgfältigst entworfenen Systemen finden sich immer wieder Hintertüren, durch die unerlaubten Zugriffe möglich sind.

Eine Möglichkeit, um einen bestimmten Prozess mit unterschiedlichen Zugriffsrechten laufen zu lassen – je nachdem ob Benutzeranweisungen oder Betriebssystemanweisungen ausgeführt werden – ist das sogenannte Schicht- oder Ringmodell. Bei diesem Modell wird das System in aufeinander aufbauende Schichten (beziehungsweise konzentrische Ringe) zerlegt, wobei beim Übergang von einer Schicht zur darunterliegenden äußerst restriktive Schutzmaßnahmen und Kontrollen vorgesehen sind. Jede Schicht gehört dabei einem *Schutzring* (engl. *Protection Ring*) an, der die Privilegien definiert; äußere Schichten haben geringere Möglichkeiten. In diesem Modell liegen die (User)Prozesse außen, während das Betriebssystem innen liegt (siehe Abbildung 14.2). Wenn nun ein System Call ausgeführt wird, geht das System von der äußeren Userschicht in die Betriebssystemschicht über.

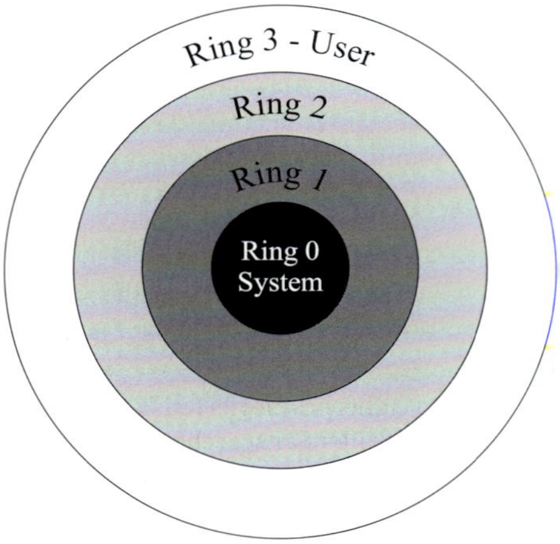

Abbildung 14.2: Schicht- oder Ringmodell mit vier Schichten

Wir werden uns jetzt damit beschäftigen, wie ein Übergang zwischen verschiedenen Schichten (beziehungsweise Ringen) ablaufen könnte. Es geht im Prinzip darum, die Funktionalität der Maschineninstruktionen in niedrig privilegierten Bereichen einzuschränken und trotzdem System Calls über Schichtgrenzen hinweg (zu höher privilegierteren Teilen hin) zuzulassen. Moderne Prozessor-Architekturen unterstützen dazu normalerweise zwei oder sogar mehrere *Prozessor-Modes*. Die uneingeschränkte Verwendung aller vorhandenen Maschinen-Instruktionen ist dabei nur im höchstprivilegierten *System Mode* möglich. In den anderen Modes kann nur eine *Teilmenge* aller Befehle (und nur mit eingeschränkter Funktionalität) verwendet werden, wobei deren Mächtigkeit mit fallenden Privilegien abnimmt. Die wenigsten Möglichkeiten bietet der *User Mode*, der für die Exekution normaler Prozesse gedacht ist. Ist der Prozessor nicht im System Mode, so „verdeckt" er meist auch einen Teil seiner Register, d.h., er tut so, als ob er wesentlich weniger Register als in Wirklichkeit hätte. Auf diese Weise ist es zum Beispiel möglich, die Modifikation der im Abschnitt 12.2 erwähnten *Bound Register*, die für die virtuelle Speicherverwaltung benötigt werden, durch User-Prozesse zu verhindern, ganz einfach dadurch, dass sie scheinbar gar nicht vorhanden sind.

Damit das Ganze einen Sinn hat, gibt es natürlich keinen Maschinenbefehl, mit dem der Prozessor einfach in Richtung auf den System Mode hin umgeschaltet werden kann. Derartige Instruktionen funktionieren nur zu niedriger privilegierten Zuständen hin. Um aber die benötigten Übergänge (System Calls) zu höher privilegierten Schichten realisieren zu können, werden diese als Software Interrupts (sogenannte *Trap-Befehle*) gestaltet. Durch einen Trap ist es möglich, einen Wechsel in den nächsthöher privilegierten Mode zu bewirken. Allerdings startet die Ausführung der Routine, die den Trap behandelt, an einer ganz bestimmten Stelle, die das Betriebssytem durch einen passenden Eintrag im Interrupt-Vektor bestimmt. Da nun in niedrigprivilegierten Betriebsarten auch kein Zugriff auf die *Interrupt- Vektoren* (und schon gar nicht auf diejenigen physikalischen Speicherbereiche, die das Betriebssystem enthalten) möglich ist, ergibt das Ganze einen recht konsistenten Schutz vor illegalen Aufrufen.

Um nun Angreifern das Leben nicht zu einfach zu machen, sind die ersten Befehle der durch einen Trap erreichten Routinen dazu da, eine möglichst sorgfältige Überprüfung der übergebenen Parameter vorzunehmen. Ein so primitiver Trick wie der oben erwähnte mit F_WRITE, wird dadurch verhindert. Damit wäre dieses Problem gelöst; unser lockerer Ton sollte aber nicht darüber hinwegtäuschen, dass die tatsächlich zu bewältigenden Schwierigkeiten riesengroß sind. Eben deshalb ist es auch kaum möglich, ein System zu implementieren, in dem keine Sicherheitslücken zu finden wären.

Nach dem vorher Gesagten sollte es einleuchtend sein, dass ein Trend bei modernen Betriebssystemen dahin geht, möglichst viele der Aufgaben aus den hochprivilegierten Bereichen auszulagern. Das Ziel dieser Bestrebungen ist ein kleiner Kernel, der etwa das elementare *Interrupt Handling*, das *Prozess-Management* (oft exklusive des Schedulings) und die (lokale) *Interprozess-Kommunikation* beherrscht. Alles andere wird durch Server(-Prozesse), die die Features des Kernels nutzen, erledigt. So kann etwa das Scheduling von einem solchen Server-Prozess (der naheliegenderweise höchste Priorität haben sollte) übernommen werden. Auch bei den Netzwerken gibt es eine Menge von Aufgaben (= Layer), die an Server-Prozesse delegiert werden können. Ein weiteres Beispiel sind die sogenannten *Device Driver*, denen die individuelle Behandlung eines speziellen Gerätes (eines Printers oder eines Terminals) obliegt. Solche Prozesse laufen in der Regel in einem höherprivilegierten Mode, um etwa im Falle eines Device Drivers die diversen Register eines Controllers ansprechen zu können.

Für derartige Trends hat sich das Schlagwort *Policy/Mechanism-Splitting* etabliert: Der Kernel stellt nur *Mechanismen* (elementare System Calls, etwa den Aufruf des Dispatchers) zur Verfügung, hat aber praktisch *keine selbständigen Aufgaben* (wie das Scheduling) zu erledigen. Die Policy, also wie und wofür die vom Kernel angebotenen Mechanismen verwendet werden, bestimmen dann Prozesse, die nicht zum eigentlichen Kernel gehören. Das Policy/Mechanism-Splitting lässt sich übrigens in sehr vielen Bereichen der Informatik erkennen.

14.2 Zugriffskontrolle

Enthaltsamkeit ist das Vergnügen
an Sachen, welche wir nicht kriegen.

Wilhelm Busch.

Der im vorigen Abschnitt vorgestellte Zugriffsschutz erlaubt es, die von einem Prozess beabsichtigten Manipulationen eines Objektes überwachen zu können. Anstelle jedem Prozess das unkontrollierbare direkte Ansprechen einer Ressource zu gestatten, geben die Zugriffsoperationen dem Betriebssystem die Gelegenheit zur genauen Überprüfung. So kann zum Beispiel der Aufruf von F_WRITE durch einen für schreibende Zugriffe auf das File nicht autorisierten Prozess leicht abgewiesen werden.

In diesem Abschnitt werden wir uns ansehen, welche organisatorischen Maßnahmen für die Zuteilung der Rechte und vor allem die Überwachung der Einhaltung notwendig sind. Moderne Betriebssysteme verwenden dazu das Konzept der sogenannten *Protection Domains*.

Jeder Prozess ist Angehöriger einer solchen Protection Domain, die er üblicherweise von seinem Parent-Prozess erbt. Eine Ausnahme dieser Regel ergibt sich dann, wenn ein Benutzer noch nicht im System angemeldet ist. Erst nach dem Einloggen wird dann für einen Benutzer ein Prozess gestartet, der sich in der ihm zugeordneten Protection Domain befindet. Während des Einloggens muss üblicherweise die Identität des Benutzers festgestellt werden. Dieses Feststellen der Identität ist ein wichtiger Bestandteil der Sicherheit des Gesamtsystems. Es hilft nämlich nichts, wenn man vorsieht, dass auf ein bestimmtes Objekt nur der Administrator zugreifen kann, wenn sich ein beliebiger User als Administrator anmelden kann. Die Techniken, die zur Feststellung der Identität von Benutzern verwendet werden, bezeichnet man als Authentifizierung (engl. *Authentication*). Ein typisches Beispiel dafür ist die Verwendung von Benutzerkennwörtern. Jeder User, der das entsprechende Passwort kennt, kann in die Rolle des Administrators schlüpfen. Die anschließende Zugriffskontrolle basiert dann nur noch darauf, dass sich der User(Prozess) in der entsprechenden Protection Domain befindet.

Die Festlegung, welche Zugriffsrechte (engl. *Access Rights*) ein Angehöriger einer bestimmten

Protection Domain auf die verschiedenen Objekte hat, bildet dann die Basis für die Zugriffskontrolle. Konzeptuell können wir uns vorstellen, dass das Betriebssystem intern eine *Protection Matrix* verwaltet, deren Zeilen die Protection Domains und deren Spalten die verschiedenen Objekte repräsentieren. Die Elemente der Matrix sind die Rechte, die ein Angehöriger einer bestimmten Protection Domain für ein bestimmtes Objekt besitzt. Abbildung 14.3 zeigt ein (rein didaktisches) Beispiel mit drei Protection Domains.

	File XXX	File YYY	File ABC	Semaphor MUT_EX	Semaphor SV_REQ	Device PRIN1	Domain A	Domain B	Domain C
Domain A	write			S_P S_V	S_V				enter
Domain B	read	read	read write	S_V	S_P	write			
Domain C		write		S_P S_V	S_V				

Abbildung 14.3: Beispiel einer Protection Matrix

Wenn wir die Matrix aus Abbildung 14.3 genauer inspizieren, werden wir feststellen, dass für die Protection Domains auch eigene Spalten vorgesehen sind. Auf diese Weise kann der Wechsel von Protection Domains sauber realisiert werden: Auch eine *Protection Domain* ist ein *Objekt*; die (einzige) Zugriffsoperation auf dieses Objekt realisiert den Eintritt (enter) in die entsprechende Domain. Der Wechsel von Protection Domains ist manchmal nicht zu umgehen; wir haben schon im Abschnitt 14.1 darauf hingewiesen, dass bei der Ausführung von System Calls mehr Rechte notwendig sind, als ein Prozess normalerweise hat. Der Eintritt in höherprivilegierte Protection Domains wird gern als *Rights Amplification* bezeichnet.

Nun ist in der Realität die Protection Matrix so groß, dass eine vollständige Abspeicherung (in Matrixform) selbst auf einem Externspeicher nicht sinnvoll ist. Dies gilt umso mehr, als es sich normalerweise um eine sehr dünn besetzte Matrix handeln wird, die meisten Einträge in der Regel also leer sein werden (keine Rechte). Es gibt zwei praktikable Speichermethoden, die sogenannten *Access Control Lists* (*ACL*), die einer spaltenweisen Speicherung der nichtleeren Elemente (pro Objekt) entsprechen, und die sogenannten *Capabilities*, die durch deren zeilenweise Speicherung (pro Protection Domain) gewonnen werden.

Im Falle der *Access Control Lists* besitzt jedes Objekt eine solche ACL, die angibt, aus welcher Protection Domain heraus welcher Zugriff gestattet ist. Die Access Control List eines Objektes ist also eine (möglicherweise leere) Liste von Paaren (Protection Domain, Rechte). Wenn ein Prozess eine Zugriffsoperation für ein bestimmtes Objekt aufruft, wird vor deren eigentlicher Ausführung überprüft, ob die Protection Domain des Prozesses in der ACL zu finden ist und ob die korrespondierenden Rechte für den Zugriff ausreichen.

Im Gegensatz dazu erhält im Fall der *Capabilities* jeder Prozess eine *Capability List* (C-List) zugeordnet, deren Elemente Paare der Form (Objekt, Rechte) sind. Wenn ein Prozess ein gewisses Objekt verwenden will, überprüft das Betriebssystem die Berechtigung durch die Lokalisierung des Objektes in der C-List und die Inspektion der entsprechenden Rechte. Wir wollen dazu noch erwähnen, dass die im Abschnitt 12.2 vorgestellte Erweiterung der Segmentierung auf die Ebene der Objekte (jedes Objekt erhält ein eigenes Segment) den Capabilities entspricht, weshalb diese Form der Speicherverwaltung ja auch *Capability Based Addressing* genannt wird. Die C-Lists werden hierbei in die Segment Tables der Prozesse aufgenommen. In Betriebssystemen für relativ kleine Computer (etwa *Unix* auf Workstations) werden die einfach zu implementierenden Capabilities (jedoch mit der Einschränkung auf eine feste Anzahl von Protection Domains) oft den ACLs vorgezogen.

Eine wichtige Frage ist nun, wie die Matrix (also eine ACL oder C-List) erstellt und modifiziert werden kann. Sie ist ja nicht statischer Natur – sowohl Objekte als auch Protection Domains werden im allgemeinen dynamisch erzeugt, verändert und gelöscht. Aus diesem Grund stellt das Betriebssystem System Calls (Protection Calls) zur Verfügung, mit deren Hilfe die Erzeugung oder das Löschen einer Spalte (eines Objekts) respektive einer Zeile (einer Protection Domain) möglich ist. Weitere Funktionen gestatten es, Access Rights an einer Stelle der Matrix einzutragen und zu entfernen. Wie diese System Calls im Detail aussehen, hängt natürlich davon ab, ob ACLs oder Capabilities verwendet werden; wir wollen uns jedoch nicht weiter damit auseinandersetzen.

Da die Protection-Matrix auch ein Objekt (mit den oben erwähnten Zugriffsfunktionen) ist, spricht übrigens nichts dagegen, dieses als eigene Spalte in die Matrix aufzunehmen! Allerdings muss man beachten, dass gerade die Rechte für die Protection Calls sehr sorgfältig vergeben werden müssen, um nicht den ganzen Mechanismus wirkungslos zu machen. Wenn nämlich ein Prozess aus einer niedrigprivilegierten Protection Domain die Protection Calls verwenden darf, war alles umsonst! Wir haben hier wieder einen „klassischen" Fall des *Policy/Mechanism-Splittings* vor uns: Das Betriebssystem stellt die System Calls zur Verfügung, mit denen die Protection-Matrix manipuliert werden kann; was die diversen (System-)Prozesse damit machen, ist deren Sache! Dieses Problem zeigt sich auch (auf einer noch höheren Ebene) für den *Systemadministrator*, der für den Betrieb eines Computersystems zuständig ist. Das bestmöglich gesicherte Betriebssystem kann nichts dagegen tun, wenn der Systemadministrator irgendwelche Rechte leichtfertig vergibt (und so zum Beispiel einer Aushilfssekretärin die Möglichkeit einräumt, alle Disks des Rechners zu formatieren und somit zu löschen)!

Es ist daher notwendig, prinzipielle Strategien zu finden, nach denen das Betriebssystem die Rechte in den Protection Domains möglichst sicher vergeben kann. Das Betriebssystem sieht sich ja zum Beispiel bei der Erzeugung eines Objektes mit der Notwendigkeit konfrontiert, dieses in gewisse Protection Domains aufnehmen zu müssen (andernfalls würde die Protection jeden späteren Zugriff verhindern). Es ist wohl nicht verwunderlich, wenn die Informatik hierbei Know-How-Anleihen aus Gebieten tätigt, die auf eine lange Tradition der Geheimhaltung zurückblicken können. Militärische Organisationen verwenden etwa ein auf Sicherheitsklassen aufbauendes System, das im Prinzip durch folgende Regeln beschrieben werden kann:

- Ein Angehöriger einer bestimmten Sicherheitsklasse darf nur in die Dokumente von Angehörigen seiner oder darunterliegender Klassen Einsicht nehmen.
- Kein Angehöriger einer bestimmten Sicherheitsklasse darf Meldungen an Mitglieder einer geringeren Klasse erstatten.

Darüber hinaus ist es üblich, allen Beteiligten an einem militärischen Projekt nur ein Minimum an „Wissen" zur Verfügung zu stellen, also gerade nur so viel, wie zur Erfüllung einer Teilaufgabe nötig ist.

Eine der möglichen Strategien zur automatischen Vergabe von Rechten in Protection Domains folgt diesem Ansatz. So entsprechen den Angehörigen einer Sicherheitsklasse die Prozesse in einer Protection Domain, das Lesen von Dokumenten hat sein Analogon im nichtmodifizierenden Zugriff auf Objekte. Der Meldungserstattung entsprechen der Aufruf von Funktionen (System Calls) und (gewisse) Modifikationen von Objekten. Das eingeschränkte „Wissen" findet sich in der Konvention wieder, jedem Prozess gerade nur so viele Privilegien zu geben, wie zur Erfüllung seiner Aufgaben notwendig sind, und nicht mehr. Nehmen wir nur unseren im Abschnitt 11.1 entwickelten Printer Server-Prozess her. Es genügt vollständig, diesem nur lesenden Zugriff auf die Spool-Files zu gestatten. Auch wenn hier kaum etwas passieren könnte, wenn er auch die Schreibrechte hätte, ist es doch günstig, sich eine gewisse Konsequenz zu eigen zu machen: Wenn man sich angewöhnt, das Auto grundsätzlich abzusperren, wenn man es verlässt, ist die Wahrscheinlichkeit des Vergessens wesentlich geringer, als wenn man es normalerweise nur bei längerem Parken in fremden Gegenden abschließen (siehe dazu auch das Prinzip der minimalen Privilegien im nächsten Abschnitt).

14.3 Design Prinzipien

Für die Entwicklung und Konfiguration von Softwaresystemen sind im Laufe der Zeit *Design Prinzipien* entstanden, deren Befolgung zu einem robusteren und besseren Endprodukt führen sollen. Diese Prinzipien sind allgemein gehalten und gelten nicht nur für Betriebssysteme, aber natürlich sind sie für das Design eines sicheren Betriebssystems äußerst relevant. Im folgenden wollen wir nun eine Reihe dieser Prinzipien etwas näher erläutern.

Minimale Privilegien (*Least Privilege*): Jedes Subjekt (Benutzer und Prozesse) soll nur über jene Privilegien verfügen, die für die korrekte Abarbeitung der Aufgabe notwendig sind. Außerdem soll die Zugangskontrolle so erfolgen, dass die Rechte eines Subjekts explizit gewährt werden müssen. D.h., standardmäßig sollte ein Subjekt keine Rechte haben.

Vollständige Kontrolle (*Complete Mediation*): Jeder Zugriff auf eine Ressource muss kontrolliert werden. Dies betrifft auch Operationen unter außergewöhnlichen Umständen, wie zum Beispiel bei der Systemwiederherstellung oder Wartung.

Akzeptanz (*Acceptability*): Sicherheitsmaßnahmen dürfen den Benutzer nur minimal beeinträchtigen. Andernfalls werden sie deaktiviert oder inkorrekt verwendet.

Simples Design (*Economy of Mechanism*): Sicherheitsmechanismen sollen so einfach und kompakt wie möglich sein. Dadurch lässt sich ihre Korrektheit einfacher überprüfen, oder in manchen Fällen sogar formal beweisen. In den meisten Fällen bedeutet das, dass es nicht möglich ist, Sicherheit nachträglich in ein System einzubringen. Die Sicherheit eines Systems muss daher schon während der Designphase bedacht werden.

Offengelegtes Design (*Open Design*): Die Sicherheit des Systems darf nicht darauf beruhen, dass Schutzmechanismen geheim gehalten werden. Nur wenn das Design offen gelegt und von vielen Experten analysiert worden ist, kann der Benutzer Vertrauen in das System haben.

Viele der aufgetretenen (und immer noch auftretenden) Sicherheitslücken lassen sich auf den Verstoß gegen eine oder mehrere dieser Designprinzipien zurückführen. Als prominentes Beispiel soll uns hier die Benutzerverwaltung von MS Windows dienen, wo leider sehr oft gegen das Prinzip der minimalen Privilegien verstoßen wird. Weil viele Programme (unnötigerweise) Aktionen durchführen, die Administratorrechte benötigen, hat es sich eingebürgert, dass Benutzer alle ihre Tätigkeiten als Administrator ausführen. D.h., auch zum Lesen der täglichen Mails oder zum Tippen eines Briefs ist man als Administrator eingeloggt. Dadurch kommt es nicht zu lästigen Problemen mit Anwendungen, die auf Grund unzureichender Privilegien Fehler ausgeben. Wird nun allerdings unabsichtlich ein Email-Anhang geöffnet, der einen Virus enthält, so läuft auch dieser Virus als Administrator und kann entsprechenden Schaden am System anrichten (das dann in den meisten Fällen neu installiert werden muss). Es wäre daher sinnvoll, Aufgaben wie das Lesen von Email als Benutzer mit eingeschränkten Rechten zu erledigen. In diesem Fall ist das System dann nämlich weitgehend vor den Auswirkungen des Virus geschützt.

14.4 Trusted Computing

Ein Vorstoß auf dem Gebiet der Sicherheit, der in den letzten Jahren für viel Aufsehen und Aufregung sorgte (und auch für dieses Kapitel relevant erscheint), ist jene der sicheren Programmausführung (engl. *Trusted Computing*). Die von der Trusted Computing Group (TCG) veröffentliche Spezifikation verzichtet zwar bewusst auf den Bezug zu einem bestimmten Betriebssystem, allerdings muss klar sein, dass viele Möglichkeiten (aber auch kritisierte Gefahren) eines

TCG-konformen Systems ohne ein sicheres Betriebssystem sehr eingeschränkt sind. Was die Spezifikation festschreibt, sind spezielle Anforderungen, die ein Betriebssystem erfüllen muss, um bestimmte Funktionen wahrzunehmen. Die Trusted Computing Leistungen werden dabei hauptsächlich durch zwei (Hardware)Komponenten erbracht: das *Trusted Platform Module (TPM)* und die *Core Root of Trust Measurement (CRTM)* Komponente. Dabei ist das TPM typischerweise als ein eigener Chip (Koprozessor) am Mainboard ausgeführt, während die CRTM Komponente ein Teil des BIOS ist.

Die Idee des Trusted Computings ist es, ein System vor Attacken durch bösartige Software zu schützen. Zu diesem Zweck soll sichergestellt werden, dass auf Daten nur von vertrauenswürdigen Applikationen zugegriffen werden kann. Während dieses Ziel auf den ersten Blick recht einleuchtend erscheint, sind mit der Realisierung in der Praxis jedoch einige Probleme (und viel Kryptographie) verbunden. Um nämlich einer Applikation vertrauen zu können, muss sich das Gesamtsystem in einem bekannten und sicheren Zustand befinden. Zum Beispiel bringen alle Sicherheitsmechanismen des Betriebssystems nichts, wenn das System schon vorher kompromittiert wurde (zum Beispiel durch Trojaner, die sich im Bootsektor einnisten). Daher kommt dem *sicheren Bootvorgang* eine besondere Bedeutung zu. Das Betriebssystem kann so nämlich feststellen, ob es aus einem vertrauenswürdigen Zustand gestartet wurde und selbst unverändert ist. Ist dies der Fall, kann auch die Integrität einer Applikation korrekt überprüft werden, und man kann dieser Applikation dann auch entsprechend vertrauen.

Um einen sicheren Bootvorgang durchzuführen, springt der Prozessor nach dem Power-On-Self-Test (POST) zu der CRTM-Komponente. Diese Komponente überprüft zuerst die eigene Integrität, als auch die des übrigen BIOS. Im nächsten Schritt folgt die Überprüfung der Erweiterungskarten (z.B., Netzwerk-Karten) des Rechners, dann die des Bootsektors, und schließlich die des Betriebssystemkernels. Die Grundidee besteht darin, dass einem Modul nur dann die Kontrolle übertragen wird, nachdem seine Integritätüft worden ist. D.h., jedes Modul kann auf die Authentizität der vorangegangenen Module aufbauen und Komponenten überprüfen die Nachfolger, bevor Werte durch Viren oder Trojaner darin verändert werden können. Durch diese Reihe von Überprüfungen der jeweils folgenden Module entsteht eine sogenannte *Chain of Trust*. Die Sicherheit dieser *Chain of Trust* hängt natürlich von der Sicherheit der CRTM-Komponente ab, die am Anfang der Kette steht. Ist die Integrität des CRTM verletzt, dann ist das gesamte System kompromittiert.

Um die *Chain of Trust* aufzubauen, wird das TPM verwendet, genauer gesagt, deren *Platform Configuration Register (PCR)*. Die PCR sind sichere Register im TPM, die zwar ausgelesen werden können, deren Inhalt man aber nicht einfach auf bestimmte Werte setzen kann. Immer wenn ein Wert W_{write} in ein PCR geschrieben wird, dann wird dieser Wert zuerst mit dem aktuellen Inhalt im Register $W_{register}$ verknüpft und danach mit einer Hashfunktion (wie zum Beispiel SHA-1) in einen neuen Wert W_{neu} umgewandelt:

$$W_{neu} = \mathrm{SHA1}(W_{register} + W_{write})$$

Ein PCR-Register kann nun wie folgt zur Erstellung der Chain of Trust genutzt werden: Jedes Mal, wenn ein Modul überprüft werden soll, wird zuerst ein Hashwert (Prüfsumme) über den Inhalt dieses Moduls berechnet. Dann wird dieser Hashwert in das PCR geschrieben, wo es mit dem aktuellen Wert zu einem neuen Resultat verknüpft wird. Das Ergebnis kann nun mit einem erwarteten Wert verglichen werden. Stimmen beide überein, ist die Integrität der Komponente nicht verletzt worden, und sie kann sicher ausgeführt werden. Andernfalls liegt ein Fehler vor, und das System kann entsprechend darauf reagieren. PCR-Register haben auch den Vorteil, dass sie praktisch die gesamte Trust Chain in einem einzigen Wert vereinigen, weil der aktuelle Wert ja von *allen* vorhergehenden Werten abhängt.

Um unser ursprüngliches Ziel zu realisieren (nur vertrauenswürdige Applikationen können auf bestimmte Daten zugreifen), eignen sich PCR-Register geradezu ideal. Es ist nämlich möglich, mittels des TPM Daten so zu verschlüsseln, dass sie nur dann entschlüsselt werden können, wenn die PCR-Register zum Zeitpunkt der Entschlüsselung die gleichen Werte haben wie zum Zeitpunkt der Verschlüsselung. Dieser Vorgang wird als *Sealing* bezeichnet. Er stellt sicher, dass Daten, die unter einer bestimmten Konfiguration verschlüsselt wurden (zum Beispiel von einer bestimmten vertrauenswürdigen Applikation) auch nur unter dieser wieder entschlüsselt werden können. Eine weitere Möglichkeit der PCR-Register besteht darin, anderen Rechnern beweisen zu können, dass lokal eine bestimmte Software mit einer bestimmte Konfiguration geladen ist. Dieser Vorgang, der *Remote Attestation* genannt wird, ermöglicht es, anderen Rechner zu vertrauen, weil sichergestellt ist, dass dort eine genau definierte Version einer bestimmten Software-Komponente läuft.

Eine kontroversiell diskutierte Möglichkeit von Trusted Computing ist seine Verwendung für *Digital Rights Management (DRM)*. Unter DRM versteht man ein Verfahren, mit dem die Urheberrechte an geistigem Eigentum, vor allem an Film- und Tonaufnahmen, aber auch an Software, auf elektronischen Datenverarbeitungsanlagen gewahrt und Raubkopien verhindert werden sollen. Hier kann Sealing dazu verwendet werden, um sicherzustellen, dass zum Beispiel eine Tonaufnahme nur mit einem Player abgespielt werden kann, der keine Speicherfunktion besitzt. In diesem Fall würden nur bestimmte Player als vertrauenswürdig gekennzeichnet, und der Benutzer hat keine Möglichkeit, einen alternatives Produkt zur Tonwiedergabe zu verwenden.

Eine andere, beunruhigende Möglichkeit ist die Verwendung von *Remote Attestations*, um unerwünschte Clients von bestimmten Services auszuschliessen. So wäre es zum Beispiel vorstellbar, dass ein Webserver nur dann antwortet, wenn der Client mittels Remote Attestation beweist, dass er einen bestimmten Webbrowser verwendet.

Weiterführende Literatur

M. Bishop. *Computer Security: Art and Science*. Addison-Wesley, USA, 2002.

S. Garfinkel, G. Spafford. *Practical Unix and Internet Security*. O'Reilly, USA, 1996.

A. Silberschatz, J.L Peterson. *Operating System Concepts*. Addison-Wesley, Reading, Massachusetts, 1988

A.S. Tanenbaum. *Modern Operating Systems, Second Edition*. Prentice-Hall, New Jersey, 2001

W. Stallings. *Network and Internet Security: Principles and Practice*. Macmillian, New York, 1994

W. Stallings. *Operating Systems*. fourth edition, Prentice Hall, New Jersey, 2001

15 Schlussbetrachtung

„Konsequenz" heisst, auch einen Holzweg zu Ende zu gehen.

Sprichwort

Das vorliegende Buch soll nicht enden, ohne noch einmal auf die vorangegangenen Abschnitte zurückzublicken. Dabei ist klar, dass eine ganze Reihe von Fragen offen bleibt, da das Fachgebiet der "Technischen Informatik" - um mit Fontane zu sprechen - doch ein weites Feld ist. So wurden einige Gebiete wie z.B. eine Einführung in die Grundlagen der Elektrotechnik oder Grundlagen der Halbleiterphysik, die eigentlich in diesem Zusammenhang unverzichtbar wären, nicht angesprochen. Überhaupt haben wir versucht, den Studierenden der Informatik nicht allzu sehr mit elektrotechnischen Fakten zu belasten, sondern uns vielmehr auf eine funktionale Darstellung beschränkt. Wir haben das vorliegende Buch in drei Hauptgebiete gegliedert: *Hardware von Computersystemen*, *Netzwerken* und *Betriebssysteme und Systemsoftware.*

Im ersten Teil finden sich Grundbegriffe zur Darstellung logischer Schaltungen, ihrer Realisierung sowie zur sequenziellen Logik. Ein eigener Abschnitt behandelt signalverarbeitende elektronische Schaltungen, wie sie ein Informatiker in der Praxis der technischen Informatik häufig begegnen.

Ein eigener Abschnitt ist der Entwurfssprache VHDL (*Very (High Speed Integrated Circuit) Hardware Description Language*) für die Entwicklung von komplexer Hardware auf der Basis integrierter Schaltkreise gewidmet. Wir haben uns bemüht, eine angemessene Übersicht über diese Entwurfssprache mit den verschiedenen Entwurfsebenen zu geben. Wer sich dessen ungeachtet auf diesem Gebiet weiter vertiefen möchte, dem seien Werkzeuge wie z.B. SYNOPSYS, das unter SUN/UNIX ablauffähig ist, empfohlen.

Ein weiterer Abschnitt ist der Entwicklung der Mikroprozessoren gewidmet. Er beginnt mit der Darstellung der endlichen Automaten, gefolgt von den Konzepten der Moore- und Mealy-Schaltwerke. Dann stellen wir die Entwicklung von Prozessoren vor und betrachten dabei den Entwurf einer Arithmetik-Logik-Einheit (ALU) bis hin zu einem theoretisch voll funktionsfähigen Mikrocomputer MICRO-16. Anschließend werden Prozessoren hinsichtlich ihrer Architektur, Speicher und peripheren Geräte betrachtet.

Der zweite Hauptteil behandelt das Thema Betriebssysteme und Systemsoftware. Es war dabei für uns ein wichtiges Anliegen, Mechanismen in Betriebssystemen darzustellen, ohne uns dabei auf ein spezielles, am Markt befindliches Betriebssystem festzulegen. Wir wollten bewährte Mechanismen in Betriebssystemen zu präsentieren, die sich in praktisch allen Betriebssystem-Konzepten wiederfinden.

Das Betriebssystem stellt die Verbindung zwischen den Anwendungsprogrammen und der darunterliegenden Hardware her. Daher müssen sich Betriebssysteme sowohl an geänderte Anforderungen seitens der Benutzer anpassen als auch auf Entwicklungen im Hardwarebereich reagieren. In den letzten Jahren haben dabei besonders im Hardwarebereich zwei bedeutende Umwälzungen stattgefunden, die für die Entwicklung von Betriebssystemen relevant sind. Einerseits ist das die immer engere Vernetzung von Computersystemen, andererseits betrifft dies die zunehmende Miniaturisierung, die dazu geführt hat, dass bereits jetzt in vielen Haushaltsgeräten (Stichwort Kühlschrank) Mikroprozessoren eingebaut sind.

Durch die Vernetzung von Rechnern – sowohl im lokalen Netzwerk als auch über das Internet – verschwinden die traditionellen Einzelarbeitsplätze immer mehr. Heute verlangen Anwender, dass sie sich an einem beliebigen Computer (mitunter auch an einem völlig anderen Ort) anmelden und trotzdem immer ihre gleiche Arbeitsumgebung vorfinden können. Natürlich kann dabei auf Ressourcen zugegriffen werden, die über das Netzwerk verteilt sind. Einige dieser Aufgaben werden mit einer über dem traditionellen Betriebssystem liegenden Schicht (sogenannter Middleware) gelöst, aber viele der Lösungen sind weder elegant noch effizient. Deshalb gehen die Bestrebungen immer mehr dahin, die Funktionalität der Middleware und des Betriebssystems zu vereinigen und *verteilte Betriebssysteme* zu schaffen.

Die fortlaufende Miniaturisierung hat dazu geführt, dass Computerbausteine immer kleiner, billiger und leistungsfähiger wurden. Im letzten Jahrzehnt wurde auf Grund dieser Entwicklung und unter dem Schlagwort *Ubiquitous Computing* ein Szenario entwickelt, das vorhersagt, dass wir bereits in naher Zukunft von unsichtbaren aber allgegenwärtigen Computern umgeben sein werden. Minicomputer werden dabei in alle Alltagsgegenstände eingebettet (engl. *Embedded Systems*) sein, wobei die heutigen Mobiltelefone schon jetzt einen Vorgeschmack auf zukünftige Entwicklungen geben. Damit diese Computer Leistungen zur Verfügung stellen können, braucht es natürlich entsprechender Software und eines passenden Betriebssystems. Allerdings geht es in diesem Fall nicht unbedingt darum, ein möglichst breites Spektrum von verschiedenen Anwendungen ablaufen zu lassen oder viele verschiedene Zusatzgeräte ansteuern zu können. Meist ist die Hardware genau vorgegeben (als Beispiel dient hier wieder das Mobiltelefon) und auch die Anwendungen sind oft bekannt. Wichtiger ist hier vielmehr, die Aufgaben wegen der beschränkten Ressourcen effizient (oft mit Echtzeitanforderungen) und mit geringem Aufwand zu erledigen. Außerdem ist es notwendig, Wege zu finden um die Betriebssystemsoftware auf diesen Devices sicher und mit wenig Aufwand „upzudaten".

So haben wir Prozesse, Threads und Scheduling-Strategien beschrieben. Dem schließen sich Abschnitte über die Interprozess-Kommunikation und die Speicherverwaltung an. Zuletzt haben wir noch Fragen des Ressourcen-Managements und der Sicherheit behandelt und hoffen damit, einen angemessenen Überblick über Betriebssysteme gegeben zu haben.

Das vorliegende Buch schließt damit in der Einsicht, dass das grosse Gebiet der Technischen Informatik nur teilweise beleuchtet werden konnte. Daher haben wir jeweils am Ende eines Abschnittes den Leser auf weiterführende Literatur verwiesen, sofern er an einer Vertiefung des Teilgebietes interessiert ist.

Stichwortverzeichnis

Springer und Umwelt

Als internationaler wissenschaftlicher Verlag sind wir uns unserer besonderen Verpflichtung der Umwelt gegenüber bewusst und beziehen umweltorientierte Grundsätze in Unternehmensentscheidungen mit ein.

Von unseren Geschäftspartnern (Druckereien, Papierfabriken, Verpackungsherstellern usw.) verlangen wir, dass sie sowohl beim Herstellungsprozess selbst als auch beim Einsatz der zur Verwendung kommenden Materialien ökologische Gesichtspunkte berücksichtigen.

Das für dieses Buch verwendete Papier ist aus chlorfrei hergestelltem Zellstoff gefertigt und im pH-Wert neutral.